U0163743

国家出版基金项目
NATIONAL PUBLICATION FOUNDATION

│雷达技术丛书│

精密跟踪
测量雷达技术

马　林　杨文军　程望东　等编著

电子工业出版社·
Publishing House of Electronics Industry
北京·BEIJING

内 容 简 介

随着人类社会信息化、智能化发展，跟踪测量雷达越来越多地应用于军事、经济、社会等诸多领域。跟踪测量雷达通过电扫描、机械扫描或机电联合扫描，对目标进行探测、跟踪，对目标坐标及其轨迹进行实时精确测量；现代跟踪测量雷达除上述功能外，还要求在复杂电磁环境条件下具有一定的抗干扰能力，并对多目标进行高分辨测量、目标特性测量、目标成像及目标识别。

本书共分 13 章，包括跟踪测量雷达系统概论、雷达跟踪测量理论基础、单脉冲技术体制、跟踪测量雷达测量精度分析、跟踪测量雷达天线技术、跟踪测量雷达接收技术、距离跟踪测量技术、角度精密跟踪伺服技术、脉冲多普勒速度跟踪测量技术、跟踪测量雷达目标特性测量技术，以及单脉冲精密跟踪测量雷达系统、连续波跟踪测量雷达系统和相控阵跟踪测量雷达系统。全书突出跟踪测量雷达系统原理、测量精度、体制与系统设计和技术特点等，并结合应用发展、工程实践及系统技术进步，较为全面地介绍了目标运动特性、RCS 特性、宽带特性、极化特性测量技术及其在目标识别领域的应用，力求做到"系统性、实用性和前沿性"。

本书是"雷达技术丛书"中的一册，其主要读者对象为从事雷达系统、武器控制系统、雷达目标特性测量、空间目标探测雷达系统，以及其他与跟踪测量雷达相关领域的研究、设计、制造、使用、操作、维护等方面的科研人员、工程技术人员和雷达用户等，同时也可作为高等学校电子工程及相关专业高年级本科生和研究生的教材或参考书。

图书在版编目（CIP）数据

精密跟踪测量雷达技术 / 马林等编著. —北京：电子工业出版社，2024.1
（雷达技术丛书）
ISBN 978-7-121-45924-5

Ⅰ. ①精…　Ⅱ. ①马…　Ⅲ. ①精密跟踪雷达②测量雷达　Ⅳ. ①TN959.6

中国国家版本馆 CIP 数据核字（2023）第 123955 号

责任编辑：董亚峰　　特约编辑：刘宪兰
印　　刷：河北迅捷佳彩印刷有限公司
装　　订：河北迅捷佳彩印刷有限公司
出版发行：电子工业出版社
　　　　　北京市海淀区万寿路 173 信箱　　邮编 100036
开　　本：720×1 000　1/16　印张：35.75　字数：761 千字
版　　次：2024 年 1 月第 1 版
印　　次：2024 年 1 月第 1 次印刷
定　　价：220.00 元

"雷达技术丛书"编辑委员会

总　序

　　雷达在第二次世界大战中得到迅速发展，为适应战争需要，交战各方研制出从米波到微波的各种雷达装备。战后美国麻省理工学院辐射实验室集合各方面的专家，总结第二次世界大战期间的经验，于 1950 年前后出版了雷达丛书共 28 本，大幅推动了雷达技术的发展。我刚参加工作时，就从这套书中得益不少。随着雷达技术的进步，28 本书的内容已趋陈旧。20 世纪后期，美国 Skolnik 编写了《雷达手册》，其版本和内容不断更新，在雷达界有着较大的影响，但它仍不及麻省理工学院辐射实验室众多专家撰写的 28 本书的内容详尽。

　　我国的雷达事业，经过几代人 70 余年的努力，从无到有，从小到大，从弱到强，许多领域的技术已经进入了国际先进行列。总结和回顾这些成果，为我国今后雷达事业的发展做点贡献是我长期以来的一个心愿。在电子工业出版社的鼓励下，我和张光义院士倡导并担任主编，在中国电子科技集团有限公司的领导下，组织编写了这套"雷达技术丛书"（以下简称"丛书"）。它是我国雷达领域专家、学者长期从事雷达科研的经验总结和实践创新成果的展现，反映了我国雷达事业发展的进步，特别是近 20 年雷达工程和实践创新的成果，以及业界经实践检验过的新技术内容和取得的最新成就，具有较好的系统性、新颖性和实用性。

　　"丛书"的作者大多来自科研一线，是我国雷达领域的著名专家或学术带头人，"丛书"总结和记录了他们几十年来的工程实践，挖掘、传承了雷达领域专家们的宝贵经验，并融进新技术内容。

　　"丛书"内容共分 3 个部分：第一部分主要介绍雷达基本原理、目标特性和环境，第二部分介绍雷达各组成部分的原理和设计技术，第三部分按重要功能和用途对典型雷达系统做深入浅出的介绍。"丛书"编委会负责对各册的结构和总体内容审定，使各册内容之间既具有较好的衔接性，又保持各册内容的独立性和完整性。"丛书"各册作者不同，写作风格各异，但其内容的科学性和完整性是不容置疑的，读者可按需要选择读取其中的一册或数册。希望此次出版的"丛书"能对从事雷达研究、设计和制造的工程技术人员，雷达部队的干部、战士以及高校电子工程专业及相关专业的师生有所帮助。

　　"丛书"是从事雷达技术领域各项工作专家们集体智慧的结晶，是他们长期工作成果的总结与展示，专家们既要完成繁重的科研任务，又要在百忙中抽出时间保质保量地完成书稿，工作十分辛苦，在此，我代表"丛书"编委会向各分册作者和审稿专家表示深深的敬意！

　　本次"丛书"的出版意义重大，它是我国雷达界知识传承的系统工程，得到了业界各位专家和领导的大力支持，得到参与作者的鼎力相助，得到中国电子科技集团有限公司和有关单位、中国航天科工集团有限公司有关单位、西安电子科技大学、哈尔滨工业大学等各参与单位领导的大力支持，得到电子工业出版社领导和参与编辑们的积极推动，借此机会，一并表示衷心的感谢！

中国工程院院士

2012 年度国家最高科学技术奖获得者　王小谟

2022 年 11 月 1 日

前　言

跟踪测量雷达诞生于 20 世纪 40 年代。第二次世界大战期间，美国研制的中等测量精度、采用圆锥扫描技术、用于火炮控制的 SCR-584 雷达，实现了对空中飞行目标的连续自动跟踪和对火炮射击的控制，其角跟踪测量精度大约是 2mrad，距离跟踪测量精度为几十米。即使这种中等精度的跟踪测量雷达也使当时的高炮射击命中率提高近两个数量级。

随着导弹、卫星、航天技术的发展，中等精度的跟踪测量雷达逐渐满足不了不断发展的跟踪测量任务的要求，因而催生了 20 世纪 50 年代后期的精密跟踪测量雷达。1956 年，首台高精度单脉冲跟踪测量雷达在美国研制成功，从而开创了精密跟踪测量雷达广泛应用和不断发展的时代。今天，精密跟踪测量雷达不仅广泛地应用于各类武器控制（火控）和各类试验靶场（武器系统效能评估），而且还广泛地用于远程空间目标的探测、跟踪和识别领域，以及最先进的武器控制系统（如美国导弹防御系统中的 GBR 雷达）。

我国跟踪测量雷达研制起步于 20 世纪 60 年代，为我国第一颗人造地球卫星"东方红一号"的发射做出了贡献，后续又成功研制了船载精密跟踪测量雷达，将地面测量站点由内陆延伸到了大洋。进入 21 世纪，精密跟踪测量雷达已经不仅在给定空域探测和高精度测量目标的坐标和轨迹，还具备了在复杂电磁环境下对多目标进行高分辨率测量、目标特性测量、目标成像、目标识别的能力，探测范围也由近地轨道目标扩展到高轨目标，为我国载人航天、北斗系统、探月工程、空间站和战略武器的发展发挥了重要作用。

本书是"雷达技术丛书"中的一册。随着人类社会信息化、智能化的发展，精密跟踪测量雷达越来越多地应用于军事、经济、社会等诸多领域，本书全面介绍了精密跟踪测量雷达的原理和系统发展、专业技术和工程实践，以及跟踪测量雷达的特点和系统知识；给出大量工程设计常用公式、曲线、图表和数据及设计方法；并着重介绍了精密跟踪测量雷达近 20 年发展的主要成果：一是在对目标距离、角度和速度进行精密跟踪测量的基础上，实现了对目标特性的测量，包括测量目标 RCS 特性、极化特性、高分辨率距离像和 ISAR 像等；二是随着相控阵雷达技术的发展，特别是固态有源相控阵雷达技术的发展，相控阵体制的精密跟踪测量雷达的系统与应用设计。

本书共分 13 章，第 1 章为跟踪测量雷达系统概论，阐述了跟踪测量雷达系统的内涵、应用、发展以及角度、距离、速度跟踪测量方法。第 2 章为雷达跟踪测量理论基础，包括跟踪测量雷达方程、雷达测量精度以及雷达跟踪与截获目标、目标特性及其测量的基本知识。第 3 章介绍单脉冲技术体制，包括单脉冲理论、单脉冲系统基本实现形式及各种单脉冲系统的变化实现形式。第 4 章为跟踪测量雷达测量精度分析，包括影响雷达测量精度的各种误差因素的分析与设计计算。第 5 章介绍跟踪测量雷达天线技术，重点描述单脉冲卡塞格伦天线和相控阵天线的技术及设计。第 6 章为跟踪测量雷达接收技术，以数字化单脉冲雷达接收技术为重点，介绍了角误差信号归一化处理、数字化误差提取以及宽带接收机等的技术和设计。第 7、8、9 章分别介绍了距离跟踪测量技术、角度精密跟踪伺服技术和脉冲多普勒速度跟踪测量技术及工程设计方法。第 10 章为跟踪测量雷达目标特性测量技术，重点介绍了雷达目标特性的基本内涵、目标特性测量方法，阐述了目标 RCS、极化特性和宽带特性的测量方法及其在雷达系统中的设计应用。从第 11 章开始，从雷达系统的角度，分别介绍了三种典型体制的跟踪测量雷达系统的功能、性能、组成和工作原理，以及系统设计方法。分别是，第 11 章单脉冲精密跟踪测量雷达系统，第 12 章连续波跟踪测量雷达系统，第 13 章相控阵跟踪测量雷达系统。

全书由马林牵头组织编写。第 1 章由马林编写，第 2 章由谢洁编写，第 3 章由杨文军、张锐编写，第 4 章由马林、杨文军编写，第 5 章由朱瑞平编写，第 6 章由陈泳编写，第 7、9 章由史江勇、蔡玖良编写，第 8 章由程望东编写，第 10 章由马林、肖靖编写，第 11 章由杨文军、柯长海编写，第 12 章由王先发编写，第 13 章由马林、赵绍颖编写。全书由马林统稿、修改和定稿。

在本书编写过程中，得到了 王小谟 院士、张光义院士等院士和专家的热心指导、审阅和帮助，得到了中国电子科技集团公司及第十四研究所领导、第二十七研究所领导的大力支持，以及电子工业出版社刘宪兰老师的精心帮助和电子工业出版社领导的支持，在此表示衷心感谢。

虽然我们在编写本书时力求准确严谨，但由于水平和知识的限制，书中缺点和错误难免，诚挚希望相关领域的专家和其他读者批评指正。

马林

2022 年 10 月

目　录

第 1 章
跟踪测量雷达系统概论

跟踪测量雷达技术是雷达技术中一个十分重要的领域。跟踪测量雷达的门类很多，广泛地应用于武器控制、空间探测、靶场测量及其他军用和民用方面。本章首先概要地论述雷达，特别是跟踪测量雷达的主要功能和内涵；然后详细介绍跟踪测量雷达的发展、应用、分类、系统组成和基本原理；最后对雷达使用的各种目标角度测量与跟踪方法、目标距离测量与跟踪方法、目标速度测量与跟踪方法以及目标特性测量方法及应用进行综述。

1.1　跟踪测量雷达及其发展

诞生于 20 世纪 40 年代的跟踪测量雷达，如今在空间探测和对抗、武器系统发展和控制以及民用领域的作用越来越重要，跟踪测量雷达技术也在不断发展，跟踪测量雷达的用途也在不断扩展。本节将从雷达功能、雷达目标跟踪方式的讨论开始，给出跟踪测量雷达的内涵和发展历程。

1.1.1　雷达概述

1864 年，詹姆斯·克拉克·麦克斯韦（James Clerk Maxwell）建立了著名的麦克斯韦电磁方程，应该说这为后来雷达的诞生和发展奠定了理论基础。1886 年，海因里希·鲁道夫·赫兹（Heinrich Rudolf Hertz）用人工的方法首次进行了电磁波实验，证实了电磁波的真实存在，为雷达的诞生和发展奠定了实验基础。1922 年，古列尔莫·马可尼（Guglielmo Marconi）提出用无线电（电磁波）探测物体。到 20 世纪 30 年代，经过许多科学家和工程师的不断努力，又陆续研发了一批能够实际应用的雷达系统。所以，人们通常把 20 世纪 30 年代作为雷达诞生的年代[1,2]。

雷达自诞生以来，特别是第二次世界大战及其以后的一段时间里，雷达技术蓬勃发展，各种雷达系统层出不穷。雷达在军事和经济领域的应用越来越广泛，其作用也越来越重要。

最初，雷达只是为了满足对空监视和武器控制等方面的军事需求，虽然至今雷达技术的发展和雷达系统的研制仍然主要来自军用需求的牵引，但同时雷达也被应用到诸多民用场合，如交通、气象、遥感等。如今，雷达的应用已经非常广泛，以至于 BARTON D. K.在他主编的《雷达技术百科全书》中列出了 150 余种不同的雷达[3]。

不同的应用会对雷达提出不同的任务和功能要求。就一般意义而言，雷达的任务和功能可归结为以下 4 个方面。

1. 目标探测

这里的"目标"是指雷达所要探测的对象。从形态上来看，它可以是点目标、群目标、面目标、体目标，还可以是无形目标（如大气湍流）、隐匿目标（如隐匿于植被或地表下的物体）等。

目标探测是指雷达对目标的搜索发现，即在所要求的空间和时间范围内，从噪声（内部）、杂波（自然）、干扰（人为）中检测出所需的目标信号。目标检测的基本理论表明，信噪比、信杂比、信干比［简称信噪（杂、干）比］的大小是影响目标检测的基本要素，目标检测所要研究的主要课题就是如何在规定的探测范围内提取目标信号，抑制或滤除噪声、杂波和干扰信号，使其信噪比、信杂比、信干比最大化，从而实现对目标的发现概率最大。为此，人们提出了诸如匹配滤波技术、回波积累技术、脉冲压缩（Pulse Compression，PC）技术、脉冲多普勒（Pulse Doppler，PD）技术、动目标显示（Moving Target Identification，MTI）技术、动目标检测（Moving Target Detection，MTD）技术、恒虚警率（Constant False Alarm Rate，CFAR）技术等提高雷达探测性能的方法。

一般来说，目标检测是搜索雷达的主要任务。例如，目标监视雷达、警戒雷达、预警雷达、目标指示雷达等。

2. 目标测量

传统的目标测量是指对目标坐标位置及其变化率的测量，如目标的距离、方位角、俯仰角以及目标的速度等。有的雷达文献把这种测量叫作"米制"测量。在现代雷达中，除了"米制"测量之外，还需要对目标的某些特征（例如，目标大小、形状、性质等）进行测量，通常把这种测量叫作"特征"测量。

雷达对目标的测量都建立在对目标回波信息测量的基础上。例如，目标距离的测量是测量目标回波到达时刻相对于发射脉冲时刻的延迟量，目标角度的测量是测量目标回波到达方向相对于雷达天线波束指向的位置，目标速度的测量是测量对目标回波相对于发射信号的频率偏移量，等等。

雷达测量的基本理论表明，影响雷达目标参数测量的基本要素是回波信号的信噪（杂、干）比和雷达系统的"测量灵敏度"。回波信号的信噪（杂、干）比值越大，目标参数测量精度就越高。这一点与提高目标探测性能一致，即信噪比值越大越好。但对目标测量来说，不仅仅只取决于信噪比，还取决于雷达本身的"测量灵敏度"。所谓"测量灵敏度"就是指雷达系统对目标参数变化的响应。例如，雷达天线的相对孔径宽度（口径比波长）越大，即测角灵敏度越高，则其潜在测角精度就越高；雷达使用信号的频带越宽，即测距灵敏度越高，则其潜在的测距精度越高；雷达相干测量的时间越长，即其测速灵敏度越高，则其测速的精度越高[4,5]。

因此，雷达目标测量所要研究的课题是如何既要提高目标回波信号的信噪（杂、干）比，又要提高雷达的测量灵敏度。其中前者与前述的目标检测要求是相同的，如也要采用匹配滤波技术、回波积累技术、脉冲压缩技术、脉冲多普勒技术、动目标显示技术等，以尽可能地提高目标回波信号的输出信噪（杂、干）比。对于后者，如在测角方面提出了波束转换技术、圆锥扫描技术、单脉冲技术等；在测距方面提出了前（后）波门技术、前（后）沿跟踪技术、相位测量技术等。另外，自动闭环跟踪技术、自适应滤波技术、同轴跟踪技术等也是提高雷达测量精度的重要技术。

一般来说，实现目标参数的精确测量是跟踪测量雷达的主要功能和任务。

3. 目标分辨

传统的目标分辨是指雷达将相邻目标分辨开来的能力。现代雷达除了这种分辨以外，有时还要求将单个目标的各个部分分辨出来。一般来说，雷达通过天线波束、距离波门、多普勒滤波器等，在角度上、距离上、速度上对目标进行分辨。从目标坐标位置及其变化率上可以进行一维分辨，也可以进行多维分辨。

雷达目标分辨的基本理论表明，决定雷达目标分辨能力的基本要素是雷达信号或系统的"有效分辨宽度"。例如，决定雷达目标角度分辨能力的基本要素是雷达天线的"有效孔径宽度"；决定雷达对目标距离分辨能力的基本要素是雷达信号的"有效频带宽度"；决定雷达目标速度分辨能力的基本要素是雷达信号的"有效时间宽度"。因此，从目标分辨的角度，提高雷达目标分辨能力也就是如何增大雷达系统和信号的"有效孔径宽度""有效频带宽度"和"有效时间宽度"。为此，人们在常规雷达（窄带）的基础上提出了用调频调相信号及脉冲压缩处理技术来扩大信号有效带宽，用步进频率信号及带宽合成处理技术来扩大系统有效带宽等来大幅度提高雷达的距离分辨率（从远大于目标尺寸提高到等于或小于目标尺寸），从而实现在距离上对多目标的分辨和对单个目标各个部分的距离分辨。这种距离高分辨技术又称宽带雷达技术。

提高雷达目标角度分辨率的革命性技术是"合成孔径"技术和"逆合成孔径"技术。这种技术利用目标和雷达的相对运动，通过信号的相关处理，将雷达相对的小孔径宽度的天线合成为一个大的有效孔径宽度的等效天线，从而大大提高雷达的角度分辨性能（当然，也可以从多普勒分辨的原理去理解）。使雷达的角分辨率从远大于目标的视角宽度提高到等于或小于目标的视角宽度。这样，雷达在角度上不仅可以将相邻目标分辨开，而且还可以将单个目标的不同部分分辨开。

常规雷达的距离分辨率和角度分辨率通常远大于普通目标的外形尺寸，因而人们通过雷达所看到的目标只是 A/R 显示器上的一个"尖头脉冲"或 PPI 显示器上的一个"亮点"。当雷达采用高距离分辨技术（如脉冲压缩技术）和高角度分辨技术（如逆合成孔径技术）时，通过雷达看到的目标则是一个由多个"像素"组成的目标"图像"，即目标成像。

4. 目标识别

目标识别是一个含义比较宽泛的术语。在雷达目标识别中，通常还含有"分类""辨认""辨识""分辨"等含义。雷达目标识别是在目标检测、目标测量和目标分辨的基础上进行的。一部雷达的目标识别能力取决于该雷达获取目标各种有关信息的能力，获取的信息"量"越多，"质"越高，则越有利于目标的识别。

一般来说，一部设计精密的雷达，其回波信号可以提取出目标的如下信息：

（1）通过测量雷达信号往返目标的时间，可获取目标的距离信息；

（2）通过测量目标距离的连续变化或回波多普勒频率，可获取目标运动径向速度的信息；

（3）通过测量目标回波到达雷达天线的方向，可获取目标空间角坐标位置的信息；

（4）若雷达具有足够高的距离分辨率，可通过回波测量出目标的径向长度的信息；

（5）若雷达具有高分辨率（简称高分辨）成像［合成孔径雷达（Synthetic Aperture Radar，SAR）或逆合成孔径雷达（Inverse Synthetic Aperture Radar，ISAR）］能力，可获得目标的形状和尺寸信息；

（6）若雷达具备极化测量能力，可获得关于目标结构对称性的信息；

（7）通过观测作为入射角的函数的后向散射信号特征，可获取目标表面粗糙度的信息；

（8）通过雷达回波信号的频谱分析，可获取目标内部运动特征（如振动、螺旋桨转动等）信息；

（9）通过接收信号幅度随时间的变化，可获得目标空间运动状态变化的信息；

（10）如果是合作目标，可非常方便地从应答信号中提取关于目标的各种信息。

长期以来，人们通过研究提出了对各种目标识别的理论和雷达目标识别技术，诸如敌我识别、轨迹识别、速度识别、极化识别、极点识别、谐振识别、成像识别等，并且在实践中也有不少成功的应用。但是，总体来说，还没有像目标检测、目标测量、目标分辨那样有一套完整的理论和普遍的方法。特别是要实现雷达自动目标识别，还需要做许多理论和技术方面的工作。首先，必须从物理原理上研究建立目标和非目标特征的完整理论、模型和数据库；其次，必须具有在应用上可靠的各类信息源；第三，必须有能用来进行识别判决的稳健而有效的处理算法、系统结构、硬件和软件系统等。因此，雷达目标识别仍然是雷达工作者现在和未来相当长时间需要继续研究的重大课题。

1.1.2 雷达目标跟踪方式

至今，人们一直把雷达主要看作是一个在给定空域内探测（发现）目标的监视传感器。其实如前节所述，雷达不仅要探测目标是否存在（发现目标），而且还要在距离上和（或）角度上确定目标的位置。另外，当雷达不断观察一个目标时，还可以提供目标的运动轨迹（航迹），并预测其未来的位置。人们常常把这种对目标的不断观察叫作"跟踪"。雷达至少有扫描跟踪和连续跟踪两类"跟踪"方式，分述如下。

1. 扫描跟踪

"扫描跟踪"形式是指雷达波束在搜索扫描情况下，对目标进行跟踪。例如，边扫描边跟踪（Tracking While Scaning，TWS）方式、扫描加跟踪（Tracking And Scaning，TAS）方式、自动检测和跟踪（Automatic Detection and Tracking，ADT）方式等。

现代军用对空监视雷达、民用空中交通管制雷达几乎都采用 ADT 方式。在该方式下，雷达天线在俯仰向不动，在方位向以每分钟若干转的速度连续 360°旋转，通过多次扫描观测，可以形成目标的"航迹"，即实现了对目标的"跟踪"。这种跟踪方式是"开环"的，是搜索雷达实现对目标"跟踪"的方式。这种方式的优点是可以同时"跟踪"几百批，甚至上千批目标，缺点是数据率低且测量精度差。

按照斯科尔尼柯（Skolnik）的定义[1]，TWS 方式是指应用于角度上有限扇扫的雷达的"跟踪"方式，主要应用于精密进场雷达（Precision Approach Radar，PAR）或地面控制进场（Ground Control Approach，GCA）系统，以及某些面空（地对空、海对空）导弹制导雷达系统和机载武器控制雷达系统。扇扫可以在方位向，也可以在俯仰向，或者两者同时。该方式的数据率中等，其测量精度比 ADT 略高。

TAS 方式主要用于二维相控阵雷达对目标的搜索和"开环跟踪"。

以上几种"扫描跟踪"方式一般用于搜索雷达波束在扫描状态下对目标实施开环跟踪。这种雷达仍然称为搜索雷达，尽管它也能对目标实现"跟踪"。

2. 连续跟踪

"连续跟踪"是指雷达天线波束连续跟随目标。在连续跟踪系统中，为了实现对目标的连续随动跟踪，通常都采用"闭环跟踪"方式，即将天线指向与目标位置之差形成角误差信号，送入闭环的角伺服系统，驱动天线波束指向随目标运动而运动。而在扫描跟踪系统中，其角误差输出则直接送至数据处理而不去控制天线对目标的随动。因而"闭环"还是"开环"是连续跟踪和扫描跟踪的最大区别。

"连续跟踪"与"扫描跟踪"的第二个不同是，"扫描跟踪"可同时跟踪多批目标，而连续跟踪通常只能跟踪一批目标，即单目标跟踪（Single Target Tracking, STT）。

第三个不同点是"连续跟踪"的数据率要高得多。

第四个不同点是连续跟踪雷达，其能量集中于一批目标的方向，而扫描跟踪将雷达能量分散在整个扫描空域内。

第五个不同点是"连续跟踪"对目标的测量精度远高于"扫描跟踪"。

本书把采用开环扫描跟踪的雷达称为"搜索雷达"，它的主要任务是目标搜索探测和对精度要求不高的测量。把采用闭环连续跟踪的雷达称为"跟踪雷达"，其主要任务是实现对目标高精度的测量。这也符合专业领域通常的定义。

本书主要讨论对目标实施连续跟踪的跟踪测量雷达。

1.1.3　跟踪测量雷达的发展

跟踪测量雷达诞生于 20 世纪 40 年代。第二次世界大战期间，美国研制了具有中等精度、采用圆锥扫描技术、用于火炮控制的 SCR-584 跟踪测量雷达，首先实现了对空中飞机目标的连续自动跟踪和对火炮射击的控制，其角跟踪精度大约是 2mrad，距离跟踪精度为几十米到一百米。即使是这种中等精度的跟踪测量雷达也使当时的高炮射击命中率提高近两个数量级。如今，不断发展的各种火力系统（炮、导弹等）几乎都根据自己的要求配用了各种用于武器控制（火控）的跟踪测量雷达。

随着导弹、卫星、航天飞行器的出现，中等精度的跟踪测量雷达逐渐满足不了武器系统的跟踪测量要求，因而催生了精密跟踪测量雷达。1956 年，美国首台高精度的、采用单脉冲技术的跟踪测量雷达研制成功，从而开创了精密跟踪测量雷达的广泛应用及发展的时代。今天，精密跟踪测量雷达不仅广泛地应用于各类靶场，而且也广泛地应用于各种空间探测领域及先进的武器控制［如美国国家导弹防御系统中的地基雷达（Ground Based Radar，GBR）］系统中。

下面就美国和中国在跟踪测量雷达特别是精密跟踪测量雷达及其技术方面的发展情况进行简要的介绍。

1. 美国

1956 年，美国无线电公司（RCA）研制了第一部单脉冲跟踪测量雷达 AN/FPS-16（XN-1），其角测量精度达到了当时人们难以置信的 0.2mrad，比 SCR-584 圆锥扫描雷达的测角精度高出一个数量级。AN/FPS-16（XN-1）雷达的天线直径为 3.6m，采用磁控管发射机。其后几年，AN/FPS-16 雷达又派生出多个型号如 AN/FPS-16（XN-3）、（XN-5）等，天线直径增大到 4.9m、6.1m，发射机以 3MW 的速调管代替磁控管，采用坐标校准技术，使测角精度达到 0.1mrad。其中 AN/FPS-16（XN-5）型雷达是舰载型，安装在美国"范戈特"号、"红石"号、"水星"号等测量船上，用于对"阿波罗"宇宙飞船的测量。到 20 世纪 80 年代，各种型号的 AN/FPS-16 雷达及其机动型 AN/MPS-25 雷达共生产了 70 多部，遍布于世界各地的美国靶场。

1962 年，RCA 公司在 AN/FPS-16 的基础上，研制了 AN/FPQ-6 精密跟踪测量雷达，其特点是具有更加精密的天线座和卡塞格伦式抛物面天线。其天线直径增大到 8.8m，其他分系统都采用了最新设计，使 AN/FPQ-6 雷达的作用距离和精度都比 AN/FPS-16 雷达提高了 1 倍，达到 1400km 和 0.1mrad。AN/FPQ-6 雷达可单独使用，也可构成雷达链，用于提供"阿波罗"等远距离高速目标和较近距离的宇宙飞行器、火箭、导弹、碎片或地球轨道卫星等精确的坐标信息。AN/FPQ-6 雷达的可运输型为 AN/TPQ-18。

1969 年，RCA 又研制成 AN/MPS-36 机动式相干测量雷达，其特点是采用双通道单脉冲接收机；并采用脉冲多普勒信号测量技术直接测量目标速度，其精度可达 0.3m/s；发射机采用正交场放大管；天线反射体采用表面金属化处理的玻璃纤维制成，质量很小；大量采用集成电路提高了可靠性，并将计算机系统与雷达系统设计在一起。该雷达系统安装在两部拖车上，可以从一个阵地快速转移到另一个阵地。

20 世纪 70 年代，为了进一步改善和提高跟踪测量雷达的动态特性和跟踪精度，发展了"同轴跟踪"技术。在原有跟踪测量雷达 AN/FPS-16 增加同轴跟踪功能后命名为 AN/FPS-13，AN/FPQ-6 增加同轴跟踪功能后命名为 AN/FPQ-14。

一直到今天，各种形式的 AN/FPS-16、AN/FPQ-6、AN/MPS-36 雷达仍是美国和其盟国靶场测量雷达的主要代表并还在生产和服役。

随着空间技术和空间飞行器探测的需要，远程和超远程精密跟踪测量雷达技术随之发展起来。

1957 年，美国麻省理工学院林肯实验室研制出第一部巨型跟踪测量雷达——"磨石山"（Millstone）雷达，其天线口径为 25.6m。该雷达采用圆锥扫描体制，1963 年改成单脉冲体制雷达。"磨石山"雷达用于对卫星、导弹，以及地球大气层内外的目标进行跟踪。对人造卫星的跟踪距离达 3600km。1958—1959 年，用它对 $4×10^8$km 外的金星进行了观察并收到了回波，其后又对"泰罗斯 1"气象卫星的位置进行了测定。

1962 年，RCA 公司参照"磨石山"雷达的主要技术指标研制出 AN/FPS-49 单脉冲远程精密跟踪测量雷达，用它对金星表面进行了研究，探索了宇宙通信的可能性。AN/FPS-49 雷达是美国弹道导弹预警系统（Ballistic Missile Early Warning System，BMEWS）中的重要组成部分。它能区分、识别真假目标，并测出目标的速度、航向和弹着点。1964 年，对 AN/FPS-49 雷达进行了改进，研制成 AN/FPS-92 单脉冲远程精密跟踪测量雷达，补充进 BMEWS 的第二基地。其特点是用液压轴承代替滚珠轴承，提高了可靠性。此外 AN/FPS-92 雷达还对卫星进行跟踪和编目，当新的卫星或卫星碎片出现时，它可立即测出它们的径向速度、距离和雷达截面积。

在宇宙飞行器的运行和着陆阶段，必须精密测量它的轨道参数，同时还要与它保持通信联系。1964 年，林肯实验室研制成"赫斯台克"（Haystack）雷达。该雷达工作于 X 波段，发射机平均功率达 100kW。天线直径为 36.6m，外罩直径为 45.7m 的天线罩，采用液压电机伺服系统。"赫斯台克"雷达天线的加工精度很高，起初的抛物面轮廓公差为 1.9mm（最大值），为适应天文观察的需要，1991—1993 年，将抛物面公差调整到 0.25mm（均方根值），使其工作频率可达到 115GHz。"赫斯台克"雷达能适应多种用途：可作为空间通信的地面站，也可作为跟踪和测量雷达，还可用作射电望远镜，即在同一天线中实现测量、遥测和通信传输等多种功能。曾被认为是超远程雷达的一种重要趋势。

为了对空间目标进行识别研究，从 20 世纪六七十年代开始，在太平洋夸贾林岛上建造了三部大型空间目标探测和特征测量雷达，即 TRADEX 雷达、ALTAIR 雷达和 ALCOR 雷达。TRADEX 雷达是一部目标识别和鉴别雷达，其天线直径为 25.6m，同时工作于 L 和 P 波段，可发射和接收各种极化波，含有目标全部信息的原始数据采用中频磁带记录，在将对其进行频谱分析并变成数字形式后送入计算机。TRADEX 雷达可用于洲际导弹中段和再入段的跟踪和识别，特别是真假弹头的鉴别，也担负对卫星的识别和鉴别任务。对导弹弹头的跟踪距离达 3000km，测速精度为 0.3m/s。TRADEX 雷达具有同时跟踪多目标能力。

ALTAIR 雷达天线直径为 45.7m，采用五喇叭单脉冲馈电形式，在超高频和甚高频两频段工作，平均功率达 110kW，能收集宇宙飞行器和再入导弹的各种信号，可跟踪多弹头分导再入体和提供卫星编目。

ALCOR 雷达工作于 C 波段，天线直径为 12m，发射峰值功率为 3MW。ALCOR 雷达是一种宽带、高灵敏、高分辨率的目标识别雷达，其距离分辨率达 0.5m，用宽带和相参技术从回波信号的相位中提取目标特性。它采用宽、窄带交替工作方式，其窄带用于对目标捕获和距离、角度的跟踪，512MHz 的宽带用于对目标特征观测。可利用特征数据鉴别再入体并成像。为了支持 ALCOR 雷达的功能，1983 年，美国又在夸贾林岛上研制了峰值功率为 100kW 的毫米波雷达。该雷达工作于 35GHz 和 95GHz 两个波段，天线直径为 13.7m，信号带宽达 1GHz，距离分辨率可达 0.3m。有报道表明，美国已将多目标精密跟踪测量雷达（Multiple Object Tracking Radar，MOTR）改成宽带多目标跟踪雷达，美国的精密跟踪测量雷达实现了向宽带、多目标方向的发展。

随着武器系统的发展，提出了同时对多个目标的精密跟踪测量要求。而由抛物面天线构成的精密跟踪测量雷达原则上只能对单个目标进行跟踪。为此，从 20 世纪 70 年代开始研究相控阵单脉冲精密跟踪测量雷达，到 90 年代，研制成功实用的相控阵单脉冲精密跟踪测量雷达 MOTR。

相控阵靶场精密跟踪测量雷达是由美国 RCA 公司研制的，型号为 MOTR（AN/MPS-39）。工作于 C 波段，天线直径为 3.65m。它采用空间馈电传输透镜天线阵，有 8359 个振子，电子扫描范围（电扫范围）为 60° 圆锥角，能同时跟踪测量 10 个目标，绝对测量精度与单目标测量雷达相同，相对精度比单目标测量雷达高 1～2 倍。后来，在 MOTR 雷达上又增加了 MTI（或 MTD）技术，不断扩展了雷达的功能。

还需特别指出的是，20 世纪 80 年代初，美国就提出研制美国国家导弹防御系统（National Missile Defense System，NMD）中的关键项目——GBR。它实质上是一种 X 波段固态有源相控阵精密跟踪测量雷达。1999 年完成了雷达工程样机 GBR-P（Ground Based Radar-Prototype），并参加了历次美国 NMD 的拦截试验。GBR-P 雷达如图 1.1 所示。

该雷达 12.5m 口径的相控阵面天线安装在一个大型方位-俯仰型天线座上，以实现全空域覆盖和对运动目标在二维向的角度连续自动跟踪。同时相控阵面天线本身在二维向又能实现 50° 的电子扫描和跟踪。该雷达的任务是在远程预警雷达的目标信息引导下，在稍小的空域上搜索捕获 2000～4000km 距离上的来袭

导弹，然后对来袭的多目标进行精密跟踪并对目标群进行鉴别、分类、识别和威
胁判断，确保以足够的精度准确地将威胁目标交给地基拦截导弹，同时还要形成
目标物体图（Target Object Map，TOM），以供拦截导弹末端匹配寻的。拦截后，
该雷达还需进行杀伤评估。

图 1.1 GBR-P 雷达

该雷达采用灵活快捷的相控阵扫描方式，以便能以高数据率探测足够大的覆
盖空域；提供足够远的探测跟踪距离，以为拦截系统提供足够的反应时间；采用
单脉冲跟踪技术，以高测量精度和数据率将目标交给 EKV 大气层外拦截器；采
用宽带的信号，以实现对目标群的高分辨成像及识别并形成目标物体图。

美国国家导弹防御系统中的另一个重要装备是海基 X 波段雷达（简称 SBX
雷达）。SBX 雷达是目前世界上最大的 X 波段相控阵雷达，其主要功能是"提示
搜索、精密跟踪、分辨目标和杀伤评估"，即为美国 NMD 拦截导弹提供对远程
导弹的监视、截获、精密跟踪（分弹头、碎片、诱饵）、精确识别和杀伤评估。

SBX 雷达全重 2000t，是迄今为止世界上最大最复杂的机、相扫 X 波段雷
达。SBX 天线阵面呈八角形，直径为 26m，有效孔径面积为 249m^2。阵面采用大
单元间距排布方式，共有 45056 个 X 波段 T/R 组件。该雷达放置在一个可平面
转动的基座上，通过天线转动实现全空域监视。SBX 雷达的载船和天线阵列如
图 1.2 所示。

（a）SBX 雷达的载船 Blue Marlin 号

（b）SBX 雷达的天线阵列

图 1.2 SBX 雷达的载船和天线阵列

SBX 雷达的雷达罩质量为 8154kg，高为 30.9m，半径为 36m，全部采用高科技合成材料制成。该雷达罩采用气承式结构，可抵御时速达 208km 的大风。它的设计和制造运用了多项新工艺、新材料和技术，是体积最大的气承式雷达罩之一，而且比同类体积的雷达罩更具有耐用性。

2. 中国

中国跟踪测量雷达诞生于 20 世纪 50 年代末，首先生产出的是 COH-9A 炮瞄雷达。该雷达工作于 S 波段，采用圆锥扫描体制，天线口径为 1.5m，角跟踪精度约为 1.7mrad，属中等精度跟踪测量雷达，主要用于高炮火力控制。

1961 年开始对单脉冲精密跟踪测量雷达技术进行研究和雷达系统试验。1968 年研制成功了中国第一台固定式单脉冲非相参精密跟踪测量雷达，如图 1.3 所示。该雷达天线直径为 4.2m，磁控管发射机峰值功率为 800kW，角测量精度为 0.2mrad，距离精度为 5m，相当于美国 AN/FPS-16（XN-1）雷达的技术水平。1970 年又研制出相参单脉冲精密测量跟踪雷达，它采用了相参发射机，峰值功率达 1MW，增加了测量目标速度的功能。

20 世纪 70 年代，中国研制成功了超远程跟踪与目标特性跟踪测量雷达（如图 1.4 所示），用于对卫星、飞船、空间站等空间目标的监视、跟踪和目标特性测量。该雷达速调管发射机的平均功率为 50kW，天线口径为 25m，天线罩直径为 44m，采用了单脉冲、脉冲压缩、脉冲多普勒测速、多极化测量及波束内多目标测量等技术。

图 1.3　固定式单脉冲非相参精密跟踪测量雷达　　图 1.4　超远程跟踪与目标特性跟踪测量雷达

为实现对导弹全程及卫星发射入轨的精密跟踪测量，20 世纪 70 年代末，研制成功了大型舰载精密跟踪测量雷达（如图 1.5 所示）。该雷达天线直径为 9m，速调管发射机峰值功率为 2MW。采用了船摇前馈和速率陀螺反馈相结合的船摇稳定技术、双波段同轴引导快速捕获等技术。

20 世纪 80 年代中期，研制成功了移动式车载非相参精密跟踪测量雷达（如图 1.6 所示）。该雷达天线直径为 3.6m，可拆装，其主抛物面反射体采用表面金属涂敷的玻璃钢；接收机采用 0-π 调制的双路单脉冲形式；角伺服系统用力矩电机驱动。

图 1.5　大型舰载精密跟踪测量雷达　　　图 1.6　移动式车载非相参精密跟踪测量雷达

20 世纪 80 年代后期至 90 年代初期，为适应再入测量的需要，又研制成功了机动型相参精密跟踪测量雷达（如图 1.7 所示）。该雷达采用宽带正交场放大器发射机和多模单脉冲天线，天线直径为 2.5m，雷达系统的测角回路、测距回路、测速回路、自动增益控制回路、自动频率控制回路均通过嵌入式计算机闭环，还采用了计算机辅助跟踪技术，因而实现了高度的数字化和自动化。该雷达可以同时测量目标坐标数据和目标特性数据，并进行 ISAR 成像实验。

20 世纪 90 年代末，研制成功并生产了多台大型固定式单脉冲精密跟踪测量雷达（如图 1.8 所示）和车载式相控阵多目标单脉冲精密跟踪测量雷达（如图 1.9 所示）。大型固定式单脉冲精密跟踪测量雷达的天线口径为 10m，发射机峰值功率为 1MW，测角精度为 0.1mrad。除对目标坐标进行精密跟踪测量外，该雷达还可测量部分目标特性。车载式相控阵多目标单脉冲精密跟踪测量雷达的性能类似于美国的 MOTR（AN/MPS-39）雷达性能，天线阵面口径为 3.7m，采用空馈透镜式环栅阵，可同时对 10 个目标进行跟踪。

图 1.7　机动型相参精密跟踪测量雷达　　　图 1.8　大型固定式单脉冲精密跟踪测量雷达

2000 年研制成功了用于低空测量的单脉冲精密跟踪测量雷达（如图 1.10 所示）。该雷达采用 MTD 技术有效抑制了地杂波，从而实现了对低空目标的精密跟踪，可以精确跟踪炮弹、火箭弹、航空弹道炸弹等。

图 1.9　车载式相控阵多目标单脉冲　　　图 1.10　低空测量单脉冲精密跟踪测量雷达
　　　　精密跟踪测量雷达

3. 发展需求

军用方面，随着新型作战样式、作战对象的变化，对跟踪测量雷达尤其是相控阵雷达提出了新的功能需求[6]。

1）对低可观测目标的探测能力

低可观测目标是指雷达截面积（Radar Cross-Section，RCS）很小的目标。隐身飞机及其他隐身目标是典型的低可观测目标。探测隐身目标是当前雷达面临的突出问题之一。空−空导弹、空−地/海导弹、巡航导弹、反辐射导弹、反辐射无人机、小型无人侦察机等，成了雷达特别是防空雷达和武器平台上的雷达要观测的重要目标，但它们的 RCS 比常规飞机目标一般要小 10～20dB，甚至小得更多，因此也是低可观测目标。对空间监视雷达来说，低可观测目标包括能对卫星及航天器造成严重安全问题的"空间垃圾"，如直径为 1～5cm 的碎片。

2）对低空目标及远距离低空目标的探测

除低空进入的飞机与掠海飞行导弹外，巡航导弹是另一类需要观测的低空目标。探测远距离的海面目标是当今雷达应解决的重要问题之一。

3）多目标跟踪、多功能及自适应工作方式

相控阵雷达具有同时跟踪多目标的能力。其可根据当时的观测任务、目标状态差异（目标 RCS 的大小、目标的威胁度、目标的距离等）而自适应地改变其工作方式、工作参数、信号波形和对信号能量的分配。

4）目标识别和雷达成像

发现目标、测量目标的参数（位置、运动参数等）和进行目标识别（类型、形状、数量、真假等）是多功能相控阵雷达需完成的三项基本任务，特别是对于精密跟踪测量雷达（如美国的 GBR 反导雷达系统），必须同时具有搜索、截获、跟踪和对目标识别的功能，才能完成探测来袭弹头、推算弹道、预测落点和识别真假弹头的任务。

精密跟踪测量雷达具有窄带和宽带两种信号形式，窄带信号用于对目标搜索、截获和跟踪，宽带信号用于目标特性的测量和高分辨成像。

雷达目标识别技术就是从目标的幅度、频率、相位、极化等回波参数中，分析回波的幅度特性、频谱特性、时间特性、极化特性等，以获取目标的运动参数、形状、尺寸等信息，从而达到辨别真伪、识别目标类型的目的。

5）在复杂电磁环境下的抗干扰能力

抗各类有源、无源干扰和杂波是提升精密跟踪测量雷达复杂战场适应能力的必要手段。相控阵雷达还可以对干扰方向自适应波束置零，可以通过幅相加权进行低副瓣控制，使天线方向图在干扰方位生成零陷，从而减小甚至避免干扰进入雷达接收通道。相控阵雷达还可采用频率分集、频率捷变等手段，提升抗干扰性能。

6）宽带数字阵列

数字阵雷达是一种接收和发射都采用数字技术和波束形成技术的相控阵雷达。相比模拟相控阵雷达，数字阵雷达更容易实现自适应波束形成、低副瓣等显著优势。

宽带数字阵雷达具有宽带特性和高分辨、高测量精度等优点，可以获得复杂目标的精细回波特征，有利于对目标分辨和识别；宽带数字阵雷达利于杂波抑制和提高目标探测能力；同时宽带信号还具有低截获性，可提高雷达的生存能力，是精密跟踪测量雷达系统的重要发展趋势。

1.2 跟踪测量雷达应用及原理

如前所述，跟踪测量雷达的应用日益广泛，重要性日渐突出。本节将简要给出跟踪测量雷达的应用领域和分类，然后概括介绍典型跟踪测量雷达的一般组成、基本工作原理和主要技术。

1.2.1 跟踪测量雷达的应用和分类

跟踪测量雷达是雷达领域的一个重要家族，门类很多，广泛应用于各军用和民用领域，主要包括武器控制跟踪测量雷达、靶场跟踪测量雷达、空间探测跟踪测量雷达和民用跟踪测量雷达等。在这些应用中，通常都要求雷达具有高的测量

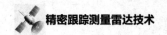

精度。有些应用中，还要求具有目标特性测量和成像功能。

1. 跟踪测量雷达的应用

跟踪测量雷达的应用主要有以下三类。

1）武器控制跟踪测量雷达

武器控制跟踪测量雷达是一种用来对被射击目标进行跟踪测量，为武器系统提供目标的实时且前置的位置数据以控制武器发射的跟踪测量雷达。有时又称该类跟踪测量雷达为火力控制雷达。

最早使用跟踪测量雷达的是火炮系统。第二次世界大战中，火控跟踪测量雷达的应用，使高炮的射击命中率平均提高了两个数量级。现在几乎所有的地面、舰船、航空火炮及导弹等武器系统都装备有自身的武器控制跟踪测量雷达，武器控制跟踪测量雷达已成为所有武器系统的关键装备。

依据不同武器系统的要求，对武器控制跟踪测量雷达的性能要求也不尽相同。美国为 NMD 研制的地基雷达（XBR）是一种功能较全、性能较好、技术复杂的武器控制跟踪测量雷达。该雷达除了能在较大空域和足够远的距离（2000～4000km）上监视、截获来袭导弹目标群并对来袭目标进行精密跟踪测量，确保以足够的精度把目标交给拦截导弹外，还能够对目标进行分类、识别，为拦截武器提供末端匹配寻的和拦截后的杀伤评估。

目前发展较快的武器控制跟踪测量雷达还包括一系列的机载武器控制跟踪测量雷达（如 F-22 AN/APG-77 及其改进型）和舰载武器控制跟踪测量雷达（如宙斯盾 SPY-1 系列等）。另外，各种近、中、远程地面防空系统（例如爱国者、C300）中的武器控制跟踪测量雷达技术和系统也在不断改进和更新。

2）靶场测量

跟踪测量雷达的另一个重要应用领域是靶场测量，包括：

（1）各种航天器（卫星、飞船等）的发射、运行、回收等阶段的跟踪测量；

（2）各种武器系统（导弹、飞机、火炮等）的飞行试验和鉴定的跟踪测量；

（3）各种武器对抗（防空、反导、空间攻防等）试验和评估的跟踪测量；

（4）各种飞行目标特征（如隐身技术）的跟踪测量与控制等。

一般来说，用于靶场测量的跟踪测量雷达用来鉴定和评估武器系统的性能，因而所要求的跟踪测量精度要高于用于武器控制的跟踪测量雷达的测量精度，通常要高出一个数量级左右，所以用于靶场测量的跟踪测量雷达又叫精密跟踪测量雷达。

最早应用于靶场测量的精密跟踪测量雷达是 20 世纪 50 年代美国研制成功的

AN/FPS-16（XN-1）雷达。它的测角精度可达 0.2mrad。中国也于 20 世纪 60 年代自行研制成功同样的雷达，用于中国第一颗人造卫星发射和运行的测量。

本书的大部分章节介绍的内容，为高精度跟踪测量雷达的相关内容。当然，本书内容也适用于一般（中精度）跟踪测量雷达的情况。

3）空间探测

跟踪测量雷达在空间探测与监视上的应用主要包括：

（1）空间飞船或深空探测器的跟踪测量与控制；

（2）行星的探测与跟踪；

（3）空间目标（卫星、碎片与航天器残骸等）的监视与编目；

（4）战略弹道导弹的预警与跟踪测量；

（5）空间目标特性的测量等。

应用于以上空间目标探测的典型跟踪测量雷达有：美国麻省理工学院林肯实验室研制的"磨石山"雷达（天线口径为 25.6m）；BMEWS 中的 AN/FPS-49 雷达（天线口径为 25.6m）；林肯实验室的"Haystack"雷达（天线口径为 36.6m）；夸贾林靶场的 TRADEX 雷达（天线口径为 25.6m）、ALTAIR 雷达（天线口径为 45.7m）和 ALCOR 雷达（天线口径为 12m）。

2. 跟踪测量雷达分类

从战术应用上，跟踪测量雷达可分为武器控制（或称火控）跟踪测量雷达、靶场跟踪测量雷达、空间探测跟踪测量雷达和民用跟踪测量雷达。

从跟踪测量精度方面，跟踪测量雷达可分为中精度跟踪测量雷达和高精度（精密）跟踪测量雷达。一般情况下，武器控制跟踪测量雷达为中精度跟踪测量雷达，其角度跟踪测量精度在 1 个到几个毫弧度的量级，距离跟踪测量精度为几十米；而靶场跟踪测量雷达和空间目标探测跟踪测量雷达多为高精度跟踪测量雷达，又称精密跟踪测量雷达，其角跟踪测量精度为 0.1mrad 的量级，距离跟踪测量精度为几米，测速精度在 0.1m/s 的量级。

从采用的信号形式上，跟踪测量雷达通常又分为脉冲跟踪测量雷达和连续波跟踪测量雷达。从采用的角跟踪体制上，跟踪测量雷达又分为圆锥扫描跟踪测量雷达和单脉冲跟踪测量雷达。当然，单脉冲跟踪测量雷达又可细分为比幅单脉冲跟踪测量雷达、比相单脉冲跟踪测量雷达及和差单脉冲跟踪测量雷达。这些将在第 3 章中详细叙述。

从雷达天线波束扫描方式上，跟踪测量雷达有时又分为机械扫描（机扫）跟踪测量雷达、相控阵（电子扫描，简称电扫）跟踪测量雷达，以及混合式（机扫+电

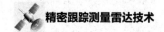

扫）跟踪测量雷达。

通常，人们把具有反射面天线的单脉冲跟踪测量雷达称为单脉冲跟踪测量雷达，而把具有相控阵天线的单脉冲跟踪测量雷达称为相控阵跟踪测量雷达。

1.2.2　跟踪测量雷达组成

如前所述，跟踪测量雷达通常是指那些能够连续自动跟踪目标、不断地对目标进行精确测量并输出其坐标位置参数（如方位角 A_z、俯仰角 E_1、距离 R、径向速度 $\dot{R}$ 等）的雷达。

连续闭环自动跟踪、高精度的参数测量及高数据率是跟踪测量雷达的主要特点。

典型跟踪测量雷达的基本组成框图如图 1.11 所示。

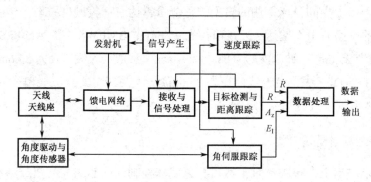

图 1.11　典型跟踪测量雷达的基本组成框图

跟踪测量雷达一般采用高增益笔形波束天线实现目标高精度角度跟踪和测量。当目标在视角上运动时，雷达通过角伺服跟踪系统驱动天线波束跟随目标运动，以实现对目标的连续跟踪，并由角度传感器不断地送出天线波束的实时指向位置（方位角和俯仰角）数据。

跟踪测量雷达的天线可以是抛物面天线，也可以是平板天线、阵列天线或相控阵天线等。一个基本的要求是能够和馈电网络一起检测目标与天线轴线之间的偏离程度，即检测产生的角偏离误差，可以应用顺序波束或圆锥扫描波束，或单脉冲波束，实现对目标的连续角度跟踪。

跟踪测量雷达发射笔形波束，通过接收与信号处理提取目标回波的方位角、俯仰角及距离和多普勒频率。雷达的分辨单元由天线波束宽度、脉冲宽度和带宽决定。与搜索雷达相比，跟踪测量雷达的分辨单元通常要小得多，以方便获得更高的测量精度和排除来自其他目标、杂波及干扰等不需要的回波信号。

通常跟踪测量雷达的波束较窄（零点几度到 2°），因此常常依赖于搜索雷达或其他目标指示信息来捕获目标。

跟踪测量雷达采用窄脉冲信号工作，以保证对目标在距离上进行高精度的跟踪和测量。当目标距离变化时，雷达通过距离随动系统（数字式）移动距离波门（简称距离门），以实现对目标的距离跟踪。距离门的延迟数据即是目标距离。

跟踪测量雷达对目标径向运动速度的跟踪测量过程类似于上述的角度跟踪测量和距离跟踪测量。

这里需要特别指出的是，实现对特定目标在距离上的连续自动闭环跟踪一般是跟踪测量雷达实现角度连续自动跟踪和其他参数自动闭环跟踪的前提和基础。

在跟踪测量雷达中，除了具有目标检测所必需的信号产生功能、发射机、天线、馈线网络、接收机、信号处理及数据处理功能外，还必须具有目标跟踪和测量所必需的多个自动闭环跟踪回路。除了如图 1.11 所示的距离跟踪回路、速度跟踪回路和角度跟踪回路外，根据不同的需要，一般还具有自动增益（跟踪目标回波幅度）跟踪回路（AGC）、自动频率跟踪回路（跟踪回波信号频率）等。在有的跟踪测量雷达中，还具有极化（回波偏振）自适应跟踪回路。

目前最新的跟踪测量雷达中，不仅采用单脉冲技术，还同时采用相控阵技术、PD 技术、PC 技术、MTI 技术和雷达成像技术等，以满足对目标跟踪测量多种功能和高性能的要求。

1.2.3　单脉冲跟踪测量雷达原理和主要技术

典型的精密跟踪测量雷达采用单脉冲体制，并分为相参型和非相参型两类。相参型就是发射机的载波频率和接收机的本地振荡器频率来自同一个高稳定频率源，收/发信号相参具有测量目标径向速度的功能。相参型跟踪测量雷达的发射机一般由 2～3 级功率放大器组成，测速系统为目标多普勒频率的自动跟踪测量系统。非相参型跟踪测量雷达的发射机为振荡式，设备较简单，造价也较低。

最早的幅度单脉冲跟踪测量雷达是在抛物面天线焦点处放置一个 4 喇叭馈源，形成对称偏置的 4 个波瓣，其基本原理框图如图 1.12 所示。

1. 单脉冲天线和馈源

对单脉冲天线有 3 个基本要求：

（1）具有高增益和波束，供射频信号的发射及和波束信号的接收用；

（2）天线应具有两个性能良好的接收差波束，以提取目标的角偏差信息。这里的性能良好是指差波束的对称性好、斜率高、零值深度深、电轴（即零点）漂移小；

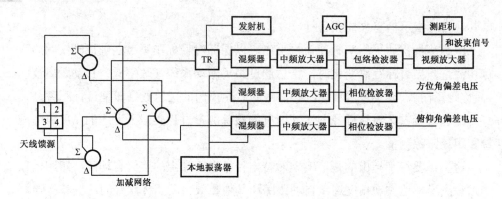

图 1.12　幅度单脉冲跟踪测量雷达基本原理框图

（3）交差耦合小，即方位角偏差信号不应耦合到俯仰通道中，反之亦然，否则会造成耦合误差。

单脉冲天线性能的好坏在很大程度上取决于天线馈源，下面对天线馈源做进一步阐述。

1）4 喇叭馈源

前面已经提到过最早的单脉冲跟踪测量雷达采用的是 4 喇叭馈源。它将 4 个喇叭接收的信号相加形成和信号，左右两对喇叭之差形成方位差信号，上下两对喇叭之差形成俯仰差信号。这样和馈源口径与差馈源口径是相等的。但由理论分析可知[7]，最佳的差馈源口径应是最佳和馈源口径的 2 倍。因此，4 喇叭馈源的和差性能均无法做到最佳，只能折中设计，此即 4 喇叭馈源的和差矛盾。此外，4 喇叭馈源的馈线网络也是比较复杂的。

2）多喇叭馈源

由于 4 喇叭馈源的和差口径不能独立设计，故其性能无法达到最佳。理论分析表明，采用 12 喇叭馈源，可使差口径正好是和口径的 2 倍，所以其和差性能接近最佳。但这种馈源的微波加减网络太复杂，而且口径面积太大，对天线焦点馈电的反射面天线形成散焦，从而降低了天线的性能，因此这种馈源是不实用的。5 喇叭馈源作为一种折中方式，由其中间的方喇叭进行发射及接收形成和信号，左右两矩形喇叭接收信息之差形成方位差信号，上下两矩形喇叭之差形成俯仰差信号。因为差喇叭之间的距离较大，所以其差波瓣性能较 4 喇叭馈源好，这在一定程度上缓解了和差矛盾。此外，这种馈源的加减网络较为简单，所以得到了广泛的应用。美国的多种单脉冲跟踪测量雷达均采用 5 喇叭馈源。中国研制的单脉冲跟踪测量雷达也大多采用 5 喇叭馈源。

3）多模喇叭馈源

解决和差矛盾的另一途径是采用多模喇叭馈源。

在正常的波导传输过程中，为使微波信号不发生畸变，要控制波导的宽度使其只允许一种模式（TE_{10} 模式）的信号传输。当把波导宽度加宽 1 倍时，就有 3 种模式信号可以在其中传输。

TE_{10} 和 TE_{30} 模式的信号合成后使能量进一步向中间集中，其主要部分约占整个馈源口径的一半。TE_{20} 模式的信号却占用了整个口径。这与最佳和差分布的要求是近似的，因而可以显著地改善和差性能。

当目标位于天线电轴上时，回波信号经天线反射面聚焦后在喇叭馈源正中形成焦斑，只激励起对称的 TE_{10} 及 TE_{30} 波。其合成波传输到隔板处，在两个正常波导中激励起等幅的 TE_{10} 波，在加减网络中相加、相减后，只有和信号输出，差信号为零。若目标偏离电轴，则焦斑也偏离中点，除激励起 TE_{10}、TE_{30} 波外，还激励起不对称的 TE_{20} 波，传输至隔板处，在两正常波导中激励起等相但不等幅的 TE_{10} 波，于是加减网络就有相应的差信号输出。

将上述两个多模喇叭叠加即可构成两坐标跟踪用的多模馈源。上下两喇叭的处理与 4 喇叭馈源上下两对喇叭的处理一样。当然也可将 4 个多模喇叭叠加使用，以改善俯仰向的和差性能，其使用与前述的 12 喇叭相似。

多模馈源性能良好，结构简单，但难以实现圆极化工作，所以只适用于线极化跟踪测量雷达。

2. 单脉冲接收机与信号归一化技术

典型的单脉冲接收机有和、方位差、俯仰差 3 个接收通道。

归一化处理的目的是使角偏差电压只与目标偏离天线电轴的大小有关，而与目标的大小、距离和起伏特性等因素无关，否则将会引起角跟踪系统增益的起伏变化，使系统不能稳定工作。

1）自动增益控制（AGC）技术

自动增益控制是在单脉冲跟踪测量雷达中最常用的信号归一化技术。

跟踪测量雷达在跟踪目标时，目标始终处于天线电轴附近，所以和信号的幅度近似地与目标的角偏差无关，仅随目标回波的大小而变，且对这种变化的和差信号都是一致的。因此，可将检波器输出的和信号经放大处理后形成相应的自动增益控制电压，去控制中频放大器的增益做相应的变化，即目标回波幅度增大，则增益减小；目标回波幅度减小，则增益变大。适当调整自动增益控制回路的参数，可使和信号输出的幅度保持不变，同时能消除差信号中回波幅度变化的影响，从而达到和差信号归一化的目的。

随着数字处理技术及大规模集成电路的应用，许多单脉冲跟踪测量雷达信号

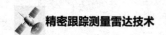

的归一化处理已用数字电路完成，这样不仅实时性强，而且可以同时处理多个目标的回波信号。

2）接收机通道合并技术

典型的单脉冲跟踪测量雷达采用三通道接收机，分别处理和信号、方位差信号、俯仰差信号，并且要求通道之间有严格的幅度和相位一致性。

在有些跟踪测量雷达的应用中，由于体积、质量或其他环境条件的限制，希望减少接收通道。例如，将三通道减少为两通道，甚至单通道。当然，这种减少与合并会带来一定的性能损失。

3. 单脉冲角伺服跟踪技术

单脉冲角伺服系统用来控制雷达天线方位与俯仰向的转动，以实现对飞行目标的角度捕获与角度跟踪。单脉冲角伺服系统一般由电压回路、速度回路和位置回路组成。从跟踪接收机来的角误差信号或从各种引导设备来的引导误差信号，都在位置回路以前进行方式转换，并经过位置回路、速度回路校正放大，进入电压回路再进行功率放大后驱动电机，使天线转动去捕获并跟踪目标。并可利用操纵杆手控信号形成速度控制信号操纵天线运动。

目前，跟踪测量雷达的角伺服系统位置回路和速度回路基本上都采用先进的计算机数字校正技术，调试起来较为方便。比较经典的伺服驱动方法是：用晶体管功率放大器推动功率扩大机、以直流电机驱动天线转动；也可以用可控硅放大器去驱动直流电机，从而驱动天线转动。比较先进的方法是采用脉宽调制放大器推动直流电机驱动天线转动。

为了实现角度坐标的数字式输出和显示，角编码器一般选用不低于 16 位的光电码盘或电感移相器。

单脉冲角伺服系统一般都设计成二阶系统。二阶系统具有精度高、响应快、稳定性好、慢速跟踪性能平稳、操作控制简便和引导截获方式多等特点。

4. 目标距离跟踪技术

脉冲跟踪测量雷达是通过测量回波脉冲相对于发射脉冲的延迟 t_R 来求距离 R 的。

目前跟踪测量雷达都采用数字式测距机。数字式测距机主要由定时信号产生器、跟踪回路、距离模糊度判别装置、避盲设备、检测与截获电路、多站工作装置和信标与反射转换装置等组成。

数字式测距机的核心是距离自动跟踪回路。波门产生器把距离计数器的距离码周期地变成滞后于主脉冲的时间量，并产生一对前后波门。处于跟踪状态时，前后波门的中心相对主脉冲的位置延迟代表目标的距离。数字时间鉴别器（又称距离比较器）以数字形式给出回波中心与前后波门中心之间的相对位置。误差的大小正比于两中心相对偏差的大小，误差的极性取决于偏离前后波门的方向。若波门中心超前于回波中心，则输出负误差电压，使距离计数器计数相加，将波门向前推。经系统不断地调整，波门随目标运动而移动，使两中心趋于对齐，从而实现距离自动跟踪。

对应于脉冲重复周期 T_r 的雷达脉冲模糊距离 $R_0 = cT_r/2$。如果目标相对于雷达的距离 R 大于脉冲模糊距离 R_0，那么目标回波就不落在该重复周期内，因此测得的距离不是目标的真实距离。为了得到目标的距离 R，要测出距离模糊度 n_a 和视在距离 R_m，目标的真实距离 $R = n_a R_0 + R_m$。当发射机发射一组伪随机码时，通过测距机解码来判断出 n_a 值。

为了保证 3 台以上脉冲跟踪测量雷达与应答机协同工作，测距机采用前卫门检测与主脉冲移相技术来完成多站工作控制功能。

5. 目标速度跟踪技术

任何一个运动目标，被雷达照射后反射的回波信号都将产生多普勒频率 f_d，知道了 f_d 的大小和符号，就可以测出目标运动的径向速度和方向。精密跟踪测量雷达的测速系统就是一个高精度的频率自动跟踪测量系统。

跟踪测量雷达观察的目标有飞机、导弹、卫星和飞船。它们的速度快慢相差一个数量级，而目标分离（如导弹级间分离、星箭分离）时，目标的加速度和加加速度值都很大。因此，在设计中必须解决加速度捕获和消除测速模糊两大问题。测速系统由测速跟踪回路、加速度捕获电路和消除测速模糊装置三大部分组成。测速跟踪回路是一个具有窄带滤波特性的二阶自动频率跟踪系统。它跟踪回波信号频谱中的一根谱线，当跟踪的谱线是信号的主谱线时，测速跟踪回路就输出精度很高的多普勒频率 f_d，从而完成测量目标径向速度的任务。当跟踪的谱线是信号的旁谱线时，测速跟踪回路需要实现对主谱线的跟踪，则整个过程的关键是消除测速模糊。消除测速模糊的方法是利用跟踪测量雷达测距机测出的距离值，经一阶微分得到一个速度值。这个速度值虽然精度不高，但无模糊。将此速度值与测速跟踪回路测出的速度值进行比较，并进行适当平滑处理，算出模糊度去校正测速跟踪回路，达到消除测速模糊的目的。这个数字处理过程一般采用不变量嵌入法。

单脉冲跟踪测量雷达的多普勒测速原理虽不难理解，但工程实现却比较复杂。要解决测速系统的捕获、跟踪、消除模糊等问题，大大增加了跟踪测量雷达的复杂性。另外，目标运动姿态的变化、旋转和翻滚都会给测速跟踪与消除模糊带来困难。

1.2.4 相控阵跟踪测量雷达原理和主要技术

与单脉冲跟踪测量雷达相比，相控阵跟踪测量雷达的功能特点是能同时进行多目标跟踪测量，有更高的相对测量精度，目标捕获能力强，对群目标有更大的精密跟踪动态范围，能进行雷达跟踪测量资源控制等和更好地满足不同作战任务的需求，是跟踪测量雷达体制发展的趋势。

1. 相控阵跟踪测量雷达的原理[6]

相控阵跟踪测量雷达与单脉冲跟踪测量雷达相比，主要特点或差异在于相控阵天线。相控阵天线由多个天线单元组成，通过改变每一天线单元通道传输信号的相位与幅度，改变相控阵天线口径照射函数，可以实现天线波束的快速扫描与形状变化。相控阵跟踪测量雷达工作原理图如图 1.13 所示。

图 1.13 所示为一个发射和接收共用的线性相控阵天线。发射时，发射机输出信号经功率分配网络分为 N 路信号，再经移相器移相后送至每一个天线单元，向空中辐射，使天线波束指向预定方向；接收时，N 个天线单元收到的回波信号，分别经过移相器移相，经功率相加网络，实现信号相加，然后送接收机。发射和接收信号的转换依靠收/发开关实现。由原理图可见，它的天线系统是一个多通道系统，包括多个天线单元通道，每一通道中均包含移相器。

以下分别简要介绍一维线性阵列（简称线阵）和平面阵列方向图形成的基本原理。假设一个线性阵列由 N 个阵元组成，如图 1.14 所示。

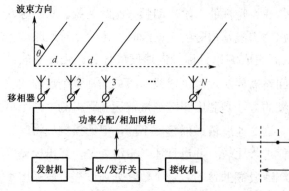

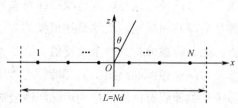

图 1.13　相控阵跟踪测量雷达工作原理图　　图 1.14　具有 N 个阵元的线性阵列

图 1.14 中，阵元是均匀间隔的，相邻阵元的间距为 d，阵列的总长是 L，有 $L = Nd$，阵元的中心位于坐标原点 $x = 0$，那么阵元的位置可以表示为

$$x_n = \left(n - \frac{N+1}{2} \right) d, \quad n = 1, 2, \cdots, N \tag{1.1}$$

假设每个阵元上的复电压记为 A_n，一个从 θ 方向入射到阵列上的信号由每个阵元接收后进行相干叠加形成合成信号。相干叠加后的电压公式为

$$AF = \sum_{n=1}^{N} A_n e^{j \frac{2\pi}{\lambda} x_n \sin\theta} \tag{1.2}$$

式（1.2）中，λ 表示波长，AF（Array Factor）为阵列因子（或阵因子），它描述了 N 个阵元的空间响应。

阵列中每个阵元的方向图描述了该阵元的空间响应。对阵元方向图进行建模时，往往采用余弦函数的乘方形式来表示，其指数称为阵元因子 EF（Element Factor）。阵元方向图 EP（Element Pattern）的公式如下

$$EP = [\cos(\theta)]^{EF} \tag{1.3}$$

整个阵列的合成方向图表达式可以通过方向图乘法定理得到，即由阵元方向图 EP 和阵因子 AF 的乘积得到。采用方向图乘法定理计算的前提是假设阵列中每个阵元的特性是一致的，这在大型相控阵跟踪测量雷达中一般都可认为是成立的。

由方向图乘法定理可以得到 N 个阵元组成的阵列方向图公式，即

$$F(\theta) = EP \cdot AF = [\cos(\theta)]^{EF} \cdot \sum_{n=1}^{N} A_n e^{j \frac{2\pi}{\lambda} x_n \sin\theta} \tag{1.4}$$

当 $\theta = 0°$ 时，式（1.4）有最大值。由于一维线性阵列具有波束扫描的能力，因此它在扫描位置上也能获得合成波束的最大值。

将扫描角记为 θ_0。当阵列进行波束扫描时，需要对每个阵元的相位或时间延迟进行调整。在式（1.2）中将每个阵元的口径分布展开为复电压的形式 $A_n = a_n e^{j\Phi_n}$，则该式变为

$$AF = \sum_{n=1}^{N} a_n e^{j\Phi_n} e^{j \frac{2\pi}{\lambda} x_n \sin\theta} \tag{1.5}$$

当 $\Phi_n = -\frac{2\pi}{\lambda} x_n \sin\theta_0$ 时，阵列因子在 θ_0 位置具有最大值，式（1.5）可以表示为

$$AF = \sum_{n=1}^{N} a_n e^{j \left(\frac{2\pi}{\lambda} x_n \sin\theta - \frac{2\pi}{\lambda} x_n \sin\theta_0 \right)} \tag{1.6}$$

通过适当改变每个阵元激励信号的相位，就可以达到改变一维线阵波束指向的目的，而不需要通过机械运动来控制阵列的波束指向。整个阵列的方向图可以

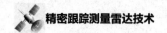
表示为

$$F(\theta) = \mathrm{EP} \cdot \sum_{n=1}^{N} a_n \mathrm{e}^{\mathrm{j}\left(\frac{2\pi}{\lambda} x_n \sin\theta - \frac{2\pi}{\lambda} x_n \sin\theta_0\right)} \tag{1.7}$$

电扫主要采用相位扫描（相扫）的方式实现。每个阵元都具有一个移相器，其相位变化是频率和扫描角度的函数。移相器的一个重要特性就是它们的相位延迟被设计为关于频率的常数。

平面阵列（Planar Array）天线是指天线单元分布在平面上，天线波束在方位与俯仰两个方向上均可进行相扫的阵列天线。目前，大多数远程、超远程跟踪测量雷达均采用平面相控阵天线。出于各种考虑，一个平面相控阵天线可以分解为多个子平面相控阵天线或分解为多个线阵。平面相控阵天线中各天线单元可按矩形网格排列，也可按三角形网格排列，后者可看成由两个单元间距较大的按矩形网格排列的平面相控阵天线组成。

实际应用中，绝大多数阵列都是二维阵列，一维线阵的理论同样能够扩展到二维应用场合。图1.15是一个 $M \times N$ 的二维平面阵列阵元位置图，天线阵列的阵元位于 xy 平面上，x, y 方向阵元的间距分别为 d_x, d_y。设辐射方向为 z 的正方向，即指向纸面外方向。这种坐标方向通常称为天线阵面坐标系。每个阵元都有一个移相器或时延器，从而能够进行波束扫描，同时阵元后面的功率合成网络能够对阵元的信号进行相干叠加。

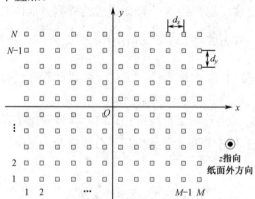

图 1.15　二维平面阵列阵元位置图

2. 相控阵跟踪测量雷达主要技术[8]

有关相控阵跟踪测量雷达系统的理论、实现和应用的技术称为相控阵跟踪测量雷达技术，包括相控阵阵列天线（简称相控阵天线）的理论分析，天线波束指向与形状的快速变化，高功率发射信号的产生、放大与多通道接收信号的处理等技术，相控阵跟踪测量雷达信号能量资源与时间资源管理也是相控阵跟踪测量雷达技术中的重要研究内容。

在相控阵跟踪测量雷达技术中，相控阵天线理论是一个重要内容。它主要研究相控阵天线辐射方向图的综合、阵元间互耦的影响及其降低方法、宽角扫描匹配方法、相控阵天线扫描角的扩大、天线副瓣电平的降低、相控阵天线工作带宽的增加、多波束形成方法及自适应天线方向图的形成等。相控阵天线是一种多通道系统，因此有关其中的馈电网络的理论分析与设计技术是相控阵天线技术中的另一个重要内容，损耗低、耐高功率、大带宽与天线阵元匹配良好的馈电网络是实现相控阵天线的一个关键。具有宽的阵元方向图、互耦小、匹配好的宽带天线单元和低损耗、耐高功率、体积小、质量小、成本低、易控制、开关时间短、相位精度高、稳定性好的移相器是实现相控阵天线的关键部件。

随着高功率固态微波器件和单片微波集成电路（Monolithic Microwave Integrated Circuit，MMIC）的出现，每个天线单元通道中可以设置一个固态发射/接收组件（T/R 组件），使相控阵天线变为有源相控阵天线。与固态 T/R 组件相关的技术成了相控阵跟踪测量雷达技术发展的一个重要方向。

相控阵技术发展的另一个重要方向，在于相控阵跟踪测量雷达的数字化程度。随着超大规模数字/模拟（Digital/Analog，D/A）集成电路的高速发展，相控阵天线的数字化程度得到提高，出现了数字波束形成（Digital Beam Forming，DBF）技术，使相控阵接收天线可以自适应形成多个接收波束。相控阵天线理论与信号处理技术的结合，极大地丰富了相控阵雷达的应用范围。

相控阵跟踪测量雷达的多目标搜索、跟踪与多功能一体化能力，是提升相控阵跟踪测量雷达军用价值的重要技术手段。利用波束快速扫描能力，合理安排跟踪测量雷达搜索工作方式、跟踪方式之间的时间交替及其信号能量的分配与转换，可以适用于目标搜索、目标确认、跟踪起始、目标跟踪、跟踪丢失处理等不同的工作状态；可以在维持多目标跟踪的前提下，继续维持对一定空域的搜索能力；有效地解决了对多批、高速、高机动目标的跟踪问题；能按照雷达工作环境的变化，自适应调整工作方式，按照目标 RCS 的大小、目标距离的远近，以及目标重要性或目标威胁程度等改变跟踪测量雷达工作方式并进行跟踪测量雷达信号的能量分配。

1.3　跟踪测量雷达目标角度测量与跟踪方法

通过测量目标回波到达跟踪测量雷达的角度，跟踪测量雷达可测出目标的方向（角）。

在搜索雷达中，雷达的测角是利用其辐射（和接收）带有方向性的天线来实现的。当接收到的信号最大时，天线所指的方向就是目标的方向。天线孔径越大（相对于工作波长的比值），则其天线波束的方向性越强、波束越窄，即测角精度越高。但一般来说，这种利用波束最大值进行测角的方法，所得到的精度较低。

目标回波入射波的方向也可以通过测量两个分立接收天线信号的相位差来得出。这就是干涉仪测角的原理，也是比相单脉冲测角的基础。同样，入射波的方向也可以通过测量两个分立接收天线（或同一天线两个倾斜波束）信号的幅度差来得到，这是波瓣转换、圆锥扫描及比幅单脉冲测角的基础。同样重要的是，这种反映目标角位置的相位差和幅度差也是跟踪测量雷达能够实施连续跟踪的基础。

跟踪测量雷达对目标角度跟踪的原理同一般自动控制系统功能一样，包括角位置误差提取、误差处理、角伺服系统驱动与角位置数据传感等。跟踪测量雷达通过天线波束提取目标角位置偏离误差的方法大体上分为三种，即波束转换法、圆锥扫描法和单脉冲法。这三种方法通常又叫作波束转换技术、圆锥扫描技术和单脉冲技术。这种不同的角位置误差测量方法决定了跟踪测量雷达的不同体制，因而采用这些不同方法的跟踪测量雷达又分别称为波束转换跟踪测量雷达、圆锥扫描跟踪测量雷达和单脉冲跟踪测量雷达。

1.3.1 波束转换技术

跟踪测量雷达对目标进行角度跟踪，最早采用波束转换技术。它是通过快速地把天线波束从天线指向轴的一边转换到另一边来检测目标相对于天线轴的位置偏离量。

该方法的原理可由图 1.16 来说明。一个可以通过某种控制（例如，相位控制），从天线轴向两边提供两个波束位置的单波束天线，通过控制可以快速地使天线波束在位置 A 和位置 B 来回转换。雷达示波器并排地显示出这两个波束位置时的视频回波。当目标位置处在天线轴上时，波束位置 A 和波束位置 B 的目标回波视频脉冲幅度相等 [如图 1.16（a）所示]（这里假定波束形状对称，两个波束位置偏离天线轴线角度相等）；当目标位置偏离天线轴线时，则两个波束位置上的目标回波视频脉冲幅度不等 [如图 1.16（b）所示]。跟踪测量雷达操作员可根据示波器上观察到的这种差别的大小及其方向，控制天线转动以保持两个位置上的回波视频脉冲近于相等，由此构成一个人工参与的闭合跟踪回路。

最初采用波束转换角跟踪体制的典型例子是美国 20 世纪 40 年代的 SCR-268 雷达。其优点是设备相对简单，但其角跟踪精度较差，且难适应对快速目标的跟踪。

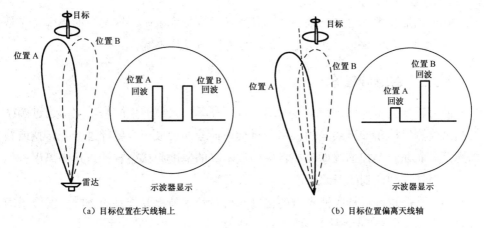

（a）目标位置在天线轴上　　　　　　　　　　　（b）目标位置偏离天线轴

图 1.16　在一个坐标中通过转换波束位置测量角度偏移

1.3.2　圆锥扫描技术

圆锥扫描技术由波束转换技术发展而来，即由波束来回转换改变为波束围绕天线轴线连续旋转，来获得目标偏离天线轴线的角位置误差信号。由这个误差信号驱动角伺服系统把天线向减小误差的方向转动，从而实现对目标的角跟踪。

圆锥扫描跟踪技术的典型情况如图 1.17 所示。通过馈源以天线轴线为中心做机械旋转，使得所形成的天线波束环绕天线轴线进行圆锥扫描［如图 1.17（a）所示］。当目标处于天线轴线上时，波束旋转一周，目标回波脉冲幅度不变；当目标偏离轴线时，波束旋转一周接收到的目标回波脉冲的幅度大小形成一个周期性的变化［如图 1.17（b）所示］。这个输出视频脉冲包络调制则包含了目标角度偏离的误差信息。其包络调制的幅度正比于角偏离的大小，而其相对于波束扫描的相位则表示角偏离的方向。

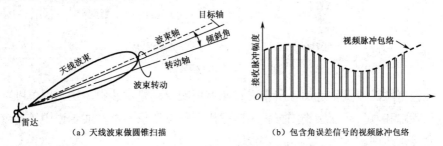

（a）天线波束做圆锥扫描　　　　　　（b）包含角误差信号的视频脉冲包络

图 1.17　圆锥扫描跟踪技术

在圆锥扫描跟踪测量雷达中，馈源的扫描运动可以是旋动的，也可以是章动的。旋动馈源在做圆周运动时会导致极化的旋转，而章动馈源在扫描时则保持极化面不变。在一些小型圆锥扫描跟踪测量雷达中，也有让反射面（而不是馈源）倾斜并做旋转来实现圆锥扫描的。

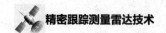

圆锥扫描技术的主要局限性在于其跟踪精度受到限制，这其中的原因首先是由于它对回波起伏敏感，其次是其最远跟踪距离受到限制。

1.3.3　单脉冲技术

波束转换技术和圆锥扫描技术均是建立在单一天线波束的基础上，通过顺序扫描来检测目标角偏离误差的。由于目标角误差的形成至少要经过一个转换或扫描周期，而在一个扫描周期内，目标回波本身的幅度起伏会被计入角偏离误差信息，从而使这种体制的跟踪精度受到较大限制。

为了克服这种目标回波本身的幅度起伏对角误差提取带来的影响，发展了同时多波束体制的角跟踪技术，即单脉冲技术。

典型的单脉冲天线是在一个角平面上的天线轴线两边同时各产生一个偏置波束［如图 1.18（a）所示］并且对称于天线轴线，即波瓣 A 和波瓣 B。这样两个天线波束同时接收处于轴线附近目标的回波信号，通过两个波束接收信号的比较，所产生的误差信号即包含了目标的角偏离信号。由于它能在单独一个脉冲内得到完整的角误差信息［如图 1.18（b）所示］，因此，人们便称其为单脉冲技术。当然，单脉冲技术也可用于搜索雷达。

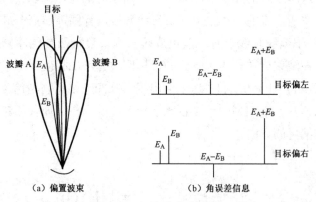

图 1.18　幅度比较单脉冲

在精密跟踪测量雷达中，特别是在高精度跟踪测量雷达中，均采用单脉冲技术进行跟踪和测量。而圆锥扫描技术一般用于精度要求不高，或者说中等精度的跟踪测量雷达中。

1.4　雷达目标距离测量与跟踪方法

在脉冲跟踪测量雷达中，通过跟踪测量雷达信号往返目标的时间，即可测出跟踪测量雷达到目标的距离。在远距离和不利的气象条件下，其他类型的传感器都很难达到跟踪测量雷达的测距精度。在合适的条件下，跟踪测量雷达的测距精度可以达到厘米量级甚至毫米量级。

为了测量目标距离或者为了提高距离测量的精度，通常采取的方法包括：

（1）脉冲法。利用目标回波脉冲与发射脉冲的包络相对延迟，来测量目标的距离。通常的脉冲跟踪测量雷达采用这种方法。

（2）频率法。利用频率调制信号，比较回波信号频率与发射信号的频率相对变化量来测量目标距离。通常的调频连续波跟踪测量雷达利用这种方法测距。

（3）相位法。相位法测距一般用于连续波跟踪测量雷达，通过比较接收回波与发射信号的相对相位差来测量目标距离。

下面简述跟踪测量雷达目标距离测量与跟踪的方法。

1.4.1　目标距离与回波延迟

跟踪测量雷达工作时，发射机经天线向空间发射一串有一定重复周期的射频信号。如果在电磁波传播路径上有目标存在，那么跟踪测量雷达就可以接收到由目标反射回来的回波。由于回波信号往返于跟踪测量雷达与目标之间，目标到雷达站的距离 R 与回波相对于发射信号的延迟时间成正比，即

$$t_{R} = \frac{2R}{c} \tag{1.8}$$

$$R = \frac{1}{2}ct_{R}$$

式（1.8）中，c 为无线电波在均匀介质中的直线传播速度，约等于光速。

求解测量目标到雷达站的距离 R，实际上是精确测量回波与发射信号的延迟时间 t_{R}，然后换算成目标距离 R。

如上所述，根据跟踪测量雷达发射信号的不同，测定延迟时间 t_{R} 通常可以采用脉冲法测距、频率法测距和相位法测距三种方法。

1.4.2　脉冲法测距

在实际的脉冲跟踪测量雷达系统中，目标检测首先是建立在目标分辨的基础上。在角度上用一个天线波束在角度维上搜索，或者同时多波束搜索。在距离维上用一个时间门（又称距离门）在规定距离范围内搜索，或者同时多波门搜索。一般将波束、波门定为跟踪测量雷达的分辨单元。

跟踪测量雷达目标检测的过程就是在某一波束位置上的某个距离（时间）波门内判定其接收机输出信号是仅为噪声，还是目标回波信号加噪声。若是后者，则判定为发现目标。目标距离测量则是建立在目标检测发现的基础上，一旦在某个时间波门位置被判为目标出现，则认为该目标的距离参数就在该距离（时间）

门的尺度之内。该时间门相对于跟踪测量雷达发射时刻的延迟量（在现代跟踪测量雷达中，通常用数字计数来表示），也就作为该目标相应的距离测量值。

显然，这种测量的精度不会太高，与距离门尺寸（脉冲宽度）的量级差不多。通常在测量精度要求不高的搜索雷达中采用这种距离测量方法。

由于距离门方法所能得到的距离测量估计值的精度接近于距离分辨单元，比较差，所以为了进一步精确，系统应当产生一个与上述粗略延迟估计同目标实际延迟之差成比例的响应。为了构造这种响应，人们很直观地想到了前、后波门方法，即在回波脉冲周期内同时产生两个并列的波门，一个前波门，一个后波门。若回波脉冲的时间位置正好处于两个波门的中间，则在两个距离门中输出的信号能量相等。如果将其相减，则为零；若回波脉冲的时间位置偏离两个波门的中间，则两波门输出的信号能量相减不为零，其大小与时间位置偏离的大小成正比。这样就进一步精确了距离测量值，如图 1.19 所示。

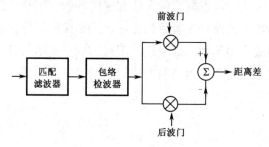

图 1.19 前、后波门距离跟踪

从本质上讲，前、后波门相当于单脉冲测角技术中的两个差波束，从而大大提高了测量灵敏度。所以有时又把这种前、后波门法称为测距的单脉冲技术。

这种前、后波门方法不仅构成了一种距离精确测量的方法，而且，也正是利用这种回波与前、后波门中心偏差所得到的误差量构成了距离自动跟踪方法的基础。

1.4.3 频率法测距

在调频连续波跟踪测量雷达中，通过对发射信号进行频率调制，可以使其具备测距能力，这种通过频率测量来测目标距离的原理如图 1.20 所示。

图 1.20（a）表示一个线性调频（Linear Frequency Modulation，LFM）信号，粗实线代表发射信号频率与时间的关系，虚线表示从固定目标反射的回波信号与时间的关系。如果目标距离为 R，则回波将在 $t_R = 2R/c$ 后到达，当回波信号与发射信号差拍时，则产生差拍频率（差频）f_b，即

$$f_b = \left(\frac{df_0}{dt}\right)t_R = \frac{2R}{c}\left(\frac{df_0}{dt}\right) \tag{1.9}$$

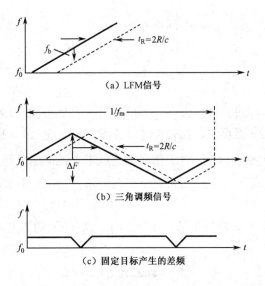

（a）LFM信号

（b）三角调频信号

（c）固定目标产生的差频

图 1.20　频率法测距技术

式（1.9）中，$\dfrac{\mathrm{d}f_0}{\mathrm{d}t}$ 为连续波载频的变化率。因此通过测量收/发信号的差拍频率即可测量出目标距离。

图 1.20（b）表示一个实际应用的三角调频信号，调频范围为 ΔF。图 1.20（c）表示在这种信号情况下，一个固定目标距离产生的差频 f_b，即

$$f_b = \frac{2R}{c} 2 f_m \Delta F \tag{1.10}$$

式（1.10）中，f_m 为调频重复频率，ΔF 为调频范围。

这样，差拍频率 f_b 的测量就确定了目标距离 R，即

$$R = \frac{f_b c}{4 f_m \Delta F} \tag{1.11}$$

上述调频测距的原理是基于固定目标的。当目标运动时会产生附加的多普勒频率，从而导致差拍频率测量误差。不过，这种情况可以在一定范围内进行修正，如对多个调频周期的差频进行平均。

1.4.4　相位法测距

相位法测距一般用于连续波雷达。假设连续波雷达发射单载频信号 $\sin(2\pi f_0 t)$（f_0 为发射载频，不考虑它的幅度，原理上对结果分析无影响），信号到达一个距离跟踪测量雷达 R 处的目标并经 $t_R = 2R/c$ 时间返回跟踪测量雷达，则返回的回波信号为 $\sin[2\pi f_0(t + t_R)]$。如果发射信号和回波信号在一个检相器里直接比相，输出将是两者的相位差，即

$$\Delta\phi = 2\pi f_0 t_R = 4\pi f_0 R / c \tag{1.12}$$

式（1.12）中，c 为光速。由此即可利用此相位差来测距，即

$$R = \frac{c\Delta\phi}{4\pi f_0} = \frac{\lambda}{4\pi}\Delta\phi \tag{1.13}$$

式（1.13）中，λ 为波长。然而，由于测量得到的相位为取模 2π 后的数据，所以只有当 $\Delta\phi$ 不超过 2π 弧度时，相位差才是不模糊的。把 $\Delta\phi = 2\pi$ 代入式（1.13），得到最大不模糊距离为 $\lambda/2$，对于任何雷达频率来说，这显然都是没有实际用处的。所以式（1.13）还不能直接用来测量距离。下面给出用双频率相位法来消除相位多值性的测距法。

假设发射信号为含有两个频率间隔为 $f_1 - f_2 = \Delta f$ 的正弦波，不考虑其幅度大小的表达式为

$$\begin{cases} A_{1T} = \sin(2\pi f_1 t + \phi_1) \\ A_{2T} = \sin(2\pi f_2 t + \phi_2) \end{cases} \tag{1.14}$$

式（1.14）中，ϕ_1 和 ϕ_2 是任意的（常数）相位，下标 T 表示发射信号。回波信号的时延将会发生偏移，偏移后的信号可分别写成为

$$\begin{cases} A_{1R} = \sin\left[2\pi(f_1 \pm f_{d1})t - \dfrac{4\pi f_1 R_0}{c} + \phi_1 \right] \\ A_{2R} = \sin\left[2\pi(f_2 \pm f_{d2})t - \dfrac{4\pi f_2 R_0}{c} + \phi_2 \right] \end{cases} \tag{1.15}$$

式（1.15）中，R_0 为 $t = t_0$ 时刻目标距离跟踪测量雷达的距离，下标 R 表示接收信号，f_{d1} 和 f_{d2} 分别为与载频 f_1 和 f_2 相对应的多普勒频率偏移（频移），下标 d 表示多普勒。由于两个射频频率 f_1 和 f_2 相当接近（$f_1 - f_2 = \Delta f \ll f_2$），多普勒频移 f_{d1} 和 f_{d2} 接近相等，由此可以写为 $f_{d1} = f_{d2} = f_d$。超外差式接收机可以分别提取这两个频率信号，即

$$\begin{cases} A_{1D} = \sin\left(2\pi f_d t - \dfrac{4\pi f_1 R_0}{c} \right) \\ A_{2D} = \sin\left(2\pi f_d t - \dfrac{4\pi f_2 R_0}{c} \right) \end{cases} \tag{1.16}$$

式（1.16）中，下标 D 表示超外差处理后的信号。两者之间的相位差为

$$\Delta\phi = \frac{4\pi(f_1 - f_2)R_0}{c} = \frac{4\pi\Delta f R_0}{c}$$

$$R_0 = \frac{c\Delta\phi}{4\pi\Delta f} \tag{1.17}$$

把 $\Delta\phi = 2\pi$ 代入式（1.17），此时的最大不模糊距离 R_{unamb} 变为

$$R_{\text{unamb}} = \frac{c}{2\Delta f} \tag{1.18}$$

双频连续波跟踪测量雷达只可以测量单目标，因为每次它只能测量一个相位差。如果出现多个目标，回波信号处理将会变得复杂，测量的相位将是不确定的。

双频连续波跟踪测量雷达存在着提高测距精度与增大最大不模糊距离之间的矛盾。由此又引入了多频连续波测距体制，对此不做过多介绍，本节只对相位测距的原理做阐述。

1.5　目标速度的测量与跟踪方法

用跟踪测量雷达对目标运动速度进行测量有以下 4 种方法。

（1）对目标距离进行连续测量，从而获得的其距离变化率，即是目标的径向速度。这种方法简单且无速度模糊，但其测量精度受测距精度影响，一般测量误差较大。

（2）高重复频率脉冲信号的回波多普勒频移测量。根据多普勒频移计算目标径向速度。该方法测速精度较高，且无速度模糊，但在距离上存在高度模糊。

（3）中、低重复频率脉冲信号的回波多普勒频移测量。该方法一般既存在速度模糊，又存在距离模糊。

（4）连续波信号回波的多普勒频移测量。仅对于测速来讲，这是最理想的方法，因为精度高，无模糊，但存在着距离测量上的难题。

无论哪种方法，速度测量都需要时间。理论上，相干观测目标的时间越长，测速的精度就越高。

同距离的前、后波门跟踪测量方法一样，用多普勒滤波器组前、后滤波器（细谱线测量）的方法可进一步提高速度测量精度，且提供了目标速度自动跟踪的基础。

当目标相对于跟踪测量雷达在径向上运动时，接收回波的频率 f_r' 与发射波频率 f_0 相比会有变化，这种变化即是多普勒频率，通常以 f_d 表示，并且

$$f_d = f_r' - f_0 = \frac{-2vf_0}{c+v} \approx \left(\frac{-2v}{c}\right)f_0 = \frac{-2v}{\lambda} \tag{1.19}$$

式（1.19）中，v 为目标径向速度，c 为光速。式（1.19）的近似情况是假定目标速度远慢于光速，这是符合实际情况的。另外，当目标远离时，多普勒频率为负，反之为正。

可以很容易得到目标的径向速度 v，即

$$v = \frac{\lambda}{2}f_d \tag{1.20}$$

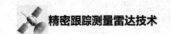

因而通过对多普勒频率 f_d 的测量，即可得到目标的径向速度值。

如前所述，速度数据也可以通过其他方法得到，如通过对距离数据微分来获取目标的速度测量值，但其测量精度远低于多普勒频率测量的精度。当然，在某些精度要求不高的情况下，也采用距离微分的方法，或者用这种距离微分的数据来消除细谱线测量带来的模糊度。

1.5.1 连续波多普勒速度测量与跟踪

连续波多普勒测速系统具有测速精度高，且无测速模糊的特点，因而是测速的理想方法。但是，通常连续波跟踪测量雷达为了同时实现对目标距离的测量，需要对连续波进行快速调频。为了确保速度的无模糊测量，其调频频率必须比目标可能的最高多普勒频率高 1 倍以上，否则就会产生盲速和模糊。

连续波多普勒频率（速度）的测量和跟踪通常是由锁相接收机来完成的。

1.5.2 脉冲多普勒速度测量与跟踪

由频谱分析的基本理论可知，脉冲跟踪测量雷达发射信号的频谱由位于载频 f_0 和边带频率 $f_0 \pm if_r$ 上的若干离散谱线构成。其中，f_r 为脉冲重复频率（简称重频），i 为正整数。其频谱的包络由脉冲的形状决定。对于常用的矩形脉冲，其频谱的包络为 $\sin(x)/x$。因此，对于脉冲跟踪测量雷达而言，如果目标的最快速度为 $\pm v_{max}$，若想在速度上进行无模糊测量，则跟踪测量雷达的 f_{rmin} 为

$$f_{rmin} = 4v_{max} / \lambda \qquad (1.21)$$

若想在距离上进行无模糊测量，则跟踪测量雷达的 f_{rmin} 为

$$f_{rmin} = c/(2R) \qquad (1.22)$$

因此，脉冲跟踪测量雷达多普勒速度测量与跟踪可以分为 3 种情况进行处理。

一是无模糊速度测量情况，即要求 $f_r \geqslant 4v_{max} / \lambda$。例如，一部 X 波段的跟踪测量雷达要无模糊跟踪测量一个 300m/s 速度的目标，则其 f_r 必须大于 40kHz；一部 C 波段的跟踪测量雷达跟踪测量一个 10km/s 速度的目标，则其 f_r 必须大于 800kHz。这就是说跟踪测量雷达必须是高重频的，因而其距离测量是高度模糊的。跟踪测量雷达需要采取措施消除距离测量的模糊度。

二是无距离模糊测量情况，即要求重频 $f_r \leqslant \dfrac{c}{2R}$。例如，一部测量距离为 300km 的跟踪测量雷达，其 f_r 必须小于 500Hz，因而其速度测量是高度模糊的。这是低重频跟踪测量雷达的情况。

三是重频处于上述两者之间的情况，即中重频，可以同时进行距离和速度测

量，但均为模糊测量。这种情况下需同时采取措施消除速度模糊和距离模糊。脉冲多普勒速度的测量与跟踪通常由频谱分析和细谱线跟踪滤波器完成。

参考文献

[1]　SKOLNIK M I. Introduction to Radar System[M]. New York: McGraw-Hill, 1980.

[2]　SKOLNIK M I. Radar Handbook[M]. 2nd ed. New York: McGraw-Hill Company, 1990.

[3]　BARTON D K, LEONOV S A. Radar Technology Encyclopedia[M]. London: Artech House, 1997.

[4]　BARTON D K. Modern Radar System Analysis[M]. Norwood: Artech House, 1988.

[5]　BARTON D K. Radar System Analysis[M]. Norwood: Artech House, 1977.

[6]　张光义，赵玉洁. 相控阵雷达技术[M]. 北京：电子工业出版社，2006.

[7]　张祖稷，金林，束咸荣. 雷达天线技术[M]. 北京：电子工业出版社，2005.

[8]　张光义. 相控阵雷达原理[M]. 北京：国防工业出版社，2009.

[9]　王小谟，张光义，王德纯. 雷达与探测[M]. 北京：国防工业出版社，2001.

[10]　张光义，王德纯，华海根，等. 空间探测相控阵雷达[M]. 北京：科学出版社，2002.

[11]　RIHACZEK A W, HERSHKOWITZ S J. Theory and Practice of Radar Target Indentification[M]. Norwood: Artech House, 2000.

第 2 章
雷达跟踪测量理论基础

本章主要介绍雷达对目标进行精密跟踪测量的理论基础。搜索雷达以检测概率和虚警概率来确定雷达方程中的信噪比，而跟踪测量雷达则是以确保高测量精度为条件进行跟踪来确定雷达方程中的信噪比，这就是本章首先讨论的跟踪测量雷达方程。然后，本章对跟踪测量雷达目标参数的理论测量精度进行讨论，给出在高斯白噪声条件下，跟踪测量雷达的角度、距离、径向速度和目标雷达截面积等参数的理论测量精度表达式，说明提高跟踪测量雷达目标参数测量精度的基本途径。并基于统计理论给出跟踪测量雷达搜索、截获和跟踪方式的设计基础。随着跟踪测量雷达技术的发展，除角度、距离等参数测量外，跟踪测量雷达还可实现对目标宽带、极化等特性的测量，因此本章最后对目标特性及其测量方法进行讨论。

2.1　跟踪测量雷达方程

为了方便不同的应用，人们常常把经典的雷达方程转换成不同应用条件下的雷达方程，如搜索雷达方程、跟踪测量雷达方程、成像雷达方程等。跟踪测量雷达方程是以跟踪测量精度为基础来计算雷达作用距离的。下面将叙述不同情况下的跟踪测量雷达方程。

2.1.1　概述

雷达方程，有时又叫雷达距离方程、雷达探测距离方程，或雷达作用距离方程。它是用来预测或估算雷达的最大作用距离的一个数学方程。

雷达方程包含雷达系统、环境和目标的各种参数，其中有些参数的定义是相互依赖、相互转换的，因此在不同的假设或约定下，雷达方程的形式不同。读者在应用这些雷达方程时，需注意其条件、假设和约定。另外，对于不同的侧重点或不同的应用，也会有不同的雷达方程表示形式。但不管什么形式，其基本的探测机理是相同的。

对于担负一定空域监视警戒任务的搜索雷达，其作用距离估算，或者该系统的参数设计主要是要在给定搜索时间内搜索完成给定空域的条件下，系统能以规定的检测概率和虚警概率尽早地发现目标，因此在进行搜索雷达系统设计时，往往把基本雷达方程转化成搜索雷达方程形式。

跟踪测量雷达则不同。设计跟踪测量雷达作用距离的目标是在确保规定的目标跟踪测量精度的条件下，满足跟踪测量雷达系统对目标进行连续跟踪的最远跟踪测量距离。换句话说，跟踪测量雷达作用距离的设计关心的是满足给定目标测量精度的最远跟踪距离。

还有一点需要指出的是，跟踪测量雷达的跟踪距离除了与雷达方程中各参数有关，还与跟踪测量雷达的跟踪回路设计有关。良好的跟踪回路的设计与实现，可以使系统能在单个脉冲信噪比很低（甚至 0dB 以下）的情况下实现对目标的连续跟踪。

下面首先讨论基本雷达方程，然后给出反射式跟踪测量雷达方程、应答式跟踪测量雷达方程及信标式（无源）跟踪测量雷达方程。

2.1.2　基本雷达方程

由文献[1]可知，在自由空间条件下，单站雷达作用距离方程为

$$R = \left[\frac{P_t G_t G_r \lambda^2 \sigma}{(4\pi)^3 k T_s B_n (S/N)_{in} L_s} \right]^{1/4} \tag{2.1}$$

式（2.1）中，R 为目标与雷达之间的距离，P_t 为发射信号峰值功率，G_t 为发射天线功率增益（简称发射增益），G_r 为接收天线功率增益（简称接收增益），λ 为雷达工作波长，σ 为目标的雷达散射截面积（简称雷达截面积），k 为玻尔兹曼常量（1.38×10^{-23}W·s/K），T_s 为接收系统噪声温度，B_n 为接收系统等效噪声带宽，$(S/N)_{in}$ 为输入信号噪声功率比（简称输入信噪比），L_s 为系统损失。

当天线的收/发增益相同时，则可写为

$$R = \left[\frac{P_t G^2 \lambda^2 \sigma}{(4\pi)^3 k T_s B_n (S/N)_{in} L_s} \right]^{1/4} \tag{2.2}$$

式（2.2）中，P_t 和 $kT_s B_n$ 以 W 为单位，λ 以 m 为单位，σ 以 m² 为单位，R 以 m 为单位，G、L_s 和 $(S/N)_{in}$ 则无单位。

值得注意的是，式（2.2）的分母中有带宽 B_n，可能会被误解为信号带宽越宽，则作用距离越近。这显然不对，因为 B_n 和输入信噪比 $(S/N)_{in}$ 是相关的。当用匹配滤波器的输出信噪比来表示时，则该方程不包含带宽（后面将要讨论）。

对于时宽（脉冲在时域的宽度）为 τ 的脉冲信号一般接收系统带宽取为

$$B = \frac{1}{\tau} \tag{2.3}$$

则式（2.2）可写为

$$R = \left[\frac{P_t \tau G^2 \lambda^2 \sigma}{(4\pi)^3 k T_s (S/N)_{in} L_s} \right]^{1/4} \tag{2.4}$$

对于脉冲宽度为 τ、带宽为 B 的宽带信号 $\tau B \gg 1$ 的跟踪测量雷达，当跟踪测量雷达接收系统与该信号相匹配（即匹配滤波器）时，由匹配滤波器理论可知，其输出响应的峰值瞬时信号与平均噪声功率之比为两倍于接收回波信号能量 E 对单位带宽的噪声功率 N_0 之比，即

$$\left(\frac{\hat{S}}{N}\right)_{\text{out}} = \frac{2E}{N_0} \tag{2.5}$$

在脉冲宽度 τ 内，平均功率为 S 的接收信号在匹配滤波器接收机输出端产生的峰值信噪比为

$$\left(\frac{\hat{S}}{N}\right)_{\text{out}} = \frac{2S\tau}{N/B_{\text{n}}} \tag{2.6}$$

式（2.6）中，N 是匹配滤波接收系统等效噪声带宽 B_{n} 内的实际输入噪声功率。现在可以用峰值输出信噪比 $(\hat{S}/N)_{\text{out}}$ 来表示输入信噪比 $(S/N)_{\text{in}}$，则有

$$(S/N)_{\text{in}} = \frac{1}{2\tau B_{\text{n}}}\left(\frac{\hat{S}}{N}\right)_{\text{out}} \tag{2.7}$$

由此可得匹配滤波器接收系统的信噪比得益为

$$\frac{(S/N)_{\text{out}}}{(S/N)_{\text{in}}} = \frac{\frac{1}{2}(\hat{S}/N)_{\text{out}}}{(S/N)_{\text{in}}} = \frac{\frac{1}{2}(2S\tau B_{\text{n}}/N)}{(S/N)_{\text{in}}} \tag{2.8}$$

$$= \frac{(S/N)_{\text{in}}\tau B_{\text{n}}}{(S/N)_{\text{in}}} = \tau B_{\text{n}}$$

式（2.8）中，$(S/N)_{\text{out}}$ 为平均输出信噪比，它的值是峰值输出信噪比的一半。若用 S/N 表示平均输出信噪比 $(S/N)_{\text{out}}$，则有

$$(S/N)_{\text{in}} = \frac{1}{\tau B_{\text{n}}}(S/N) \tag{2.9}$$

代入式（2.2），即可得匹配滤波接收系统的雷达方程为

$$R = \left[\frac{P_{\text{t}}\tau G^2\lambda^2\sigma}{(4\pi)^3 kT_{\text{s}}(S/N)L_{\text{s}}}\right]^{1/4} \tag{2.10}$$

这种形式的雷达方程可以看成与信号带宽和接收系统带宽无关，因而对于跟踪测量雷达的作用距离估算特别方便，所以人们又把它称为跟踪测量雷达方程。

这里需要说明的是，与搜索雷达主要用于搜索发现目标的作用距离计算不同，跟踪测量雷达的作用距离主要计算依据是所要求的跟踪精度或保持回路跟踪所需要的最小信噪比；不像搜索雷达那样是依据所要求的检测概率、虚警概率所需的最小信噪比。

另外，跟踪测量雷达通常有 3 种工作模式，即反射式跟踪、应答式跟踪和信标式（无源）跟踪。下面分别给出这 3 种不同工作模式情况下不同的雷达方程形式。

2.1.3　反射式跟踪测量雷达方程

显然，式（2.10）是在反射式跟踪条件下的跟踪测量雷达方程，即

$$R = \left[\frac{P_t \tau G^2 \lambda^2 \sigma}{(4\pi)^3 k T_s (S/N) L_s} \right]^{1/4} \tag{2.11}$$

式（2.11）中对目标的跟踪距离 R 是在一定 S/N 条件下的跟踪距离。这里的 S/N 是由所要求的跟踪测量精度确定的。

2.2 节将要给出，跟踪测量雷达在某一坐标 x（如距离、角度等）上进行跟踪测量，在白噪声条件下，其跟踪的均方根误差 σ_x 为

$$\sigma_x = \frac{X_3}{K_x \sqrt{(S/N)n}} \tag{2.12}$$

式（2.12）中，X_3 为雷达分辨单元在 x 坐标上的半功率宽度，K_x 为雷达跟踪回路在 x 坐标上的跟踪误差斜率，S/N 为单个脉冲信噪比，n 为跟踪回路积累脉冲数，即

$$n = f_r /(2\beta) \tag{2.13}$$

式（2.13）中，f_r 为重频，β 为跟踪回路等效噪声带宽。

当考虑小信号非线性检波效应时，跟踪误差可以由测量坐标 x 的分辨单元的半功率宽度 X_3 归一化表示为[3]

$$\frac{\sigma_x}{X_3} = \frac{\sqrt{\beta t_f}}{K_x \sqrt{1+S/N}} \tag{2.14}$$

式（2.14）中，t_f 为相参处理时间间隔（对于非相参雷达，$t_f = \frac{1}{f_r}$）。因而，确保一定跟踪精度 σ_x 时所需的单个脉冲信噪比为

$$S/N \geqslant \frac{X_3^2 \beta t_f}{\sigma_x^2 K_x^2} - 1 \tag{2.15}$$

由该式根据精度要求计算的 S/N，代入式（2.10），即可计算出在该精度条件下的跟踪距离。这一点与搜索雷达计算作用距离的出发点完全不同。

显然，跟踪测量雷达实际跟踪距离的远近不仅与雷达方程中的各参数有关，而且在很大程度上还取决于跟踪测量雷达各跟踪回路的设计和实现性能的好坏，良好的跟踪系统的设计和实现，可以使跟踪测量雷达对目标一直跟踪到单个脉冲信噪比为零分贝以下而仍不丢失；而当跟踪测量雷达采用了不良的跟踪系统设计和实现时，可能在单个脉冲信噪比的值还比较大时就会丢失跟踪目标，从而使跟踪测量雷达的跟踪距离性能大大降低。

在跟踪测量雷达的设计中，反射式跟踪测量雷达的跟踪距离计算通常有两种形式，即最大跟踪距离计算和保精度跟踪距离计算。其保精度跟踪距离计算的依据通常是跟踪精度要求的信噪比大小（包括单个脉冲信噪比和跟踪回路有效积累的脉冲数），而最大跟踪距离的计算通常采用单个脉冲信噪比为零分贝时的计算

（当然，还要看跟踪系统回路的性能参数）。

2.1.4　应答式跟踪测量雷达方程

应答式跟踪是指跟踪测量雷达通过发射信号触发合作目标上的应答机，然后再由跟踪测量雷达通过接收应答机的应答信号实施对目标的跟踪。

1. 上行作用距离

跟踪测量雷达到应答机的上行作用距离为

$$R = \sqrt{\frac{P_t G_t G_{br} \lambda^2}{(4\pi)^2 SL_{st}}} \tag{2.16}$$

式（2.16）中，P_t 为跟踪测量雷达发射信号峰值功率，G_t 为跟踪测量雷达天线发射增益，G_{br} 为应答机天线的接收增益，λ 为跟踪测量雷达工作波长，S 为应答机接收到的跟踪测量雷达发射信号功率，L_{st} 为上行通道系统损失。

当 S 大于或等于应答机识别灵敏度 S_p 时，式（2.16）中的 $R = R_{max}$ 为最大上行作用距离。

2. 下行作用距离

应答机应答信号在跟踪测量雷达接收系统输出端形成所需求的信噪比时的下行作用距离为

$$R = \sqrt{\frac{P_\alpha G_{\alpha t} G_r \lambda^2}{(4\pi)^2 kT_s B_n (S/N) L_{sr}}} \tag{2.17}$$

式（2.17）中，P_α 为应答机的发射峰值功率，$G_{\alpha t}$ 为应答机天线的发射增益，G_r 为跟踪测量雷达天线的接收增益，B_n 为跟踪测量雷达接收系统的带宽，L_{sr} 为下行通道系统损失。k、T_s 含义同前，S/N 为跟踪测量雷达保精度跟踪所需的信噪比，R 为保精度跟踪的距离。

3. 应答式跟踪距离

取前面上行作用距离和下行作用距离中的较小者作为跟踪测量雷达应答式跟踪距离。

在计算应答式跟踪距离时，除跟踪测量雷达参数外，还必须知道应答机的功率灵敏度、天线增益、发射功率等参数。

2.1.5　信标式跟踪测量雷达方程

信标式跟踪是指跟踪测量雷达发射机不工作，即跟踪测量雷达工作于无源（自己不发射）状态，而跟踪测量雷达跟踪的信号来自合作目标的信标发射，或非

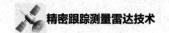

合作目标的辐射。

显然，信标式跟踪测量雷达方程为

$$R = \sqrt{\frac{P_b G_{bt} G_r \lambda^2}{(4\pi)^2 kT_s B_n (S/N) L_s}}$$ （2.18）

式（2.18）中，P_b 为信标机发射功率，G_{bt} 为信标机天线的发射增益，G_r 为跟踪测量雷达天线的接收增益，其他各符号含义同前。

2.2 跟踪测量雷达的基本测量精度

跟踪测量雷达对目标参数测量精度的高低与许多因素有关，如目标的大小、形状、远近及动态，环境（干扰）情况，跟踪测量雷达的探测和测量灵敏度，系统的信号和数据处理方法，系统硬件性能是否理想等。人们可以千方百计减小各种误差、提高测量精度，但存在一个理论极限值，即测量的基本精度。本节将给出这一问题的分析和结果，其他影响因素将在第 4 章讨论。

2.2.1 探测、分辨与测量

跟踪测量雷达的基本任务是对目标的探测（又叫检测）和测量。探测是发现目标的存在，主要的问题是在噪声、杂波和干扰中发现目标；测量则是在发现目标后对目标的各种参数进行估计，以得到所需精度的目标坐标参数和特征参数。这里把目标参数的测量问题叫作参数估值。

在实际的跟踪测量雷达系统中，目标探测（检测）首先要建立在对目标分辨的基础上。

在目标探测时，用天线波束在角度维上搜索，而用距离波门在距离维上搜索，或者用一个多普勒波门在频率域搜索。这里把这些波束、波门称作雷达的分辨单元（当然也可以用同时多波束、并行波门处理，这里先假设单个分辨单元搜索的情况），而跟踪测量雷达探测的过程就是在某个特定的分辨单元（如波束在某一角度上的某个距离门）内判定其信号是噪声还是目标回波信号加噪声，若是后者则判定发现目标，则目标探测任务完成。

目标测量则是建立在目标探测的基础上。一旦在某个特定分辨单元有目标出现，则认为该目标的参数（如角度、距离等）就在该分辨单元的尺度之内。这些已知分辨单元的参数（目标出现时刻的波束角位置、距离的延迟等）也就是该目标坐标参数的粗略估计值。在通常的搜索雷达中，这样也就完成了对目标探测和测量的任务。当然，这种测量的精度较低。

对于要求精确测量目标参数的跟踪测量雷达，这种仅从分辨单元的参数得来的目标参数的粗略估值远不能满足要求，还必须以这些粗略估值作为初始值做进一步处理，才能得到更精确的参数估值。这种进一步的处理就是"估值"和"跟踪"，或者叫跟踪测量，跟踪测量雷达探测到目标后，通过对目标参数的比较和连续跟踪，可以实现对目标参数的精确测量，即使目标在运动变化中也可实现精确测量。

同时，测量问题与探测问题类似，主要是由于噪声存在，而使测量精度有一个基本限度，这个基本限度表明了跟踪测量雷达所能期望达到的最好性能。本节将讨论跟踪测量雷达测量精度的基本限度。这些结果可以为实际系统性能的比较提供一个理论依据。当然，除噪声外，其他一些因素，如杂波、干扰、实际硬件和系统的非理想性能等，都有可能降低跟踪测量雷达的测量精度。

2.2.2 跟踪测量雷达参数测量模型

跟踪测量雷达对目标参数的估值测量是在探测的先验知识和跟踪测量雷达接收波形的基础上进行的。

为了建立一个容易处理的跟踪测量雷达参数估值测量模型，先做如下假设。

假设跟踪测量雷达接收机的频带是有限的，将由目标反射的回波记作 $s_{\mathrm{r}}(t)$，接收机输出的噪声记作 $n(t)$，为带限高斯白噪声；跟踪测量雷达观测到的带限响应记作 $y(t)$，则

$$y(t) = s_{\mathrm{r}}(t) + n(t) \tag{2.19}$$

通常目标参数包括目标延迟、多普勒频率和方向角，这些参数隐含在接收信号中。将这些参数记作 $\theta_1, \theta_2, \cdots, \theta_M$。将这 M 个参数总的定义为一个参数向量 $\boldsymbol{\theta}$，即

$$\boldsymbol{\theta} = (\theta_1, \theta_2, \cdots, \theta_M) \tag{2.20}$$

跟踪测量雷达必须根据在感兴趣的时间间隔内观测到的 $y(t)$ 进行参数估值。下面为观测信号建立一个模型。假设观测时间间隔为脉冲重复周期 T_{r} 的 N 倍，在每个脉冲重复周期内设观测值为每隔 Δt 对 $y(t)$ 抽样的 K 个样值，抽样时间为

$$t_{ik} = (i-1)T + k\Delta t \qquad (i = 1, 2, \cdots, N; \ k = 1, 2, \cdots, K) \tag{2.21}$$

式（2.21）中，t_{ik} 为第 i 个脉冲重复周期内第 k 个抽样时间，下面定义

$$y_{ik} = y(t_{ik}) \tag{2.22}$$

$$s_{rik} = s_{\mathrm{r}}(t_{ik}) \tag{2.23}$$

$$n_{ik} = n(t_{ik}) \tag{2.24}$$

为 $y(t)$、$s_{\mathrm{r}}(t)$、$n(t)$ 在 t_{ik} 时刻的样值，定义由这些样值构成的向量分别为

$$\tilde{\boldsymbol{y}} = (y_{11}, \cdots, y_{1k}, \cdots, y_{N1}, \cdots, y_{NK}) \tag{2.25}$$

$$\tilde{\boldsymbol{S}}_r = (s_{r11}, \cdots, s_{r1k}, \cdots, s_{rN1}, \cdots, s_{rNK}) \tag{2.26}$$

$$\boldsymbol{n} = (n_{11}, \cdots, n_{1k}, \cdots, n_{N1}, \cdots, n_{NK}) \tag{2.27}$$

跟踪测量雷达测量的任务首先就是给出一个观测量 $\tilde{\boldsymbol{y}}$，然后利用观测量形成能给出参数估值的某种函数。对参数 θ_m，可以定义该函数为 $\hat{\theta}_m(\tilde{\boldsymbol{y}})$，即

$$\hat{\theta}_m = \hat{\theta}_m(\tilde{\boldsymbol{y}}) \qquad (m = 1, 2, \cdots, M) \tag{2.28}$$

式（2.28）中，$\hat{\theta}_m(\tilde{\boldsymbol{y}})$ 叫作估值器，假设它与参数相互独立。这样对于一个特定的观测量 $\tilde{\boldsymbol{y}}$，该函数的值叫作 θ_m 的估计值。当需要测量多个参数时，可以构造一组这样的估值器。由于 $y(t)$ 含有噪声，观测量 $\tilde{\boldsymbol{y}}$ 是随机的，因而由某个观测量 $\tilde{\boldsymbol{y}}$ 得到的 θ_m 的估计值 $\tilde{\theta}_m$ 不可能精确等于 θ_m 的值。但是，一个好的估值器给出的估计值不会与实际值相差太多。多次估计的平均值将收敛至实际参数值 θ_m。当估值器在一定意义上为最佳时，就达到最高精确度。

估计多个（$M > 1$）参数时，将向量 $\tilde{\boldsymbol{\theta}}$ 定义为

$$\tilde{\boldsymbol{\theta}} = (\hat{\theta}_1, \hat{\theta}_2, \cdots, \hat{\theta}_M) \tag{2.29}$$

定义最佳估值器有很多方法，在很大程度上取决于特定的细节和先验知识。例如，若对噪声和参数没有统计描述，则可用最小平方法将参数估计作为确定性的最优问题。该方法称为最小平方曲线拟合。

估计的下一步是假设已知噪声样值（及参数，如果是随机的）的一阶矩（例如，均值）和二阶矩（例如，方差）。在这种先验知识条件下，当估值器的形式是 $\tilde{\boldsymbol{y}}$ 的线性函数时，线性最小方差估值器的估计方差值为最小。参数 θ_m 的估计方差定义为

$$\sigma_{\hat{\theta}_m}^2 = E[(\hat{\theta}_m - \theta_m)^2] \qquad (m = 1, 2, \cdots, M) \tag{2.30}$$

式（2.30）中，$E[\cdot]$ 表示取统计期望值，该最佳估值器给出的 $\sigma_{\hat{\theta}_m}^2$ 值为最小。

考虑一个未知的非随机参数 θ_1，将观测随机变量的联合概率密度记为 $p(y_{11}, \cdots, y_{NK}; \theta_1) = p(\tilde{\boldsymbol{y}}; \theta_1)$。它表示接收信号 $s_r(t)$ 存在时，其观测与 θ_1 有关。若要求估值器 $\hat{\theta}_1(\tilde{\boldsymbol{y}})$ 无偏，需满足

$$E[(\hat{\theta}_1 - \theta_1)^2] = \int_{-\infty}^{+\infty} \cdots \int_{-\infty}^{+\infty} (\hat{\theta}_1 - \theta_1) p(\tilde{\boldsymbol{y}}; \theta_1) \mathrm{d}\tilde{\boldsymbol{y}} = 0 \tag{2.31}$$

式（2.31）中，$\mathrm{d}\tilde{\boldsymbol{y}} = \mathrm{d}y_{11} \cdots \mathrm{d}y_{NK}$。通过式（2.31）对 θ_1 求导，可以假设 $\hat{\theta}(\tilde{\boldsymbol{y}})$ 不是 θ_1 的函数，利用莱布尼茨定理和施瓦茨不等式，可得到

$$\int_{-\infty}^{+\infty} \cdots \int_{-\infty}^{+\infty} (\hat{\theta}_1 - \theta_1)^2 p(\tilde{\boldsymbol{y}}; \theta_1) \mathrm{d}\tilde{\boldsymbol{y}} \geqslant \frac{1}{\int_{-\infty}^{+\infty} \cdots \int_{-\infty}^{+\infty} \left\{ \frac{\partial \ln[p(\tilde{\boldsymbol{y}}; \theta_1)]}{\partial \theta_1} \right\}^2 p(\tilde{\boldsymbol{y}}; \theta_1) \mathrm{d}\tilde{\boldsymbol{y}}} \tag{2.32}$$

可以看到式（2.32）大于等于号的左边为无偏估值器 $\hat{\theta}_1(\tilde{\boldsymbol{y}})$ 的方差，记为 $\sigma_{\hat{\theta}_1}^2$；式（2.32）

大于等于号的右边为 $\left\{ \dfrac{\partial \ln\left[p(\tilde{\boldsymbol{y}};\theta_1)\right]}{\partial \theta_1} \right\}^2$ 期望的倒数且为方差的下界，经重写，可

得到下式

$$\sigma_{\hat{\theta}_1}^2 \geqslant \dfrac{1}{E\left[\left\{\dfrac{\partial \ln\left[p(\tilde{\boldsymbol{y}};\theta_1)\right]}{\partial \theta_1}\right\}^2\right]} \tag{2.33}$$

式（2.32）和式（2.33）即 Cramer-Rao 界限。

由此，估值器的形式为

$$\hat{\theta}_1(\tilde{\boldsymbol{y}}) = \theta_1 + K\dfrac{\partial \ln\left[p(\tilde{\boldsymbol{y}};\theta_1)\right]}{\partial \theta_1} \tag{2.34}$$

在跟踪测量雷达假设的条件下，其联合概率密度函数 $p(\tilde{\boldsymbol{y}};\theta_1)$ 为

$$p(\tilde{\boldsymbol{y}};\theta_1) = \prod_{i=1}^{N}\prod_{k=1}^{K}(2\pi\sigma_N^2)^{-1/2}\exp\left[\dfrac{-1}{2\sigma_N^2}(y_{ik}-s_{rik})^2\right] \tag{2.35}$$

式（2.35）中，K 为常数，σ_N^2 表示噪声 $n(t)$ 的方差。

将式（2.35）代入式（2.33），再经过推导可表示为

$$\sigma_{\hat{\theta}_1}^2 \geqslant \dfrac{1}{\dfrac{2}{N_0}\displaystyle\int_0^{NT_r}\left(\dfrac{\partial s_{rik}}{\partial \theta_1}\right)^2\mathrm{d}t} \tag{2.36}$$

这个结果就给出了在噪声条件下，跟踪测量雷达测量目标参数的极限精度。

2.2.3　跟踪测量雷达测量理论与精度

跟踪测量雷达的最高测量精度（无偏有效估值器的最小估计方差）由 Cramer-Rao 界限决定，即在白噪声情况下如式（2.36）大于等于号右端所给出的。下面将基于这个结果来确定不同目标参数的估计精度，特别是为信号幅度、相位、多普勒频率、延迟和空间角度的估计确定其最小方差。

在式（2.36）中，用来测量空间角度之外其他所有参数的跟踪测量雷达接收信号 $s_r(t)$，是在目标方向上有最大增益的接收天线的响应，即

$$s_r(t) = \alpha a(t-\tau_R)\cos\left[(\omega_0+\omega_d)(t-\tau_R)+\theta(t-\tau_R)+\varphi_0\right] \tag{2.37}$$

式（2.37）中，α 为接收信号幅度，$a(t-\tau_R)$ 为信号调制包络，τ_R 为信号时间延迟，ω_0 为中心角频率，ω_d 为多普勒角频率，φ_0 为初始相位，$\theta(t-\tau_R)$ 为随 τ_R 变化的相位。

在跟踪测量雷达的测量中，人们所关心的信号参数是接收信号幅度 α（目标雷达截面积）、相位 φ（目标距离和速度）、多普勒角频率 ω_d（目标速度）和信号

时间延迟 τ_R（目标距离）。

对于目标空间角位置的测量，可利用两个独立输出信号的天线（见第 3 章）来定义两个以跟踪测量雷达波束视轴为参考的正交角度，它们分别为 θ_x 和 θ_y。跟踪测量雷达的两个接收信号有如下形式

$$s_{rx}(t) = K_x \theta_x s_r(t) \tag{2.38}$$

$$s_{ry}(t) = K_y \theta_y s_r(t) \tag{2.39}$$

式中，$s_r(t)$ 由式（2.37）给出，K_x 和 K_y 是比例常数。

1. 幅度（目标雷达截面积）极限测量精度

跟踪测量雷达通常用测量回波信号幅度来估计目标雷达截面积。在这里，参数 θ_1 为 α，由式（2.37）对 α 求导，即

$$\frac{\partial s_r(t)}{\partial \theta_1} = \frac{\partial s_r(t)}{\partial \alpha} = \frac{s_r(t)}{\alpha} \tag{2.40}$$

$$\int_0^{NT_r} \left[\frac{\partial s_r(t)}{\partial \theta_1} \right]^2 dt = \frac{1}{\alpha^2} \int_0^{NT_r} s_r^2(t) dt = \frac{NE_r}{\alpha^2} \tag{2.41}$$

式（2.41）中，E_r 为 $s_r(t)$ 在一个脉冲间隔内的能量。由式（2.36）估计 α 的方差记作 $\sigma_{\hat{\alpha}}^2$，即

$$\sigma_{\hat{\alpha}}^2 = \sigma_{\hat{\theta}_1}^2 \geqslant \frac{1}{2NE_r / (\alpha^2 N_0)} = \frac{\alpha^2}{NR_p} = \sigma_{\hat{\alpha}_{\min}}^2 \tag{2.42}$$

式（2.42）中

$$R_p = \frac{2E_r}{N_0} \tag{2.43}$$

是白噪声匹配滤波器输出端的平均信噪比。

式（2.42）大于等于号的右边为幅度估计的 Cramer-Rao 界限。因为当界限下降时，精度更高，所以 R_p 值越大精度越高。

若 $\frac{2E_r}{N_0}$ 用 R_p 表示，则由式（2.42）可得信号幅度测量的估计均方根误差为

$$\sigma_{\hat{\alpha}} \geqslant \frac{\alpha}{\sqrt{NR_p}} = \sigma_{\hat{\alpha}\min} \tag{2.44}$$

$\sigma_{\hat{\alpha}}$ 的最小值记作 $\sigma_{\hat{\alpha}\min}$。

例如，假定单个脉冲信噪比为 16，则在 10 个脉冲间隔内测量回波信号幅度的最小相对方差为 $\frac{\sigma_{\hat{\alpha}}^2}{\alpha^2} = \frac{1}{NR_p} = \frac{1}{10 \times 16} = 0.00625$，其均方根相对误差为 $\sqrt{0.00625} \approx$

0.079 或 7.9%。式（2.42）和式（2.43）表明了在 $R_p = \dfrac{2E_r}{N_0}$ 时幅度测量（或目标雷达截面积测量）的理论最高精度，同时也表明幅度测量的精度随信噪比的提高而提高。

2. 相位极限测量精度

当考虑相位参数测量时，式（2.36）中参数 θ_i 为式（2.37）中的 φ_0，式（2.37）中对 φ_0 求导为

$$\frac{\partial s_r(t)}{\partial \theta_i} = \frac{\partial s_r(t)}{\partial \varphi_0} = -\alpha a(t - \tau_R)\sin\left[(\omega_0 + \omega_d)(t - \tau_R) + \theta(t - \tau_R) + \varphi_0\right] \quad (2.45)$$

$$\int_0^{NT_r}\left[\frac{\partial s_r(t)}{\partial \theta_i}\right]^2 \mathrm{d}\theta = NE_r \quad (2.46)$$

则 φ_0 的估计方差记作 $\sigma_{\hat{\varphi}_0}^2$，即

$$\sigma_{\hat{\varphi}_0}^2 = \sigma_{\hat{\theta}_i}^2 \geqslant \frac{1}{2NE_r/N_0} = \frac{1}{NR_p} = \sigma_{\hat{\varphi}_0\min}^2 \quad (2.47)$$

用均方根误差表示，则为

$$\sigma_{\hat{\varphi}_0} \geqslant \frac{1}{\sqrt{NR_p}} = \sigma_{\hat{\varphi}_0\min} \quad (2.48)$$

式（2.48）表明，如同幅度测量一样，接收信号的信噪比越高，则相位估值精度越高。

3. 多普勒频率极限测量精度

当考虑多普勒频率参数的测量时，式（2.36）中的 θ_i 即为式（2.37）中的多普勒角频率 ω_d，经推导，可得

$$\int_0^{NT_r}\left[\frac{\partial s_r(t)}{\partial \theta_i}\right]^2 \mathrm{d}t = NE_r \tau_{s\,rms} \quad (2.49)$$

式（2.49）中

$$\tau_{s\,rms}^2 = \frac{\int_{-\infty}^{+\infty} t^2 s_r^2(t)\mathrm{d}t}{\int_{-\infty}^{+\infty} s_r^2(t)\mathrm{d}t} \quad (2.50)$$

$\tau_{s\,rms}$ 称为信号 $s_r(t)$ 持续时间的均方根，则由式（2.36）有

$$\sigma_{\hat{\omega}_d}^2 = \sigma_{\hat{\theta}_i}^2 \geqslant \frac{1}{(2/N_0)NE_r \cdot \tau_{s\,rms}^2} = \frac{1}{NR_p\tau_{s\,rms}^2} \quad (2.51)$$

即 ω_d 的估计方差为

$$\sigma_{\omega_{\mathrm{d}}}^2 \geqslant \frac{1}{NR_{\mathrm{p}}\tau_{\mathrm{s\,rms}}^2} = \sigma_{\hat{\omega}_{\mathrm{d\,min}}}^2 \tag{2.52}$$

或

$$\sigma_{\hat{\omega}_{\mathrm{d\,min}}} = \frac{1}{\tau_{\mathrm{s\,rms}}\sqrt{NR_{\mathrm{p}}}} \tag{2.53}$$

由此可见，当信噪比 R_{p} 增加时，其估值精度提高。另一个值得注意的问题是，多普勒频率估值精度随信号持续时间的均方根 $\tau_{\mathrm{s\,rms}}$ 的增加而提高。这一点很重要，这就是当要求精密测量多普勒频率时常常采用连续波或较长脉冲串的原因。

4. 时间延迟（目标斜距）极限测量精度

式（2.37）中的 τ_{R} 是代表目标时间延迟的参数，将式（2.37）对 τ_{R} 求导，并经简化和变换可得

$$\int_0^{NT_{\mathrm{r}}} \left[\frac{\partial s_{\mathrm{r}}(t)}{\partial \theta_1}\right]^2 \mathrm{d}t = NE_{\mathrm{r}}\left[(\omega_0 + \omega_{\mathrm{d}} + \bar{\omega}_{\mathrm{s}})^2 + W_{\mathrm{s\,rms}}^2\right] \tag{2.54}$$

式（2.54）中，ω_0 为信号角频率，ω_{d} 为多普勒角频率，$\bar{\omega}_{\mathrm{s}}$ 为信号频谱一阶矩，对于对称频谱，$\bar{\omega}_{\mathrm{s}} = 0$。

$$W_{\mathrm{s\,rms}} = \sqrt{\frac{\int_0^{+\infty} \omega^2 |s(\omega)|^2 \mathrm{d}\omega}{\int_0^{+\infty} |s(\omega)|^2 \mathrm{d}\omega}} \tag{2.55}$$

称为信号均方根带宽，其中 $s(\omega)$ 为信号频谱。

将目标时间延迟 τ_{R} 的估计方差记为 $\sigma_{\hat{\tau}_{\mathrm{R}}}^2$，由式（2.36）可得

$$\sigma_{\hat{\tau}_{\mathrm{R}}}^2 = \sigma_{\hat{\theta}_1}^2 \geqslant \frac{1}{NR_{\mathrm{p}}\left[(\omega_0 + \omega_{\mathrm{d}})^2 + W_{\mathrm{s\,rms}}^2\right]} \tag{2.56}$$

在大多数跟踪测量雷达中，$(\omega_0 + \omega_{\mathrm{d}}) \gg W_{\mathrm{s\,rms}}$（信号均方根带宽）。由于 ω_0 很大，因而式（2.56）给出了极高的延迟测量精度。这是因为对这种延迟的测量是基于信号的载波频率的相位进行的。如果能消除载波频率的模糊性，则可以达到这种精度。

在跟踪测量雷达实际情况下，通常对目标时间延迟的测量是利用视频检波信号包络（去除了载频和相位信息）进行的，因而式（2.56）中去掉了 $(\omega_0 + \omega_{\mathrm{d}})$ 项。利用信号包络进行延迟测量的跟踪测量雷达，其测量估计方差变为

$$\sigma_{\hat{\tau}_{\mathrm{R}}}^2 \geqslant \frac{1}{NR_{\mathrm{p}}W_{\mathrm{s\,rms}}^2} = \sigma_{\hat{\tau}_{\mathrm{R\,min}}}^2 \tag{2.57}$$

式（2.57）表明，随着信噪比的增加，跟踪测量雷达测距精度提高；信号的均方根带宽值越大，跟踪测量雷达的测距精度越高。式（2.57）还可表示为

$$\sigma_{\hat{\tau}_{R\min}} = \frac{1}{W_{s\,rms}\sqrt{NR_p}} \qquad (2.58)$$

5. 角度极限测量精度

将式（2.38）代入式（2.36）中，可很容易地得到空间角 θ_x 的估值方差，将其记作 $\sigma_{\hat{\theta}_x}^2$，即

$$\sigma_{\hat{\theta}_x}^2 \geqslant \frac{1}{(2/N_0)K_x^2 NE_r} = \frac{1}{K_x^2 NR_p} = \sigma_{\hat{\theta}_{x\min}}^2 \qquad (2.59)$$

同理，θ_y 的估计方差可记作 $\sigma_{\hat{\theta}_y}^2$，即

$$\sigma_{\hat{\theta}_y}^2 \geqslant \frac{1}{K_y^2 NR_p} = \sigma_{\hat{\theta}_{y\min}}^2 \qquad (2.60)$$

在式（2.59）及式（2.60）中，将测量方差 Cramer-Rao 界限分别表示为 $\sigma_{\hat{\theta}_{x\min}}^2$ 及 $\sigma_{\hat{\theta}_{y\min}}^2$，其均方根误差的表示形式则为

$$\sigma_{\hat{\theta}_x}^2 \geqslant \frac{1}{K_x\sqrt{NR_p}} \qquad (2.61)$$

$$\sigma_{\hat{\theta}_y}^2 \geqslant \frac{1}{K_y\sqrt{NR_p}} \qquad (2.62)$$

式中

$$K_x = \frac{\partial\Delta(\theta_x)}{\partial\theta_x}\bigg|_{\theta_x=0,\theta_y=0} \qquad (2.63)$$

$$K_y = \frac{\partial\Delta(\theta_y)}{\partial\theta_y}\bigg|_{\theta_y=0,\theta_x=0} \qquad (2.64)$$

式中，$\Delta(\theta_x)$ 和 $\Delta(\theta_y)$ 分别为 x 和 y 平面的差波束方向图。

注意：这里的 K_x 和 K_y 是绝对误差斜率，它们与某些文献中的相对误差斜率 K_m 的关系为

$$K_x = K_{\theta_x} = \frac{K_{mx}}{\theta_{x3}} \qquad (2.65)$$

$$K_y = K_{\theta_y} = \frac{K_{my}}{\theta_{y3}} \qquad (2.66)$$

式中，K_{mx} 为 x 角平面的相对角误差斜率，K_{my} 为 y 角平面的相对角误差斜率，θ_{x3} 为 x 角平面上的半功率点波束宽度，θ_{y3} 为 y 角平面上的半功率点波束宽度。

这些公式表明，随着信噪比的增加，跟踪测量雷达的测角精度相应提高；同

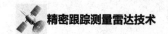

时，天线角敏感方向图在视轴方向的误差斜率越大，测角精度越高。从物理概念上讲，误差斜率大意味着天线波束宽度窄或者说天线的相对口径（口径波长比）大。

2.3　目标截获与跟踪

跟踪测量雷达的核心任务是保持对目标的连续跟踪测量。但在跟踪之前，总存在一个搜索（或引导）和截获发现目标的问题。截获发现目标后，又有一个如何尽快有效转入自动跟踪以及跟踪后的动态范围问题。本节将给出跟踪测量雷达搜索截获及对目标动态跟踪的基础理论。

2.3.1　搜索截获

在跟踪测量雷达捕获目标（指定的或未知的）的过程中，总是首先在一定空域范围内进行搜索（或者同时多波束及同时多波门搜索）。当跟踪测量雷达的检测分辨单元（天线波束、距离波门、速度门等）搜索到目标并且目标回波能量超过跟踪测量雷达设定的检测门限时，称目标被"发现"或者被"截获"。此过程称为跟踪测量雷达的搜索截获过程，实现这个过程的方法称为跟踪测量雷达的搜索截获方法。

在现代雷达中，搜索截获方式，特别是跟踪测量雷达的搜索截获方式的设计和使用直接关系到对雷达潜力的发挥。

对于机扫的搜索警戒雷达，搜索截获方式相对单一。例如，一个两坐标搜索雷达，用一个垂直方向较宽、水平方向较窄的天线波束在方位上以一定的角速度旋转；用一个一定宽度的距离门在距离上进行搜索检测，或者在全程以同时多距离门并行检测，这样即可在一个较大的空域范围上对目标进行截获。

对于跟踪测量雷达，特别是精密跟踪测量雷达，由于其主要功能是精密跟踪测量，因而波束宽度和脉冲宽度都很窄（如波束宽度 $1°$、脉冲宽度 $0.8\mu s$），这样，它的大范围搜索截获能力就受到一定限制。为了保证跟踪测量雷达能及时捕获目标并尽早跟踪锁定，在设计和使用时，必须考虑各种不同的搜索截获方式，或者对引导雷达或目标指示雷达提出不同的引导指示要求。下面首先给出跟踪测量雷达搜索截获方式设计和选用的理论基础。

1. 搜索截获过程的统计描述[5]

搜索截获的目的是尽快捕获目标，因此在某种条件下，使跟踪测量雷达对目标（已知的或未知的）截获概率最大是设计或选用某种搜索截获工作方式的首要准则。

如前所述，所谓"截获"，就是波束（波门）搜索到目标[即目标已"落入"

波束（波门）]并且其回波超过检测门限，即"发现"目标。在跟踪测量雷达中，"落入"和"发现"均是以概率统计来描述的，即所谓"落入概率"和"检测概率"。因此，在假定"落入概率 P_v"和"检测概率 P_d"互相独立的情况下，截获概率 P_a 为

$$P_a = P_v \cdot P_d \tag{2.67}$$

下面给出 P_a、P_v 和 P_d 与不同搜索截获方式的关系。

1）检测概率 P_d

由文献[1]可知，搜索雷达方程为

$$R_{\max}^4 = \frac{P_{av} A_r \sigma}{4\pi k T_0 F_n (E/N_0)} \times \frac{T_s}{\Omega} \tag{2.68}$$

式（2.68）中，R 为作用距离；P_{av} 为平均发射功率；A_r 为天线有效孔径面积；σ 为雷达截面积；k 为玻尔兹曼常量；T_0 为290K；F_n 为接收机噪声系数；E 为目标回波能量；N_0 为噪声功率密度；Ω 为搜索给定空域所张的立体角；T_s 为搜索给定空域 Ω 所用的时间。

搜索雷达方程表明，在雷达资源一定的条件下，搜索给定空域 Ω 变大则作用距离减小；或者在一定作用距离条件下，加大搜索给定空域会降低检测概率。因此对雷达使用特别是对跟踪测量雷达使用来说，搜索截获方式（搜索范围、搜索时间等）就变得重要了。

下面给出检测概率与搜索给定空域 Ω 之间的关系。

由文献[1]可知，雷达对目标探测的检测概率 P_d 为

$$P_d = \int_{V_0}^{\infty} V \exp\left(-\frac{V^2 + A^2}{2}\right) I_0(VA) \mathrm{d}V \tag{2.69}$$

式（2.69）中，$V = E_{sn}/\sqrt{\psi_0}$，E_{sn} 为信号加噪声的包络幅度；$A = E_s/\sqrt{\psi_0}$，E_s 为信号幅度；$V_0 = E_0/\sqrt{\psi_0}$，E_0 为门限电平，ψ_0 为噪声电压均方值；$I_0(VA)$ 为零阶修正贝塞尔函数。

为了应用方便，Marcum 把积分式（2.69）定义为 Q 函数，即

$$Q(A, V_0) = \int_{V_0}^{\infty} V \exp\left(-\frac{V^2 + A^2}{2}\right) I_0(VA) \mathrm{d}V \tag{2.70}$$

许多介绍雷达系统的书中都给出了它的曲线图。由式（2.69）可知，当 V_0 一定时，P_d 取决于 A。而 $A^2/2$ 正是通常的信噪比 S/N，在 B（中频带宽）τ（脉冲宽度）$=1$ 时，有

$$\frac{E}{N_0} = \frac{S}{N} = \frac{E_s^2}{2\psi_0} = \frac{A^2}{2} \tag{2.71}$$

若给定搜索时间 T_s，且设常数 C 为 $\dfrac{P_{av}A_t\sigma}{4\pi R^2 kT_0 F_n}T_s$，则式（2.68）改写为

$$\frac{E}{N_0}=\frac{C}{\Omega}$$

代入式（2.71）有

$$A^2=2\frac{E}{N_0}=2\frac{C}{\Omega} \tag{2.72}$$

将式（2.72）代入式（2.69），即可建立一个检测概率 P_d 与搜索给定空域 Ω 的关系式

$$P_d=\int_{V_0}^{\infty}V\exp\left(-\frac{V^2+2\dfrac{C}{\Omega}}{2}\right)I_0\left(V\sqrt{\frac{2C}{\Omega}}\right)\mathrm{d}V \tag{2.73}$$

式（2.73）表征了在雷达参数、目标距离、搜索时间一定时，检测概率 P_d 与搜索给定空域 Ω 大小的关系。它也以 Q 函数的形式出现，不过是表示了检测概率与搜索给定空域间的关系。

2）落入概率 P_v

如前所述，跟踪测量雷达的搜索一般在具有某种先验引导信息情况下进行，且一般可将引导数据的误差取为正态分布。在给定引导（目标指示）数据误差的标准偏差的情况下，通常用落入概率 P_v 作为目标相对跟踪测量雷达位置不确定性的测度。

设目标相对于跟踪测量雷达的引导数据误差为 σ_x，当跟踪测量雷达在一维 x 坐标（如方位）上搜索时，若搜索范围为 $[-L, L]$，则由统计理论，落入概率为

$$\begin{aligned}P_v&=2\int_0^{V_0}\frac{1}{\sqrt{2\pi}}\exp\left(-\frac{V^2}{2}\right)\mathrm{d}V\\&=2[\varPhi(V_0)-0.5]\end{aligned} \tag{2.74}$$

式（2.74）中，$V=\dfrac{X}{\sigma_x}$，$V_0=\dfrac{L}{\sigma_x}$，$\varPhi(V)=\dfrac{1}{\sqrt{2\pi}}\displaystyle\int_{-\infty}^{V}\exp\left(-\frac{X^2}{2}\right)\mathrm{d}X$。

在已知引导数据误差 σ_x 和搜索边界 L 的情况下，可从正态分布概率曲线求得一维搜索时目标的落入概率。

当跟踪测量雷达在一个以 r_0 为半径的圆空域上进行二维扫描时，其落入概率为

$$\begin{aligned}P_v(V\leqslant V_0)&=\int_0^{V_0}P(V)\mathrm{d}V\\&=1-\exp\left(-\frac{V_0^2}{2}\right)\end{aligned} \tag{2.75}$$

式（2.75）中

$$V = \frac{r}{\sigma}, \quad V_0 = \frac{r_0}{\sigma}$$

当引导数据误差 σ_x 和搜索半径 r_0 已知时，可计算出目标的落入概率。

对于一般的搜索警戒雷达，一般无目标引导数据。这时可以按均匀分布概率密度来计算落入概率。

3）截获概率 P_a

基于上述检测概率和落入概率的讨论，按照定义，跟踪测量雷达在角度搜索状态下，某个波束位置上的截获概率可写为

$$P_{ai} = P_{vi}P_{di} \tag{2.76}$$

式（2.76）中，i 表示第 i 个波束位置，P_{vi} 和 P_{di} 的含义可分别参见式（2.74）、式（2.75）和式（2.73）。

如果跟踪测量雷达在时间 T_s 内搜索完给定空域 Ω，且共搜索 n 个波束位置，则在给定空域 Ω 内搜索完一遍的目标总截获概率为

$$P_a = \sum_{i=1}^{n} P_{vi}P_{di} \tag{2.77}$$

式（2.73）～式（2.77）在概率的意义上统计描述了跟踪测量雷达的搜索截获问题。

距离维或速度维上的搜索也具有同样的形式。

2. 最佳搜索范围

首先设搜索是均匀的（波束在每个位置上的驻留时间相同），且跟踪测量雷达为匹配接收和理想积累，此时在各搜索位置上的检测概率 $\overline{P}_d$ 相同，式（2.77）可写为

$$P_a = \sum_{i=1}^{n} P_{vi}\overline{P}_d = P_v\overline{P}_d \tag{2.78}$$

式（2.78）中，$P_v = \sum_{i=1}^{n} P_{vi}$ 为给定空域 Ω 内的总落入概率。

在一维搜索时，由式（2.73）、式（2.74）和式（2.77）可得

$$\overline{P}_d = Q\left(R_0, \sqrt{\frac{C}{\sigma V_0}}\right) \tag{2.79}$$

$$P_a = 2[\Phi(V_0) - 0.5]Q\left(R_0, \sqrt{\frac{C}{\sigma V_0}}\right) \tag{2.80}$$

在二维圆锥扫描情况下，同样由式（2.73）、式（2.75）和式（2.77）可得此时的检测概率和截获概率为

$$\bar{P}_d \approx Q\left(R_0, \sqrt{\frac{2C}{\pi r_0^2}}\right) = Q\left(R_0, \sqrt{\frac{2C}{\pi \sigma^2 V_0^2}}\right) \tag{2.81}$$

$$P_a \approx \left[1 - \exp\left(-\frac{V_0^2}{2}\right)\right] Q\left(R_0, \sqrt{\frac{2C}{\pi \sigma^2 V_0^2}}\right) \tag{2.82}$$

这里的搜索范围 R_0 以弧度计。

要继续通过式（2.80）、式（2.82）求解归一化最佳搜索范围的解析表达式（即使 P_a 为最大的 V_0 值）是困难的。通常针对具体问题运用数值计算的方法以求得其最佳搜索范围。

对一维搜索，由式（2.73），$\bar{P}_d \sim V$ 的关系曲线可由通常的检测概率曲线（即 Q 函数）$\bar{P}_d \sim S/N$ 转换而来，只是此时

$$V = \frac{\dfrac{C}{2\sigma}}{\dfrac{S}{N}} \tag{2.83}$$

$\bar{P}_d \sim V$ 的关系曲线同样可由 Q 函数曲线转换而来，这里

$$V = \frac{\sqrt{\dfrac{C}{(\pi \sigma^2)}}}{\dfrac{S}{N}} \tag{2.84}$$

文献[5]给出了一些数值计算的例子。

由上述分析可得出如下结论：在目标相对位置不确定及跟踪测量雷达参数一定的条件下，跟踪测量雷达以给定的周期对目标搜索时，存在一个最佳的搜索范围；实际搜索范围相对于最佳值的任何扩大或缩小，均会使截获概率下降。

3. 最佳搜索形式

将式（2.77）改写为积分式

$$P_a = \int P_v(x) \cdot P_d(x) dx \tag{2.85}$$

则由施瓦茨（Schwartz）不等式可以证明（从略）[5]

$$P_a^2 \leqslant \int P_v^2(x) dx \int P_d^2(x) dx \tag{2.86}$$

并且，当且仅当

$$P_d(x) = K P_v(x) \tag{2.87}$$

时 [$P_d(x)$ 与 $P_v(x)$ 线性相关]，式（2.86）中等号成立。式（2.87）中，K 为常数。

式（2.86）和式（2.87）给出了一个重要结论：跟踪测量雷达在给定空域搜索时，要获得最大截获概率，必须使式（2.87）成立，即必须控制扫描形式（照射能

量分布），使跟踪测量雷达在此空域上所能达到的检测概率值在空间的分布与目标在空域上落入概率密度的分布形式相同。这与接收机中采用匹配滤波器以获得最大信噪比输出的概念十分类似。借用这个概念，能获得最大截获概率的搜索形式即为"匹配搜索形式"或"最佳搜索形式"。

4. 搜索截获方式设计

对于一个确定的跟踪测量雷达，如果已经有了关于目标坐标的某些信息，可以根据本节给出的公式设计出一种最佳的搜索图形，使跟踪测量雷达对这个目标有最大的截获概率。如果没有关于目标的任何信息，则在给定的空域内均匀搜索将是最佳的。

这里的分析是以跟踪测量雷达角度搜索截获为依据的，但所得结果完全适用于跟踪测量雷达距离和频率搜索。如果引导信息有系统误差，那么可由此结果进行推广。

在距离和频率搜索中，实现最佳搜索形式是容易的。对于角度搜索，电扫雷达易实现最佳形式，而机扫雷达则较难实现，所以对于有一定搜索截获任务要求的跟踪测量雷达来说，电扫是十分有意义的。在配备计算机的跟踪测量雷达中，最佳搜索范围和最佳搜索形式可由计算机根据目标环境进行自适应控制。

2.3.2　引导

如前节所述，窄波束的跟踪测量雷达总是在某种数据引导下，在一定空域范围内搜索截获目标。搜索立体角的选择需按前节所述的原则搜索足够的范围，以确保所需要的目标高概率地落入扫描空域。

引导数据的质量越高（即引导数据误差越小），搜索的立体角可以越小，因而跟踪测量雷达对目标的截获距离可以越远。在极限情况下，跟踪测量雷达波束可以直接指向引导的已知目标并进行截获。

1. 引导源

1）光学引导

如果目标是可视的，可以用一个高精度的光学瞄准跟踪装置（简称光学引导装置）在两个角坐标上引导雷达。通过同步装置（模拟的或数字的）将光学引导装置与雷达天线驱动系统连接来截获目标。通常这时跟踪测量雷达不必在角度上进行扫描，由于目标距离和速度是未知的，因而需在合适的距离范围上搜索。另外，光学引导装置也可以附着在跟踪测量雷达的天线座上。

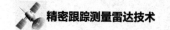

2）专用引导雷达

对于某些高精度跟踪测量雷达，为了在尽可能远的距离上及时截获目标，对于合作目标常常配有专用的引导雷达，如精度较低的圆锥扫描跟踪测量雷达。如果该专用引导雷达的角跟踪误差是被引导高精度跟踪测量雷达波束宽度的1/6～1/8，则精密跟踪测量雷达可以不必在角度上进行搜索。这种专用引导雷达既可以是独立的雷达系统，通过同步装置与被引导雷达连接，也可以是非独立的雷达系统，将引导雷达附着在跟踪测量雷达的天线上（俗称"小耳朵"）。

3）2D（两坐标）搜索雷达引导

两坐标搜索雷达可以为跟踪测量雷达提供方位和距离引导数据，但俯仰角和径向速度未知。在这种引导数据下，跟踪测量雷达还需要在俯仰向进行搜索，其搜索扇面要覆盖搜索雷达的俯仰范围；在方位向则需要按$\pm 3\sigma_a$（σ_a为方位引导数据误差的均方根值）或者搜索雷达方位波束宽度的一半考虑。

4）3D（三坐标）目标指示雷达引导

用3D（三坐标）目标指示雷达来引导跟踪测量雷达，可以减小引导数据的不确定性，使跟踪测量雷达的搜索空域较小。

5）测量网数据引导

在某些测量网中，被测目标轨迹经网中多种测量设备的测量数据组合（或融合）处理后形成并进行预报。跟踪测量雷达可以通过该测量网的数据引导截获目标。其搜索范围的大小根据该引导数据误差的大小由前节中相关公式计算确定。

2. 引导搜索范围

如前所述，目标截获概率是两个概率的乘积，即目标落入搜索范围的概率P_v和目标落入搜索范围后的检测概率P_d。将搜索范围表示成n个分辨单元（如n个波束位置），则总截获概率可写为

$$P_a = \sum_{i=1}^{n} P_{vi} P_{di} \tag{2.88}$$

为了确定角度搜索范围，这里假设距离和多普勒截获时间间隔在截获过程中占的比例很小。因为在现代雷达信号处理器中，容易设计出可覆盖整个距离和多普勒无模糊范围的电路。

方位和俯仰角引导数据误差的均方根值分别为σ_a和σ_e，方位、俯仰向搜索扇面分别表示为ΔA和ΔE。令x/σ_x表示在某一坐标上搜索范围的大小与相应引导数据误差的均方根值的比值，则依据上节给出的公式经计算可分别得到线性扫描、矩形扫描和螺旋扫描方式下的目标落入概率，如表2.1所示。该表中x表示搜索范围，σ_x表示引导数据误差的均方根值，P_x表示进行一维扇扫时的落入

概率，P_2 表示进行二维矩形空域扫描时的落入概率，P_r 表示进行二维圆形空域扫描时的落入概率。

表 2.1　目标落入概率

x/σ_x	P_x	P_2	P_r
0.5	0.20	0.04	0.03
1.0	0.38	0.14	0.10
2.0	0.68	0.46	0.35
3.0	0.87	0.76	0.66
4.0	0.955	0.91	0.86
5.0	0.988	0.976	0.95
6.0	0.997	0.994	0.99
7.0	0.9995	0.999	0.998
8.0	0.9999	0.9998	0.9997

　　搜索范围的确定通常是先确定一个所需要的截获概率，然后取由于目标落入扫描范围以外而使截获失败的概率 $(1-P_v)$ 为允许截获失败的概率 $(1-P_a)$ 的一半。例如，如果要求 $P_a = 0.9$，则分配 $P_v = 1 - \dfrac{1}{2}(1-P_a)$，对于线性扫描（一维），由表 2.1 可得，其扫描范围应当为 $4\sigma_x$。

　　对于两维矩形扫描（如以引导点为中心的栅形扫描），则要求扫描范围大约为 $5\sigma_x$；对于螺旋扫描，由表 2.1 可得大约为 $5\sigma_x$。

　　图 2.1 给出了几种常用的引导截获条件下的天线波束扫描形式，其扫描的具体参数在理论上应由前面给出的最佳扫描形式（即控制空间照射能量的分布所能

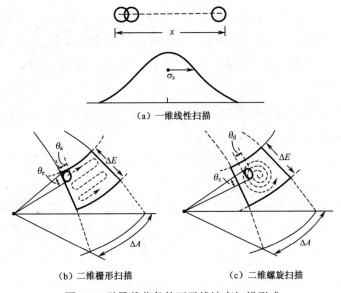

（a）一维线性扫描

（b）二维栅形扫描　　　　　　　（c）二维螺旋扫描

图 2.1　引导截获条件下天线波束扫描形式

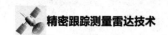

达到的检测概率值在空间的分布与目标在空域上的落入概率分布线性相关）给出，以获取最大截获概率。

2.3.3 动态跟踪

跟踪测量雷达的测量数据主要用来重构运动目标的轨迹及预测目标未来的轨迹，考虑跟踪测量雷达在轨迹测量中的跟踪参数要求和有效精度时，目标的动态参数是关键因素。

在任一给定时间，目标的轨迹可以表征为当前的位置及其在 3 个空间坐标上的导数。被跟踪目标的位置坐标的扩展范围决定了跟踪测量雷达的覆盖范围，不同类型的目标有其不同的高度、速度、加速度及其高阶导数。

例如，若干典型跟踪测量雷达目标的轨迹范围如表 2.2 所示。

表 2.2　典型跟踪测量雷达目标的轨迹范围

目标类型		高度 h_m/(km)	速度 V_t/(m/s)	加速度 a_t/(m/s²)
飞机	亚音速	15	300	60
	超音速	30	1000	80
弹道导弹	近程	100	2000	150
	远程	1000	7000	600
卫星		40000	10000	10
舰船		0	30	2
地面车辆		0	50	4
步兵		0	2	2

设 R 为目标距离，在跟踪测量雷达坐标上，目标的最大速度为 $\dot{R}_{max}=V_t$（径向最大速度），$\dot{A}_{zmax}=V_t/R$（方位向最大角速度），$\dot{E}_{1max}=V_t/R$（俯仰向最大角速度）。同时，在跟踪测量雷达坐标上，目标的最大加速度为 $\ddot{R}_{max}=a_t$（径向最大加速度），$\ddot{A}_{zmax}=a_t/R$（方位向最大角加速度），$\ddot{E}_{1max}=a_t/R$（俯仰向最大角加速度）。

由于跟踪测量雷达坐标与笛卡儿坐标之间的非线性关系，还会引起跟踪测量雷达坐标上的加加速度及更高阶的导数。

在实际跟踪测量雷达的动态设计和动态校飞检验中，常采用一种等高、等速直线飞行的目标航路轨迹模型，如图 2.2 所示。

对于这种目标的飞行轨迹，在一个典型过航路捷径条件下，跟踪测量雷达在角坐标中相应的角速度、角加速度及角加加速度等的变化如图 2.3 所示[4]。图 2.3 中的角坐标及各阶导数均由 $\dot{A}_{zmax}=\omega_m=V_t/R_c$ 归一化，$R_c=R\cos E_{1max}$ 为航路捷径点的地面距离。

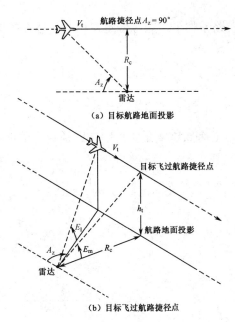

（a）目标航路地面投影

（b）目标飞过航路捷径点

图 2.2　跟踪测量雷达的典型目标航路

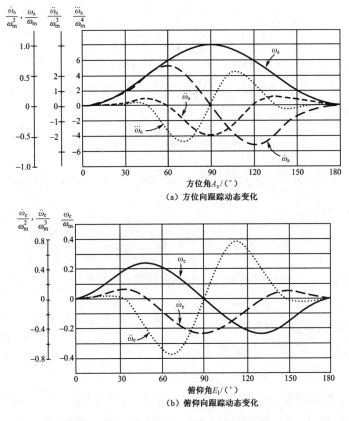

（a）方位向跟踪动态变化

（b）俯仰向跟踪动态变化

图 2.3　典型过航路捷径条件下的跟踪动态变化

在上述典型目标航路条件下，跟踪测量雷达对目标在整个航路进行角度跟踪的动态范围如下：

方位角 A_z：$0° \sim 180°$，$A_z = 90°$ 时，飞过航路捷径点。

俯仰角 E_1：$0° \sim E_m$，$E_m = \arctan \dfrac{h_t}{R_c}$。

其中，h_t 为航路高度，R_c 为跟踪测量雷达距航路捷径点的地面投影距离。

方位向角速度为

$$\dot{A}_z = \omega_a, \quad \omega_a = \frac{V_t}{R_c} \sin^2 A_z \tag{2.89}$$

$A_z = 0°$、$A_z = 180°$ 时，$\omega_a = 0$；$A_z = 90°$ 时，$\omega_a = \omega_m = \dfrac{V_t}{R_c}$。

俯仰向角速度为

$$\dot{E}_1 = \omega_e, \quad \omega_e = x\omega_m \frac{\sin^2 A_z \cos A_z}{1 - x^2 \sin^2 A_z} \tag{2.90}$$

式（2.90）中，$x = h_t / R_c$。

俯仰向角速度峰值为：

当 $x \ll 1$ 时，$\omega_{em} = \pm 0.38 \times \omega_m$（$A_z = 55°$ 和 $125°$ 处）；

当 $x = 1$ 时，$\omega_{em} = \pm 0.24 \times \omega_m$（$A_z = 48°$ 和 $132°$ 处）；

当 $x \gg 1$ 时，$\omega_{em} = \pm \omega_m / x$　（$A_z = 0°$ 和 $180°$ 处）。

方位向角加速度为

$$\ddot{A}_z = \dot{\omega}_a, \quad \dot{\omega}_a = 2\omega_m^2 \sin^3 A_z \cos A_z \tag{2.91}$$

方位向角加速度峰值为 $\dot{\omega}_{am} = \pm \dfrac{3\sqrt{3}\omega_m^2}{\delta} = \pm 0.65\omega_m^2$（$A_z = 60°$，$120°$）。

俯仰向角加速度为

$$\ddot{E}_1 = \dot{\omega}_e, \quad \dot{\omega}_e = x\omega_m^2 \sin^3 A_z \frac{2 - 3\sin^2 A_z - x^2 \sin^4 A_z}{(1 + x^2 \sin^2 A_z)^2} \tag{2.92}$$

在 $A_z = 90°$ 处，俯仰向角加速度峰值分别为：

当 $x \ll 1$ 时，$\dot{\omega}_{em} = -x\omega_m^2$；

当 $x = 1$ 时，$\dot{\omega}_{em} = -0.5\omega_m^2$；

当 $x \gg 1$ 时，$\dot{\omega}_{em} = -\omega_m^2 / x$。

在跟踪测量雷达系统的设计中，其跟踪动态性能是至关重要的，为了实现全程跟踪和高精度跟踪测量，它必须与要跟踪目标的动态参数相匹配。若跟踪测量雷达跟踪动态性能欠佳，不仅跟踪精度降低，严重时还会造成跟踪失锁，从而丢失目标。

2.4　目标特性测量与识别

随着跟踪测量雷达理论和技术的发展，对目标的测量已不仅仅限于位置、RCS（雷达截面积）等信息，还要获得目标的形状、体积、质量以及表面电磁参数等更多特性，并利用这些特性对目标进行分类识别。本节将对跟踪测量雷达可以观测和获取的目标特性以及相应的测量方法进行叙述。

2.4.1　典型目标特性与分类

雷达目标特性信号是雷达发射的电磁波与雷达目标相互作用所产生的各种信息，它载于目标散射回波，可用于反演目标的形状、体积、状态、表面材料的电磁参数和表面粗糙度等物理量。因此根据其特性来源维度，雷达目标特性可分为目标固有的电磁散射特性及目标运动引入的特性或特性变化两大类。一般来说，目标电磁散射特性可以表征为 RCS 及其统计参数、极化散射矩阵、散射中心分布、宽带一维像、二维像等；目标运动引入的雷达特性或特性变化主要表征为目标速度、加速度、自旋周期、翻滚周期、再入质阻比等。从雷达可测量的参数维度，可将雷达目标特性分为目标运动特性、目标 RCS 特性、目标宽带特性和目标极化特性等。由于该分类更易于理解，因此下面主要从该维度对典型的目标特性进行描述。

1. 目标运动特性

目标运动特性主要包括速度、加速度、位置、姿态变化等，它可有效反映目标的运动性能，对目标具有一定的区分度，可以用来对目标进行粗略识别，特别是对于弹道导弹与卫星目标、普通飞机目标的区分是十分有效的。目标的运动特性可分为"宏运动"和"微运动"两类。宏运动是目标整体的运动特性，包括飞行姿态、轨道特征、距离、速度与加速度特征（对于导弹类目标，再入时的减速特性——质阻比特征也是加速度特征）；微运动是目标各个部分相对于各自质心的运动，包括活动部件调制、自旋、进动、章动等。

2. 目标 RCS 特性

目标 RCS 特性是用于度量目标对入射雷达波电磁散射能力的物理量，其定义如下

$$\sigma = 4\pi \lim_{R \to \infty} R^2 \frac{|E_{\mathrm{s}}|^2}{|E_{\mathrm{i}}|^2} \tag{2.93}$$

式（2.93）中，σ 为雷达截面积，R 为雷达与目标的距离，E_s 为雷达处收到的目标散射电场强度，E_i 为雷达入射信号的电场强度。当距离 R 足够远时（满足远场条件），照射目标的入射波近似为平面波，此时 σ 与 R 无关。

目标 RCS 特性与下列因素相关：

（1）入射电磁波的频率；

（2）目标的入射姿态角；

（3）入射电磁波的极化；

（4）目标几何外形；

（5）目标表面涂覆材料。

因此，目标 RCS 特性是变化的，RCS 时间序列反映目标随姿态角变化的特性，与目标的结构、尺寸、材料、运动特性等直接相关，利用 RCS 序列可以提取目标的 RCS 均值、极值、方差、偏度、峰度等统计特征，以用于区分不同的尺寸大小、结构等。另外，一些目标具有自旋特性且旋转周期稳定，其动态 RCS 具有较强的周期特征，可用于反映目标的微动周期等。

3. 目标宽带特性

目标宽带特性是高分辨宽带雷达才能够提供的信息，当雷达发射信号的带宽足够大，其距离分辨率远小于目标几何尺寸时，就可以分辨目标局部细节散射特征，反映目标精细的结构信息。宽带特征主要包括目标宽带一维距离像、ISAR 像以及各种图像序列。

1）宽带一维距离像特性

宽带一维距离像反映目标散射结构沿雷达视线的分布情况。目标在一维距离像中所占据的长度可反映目标的尺寸信息，在飞机识别、空间目标识别、弹道导弹目标识别中具有十分重要的意义。然而，目标的一维距离像具有姿态敏感性，直接将其作为识别特征具有较大的不确定性，因此需要对目标一维距离像进行适当处理，比如在时域、频域或时频域提取目标强散射中心位置、幅度特征和目标长度信息等，仍可以得到反映目标内在特性的特征。

2）ISAR 像特性

目标的 ISAR 像与一维距离像相比，含有更多的目标结构信息，一定程度上反映了目标的形状和结构特征，可获取更多的目标结构信息，有利于识别目标。但由于 ISAR 像受目标运动、成像时间等因素的影响，成像效果有一定的不确定性。对飞机类目标、卫星等绕地飞行的目标，由于成像时间不受限制且目标运动相对平稳，因此 ISAR 成像相对容易。而对于导弹这类尺寸小、成像时间短且伴随有章动的目标，成像难度要高得多。因此，在导弹类目标识别中较少使用 ISAR 成像。

4. 目标极化特性

目标极化特性表征目标散射电磁波的矢量特性，在一定程度上反映了目标的形状信息，是目标雷达特性的重要参量。目标的极化特性可以用极化散射矩阵进行描述。雷达入射波和目标的散射回波之间的关系如下

$$\begin{bmatrix} E_H^s \\ E_V^s \end{bmatrix} = \begin{bmatrix} S_{HH} & S_{HV} \\ S_{VH} & S_{VV} \end{bmatrix} \begin{bmatrix} E_H^i \\ E_V^i \end{bmatrix} \tag{2.94}$$

式（2.94）中，E 表示电场强度和方向的矢量，H 表示水平极化，V 表示垂直极化，i 表示入射波，s 表示散射波，称

$$S = \begin{bmatrix} S_{HH} & S_{HV} \\ S_{VH} & S_{VV} \end{bmatrix} \tag{2.95}$$

为目标的极化散射矩阵。

在一定的雷达工作频率和目标姿态下，极化散射矩阵描述了目标散射特性的全部信息，它与目标形状、结构、材料、姿态、入射波频率等因素有关，但是受目标属性及观测因素的影响，很难直接利用散射矩阵进行识别，因此常用一些与极化旋转或目标绕视线旋转无关的极化不变量特征，如行列式值、功率散射矩阵的迹、去极化系数、本征方向角、最大极化方向角等[8-10]，作为目标的特征信号进行目标识别。

2.4.2　常见目标特性的测量方法

与 2.4.1 节的目标特性对应，跟踪测量雷达对目标特性进行测量时一般也从目标运动特性、目标 RCS 特性、目标宽带特性和目标极化特性等方面开展。

1. 目标运动特性测量方法

目标的运动特性测量包括轨迹、轨道特征、速度加速度特征以及微动特征等。其中，距离、角度、速度等特征是目标跟踪的输出测量参数，在 2.2 节已有描述。因此，本节主要描述轨道特征测量、再入段的质阻比测量以及微动特性测量的基本方法。

1）轨道特征测量

空间目标轨道可用轨道根数描述，传统上使用的轨道根数为开普勒根数，它

们包括轨道半长轴、偏心率、轨道倾角、升交点赤经、近地点角距及平近点角（或真近点角）。在这些参数中除平近点角是时间的函数外，其他参数均为常数。因此实际跟踪测量雷达工作时，根据跟踪轨迹提取不同类型目标的轨道特征差异值后就可进行目标分类。

2）再入段的质阻比测量

对于沿弹道飞行的再入目标，作用在目标上的力主要包括重力和空气阻力。当再入目标再入地球大气层时，它的飞行轨迹可以分为三个阶段：

（1）在很高的高度上空气阻力较小，引力是主要作用力，全部速率都由初始再入条件所确定，这时弹道只是偏离真空弹道轻微扰动。

（2）在稍低的高度上大气变密，空气阻力成为主要作用力，这时再入目标由于阻力和加热受到尖峰结构过载，加速度会越来越大。

（3）由于速度持续降低以至于到某个更低的高度上引力再度成为主要的作用力。

很显然，目标在再入阶段的运动特性是非线性的，具有大的空气动力载荷和剧烈的减速过程。要对这一阶段的运动特性进行分析，首先要对目标受到的空气阻力及相关的参数进行研究。

目标再入大气层时受到的空气阻力方向与速度方向相反，大小为

$$F_D = \frac{1}{2}\rho(h)V^2 C_D A \tag{2.96}$$

式（2.96）中，$\rho(h)$ 为高度 h 上的空气密度且假定大气层是球对称和不旋转的，V 为目标飞行速度，A 为目标在飞行方向上的投影面积，C_D 为阻力系数。

由此在零攻角时阻力对目标产生的加速度大小为

$$a_D = \frac{F_D}{m} = \frac{1}{2}\rho(h)V^2\frac{C_D A}{m} \tag{2.97}$$

式（2.97）中，m 为目标质量。定义质阻比为

$$\beta = \frac{m}{C_D A} \tag{2.98}$$

在质阻比测量过程中还会使用弹道系数来表征，弹道系数的定义为

$$\alpha = \frac{1}{\beta} = \frac{C_D A}{m} \tag{2.99}$$

由质阻比定义可以看出，质阻比是再入目标质量和外形参数的组合，是描述目标再入特性的重要参数，也是导弹防御系统区分真假目标的重要特征量。不同质阻比的目标在再入段的减速特性也是不一样的。质阻比小的目标，在较高的高度即开始减速或被地球大气层烧毁；而较重的弹头或重诱饵会一直持续到较低的高度才开始减速。因此再入段导弹防御系统目标识别的核心问题之一，就是在较高的高度上快速并高精度地估计出再入目标的质阻比[13]。

再入目标质阻比估计主要有两种方法[14]：一种是解析公式法，直接利用跟踪测量雷达测量信息进行多项式拟合，根据再入运动方程计算质阻比；另一种是滤波法，基于再入运动方程将质阻比作为状态矢量的一个元素，利用非线性滤波方法实时估计质阻比。

3）微动特性测量

雷达的目标或目标部件在运动的同时往往还伴随着质心平动以外的振动、转动和加速运动等微动（Micro-motion 或 Micro-dynamics）[15]。目标微动会对雷达回波的相位进行调制，进而产生相应的频率调制，在由目标主体平动产生的雷达回波多普勒频移信号附近引入额外的调制信号。这个额外的调制信号称为微多普勒信号，这种由微动引起的调制现象称为微多普勒效应（Micro-Doppler Effect）。微多普勒效应可视为目标结构部件与目标主体之间相互作用的结果，反映的是多普勒频移的瞬时特性，表征了目标微动的瞬时径向速度。利用微多普勒信号中包含的信息可以反演出目标的形状、结构、姿态、表面材料电磁参数、受力状态及目标独一无二的运动特性。通过现代信号处理技术分析目标的微多普勒效应并提取微多普勒信号中蕴含的特征信息，能够更好地分辨目标的属性类型和运动意图，从而为雷达目标的准确探测与精确识别提供不依赖于先验信息、可靠性高、可分辨性好的重要特征依据。

常见的微动包括旋转、振动、翻滚和进动 4 种类型[16]，其特点是其在雷达视线方向的基本运动形式为简谐运动，微多普勒信号可表示为

$$f_{\mathrm{mD}}(t) = \frac{2\omega_0 A_0}{\lambda}\cos(\omega_{0\mathrm{m}}t + \phi_0) \qquad (2.100)$$

式（2.100）中，λ 为信号波长，$\omega_{0\mathrm{m}}$ 为微动角频率，A_0 为径向微动幅度，ϕ_0 为初始相位。可以看出，微多普勒信号本质上是由目标微动在雷达视线上的速度分量引起的，在单频或窄带测量条件下，这 4 种典型微动引起的微多普勒信号表现为正弦调制的时变特性，且微多普勒幅度与微动幅度、微动频率、雷达视线角等因素有关，微多普勒频率调制描述了微动引起的瞬时多普勒变化特性，反映了目标的瞬时速度变化特性[17]。

目标微动对雷达回波的影响主要表现在以下三个方面，这也是微动特征测量和提取的主要途径。

（1）幅度调制。

由于目标自身处于转动状态，如果目标散射中心为各向异性的[20]，则雷达观测时目标的散射强度变化将对回波产生幅度调制，因此散射幅度会呈现周期性变化，尤其对于观测目标存在强散射点的情况，这种周期特性更加明显。在跟踪测

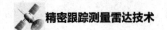

量雷达测量时，可以通过 RCS 序列特征测量目标微动的幅度调制。

（2）相位调制。

微动对回波相位的调制特性表现在频谱（或能量谱）随时间变化上，传统的谱分析方法针对的是周期性平稳信号，它依赖于信号的全局信息，表现的是频率的全时特性，并不能反映信号的局部特征，而通过时间和频率的联合函数可以获得频率的瞬时变化。由于时频分析结果为二维信息，很难直接利用，一般通过时频分析估计瞬时频率，然后根据瞬时频率估计其运动参数，进而获得微动周期。

随着宽带雷达的应用，微动测量的数据源也从窄带回波扩展到宽带回波，宽带回波的距离分辨率更高，因此除了可以利用时频分析进行微动特征提取，还可以利用微距变化曲线或相位变化情况提取微动特性。

（3）极化调制。

极化特性测量除 2.4.1 节所述的极化不变量特征外，还为提取目标的微动频率提供了一种途径。实际测量时，利用交叉极化分量之和与共极化分量之差的比值随目标进动而周期变化的时变特性来实现对弹头进动频率的估计[18]。

利用极化信息提取微动特性，要求跟踪测量雷达具备同时多极化能力，受规模、成本等限制，很长一段时间内多极化跟踪测量雷达的应用很少，但随着器件和跟踪测量雷达技术的发展，多极化跟踪测量雷达已逐步开始应用，相应地开展对极化特性的深入研究。

2. 目标 RCS 特性测量方法

目标 RCS 特性测量是研究雷达目标特性的一个重要手段。通过对各种目标的 RCS 测量，不仅可以取得对基本散射现象的了解，检验理论分析的结果，而且可以获得大量的目标特性数据，建立目标特性数据库。不同的测量目的决定了不同的测量方法和实现方法。目标 RCS 特性测量的主要方法有：内场静态测量、外场静态测量和外场动态测量。

外场动态测量是精密跟踪测量雷达最常用的 RCS 特性测量方法，一般包括参数测量法和相对标定法两类，但实际使用中，参数测量法测量误差较大，因此通常采用相对标定法进行测量。由雷达方程有

$$S/N = \frac{P_t G^2 \lambda^2}{(4\pi)^3 R^4 kT_0 BF_n L_s} \sigma = \frac{G^2 \lambda^2}{(4\pi)^3 kT_0 BF_n L_s} \times \frac{P_t}{R^4} \sigma = CP_t \frac{1}{R^4} \sigma \quad (2.101)$$

式（2.101）中，S/N 为目标反射信号的信噪比，P_t 为发射信号峰值功率，R 为目标的距离，σ 为目标的 RCS，C 为目标特性测量系统的 RCS 标定系数。

对某一类雷达而言，可将法线天线增益 G、波长 λ、噪声系数 F_n、系统带

宽 B、玻尔兹曼常量 k 及系统损失 L_s 等视为相对不变，因此可以利用 RCS 已知的校准目标对雷达进行标定，从而获得雷达的 RCS 标定系数 C，根据被测目标的回波幅度采样数据求得目标的 RCS。考虑到大气衰减因子 L_a、标定与测量情况下的发射功率修正因子 ρ_t、数控衰减因子 ρ_d、天线方向图修正因子 ρ_θ 及扫描时的天线增益损失因子 ΔG（仅适用于相控阵雷达），RCS 的计算公式为

$$\sigma = \frac{1}{C} \times \frac{SR^4}{L_a^2 \cdot (\Delta G)^2} \cdot \rho_t \cdot \rho_d \cdot \rho_\theta \qquad (2.102)$$

式（2.102）中，S 为经幅度检波或 I/Q 正交通道采样数据变换后得到的回波信号功率。

由式（2.102）可知，RCS 的测量精度与各修正因子的标定密切相关（具体内容详见本书 4.5 节）。

在获得精确 RCS 测量值的基础上，根据 RCS 序列可以计算相应的统计特征、变化特征等，由此获取用于识别的 RCS 特性。

3. 目标宽带特性测量方法

目标的宽带特性主要包括宽带一维距离像和二维像特性，下面对这两种特性的测量方法分别介绍。

1）宽带一维距离像特性测量方法

目标的宽带一维距离像特性测量方法与目标 RCS 特性的测量方法基本一致。当信号带宽对应的分辨率大于目标尺寸时，目标在回波中表现为单一散射点，此时测量结果表征为目标的 RCS 特性。当信号带宽较宽时，即可测得目标的宽带特性，对目标的宽带分辨性能取决于所选用的信号带宽。在获取宽带一维距离像时，雷达系统发射时宽带宽积较大的宽频带信号，其距离分辨单元小于目标尺寸，经过脉冲压缩后，目标上各散射中心的回波将分布在不同的距离单元中，形成高分辨一维距离像，即为测得的距离维宽带目标特性。常用的典型宽带信号一般包含线性调频宽带信号和步进频合成宽带信号，其中线性调频宽带信号在精密跟踪测量雷达上应用更为广泛。

2）二维像特性测量方法

对于二维成像雷达，根据不同成像雷达平台可以分为 SAR 和 ISAR。对于精密跟踪测量雷达，多数为陆基或者船载平台，主要采用逆合成孔径技术实现二维成像。

对目标二维宽带特性的测量，要求跟踪测量雷达在距离维和方位维两个维度上都具有高的分辨率。ISAR 成像时采用距离-多普勒成像原理，距离高分辨率的

实现基于发射宽带信号和脉冲压缩技术，而方位多普勒成像则通过目标旋转引起的目标上各散射点不同的多普勒特性来实现。

4. 目标极化特性测量方法

目标极化作为电磁波的本质属性，是幅度、频率、相位以外的重要基本参量，它描述了电磁波的矢量特征，即电场矢量端点在传播截面上随时间变化的轨迹特性。早在 20 世纪 40 年代，人们就已发现：目标受到电磁波照射时会出现"变极化效应"，即散射波的极化状态相对于入射波会发生改变，两者存在着特定的映射变换关系，散射波的极化状态与目标的姿态、尺寸、结构、材料等物理属性密切相关，因此可以把目标视为一个"极化变换器"。目标变极化效应所蕴含的丰富物理属性信息对提升雷达的目标检测、抗干扰、分类和识别等能力具有较大潜力[9]。

为了获取目标的极化特性，一般采用全极化收/发雷达体制进行测量，该体制又包括分时全极化体制和同时全极化体制两种。

1）分时全极化体制

分时全极化体制在脉冲间进行发射极化的切换，主要的方式是交替发射一对正交极化信号并同时接收正交极化信号。通过两个周期可获取目标完整的极化散射特征数据。目前，国外现役的先进雷达系统基本上都采用了分时全极化体制。据文献报道，美国弹道导弹防御系统中承担中段目标识别的 GBR/XBR 雷达很可能采用了分时全极化体制。分时全极化体制虽然能够获得更多的目标散射信息，但对于由运动姿态变化引起的散射特性随时间变化较快的非平稳目标，分时全极化体制会在脉冲回波之间产生对测量影响大的去相关效应；且分时全极化体制需要在脉冲之间进行极化切换，由于极化切换器件的隔离度是有限的，存在交叉极化的干扰作用，对测量产生了不利影响。

2）同时全极化体制

针对分时全极化体制的缺点，可采用正交极化同时发射和同时接收的体制。该体制能减少测量脉冲之间的去相关性，实现目标极化散射矩阵的精确测量。同时全极化体制可以通过同时发射两个极化正交的脉冲实现，也可以通过发射由两个或多个编码波形相干叠加得到的波形，每个波形对应一种发射极化。同时极化测量体制在单个脉冲重复周期内就可以获得目标完整的极化散射矩阵，在动态目标极化特性测量方面具有显著优势，正交波形设计及信号处理是其中的关键。

2.4.3　目标分类与识别

在获得雷达目标的特性后，利用分类器技术可对目标进行分类或识别。分类器是一种函数或者映射，它的输入是雷达目标的特征，输出是雷达目标特征对应的类别。实际应用时，在对每类目标特征进行分类识别（特征级识别）后，还需进行多特征融合识别，即决策级识别。下面对雷达常用的特征级识别分类器及决策级识别进行简要介绍。

1. 特征级识别分类器

雷达常用的特征级识别分类器包括模板匹配分类器、模糊分类器、支持向量机（SVM）分类器和神经网络分类器等。

1）模板匹配分类器

模板匹配分类器是在一维像判别、RCS 序列判别等雷达目标识别方面应用较多的一类分类器。它通过计算未知类别样本与不同已知类别样本的距离来确定未知类别样本的类别。

模板匹配分类器使用过程直接、简单，但是随着模板数及类别数的增多，运算量会增大，因此比较适合实时性要求不高的雷达目标识别场合。

2）模糊分类器

模糊理论是一种处理不精确性和不确定性信息的理论工具。采用模糊分类器进行分类识别时，某特征属于某集合的程度由 0 与 1 之间的隶属度来描述。把一个具体的元素映射到一个合适的隶属度，则由隶属度函数实现。

模糊分类器在只有正类样本的条件下训练，变量也可以只有均值和方差（即模板宽度），变量少。因而，比较适合样本有限条件下的识别。

3）SVM 分类器

SVM 分类器是一类建立在统计学习理论基础上的机器学习方法，是一种基于结构风险最小化原则的通用学习算法[19]，它的基本思想是在样本输入空间或特征空间构造出一个最优超平面，使得超平面到两类样本集之间的距离值达到最大，从而取得较优的泛化能力。以二维数据为例，如果训练数据是分布在二维平面上的点，它们按照其分类聚集在不同的区域。基于分类边界的分类算法的目标是通过训练，找到这些类别之间的边界（直线边界或曲线边界），分类边界上的点称为支持向量。SVM 分类器可以自动寻找出那些对分类有较好区分能力的支持向量，从而最大化类间间隔。

SVM 分类器虽然有较好的分类性能，但变量较多（对应于较多的支持向量），在特征随模板参数变化较大时需较多的模板存储量。此外，SVM 分类器通常需要同等规模的正负类样本，才能形成较好的分类面。而在雷达实际应用情况中，负类的样本较少，甚至在首次观测某类目标时，只有正类的模拟样本，而没有负类的模拟样本，使得模板训练困难。

4）神经网络分类器

如果提取的特征维数较少，且是线性可分的，则可直接利用统计分类法中的最大后验概率来对目标进行分类识别。实际上不同目标的特征维数值可能很大，且类别所属区域往往是多维特征的非线性函数，这就需要用人工神经网络的方法，将多维特征通过非线性函数映射到线性可分区，来识别不同的目标。且随着计算能力的不断提升，神经网络分类器已逐步开始应用。

神经网络中的多层前向网络（三层以上）能以任意精度逼近任意函数而在函数逼近及模式分类中获得广泛的应用。图 2.4 为三层前馈神经网络。

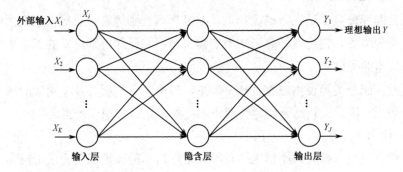

图 2.4　三层前馈神经网络

图 2.4 中，输入节点数等于模式的维数，即特征个数。输出节点数一般取为类别数。中间节点一般为输入节点加权后的非线性映射函数。

神经网络的工作过程主要分为两个阶段：第一阶段是学习阶段，此时各计算单元状态不变，通过学习来修改权值；第二阶段是工作阶段，此时固定连接权值，计算单元状态变化，以达到某种稳定状态。

目前雷达里常用的神经网络分类器包括浅层神经网络和深度神经网络两类。

浅层神经网络主要有以下两种典型学习分类模型：

（1）基于误差反向传播（Back Propagation，BP）算法的前向多层感知器神经网络。

基于误差 BP 算法的多层感知器（称为 BP 网络），以其强非线性映射能力、易于训练等优点，成为最常用的分类器。BP 算法是一种重复梯度算法，通过不断调整权值，使得期望输出与实际输出的均方误差值最小，输入模式从输入层逐层传向输出层。而输出信号与期望信号的误差则反向传播，通过修改各层神经元的权值，使训练误差值最小。

（2）径向基函数（Radial Basis Function，RBF）神经网络。

BP 网络学习缓慢，存在局部极小点，且泛化能力受限于训练的样本集。而径向基函数神经网络是一种三层前向网络，输入层由信号源节点组成，第二层为隐含层，第三层为输出层。从输入空间到隐含层的变换是非线性的，而从隐含层到输出层的映射是线性的。这样网络的权就可由线性方程组直接解出或用递归最小二乘（Recursive Least Sguares，RLS）方法递推计算，从而加快学习速度并避免局部极小点的问题。

近年，深度神经网络在图像识别、语音识别等领域的分类问题上取得了突破性进展，在雷达目标分类器中也开始应用深度神经网络进行目标分类。常用的深度神经网络模型包括卷积神经网络（Convolutional Neural Network，CNN）、递归神经网络（Recurrent Neural Network，RNN）。深度学习通过采用特殊的网络结构和加深网络层数，可以提取目标深层次的隐藏特征，极大提高目标识别的准确率和稳定性。

2. 决策级识别

决策级识别可综合利用多种互补特征的识别信息，显著提高识别置信度和识别率。该识别方式的输入是各特征的识别置信度而不需要原始特征，既保留了关键信息又大幅减少了信息量。

决策级识别一般采用 D-S（Dempster-Shafer）证据理论进行综合识别，以发挥各特征的互补作用，从而实现多特征融合识别。

D-S 证据理论是一种不确定推理方法，可以清楚地表达和有效地处理不确定信息。自诞生以来，D-S 证据理论以其较好的不确定信息的表达及处理能力而广泛应用于不确定推理、多传感器信息融合、模式识别、不确定信息决策、目标识别等多个领域。

对于多个识别方式的判决结果，可按如下合成规则进行决策级融合，即

$$m(A) = \begin{cases} \dfrac{\sum\limits_{\cap A_i = A} \prod\limits_{1 \leqslant j \leqslant P} m_i(A_j)}{1-K}, & A \neq \varPhi \\ 0, & A = \varPhi \end{cases} \qquad (2.103)$$

式（2.103）中，$K = \sum\limits_{\cap A_i = \varPhi} \prod\limits_{1 \leqslant j \leqslant P} m_i(A_j)$ 为冲突系数。K 值越接近于 1，表示各特征之间分歧越大；反之，其值越接近于 0，各特征之间分歧越小，一致性越高。

由上述内容可知，当每个识别方式具有一定的识别倾向时，经过 D-S 证据理论，这种识别倾向得到了加强，并形成了占优势性的倾向，从而形成判决，即积累小的区分度为大的区分度，从而实现决策级的融合识别。

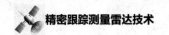
参考文献

[1] SKOLNIK M I. Introduction to Radar Systems[M]. New York: McGraw-Hill, 2001.

[2] SKOLNIK M I. Radar Handbook[M]. New York: McGraw-Hill, 1990.

[3] BARTON D K, LEONOV S A. Radar Technology Encyclopedia[M]. Norwood: Artech House, 1997.

[4] BATON D K. Modern Radar System Analysis[M]. Norwood: Artech House, 1988.

[5] 王德纯. 雷达搜索方式的最佳化[J]. 现代雷达，1979，1(3): 1-16.

[6] PEEBLES P Z. Radar Principles[M]. New York: John Wiley&Sons, 1998.

[7] 黄培康，殷红成，许小剑. 雷达目标特性[M]. 北京：电子工业出版社，2005.

[8] 王被德. 雷达极化理论和应用[D]. 南京：南京电子技术研究所，1994.

[9] 庄钊文，肖顺平，王雪松，等. 雷达极化信息处理及其应用[M]. 北京：国防工业出版社，1999.

[10] 李永帧，肖顺平，王雪松，等. 雷达极化抗干扰技术[M]. 北京：国防工业出版社，2010.

[11] 胡明春，王建明，孙俊，等. 雷达目标识别原理与实验技术[M]. 北京：国防工业出版社，2017.

[12] 马君国，付强，肖怀铁. 雷达空间目标识别技术综述[J]. 现代防御技术，2006，34(5): 90-94.

[13] 金林. 弹道导弹目标识别技术[J]. 现代雷达，2008，30(2): 1-5.

[14] 李崇谊，刘世龙，邓楚强，等. 基于解析法的再入目标实时质阻比估计[J]. 现代雷达，2013，35(7): 42-44.

[15] ZHANG Q, LUO Y, CHEN Y A. Micro-Doppler Characteristics of Radar Targets[M]. Amsterdam: Elsevier, 2017.

[16] CHEN V C. The Micro-Doppler Effect in Radar[M]. Boston: Artech House, 2011.

[17] 李康乐. 雷达目标微动特征提取与估计技术研究[D]. 长沙：国防科学技术大学，2010.

[18] 王涛，周颖，王雪松，等. 雷达目标的章动特性与章动频率估计[J]. 自然科学进展，2003，16(3): 344-350.

[19] NELLO C, JOHN S T. 支持向量机导论[M]. 李国正，王猛，曾华军，译. 北京：电子工业出版社，2004.

第 3 章
单脉冲技术体制

单脉冲技术不仅仅应用于跟踪测量雷达，以实现对目标的精密跟踪和测量；也应用于各种现代搜索雷达，以提高其测角精度；同时还广泛应用于通信、射电天文、声呐和光学跟踪等。本章首先从单脉冲理论开始，介绍理想单脉冲的模型、信息处理和系统形式；然后综合描述单脉冲系统的各种实现形式，包括角度敏感器、角信息变换器和角度鉴别器，给出单脉冲系统的几种基本实现形式及它们的应用和特点；最后讨论一些单脉冲系统的变化（非典型）形式，诸如双通道单脉冲系统、单通道单脉冲系统和圆锥单脉冲系统，以及与 PD 处理兼容的单脉冲系统等。

3.1 概述

"单脉冲测角"是一种雷达测角技术。这种技术通过比较两个或多个同时天线波束的接收信号来获得精确的目标角位置信息。它与波束转换测角技术和圆锥扫描测角技术不同，后两者的多波束位置是顺序产生而不是同时产生的。雷达利用同时多波束可以从单个脉冲回波获得二维角信息，所以叫"单脉冲测角"。当然，在通常的实际系统中，往往采用多个脉冲，是为了提高跟踪距离和测量的精度，或是为了提供多普勒频率分辨信息。

"单脉冲"这个术语最早是由贝尔电话实验室 Budenbom H. T.在 1946 年提出的。关于"单脉冲"的含义，这里至少有两点需要说明：一是意味着可以从单个脉冲得到目标相对雷达的角度估计值，当然在实际系统中出于其他考虑，仍然用多个脉冲，但原理上单个脉冲就可以做到；二是"单脉冲"并不仅仅只能用于脉冲雷达，也可以用于连续波雷达，还可用于无源雷达（不发射）模式以跟踪外辐射源或干扰源及其他非雷达应用。同样，单脉冲或与其类似的技术还可用于其他方面，如无源定向、通信、射电天文、导弹制导。单脉冲原理还可用于有源和无源声呐及某些光学跟踪器。

在不涉及脉冲发射的应用中，该技术常常被称为同时波瓣比较，而不是单脉冲。在射电天文中，熟知的"干涉仪"是通过相距较大的两个或多个天线接收天体辐射源的信号进行比较而得到辐射源空间角度分布信息的。从广义上说，这就是一种"比相（相位比较）单脉冲"或"延迟比较单脉冲"。

在单脉冲雷达的早期，人们把单脉冲分成"比幅（幅度比较）"和"比相（相位比较）"两种基本类型。但后来随着雷达技术的发展，特别是当采用阵列天线时，一部实际的雷达有时不一定能明确定义为"比幅"还是"比相"。因为实际的雷达往往同时应用幅度信息和相位信息来获得角信息估值，关于这一点，将在后面详细论述。

如今单脉冲技术已经广泛应用于跟踪测量雷达。在跟踪测量雷达中，由单脉冲处理器输出的角偏离误差信号被送入雷达角伺服系统，以驱动天线向角偏离误差减小的方向运动，从而使天线波束连续跟踪目标运动。这种跟踪测量雷达，人们常称为"单脉冲跟踪测量雷达"，所用的这种技术叫作"单脉冲跟踪"。

单脉冲技术同样广泛地应用于现代搜索雷达和目标指示雷达中。在这些雷达中，单脉冲处理器输出的角偏离误差信号送入计算机进行角坐标信息提取，而不是送入角伺服系统对目标进行连续跟踪。因此，人们常把单脉冲技术在搜索雷达中的应用称为"单脉冲测角"。当然，尽管都使用"单脉冲技术"，但这种"单脉冲测角"的精度远不如"单脉冲跟踪"的精度。

3.2　单脉冲理论

如 3.1 节所述，单脉冲处理首先要产生两个（先假定在一个角平面内）同时波束，然后对两个波束同时接收的信号进行处理，从而输出一个只与目标相对天线视轴偏离大小和方向有关，而与信号绝对值大小（由目标 RCS 的大小及距离远近决定）无关的单脉冲角偏离信号。这个单脉冲角偏离信号用来对角度偏离的大小及方向进行估值（单脉冲测角），或用来通过角伺服系统驱动天线波束，对目标进行连续跟踪（单脉冲跟踪）。

为了从原理上阐述各种单脉冲系统的工作本质，以及比较各种单脉冲系统的优、缺点，下面将首先以理想单脉冲系统为例，对单脉冲处理过程进行建模和分析。

3.2.1　单脉冲复比

设在一个角平面内两个同时波束的接收信号分别为 S_1 和 S_2，注意，这里 S_1 和 S_2 是复信号（包括幅度和相位），即

$$\begin{cases} S_1 = |S_1| \exp\left(\mathrm{j}\delta_{S_1}\right) \\ S_2 = |S_2| \exp\left(\mathrm{j}\delta_{S_2}\right) \end{cases} \tag{3.1}$$

对两个复信号进行比较（矢量相减），令其差与和分别为

$$\begin{cases} \varDelta = (S_1 - S_2)/\sqrt{2} = |\varDelta| \exp(\mathrm{j}\delta_\varDelta) \\ \varSigma = (S_1 + S_2)/\sqrt{2} = |\varSigma| \exp(\mathrm{j}\delta_\varSigma) \end{cases} \tag{3.2}$$

式（3.2）中，量 $\varDelta$（复量）与目标角偏离的大小及方向有关，但同时也与信号绝

对值大小（目标 RCS 的大小及距离远近）有关。为了去掉信号绝对值大小对差信号的影响，用和信号对其进行归一化，即形成

$$\frac{\Delta}{\Sigma}=\frac{|\Delta|}{|\Sigma|}\exp\left[j(\delta_\Delta-\delta_\Sigma)\right]$$
$$=\frac{|\Delta|}{|\Sigma|}\exp(j\delta) \tag{3.3}$$

量 $\frac{\Delta}{\Sigma}$ 被称为和差形式的单脉冲复比，如图 3.1 所示。单脉冲处理器的任务就是形成这个单脉冲复比。另外，$\frac{\Delta}{\Sigma}$ 还可以表示为

$$\frac{\Delta}{\Sigma}=\frac{(S_1-S_2)/\sqrt{2}}{(S_1+S_2)/\sqrt{2}}$$
$$=\frac{S_1-S_2}{S_1+S_2}$$
$$=\frac{1-S_2/S_1}{1+S_2/S_1} \tag{3.4}$$

由式（3.4）可见，借助于 $\frac{S_2}{S_1}$，可以计算 $\frac{\Delta}{\Sigma}$，或者反之。即 $\frac{S_2}{S_1}$ 与 $\frac{\Delta}{\Sigma}$ 两个复比包含了等效的信息。

$$\frac{S_2}{S_1}=\frac{|S_2|}{|S_1|}\exp\left[j(\delta_{S_1}-\delta_{S_2})\right] \tag{3.5}$$

把复比 $\frac{S_2}{S_1}$ 称为同时波束形式的单脉冲复比，如图 3.2 所示。

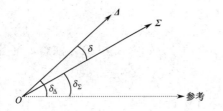 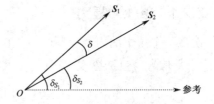

图 3.1 和差形式的单脉冲复比　　图 3.2 同时波束形式的单脉冲复比

从理论上讲，计算出单脉冲复比就是估计出目标角位置偏离信息。当然，人们还可以将信号 S_1 和 S_2 构成各种不同形式的线性组合，以等效单脉冲复比，但 $\frac{S_2}{S_1}$ 和 $\frac{\Delta}{\Sigma}$ 是最常用的两种单脉冲复比表示形式。后面将要看到，计算单脉冲复比

$\dfrac{S_2}{S_1}$ 将构成幅度-幅度单脉冲系统、相位-相位单脉冲系统，而计算单脉冲复比 $\dfrac{\varDelta}{\varSigma}$ 则构成和差式单脉冲系统，由于和差单脉冲系统比简单的比幅系统和比相系统在工程上具有更多的优点，因而成为最广泛的应用形式。

3.2.2 单脉冲复比及数字处理

在理想的单脉冲系统中，$\varDelta$ 和 $\varSigma$ 的相位差为 0°、180° 或 ±90°，因而 $\dfrac{\varDelta}{\varSigma}$ 只有实部或虚部输出。

然而在实际系统中，由于噪声、干扰、多路径、混淆目标的存在或者系统的非理想设计，$\dfrac{\varDelta}{\varSigma}$ 的输出可能同时具有实部和虚部，为了消除（或部分消除）这些因素的影响，还必须对 $\dfrac{\varDelta}{\varSigma}$ 进行复量处理。

由欧拉公式有

$$\frac{\varDelta}{\varSigma} = \frac{|\varDelta|}{|\varSigma|}\mathrm{e}^{\mathrm{j}\delta} = \frac{|\varDelta|}{|\varSigma|}\cos\delta + \mathrm{j}\frac{|\varDelta|}{|\varSigma|}\sin\delta$$
$$= \mathrm{Re}\left\{\frac{\varDelta}{\varSigma}\right\} + \mathrm{jIm}\left\{\frac{\varDelta}{\varSigma}\right\} \tag{3.6}$$

式（3.6）中，实部和虚部分别为

$$\begin{cases} \mathrm{Re}\left\{\dfrac{\varDelta}{\varSigma}\right\} = \dfrac{|\varDelta|}{|\varSigma|}\cos\delta \\ \mathrm{Im}\left\{\dfrac{\varDelta}{\varSigma}\right\} = \dfrac{|\varDelta|}{|\varSigma|}\sin\delta \end{cases} \tag{3.7}$$

在正常情况下，目标的贡献仅仅是实部（或虚部），因而对复量处理中，应取实部（或虚部），而去除由于噪声、干扰或系统非理想原因生成的虚部（或实部）。在电轴零值附近，即理想情况下，相当于改善了 3dB 的信噪比（或信杂比）。

现代雷达的信号处理多以数字形式实现，下面给出单脉冲复比的数字处理模型。

将复比表示成 I/Q 形式，即

$$\begin{cases} \varDelta = \varDelta_{\mathrm{I}} + \mathrm{j}\varDelta_{\mathrm{Q}} \\ \varSigma = \varSigma_{\mathrm{I}} + \mathrm{j}\varSigma_{\mathrm{Q}} \end{cases} \tag{3.8}$$

式（3.8）中

$$\begin{cases} \varDelta_{\mathrm{I}} = |\varDelta|\cos\delta_{\varDelta} = \mathrm{Re}\{\varDelta\} \\ \varDelta_{\mathrm{Q}} = |\varDelta|\sin\delta_{\varDelta} = \mathrm{Im}\{\varDelta\} \end{cases} \tag{3.9}$$

$$\begin{cases} \Sigma_{\mathrm{I}} = |\Sigma|\cos\delta_{\Sigma} = \mathrm{Re}\{\Sigma\} \\ \Sigma_{\mathrm{Q}} = |\Sigma|\sin\delta_{\Sigma} = \mathrm{Im}\{\Sigma\} \end{cases} \tag{3.10}$$

或

$$\begin{cases} \Delta^* = \Delta_{\mathrm{I}} - \mathrm{j}\Delta_{\mathrm{Q}} \\ \Sigma^* = \Sigma_{\mathrm{I}} - \mathrm{j}\Sigma_{\mathrm{Q}} \end{cases} \tag{3.11}$$

式（3.11）中，*表示复共轭，则和差单脉冲复比可表示为

$$\begin{aligned} \frac{\Delta}{\Sigma} &= \frac{\Delta \times \Sigma^*}{\Sigma \times \Sigma^*} \\ &= \frac{\left(\Delta_{\mathrm{I}} + \mathrm{j}\Delta_{\mathrm{Q}}\right)\left(\Sigma_{\mathrm{I}} - \mathrm{j}\Sigma_{\mathrm{Q}}\right)}{\left(\Sigma_{\mathrm{I}} + \mathrm{j}\Sigma_{\mathrm{Q}}\right)\left(\Sigma_{\mathrm{I}} - \mathrm{j}\Sigma_{\mathrm{Q}}\right)} \\ &= \frac{\Delta_{\mathrm{I}}\Sigma_{\mathrm{I}} + \Delta_{\mathrm{Q}}\Sigma_{\mathrm{Q}}}{\Sigma_{\mathrm{I}}^2 + \Sigma_{\mathrm{Q}}^2} + \mathrm{j}\frac{\Delta_{\mathrm{Q}}\Sigma_{\mathrm{I}} - \Delta_{\mathrm{I}}\Sigma_{\mathrm{Q}}}{\Sigma_{\mathrm{I}}^2 + \Sigma_{\mathrm{Q}}^2} \end{aligned} \tag{3.12}$$

取其实部，则和差形式的单脉冲估值器（或称单脉冲处理器）的计算为

$$\mathrm{Re}\left\{\frac{\Delta}{\Sigma}\right\} = \frac{\Delta_{\mathrm{I}}\Sigma_{\mathrm{I}} + \Delta_{\mathrm{Q}}\Sigma_{\mathrm{Q}}}{\Sigma_{\mathrm{I}}^2 + \Sigma_{\mathrm{Q}}^2} \tag{3.13}$$

$$\mathrm{Im}\left\{\frac{\Delta}{\Sigma}\right\} = \frac{\Delta_{\mathrm{Q}}\Sigma_{\mathrm{I}} - \Delta_{\mathrm{I}}\Sigma_{\mathrm{Q}}}{\Sigma_{\mathrm{I}}^2 + \Sigma_{\mathrm{Q}}^2} \tag{3.14}$$

或

$$\mathrm{Re}\left\{\frac{\Delta}{\Sigma}\right\} = \frac{\Delta \cdot \Sigma^* + \Delta^* \cdot \Sigma}{\Sigma \cdot \Sigma^*} \tag{3.15}$$

对于和差形式的单脉冲系统，单脉冲估值器的任务即形成这样的输出。

3.2.3　理想单脉冲系统模型

由前述单脉冲理论，理想单脉冲系统模型可归结为如图 3.3 所示。

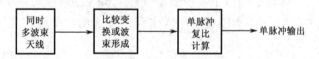

图 3.3　理想单脉冲系统模型

对于和差形式的单脉冲系统，由式（3.7）和式（3.13）可具体化为图 3.4 所示模型。

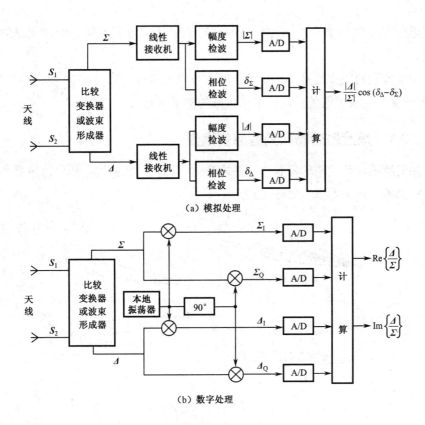

（a）模拟处理

（b）数字处理

图 3.4　和差形式的单脉冲系统模型

3.3　单脉冲系统基本实现形式

随着雷达技术的发展及其各种不同的应用，从文献资料中人们常常会看到各种样式的实际单脉冲系统。对单脉冲系统类型的划分也各有不同，不同类型的名称也不尽统一。本节根据 3.2 节所述的单脉冲基本理论，将单脉冲系统归结为几种最基本的实现形式。

任何单脉冲系统必须包含以下基本部分：角度敏感器、角信息变换器和角度鉴别器，如图 3.5 所示。

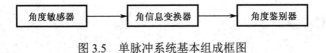

图 3.5　单脉冲系统基本组成框图

图 3.5 中，角度敏感器感应目标的角位置及其变化并形成包含目标角信息的信号，其基本形式有幅度敏感、相位敏感及幅相组合敏感。

角信息变换器是用来将角度敏感器获取的包含角信息的信号，变换成两个独立通道信号之间的幅度与相位关系的组合，以适应后面不同角度鉴别器的处理形式。

角度鉴别器的作用是将角信息变换器获取的信号幅相关系组合与信号到达角（角度偏离）构成单值关系，以得到单值的角度信息量。

3.3.1 角度敏感器和角信息变换器

如前所述，角度敏感器有 3 种基本形式，即幅度敏感器、相位敏感器和幅相组合敏感器。其基本原理如图 3.6 所示。

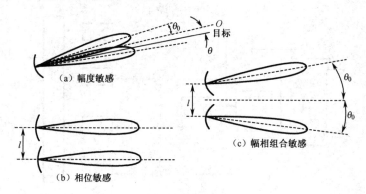

图 3.6   单脉冲天线基本波束图

1. 幅度敏感器

如图 3.6（a）所示，在幅度敏感器中，天线形成两个相同并且其指向分别与等信号方向（或称零轴）偏置 $\pm\theta_0$ 的波束。在零轴上，两波束图幅度相等，即当目标位置处在零轴的指向上时，两波束比幅后输出为零；当目标从零轴偏离 θ 角时，低波束接收信号幅度大于高波束接收信号幅度，这两个信号幅度之差就确定了目标偏置零轴的角度大小，两个幅度之差的符号（"正"或者"负"）则表示目标偏离角的方向。将图 3.6（a）展开可画成如图 3.7 所示的波束图。

将波束图用 $f_1(\theta)$ 和 $f_2(\theta)$ 表示，则其角度敏感器的差响应为

$$\Delta(\theta) = f_1(\theta) - f_2(\theta) \tag{3.16}$$

2. 相位敏感器

如图 3.6（b）所示，在相位敏感器中，系统通过一对相距 l、相同波束且指向相同天线的接收信号来获取目标角度信息。

设目标在 θ 方向，由图 3.8 所示的两个天线相位中心到目标的路径差为 $\Delta R = l\sin\theta$。

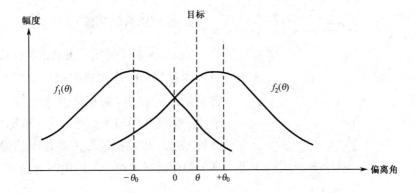

图 3.7　幅度敏感波束图

即相位差

$$\Delta\varphi = \frac{2\pi}{\lambda}\Delta R = \frac{2\pi}{\lambda}l\sin\theta \qquad (3.17)$$

式（3.17）中，λ 为波长，l 为两天线间距，θ 为目标偏离角。

则目标角灵敏度特性为

$$S(\theta) = K\sin\left(\frac{2\pi}{\lambda}l\sin\theta\right) \qquad (3.18)$$

式（3.18）中，K 为系数。

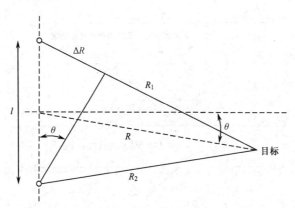

图 3.8　相位敏感几何图

这里需要注意的是，由于出现相位模糊而造成测量的模糊可以通过适当地选择 l 来克服。

当目标处于零轴（$\theta = 0$）时，两个波束回波信号幅度相等，且相位差 $\Delta\varphi$ 为零；当目标偏离 θ 角（θ 角较小）时，两波束回波 $f_1(\theta)$、$f_2(\theta)$ 幅度近似相等，相位差为 $\Delta\varphi$，则两个回波信号的矢量差 $\Delta(\theta)$ 如图 3.9 所示。

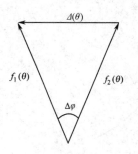

图 3.9　相位敏感单脉冲信号矢量关系

3. 幅相组合敏感器

如图 3.6（c）所示，在幅相组合敏感器中，同时利用幅度敏感和相位敏感原理。它采用一对相距 l 的相同波束天线，但两个波束指向分别与等信号方向（或称零轴）偏置 $\pm\theta_0$。其幅相信号关系是上述幅度敏感与相位敏感的组合，这里不再详述。

4. 角信息变换器

如前所述，角信息变换器的作用主要是将角度敏感器传来的角信息形成两个独立通道信号之间的幅度和相位关系组合，以适合于不同的角度鉴别器处理。

由幅相敏感信号变换为和差鉴别处理，其变换关系如图 3.10（a）所示。

由和差信号变换为相位鉴别处理，其变换关系如图 3.10（b）所示。

由和差信号变换为幅度鉴别处理，其变换关系如图 3.10（c）所示。

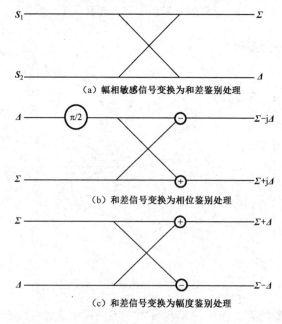

（a）幅相敏感信号变换为和差鉴别处理

（b）和差信号变换为相位鉴别处理

（c）和差信号变换为幅度鉴别处理

图 3.10　角信息变换器

3.3.2　角度鉴别器

在单脉冲系统中，角度鉴别器实际上就是单脉冲信号处理器或单脉冲复比计算器。角度鉴别器的作用是形成仅仅与角度偏离大小和方向有关（而与信号的绝对值大小无关）的角误差信号（所谓单值关系）。角度鉴别器的实现同样也有幅度鉴别、相位鉴别及和差鉴别 3 种方式。

1. 幅度鉴别器

单脉冲系统中的幅度鉴别器仅对两路信号的幅度进行鉴别，通常有两种形式，如图 3.11 所示。

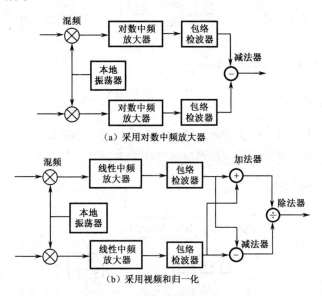

（a）采用对数中频放大器

（b）采用视频和归一化

图 3.11　幅度鉴别器框图

幅度鉴别器鉴别的是经敏感器和变换器来的两路独立信号的幅度信息。图 3.11（a）是采用对数中频放大器和减法器的形式。

前面来的两路信号 S_1 和 S_2（或 Δ 和 Σ），经对数中频放大器放大和检波后分别输出 $\lg|S_1|$ 和 $\lg|S_2|$，经减法器后输出

$$\lg|S_1| - \lg|S_2| = \lg\left|\frac{S_2}{S_1}\right| \tag{3.19}$$

即完成了幅度形式的单脉冲复比的计算。

同样，对和差形式，该鉴别器输出

$$\lg|\Delta| - \lg|\Sigma| = \lg\left|\frac{\Delta}{\Sigma}\right| \tag{3.20}$$

图 3.11（b）则采用线性接收机，用视频和归一化方式来实现角度鉴别，经线性中频放大器放大和检波后再进行相加、相减和相除运算，输出为

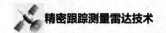

$$\frac{\left|S_1\right|-\left|S_2\right|}{\left|S_1\right|+\left|S_2\right|}=\frac{1-\left|\dfrac{S_2}{S_1}\right|}{1+\left|\dfrac{S_2}{S_1}\right|}$$

或

$$\frac{\left|\Sigma\right|-\left|\varDelta\right|}{\left|\Sigma\right|+\left|\varDelta\right|}=\frac{1-\left|\dfrac{\varDelta}{\Sigma}\right|}{1+\left|\dfrac{\varDelta}{\Sigma}\right|} \tag{3.21}$$

由此得到单脉冲复比的计算结果。

2. 相位鉴别器

单脉冲系统中的相位鉴别器，通过对由角度敏感器和角信息变换器来的两路信号的相位进行鉴别，从而求得单脉冲复比结果的输出。通常的相位鉴别器有两种形式，如图 3.12 所示。

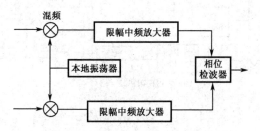

（a）采用限幅中频放大器和相位检波器

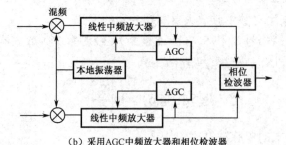

（b）采用 AGC 中频放大器和相位检波器

图 3.12　相位鉴别器框图

相位鉴别器鉴别的是经由角度敏感器和角信息变换器来的两路独立信号的相位信息，图 3.12（a）采用限幅中频放大器和相位检波器完成，图 3.12（b）采用AGC 中频放大器和相位检波器完成。

3. 和差鉴别器

和差鉴别器可以有图 3.13 所示的两种形式。图 3.13（a）为 AGC 中频归一化形式；图 3.13（b）为视频归一化形式。

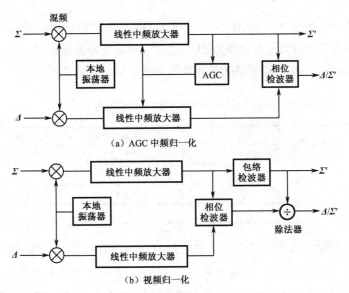

（a）AGC 中频归一化

（b）视频归一化

图 3.13　和差鉴别器框图

下面以图 3.13（a）为例，简述和差鉴别器的工作过程。

经由角信息变换器来的和差信号经混频后，分别为

$$\begin{cases} \varSigma(t) = |\varSigma|\cos(\omega t + \delta_\varSigma) \\ \varDelta(t) = |\varDelta|\cos(\omega t + \delta_\varDelta) \end{cases} \tag{3.22}$$

以和信号进行 AGC 中频放大后的输出为

$$\begin{cases} \varSigma'(t) = \dfrac{\varSigma(t)}{|\varSigma|} \\ \varDelta'(t) = \dfrac{\varDelta(t)}{|\varSigma|} \end{cases} \tag{3.23}$$

将 $\varSigma'(t)$ 和 $\varDelta'(t)$ 输入相位检波器，则输出为两信号的点积。

由矢量代数，夹角为 μ 的两向量 $\boldsymbol{A}$ 和 $\boldsymbol{B}$ 的点积为

$$\boldsymbol{A} \cdot \boldsymbol{B} = |\boldsymbol{A}||\boldsymbol{B}|\cos\mu \tag{3.24}$$

由式（3.24）可求得相位检波器的输出为

$$\frac{\varDelta}{\varSigma} = \frac{|\varDelta|}{|\varSigma|}\cos(\delta_\varDelta - \delta_\varSigma) \tag{3.25}$$

即是一种由 AGC 和相位检波器构成的和差单脉冲鉴别器。

图 3.13（b）的工作流程类似，只是将 AGC 归一化的过程改为除法器完成。

3.3.3 基本实现形式

将前述的 3 种基本角度敏感器（幅度敏感器、相位敏感器和幅相组合敏感器）和 3 种基本角度鉴别器（幅度鉴别器、相位鉴别器及和差鉴别器），进行组合，原理上可以构成 9 种单脉冲系统的基本实现形式，如表 3.1 所示。

表 3.1　单脉冲系统的基本实现形式

角度鉴别器形式	角度敏感器形式		
	幅度（A）	相位（P）	幅相组合（C）
幅度（A）	A-A	P-A	C-A
相位（P）	A-P	P-P	C-P
和差（SD）	A-SD	P-SD	C-SD

然而在实际的基本系统中，典型应用只有 4 种，即幅度（敏感）-幅度（鉴别）（A-A）单脉冲系统、相位（敏感）-相位（鉴别）（P-P）单脉冲系统、幅度（敏感）-和差（鉴别 A-SD）单脉冲系统，以及相位（敏感）-和差（鉴别 P-SD）单脉冲系统。而最常用的是幅度-和差（A-SD）单脉冲系统和相位-和差（P-SD）单脉冲系统。

1. 幅度-幅度单脉冲系统

幅度-幅度单脉冲系统是指在单脉冲系统中利用目标回波信号的幅度定向（幅度角敏感）和幅度测角（幅度角鉴别）来确定目标角位置的方法，即由前述的幅度角度敏感器和幅度角度鉴别器组成的单脉冲系统。

图 3.14 给出了在一个角平面上对目标进行单脉冲定向的幅度-幅度单脉冲系统的原理框图。

幅度-幅度单脉冲系统利用两个指向分别与等信号方向（或称零轴）偏置 $\pm\theta_0$ 的波束所接收信号的幅度差的大小确定目标偏离零轴的角度大小，幅度差的符号确定目标角度偏离的方向。当目标处在零轴上时，两波束接收信号的幅度相等，其差为零。

该类系统的定向特性为

$$S(\theta) = 2k_m\theta \qquad (3.26)$$

式（3.26）中，k_m 为天线方向图在零轴附近的斜率，θ 为目标偏离角。

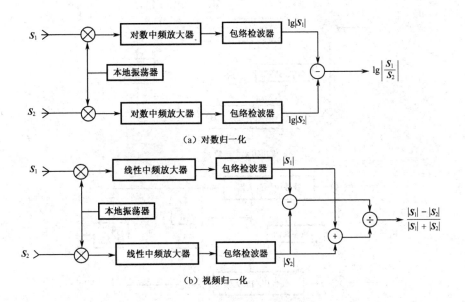

图 3.14 幅度-幅度单脉冲系统的原理框图

幅度-幅度单脉冲系统的主要缺点是，要求两路接收通道的响应必须保持严格的幅度匹配（平衡），其系统任何幅度不平衡或不稳定都将直接引起角偏离大小的估计误差。因此在精密跟踪测量雷达中基本不采用这种单脉冲系统方案。但由于其方案相对简单，这种单脉冲处理形式常用于测角精度要求较低的搜索雷达。另外该类单脉冲处理由于只进行幅度比较和幅度鉴别，因而可不考虑两通道之间的相位匹配。

2. 相位-相位单脉冲系统

相位-相位单脉冲系统是指采用两天线接收信号的相位来定向（相位角度敏感）和利用相位鉴别器确定目标角度估值的系统。

图 3.15 给出了在一个角平面上对目标进行单脉冲定向的相位-相位单脉冲系统的原理框图。

该系统采用两个相距 L、指向相同、波束相同的天线。当目标处在等信号方向时，距两天线相位中心的距离 R_1 与 R_2 相等，即两信号到达天线的相位相同，无角偏离信号输出。当目标偏离 θ 角时，R_1 与 R_2 不等，则两回波信号的相位差为

$$\Delta\varphi = \frac{2\pi}{\lambda}(R_1 - R_2)$$

$$= \frac{2\pi}{\lambda} \cdot L \cdot \sin\theta \tag{3.27}$$

式（3.27）中，λ 为波长，θ 为偏离角，L 为两天线间距。

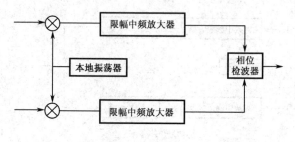

（a）采用限幅中频放大器

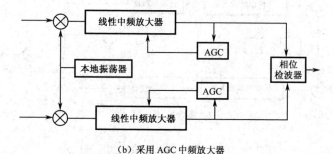

（b）采用 AGC 中频放大器

图 3.15　相位-相位单脉冲系统的原理框图

该类系统的单脉冲定向特性为

$$S(\theta) = K_{pd} V^2_{\text{Lim}} \sin\left(\frac{2\pi L}{\lambda} \sin\theta\right) \tag{3.28}$$

式（3.28）中，K_{pd} 为相位检波器传输系数，V_{Lim} 为相位检波器输入的相对信号幅度的限幅门限。

相位-相位单脉冲系统的缺点是其定向精度在很大程度上依赖于两路接收通道的相位响应的一致性和稳定性。两通道之间的任何相位不平衡都将直接影响定向精度。

3. 和差单脉冲系统

和差单脉冲系统是采用幅度或相位定向（角度敏感）与和差角度测量（角度鉴别）的单脉冲系统。最常用的是幅度-和差单脉冲系统与相位-和差单脉冲系统。

图 3.16 给出了在一个角平面上对目标进行单脉冲定向的幅度-和差单脉冲系统的原理框图。

下面简要叙述该单脉冲系统的工作流程与原理。

两个分别与零轴方向偏离 $\pm\theta_0$ 的天线波束方向图 $F_1(\theta)$ 与 $F_2(\theta)$，如图 3.16（b）所示。其中

$$\begin{cases} F_1(\theta) = F(\theta_0 + \theta) \\ F_2(\theta) = F(\theta_0 - \theta) \end{cases} \tag{3.29}$$

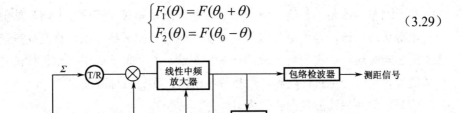

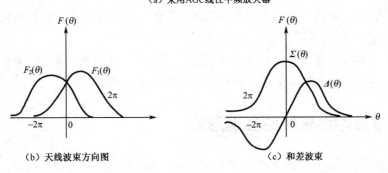

（a）采用AGC线性中频放大器

（b）天线波束方向图　　　（c）和差波束

图 3.16　幅度-和差单脉冲系统的原理框图

而天线波束接收的目标回波信号 $S_1(\theta)$ 和 $S_2(\theta)$ 为

$$\begin{cases} S_1(\theta) = F_1(\theta)se^{j\delta_s} \\ S_2(\theta) = F_2(\theta)se^{j\delta_s} \end{cases} \tag{3.30}$$

式（3.30）中，$se^{j\delta_s}$ 为在 θ 方向目标的回波信号。

$S_1(\theta)$ 和 $S_2(\theta)$ 同时送入和差变换器（如波导电桥）进行矢量相加与相减，得

$$\begin{cases} \Sigma(\theta) = S_1(\theta) + S_2(\theta) \\ \Delta(\theta) = S_1(\theta) - S_2(\theta) \end{cases} \tag{3.31}$$

从而形成和差特性（或称和差波束），如图 3.16（c）所示。

和差信号形成后，分别送至接收机的和通道与差通道进行混频和放大，并经 AGC 用和信号对和差通道进行增益控制，控制后和通道输出为 $\dfrac{\Sigma}{|\Sigma|}$，差通道输出为 $\dfrac{\Delta}{|\Sigma|}$。则这两个信号经相位检波器后，输出的单脉冲角误差信号为

$$\frac{\Delta}{|\Sigma|}\cos(\varphi_\Delta - \varphi_\Sigma) \tag{3.32}$$

对于测角，该角误差信号用来对目标角偏离（相对于等信号方向）估值；对于角跟踪系统，该误差信号则送至角伺服系统以控制天线波束位置向误差信号减小的角方向运动，以实现对目标的连续角跟踪。其和信号除用于相位检波器作为参考信号外，还送至目标检测，对目标精密测距和对目标测速。

该类单脉冲系统的定向特性为

$$S(\theta) = K_{pd}\mu\theta\cos(\varphi_1 - \varphi_2) \tag{3.33}$$

式（3.33）中，K_{pd} 为相位检波器传输系数，μ 为差波束图在工作范围内的斜率，φ_1 和 φ_2 分别为和差两个通道的相移。

与其他单脉冲（幅度-幅度单脉冲、相位-相位单脉冲）系统相比，幅度和差单脉冲系统的主要优点是对通道响应之间的匹配要求可以大大降低，这就是它能在现代单脉冲系统中得到广泛应用的原因。

图 3.16 所示是对于一个角平面的应用，当需要在两个角平面（方位角、俯仰角）上应用时，需增加一个角支路通道，构成一个三通道系统。

3.4　单脉冲系统其他实现形式

由 3.3 节所述，为了在两个正交的角坐标上得到单脉冲角度偏离估值并进行角度跟踪，基本的单脉冲系统必须有三个通道，且通道之间都需要保持良好的幅度、相位响应的一致性（尽管对和差单脉冲系统的要求可以放松）。

20 世纪的六七十年代，基于真空管技术的接收机硬件量很大，且难以保持通道之间的一致性，因而为了使问题简化，有了各种各样的"通道合并技术"，即双通道单脉冲技术、单通道单脉冲技术、圆锥单脉冲技术等，当然，这种合并简化必然以牺牲某些方面的性能为代价，如数据率降低或信噪比降低。

3.4.1　误差通道合并双通道单脉冲系统

一种方位角误差通道与俯仰角误差通道合并的双通道单脉冲系统如图 3.17 所示。

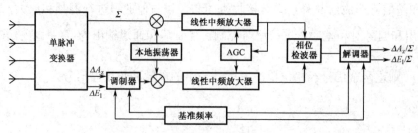

图 3.17　误差通道合并双通道单脉冲系统

图 3.17 中调制器将方位角、俯仰角两路误差信号（ΔA_z、ΔE_1）通过正交调制合成一路误差信号进行处理，待相位检波器输出后再进行正交解调分离出方位角、俯仰角误差信号，用于测角或跟踪。

这种调制可以是音频调制，即用两个正交的音频信号 $\cos \Omega t$ 和 $\sin \Omega t$ 分别去调制方位角误差和俯仰角误差。调制合成后输出一路角误差信号，即

$$e_\Delta (t) = \left(\Delta A_z \cos \Omega t + \Delta E_1 \sin \Omega t \right) \exp \left[\mathrm{j} (\omega_0 + \omega_d) t \right] \qquad (3.34)$$

经单脉冲处理相位检波器输出的合成信号，再用正交音频信号去解调，即可恢复方位角、俯仰角误差信号。

在较后期的雷达中，有许多是用时分调制来代替音频调制的。

3.4.2　和差通道合并双通道单脉冲系统

一种先将两路差信号合并，然后再与和信号合并的双通道单脉冲系统如图 3.18 所示。

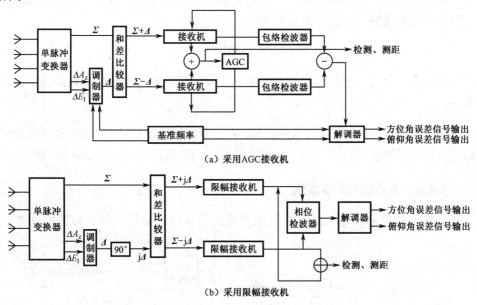

图 3.18　和差通道合并双通道单脉冲系统

这种和差通道合并的双通道单脉冲系统，除了可减少一个通道外，还可以进一步降低两通道之间的幅相匹配要求，并且在其中一个接收通道失效的情况下，系统仍然能够工作，当然以性能下降为代价。

3.4.3　幅相组合双通道单脉冲系统

一种用幅度和相位组合定向（角度敏感）且与和差角度鉴别测量组合，获得

两个正交角坐标误差信息的双通道单脉冲系统如图 3.19 所示。

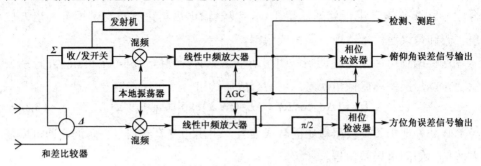

图 3.19 幅相组合双通道单脉冲系统框图

该系统采用两副天线，两副天线在垂直面形成两个波束，其指向相互距离大约为一个波束宽度，而在水平面两波束相互平行，间距为 L。这样天线在垂直面用幅度信息感应角度变化，而在水平面则用相位信息感应角度变化。

图 3.19 中两个相位检波器，一个形成俯仰角误差信号，另一个形成方位角误差信号，该系统的单脉冲定向特性为

$$S(\theta) = K_{\mathrm{pd}} \tan\left(\frac{\pi L}{\lambda} \sin\theta\right) \tag{3.35}$$

式（3.35）中，K_{pd} 为相位检波器传输系数，θ 为目标相对等信号方向的偏离角，λ 为波长。

该系统的特点是仅用两副天线波束、两个接收通道，就可以获取两个正交角坐标的目标偏离信号。这一点对于质量和体积受到严格限制的机载雷达特别重要。

3.4.4 圆锥单脉冲系统

圆锥单脉冲系统是另一种仅用两个通道的单脉冲系统。其原理图如图 3.20 所示。

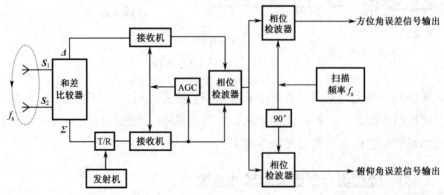

图 3.20 圆锥单脉冲系统原理图

该系统采用一对两个相对偏斜的天线波束，这一对波束绕中心轴（视轴）以频率 f_s 进行机械旋转扫描。两个波束类似于一个角平面的幅度敏感单脉冲。但由于其旋转，因而可以实现对两个正交角坐标的测量。

3.4.5　脉冲多普勒体制下的单通道和双通道单脉冲系统

对于典型的三通道单脉冲系统，当与脉冲多普勒（PD）或动目标显示（MTI）体制合用时，其系统是完全兼容的。但当进行通道合并时，两误差信号经调制使得差信号的谱线频率转移，因此多普勒信号处理系统除了提取 ω_d（多普勒）谱线外，还必须考虑无失真处理和提取两个调制频率的边带线，否则角误差信号将会损失。

一种早期的机载单脉冲武器控制雷达采用的单通道单脉冲系统如图 3.21 所示。这是一种模拟处理系统。当采用数字处理系统时，这种脉冲多普勒体制下的单脉冲单通道的处理系统则如图 3.22 所示。这种方案先解调然后对调制信号进行多普勒滤波，从而实现了对多普勒单脉冲角信息的最佳处理。

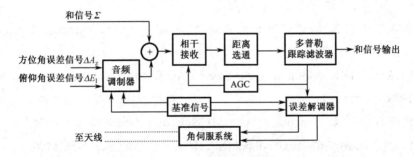

图 3.21　一种机载单脉冲武器控制雷达采用的单通道单脉冲系统

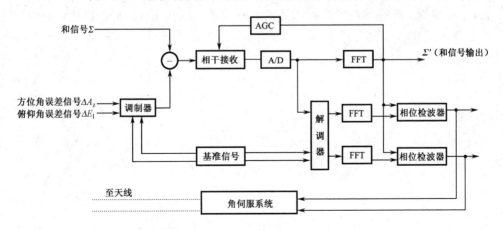

图 3.22　脉冲多普勒单脉冲单通道处理系统

考虑到进一步提高这种系统的跟踪性能和抗干扰能力，以及系统的可靠性和无源角跟踪能力，简化调制解调方案，可以采用图 3.23 所示的双通道时分调制 PD 单脉冲角跟踪系统方案。

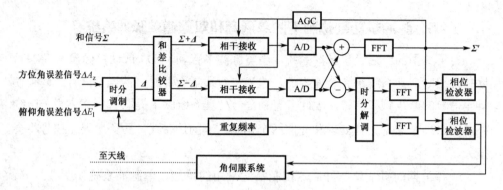

图 3.23　一种双通道时分调制 PD 单脉冲角跟踪系统框图

参考文献

[1]　BARTON D K, LEONOV S A. Radar Technology Encyclopedia[M]. Norwood: Artech House, 1997.

[2]　BARTON D K. Mordern Radar System Analysis[M]. Norwood: Artech House, 1988.

[3]　BARTON D K. Monopulse Radar[M]. Norwood: Artech House, 1974.

[4]　SKOLNIK M I. Radar Handbook[M]. New York: McGraw-Hill, 1990.

[5]　王小谟，张光义. 雷达与探测[M]. 北京：国防工业出版社，2001.

[6]　王德纯. 机载脉冲多普勒雷达的单脉冲角跟踪分析[J]. 现代雷达，1984，6(21): 9-12.

第 4 章
跟踪测量雷达测量精度分析

　　雷达目标测量的参数精度分析与设计是跟踪测量雷达系统设计的核心任务。现代跟踪测量雷达除了要求精确测量目标空间位置及其变化率参数外，有的还要求测量目标的特征（如大小、形状、RCS 等）。本章首先阐述雷达目标测量、参数精度分析与设计的一般要求，以及雷达目标测量误差模型；然后对角度跟踪测量误差、距离跟踪测量误差、速度跟踪测量误差进行定性、定量分析，并给出其误差计算的公式。

4.1　概述

　　雷达目标的测量精度是指雷达测量目标的参数估计值相对于目标真实参数值之间的精确程度。对于要求高测量精度的跟踪测量雷达来说，系统的精度分析与设计是其系统设计的核心任务。

4.1.1　一般要求

　　通常，雷达目标测量精度的高低用其测量误差的大小来表征和衡量。测量误差是指测量值与真实值之间的偏差，测量误差小即意味着测量精度高。因此雷达目标的测量精度设计主要是合理地减少或限制对雷达目标跟踪测量中引起误差的因素，以使雷达系统的总测量误差满足用户使用要求。

　　在现代跟踪测量雷达中，目标的测量参数一般分为两类：一类是对目标空间位置及其变化率参数的测量，如目标距离、方位角、俯仰角、径向速度等，有的文献把这种测量叫作"米制"测量；另一类是对目标自身性质及其变化参数的测量，如目标的尺寸大小、目标的形状、目标材料的物理特性、目标自身内部运动情况，甚至目标细微结构等。对这一类参数的测量，一般叫作"特征"测量或"特性"测量。

　　雷达目标的测量精度设计通常包括：一是列出用户规定的雷达任务中要测量哪些目标参数，如只要测量距离、方位角，还是要测量目标距离、方位角、俯仰角、速度等；二是分析测量中影响每一个参数测量误差大小的各种因素，如热噪声误差的影响，以及雷达本身不完善的各项因素、电波传播因素、目标及其运动引起的误差因素等；三是建立每个参数测量误差与各种影响因素之间关系的数学模型，即误差计算的定量关系式，如热噪声误差引起的测量误差与雷达参数和目标回波大小之间的定量关系式等。当然，有些因素的模型可能是解析表达式，有些可能是经验表达式，还有些可能完全是经验数据；四是根据用户规定的每一个测量参数允许的误差和建立的模型对各影响因素造成的误差大小进行分配和权衡，这是雷达系统及分系统的各技术参数与所分配的误差大小之间的权衡和迭代过程；五是在权衡确定雷达各技术参数和规定的使用条件下，再进行雷达系统误差的综合。

本章在叙述雷达目标测量精度分析与设计的一般要求和一般误差模型及误差表示方法之后，将按精密跟踪测量雷达要求的测量参数（角度、距离、速度等）分别进行各项因素影响的误差分类、误差分析、误差计算及精度综合。

4.1.2　雷达目标的测量误差

正如前面所述，雷达系统的测量性能是以在规定条件下输出数据的精度来表征的，而精度通常用雷达输出数据的误差大小表示。一个给定测量量的误差通常定义为测量设备的指示值与被测量量的真实值之间的偏差，即

$$X = U_{测量} - U_{真实} \tag{4.1}$$

分析误差的目的是提供一种关于误差性质和变化规律的描述，以便在不同条件下估计其幅度大小，而不必进行所有可能条件组合下的试验测试，因为误差通常会随测量时间、空间、测量量及测量环境、条件的不同而变化。

雷达应用中的主要测量参数为距离、方位角、俯仰角、径向速度和 RCS。在目标特性测量中，还包括某些其他测量参数，以用于目标鉴别。测量误差的基本来源是由雷达系统中存在的随机噪声而产生的测量过程中的随机不确定性。在通常情况下，测量误差可表示成时间或目标坐标的随机函数。测量误差可分为与目标相关的跟踪误差、电波传播误差及与雷达相关的跟踪误差和转换误差。如果雷达位于运动平台上（舰船、飞机、航天器等），还有与平台相关的误差。从被测量参数的观点来看，又分为角度误差、速度误差、距离误差和 RCS 误差。从时变（相关函数）观点来看，又分为系统误差和随机（慢速或快速）误差，由接收机噪声引起的快速变化误差又称噪声误差。由于脉冲到脉冲之间是非相关的，因此可通过数据平滑来减小这些误差。为此，测量参数的最终精度通常受系统误差和随机误差控制。系统误差可通过准确的雷达校准来减小。

4.1.3　测量误差的一般模型

误差模型是指将雷达测量误差表示为雷达与引起误差的各种参量的函数的数学描述。这种误差可被描述成一个随机过程（即时间的随机函数）

$$\xi = \xi(\boldsymbol{p}, t) \tag{4.2}$$

式（4.2）中，$\boldsymbol{p}$ 代表引起指定误差类型的参数向量，t 代表时间。测量误差通常包括系统误差和随机误差（如图 4.1 所示）。

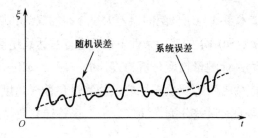

图 4.1　雷达测量误差

测量误差可由 $\xi(t)$ 的系统分量、慢速起伏分量和快速起伏分量的平均值和均方根值来描述，典型的误差模型可表达成

$$\xi(t) = \sum_{i=1}^{3} \left[m_{xi}(\boldsymbol{p}, t) + \sigma_{xi}(\boldsymbol{p}, t) \cdot \eta_i(t) \right] \tag{4.3}$$

式（4.3）中，$\xi(t)$ 为 $\xi(P, t)$ 的简写，m_{xi} 和 σ_{xi} 是系统分量（$i=1$）、慢速起伏分量（$i=2$）及快速起伏分量（$i=3$）的平均值和均方根值，$\eta_i(t)$ 是具有零均值、单位方差的随机函数。

如果有 M 个独立的误差分量，它们均有各自的第 i 阶误差参数（m_{xim}, σ_{xim}），则总误差的第 i 阶误差参数为

$$m_{xi} = \sum_{m=1}^{M} m_{xim} = m_i \tag{4.4}$$

$$\sigma_{xi} = \sqrt{\sum_{m=1}^{M} \sigma_{xim}^2} = \sigma_i \tag{4.5}$$

时间为 $n\Delta t (n = 0, 1, \cdots, N)$ 时，描述误差的表达式为

$$\xi(n \cdot \Delta t) = \sum_{i=1}^{3} \left[m_i + \sigma_i \cdot \eta_i(n \cdot \Delta t) \right] \tag{4.6}$$

它是一个离散的、平稳随机过程。

4.1.4　几种误差表示形式

1. 系统误差与随机误差

从统计意义上讲（见 4.1.3 节测量误差的一般模型），通常把雷达的测量误差分为系统误差和随机误差。

系统误差是指那些随测量时间的变化其幅度大小保持恒定或按某种规律缓慢变化的误差。这种误差在某种程度上具有可预测性，因此在测量前或测量后应用合适的校准和补偿技术可以进行部分修正。

随机误差是指那些随测量时间变化其幅度大小不确定或快速变化的误差。这

种误差不能通过校准补偿修正，但可以通过滤波来减小。

2. 误差的均方根

误差的均方根是一个时间随机函数，它是观测值与真值偏差的平方与观测次数比值的平方根，用以衡量观测值与真值间的偏差，因此是一种误差量的表示形式。如果误差的各个分量相互独立，则它可以表示为所有独立误差分量的平方和均值的平方根。对于具有相互独立的误差 x_i 的多个数据点 $(i=1,2,\cdots,n)$，其误差的均方根为

$$x_{\text{rms}} = \sqrt{\frac{1}{n}\sum_{i=1}^{n}x_i^2} = \sqrt{\overline{x}^2 + \frac{1}{n}\sum_{i=1}^{n}(x_i - \overline{x})^2} \tag{4.7}$$

式（4.7）中，$\overline{x}$ 为总系统误差，$x_i - \overline{x}$ 为第 i 个数据点的随机误差。

3. 与雷达相关的跟踪误差

与雷达相关的跟踪误差是指由于雷达跟踪回路存在热噪声、伺服噪声、电轴漂移等，而使其不能精确跟踪目标回波而引起的误差。

4. 与雷达相关的转换误差

与雷达相关的转换误差是由于雷达的数据系统不能精确反映跟踪回路的数据读数而引起的误差。例如，角度传感器机械耦合、量化误差、轴系正交误差、零点对准等因素带来的误差。

5. 与目标相关的跟踪误差

与目标相关的跟踪误差是指由目标的不同及其动态变化而引起的跟踪误差。例如，目标回波的幅度起伏和角闪烁、目标的速度和加速度等引起的动态滞后误差。

6. 电波传播误差

电波传播误差是指由于对流层、电离层等对雷达电波传播平均折射及折射不规则性带来的测量误差。

4.2　角度跟踪测量误差

角度跟踪测量误差（简称角误差）是指雷达角坐标（如陆基雷达中的方位角和俯仰角，机载雷达或导弹寻的器中的偏航角和俯仰角，或取决于雷达应用的其

他角坐标）测量中的误差。角误差源可分为跟踪误差、转换误差和电波传播误差。每一种误差又可进一步分为与雷达相关、与目标相关和与平台相关的误差类，并可归为系统误差和随机误差。表 4.1 列出了单脉冲跟踪测量雷达的角误差。

表 4.1　单脉冲跟踪测量雷达的角误差

误差类	随机误差	系统误差
与雷达相关的跟踪误差	热噪声误差 多路径误差 伺服噪声误差 风负载变化引起的误差 杂波与干扰误差	电轴漂移误差 反射体变形误差
与雷达相关的转换误差	角度传感器机械耦合误差 量化误差	零点对准误差 天线座方位向转台不水平误差 轴系正交误差
与目标相关的跟踪误差	角闪烁误差 动态滞后变化误差 幅度起伏误差	动态滞后误差
电波传播误差	对流层折射不规则 电离层折射不规则	对流层平均折射 电离层平均折射

4.2.1　与雷达相关的跟踪误差

1. 随机误差

与雷达相关的跟踪误差包括热噪声误差、多路径误差、伺服噪声误差、风负载变化引起的误差和杂波与干扰误差 5 种角随机误差。

1）热噪声误差

进入跟踪测量雷达接收机的热噪声会使角误差检波器的输出产生误差，这在低信噪比时极为重要。

圆锥扫描雷达中由接收机热噪声误差引起的角随机误差为[1,3]

$$\sigma_t = \frac{1.4\theta_B}{k_m\sqrt{B\tau(S/N)(f_r/\beta_n)}} \tag{4.8}$$

式（4.8）中，k_m 为角误差检测斜率，θ_B 为天线 3dB 波束宽度，S/N 为信噪比，f_r 为脉冲重复频率，β_n 为伺服系统等效噪声带宽，B 为接收机带宽，τ 为脉冲宽度。

式（4.8）说明：在 $B\tau$ 增大时，σ_t 会减小。但是，在没有用脉冲压缩的雷达中，$B\tau$ 只要增加到约 1.2 以上时信噪比就会下降。为使跟踪测量雷达总的性能最佳，$B\tau$ 不应超过 1.3。同样，通过扩大天线波束偏置角来增大 k_m，σ_t 会减小。

但是，当偏置角增加时，交叉损耗也增加，并造成信噪比的损失。使跟踪测量雷达总性能最佳的偏置角给出的 k_m 值约为 1.5。

单脉冲跟踪测量雷达中由接收机热噪声误差引起的角随机误差是[1,3]

$$\sigma_t = \frac{\theta_B}{k_m \sqrt{B\tau(S/N)(f_r/\beta_n)}} \qquad (4.9)$$

式（4.9）中，k_m 是角误差检测斜率。k_m 值取决于天线差信号方向图的斜率，用不同的馈源形式可以得到不同的数值。原始的 4 喇叭方形馈源的 k_m 为 1.2，12 喇叭馈源的 k_m 值最大，为 1.9。但是，正如在有关馈源的讨论中所述，12 喇叭馈源的天线效率较低（为 58%），而最佳的多模单脉冲馈源的效率可达 75%，虽然它的角误差检测斜率稍小，约为 1.7。因此，必须兼顾斜率和效率。目前 4 喇叭馈源的良好设计能给出的单脉冲跟踪测量雷达角误差检波器的斜率典型值为 1.57。

2）多路径误差

在低俯仰角情况下对目标跟踪时，跟踪测量雷达对目标的照射及反射回波经过两个路径，一个是目标与雷达之间的直接路径，另一个是通过水平面反射的路径。这样相当于跟踪测量雷达接收到两个目标的反射回波，一个是真实目标的，另一个是水平面下的镜像目标的。从而造成对真实目标的跟踪误差，如图4.2所示。并且，当俯仰角足够低时，将会严重影响对目标的跟踪测量。

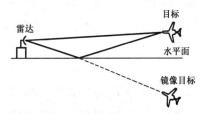

图 4.2　雷达多路径跟踪几何图

多路径误差的影响程度取决于天线方向图的"擦地"程度，按照俯仰角的高低，大致可分为副瓣区、主瓣区和水平区三个区域。

（1）副瓣区。当雷达波束俯仰角处于天线波瓣的近副瓣（接近主瓣的副瓣）区时，多路径误差的影响程度与副瓣电平大小有关。对于高精度跟踪测量雷达，其雷达波束俯仰角在 6 倍波束宽度以下时，多路径误差的影响就会开始逐渐变得显著。

（2）主瓣区。当雷达波束的俯仰角小于 0.8 个波束宽度时，跟踪测量雷达主波束部分"擦地"，这时多路径误差影响开始变得严重。

（3）水平区。当雷达波束擦地角接近零且地面为镜面反射时，目标反射回波信号与镜像目标反射回波信号差不多相等而相位相反，因此组合信号变得非常小，导致信噪比降低，进而使俯仰角误差增大，严重时导致雷达俯仰向跟踪回路失锁。

图 4.3 给出了一个典型的实测俯仰角多路径误差的例子，它表示了多路径误差随俯仰角变化的趋势[5]。

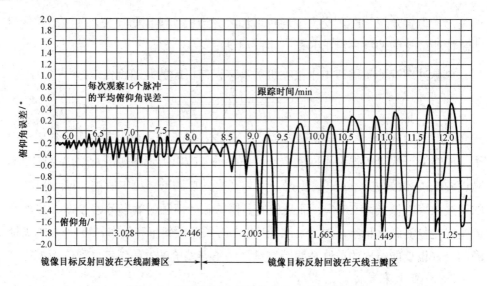

图 4.3　S 波段雷达实测俯仰角多路径误差例子

通常，当镜像目标反射回波处于天线副瓣区时，随着俯仰角变化其多路径误差是周期性的，多路径误差引起的角随机误差的均方根值可由下式计算[5]

$$\sigma_{E} = \frac{\rho \cdot \theta_{B}}{\sqrt{8G_{se}}} \qquad (4.10)$$

式（4.10）中，θ_{B} 为天线 3dB 波束宽度，ρ 为表面反射系数，G_{se} 为和方向图峰值功率与在镜像目标反射回波到达角方向上的差方向图副瓣电平功率之比。

当镜像目标反射回波进入天线主瓣区时，其跟踪误差主要是两个反射体（目标和镜像目标）的角闪烁误差。其计算公式为

$$e = 2h\frac{\rho^{2} + \rho\cos\phi}{1 + \rho^{2} + 2\rho\cos\phi} \qquad (4.11)$$

式（4.11）中，h 为目标高度；ρ 为表面反射系数；ϕ 为由直接路径与反射路径的几何关系决定的相对相位；e 为误差，单位与 h 的相同。

当镜像目标反射回波出现在天线主瓣区时，由于多种因素的非线性影响，其误差很难计算。图 4.4 所示为相对不同目标高度的多路径误差 σ_{E} 值[5]。

3）伺服噪声误差

由于存在输入噪声，当信号和噪声共同通过理想的无噪声线性系统时会产生角随机误差。但当它们通过实际的角伺服系统时，角随机误差常比理想系统的要大。这种额外增加的角随机误差，是因为伺服系统和机械传动系统的不理想而产生的，被称为角伺服噪声误差。顾名思义，凡是在伺服系统和传动系统所产生的角随机误差都可归入伺服噪声误差。可将伺服噪声产生的原因分为以下 4 种。

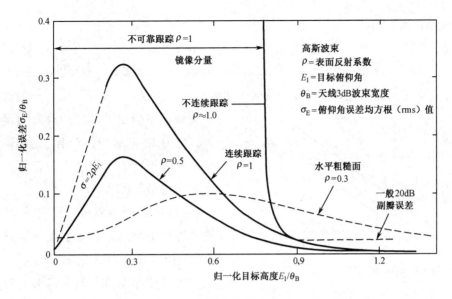

图 4.4　相对不同目标高度的多路径误差 σ_E 值

（1）电路或元件的噪声（干扰）。例如，电路噪声、调制频率波剩余、电机炭刷打火、轴承间隙、齿轮传动的误差等。

（2）电路、元件或外部条件的不稳定。例如，电源电压不稳定、功率放大器不稳定、负载反馈的变化、零点漂移、速度变化引起某些参数的变化、负载变化，以及这些不稳定和变化的因素相互间的影响。虽然这些都属于慢变化，但相互组合后不但有低频，也会有较高的频率成分的误差。

（3）电路或元件的非线性。例如，电路的非线性、功率放大和电机特性的非线性、齿隙和摩擦、机械结构的弹性变形等。电路或元件的非线性引起的效应比较复杂。例如，由于摩擦力矩的存在，在慢转时会出现抖动现象；当输入信号或负载力矩变化时，某些非线性环节（如齿隙等）也会产生随机误差；与此类似，当有输入噪声时，某些非线性环节也会使噪声加大。一般常认为噪声经过非线性系统会减小随机误差而加大系统误差，实际并非都是如此，有些情况还会相反，如伺服系统慢转时的爬行误差。

由于伺服噪声出现的部位不同，常将伺服噪声分为电噪声和机械噪声两种。电噪声指电路或元件本身不稳定或非线性等所产生的噪声；而机械噪声则指机械传动部分因类似原因所产生的噪声。

非线性不但产生随机误差，也产生系统误差。理想的伺服系统输入量与输出量之间的关系如图 4.5 中直线 a，然而实际的关系往往如该图中的曲线 b。它不但使输入量减小，而且减小的量还随输入量不同条件的改变而异。若用数学关系

式表示，可写成

$$e_o = K_s e_i + \delta(e_i) \qquad (4.12)$$

式（4.12）中，e_o 和 e_i 分别表示输出量和输入量，K_s 为常数；δ 为变量，它是 e_i 的函数。δ 的平均值为 $\bar{\delta}$，就是跟踪时产生的滞后系统误差。必须注意，一般测量

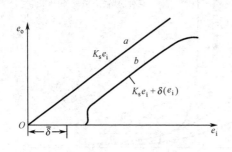

不灵敏区是测定天线启动瞬间的误差角。由图4.5可以明显看出，这个误差角与 $\bar{\delta}$ 是不同的。为了区别起见，把 $\bar{\delta}$ 称为等效不灵敏区。

图 4.5　不灵敏区产生滞后的系统误差

（4）机械噪声和回差[3]。机械噪声的来源如上所述，这里主要讨论传动箱齿轮运动精度和回差的影响。

齿轮传动误差主要分齿形误差和周节误差两类。齿形误差是每一齿齿形上的误差，相邻两齿之间都可能出现误差。周节误差则因各齿分度不准而引起，经过若干齿后误差线性地累加起来。与齿形误差相比较，周节误差是慢变化的分量。这是指同一对齿轮而言的，如果不是同一对齿轮，则又与它们间的转速比有关系。

下面分析这些误差对跟踪精度的影响。图 4.6 所示为分析传动误差的结构图。其传动误差相当于在传动箱的某一点 P 引入一个误差角 Φ_c。从输入至 P 点的系统增益为 G，P 与输出间接有减速比为 $1/N$ 的齿轮对。在 Φ_c 为高频成分时，超出伺服系统带宽 β_n 之外，相当于反馈系统开路，输出伺服噪声误差为

$$\sigma_{\theta_G} = \Phi_c(f > \beta_n)/N \qquad (4.13)$$

在 Φ_c 为中、低频成分时，输出伺服噪声误差为

$$\sigma_{\theta_G} = \Phi_c(f \leqslant \beta_n)/(G/N) \qquad (4.14)$$

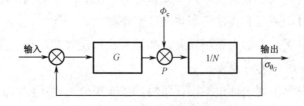

图 4.6　分析传动误差的结构图

式（4.14）中，G/N 为整个跟踪系统的开环增益。通常 $G \gg N$，故式（4.14）可改写为

$$\sigma_{\theta_G} \approx \Phi_c(f \leqslant \beta_n)/G \qquad (4.15)$$

由此可见，中、低频（$f \leq \beta_n$）成分对跟踪精度的影响很小，高频成分则要根据不同情况进行分析。在传动箱中，输入轴上齿轮的转速最高，它的传动误差的频率也最高。其中齿形误差一般属于高频成分，周节误差在高转速时也属于高频成分。其他各级则根据速度比和转速而定。由式（4.13）可以看出，因为要除以一个较大的转速比 N，前面齿轮的传动误差角对跟踪精度的影响很小。这里需要再说明一句，为了便于分析，图 4.6 对结构做了很大简化。实际系统中还有测速回路，它的带宽比位置回路宽，对传动误差的高频成分也会产生一定的扼制作用。所以，即使是最后的低速齿轮对，在雷达天线做高速运动时，也可能出现高频成分，但只有一小部分成为跟踪误差。

在理想的稳态跟踪时，回差也不会产生误差。然而当误差信号存在随机成分，或跟踪状态发生变化（加速、减速、反转等）时，则会出现误差。虽然闭环跟踪时误差的反馈作用可以减弱回差的影响，但由于摩擦或其他负载的影响，仍可能在某些时候使误差达到回差的大小。更重要的是它的存在影响伺服系统工作的稳定性。因此在跟踪测量雷达中需要运用多种办法（机械的或电气的）来消除回差。

此外，传动箱内轴的变形和轴承跳动对跟踪精度的影响与相应位置的齿轮对跟踪精度的影响相同。方位和俯仰轴的动态变形与轴承跳动对跟踪误差的影响分两种情况：慢的变形和跳动（中、低频）对指向精度无影响，而对跟踪精度有影响；快的变形和跳动（高频）对精度的影响则与末级低速齿轮对精度的影响相同。

由此可见，伺服噪声来源很多，特别是它们在系统中同时出现、相互作用时，关系复杂，很难用解析的方法估算。必须进行实际的测试，才能获得定量的数据。

4）风负载变化引起的误差[3]

风可以分为稳态风和阵风。稳态风在天线上产生一个固定的力矩。但因为天线在转动，这个力矩实际上还随天线转动的位置而变化，并不是固定值。故可分为平均力矩和变动力矩两部分。阵风是在稳态风附近起伏的分量，也在天线上产生变动力矩。

天线受风力矩的计算是很复杂的，因为它与风速、风向、天线口径及其结构、天线转速和转轴位置有关。需要利用模型进行风洞试验确定。为了方便，常把风力矩表示成为风速的函数

$$|T_W| = C_W K_W v^2 \tag{4.16}$$

式（4.16）中，T_W 为风力矩（N·m），C_W 为风力矩系数，v 为风速（m/s）。这里把其他影响都归入常数 K_W 之中。抛物面天线的风力矩系数与风向角关系的典型

曲线如图 4.7 所示。天线抛物面板的开孔率在 50% 以下的可近似按实体天线计算。天线转速在每分钟一转以下的，转速所引起的复杂变化也可以不加考虑。图 4.7 所示的曲线是根据转轴在顶点计算的，若转轴不在顶点（如图 4.8 所示），需用移轴的办法转换，即利用

$$T'_W = T_W + F_C \left(d_V \sin \beta + d_H \cos \beta \right) + F_N \left(d_V \cos \beta + d_H \sin \beta \right) \qquad (4.17)$$

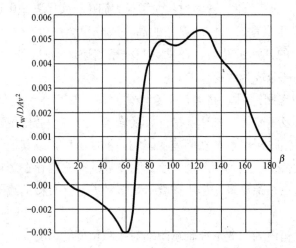

T_W 为风力矩/$(N \cdot m)$，D 为天线抛物面直径/m，A 为天线抛物面截面积/m^2，v 为风速/(m/s)，β 为风向角/$(°)$

图 4.7　抛物面天线的风力矩系数与风向角关系的典型曲线

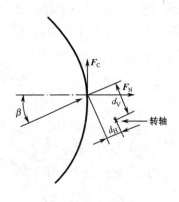

图 4.8　转轴与抛物面天线顶点
不重合时的几何关系

式（4.17）中，T'_W 为转轴与天线抛物面顶点不重合时的风力矩（$N \cdot m$），d_V 和 d_H 分别为垂直于风向和平行于风向移动的距离（m），β 为风向角，F_C 和 F_N 分别为横向（垂直于天线抛物面轴）风力和轴向风力（N）。横向风力和轴向风力与风速的关系也可用风阻系数 C_C 和 C_N 表示

$$|F_C| = C_C v^2 \qquad (4.18)$$

$$|F_N| = C_N v^2 \qquad (4.19)$$

风阻系数同样需要通过风洞试验确定。典型的抛物面天线风阻系数与风向角的关系如图 4.9 所示。

阵风与平均风速有关，通常以阵风系数 γ 表示，γ 定义为

$$\gamma = \frac{最大风速}{平均风速} \qquad (4.20)$$

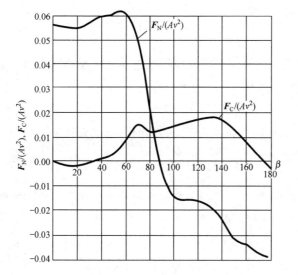

F_C 为横向风力/N，F_N 为轴向风力/N，A 为天线抛物面截面积/m²，v 为风速/（m/s），β 为风向角/（°）

图 4.9　典型的抛物面天线风阻系数与风向角的关系

根据统计资料

$$\gamma = 2.739 \overline{v}^{-0.258} \tag{4.21}$$

式（4.21）中，$\overline{v}$ 为平均风速（m/s）。风速还与高度有关，可表示为

$$v_h = v_{10} \left(\frac{h}{10} \right)^p \tag{4.22}$$

式（4.22）中，v_h 为高度 h（m）处的风速，v_{10} 为高度 10m 处的风速；p 为常数，正常气象条件时约为 1/7，其他不同气象条件时在 1/9～1/3 范围内变化。在计算大型天线的风力矩时，要注意这一点。

平均风力矩产生的跟踪系统误差为

$$\Delta_{\theta_w} = \frac{M_0}{K_{mf}} \tag{4.23}$$

式（4.23）中，M_0 为平均风力矩，K_{mf} 为伺服系统的力矩误差常数（N·m/mrad）。对于常用的直流伺服系统，K_{mf} 与速度误差常数 K_V 有以下简单关系

$$K_{mf} = \frac{T_{max} i_0^2}{\Omega_{max} \times 10^3} K_V = \frac{C_m C_e i_0^2}{R_a \times 10^3} K_V \tag{4.24}$$

式（4.24）中，T_{max} 为电机在额定输入时的最大力矩（N·m），Ω_{max} 为电机在额定输入时的最大转速（rad/s），C_m 为电机力矩常数（N·m/A），C_e 为反电动势常数（V·s/rad），R_a 为电枢回路总电阻（Ω），i_0 为动力减速器的传动比。

若伺服系统的速度回路无微分元件，低于 0 频率时还有作用，则式（4.24）等号右边还应乘以系数 $(1+K_H)$，K_H 为速度回路 0 频率时的开环增益，即

$$K_{mf} = \frac{C_m C_e i_0^2}{R_a \times 10^3} K_V (1 + K_H) \tag{4.25}$$

稳态风的变动力矩所产生的误差可以和阵风的误差一起计算。当在平均风速附近出现阵风时，风力矩的变化 ΔT_W 为

$$\Delta T_W = 2C_W K_V (\Delta v) \tag{4.26}$$

式（4.26）中，Δv 为阵风风速（m/s）。阵风的功率谱近似为马尔可夫噪声的形式

$$\phi_W(f) = \frac{W_0^2 f_a^2}{f_a^2 + f^2} \tag{4.27}$$

式（4.27）中，W_0 为噪声功率，f_a 为截止频率。因此风负载变化引起的角随机误差 σ_{θ_w} 需要根据它的功率谱计算，即

$$\sigma_{\theta_w} = \left[\int_0^\infty \frac{(\Delta T_W)^2}{K_{mf}^2(f)} df \right]^{1/2} = 2C_W K_V \left[\int_0^{f_{max}} \frac{\phi_W(f)}{K_{mf}^2(f)} df \right]^{1/2} \tag{4.28}$$

式（4.28）中，$K_{mf}(f)$ 为天线系统的力矩传输函数，f_{max} 为阵风的最高频率。

此外，风压还会使天线反射面产生变形，对大型天线这种现象更为显著。但是变形所引起的误差与上面的影响比起来较小。

5）杂波与干扰误差

杂波与干扰误差是指由接收机与信号处理机输出端处未被对消的杂波或干扰引起的与雷达相关的跟踪误差。当随机杂波源扩展到整个雷达波束，在单脉冲差通道中产生未对消杂波功率 C_Δ 以及在和通道中产生未对消的杂波功率 C 时，得到的杂波与干扰引起的角随机误差为

$$\sigma_{\theta_c} = \frac{\theta_B}{k_m} \sqrt{\left(\frac{C_\Delta}{2S_c n_{samp}} \right) \left(1 + \frac{C}{S} \right)} \tag{4.29}$$

式（4.29）中，θ_B 是天线 3dB 波束宽度，k_m 是角误差斜率，S 是和通道中的信号功率，n_{samp} 是恒定跟踪时间内 S/C_Δ 的独立采样数。如果杂波与干扰集中在天线差方向图的某一特定区域，导致和通道中分量 C_C 与差通道中分量 C_{C_Δ} 之间具有相关性的话，则可出现一个附加系统误差，即

$$\sigma_{\theta_2} = \frac{\theta_B}{k_m} \sqrt{\frac{C_{C_\Delta} \cdot C_C}{2S^2}} \tag{4.30}$$

2. 系统误差

与雷达相关的跟踪误差中包括电轴漂移和反射体变形 2 种角系统误差。

1）电轴漂移误差

当跟踪测量雷达天线电轴指向目标而目标不动时，电轴也会出现缓慢的漂

移，这种现象称为电轴漂移。产生电轴漂移的原因很多，主要有：

- 回波极化的变化；
- 幅度不平衡的变化；
- 相移误差；
- 接收机通道间耦合的变化；
- 频率漂移；
- 单脉冲接收机中相位检波器的零点漂移；
- 伺服系统的零点漂移。

下面就主要原因进行分析、计算。

（1）相移误差：单脉冲跟踪测量雷达相移误差由馈源、馈线和接收机中和差通道相移的不一致引起。相移误差又分高频比较器前的相移误差和高频比较器后的相移误差。如果没有高频比较器前的相移误差，只有高频比较器后的相移误差，就不会出现跟踪误差，只会引起定向灵敏度的变化。而且高频比较器前的相移误差在馈源和高频比较器安装调整好后无法消除。因此设计时应着重于减小高频比较器前的相移误差。若高频比较器前的相移误差为 φ_1 (rad)，相移误差引起的测角系统误差 $\Delta_{E_{A1}}$ 可表示为

$$\Delta_{E_{A1}} = \frac{\theta_B \tan \varphi_2}{k_m \sqrt{G_n}} \tag{4.31}$$

式（4.31）中，φ_2 为高频比较器后的和差通道相移误差，G_n 为差波束零值深度，且 $G_n = \left(\frac{2}{\varphi_1} \right)^2$。

相移误差又分固定相移误差和随机相移误差两类。仅有固定相移误差能使电轴产生固定偏移，成为光轴与电轴不匹配的原因之一。随机相移误差经常改变，它所产生的相移误差无法消除。产生固定相移误差的原因有馈源及馈线各元件电长度和驻波不一致、接收机各种调谐不一致（如频率响应对工作频率产生相移）、各元件特性不一致等。产生随机相移误差的原因有信号频率的改变、接收回波极化的改变、接收机自动频率微调的剩余及其变化、自动增益控制电压的改变、温度的影响，以及因高频部分采用软电缆，天线运动时电缆绕曲程度的改变所产生相移的变化等。

（2）接收机通道间耦合变化引起的误差：接收机通道间耦合，主要是和通道对差通道的耦合产生固定误差。但在频率或其他状态变化时会产生电轴或零点漂移，这种耦合主要通过高频混频接头、本地振荡器电路发生，有时当电源引线或接地不良时也会出现。当耦合至差通道的信号与和信号同相时，耦合误差达最

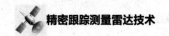

大，为

$$\Delta_{E_{A2}} = \frac{\theta_B}{k_m}\sqrt{F_1}$$ (4.32)

式（4.32）中，$\Delta_{E_{A2}}$ 为耦合引起的测角系统误差最大值，F_1 为和差通道间的隔离度。若耦合至差通道的信号相对和信号的相移误差为 φ，则耦合变化引起的测角系统误差 $\Delta_{E_{A2}}$ 为

$$\Delta_{E_{A2}} = \frac{\theta_B \cos\varphi}{k_m\sqrt{F_1}}$$ (4.33)

（3）频率漂移：工作频率的变化会影响极化误差、振幅不平衡误差、相移误差、耦合误差，因而产生频率漂移。

（4）伺服系统的零点漂移：相位检波器的零点漂移，伺服系统直流放大器和积分器的零点漂移，都会产生与雷达相关的跟踪误差。温度对这种漂移的影响是重要的，另外还与电路本身的设计（稳定性）有关。为了方便，可选择一个计算的基准点，把零点漂移转换到接收机输出端或伺服系统输入端，则零点漂移引起的测角系统误差 $\Delta_{E_{A3}}$ 可表示为

$$\Delta_{E_{A3}} = \frac{\Delta V}{K_\Psi}$$ (4.34)

式（4.34）中，ΔV 为换算到接收机输出（或伺服输入）的零点漂移电压，K_Ψ 为在基准点的定向灵敏度（V/mil）。如果最大零点漂移电压为 ΔV_{max}，对于这样的电压，基准点仍工作在线性范围，则用最大不失真信号（误差电压）的百分比来规定零点漂移的大小更为方便。因此，利用零点漂移的百分比即可直接计算 $\Delta_{E_{A3}}$，即

$$\Delta_{E_{A3}} = \frac{\mu}{100}\varepsilon_{max}$$ (4.35)

式（4.35）中，$\mu = \Delta V_{x100}/\Delta V_{max}$，$\varepsilon_{max}$ 为最大角误差。

综上所述，电轴漂移引起的角系统误差 Δ_{E_A} 为

$$\Delta_{E_A} = \sqrt{\left(\frac{\theta_B \tan\varphi_2}{k_m\sqrt{G_n}}\right)^2 + \left(\frac{\theta_B \cos\varphi}{k_m\sqrt{F_1}}\right)^2 + \left(\frac{\Delta V}{K_\Psi}\right)^2}$$

2）反射体变形误差

天线反射体变形由自重、额外载荷（冰雪）、风力和温度变化四种因素产生。变形则产生电轴偏移。一般来说，这种变形在大型天线中比较严重变形。其变形的大小也与天线反射体的结构设计及选用的材料有关。采用金属材料的大型天线，因冰雪载荷所产生的变形最为严重，其次是自重。

采用玻璃钢或塑料结构的天线受温度的影响较大。变形后的天线反射体可以

等效为一个新的天线抛物面，它的抛物面顶点和焦点都与原抛物面的不同，如图 4.10 所示。由此所产生的电轴偏移 Δ_{θ_p} 可表示为

$$\Delta_{\theta_p} = \frac{1}{F}\Big[\delta_p - (1 + K_B)\delta_{fp}\Big] \tag{4.36}$$

式（4.36）中，F 为原抛物面焦距（m）；δ_p 为抛物面顶点径向（垂直于抛物面轴）位移量（mm）；δ_{fp} 为抛物面焦点径向位移量（这里假设 δ_p 和 δ_{fp} 的位移方向相同，若 δ_{fp} 与 δ_p 的位移方向相反，则 δ_{fp} 应取负号），K_B 为波束偏移系数，它与焦距口径比（F/D）有关，如图 4.11 所示。δ_p 和 δ_{fp} 都需要经过对抛物面变形的计算才能获得。

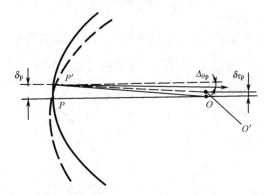

P 为原抛物面顶点，P' 为变形后的抛物面顶点，O 为原抛物面焦点，O' 为变形后的抛物面焦点

图 4.10　反射体变形产生的电轴偏移

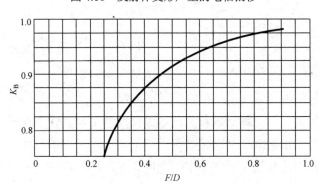

图 4.11　波束偏移系数与焦距口径比的关系

馈源的径向位移由自重、额外载荷和风力三种因素引起，由此产生的电轴偏移 Δ_{θ_f} 为

$$\Delta_{\theta_f} = \frac{K_Q \delta_f}{F} \tag{4.37}$$

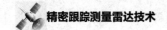

式（4.37）中，δ_f 为馈源径向位移量（mm），K_Q 为馈源径向变化引起的波束偏移系数。

对卡塞格伦天线，馈源一般不会产生位移，但卡塞格伦天线的双曲面可能产生径向位移或旋转，如图 4.12 所示。双曲面径向位移 δ_t（mm）所产生的电轴偏移 Δ_{θ_t} ［如图 4.12（a）所示］为

$$\Delta_{\theta_t} = \frac{\delta_t (M-1) K_t}{MF} \tag{4.38}$$

式（4.38）中，M 为卡塞格伦天线的放大倍数，K_t 为双曲面径向位移变化引起的波束偏移系数。双曲面旋转所产生的电轴偏移 Δ_{θ_r} ［如图 4.12（b）所示］为

$$\Delta_{\theta_r} = \frac{\delta_r (M+1) K_R}{MF} \tag{4.39}$$

式（4.39）中，δ_r 为双曲面旋转后偏离电轴的距离（mm），K_R 为双曲面旋转变化引起的波束偏移系数。由图 4.12 可见，这两种误差源所产生电轴偏移的方向是相反的，故总的偏移量为两式之差。

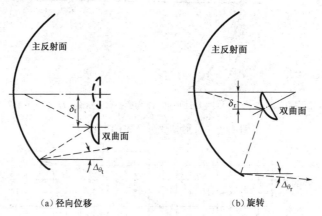

图 4.12 卡塞格伦天线双曲面径向位移或旋转产生的电轴偏移

反射体变形误差还分静态偏移和动态偏移两种情况。静态偏移是固定误差，可以通过标定、校准消除。动态偏移与天线的运动和环境条件的变化有关。这种偏移是变量，其影响根据不同的要求（指向还是跟踪）和变化的快慢而异，与前面讨论的方位和俯仰轴的动态变形相同。

4.2.2 与雷达相关的转换误差

1. 随机误差

与雷达相关的转换误差包括角度传感器机械耦合误差和量化误差 2 种角随机误差。

1）角度传感器机械耦合误差

角度传感器与天线轴的耦合一般都要经过齿轮，也可以直接耦合。因此齿轮、联轴器、轴承等传动元件的误差也成为数据传递系统的重要误差源之一，均是一种机械噪声。但是这里的情况与伺服系统动力传动的轮系不一样。伺服系统的动力传动为闭环系统，机械传动误差在闭环的反馈作用下只剩下很小一部分成为误差输出。而这里是开环的，机械传动误差全部成为输出误差。因此对数据传递系统的误差要求极为严格。

为了提高角度输出数据精度，常采用精粗速比，即用两组传感器元件，一组以 1:1 的速比与天线轴耦合，另一组以 $N:1$ 的升速比与天线轴耦合。因此除了动态滞后外，其他误差基本上可以较原来改善 N 倍，这相当于允许降低对传感器元件的精度要求。

在精密跟踪测量雷达中，角度传感器（如码盘、多极旋转变压器等）与天线轴的机械耦合须通过精密设计与加工，此种情况下的角随机误差可忽略不计。

2）量化误差

精密跟踪测量雷达角度数据输出后在读取数据时也会出现误差（测读误差）。测读误差取决于数据读取的方法，实时测读一般只能精确到最小刻度的 1/2，事后测读可以精确到最小刻度的 1/10。

如果是数字量输出，读数时不会产生误差，但仍有一个量化误差，因为它给不出比量化单位还小的量。通常量化误差 σ_q 取为

$$\sigma_q = \frac{q}{\sqrt{12}} \tag{4.40}$$

式（4.40）中，q 为最小量化单位。

量化误差由数字处理过程中的量化单元引起，如数据的量化，典型的是在天线波束控制中读取机械控制天线的角度，以及在模/数转换器中将信号电压转换成数字形式。如果轴角编码器有 m 位，则最小角度量化值 $\Delta = 360°/2^m$，量化误差引起的角随机误差为

$$\sigma_q = \frac{\Delta}{\sqrt{12}} = \frac{180°}{2^m \sqrt{3}} \tag{4.41}$$

电压按 m 位数字化后会出现类似误差，若电压最大幅度为 A_V，则引入的均方根误差为

$$\sigma_a = \frac{A_V}{2^m \sqrt{12}} \tag{4.42}$$

注意：需要在 m 位上加上一个符号位，以便得到最大幅度为 A_V 的正弦波上

的均方根误差。

2. 系统误差[3]

与雷达相关的转换误差包括零点对准误差、天线座方位向转台不水平和轴系正交误差 3 种角系统误差。

1）零点对准误差

零点对准误差是指天线的机械轴向（通常用光学望远镜的光轴来转换）对准角度零值（如方位上的正北）时，角传感器输出值的偏差。

在跟踪测量雷达应用中，使用先进的标定手段（如星体标定）可使零点对准误差减小到忽略不计。

2）天线座方位向转台不水平误差

天线座的方位向转台不水平指方位向旋转轴（方位轴）不垂直于地平面。相对于地球的赤道平面旋转了一个角度 θ_M，如图 4.13（a）所示，则方位轴也不穿过地球的北极，相应地也偏离一个角度 θ_M，令方位轴偏移方向的方位角为 A_M，由该图可以看出，PQ_1R_1 为偏移后的赤道平面，PQ_2R_2 为原来的赤道平面；在 P 点（$A_z = A_M + \pi/2$）没有俯仰角误差，R_1 点（$A_z = A_M$）俯仰角误差最大，为 θ_M。任意方位角 A_z 时的俯仰角误差 Δ_{E_1} 可利用球面三角形 PQ_1Q_2 和 PR_1R_2 按球面三角正弦定理求出。考虑到 $\angle PQ_1Q_2$ 和 $\angle PR_1R_2$ 均为直角，$\angle Q_1PQ_2 = \angle R_1PR_2$，并且 θ_M 和 Δ_{E_1} 都很小，可得

$$\Delta_{E_1} = \theta_M \frac{\sin \widehat{PQ_2}}{\sin \widehat{PR_2}} \tag{4.43}$$

因为 $\widehat{PQ_2} = \frac{\pi}{2} - (A_z - A_M)$，$\widehat{PR_2} = \frac{\pi}{2}$，所以

$$\Delta_{E_1} = \theta_M \cos(A_z - A_M) \tag{4.44}$$

方位轴不垂直所引起的方位角误差可从图 4.13（b）求出。如果天线座是水平的，在方位角 A_z，当俯仰角增大时电轴沿大圆弧 Q_1O 移动。现在因为有不水平角 θ_M，电轴沿大圆弧 Q_1O' 移动，在俯仰角 E_1 上产生横向角误差为 SS'，投影至赤道平面成为方位角误差 Q_1Q_1'，在球面三角形 Q_1OO' 中 $\angle OO'Q_1 = (A_z - A_M)$，令 $\angle OQ_1O' = \alpha$，由正弦定理

$$\sin \alpha = \theta_M \sin(A_z - A_M) \tag{4.45}$$

又在球面三角形 Q_1SS' 中，$\angle SS'Q_1$ 为直角，应用球面直角三角形角边关系公式，得横向角误差（天线座方位向转台不水平误差）Δ_{T_a} 为

$$\Delta_{T_a} = \theta_M \sin(A_z - A_M) \sin E_1 \qquad\qquad (4.46)$$

产生方位轴不垂直的原因有天线基础平面不水平或天线基础不均匀下沉、外界的振动（如射击的振动）、天线水平调整不当、日晒引起天线座基础的变形、天线转动时轴承的跳动，以及风负载产生的轴和轴承弹性变形等。

3）轴系正交误差

轴系正交误差包括方位轴与俯仰轴不正交、光轴不垂直于俯仰轴和光轴与电轴不匹配2种情况。

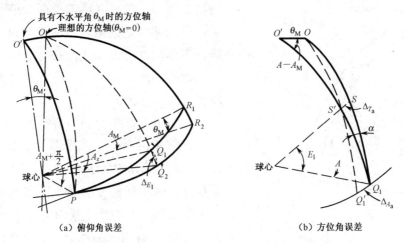

图 4.13　方位轴不垂直引起的误差

（1）方位轴与俯仰轴不正交，即俯仰轴不垂直于方位轴，称为正交性误差。

设天线座是水平的，则两轴不正交与图 4.13（b）中方位轴不垂直且 $(A_z - A_M) = \pi/2$ 时的情况一样，俯仰角增大时电轴不是沿 $Q_1 O$ 大圆弧运动，而按大圆弧 $Q_1 O'$ 运动。它只引起方位角误差，其数值的计算可利用式（4.45）和式（4.46），而且只需在其中用不正交度 δ_M 代替 $\theta_M \sin(A_z - A_M)$ 就行，即横向角误差 Δ_{T_a} 和方位角误差 Δ_{A_a} 分别为

$$\Delta_{T_a} = \delta_M \sin E_1 \qquad\qquad (4.47)$$

$$\Delta_{A_a} = \delta_M \tan E_1 \qquad\qquad (4.48)$$

在跟踪测量雷达设计时应保证 δ_M 在必须的控制范围内，因加工装配后无法调整。但在有些精度不高的跟踪测量雷达中，轴的刚度较差，动态变形较严重，受风、高速转动或其他振动时会产生较大的抖动，成为不正交角引起的的主要误差源。

（2）光轴不垂直于俯仰轴和光轴与电轴不匹配。

电轴必须与俯仰轴相垂直，否则会产生方位角误差，并且无论方位还是俯仰

坐标，电轴必须准确标定。但由于用电轴进行轴系的调整和坐标定位都很不方便，因此常利用装在天线上的光学望远镜作为媒介。安装时尽量使光轴和电轴相一致，并与俯仰轴相垂直，然后使用时只需对光轴进行标定，且对轴系的检查和调整也可以利用光轴。所以光轴与电轴的不匹配及光轴不垂直于俯仰轴都会产生误差。大型天线从机械结构上调整电轴很困难，主要依靠设计、加工、安装的精度来保证。光轴可在工厂安装时进行调整，对俯仰轴的垂直精度可以做得较高，但在使用期间会因各种原因（振动、温度、定位螺钉的松动等）而下降。像天线抛物面变形、馈源（或双曲面）偏移和抖动、单脉冲雷达的振幅不平衡和相移不一致、工作频率的改变或漂移都会引起光轴与电轴不匹配。但要注意不要与其他误差项目的计算相重复。

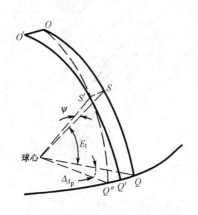

图 4.14　光轴不垂直于俯仰轴引起的
方位角误差

光轴不垂直于俯仰轴只引起方位角误差。如图 4.14 所示，当俯仰角 E_1 增大时光轴本应沿大圆弧 QO 移动，但因有光轴不垂直角 ψ，光轴却沿 $Q'O'$ 移动，在俯仰角为 E_1 时光轴指向 S'，产生横向角误差 SS'（即 ψ），投影至赤道上为 QQ''，即为方位角误差 Δ_{A_p}

$$\Delta_{A_p} = \psi \sec E_1 \tag{4.49}$$

光轴与电轴不匹配所引起的方位角和俯仰角误差 Δ_{A_e} 和 Δ_{E_e} 分别为

$$\Delta_{A_e} = \sigma_T \sec E_1 \tag{4.50}$$

$$\Delta_{E_e} = \sigma_E \tag{4.51}$$

式中，σ_T 和 σ_E 分别为横向和俯仰向的光轴与电轴不匹配角。

4.2.3　与目标相关的跟踪误差

1. 随机误差

与目标相关的跟踪误差包括角闪烁误差、动态滞后变化误差、幅度起伏误差 3 种随机误差。

1）角闪烁误差

角闪烁误差指跟踪测量雷达跟踪复杂目标时的随机跟踪误差，它由目标多个不同的散射中心反射回来的信号相互干涉而形成。其最大值可能会超过目标的物理尺寸，这与在跟踪测量雷达天线处接收的相位面上有波纹时的结果一样。

目标角闪烁产生的原因和振幅起伏相同，但表现的形式不同。目标起伏表现为天线所收到回波的强度发生变化，目标角闪烁则表现为到达天线的反射波的等相位面发生变化，或者说是目标的等效视在中心产生移动，因而产生角跟踪误差。这种移动是随机的，并符合于正态分布。其移动的大小与目标横向（垂直于雷达射线）尺寸有关，理论和实践都表明，这种移动有 10%~20% 的时间甚至会移出目标横向尺寸之外。图 4.15 所示为典型的移动角概率密度曲线。

角闪烁误差引起的角随机误差的公式为

$$\sigma_{\theta_{\mathrm{s}}} = 0.35 \frac{L_{\mathrm{s}}}{R} \tag{4.52}$$

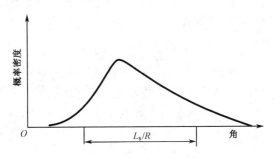

图 4.15　典型的移动角概率密度曲线

式（4.52）中，L_{s} 为目标横向尺寸（单位为 m，对于横向角误差 L_{s}，则指水平方向尺寸；对于俯仰角误差 L_{s} 则指垂直方向尺寸），目标距离（简称距离）R 以 km 为单位。

显然，飞机目标对方位角的角闪烁影响一般要比对俯仰角的角闪烁影响大，火箭等目标在上升段对俯仰角的角闪烁影响要比对方位角的角闪烁影响大。在应答式跟踪时角闪烁误差可以不加考虑。

2）动态滞后变化误差

如图 4.16 所示，若目标在 P_1 点的角速度为 $\dot{\theta}$，由此测得动态滞后误差为 $\dot{\theta}/K_{\mathrm{v}}$。由于信号通过伺服系统时有延迟，输出的目标位置数据虽然仍指 P_1 点，但实际目标已运动至 P_2 点。这时目标的角速度已变为 $\dot{\theta}'$，动态滞后误差应为 $\dot{\theta}'/K_{\mathrm{v}}$，两者的差值

图 4.16　动态滞后变化的产生

$$\frac{\dot{\theta}}{K_{\mathrm{v}}} - \frac{\dot{\theta}'}{K_{\mathrm{v}}} = \frac{\ddot{\theta}\Delta t}{K_{\mathrm{v}}} \tag{4.53}$$

称为动态滞后变化。式（4.53）中，Δt 为伺服系统的滞后时间，两倍于伺服系统等效带宽的倒数。

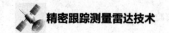

同理可以算出加速度误差的变化。故动态滞后变化误差 σ_{θ_d} 为

$$\sigma_{\theta_d} = \left(\frac{\ddot{\theta}}{K_v} + \frac{\dddot{\theta}}{K_a} \right) \Delta t = \left(\frac{\ddot{\theta}}{K_v} + \frac{\dddot{\theta}}{K_a} \right) \frac{1}{2\beta_n} \tag{4.54}$$

式（4.54）中，$\dddot{\theta}$ 为角加加速度。

一般情况下的动态滞后变化都很小，由动态滞后变化误差引起的角随机误差可忽略不计。

3）幅度起伏误差

幅度起伏误差是运动目标回波幅度起伏引起的误差，且与测量系统有关。此误差在顺序波瓣和圆锥扫描雷达中是一个很大的制约因素。在此类雷达中，运动目标幅度起伏使天线扫描形成调制失真。在频率为 f_0 的圆锥扫描中，噪声误差表达式分母中有效信号/干扰比为

$$\left(\frac{S}{I_\Delta} \right) n_e = \frac{1}{2\beta_n W(f_0)} \tag{4.55}$$

式（4.55）中，β_n 是跟踪回路等效噪声带宽，$W(f_0)$ 是在扫描频率处的运动目标幅度起伏的功率谱密度。相应的幅度起伏误差为

$$\sigma_s = \frac{\theta_B}{k_m} \sqrt{\beta_n W(f_0)} \tag{4.56}$$

式（4.56）中，θ_B 为天线 3dB 波束宽度。例如，如果在扫描频率上运动目标幅度起伏功率谱密度 $W(f_0) = 0.01\text{Hz}^{-1}$，$k_m = 1.4$ 且 $\beta_n = 1\text{Hz}$，则幅度起伏误差 $\sigma_s = 0.07\theta_B$。

在扇形扫描雷达（包括 360° 转动的搜索雷达）中也有类似的误差。对于一般幅度起伏相关时间为 t_c 的瑞利起伏目标（Swerling1 或 Swerling2），此误差取决于在观测时间 T_o 或照射目标时间接收到的幅度独立样本数，如图 4.17 所示。

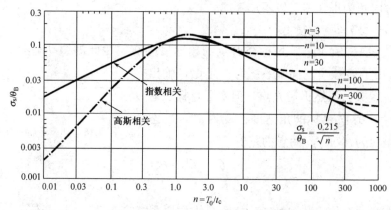

n 为独立幅度样本数，T_0 为观测时间，t_c 为幅度起伏相关时间

图 4.17　扇形扫描雷达的幅度起伏误差与目标的相对积累时间 T_0/t_c 的关系

在单脉冲跟踪测量雷达中，角误差信号是通过同时波瓣比较得到的，因此理论上由目标回波的幅度起伏误差导致的角随机误差很小，在设计时可以忽略不计。

2. 系统误差

与目标相关的跟踪误差主要包括动态滞后误差等角系统误差。

动态滞后误差指跟踪系统在跟踪测量雷达坐标系中因为没能跟上目标的速度、加速度或高阶导数而形成的误差。传统的角跟踪伺服误差分析表明，总的动态滞后误差可用目标轨迹的泰勒扩展式中的运动参数除以一个跟踪系统的误差常量来表示，即

$$\varepsilon = \frac{x}{K_p} + \frac{\dot{x}}{K_v} + \frac{\ddot{x}}{K_a} + \cdots \tag{4.57}$$

式（4.57）中，K_p 是位置误差常数（通常为无限大），K_v 是速度误差常数，K_a 是加速度误差常数，高阶项通常可忽略不计。一般情况下，跟踪系统的速度误差可设计得任意大，不过瞬态效应限制了它的实际值。

加速度误差是跟踪测量雷达中由于目标加速度引起的动态滞后误差。该误差为目标加速度 a_1 与加速度误差常数 K_a 的比值，即

$$\varepsilon_a = \frac{a_1}{K_a} \tag{4.58}$$

当加速度以线性坐标表示时（m/s²），误差在该坐标上以 m 为单位；而如果采用角加速度时（rad/s²），则在该坐标上的误差以 rad 为单位。

对于一个二阶角跟踪伺服系统，加速度误差常数可根据闭合回路（噪声）带宽 β_a 来表示（单位为 Hz），即

$$K_a = 2.5\beta_a^2 \tag{4.59}$$

在精密跟踪测量雷达中，角度跟踪回路一般都采用二阶系统，因而动态滞后误差 Δ_θ 用下式计算

$$\Delta_\theta = \frac{\dot{\theta}}{K_v} + \frac{\ddot{\theta}}{K_a} \tag{4.60}$$

式（4.60）中，$\dot{\theta}$ 和 $\ddot{\theta}$ 分别为目标相对雷达运动的角速度和角加速度，K_v 和 K_a 分别为角跟踪伺服系统的速度误差常数和加速度误差常数。

在精密跟踪测量雷达中，当角加速度较大时，通常需要进行动态滞后修正。修正剩余引起的系统误差一般按式（4.60）的 10% 计算。

4.2.4　电波传播误差

电波传播误差包括电波在大气对流层和电离层传播时产生的误差，主要由大

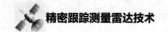

气折射引起俯仰角误差。

1. 对流层折射误差[3]

电波在对流层传播时产生两种误差，一种是由对流层平均折射产生的角系统误差，另一种是由对流层折射不规则引起的角随机误差。

对流层对电波平均折射一般只引起俯仰角误差。低空时，传播路径的弯曲常可以用等效地球半径来矫正。所谓等效地球半径是用实际地球半径的 4/3 来代替，然后电波传播就可按直线来计算了。这样计算结果的误差不大于 5%，它适用于对流层内低俯仰角的目标。这种计算是根据大气折射率 N 随高度按线性下降得到的，常称为线性模型。线性模型基本上符合于低层大气层的结构，但是当高度超过 1km 后，用线性模型计算 N 值的误差会迅速增大，使俯仰角误差的计算不准。长期的实际探测资料表明，用指数模型更符合大气层的平均结构，即 N 值随负的指数降低。按照地面折射率 $N_s = 313$ 的指数模型计算出的俯仰角误差如图 4.18 所示。

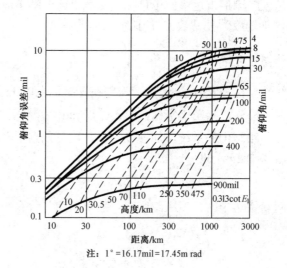

注：$1° = 16.17 \text{mil} = 17.45 \text{m rad}$

图 4.18　按照地面折射率 N_s=313 的指数模型计算出的俯仰角误差

根据实际探测的经验计算公式：对俯仰角 E_1 为 5° 以上大气层外的目标，对流层平均折射引起的角系统误差 Δ_{E_T} 可近似表示为

$$\Delta_{E_T} = N_s \cot E_1 \times 10^{-3} \tag{4.61}$$

式（4.61）中，N_s 为跟踪测量雷达所在地的表面（地面）折射率。而当俯仰角小于 5° 时，式（4.61）计算出的误差较大，需要加以修正，即

$$\Delta_{E_T} = bN_s + a \tag{4.62}$$

式（4.62）中

$$
\begin{cases}
b = \left(1 - \dfrac{0.005}{E_1}\right) \times 10^{-3} \cot E_1 \\[2mm]
a = \dfrac{0.15}{E_1}\left(\dfrac{0.02}{E_1} - 1\right) \times 10^{-3} \cot E_1
\end{cases}
\tag{4.63}
$$

式（4.63）中，E_1 的单位为 rad。当 $E_1 < 2°$ 时，即使用修正公式也有较大误差。对对流层内目标，可用下式，即

$$
\Delta_{E_\mathrm{T}} \approx N_\mathrm{s} \cot E_1 \cdot \frac{h \times 10^{-3}}{K + h}
\tag{4.64}
$$

式（4.64）中，K 为常数，取其值为 10.675（km），h 为目标高度（km）。俯仰角小于 5° 时，则为

$$
\Delta_{E_\mathrm{T}} \approx (bN_\mathrm{s} + a)\frac{h}{K + h}
\tag{4.65}
$$

式（4.65）中，b 和 a 同式（4.62）。

虽然如此，大气折射率 N 还会随时间（每小时、每日、季节和年份）和地区变化，最大和最小可能差几十个单位。因此，即使按对流层折射率的平均值计算仍会有相当大的偏差。

如上所述，对对流层折射率的计算精度取决于大气模式的选择。文献[3]指出：如果取跟踪测量雷达所在地按年平均的地面折射率 N_s 计算，剩余误差在不同高度可达 15%～25%；如果按当地实时的地面折射率 N_s 计算，则目标在较低高度时剩余误差约为 10%，至大气层外时可降低至 1%。如果用 6km 以下几个重要的高度上实时的折射率来计算，较低高度时误差也可降到 2.5%～5%；如果利用了 6km 以下传播方向上大气剖面的全部实时折射率 N，则任何高度的精度都可达到 1%。这样便能对计算的精度得到一个梗概。

对流层折射的不规则所产生角度的变化具有随机性，曾有人经过对各种不同地区的长期试验做出了起伏的功率谱，根据这种功率谱给出了近似计算公式，由对流层折射不规则引起的角随机误差 $\sigma_{\theta_\mathrm{T}}$ 为

$$
\sigma_{\theta_\mathrm{T}} \approx 0.44 \times 10^{-7} \sqrt{\frac{L}{\sqrt{D}}}
\tag{4.66}
$$

式（4.66）中，L 为经过对流层的路径长度（单位为 km，高度≤5km），D 为天线口径（m）。这种误差在方位角和俯仰角上都会产生。

2. 电离层折射误差

电波在电离层传播时也产生两种误差，一种是由电离层平均折射产生的角系统误差，另一种是由电离层折射不规则引起的角随机误差。

电离层只对较长的波长产生折射，频率增高后迅速减小。该折射主要由电离的电子引起，电离层中电子密度因昼夜、季节、太阳黑子数的不同可能增大 10 倍或减少到 1/10，故其误差也可能增大 10 倍或减小到 1/10。电离层折射不规则引起的角随机误差可忽略不计。电离层平均折射引起的俯仰角系统误差 Δ_{E_i} 与工作频率的平方成反比，又与单位面积上空的总电子含量成正比。电离层平均折射引起的俯仰角系统误差的部分典型数据如表 4.2 所示。这些数据是根据总电子密度为 1×10^7 个/m^2、频率为 425MHz 和 1300MHz 时计算的，在不同的电子密度和频率时可以按比例推算。

表 4.2　电离层平均折射引起的俯仰角系统误差的部分典型数据

目标高度/（n mile）	俯仰角/（°）				
	0	5	10	20	30
$f = 425\text{MHz}$					
俯仰角误差/（mrad）					
200	0.057	0.067	0.069	0.057	0.043
300	0.089	0.100	0.097	0.075	0.055
400	0.095	0.103	0.096	0.070	0.019
∞	0.122	0.109	0.080	0.035	0.015
$f = 1300\text{MHz}$					
俯仰角误差/（mrad）					
200	0.0061	0.0072	0.0074	0.0061	0.0046
300	0.0096	0.0107	0.0104	0.0080	0.0058
400	0.0101	0.0109	0.0103	0.0075	0.0052
∞	0.0130	0.0116	0.0086	0.0037	0.0017

注：1n mile=1852m

电离层平均折射与雷达工作频率有很大关系，其在俯仰角上会引起角系统误差，如图 4.19 所示，图中 h 表示目标高度。

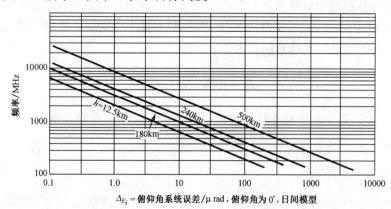

图 4.19　电离层平均折射引起的俯仰角系统误差与工作频率的关系

4.2.5　雷达测角精度计算

本节以单脉冲精密跟踪测量雷达为例说明角度测量精度的计算。

1. 随机误差

角度跟踪测量误差的随机误差由热噪声误差等 12 种误差引起,具体计算分别如下。

1）热噪声误差

$$\sigma_t = \frac{\theta_B}{k_m \sqrt{B\tau(S/N)(f_r/\beta_n)}} \tag{4.67}$$

式（4.67）中，天线 3dB 波束宽度 $\theta_B = 0.4°$，角误差检测斜率 $k_m = 1.4$，带宽与脉宽积 $B\tau = 1.36$（B 为接收机带宽，τ 为脉冲宽度），信噪比 $S/N = 12\text{dB}$，脉冲重复频率 $f_r = 585\text{Hz}$，伺服跟踪回路等效噪声带宽 $\beta_n = 1\text{Hz}$，热噪声误差引起的角随机误差 $\sigma_t = 0.0444\text{mrad}$。

2）多路径误差

多路径误差引起的角随机误差 σ_E 可由下式计算

$$\sigma_E = \frac{\rho \cdot \theta_B}{\sqrt{8G_{se}}} \tag{4.68}$$

考虑俯仰角在 3° 以上，镜像反射信号处于天线副瓣区时的情况，式（4.68）中表面反射系数 $\rho = 0.3$，天线 3dB 波束宽度 $\theta_B = 0.4°$，和方向图峰值功率与在镜像信号到达角方向上差方向图副瓣电平功率之比 $G_{se} = 30\text{dB}$，可得多路径误差引起的角随机误差 $\sigma_E = 0.0234\text{mrad}$。

3）伺服噪声误差

伺服噪声误差由伺服系统和机械传动系统而产生，根据以往精密跟踪测量雷达的设计经验，取伺服噪声引起的角随机误差 $\sigma_{\theta_G} = 0.1396\text{mrad}$。

4）风负载变化引起的误差

根据经验及风洞试验，典型风负载变化引起的角随机误差 $\sigma_{\theta_w} = 0.0524\text{mrad}$。

5）杂波与干扰误差

根据经验及实际测试，典型杂波与干扰误差引起的角随机误差 $\sigma_{\theta_c} = 0.0175\text{mrad}$。

6）角度传感器机械耦合误差

在精密跟踪测量雷达系统中，角度传感器与天线轴的机械耦合须通过精密设计与加工，此种情况下的角随机误差可忽略不计。

7）量化误差

量化误差引起的角随机误差 σ_q 为

$$\sigma_q = \frac{\Delta}{\sqrt{12}} = \frac{180^\circ}{2^m\sqrt{3}} \tag{4.69}$$

式（4.69）中，Δ 为最小角度量化值，轴角编码器位数 $m=18$，可得 $\sigma_q = 0.0069\text{mrad}$。

8）角闪烁误差

角闪烁误差引起的角随机误差 σ_{θ_s} 为

$$\sigma_{\theta_s} = 0.35 \cdot \frac{L_s}{R} \tag{4.70}$$

式（4.70）中，目标横向尺寸 $L_s = 10\text{m}$，目标距离 $R = 100\text{km}$，可得 $\sigma_{\theta_s} = 0.0350\text{mrad}$。

9）动态滞后变化误差

一般情况下的动态滞后变化都很小，由动态滞后变化误差引起的角随机误差可忽略不计。

10）幅度起伏误差

在跟踪测量雷达采用 AGC 进行目标回波的增益控制后，由目标回波的幅度起伏误差导致的角随机误差很小，在设计时可忽略不计。

11）对流层折射不规则

由对流层折射不规则引起的角随机误差 σ_{θ_T} 为

$$\sigma_{\theta_T} \approx 4.4 \times 10^{-7} \cdot \sqrt{\frac{L}{\sqrt{D}}} \tag{4.71}$$

式（4.71）中，经过对流层的路径长度 $L = 5\text{km}$，天线口径 $D = 10\text{m}$，可得 $\sigma_{\theta_T} = 0.0175\text{mrad}$。

12）电离层折射不规则

电离层折射不规则引起的角随机误差可忽略不计。

综上所述，计算得到角度跟踪测量总随机误差为

$$\sigma_{\theta_\Sigma} = \sqrt{\sigma_t^2 + \sigma_E^2 + \sigma_{\theta_G}^2 + \sigma_{\theta_W}^2 + \sigma_{\theta_c}^2 + \sigma_q^2 + \sigma_{\theta_s}^2 + \sigma_{\theta_T}^2} = 0.1632\text{mrad}$$

2. 系统误差

角度跟踪测量的系统误差由电轴漂移等 8 种误差引起，具体计算分别如下。

1）电轴漂移误差

电轴漂移引起的角系统误差主要包括相移误差、接收机通道间耦合变化引起的误差、频率漂移和伺服系统的零点漂移，因此

$$\Delta_{E_A} = \sqrt{\left(\frac{\theta_B \tan\varphi_2}{k_m\sqrt{G_n}}\right)^2 + \left(\frac{\theta_B \cos\varphi}{k_m\sqrt{F_I}}\right)^2 + \left(\frac{\Delta V}{K_\Psi}\right)^2} \tag{4.72}$$

式（4.72）中，天线 3dB 波束宽度 $\theta_B = 0.4^\circ$，高频比较器后的和差通道相移误差

$\varphi_2 = 5°$ ，角误差斜率 $k_m = 1.4$ ，差波束零值深度 $G_n = 30\text{dB}$ ，耦合至差通道的信号相对和信号的相移误差 $\varphi = 5°$ ，和差通道间的隔离度 $F_I = 60\text{dB}$ ，换算到接收机输出（或伺服输入）的零点漂移电压 $\Delta V = 0.001\text{V}$ ，在基准点的定向灵敏度 $K_\Psi = 0.5\text{V / mil}$ ，可得 $\Delta_{E_A} = 0.0148\text{mrad}$ 。

2）反射体变形误差

根据经验，反射体变形误差引起的角系统误差 $\Delta_{E_W} = 0.0175\text{mrad}$ 。

3）零点对准误差

零点对准引起的误差很小，通过先进的标定手段，可使零点对准误差减小到忽略不计。

4）天线座方位向转台不水平误差

天线座方位向转台不水平误差引起的角系统误差，根据经验，$\Delta_{T_a} = 0.0017\text{mrad}$ 。

5）轴系正交误差

轴系正交误差包括方位与俯仰轴不正交，光轴不垂直于俯仰轴和光轴与电轴不匹配，根据经验，典型轴系正交误差 $\Delta_{A_E} = 0.0017\text{mrad}$ 。

6）动态滞后误差

根据经验，动态滞后误差引起的系统误差 $\Delta_\theta = 0.1047\text{mrad}$ 。

7）对流层平均折射

考虑 10%的修正剩余，对流层平均折射引起的角系统误差 Δ_{E_T} 为

$$\Delta_{E_T} = N_s \cot E_1 \cdot \frac{h \times 10^{-3}}{10.675 + h} \cdot 10\% \qquad (4.73)$$

式（4.73）中，表面折射率 $N_s = 300$ ，俯仰角 $E_1 = 5°$ ，目标高度 $h = 10\text{km}$ ，可得 $\Delta_{E_T} = 0.1659\text{mrad}$ 。

8）电离层平均折射

当目标俯仰角为 5°、高度为 10km 时，根据经验取电离层平均折射引起的俯仰角系统误差为 0.03mrad，考虑 10%的修正剩余，修正后角系统误差 $\Delta_{E_i} = 0.0030\text{mrad}$ 。

综上所述，计算得到角度跟踪测量的总系统误差为

$$\Delta_{\theta_\Sigma} = \sqrt{\Delta_{E_A}^2 + \Delta_{E_W}^2 + \Delta_{T_a}^2 + \Delta_{A_E}^2 + \Delta_\theta^2 + \Delta_{E_T}^2 + \Delta_{E_i}^2} = 0.1975\text{mrad}$$

4.3　距离跟踪测量误差

距离跟踪测量误差（简称距离误差）是雷达在测量目标距离中出现的误差。距离误差可分成：与雷达相关的跟踪误差，它导致雷达距离波门或目标选通脉冲与目标回波脉冲（或调制连续波雷达中的等效点）的质心偏离；与雷达相关的转

换误差，它导致雷达距离波门或目标选通脉冲的延迟形成错误报告；以及与目标相关的跟踪误差和电波传播误差。每种类型的误差还分为系统误差和随机误差，典型跟踪测量雷达的距离误差如表 4.3 所示。

表 4.3　典型跟踪测量雷达的距离误差

误差类别	随机误差	系统误差
与雷达相关的跟踪误差	热噪声误差 多路径误差 杂波与干扰误差 接收机延迟变化	零距离标定 接收机延迟
与雷达相关的转换误差	距离多普勒耦合 内部定时抖动 距离量化	光速不稳定
与目标相关的跟踪误差	距离闪烁误差 动态滞后变化误差 应答机延迟变化误差	动态滞后误差 应答机延迟
电波传播误差	对流层折射不规则 电离层折射不规则	对流层平均折射 电离层平均折射

在脉冲雷达中，目标径向距离的测量（测距）实际上归结为对目标回波延迟的测量。从物理意义上讲，这种测量分为两步：第一步是确定受噪声污染的接收波形的中心点或其他定义的点；第二步是测量这个点与信号发射时刻之间的延迟量。在雷达的跟踪测量中，距离测量误差主要来源于第一步，即确定受噪声污染的波形中心点或波形前沿时带来的误差。在精密跟踪测量雷达中，由于采用高精度、高稳定的定时器和数字计数器，因而第二步引起的误差很小，主要的测距误差来自距离门跟踪目标（回波）的能力、目标的距离闪烁及雷达接收系统的延迟变化等。

4.3.1　与雷达相关的跟踪误差

1. 随机误差

与雷达相关的跟踪误差包括热噪声误差、多路径误差、杂波与干扰误差、接收机延迟变化 4 种距离随机误差。

1）热噪声误差

距离跟踪测量的热噪声误差的大小与雷达信号的有效带宽和信噪比有关，其计算公式为[1]

$$\sigma_{R1} = \frac{1}{\beta\sqrt{2(S/N)_1 N_e}} \tag{4.74}$$

式（4.74）中，β 为雷达信号频谱均方根频带带宽（雷达信号频谱均方根带宽），$(S/N)_1$ 为单个回波功率信噪比，N_e 为相关测量时间内的有效积累脉冲数。

不同雷达信号频谱均方根带宽 β 和 3dB 带宽 B 之间的关系如表 4.4 所示。

表 4.4 不同雷达信号频谱均方根带宽 β 和 3dB 带宽 B 之间的关系

信号频谱形式	$A(f)$	β/B
矩 形	1	1.81
三角形	$1-12f/B$	0.99
余 弦	$\cos(\pi f/B)$	1.14
余弦平方	$\cos^2(\pi f/B)$	0.89

相关测量时间内的有效积累脉冲数 N_e 与距离跟踪系统带宽（相关测量时间）、脉冲重复频率及距离波门与波形宽度匹配情况有关。在理想情况下有

$$N_e = f_r/2\beta_n \tag{4.75}$$

式（4.75）中，f_r 为脉冲重复频率，β_n 为距离跟踪回路的等效噪声带宽。

设 $B\times\tau$（脉冲宽度）$=1$。对于脉冲宽度为 τ 的矩形脉冲，由热噪声误差引起的距离随机误差为

$$\sigma_{R1} = \frac{\tau}{1.81\sqrt{(S/N)\cdot(f_r/\beta_n)}} \tag{4.76}$$

对于三角形脉冲（如脉冲压缩信号）有

$$\sigma_{R1} = \frac{\tau}{0.99\sqrt{(S/N)\cdot(f_r/\beta_n)}} \tag{4.77}$$

一般情况下有

$$\sigma_{R1} = \frac{\tau}{K_r\sqrt{(S/N)\cdot(f_r/\beta_n)}} \tag{4.78}$$

式（4.78）中，K_r 为雷达信号均方根带宽与 3dB 带宽比值（距离鉴别器的斜率），对于不同的波形，$K_r = \beta/B$，如表 4.4 所示。

为了计算方便，通常把 τ 转换成距离量（每 1μs 为 150m），式（4.78）则转换为

$$\sigma_{R1} = \frac{150\tau}{K_r\sqrt{(S/N)\cdot(f_r/\beta_n)}} \tag{4.79}$$

式（4.79）中，τ 为脉冲信号宽度，单位为 μs；f_r 为脉冲重复频率（重频），单位为 Hz；β_n 为距离跟踪回路等效噪声带宽，单位为 Hz。

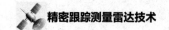

2）多路径误差

与角度跟踪测量误差中的多路径误差分析相同，通过多路径反射回来的目标镜像回波也会引起距离测量的多路径误差。当镜像目标反射回波处于天线副瓣区时，类似地由多路径误差引起的距离随机误差可由下式计算

$$\sigma_{R2} = \frac{\rho\tau}{\sqrt{8G_{se}}} \qquad (4.80)$$

式（4.80）中，ρ 为表面反射系数，τ 为脉冲宽度（单位为 m，每 $1\mu s$ 为 150m），G_{se} 为和方向图峰值功率与在镜像目标反射回波到达角方向上的差方向图副瓣功率之比。

3）杂波与干扰误差

目标回波以外的杂波和干扰误差在距离跟踪系统中同样会引起距离随机误差，即使杂波或干扰的强度不足以淹没目标回波时也是如此。

杂波与干扰误差引起的距离随机误差的计算可以采用热噪声误差计算的公式，只要将其公式中的信噪比 S/N 用信杂比 S/C 或信干比 S/J 代替即可，即

$$\sigma_{R3} = \frac{1}{\beta\sqrt{2(S/C)N_e}} \qquad (4.81)$$

式（4.81）中，β 为雷达信号频谱均方根带宽，S/C 为信杂比，N_e 为距离跟踪回路有效积累脉冲数。

对于简单的脉冲信号（$B\tau=1$），式（4.81）可表示为

$$\sigma_{R3} = \frac{\tau}{K_r\sqrt{(S/C)\cdot(f_r/\beta_n)}} \qquad (4.82)$$

式（4.82）中，τ 为脉冲宽度，单位为 m（每 $1\mu s$ 为 150m）；f_r 为脉冲重频，单位为 Hz；β_n 为距离跟踪回路等效噪声带宽，单位为 Hz。

4）接收机延迟变化

接收机的延迟主要是由中频放大器中的级联滤波器引起的，每一级的延迟与其带宽 B_i 的倒数成比例，如果用 m 级级联，则其总带宽为

$$B = B_i/\sqrt{m} \qquad (4.83)$$

若 $m=10$，则由中频放大级联滤波器引起的总的延迟 t_i 为

$$t_i = 3/B \qquad (4.84)$$

对于一个没有脉冲压缩的典型系统，t_i 大约是脉冲宽度的 2 倍。对于这种延迟的固定量，可以通过校准来修正。这里主要考虑接收延迟的变化量。

雷达接收机延迟的变化与环境温度的变化、回波信号强度的变化及接收机的调谐状态等因素有关。

对于精确调谐的雷达接收机，其延迟变化引起的距离随机误差为

$$\sigma_{R4} = \frac{t_i}{50} = \frac{1}{15B} \quad (每 1\mu s \text{ 为 } 150m) \tag{4.85}$$

2. 系统误差

与雷达相关的跟踪误差包括零距离标定、接收机延迟 2 种距离系统误差。

1）零距离标定

零距离标定是指当分裂波门中心对准目标回波中心时，距离计数器的指示值是一个固定的系统误差。通过仔细标定，零距离标定引起的距离系统误差为 1~2m。

2）接收机延迟

如前所述，接收机延迟主要由中频放大器中级联滤波器引起，每级的延迟与其带宽 B_i 的倒数成比例。如果用 m 级级联，由式（4.83）可得总延迟为

$$t_i = \sqrt{m}/B_i \tag{4.86}$$

对于一个典型系统，t_i 大约是脉冲宽度的 2 倍，对这种延迟固定量通过精确校准修正后，其距离系统误差可忽略不计。

4.3.2　与雷达相关的转换误差

1. 随机误差

与雷达相关的转换误差包括距离多普勒耦合、内部定时抖动、距离量化 3 种距离随机变量。

1）距离多普勒耦合

在调频脉冲压缩系统中，随着目标回波的多普勒频移，脉冲压缩会引入一个系统的延迟偏移，即距离多普勒耦合对于脉冲宽度为 τ、接收机带宽为 B 的矩形脉冲，多普勒耦合引起的距离随机误差 σ_t 为

$$\sigma_t = \tau f_d / B. \tag{4.87}$$

式（4.87）正负符号由发射波形斜率的正负确定。例如，当 $B = 1MHz$，多普勒频率 $f_d = 1kHz$ 时，将引起延迟变化，$\sigma_t = 0.1\mu s$，即造成 15m 的距离误差，对精密跟踪测量雷达来说这是一个很大的误差。

脉冲压缩引起的固定延迟可通过对固定目标（无多普勒频移）进行校正；而多普勒频移引起的延迟变化可通过下述方法修正：①如果雷达同时利用脉冲串测量目标距离变化率（径向速度），则其多普勒频移可以确定，然后利用式（4.87）进行修正即可；②距离测量的数据可由实际测量数据在时间上移动 Δt（时间偏置），即

$$\Delta t = f\tau / B \tag{4.88}$$

式（4.88）中，f 为雷达工作频率。例如，$f = 3000MHz$，$\tau = 100\mu s$，$B = 1MHz$，则距离测量数据的时间偏置 $\Delta t = 0.3s$ 即可。

修正后的剩余误差一般取 5%～10%。

2）内部定时抖动

目标距离的测定是通过对延迟时间的测量完成的。因此雷达内部定时系统的稳定性将直接引起测距误差。

在精密跟踪测量雷达中，内部定时系统的定时脉冲通常是由高稳定度晶体振荡器产生的。若晶体振荡器产生的信号频率稳定度为 10^{-9}，则其内部定时抖动将在 1ns 左右。按等概率分布，由内部定时抖动引起的距离随机误差为

$$\sigma_{RJ} = \frac{c\Delta t_s}{2\sqrt{12}} \tag{4.89}$$

式（4.89）中，c 为光速，Δt_s 为内部定时抖动。

3）距离量化

在数字式测距机中，目标距离值是由距离计数器计数的。距离计数器的位数通常由雷达所需的最大跟踪距离（或模糊跟踪距离）来确定，即最小量化单元 ΔR 为

$$\Delta R = R_m / 2^n \tag{4.90}$$

式（4.90）中，R_m 为最大跟踪距离（或模糊跟踪距离），n 为距离计数器位数。则距离量化引起的距离随机误差（按均匀分布）为

$$\sigma_{Rg} = R_m / (2^n \sqrt{12}) \tag{4.91}$$

2. 系统误差

与雷达相关的转换误差中的系统误差主要是由光速不稳定引起的。在计算距离时，光速 c 是用标准光速计算的。在真空中，光速 c 为 299792458m/s。实际上，在地球大气中，这个速度会有变化。

在应用中，通过气象参数测量和校正，通常由光速不稳定导致的距离系统误差可以控制为不大于 1m。

4.3.3 与目标相关的跟踪误差

1. 随机误差

与目标相关的跟踪误差包括距离闪烁误差、动态滞后变化误差、应答机延迟变化误差 3 种距离随机误差。

1）距离闪烁误差

由目标引起的距离闪烁误差与角闪烁误差相似，它比目标质心的漂移要大，且可能落在目标径向尺寸之外。

将沿距离坐标的目标尺寸作为计量单位，对飞机而言，典型的距离闪烁误差

相当于 0.1～0.3 倍的目标径向尺寸，其中由机尾或机头观察时接近 0.3 倍径向尺寸，由侧面观测时接近 0.1 倍径向尺寸。

通常在设计雷达精度时，距离闪烁误差引起的距离随机误差用下式计算

$$\sigma_{Rf} = (0.2 \sim 0.35)L_r \tag{4.92}$$

式（4.92）中，L_r 为目标在距离径向的尺寸。

在雷达进行应答式跟踪时，若应答机能提供一个点源信号，则可以不计距离闪烁误差。但应答机需要一个非常稳定的电路来避免应答脉冲的延迟漂移。

2）动态滞后变化误差

距离跟踪动态滞后变化误差的引起原因和形式类似于角度跟踪的动态滞后变化误差。其误差估算公式为

$$\sigma_{\Delta R} = \left(\frac{\ddot{R}}{K_v} + \frac{\dddot{R}}{K_a} \right) \frac{1}{2\beta_n} \tag{4.93}$$

式（4.93）中，$\ddot{R}$ 和 $\dddot{R}$ 分别为目标径向运动的加速度和加加速度，K_v 和 K_a 分别为距离跟踪回路速度误差常数和加速度误差常数，β_n 为距离跟踪回路的等效噪声带宽。

一般情况下动态滞后变化误差引起的距离随机误差都很小，可忽略不计。

3）应答机延迟变化误差

雷达进行应答式跟踪时，应答机的延迟及其变化会带来距离随机误差。应答机的延迟变化类似于接收机的延迟变化，它与信号带宽的倒数成比例。延迟的固定量可通过校准来修正，对精确调谐的应答机，其延迟变化导致的距离随机误差为

$$\sigma_{\Delta t} = \frac{1}{15B} \tag{4.94}$$

式（4.94）中，B 为信号带宽。

2. 系统误差

与目标相关的跟踪误差包括动态滞后误差和应答机延迟 2 种距离系统误差。

1）动态滞后误差

与角度跟踪动态滞后误差类似，距离跟踪动态滞后误差的计算公式如下

$$\Delta_{RL} = \frac{\dot{R}}{K_v} + \frac{\ddot{R}}{K_a} \tag{4.95}$$

式（4.95）中，$\dot{R}$ 和 $\ddot{R}$ 分别为目标相对雷达运动的径向速度和径向加速度，K_v 和 K_a 分别为距离跟踪回路的速度误差常数和加速度误差常数。

2）应答机延迟

应答机延迟类似于接收机延迟造成的距离系统误差，如前所述，其延迟量一般与其带宽的倒数成比例。此固定误差可通过精确校准来修正。修正后应答机延迟引起的系统误差 Δ_{RA} 约为 3m。

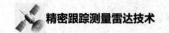

4.3.4 电波传播误差

雷达波束通过地球大气层时，由于对流层和电离层折射指数随高度的变化而变化，因而使波束向下弯曲产生俯仰角折射误差，同时目标回波也产生了额外的时间延迟，从而引起距离误差。另外，折射指数本身也有随机变化，导致距离随机误差。

1. 对流层折射误差

在对流层中，一般要考虑两种传播对精密跟踪测量的影响：①对流层平均折射，即折射指数随高度的递减，从而引起距离系统误差；②对流层折射不规则，即因本地折射指数的随机变化，从而造成距离随机误差。

图 4.20 给出了在指数大气模型（折射率 $N_s = 313$）条件下对流层平均折射的距离系统误差随目标距离的变化。

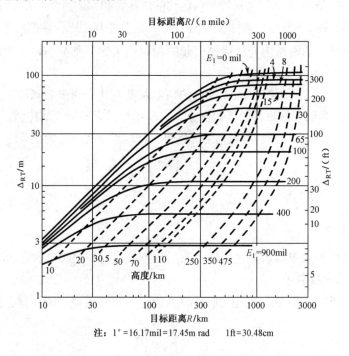

注：$1° = 16.17 \text{mil} = 17.45 \text{m rad}$ $1 \text{ft} = 30.48 \text{cm}$

图 4.20 指数大气模型条件下对流层平均折射距离系统误差随目标距离的变化（N_s=313）

对于其他的 N_s，与其系统误差成比例，对于俯仰角 $E > 5°$ 的大气层外目标，可由下式计算

$$\Delta_{RT} = 0.007 N_s \csc(E) \tag{4.96}$$

该系统误差可进行修正，当 $E > 3°$ 时，修正后的剩余系统误差是最大距离系统误

差的 5%。例如，$E = 3°$ 时，最大距离系统误差为 40m，修正后的剩余系统误差为 2m。对于更低的俯仰角或更高的精度要求，则需要更精细的修正模型。

对流层折射不规则对距离随机误差影响较小，一般跟据经验估算。

2. 电离层折射误差

当雷达测量的目标在 100km 高度以上时，必须考虑电离层的影响，而且这些影响与雷达工作频率有关。图 4.21 和图 4.22 分别给出了电离层平均折射引起的距离系统误差及电离层折射不规则引起的距离随机误差。

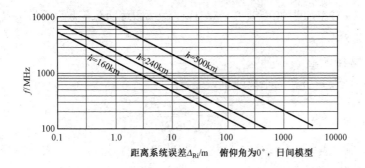

图 4.21　电离层平均折射引起的距离系统误差

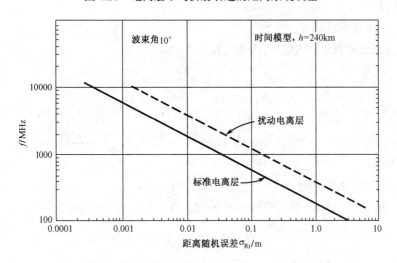

图 4.22　电离层折射不规则引起的距离随机误差

4.3.5　雷达测距精度计算

本节以单脉冲精密跟踪测量雷达为例说明距离测量精度的计算。

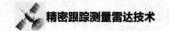

1. 随机误差

距离跟踪测量误差的随机误差由热噪声误差等 12 种误差引起,具体计算分别如下。

1)热噪声误差

热噪声误差引起的距离随机误差 σ_{R1} 为

$$\sigma_{R1} = \frac{150\tau}{K_r \sqrt{(S/N) \cdot (f_r/\beta_n)}} \tag{4.97}$$

式(4.97)中,脉冲宽度 $\tau = 0.8\mu s$,雷达信号频谱均方根带宽与 3dB 带宽比值 $K_r = 1.4$,信噪比 $S/N = 12dB$,脉冲重频 $f_r = 585Hz$,距离跟踪回路等效噪声带宽 $\beta_n = 10Hz$,可得 $\sigma_{R1} = 2.815m$。

2)多路径误差

由多路径误差引起的距离随机误差 σ_{R2} 为

$$\sigma_{R2} = \frac{\rho\tau}{\sqrt{8G_{se}}} \tag{4.98}$$

式(4.98)中,表面反射系数 $\rho = 0.3$,脉冲宽度 $\tau = 0.8\mu s$,和方向图峰值功率与在镜像目标反射回波到达角方向上的差方向图副瓣功率之比 $G_{se} = 25dB$,可得 $\sigma_{R2} = 0.716m$。

3)杂波与干扰误差

由杂波与干扰误差引起的距离随机误差 σ_{R3} 为

$$\sigma_{R3} = \frac{\tau}{K_r \sqrt{(S/C) \cdot (f_r/\beta_n)}} \tag{4.99}$$

式(4.99)中,脉冲宽度 $\tau = 0.8\mu s$,雷达信号频谱均方根带宽与 3dB 带宽比值 $K_r = 1.4$,信杂比 $S/C = 30dB$,脉冲重频 $f_r = 585Hz$,距离跟踪回路等效噪声带宽 $\beta_n = 10Hz$,可得 $\sigma_{R3} = 0.354m$。

4)接收机延迟变化

由接收机延迟变化引起的距离随机误差 σ_{R4} 为

$$\sigma_{R4} = \frac{1}{15 \cdot B} \tag{4.100}$$

式(4.100)中,接收机带宽 $B = 1.7MHz$,考虑 10%的校准剩余,可得 $\sigma_{R4} = 0.588m$。

5)距离多普勒耦合

由距离多普勒耦合引起的距离随机误差 σ_t 为

$$\sigma_t = \frac{\tau f_d}{B} \tag{4.101}$$

式(4.101)中,脉冲宽度 $\tau = 0.8\mu s$,接收机带宽 $B = 1.7MHz$,多普勒频率 $f_d = 200kHz$,

考虑 5%的修正剩余误差，可得 $\sigma_{\text{t}} = 0.706\text{m}$ 。

6）内部定时抖动

由内部定时抖动引起的距离随机误差 σ_{RJ} 为

$$\sigma_{\text{RJ}} = \frac{c\Delta t_{\text{s}}}{2\sqrt{12}} \tag{4.102}$$

式（4.102）中，内部定时抖动 $\Delta t_{\text{s}} = 10\text{ns}$ ，光速 $c = 299792458\text{m/s}$ ，可得 $\sigma_{\text{RJ}} = 0.433\text{m}$ 。

7）距离量化

由距离量化引起的距离随机误差 σ_{Rg} 为

$$\sigma_{\text{Rg}} = R_{\text{m}}/(2^n\sqrt{12}) \tag{4.103}$$

式（4.103）中，模糊跟踪距离 $R_{\text{m}} = 256\text{km}$ ，计数器位数 $n = 16$ ，可得 $\sigma_{\text{Rg}} = 1.1276\text{m}$ 。

8）距离闪烁误差

由距离闪烁误差引起的距离随机误差 σ_{Rf} 为

$$\sigma_{\text{Rf}} = 0.35L_{\text{r}} \tag{4.104}$$

式（4.104）中，目标在距离径向的尺寸 $L_{\text{r}} = 7m$ ，可得 $\sigma_{\text{Rf}} = 2.45\text{m}$ 。

9）动态滞后变化误差

一般情况下动态滞后变化误差引起的距离随机误差都很小，可忽略不计。

10）应答机延迟变化误差

对精确调谐的应答机，其延迟变化导致的距离随机误差为

$$\sigma_{\Delta t} = \frac{1}{15B} \tag{4.105}$$

式（4.105）中，信号带宽 $B = 1.7\text{MHz}$ ，考虑 10%的修正剩余，可得 $\sigma_{\Delta t} = 0.588\text{m}$ 。

11）对流层折射不规则

根据经验，对流层折射不规则引起的距离随机误差 $\sigma_{\text{RT}} = 0.1\text{m}$ 。

12）电离层折射不规则

当工作频率 $f = 5600\text{MHz}$ ，俯仰角为 5°，目标高度为 10km 时，由电离层折射不规则导致的距离随机误差 $\sigma_{\text{Ri}} = 0.05\text{m}$ 。

综上所述，计算得到距离跟踪测量总随机误差为

$$\sigma_{\text{R}} = \sqrt{\sigma_{\text{R1}}^2 + \sigma_{\text{R2}}^2 + \sigma_{\text{R3}}^2 + \sigma_{\text{R4}}^2 + \sigma_{\text{t}}^2 + \sigma_{\text{RJ}}^2 + \sigma_{\text{Rg}}^2 + \sigma_{\text{Rf}}^2 + \sigma_{\Delta t}^2 + \sigma_{\text{RT}}^2 + \sigma_{\text{Ri}}^2} = 4.15\text{m}$$

2. 系统误差

距离跟踪测量误差的系统误差由零距离标定等 7 种误差引起，具体计算分别如下。

1）零距离标定

通过标定，零距离标定引起的距离系统误差 Δ_1 取为 1.5m。

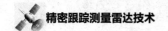

2）接收机延迟

通过精确校准和修正后，接收机延迟导致的距离系统误差可忽略不计。

3）光速不稳定

根据经验，光速不稳定导致的距离系统误差 Δ_c 取为 1m。

4）动态滞后误差

动态滞后误差引起的距离系统误差 Δ_{RL} 为

$$\Delta_{RL} = \left(\frac{\dot{R}}{K_v} + \frac{\ddot{R}}{K_a} \right) \quad (4.106)$$

对于二阶回路系统，距离跟踪回路的速度误差常数 K_v 可设置得非常大，因此 式 （4.106）等号右边的第一项引起的动态滞后误差可忽略。目标相对雷达运动的径向 加速度 $\ddot{R} = 1000\text{m/s}^2$ ，距离跟踪回路的加速度误差常数 $K_a = 801/\text{s}^2$ ，考虑 10%修 正剩余，可得 $\Delta_{RL} = 1.25\text{m}$ 。

5）应答机延迟

该固定误差通过精确校准修正后，应答机延迟引起的距离系统误差 Δ_{RA} 约为 3m。

6）对流层平均折射

该距离系统误差经修正后，由对流层平均折射引起的距离系统误差为

$$\Delta_{RT} = 0.007 N_s \csc(E) \times 5\% \quad (4.107)$$

式（4.107）中，折射率 $N_s = 300$ ，俯仰角 $E = 5°$ ，可得 $\Delta_{RT} = 1.205\text{m}$ 。

7）电离层平均折射

当工作频率 $f = 5600\text{MHz}$ ，俯仰角为 5° ，目标高度为 10km 时，按照 5%的 修正剩余，由电离层平均折射引起的距离系统误差 $\Delta_{Ri} = 0.3\text{m}$ 。

综上所述，计算得到距离跟踪测量总系统误差为

$$\Delta_R = \sqrt{\Delta_1^2 + \Delta_c^2 + \Delta_{RL}^2 + \Delta_{RA}^2 + \Delta_{RT}^2 + \Delta_{Ri}^2} = 3.918\text{m}$$

4.4 速度跟踪测量误差

脉冲多普勒测速是通过测量回波信号的多普勒频率 f_d 来间接地对目标径向 速度 v 进行测量（ $v = f_d \cdot \lambda / 2$ ），它的测量精度体现在对回波信号多普勒频率的测 量精度上。影响多普勒频率测量的误差因素就是脉冲多普勒测速的主要误差项； 另外，目标运动的动态、与电波传播有关的电离层、对流层折射的不规则和平均 折射等也会影响脉冲多普勒测速的精度。

根据 Barton D. K.的分析[1]，通过多普勒跟踪回路对回波信号的多普勒频率进 行细谱线跟踪的测速系统，跟踪测量雷达各种速度误差如表 4.5 所示。

表 4.5　跟踪测量雷达各种速度误差

误差的种类	随机误差	系统误差
与雷达相关的跟踪误差	热噪声误差 多路径误差 杂波和干扰噪声	鉴别器的零点漂移 接收机延迟梯度
与雷达相关的转换误差	VCO 频率的跟踪测量 雷达频率的稳定性	振荡器的频率变化
与目标相关的跟踪误差	目标旋转或目标内部运动引起的误差	动态滞后误差
电波传播误差	电离层、对流层折射的不规则	电离层、对流层平均折射

4.4.1　与雷达相关的跟踪误差

1. 随机误差

与雷达相关的跟踪误差包括热噪声误差、多路径误差、杂波和干扰噪声 3 种速度随机误差。

1）热噪声误差

热噪声产生多普勒频率测量随机误差为[1]

$$\sigma_{\text{fc}} = \frac{B_{\text{c}}}{k_{\text{f}} \sqrt{B\tau(S/N)(f_{\text{r}}/\beta_{\text{n}})}} \qquad (4.108)$$

式（4.108）中，B_{c} 为相参信号频谱的谱线宽度，它由雷达的稳定性、目标和观测时间长度决定，在理想情况下，B_{c} 为相参观测时间的倒数；k_{f} 为跟踪回路鉴别器误差斜率；B 为接收机带宽；τ 为脉冲宽度；S/N 为接收机输出中频信噪比；f_{r} 为脉冲重频；β_{n} 为跟踪回路等效噪声带宽。

要减小热噪声误差引起的多普勒频率测量的随机误差，就要提高跟踪回路信噪比 S/N 和回路鉴别器误差斜率 k_{f}，并减小跟踪回路等效噪声带宽 β_{n}，但减小 β_{n} 会使动态滞后误差增加，所以 β_{n} 值也不能太小。

2）多路径误差

由多路径效应从天线副瓣区进入的反射信号与从主瓣区进入的直射信号形成的合成信号，从主瓣区进入的直射信号本身围绕原点以某一多普勒频率（相对于发射信号）旋转，反射信号是围绕直射信号末端旋转的矢量，反射信号的存在使合成信号的相位超前或滞后直射信号。

合成信号的相位将随俯仰角的变化而变化，产生的多普勒频率的测量随机误差为

$$\sigma_{\text{fm}} = \frac{\sqrt{2} h \dot{E} \rho}{\lambda \sqrt{G_{\text{se}}}} \qquad (4.109)$$

式（4.109）中，h 为天线高出地表的高度，$\dot{E}$ 为目标在俯仰向的角速度，ρ 为表面（地面）反射系数，λ 为信号波长，G_{se} 为天线和方向图峰值功率与镜像目标反射回波到达角方向上的差方向图副瓣功率之比。

如果天线系统具有低副瓣与窄波束的性能，则此项误差可以限制在很小的范围内；当天线高度增加时，代表反射信号的调频边带（$f_{m} = 2h\dot{E}/\lambda$）可以处于鉴别器带宽之外，或者使用窄的多普勒频率跟踪回路带宽，可使多路径误差进一步减小。

3）杂波和干扰噪声

进入多普勒跟踪回路的任何噪声[如 VCO（压控振荡器）及控制回路的噪声]，将引起多普勒频率测量的随机误差，这种噪声是限制系统性能的因素之一。

杂波和干扰噪声引起的多普勒频率的测量随机误差同热噪声误差引起的多普勒频率的测量随机误差估算方法相似，表达式为

$$\sigma_{cc} = \frac{B_c}{k_f \sqrt{C/N_F}} \qquad (4.110)$$

式（4.110）中，B_c 为相参信号频谱的谱线宽度，它由雷达系统稳定性、目标和观测时间长度决定，在理想情况下，B_c 为相参观察时间的倒数；k_f 为回路鉴别器误差斜率；C/N_F 为杂波或干扰噪声与载频的功率比。

2. 系统误差

与雷达相关的跟踪误差包括鉴别器的零点漂移、接收机延迟梯度 2 种速度系统误差。

1）鉴别器的零点漂移

鉴别器的零点如果不在预先设计的频率或随着时间推移而漂移，则整个多普勒频率跟踪回路将出现系统误差，因而对鉴别器的滤波器频率控制准确度要求很高。

用模拟器件组成的鉴别器，如双失谐回路鉴别器，其零点会随着温度、器件老化等因素漂移，这种漂移特性与具体电路形式、选用器件有关，一般要求由鉴别器的零点漂移引起的速度系统误差能控制在 1Hz 以内。

数字化脉冲多普勒频率测速系统的鉴别器采用数字滤波器构成，在数字信号处理器（DSP）中用软件实现，可以避免鉴别器的零点漂移。因此它引起的速度系统误差很小，可忽略不计。

2）接收机延迟梯度

接收机延迟的变化（接收机延迟梯度）会引起信号载频相位的变化，本地振

荡器缓慢失谐会使信号载频相位产生缓慢漂移，这些变化和漂移将导致多普勒频率的平均频率的漂移。跟踪测量雷达中接收机延迟梯度引起的速度系统误差可忽略不计。

4.4.2　与雷达相关的转换误差

1. 随机误差

与雷达相关的转换误差包括 VCO 频率的跟踪测量、雷达频率的稳定性 2 种频率的测量随机误差。

1）VCO 频率的跟踪测量

跟踪测量雷达的压控振荡器（VCO）输出频率的电路会产生频率的测量随机误差，通常该频率是用周期计数法测量的。可以有多种措施（或根据经验）来减小这种频率跟踪测量引起的速度随机误差，如将 VCO 的输出进行倍频，在更高的频率上进行计数。

近年来，通常用数字频率合成器代替 VCO，鉴别器输出的误差数据经过平滑滤波、变换后，控制直接数字频率合成器（DDS）中的输出频率，DDS 输出频率范围与回波信号的多普勒频率变化范围相适应，再通过混频的方式将中心频率变换到所需的频率上，该方法可显著减小测量的随机误差。

2）雷达频率的稳定性

DDS 输出频率与控制码有固定对应关系，DDS 输出频率误差（影响雷达频率稳定性）主要为 DDS 的频率量化误差，该频率量化误差与 DDS 相位累加器位数和 DDS 时钟频率有关。例如，相位累加器位数为 22 位，时钟频率为 4MHz，则 DDS 的输出频率量化误差为 $4\text{MHz}/2^{22}\approx0.95367\text{Hz}$，在 C 波段雷达中将引入约 0.0255m/s 的速度量化误差。

DDS 时钟的不稳定性与不准确性也会造成 DDS 输出频率的误差。DDS 时钟通常是从雷达频率源系统的基准源分频得到的，它与雷达系统相参。相参雷达的基准源频率稳定度与准确度一般都很高，如目前 100MHz 的基准源频率稳定度可以达到 10^{-10}、准确度达到 10^{-8}，对 DDS 输出频率误差影响极小，雷达频率的稳定性引起的速度随机误差很小，可以忽略不计。

2. 系统误差

跟踪测量雷达的转换误差主要是由振荡器的频率变化引起的速度系统误差。雷达发射机发射信号的载频频率不稳定，会产生多普勒频率的测量的系统误差；受振荡器的频率准确度和稳定度限制，发射放大链路输出信号的相位也有漂移，

同样会产生多普勒频率测量的系统误差。目前跟踪测量雷达中振荡器的频率稳定度很高，其变化引起的速度系统误差很小，可忽略不计。

4.4.3 与目标相关的跟踪误差

1. 随机误差

与目标相关的跟踪误差的随机误差主要是指目标旋转或目标内部运动引起的误差。如果目标散射点不是均匀地分布在目标上，最强的散射点来自正在相对目标质心运动的区域，则所测量的多普勒频率将相对于目标的真实速度做周期性摆动。这个问题归结为所测量的目标是什么样的目标，目标自身进行什么样的运动。

以飞机按等高、等速直线航线飞临雷达及再飞离雷达的过程为例，在飞行过程中，从雷达方向看，除了飞机有相对雷达的距离运动外，飞机机头、机尾、机翼两端相对飞机中心有旋转运动，若飞机长度为 20m，飞行速度为 300m/s，航路捷径为 8000m，则机头相对飞机质心点的旋转速度 $v_d(t)$ 变化曲线如图 4.23 所示（假设飞机与雷达处于同一高度）。

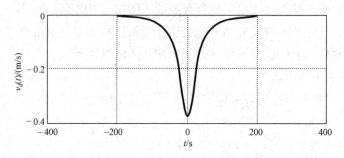

图 4.23 机头相对飞机质心点的旋转速度变化曲线

图 4.23 中横坐标为时间 t，单位为 s，以飞机在航路捷径点为时刻 0s，纵坐标为旋转速度 $v_d(t)$，单位为 m/s；最大值达到 0.374m/s，它发生在航路捷径点。在 C 波段雷达中，该速度对应的多普勒频率约为 14Hz。

飞机的雷达回波是机体各散射点回波信号的矢量叠加，对飞机的雷达回波进行多普勒频率的测量结果除了包含飞机相对雷达的运动速度外，还包含飞机机体视在旋转而引入的附加速度。由于飞机机体的各部分均存在视在旋转，并且各部分反射信号的强度也随飞机姿态的变化而改变，因此一般无法加以区分与消除。

如果多普勒频率跟踪回路带宽比上述目标旋转或目标内部运动所产生的多普勒频率要窄，通过滤波可以减小由于目标旋转或目标内部运动引起的多普勒频率的测量随机误差。

在精密跟踪测量雷达中，测速的精度指标要求较高，为了避免目标旋转或目标内部运动引入测量随机误差，可以采用在目标上安装相参应答机的方法，对相参应答机信号进行测量。

2. 系统误差

与目标相关的跟踪误差的速度系统误差主要是动态滞后误差。多普勒频率跟踪回路为阶数有限的闭环跟踪系统，一定的回路增益与带宽对动态目标多普勒频率的跟踪将产生动态滞后误差。

动态滞后误差引起的速度系统误差为

$$\Delta_{\mathrm{vl}} = \left(\frac{\ddot{R}}{K_{\mathrm{v}}} + \frac{\dddot{R}}{K_{\mathrm{a}}} + \cdots \right) \tag{4.111}$$

式（4.111）中，$\ddot{R}$ 为目标径向加速度，$\dddot{R}$ 为目标径向加加速度，K_{v} 为跟踪回路速度误差常数，K_{a} 为跟踪回路加速度误差常数。

多普勒频率跟踪回路一般采用二阶回路，K_{v} 的数值为无限大，所以动态滞后的性能由径向距离的导数和跟踪回路的等效噪声带宽 β_{n}（K_{a} 取决于这个带宽，$K_{\mathrm{a}} = 2.5 \cdot \beta_{\mathrm{n}}^2$）所决定。仅当目标的径向加速度变化时，跟踪回路中才有动态滞后误差。

4.4.4　电波传播误差

从多普勒频率到速度数据的变换还依赖于电磁波在目标方向的大气中传播的速度，这个基本常数准确度的不确定性也会引起速度误差。

对流层、电离层的折射不规则和平均折射会引起信号传输时间的延迟与变化，也反映在信号相位的变化上，同样引起多普勒频率的测量误差。

关于对流层、电离层折射不规则和平均折射引起的多普勒频率的测速误差的计算可参阅文献[3]。

4.4.5　雷达测速精度计算

前述多普勒频率的测量误差均通过乘以 $\lambda / 2$（λ 为信号波长）折算为速度误差。本节以单脉冲精密跟踪测量雷达为例说明速度测量精度的计算。

1. 随机误差

速度测量误差的随机误差由热噪声误差等 7 种误差引起，具体计算分别如下。

1）热噪声误差

热噪声误差引起的速度随机误差为

$$\sigma_{fc} = \frac{B_c}{k_f \sqrt{B\tau(S/N)(f_r/\beta_n)}} \cdot \frac{\lambda}{2} \qquad (4.112)$$

式（4.112）中，相参信号频谱的谱线宽度 $B_c = 146\text{Hz}$，回路鉴别器误差斜率 $k_f = 1.8$，带宽与脉宽积 $B\tau = 1.36$（B 为接收机带宽，τ 为脉冲宽度），信噪比 $S/N = 12\text{dB}$，脉冲重频 $f_r = 585\text{Hz}$，跟踪回路等效噪声带宽 $\beta_n = 40\text{Hz}$，信号波长 $\lambda = 0.05353\text{m}$。可得 $\sigma_{fc} = 0.1223\text{m/s}$。

2）多路径误差

由多路径误差引起的速度随机误差 σ_{fm} 为

$$\sigma_{fm} = \frac{\sqrt{2h\dot{E}\rho}}{\lambda\sqrt{G_{se}}} \cdot \frac{\lambda}{2} = \frac{h\dot{E}\rho}{\sqrt{2G_{se}}} \qquad (4.113)$$

式（4.113）中，天线高出地表的高度 $h = 15\text{m}$，目标在俯仰向的角速度 $\dot{E} = 0.375\text{rad/s}$，表面反射系数 $\rho = 0.3$，天线和方向图峰值功率与镜像目标反射回波到达角方向上的差方向图副瓣功率之比 $G_{se} = 25\text{dB}$，可得 $\sigma_{fm} = 0.0447\text{m/s}$。

3）杂波和干扰噪声

由杂波和干扰噪声引起的速度随机误差 σ_{cc} 为

$$\sigma_{cc} = \frac{B_c}{k_f \sqrt{C/N_F}} \cdot \frac{\lambda}{2} \qquad (4.114)$$

式（4.114）中，相参信号频谱的谱线宽度 $B_c = 146\text{Hz}$，回路鉴别器误差斜率 $k_f = 1.8$，载噪比（杂波或干扰噪声与载波的功率比）$C/N_F = 25\text{dB}$，信号波长 $\lambda = 0.05353\text{m}$，可得 $\sigma_{cc} = 0.1221\text{m/s}$。

4）VCO 频率的跟踪测量

根据经验，由 VCO 频率的跟踪测量引起的速度随机误差 $\sigma_{vco} = 0.025\text{m/s}$。

5）雷达频率的稳定性

雷达频率的稳定性引起的速度随机误差很小，可忽略不计。

6）目标旋转或目标内部运动引起的误差

根据经验，由目标旋转或目标内部运动引起的速度随机误差 σ_{rl} 取为 0.01m/s。

7）电离层、对流层折射不规则

根据经验，由电离层、对流层折射的不规则引起的速度随机误差 $\sigma_{re} = 0.05\text{m/s}$。

综上所述，计算得到速度跟踪测量总随机误差为

$$\sigma_v = \sqrt{\sigma_{fc}^2 + \sigma_{fm}^2 + \sigma_{cc}^2 + \sigma_{vco}^2 + \sigma_{rl}^2 + \sigma_{re}^2} = 0.1875\text{m/s}$$

2. 系统误差

速度跟踪测量误差的系统误差由鉴别器的零点漂移等 5 种误差引起，具体计

算分别如下。

1）鉴别器的零点漂移

现代跟踪测量雷达中的鉴别器采用数字滤波器构成，在 DSP 中用软件实现，其引起的速度系统误差很小，可忽略不计。

2）接收机延迟梯度

跟踪测量雷达中接收机延迟梯度引起的速度系统误差很小，可忽略不计。

3）振荡器的频率变化

跟踪测量雷达中振荡器的频率变化引起的速度系统误差很小，可忽略不计。

4）动态滞后误差

考虑二阶回路系统，动态滞后误差引起的速度系统误差 Δ_{vl} 为

$$\Delta_{vl} = \frac{\ddot{R}}{K_v} + \frac{\dddot{R}}{K_a} \tag{4.115}$$

式（4.115）中，等号右边第一项的值很小，可忽略不计，目标径向加加速度 $\dddot{R} = 100\text{m/s}^3$，跟踪回路加速度误差常数 $K_a = 801/\text{s}^2$，考虑 10%修正残余，可得 $\Delta_{vl} = 0.125\text{m/s}$。

5）电离层、对流层平均折射

根据经验，电离层、对流层平均折射引起的速度系统误差 $\Delta_{re} = 0.1\text{m/s}$。

综上所述，计算得到速度跟踪测量总系统误差 $\Delta_v = \sqrt{\Delta_{vl}^2 + \Delta_{re}^2} = 0.16\text{m/s}$。

4.5　RCS 测量方法与误差

RCS 测量误差为雷达在对目标 RCS 测量过程中出现的误差，RCS 测量误差一般可分为方法误差、参量误差及其他误差。

4.5.1　RCS 测量方法

测量目标的 RCS 可按雷达方程的定义来完成，雷达方程的通用形式如下式所示

$$P_r = \frac{P_t G_t}{4\pi R_t^2 L_t L_{mt}} \times \frac{\sigma}{4\pi R_r^2 L_{mt}} \times \frac{\lambda^2 G_r}{4\pi L_r} \tag{4.116}$$

式（4.116）中，L_t 为发射馈线损耗，L_r 为接收馈线损耗，L_{mt} 为收/发公共路径馈线损耗。式（4.116）右边可看成三部分，设第一分式为 a、第二分式设为 b。a 为目标处的照射功率密度（W/m²）；$a \times b$ 为目标各向同性散射功率密度（W/球面弧度）；右边第三分式为接收天线有效口径所张的立体角。

由于接收机、发射机沿射线路径的大气损耗及内馈线损耗等影响雷达接收机

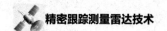

所检测的功率，因此式（4.116）中必须考虑下面几个因素。

对于单基地雷达，收/发天线共用，则有

$$\begin{cases} R_t = R_r = R \\ G_t = G_r = G \end{cases} \tag{4.117}$$

式（2.1）可以进一步转换为

$$R^4 = \frac{P_t \times \tau \times G^2 \times \lambda^2 \times \sigma}{(4\pi)^3 \times k \times T_s \times L_s \times \dfrac{S}{N}} \tag{4.118}$$

式（4.118）中，σ 为目标雷达截面积，也就是 RCS 测量需要获得的结果；k 为玻尔兹曼常数。

将作用距离方程式（4.118）变换，可以获得目标雷达截面积的计算公式为

$$\sigma = \frac{(4\pi)^3 \times k \times T_s \times L_s \times \dfrac{S}{N} \times R^4}{P_t \times \tau \times G^2 \times \lambda^2} \tag{4.119}$$

式（4.119）中，$\dfrac{S}{N} = \text{AGC} \times \left(\dfrac{S}{N}\right)_0$，$\left(\dfrac{S}{N}\right)_0$ 为系统增益起控信噪比。

将系统增益起控信噪比代入目标有效反射面积公式（4.119）可得

$$\sigma = \frac{(4\pi)^3 \times k \times T_s \times L_s \times \left(\dfrac{S}{N}\right)_0 \times \text{AGC} \times R^4}{P_t \times \tau \times G^2 \times \lambda^2} \tag{4.120}$$

对于反射面积已知且恒定的 RCS 定标来说，由于雷达工作频率、发射功率、发射信号形式等已知且稳定，因此式（4.120）可以再次变形为

$$\sigma = \frac{(4\pi)^3 \times k \times T_s \times L_s \times \left(\dfrac{S}{N}\right)_0}{P_t \times \tau \times G^2 \times \lambda^2} \times \text{AGC} \times R^4 \tag{4.121}$$

对式（4.121）中右边的第一项可以近似理解为时不变量，定义为雷达的 RCS 常数 K_K，即有

$$\sigma = K_K \times \text{AGC} \times R^4 \tag{4.122}$$

通过式（4.122）可知，根据对目标回波 AGC 的值和目标距离 R 的测量值，结合系统已知的 K_K，可实现对目标 RCS 的测量。

1. 相对标定（测量）法

相对标定法是指通过待测目标所测得的功率（或电压）与定标体来推算目标的 RCS 值。设定标体的 RCS 为 σ_0，测量支路录取到一组 AGC 和距离数据

（AGC_0，R_0），被测目标的 RCS 为 σ_1，对应于另一组被测目标的 AGC 和距离数据（AGC_1，R_1）。根据式（4.121）可得

$$\begin{cases} \sigma_0 = K_{\text{K}} \times \text{AGC}_0 \times R_0^4 \\ \sigma_1 = K_{\text{K}} \times \text{AGC}_1 \times R_1^4 \end{cases}$$

$$\Rightarrow \sigma_1 = \frac{\sigma_0}{\text{AGC}_0 \times R_0^4} \times \text{AGC}_1 \times R_1^4 \qquad (4.123)$$

从上面公式可以看出，为求得被测目标的 RCS 值，必须完成对系统 K_{K} 值的标定，通过对已知目标 RCS 的定标体跟踪，完成系统 K_{K} 值的标定后，即可实现对被测目标 RCS 的测量。该方法在工程中较容易实现，且相对精度比较高，目前精密跟踪测量雷达大都采用该种方法。

2. 绝对标定（测量）法

绝对标定法是按式（2.2）所示的雷达方程，对测量参数直接标定。绝对标定法常用于测量靶场，在离雷达几千米远场设立标校塔，利用标校塔接收到的雷达发射功率与雷达接收标校塔的标准功率之间的换算关系，可以计算求得待测目标的 RCS 值。该方法需要较高精度的标定系统和高精度的测量结果，在工程上实现便利性较差。

4.5.2 RCS 测量误差

在 RCS 测量原理中，常将系统噪声、AGC 起控电平、发射功率、天线增益等参数作为时不变量处理，但由于发射通道、接收通道增益的波动，以及角跟踪误差、天线俯仰角变化等因素的存在，必须对这些影响因素进行监测。

因此，工程上使用的 RCS 测量公式可以写成

$$\sigma = \frac{(4\pi)^3 \times k \times (T_{\text{s}} \times \Delta T_{\text{s}}) \times (L_{\text{s}} \times \Delta L_{\text{s}}) \times \left[\left(\frac{S}{N}\right)_0 \times \Delta\left(\frac{S}{N}\right)_0\right]}{(P_{\text{t}} \times \Delta P_{\text{t}}) \times \tau \times (G^2 \times \Delta G) \times \lambda^2} \times$$

$$(\text{AGC} \times \Delta\text{AGC}) \times (R \times \Delta R)^4 \qquad (4.124)$$

$$= K_{\text{K}} \times \Delta K_{\text{K}} \times \text{AGC} \times R^4$$

式（4.124）中，ΔK_{K} 为基于雷达标称参数下的 K_{K} 值修正量，即

$$\Delta K_{\text{K}} = \frac{\Delta T_{\text{s}} \times \Delta L_{\text{s}} \times \Delta\left(\frac{S}{N}\right)_0}{\Delta P_{\text{t}} \times \Delta G} \times \Delta\text{AGC} \times \Delta R^4 \qquad (4.125)$$

RCS 测量误差主要由系统噪声误差、系统损失误差、功率波动误差、天线增益误差、接收通道增益误差、距离测量误差等几项误差组成。

1）系统噪声误差

系统噪声变化量（ΔT_s）中，与系统噪声相关的天线俯仰角、天体噪声等因素影响较小，也很难予以精确测量和修正。而雷达接收通道增益受到环境条件的影响可能发生改变，因此需要进行实时监测和修正。

与系统噪声误差相关的另一个误差是系统增益起控信噪比变化量$\left[\Delta\left(\dfrac{S}{N}\right)_0\right]$，一般在实际操作中将对系统噪声变化量和系统增益起控信噪比变化量的监测和修正合并处理。

2）系统损失误差

系统损失误差中包含了设备损耗和空间传输损耗。设备损耗一般经过出厂测试，比较精确且不受环境因素的影响；空间传输损耗主要是大气损耗，会随着不同的目标俯仰角发生变化。一般修正方法是根据大气损耗标称值修正，不需要借助辅助设备进行监测。

3）功率波动误差

雷达发射机在饱和放大状态的功率幅度较稳定，非饱和状态下其稳定度稍差。不论是饱和状态还是非饱和状态，发射机输出功率均会因受到电源微小波动的影响而发生改变。

4）天线增益误差

雷达天线波束为笔形，其增益会随着目标偏离波束中心的位置而变化，而天线方向图在设计、制造完成后一般不会发生较大变化。正常情况下，目标偏离波束中心位置的大小与天线增益变化值具有确定的对应关系。

通过误差电压（测角结果）反算，可以获取目标偏离波束中心的位置。

5）接收通道增益误差

接收通道增益误差包含通道增益线性度和 AGC 控制精度。

接收通道增益随着环境的变化而产生改变，但是其通道增益线性度不会发生变化，也就是说接收增益会发生"群漂"。只要获得通道对特定输入信号的输出特性，即可实际获得通道在各种输入幅度上的响应特性。

AGC 采用 0.5dB 的步进，如果不对其进行修正，将会直接引入步进增益控制误差，需要对经过 AGC 控制后的中频回波幅度进行实时测量修正，以校正接收通道增益值，减少该项误差。

6）距离测量误差

雷达对目标进行距离测量时，存在距离测量误差，会对 RCS 测量精度产生影响。因此在考虑 RCS 测量精度时，距离测量误差也是必须考虑的一个因素。

除此之外，RCS 测量误差还受到所选用的标定方法的影响，比如通过标准金属铝球进行相对法 RCS 标定，存在 0.3～0.4dB 的标定方法误差；采用具有标准 RCS 的空间目标进行相对法 RCS 标定，存在 0.2～0.3dB 的标定方法误差。

4.6　极化测量误差

在目标极化散射矩阵的测量中，雷达接收到的信号不仅与待测目标的极化散射矩阵有关，还与跟踪测量雷达发射通道和接收通道的响应特性有关。影响极化测量的主要误差因素如下。

（1）雷达系统幅度和相位噪声引起的噪声统计误差。

（2）雷达系统线性误差，包括雷达系统频响特性、电路内部与外部器件失配等引起的误差；天线的极化纯度、收/发隔离度、微波信号传播路径耦合、杂散反射等引起的发射与接收通道中的极化耦合与极化隔离误差等。

（3）雷达系统中有源器件非理想特性引起的非线性误差等。

其中，噪声统计误差可以通过提高测量信噪比、采用多次测量平均处理等来降低；雷达系统频响特性非理想、电路内部与外部器件失配等引起的误差可通过内部标定得以减小；而发射与接收通道中的极化耦合与天线的极化纯度、收/发隔离度等密切相关，往往是极化散射矩阵测量中引起系统线性误差的主要因素。

维斯贝克（Wiesbeck）等人给出的一个经典例子列于表 4.6，该表中给出了当天线极化隔离度为-20dB 时，对各种不同的散射极化矩阵测量时产生的相对误差。这个表非常具有启发性：

（1）如果目标的同极化 RCS 值相当，而交叉极化 RCS 值较低时，因有限极化隔离度而引起的交叉极化测量误差甚至可达十几分贝。

（2）如果目标的交叉极化 RCS 值与同极化 RCS 值相当，则因极化隔离度有限而带来的同极化和交叉极化的测量误差都比传统的、不考虑交叉极化影响时的误差要高。

（3）如果目标的一个同极化 RCS 值比另一个同极化的 RCS 值大很多，同时交叉极化 RCS 值又比同极化的 RCS 值小很多，则有限极化隔离度不但使交叉极化测量误差大到完全不可接受，而且也使 RCS 值偏小的同极化的测量误差显著偏大。

表 4.6 中的数值具有典型参考意义，也就是说，由于极化耦合的影响，如果不进行极化校准，目标交叉极化特性的测量误差往往是完全不能接受的。为了减小极化测量误差，必须进行极化通道的校准处理。

表 4.6　线极化隔离度为−20dB 时导致的极化测量相对误差

真实极化散射矩阵 RCS 值/dBsm			相对测量误差/dB		
S_{HH}	$S_{HV} = S_{VH}$	S_{VV}	Δ_{HH}	$\Delta_{HV} = \Delta_{VH}$	Δ_{VV}
0	−30	0	0.05	17.2	0.05
0	−20	0	0.17	9.5	0.17
0	−10	0	0.53	4.3	0.53
0	0	0	1.57	1.57	1.57
0	−20	+10	0.35	14.2	≈ 0
0	−20	+20	0.90	21.45	≈ 0
0	−20	+30	2.43	30.45	≈ 0

参考文献

[1]　BARTON D K. Modern Radar System Analysis[M]. Norwood: Artech House, 1998.

[2]　BARTON D K, LEONOV S A. Radar Technology Encyclopedia[M]. Norwood: Artech House, 1997.

[3]　楼宇希. 雷达精度分析[M]. 北京：国防工业出版社，1979.

[4]　王小谟，张光义. 雷达与探测[M]. 北京：国防工业出版社，2001.

[5]　SKOLNIK M I. Radar Handbook[M]. New York: McGraw-Hill, 1990.

[6]　BARTON D K, WARD A R. Handbook of Radar Measurement[M]. Norwood: Artech House, 1969.

第 5 章
跟踪测量雷达天线技术

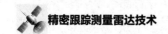

本章描述跟踪测量雷达天线技术，重点对单脉冲抛物面天线技术、单脉冲空间馈电相控阵天线技术及有源相控阵天线技术进行论述，给出一些设计实例和测试结果。

5.1 概述

在跟踪测量雷达的跟踪过程中，其天线波束必须连续地瞄准跟踪目标。当目标偏离波束轴线时，天线必须能够给出波束角偏差信号，跟踪测量雷达伺服系统据此驱动天线以使波束角偏差减小，从而实现对目标的跟踪。

跟踪测量雷达天线在雷达系统中担负着两个重要作用：一是保证足够的天线增益，以使跟踪测量雷达具有足够的作用距离，这点与搜索雷达的要求是一致的；二是保证足够高的角误差灵敏度（角度测量灵敏度），以实现跟踪测量雷达对目标连续跟踪和角度精确测量。这是跟踪测量雷达天线的特点，也是跟踪测量雷达天线设计的重点。

跟踪测量雷达天线技术的发展大体经历了波束转换天线、圆锥扫描天线、单脉冲抛物面天线、单脉冲相控阵天线几个阶段。其中单脉冲相控阵天线综合了单脉冲精密机械跟踪和相控阵电扫跟踪的优点，因而具备同时对多批目标进行精密跟踪测量的能力。采用圆锥扫描天线、单脉冲抛物面天线的跟踪测量雷达，由于其机扫速度受到机械惯性的限制，难以快速捕获目标而且只能跟踪测量单个（批）目标。而先进的武器系统如分导式多弹头导弹、地-空导弹、空-空导弹拦截等系统的实验、航天飞行器的发射和返回舱的跟踪测量都需要完整的半球覆盖和多目标跟踪。这就需要在保证高精度跟踪的同时，实现对多目标的捕获和跟踪测量能力。而只有将相控阵天线电扫与两维精密机扫结合起来才能具备这种能力。

跟踪测量雷达天线通常形成一个宽度较窄的笔形波束。为了形成波束角偏差信号，可以将波束进行开关切换或进行圆锥扫描，在单脉冲天线中则是同时形成多个波束。

为了实现全方位跟踪，跟踪测量雷达天线通常安装在一个可以进行两维机械旋转（方位和俯仰向）的天线座上。为了保证天线运转的动态性能和角度测量的准确性，对跟踪测量雷达的天线座有比较复杂的机械和电气要求。

5.2 跟踪测量雷达天线性能

跟踪测量雷达天线主要的性能指标包括和波束的增益（和增益）、副瓣电平和波束宽度、差波束的差方向图斜率、差方向图零值深度及差增益。单脉冲天线的质量标准是使得跟踪测量雷达的距离灵敏度和角度灵敏度达到最佳。跟踪测量雷达天线多采用空馈相控阵和抛物面天线，由于天线口径的和幅度分布与差幅度分布不能单独控制（即存在和差矛盾），所以和波束与差波束的性能往往很难同时达到最佳。因此在设计中需要综合考虑。

5.2.1　和波束性能

天线的和波束性能主要包括和增益、副瓣电平和波束宽度 3 项指标。天线辐射方向图（又称波瓣图）是一个表述天线辐射特性的图形，是不同方向上天线辐射场强与方向角的函数关系曲线。一般来讲，完整方向图是立体的，但为了更直观地表达天线的特性，通常用包含主瓣（天线最大辐射）轴的剖面图（主面方向图）来表示，图 5.1 所示为实测某单脉冲雷达天线和波束主面方向图。天线的波束宽度、副瓣电平都可以从图中很方便地得到。

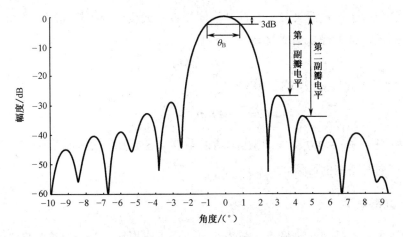

图 5.1　实测某单脉冲雷达天线和波束主面方向图

1. 和增益

跟踪测量雷达首先关心的是天线的和增益，即和波束最大方向上的峰值增益，它关系到跟踪测量雷达的作用距离。和增益有两个不同但相关的定义：一个是方向性增益 G_D，另一个是功率增益 G。方向性增益是表示天线在某一方向电磁能量集束程度的参数，用于描述天线辐射方向图的（简称天线方向图）特性。功率增益实际上是方向性增益 G_D 与天线辐射效率 η_0 的乘积。实测的天线增益通常指功率增益，而根据天线方向图测量或理论计算的增益则是方向性增益。

天线口径利用效率 η_a 取决于天线口径电流照射的特性。对均匀照射，天线口

153

径利用效率 $\eta_a=1$。均匀照射的优点是高效率，但天线辐射方向图的副瓣电平高。要使天线具有较低的副瓣电平，必须采用不均匀照射，即照射幅度在口径中心最大，并沿径向逐渐变小，这种照射的效率低于均匀照射的效率。天线口径利用效率小于 1 意味着辐射能量在天线口径上重新分配，而不是能量损失了。天线口径利用效率 η_a 用下式求得，即

$$\eta_a = \frac{\left|\int_s E_s \mathrm{d}s\right|^2}{A_r \int_s |E_s|^2 \mathrm{d}s} \tag{5.1}$$

式（5.1）中，A_r 是天线面积，E_s 是天线口径面的电场分布（简称场分布）。

天线口径利用效率 η_a 与方向性增益 G_D 的关系可以用下式表示为

$$G_D = \frac{4\pi}{\lambda^2} A_r \eta_a \tag{5.2}$$

式（5.2）中，λ 是波长，A_r 是天线面积。

天线辐射效率 η_0 是天线辐射的净微波功率与天线从馈线得到的总微波功率之比，它包含了馈电漏失效率、馈源失配损耗、天线系统的热损耗、介质损耗和感应损耗等，则天线功率增益为

$$G = \eta_0 G_D \tag{5.3}$$

由式（5.2）和式（5.3）可以得出

$$G = \frac{4\pi}{\lambda^2} A_r \eta_0 \eta_a = \frac{4\pi}{\lambda^2} A_r g_\Sigma \tag{5.4}$$

式（5.4）中，$g_\Sigma = \eta_0 \eta_a$，g_Σ 称作和增益系数，它是天线功率增益 G 与天线口径面均匀照射时增益的比值。

2. 副瓣电平

副瓣电平也是跟踪测量雷达天线的另一个重要指标，对于跟踪测量雷达，它关系到多路径效应对雷达跟踪性能的影响程度，而副瓣电平与天线口径利用效率是相互矛盾的，设计中必须兼顾。天线口径遮挡也是影响天线副瓣电平的一个重要因素（如抛物面天线中副反射器和馈源的遮挡）。天线口径遮挡会降低天线的增益，增加副瓣电平且抬高了差波束零深（零值深度）。

天线口径遮挡效应可以用受干扰的天线辐射方向图减去遮挡物阴影产生的天线辐射方向图来近似得出。

如图 5.2 所示，假设半径为 r_0 的圆形天线口径上的幅度照射分布（口径场分布）为

$$A(r) = [1-(r/r_0)^2]^p \tag{5.5}$$

式（5.5）中，$p = 0, 1, 2, \cdots$。天线辐射方向图为

$$E(\theta) = \pi r_0^2 2^p p! \frac{J_{p+1}(\xi)}{\xi^{p+1}} \tag{5.6}$$

式（5.6）中，$\xi = 2\pi(r_0/\lambda)\sin\theta$，$J_{p+1}(\xi)$ 是 $p+1$ 阶贝塞尔（Bessel）函数，θ 是目标方向与天线法向之间的夹角。

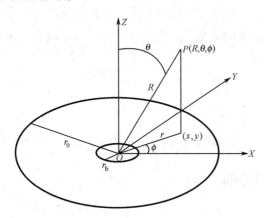

图 5.2　天线口径坐标

在半径为 r_0 的圆形天线口径内，半径为 r_b 的圆形障碍物产生的天线遮挡效率 η_b 为

$$\eta_b = \{1 - \delta^2[(1-\delta^2)^p p + 1]\}^2 \tag{5.7}$$

式（5.7）中，$\delta = r_b/r_0$。

式（5.7）可以用于估算放置在天线抛物面反射器焦点的圆形馈源或卡塞格伦天线的副面所造成的影响。当 $\delta = r_b/r_0$ 很小时，$\eta = [1-(p+1)\delta^2]^2$。基于这个近似，天线口径遮挡后的副瓣电平 sl_b 可以用下式表示为

$$sl_b = \left[\frac{\sqrt{sl} + (p+1)\delta^2}{1 - (p+1)\delta^2} \right]^2 \tag{5.8}$$

式（5.8）中，sl 是无天线口径遮挡时相对于主波束峰值的副瓣电平。根据式（5.8），从式（5.6）导出天线口径遮挡方向图的最大值为 $\pi r_b^2/2$（$p = 0$ 时，用 r_b 代替 r_0）。以抛物面天线口径照射为例，当 $p = 1$，$\delta = r_b/r_0 = 0.1$（1%的天线半径为 r_0 的圆面积被遮挡）时，根据式（5.7），天线遮挡效率为 0.96（增益大约减小 0.2dB）；根据式（5.8），天线的峰值副瓣电平从-24.6dB 增加到-21.9dB。当 $\delta = 0.2$（4%的遮挡）时，天线的峰值副瓣电平增加到-16.4dB。因此，对于具有常规副瓣电平 -28～-23dB 的天线，为了满足一定的副瓣电平要求，天线口径的遮挡不能大于 1%。对于-40dB 的低峰值副瓣电平，天线口径遮挡应该小于 0.05%；而对于超低

副瓣电平，天线口径遮挡完全不能容忍。通常跟踪测量雷达天线的副瓣电平在 −26～−20dB 范围比较合适。

3. 波束宽度

波束宽度主要取决于雷达工作频率、天线口径和天线口径上的电流分布，大多数情况下波束宽度是指半功率波束宽度，它是指天线方向图中较最大值功率下降 3dB 的波束两边之间的夹角（见图 5.1）。对于一般圆口径天线的半功率波束宽度 θ_B 可以用下式估算

$$\theta_B = k_r \frac{\lambda}{D} \tag{5.9}$$

式（5.9）中，λ 为工作波长，D 是天线口径直径，k_r 是与抛物面天线口径上的场分布有关的常数，对于余弦分布 $k_r \approx 70°$，均匀分布 $k_r \approx 58°$。

5.2.2　差波束性能

天线差波束性能主要包括差方向图斜率（简称差斜率）、差方向图零值深度（简称零深）及差增益（即差波束峰值增益）3 项指标。雷达角灵敏度与天线的差方向图斜率成正比，因此对于跟踪测量雷达天线，差方向图斜率是一个非常重要的指标。对于单脉冲跟踪测量雷达天线，设计的原则是使得和增益与差增益、差斜率达到最大，但是实际工程中和波束性能与差波束性能之间往往是相互矛盾的，这就是单脉冲跟踪测量雷达天线的和差矛盾。

1. 差方向图斜率

差斜率定义为在天线差方向图零点附近，差信号电压随天线角度的变化率。一般差斜率有三种表示方法：一是相对差斜率 Δ ——也就是常用的相对差斜率；二是绝对差斜率 S；三是归一化差斜率 S'。相对差斜率 Δ 主要表现了差方向图 $F_\Delta(\theta)$ 在零点附近的方向图特性，它可以由下式给出

$$\Delta = \frac{1}{F_\Delta(\theta)_{max}} \times \frac{dF_\Delta(\theta)|_{\theta=0}}{d\theta} \tag{5.10}$$

式（5.10）中，$F_\Delta(\theta)_{max}$ 是差方向图最大值。

通常相对差斜率随着天线口径的确定也就基本确定了，它与天线口径成正比。

绝对差斜率 S 体现了差方向图中零点附近的形状与差方向图增益（简称差增益）的综合，一般表示为

$$S = \sqrt{g_\Delta} \cdot \Delta \tag{5.11}$$

式（5.11）中，g_Δ 是差增益系数（即差增益与天线最大增益之比）。

有时也用归一化差斜率 S' 来表示零点附近差方向图形状与和波束之间的联系，一般归一于和波束最大值

$$S' = \sqrt{g_\Delta / g_\Sigma} \cdot \Delta \cdot \theta_B \qquad (5.12)$$

式（5.12）中， g_Σ 是和增益系数， θ_B 是和波束宽度。

2. 差方向图零值深度

差方向图零值深度也是差通道比较重要的指标。它是指差方向图中心零点处电场与最大值处电场（差波束本身或者和波束）之比，单位为 dB。它关系到跟踪测量雷达的跟踪精度，零深越深，跟踪误差越小（当然这也与接收机灵敏度和伺服驱动灵敏度有关）。在单脉冲跟踪测量雷达（简称单脉冲天线）天线中，零深通常要求低于-30dB（相对于差波束最大值）。零深的大小与馈线中高频加减器调整的好坏以及天线的加工安装公差有关。

3. 差增益

差增益（指差波束峰值处的增益）影响单脉冲天线捕获远距离目标的能力，因此也是一项比较重要的指标。差增益的定义与和增益类似。天线的差斜率与差增益是相互关联的。差增益 G_Δ 可用下式表示为

$$G_\Delta = \frac{4\pi}{\lambda^2} A_r \eta_{0\Delta} \eta_{a\Delta} \qquad (5.13)$$

式（5.13）中， $\eta_{0\Delta}$ 和 $\eta_{a\Delta}$ 与上面和波束性能中的 η_0 和 η_a 定义一样，分别是差波束的辐射效率和口径利用效率。差增益系数为 $g_\Delta = \eta_{0\Delta} \eta_{a\Delta}$。

参考图 5.2，差口径利用效率 $\eta_{a\Delta}$ 可用下式求得，即

$$\eta_{a\Delta} = \frac{\left| \int_s E_\Delta(x,y) e^{jk[x\sin(\theta_{max})\cos(\phi_{max}) + y\sin(\theta_{max})\sin(\phi_{max})]} dxdy \right|^2}{A_r \int_s |E_\Delta(x,y)|^2 dxdy} \qquad (5.14)$$

式（5.14）中， $(\theta_{max}, \phi_{max})$ 是差波束最大峰值处的方向角， $E_\Delta(x,y)$ 是差波束在天线口径面上 (x,y) 处的电场分布。

5.2.3 其他性能

极化形式的选择也是跟踪测量雷达天线设计的一个重要内容。大多数单脉冲精密跟踪测量雷达采用的是圆极化。

跟踪测量雷达天线极化性能的关键是馈源的极化性能，抛物面天线的焦径比 f/D 越大，抛物面的曲率越小，引起的交叉极化越小，而馈源偏馈比正馈的交叉

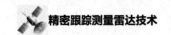

极化大。卡塞格伦天线因有双曲副面引入了放大倍数 M，焦距 f 变长了，通常引起的交叉极化较小。

5.3 单脉冲反射面天线技术

跟踪测量雷达天线技术是以反射面天线技术为基础发展起来的，单脉冲反射面天线技术是跟踪测量雷达天线技术重要组成部分之一。本节介绍几种单脉冲反射面天线，着重论述单脉冲卡塞格伦天线的设计方法，给出典型五喇叭单脉冲卡塞格伦天线性能的仿真计算方法。

5.3.1 概述

如前所述，单脉冲跟踪测量雷达天线的设计目标是使距离灵敏度和角灵敏度同时达到最佳。20 世纪 50 年代开发的单脉冲跟踪测量雷达天线大多采用四喇叭作为馈源的前馈抛物面天线，即喇叭辐射器放在抛物面焦点处的抛物面天线，如美国 ALTAIR 和 AN/FPQ-16 雷达天线。但是馈源的支撑机构遮挡了孔径，这些馈源及其支撑结构降低了天线的增益，提高了副瓣电平，并且引起了交叉极化的辐射。

自 20 世纪 60 年代开始，五喇叭卡塞格伦结构的天线凸显出它的优势。卡塞格伦结构的天线其主要优点是馈源靠近抛物面的顶点而不在抛物面的焦点，因此缩短了到馈源的传输线，且允许馈源系统在外部尺寸上有更大的伸缩性。这种天线结构适合于单脉冲跟踪测量雷达，因为产生和差方向图的微波网络位于反射面的后面，没有增加孔径遮挡。它在不加大天线轴向总尺寸的前提下具有较长的焦距，减小了天线的交叉极化。馈源安装在主反射面的顶点附近，给调整和维修天线带来较大的方便，并且减小了天线转动惯量。

5.3.2 单脉冲反射面天线的几种主要形式

为了获得高增益，在通信、雷达和射电天文等设备中广泛采用反射面天线。反射面天线有很多形式，如各种类型的曲面反射面和多反射面系统。现代单脉冲跟踪测量雷达天线大多采用圆对称双反射面天线，大多数情况下，主反射面是抛物母线绕它的轴线旋转而得到的一个抛物面，这个旋转抛物面就叫圆形抛物面，或者更通常地叫作抛物面。抛物面是一个很好的电磁能量的反射器，是许多跟踪测量雷达天线的基础。在抛物面焦点，用馈源照射抛物面表面，抛物面把馈源辐射的球面波转变成平面波，在天线的远区产生了一个几乎对称的笔形波束方向图。

若仅仅考虑馈源辐射方向图的孔径照射和溢出，抛物面天线效率理论上约为

80%。实际上，对于普通的抛物面反射器天线，由于抛物面制造公差、结构安装公差、馈源馈电相位误差等引起的相位误差、交叉极化损失及天线失配，其总效率降到 45%～65%的范围。

1. 卡塞格伦天线

卡塞格伦天线由主反射面、副反射面和馈源组成，如图 5.3 所示。主反射面是一个旋转抛物面，副反射面是旋转双曲面。O 是馈源相位中心，也是旋转双曲面的实焦点。O' 是旋转双曲面的虚焦点，也是旋转抛物面（主反射面）的焦点。

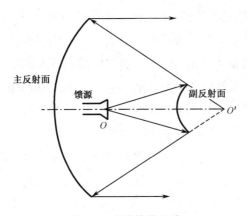

图 5.3　卡塞格伦天线

根据双曲面的几何反射特性，由馈源发出的球面波经双曲面反射后，变成以双曲面虚焦点 O' 为中心发出的球面波入射到主反射面（抛物面）上，再经反射面反射后形成平面波辐射出去。卡塞格伦天线的馈源靠近主反射面顶点，有利于馈源后面连接高频和差器以用作单脉冲天线，这样不仅结构合理而且连接馈线短、损耗小，可以减小由传输中的幅度和相位不平衡引起的单脉冲跟踪测量雷达的测角误差，降低由馈线损耗产生的噪声温度。

2. 环焦双反射面天线[1]

环焦双反射面天线又称偏焦轴天线，它最早是由英国人 Lee J. L.提出来的。由于环焦双反射面天线的反射特点使其副反射面口径可以小到 3～5 个波长，因此对于小口径反射面天线的设计非常适合。该天线的突出点是反射面口径利用系数可高达 0.9～0.95。由于这种天线副反射面的反射场不会进入副反射面所对应的主反射面中心区域即喇叭馈源处，所以副反射面引起的喇叭馈源失配很小；另外，只要馈源尺寸不大于副反射面，馈源引起的反射面口径遮挡（简称口径遮挡）

就不会大于副反射面引起的反射面口径遮挡，而且馈源与副反射面的距离可以很近，更适合采用多模馈源以提高天线的各项性能。

如图 5.4 所示，环焦双反射面天线的主反射面母线是一条抛物线，O' 是主反射面母线的焦点，也是副反射面母线（椭圆）的一个焦点，O 是馈源的相位中心也是副反射面母线（椭圆）的另一个焦点。

3. 极化扭转反射器

如果天线仅以单极化方式工作，图 5.5 所示的极化扭转卡塞格伦天线可以降低副反射面口径遮挡。该天线副反射器由水平线栅（称为反射变换器）组成。馈源辐射的水平极化波经副反射器反射到主反射器（极化扭转反射器），再经主反射器反射后，水平极化波被扭转 90° 变成垂直极化波辐射出去，引起的衰减可以忽略不计。主反射器由金属丝栅网组成，金属丝栅网和入射波的极化成 45°，并且放置在离主反射器表面间隔 1/4 波长的地方。入射波射到 45° 金属丝栅网后，一半能量通过金属丝栅网，另一半被反射。离主反射器表面间隔 1/4 波长的金属丝栅网导致从主反射面反射的能量总共传播半个波长，与从金属丝栅网反射的能量合成时，形成垂直极化。垂直极化电磁波垂直于副反射器的水平金属丝栅网，并毫无衰减地穿透过去。上述主反射器通常是窄带的，但是它也可以做成具有一定的带宽。

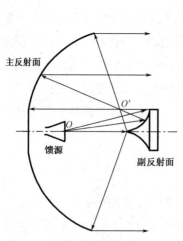

图 5.4　环焦双反射面天线几何图

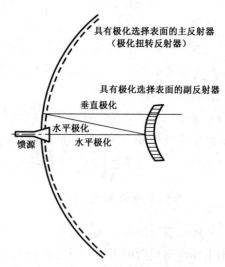

图 5.5　极化扭转卡塞格伦天线[2]

4. 镜面扫描天线

镜面扫描天线通过机械转动轻型平面镜（扭转反射面），其辐射波束可以在很宽的角度范围内扫描。这种天线有很多名字，包括镜面扫描天线、镜面跟踪天线、极化扭转卡塞格伦天线、平板卡塞格伦天线、带辅助平面镜的抛物反射面天线、逆卡塞格伦天线等。如图 5.6 所示，抛物面由间距小于半个波长的平行导体组成（由低损耗的介质支撑），假设它垂直放置，抛物面就会对垂直极化能量全反射，而对水平极化能量来说是透明的。如果由图 5.6 所示的馈源辐射的能量是垂直极化（电场方向平行于抛物面的垂直线），那么该能量将会全反射地打到一个叫作扭转反射面的镜面上。扭转反射面的特性是可以将从它表面反射的能量的极化方向旋转 90°。这样扭转反射面上能量的极化方向就变成水平方向，穿过抛物面时的损耗就很小。通过机械转动，扭转反射面可以在角度上对辐射波束进行控制。当扭转反射面转动角度 θ，那么辐射波束就转动角度 2θ。因此波束可以在 ±90° 范围内迅速扫描而不再需要微波旋转关节，而且使用的驱动功率很小。

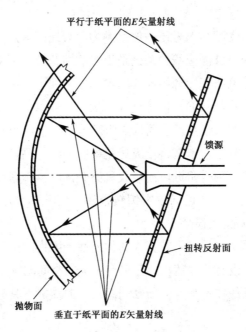

图 5.6　镜面扫描天线

　　制作扭转反射面的一种方法就是使金属丝栅网对入射的极化波取向为 45°，并且放在抛物面前 1/4 波长处。这种构造类型限制带宽为中心工作频率的 10%，采用其他结构可以得到更宽的带宽。例如，在抛物面前放一个曲折线极化器就可以得到倍频程带宽。采用一组对数周期层结构的带扭转反射面镜面的扫描天线，其工作频率范围是 2～12GHz。双波段（如 S 和 X 波段）极化扭转镜面的设计是通过双层镜面栅格结构来实现的。

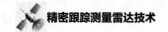

许多国家已经使用了镜面扫描天线，尤其是俄罗斯，在陆地、机载、舰载雷达等都有应用。

5.3.3 卡塞格伦天线设计

本节主要讲述如图 5.3 所示的卡塞格伦天线的设计方法。这种天线的馈源靠近抛物面顶点而不是在它的焦点。其主反射器（较大的）具有抛物线的轮廓线，而副反射器具有双曲线的轮廓线。卡塞格伦天线系统的实焦点是双曲线的两个焦点之一。馈源位于实焦点和抛物面的顶点附近。另一个焦点位于双曲线的虚焦点，它与主抛物面的焦点重合。来自目标的平行射线经抛物面反射后会聚成一个波束，再由双曲面二次反射后聚到馈源。

跟踪测量雷达天线大多采用如图 5.3 所示的卡塞格伦天线，这主要是卡塞格伦天线具有如下几个优点：

（1）馈源和网络支撑简单方便。仅就抛物面天线而言，单脉冲与非单脉冲是无任何区别的，形成单脉冲天线的关键是天线的馈源及其馈电网络。实现单脉冲天线需用复杂的馈电网络和馈源给天线馈电，这种馈电网络和馈源的体积和质量都比较大，若放在抛物面前面，馈源支撑结构臃肿笨重，造成的遮挡也比较大，而卡塞格伦天线的馈源放在主反射面顶点附近就避免了这个问题。

（2）馈线短、损耗小。卡塞格伦天线是单脉冲跟踪测量雷达天线一般采用的形式，馈源位于抛物面顶点附近，而接收机高频部分位于紧邻抛物面顶点后面的高频箱中，两者之间的距离近，使得馈线很短，因此损耗小。另外，馈源到发射机的传输线也短，因此损耗小。

（3）允许馈源系统在尺寸上有更大的伸缩性。因为产生和差方向图的微波网络位于反射器后面，没有孔径遮挡，可以有更大的空间安排馈线网络。

（4）卡塞格伦天线在不加大天线轴向总尺寸的前提下具有较长的焦距，降低了天线的交叉极化。

（5）馈源安装在主反射面顶点附近，给调整和维修天线带来方便。

卡塞格伦天线的设计主要包括主反射面、副反射面和馈源，如图 5.7、图 5.8 所示，这种天线的设计主要集中在对几个几何参数的选择：主反射面直径 D、主反射面焦径比（焦距 f 除以孔径直径 D）f/D、副反射面直径 d_s、馈源对副反射面的半照射角 θ_0、馈源形式和尺寸。当这几个参数选定以后，天线的性能基本就确定了。图 5.8 中的 ψ_0 是主反射面的半张角（副反射面虚焦点对抛物面的半张角），f 是抛物面焦距。

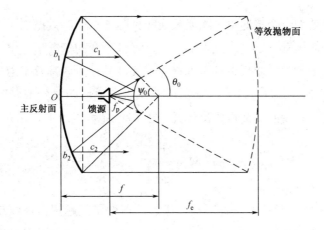

图 5.7 卡塞格伦天线的设计

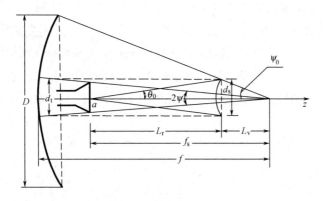

图 5.8 卡塞格伦天线口径遮挡的分析

1. 主反射面的设计

主反射面（又称主面）的设计通常是根据跟踪测量雷达的工作频率、作用距离要求、发射机功率的大小和接收机灵敏度的高低等几个方面确定天线增益和副瓣电平等要求。根据天线增益和估算的天线效率可估算天线的主反射面直径（或称口径）D，即根据雷达工作频率、作用距离和发射机功率等给出对天线增益（G）的要求，然后根据下式推出天线主反射面的直径，即

$$D = \frac{\lambda}{\pi} \sqrt{\frac{G}{\eta}} \tag{5.15}$$

式（5.15）中，λ 是工作波长，$\pi = 3.1415926$，η 是天线效率（一般按 $\eta = 0.5$ 估算）。

在普通抛物面天线的设计中，主反射面焦径比 f/D 是一个很重要的参量。前面已经论述过天线主反射面焦径比小则反射面深，次级方向图交叉极化较高；而 f/D 小则反射面浅平，次级方向图交叉极化较低。为了讨论分析方便，卡塞格

伦天线可以等效为一个普通单抛物面天线（见图 5.8），等效抛物面法就是在馈源
位置和其口径面尺寸，以及主反射面口径尺寸都不变的情况下，用一次反射的等
效抛物面天线来代替二次反射的卡塞格伦天线，并使两者具有相同的电气性能。
若 f_e 为等效焦距，则 $f_e = Mf$，等效焦距被放大了。如果等效抛物面的曲率变
小，那么次级方向图的交叉极化也降低。放大率 M 可以用下式计算

$$M = \frac{\tan \dfrac{\psi_0}{2}}{\tan \dfrac{\theta_0}{2}} \tag{5.16}$$

主反射面焦径比 f/D 的值取得越小，馈源的前伸量就越短，馈线损耗变小，而
且也有利于挡住馈源背瓣向地面的宽角辐射，从而降低天线系统的噪声温度。此
外还可以适当降低副反射面支撑结构的强度以减小支杆的影响。但 f/D 值取得小
的缺点是抛物面深，难以选取适当的照射，且次级方向图交叉极化较高；而
f/D 值取得大，则抛物面深度浅，加工精度高，交叉极化低，浅平的反射器容易
支撑和进行机械安装，但是馈源必须远远支撑在反射器天线上。由于一般情况下
M 大于 1，所以单脉冲卡塞格伦天线的焦距不必选得太长。焦径比 f/D 一般选为
$0.3 \sim 0.5$。

　　主反射面的焦径比 f/D 确定后就可以求得对主反射面的半张角 ψ_0，数学表
达式是

$$\psi_0 = 2 \arctan \left(\frac{1}{4 \dfrac{f}{D}} \right) \tag{5.17}$$

2. 副反射面的设计

　　副反射面的设计是卡塞格伦天线设计的另一个重点。卡塞格伦天线的双曲
面副反射面会引起口径遮挡，这将会抬高天线副瓣电平、降低天线效率，对于
给定的主反射面直径 D 和馈源方向图，如保持副反射面边缘照射电平不变，则
天线的副瓣电平将随着遮挡比 d_s/D 的增大而升高。图 5.9 给出口径场分布为
$A(r) = 1 - (r/r_0)^2$ 时的副反射面与主反射面遮挡比对天线副瓣电平的影响[3]，副
射面与主反射面遮挡比越小则天线副瓣电平越低，因此对于天线副瓣电平而言，
副反射面越小越好。但是，副反射面的直径 d_s 太小，天线绕射效率（投射到主反
射面上的功率与副反射面的辐射功率之比）太低会造成天线总效率降低，因此要
权衡考虑，兼顾天线的效率和副瓣电平。

　　图5.10是根据绕射理论仿真计算得到的（$\psi_0 = 90°$，$\theta_0 = 15°$，副反射面边缘

馈电电平为-14.8dB）数据曲线，从中可以看出副反射面直径为7.5λ（λ为波长）时，天线绕射效率约为 0.8，由该项造成的增益损失接近 1dB，如果这个损失可以接受，对于卡塞格伦天线来说，副反射面直径应该$\geqslant 7\lambda$。

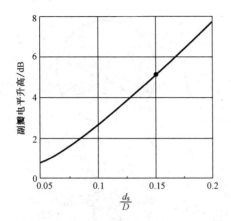 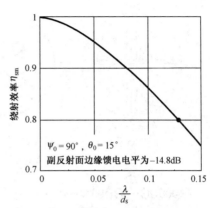

图 5.9　副反射面与主反射面遮挡比 　　图 5.10　副反射面直径对天线
　　　　对天线副瓣电平的影响 　　　　　　　绕射效率的影响

从图 5.9 中可以看出，当口径场分布为$A(r)=1-(r/r_0)^2$、副反射面遮挡比（副反射面直径与主反射面直径之比）为 0.15（即$d_s=0.15D$）时，仅这一项就使副瓣电平抬高了大约 5dB，所以一般情况下遮挡比的上限是 0.15，否则副瓣电平很难满足要求。

副反射面直径的选取还与馈源喇叭的选取有关，应尽量让馈源的遮挡小于或等于副反射面的遮挡。假设副反射面直径为d_s、馈源喇叭直径为a，则从图 5.9 可以推出馈源产生的最大遮挡区域的圆直径d_t为

$$d_t=\frac{f}{f_s}a \tag{5.18}$$

式（5.18）中，f为焦距，$f_s=\dfrac{d_s}{2}\left(\dfrac{1}{\tan\theta_0}+\dfrac{1}{\tan\psi_0}\right)$是副反射面两焦点的距离。

卡塞格伦天线副反射面支撑机构的设计也是一个要考虑的问题，在保证结构强度的前提下应尽量减少支撑杆的遮挡面积（这种遮挡和副反射面遮挡一样也会抬高副瓣电平、降低天线效率），如将支撑杆横截面做成窄矩形、锐角三角形、椭圆形，以减少支撑杆在口径面上的投影。

副反射面支撑杆的安装位置对天线副瓣电平的影响也是不同的。图 5.11（a）表示馈源支撑杆引起的副瓣电平升高在方位和俯仰向，图 5.11（b）表示馈源支撑杆引起的副瓣电平升高在 45°和 135°方向。而一般单脉冲跟踪测量雷达天线强

调的是降低在方位和俯仰向的副瓣电平以减少地面对雷达产生的多路径效应，所以单脉冲卡塞格伦天线的副反射面支撑采用的多是如图 5.11（b）所示的馈源支撑形式。

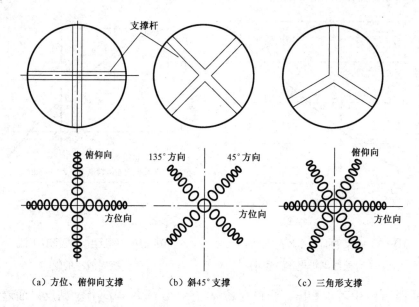

（a）方位、俯仰向支撑　　　（b）斜45°支撑　　　（c）三角形支撑

图 5.11　馈源或副反射面支撑杆遮挡副瓣的比较

3. 馈源形式的选取与设计

抛物面反射器的"理想"馈源应该位于焦点并具有下列辐射方向图：

（1）E 平面和 H 平面的相位中心应重合且稳定，不随频率变化，相位不随角度变化。

（2）在反射器表面产生所需的天线口径场幅度照射函数。

（3）使馈源的所有辐射被天线口径截获而无溢出。

理想的馈源只是近似的。一般将馈源辐射方向图叫作初级方向图，天线辐射方向图叫作次级方向图。

作为一个近似经验法则，具有旋转对称方向图的馈源在反射器边缘的辐射强度（照射电平）应低于最大辐射约 10dB，这时天线效率最大。天线辐射图的第一副瓣电平通常接近-25～-22dB。但在单脉冲精密跟踪测量雷达天线的设计中，由于大多数馈源并不具有旋转对称的和波束方向图，而且还要兼顾差波束性能，所以馈源和波束边缘照射电平往往达不到-10dB。为了使馈源的遮挡小于副反射面的遮挡，在设计中要尽量减小馈源的尺寸。

在单脉冲精密跟踪测量雷达天线的设计中，单脉冲馈源的设计选取非常重要，要兼顾天线增益、副瓣电平、差增益、差斜率等各方面的因素，既要保证天线的增益，又要保证副瓣电平，还要满足差斜率的要求，此外还要考虑高功率承受能力；其单脉冲馈源的喇叭形式有单口多模喇叭、圆多模波纹喇叭、多模五喇叭、五喇叭、四喇叭、六喇叭等各种单脉冲馈源，综合考虑电性能、功率容量的多种因素来选取合适的单脉冲馈源。更详细的讨论见 5.3.5 节。

图 5.12 所示为典型的五喇叭馈源示意图，中间的和喇叭是一个方口喇叭（边长为 a_s），边上四个差喇叭都是一样的矩形喇叭（长边尺寸为 d_c，短边尺寸为 b_c），左右两个差喇叭合成方位差波束，上下两个差喇叭合成俯仰差波束。还有一种常用的是边上四个差喇叭也是方口喇叭，一般称作方口五喇叭；方口五喇叭馈电的天线差效率和差斜率较矩形五喇叭馈电的情况的稍低，但差通道圆极化性能好且圆极化实现容易。

4. 五喇叭卡塞格伦天线性能计算

卡塞格伦天线可以用一次反射的等效抛物面天线来代替，所以天线性能的仿真计算归结为五喇叭馈电的抛物面天线的计算。先由喇叭口径场分布求出馈源辐射方向图，再由馈源辐射方向图照射抛物面，经其表面反射后形成抛物面口径场分布，然后根据此口径场分布由面天线理论计算天线辐射方向图[2]。为了简化计算，假设：

（1）抛物面直径 $D \gg \lambda$（λ 为波长），副反射面直径也比波长大得多，可以近似应用几何光学方法。

（2）馈源与空间完全匹配无反射，馈源口径场分布与波导内部相同。

（3）不考虑口径场外部的电流影响，也不考虑喇叭间的互耦合效应等。

抛物面天线仿真计算坐标示意图如图 5.13 所示，假定电场极化方向平行于 x 轴。

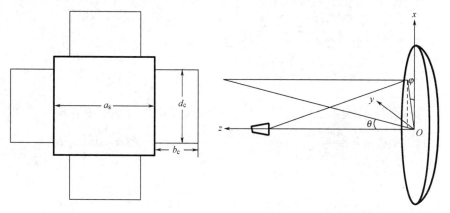

图 5.12　五喇叭馈源示意图　　　图 5.13　抛物面天线仿真计算坐标示意图

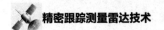

1）方位和远场方向图

不考虑副反射面遮挡的情况下，方位和远场方向图可用下式计算，即

$$F_\Sigma^0(\theta,\varphi) = \frac{2r_0^2}{U} \int_0^1 \frac{\cos(UT)}{\left(\frac{\pi}{2}\right)^2 - (UT)^2} \cos(w_2 T) \left\{ \mathrm{Si}\left[(U+w_1)\sqrt{1-T^2}\right] + \right.$$

$$\left. \mathrm{Si}\left[(U-w_1)\sqrt{1-T^2}\right] \right\} \mathrm{d}T \tag{5.19}$$

式（5.19）中，$\mathrm{Si}(x)$ 是正弦积分函数，$\mathrm{Si}(x) = \int_0^x \frac{\sin(t)}{t} \mathrm{d}t$，$T$ 为归一化积分变量，

$w_1 = \frac{\pi}{\lambda} D \sin\theta\cos\varphi$，$w_2 = \frac{\pi}{\lambda} D \sin\theta\sin\varphi$，$U = \frac{\pi a D}{2\lambda f_e}$，$r_0 = D/2$。

副反射面遮挡效应用下式计算，即

$$F_\Sigma^{\sigma_F}(\theta,\varphi) = \frac{2r_0^2 \sigma_F}{U} \int_0^1 \frac{\cos(U\sigma_F t)}{\left(\frac{\pi}{2}\right)^2 - (U\sigma_F t)^2} \cos(w_2 t\sigma_F) \left\{ \mathrm{Si}\left[(U+w_1)\sigma_F\sqrt{1-t^2}\right] + \right.$$

$$\left. \mathrm{Si}\left[(U-w_1)\sigma_F\sqrt{1-t^2}\right] \right\} \mathrm{d}t \tag{5.20}$$

式（5.20）中，$\sigma_F = \dfrac{d_s}{D}$ 为口径遮挡系数。

考虑遮挡后的方位和远场方向图为

$$F_\Sigma(\theta,\varphi) = F_\Sigma^0(\theta,\varphi) - F_\Sigma^{\sigma_F}(\theta,\varphi) \tag{5.21}$$

2）方位差远场方向图

不考虑副反射面遮挡的情况下，方位差远场方向图可用下式计算，即

$$F_{\Delta\alpha}^0(\theta,\varphi) = \mathrm{j}\frac{4r_0^2 c_2}{U} \int_0^1 \frac{\cos(c_2 UT)}{\left(\frac{\pi}{2}\right)^2 - (c_2 UT)^2} \sin\left[(1+c_2)UT\right] \sin(w_2 T) \left\{ \mathrm{Si}\left[(c_1 U+w_1)\sqrt{1-T^2}\right] + \right.$$

$$\left. \mathrm{Si}\left[(c_1 U-w_1)\sqrt{1-T^2}\;)\right] \right\} \mathrm{d}T \tag{5.22}$$

式（5.22）中，$c_1 = \dfrac{a_c}{a_s}$，$c_2 = \dfrac{b_c}{a_s}$。

考虑副反射面遮挡的情况下，方位差远场方向图用下式计算，即

$$F_{\Delta\alpha}^{\sigma_F}(\theta,\varphi) = \mathrm{j}\frac{4r_0^2 c_2 \sigma_F}{U} \int_0^1 \frac{\cos(c_2 Ut\sigma_F)}{\left(\frac{\pi}{2}\right)^2 - (c_2 Ut\sigma_F)^2} \sin\left[(1+c_2)Ut\sigma_F\right] \sin(w_2 t\sigma_F) \times$$

$$\left\{ \mathrm{Si}\left[(c_1 U+w_1)\sigma_F\sqrt{1-t^2}\right] + \mathrm{Si}\left[(c_1 U-w_1)\sigma_F\sqrt{1-t^2}\right] \right\} \mathrm{d}t \tag{5.23}$$

考虑遮挡后的方位差远场方向图为

$$F_{\Delta\alpha}(\theta,\varphi) = F_{\Delta\alpha}^{0}(\theta,\varphi) - F_{\Delta\alpha}^{\sigma_{\mathrm{F}}}(\theta,\varphi) \tag{5.24}$$

3）俯仰差远场方向图

不考虑副反射面遮挡的情况下，俯仰差远场方向图可用下式计算，即

$$F_{\Delta\beta}^{0}(\theta,\varphi) = \mathrm{j}\frac{2r_0^2 c_1}{U} \int_0^1 \frac{\cos(c_1 UT)}{\left(\dfrac{\pi}{2}\right)^2 - (c_1 UT)^2}\cos(w_2 T)\left\{\mathrm{Si}\left[(w_1+U)\sqrt{1-T^2}\right] + \right.$$
$$\mathrm{Si}\left[(w_1-U)\sqrt{1-T^2}\,\right] - \mathrm{Si}\left[(w_1+U+2c_2 U)\sqrt{1-T^2}\right] - \tag{5.25}$$
$$\left.\mathrm{Si}\left[(w_1-U-2c_2 U)\sqrt{1-T^2}\right]\right\}\mathrm{d}T$$

考虑副反射面遮挡情况下，俯仰差远场方向图用下式计算，即

$$F_{\Delta\beta}^{\sigma_{\mathrm{F}}}(\theta,\varphi) = \mathrm{j}\frac{2r_0^2 c_1 \sigma_{\mathrm{F}}}{U} \int_0^1 \frac{\cos(c_1 \sigma_{\mathrm{F}} Ut)}{\left(\dfrac{\pi}{2}\right)^2 - (c_1 \sigma_{\mathrm{F}} Ut)^2}\cos(w_2 \sigma_{\mathrm{F}} t)\left\{\mathrm{Si}\left[(w_1+U)\sigma_{\mathrm{F}}\sqrt{1-t^2}\right] + \right.$$
$$\mathrm{Si}\left[(w_1-U)\sigma_{\mathrm{F}}\sqrt{1-t^2}\,\right] - \mathrm{Si}\left[(w_1+U+2c_2 U)\sigma_{\mathrm{F}}\sqrt{1-t^2}\right] - \tag{5.26}$$
$$\left.\mathrm{Si}\left[(w_1-U-2c_2 U)\sigma_{\mathrm{F}}\sqrt{1-t^2}\right]\right\}\mathrm{d}t$$

考虑遮挡后的俯仰差远场方向图为

$$F_{\Delta\beta}(\theta,\varphi) = F_{\Delta\beta}^{0}(\theta,\varphi) - F_{\Delta\beta}^{\sigma_{\mathrm{F}}}(\theta,\varphi) \tag{5.27}$$

4）增益系数计算

抛物面天线的增益主要由截获效率 η_{s} 和口径利用效率 η_{a} 的乘积确定，即相对增益系数 $g = \eta_{\mathrm{s}}\eta_{\mathrm{a}}$。

经推导[3]抛物面天线相对增益系数为

$$g = \frac{\left|\displaystyle\int_{-R}^{R}\int_{-\sqrt{R^2-y^2}}^{\sqrt{R^2-y^2}} f(x,y)\,\mathrm{e}^{\mathrm{j}\frac{2\pi}{\lambda}[x\sin(\theta)\cos(\varphi)+y\sin(\theta)\sin(\varphi)]}\,\mathrm{d}x\mathrm{d}y\right|^2}{\pi R^2 \displaystyle\int_{-\infty}^{\infty}\int_{-\infty}^{\infty} f^2(x,y)\,\mathrm{d}x\mathrm{d}y} \tag{5.28}$$

式（5.28）中，$f(x,y)$ 为抛物面口径场分布函数。

和波束增益系数为

$$g_{\Sigma} = \frac{U^2}{2\pi R^4}\left|F_{\Sigma}(0,0)\right|^2 \tag{5.29}$$

方位差波束增益系数为

$$g_{\Delta\alpha} = \frac{c_1 c_2 U^2}{2\pi R^4}\left|F_{\Delta\alpha}(\theta_{1\max},90^{\circ})\right|^2 \tag{5.30}$$

式（5.30）中，$(\theta_{1\max},90^{\circ})$ 是方位差峰值方向。

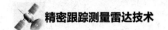

俯仰差增益系数为

$$g_{\Delta\beta} = \frac{c_1 c_2 U^2}{2\pi R^4} \left| F_{\Delta\beta}(\theta_{2\max}, 0°) \right|^2 \tag{5.31}$$

式（5.31）中，$(\theta_{2\max}, 0°)$ 是俯仰差峰值方向。

经计算，和波束的最大增益系数 $g_\Sigma \approx 0.7$。

5.3.4　单脉冲抛物面天线设计举例

1. 10m 单脉冲精密跟踪测量雷达天线[3]

本例中的单脉冲精密跟踪测量雷达天线主反射面直径为 10m，副反射面直径为 850mm，焦径比 $f/D = 0.3$。和增益为 52dBi，和波束第一副瓣电平如下：

和波束方位面第一副瓣电平：左≤-23.95dB，右≤-24.57dB；

和波束俯仰面第一副瓣电平：上≤-19.21dB，下≤-18.62dB；

波束宽度：方位面为 0.36°，俯仰面为 0.33°；

零深：方位差为-34.1dB，俯仰差为-34.7dB；

相对差斜率为 0.30/mrad。

天线馈源差喇叭为矩形，其口径尺寸如图 5.14 所示，天线效率高达 50.6%。另外为减小对风的阻力，其主反射面上打有三角形排列的孔。

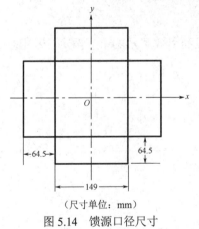

（尺寸单位：mm）

图 5.14　馈源口径尺寸

2. 4.2m 单脉冲精密跟踪测量雷达天线

本例中的单脉冲精密跟踪测量雷达天线主反射面直径为 4.2m，副反射面直径为 500mm，焦径比 $f/D=0.3$，其采用了图 5.14 所示的馈源，圆极化工作发射左旋圆极化、接收右旋圆极化。该雷达天线增益为 44.4dBi，和波束副瓣小于-18dB，相对差斜率为 0.131/mrad。

为了减少风阻，在主反射面中心直径 1.5m 范围以外至边缘的区域打了孔。

3. 2.5m 单脉冲环焦天线

本例中的单脉冲跟踪测量雷达环焦天线主反射面为环焦抛物面，直径为 2.5m，副反射面母线为椭圆曲线，直径为 268mm，焦径比 $f/D=0.23$。其和波束方向性增益为 40.85dBi，第一副瓣电平为-17dB，相对差斜率为 0.081/mrad。

为减少馈源和副反射面的遮挡，以降低该天线的副瓣电平而采用偏焦轴（环焦）天线，其馈源采用单喇叭多模单脉冲馈源。

5.3.5 单脉冲馈源技术

单脉冲天线的和差波束形成是通过特殊的单脉冲馈源技术实现的。单脉冲馈源技术是单脉冲天线的核心技术之一。常用的单脉冲馈源技术有多喇叭馈源技术、单口径多模馈源技术和多喇叭多模馈源技术。

四喇叭馈源技术在早期单脉冲雷达中有应用，但由于和差矛盾较大，已很少使用。与四喇叭馈源相比，五喇叭馈源的和差矛盾小、交叉耦合小、收/发隔离容易解决、结构简单，而且高频网络只在和通道使用高功率微波元件。它与多模馈源比较具有频带宽、结构简单、调试方便等优点，所以一般情况下单脉冲天线多采用五喇叭馈源。

单口径多模馈源和多喇叭多模馈源技术具有和方向图好、馈电效率高、圆极化性能好、和差矛盾小的优点，但其网络结构复杂、功率容量问题突出，其频率带宽比五喇叭馈源稍窄。同样的边缘馈电电平它们的喇叭尺寸大，不适合于小口径卡塞格伦天线，对环焦天线比较合适。如果要求天线的和波束及差波束效率高、副瓣电平低，多模馈源技术是最佳选择。

在多喇叭馈源中，和差波束状态分别利用喇叭群中的不同单元来达到口径尺寸不同的目的。尽管在理论上或逻辑上存在有四喇叭、五喇叭、八喇叭、十二喇叭等单脉冲馈源的设计，但从已经使用的跟踪测量雷达来看，天线的形式几乎都是采用五喇叭馈源的卡塞格伦天线。与四喇叭馈源相比，五喇叭馈源除可使天线获得较高的和波束增益和差斜率外，还可使天线反射面的焦距与口径比减小，且质量小、遮挡小、交叉耦合小、圆极化容易实现、收/发隔离容易解决、结构简单。而且在高频合成网络中只有和通道要用高功率微波元件，因此差通道合成网络不用考虑耐功率问题，工程实现简单。

1. 十二喇叭馈源

十二喇叭馈源是一种理论上理想的单脉冲馈源，它最早由麻省理工学院林肯实验室提出[4]，如图 5.15 所示。

十二喇叭馈源尽管理论上电性能和差矛盾小，但在实际应用中因馈电网络太复杂并不实用。它的和喇叭由中间四喇叭阵列组成，在 H 平面产生很高的馈电副瓣电平。另外，十二喇叭馈源对抛物面产生的遮挡太大，而减小尺寸又会产生低于波导的截止波长，要避免低于波导截止波长就需要在波导中填充介质，这又会带来其他一系列问题。

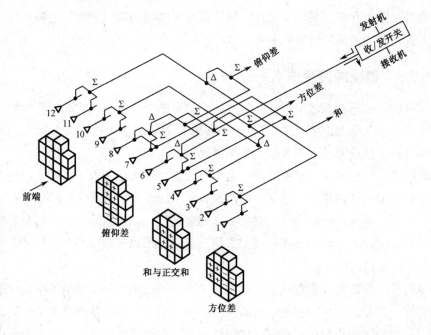

图 5.15 十二喇叭馈源[4]

2. 四喇叭馈源

如图 5.16 所示，用单脉冲四喇叭馈源来说明单脉冲馈源及馈电网络的原理简单明了。按发射状态讨论（根据互易定理，接收方向图和发射方向图是一样的）：当四个喇叭等幅同相激励时，可在空间形成和辐射方向图。例如，1 和 2 喇叭按等幅同相激励，3 和 4 喇叭按等幅反相激励，则在空间形成俯仰差辐射方向图。

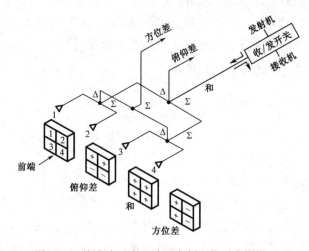

图 5.16 单脉冲四喇叭馈源高频网络示意图[4]

而 1 和 3 喇叭按等幅同相激励，2 和 4 喇叭按等幅反相激励，则在空间形成方位差辐射方向图。但四喇叭馈源的和差信号无法独立控制，在满足和通道性能时差通道性能增益低、副瓣电平高。

3. 五喇叭馈源

一发五收、三通道的五喇叭单脉冲馈源是精密跟踪测量雷达中最常用、最简单、最经济、最实用的馈源，如图 5.17 所示。通常中心喇叭作为发射、同时兼作接收和通道，上下两喇叭作为俯仰差通道，左右两喇叭作为方位差通道，和差方向图可以独立控制。仅有中心喇叭承受高功率，周围四个喇叭只在低功率状态下工作，因此和差系统非常简单。但是由于两个差喇叭之间的间距较大，馈源差方向图副瓣电平高且馈电漏失大，因此仍存在和差矛盾。

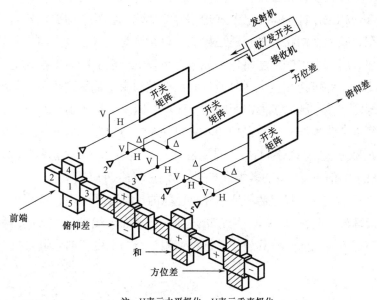

注：H表示水平极化，V表示垂直极化

图 5.17　用开关矩阵实现多种极化的五喇叭馈源

4. 多模喇叭馈源

多模喇叭馈源就是把波导中各种传输波形的场叠加起来，由偶对称和奇对称的波形产生相应的激励，同时控制各种波形模次的相对幅度与相位，使得各模次的场在馈源口径上组合成所需要的激励宽度比与形状，使其达到或接近理想馈源状态（见图 5.18）。多模喇叭馈源所用的高次波形是在波导中引入不连续性产生的，其不连续面处的激励波导可以是一个或几个。单脉冲多模喇叭馈源不连续性多是由阶梯（即截面变化）构成的，所需要的波形通常由分支波导和截面变化来激励。

多模喇叭馈源的设计首先需确定高次模的幅度和相位，然后控制各模次之间的相位关系，使它们在到达馈源口径面上时，能满足所需的要求。前者是通过计算而得到，后者则通过适当选取波导的长度来控制各模次之间的相位关系。

多模喇叭馈源又分多喇叭多模馈源和单口径多模馈源，由于多喇叭多模馈源[5]的比较器系统复杂因而很少采用，现在常用的是单口径多模馈源[5]。单口径多模馈源主要有方口径多模馈源和矩形口径多模馈源，其中方口径多模馈源既可用于线极化也可用于圆极化；矩形口径多模馈源则多用于线极化。单脉冲天线中多采用方口径多模馈源，其优点是交叉极化低，无须进行收/发转换而实现收/发共用（圆极化应用），且可实现和差同时圆极化。

单脉冲方口径多模馈源是一种高性能的单脉冲馈源。对于和模，需要对其中的 TE_{30}、TE_{12} / TM_{12} 对 TE_{10} 的模比（理想的模比均为实数，即要求各通道的高次模与基模在口径面上同相）进行适当控制，以得到等化（各个方向相同）的口径场分布，那么用它馈电的卡塞格伦天线增益可以比一般五喇叭主模馈电的单脉冲天线增益要高，并可使和波束达到最佳时两个差波束也能得到兼顾。单脉冲方口径多模馈源比其他单脉冲多模馈源的结构简单、紧凑、损耗小、遮挡效应也小。

单孔径十一模馈源的性能最理想，可以使和、方位差、俯仰差三个波束同时达到最佳。和通道的多模为 TE_{10}、TE_{30} 和 TE_{12}/TM_{12}；方位差通道的多模为 TE_{20} 和 TE_{22}/TM_{22}；俯仰差通道的多模为 TE_{11}/TM_{11} 和 TE_{13}/TM_{13}。

单脉冲矩形孔径多模馈源[2]是一种高性能的单脉冲馈源，其单孔径十一模馈源的性能最理想（见图 5.19），用它给阵面或反射面天线馈电，可以使和、方位差、俯仰差三个波束同时达到最佳。这种馈源在结构上由三部分组成：

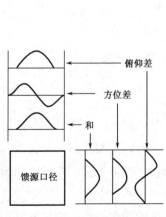

图 5.18 理想馈源口径场分布

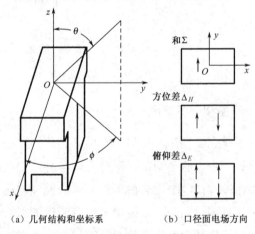

(a) 几何结构和坐标系　　(b) 口径面电场方向

图 5.19 单孔径十一模馈源

（1）单脉冲和差网络，用以提供三个单脉冲通道；

（2）多模激励器，用以产生一定幅度的高次模；

（3）配相段，保证各模在馈源口径面上有适当的相位关系。

图 5.19 所示的单脉冲矩形孔径多模馈源，共有 11 个工作模。和通道的多模为 TE_{10}、TE_{30} 和 TE_{12}/TM_{12}；H 平面差通道的多模为 TE_{20} 和 TE_{22}/TM_{22}；E 平面差通道的多模为 TE_{11}/TM_{11} 和 TE_{13}/TM_{13}。和通道、H 平面差通道、E 平面差通道的主平面和非主平面方向图（指幅度和相位方向图，是空间坐标中的不同切平面）的计算及程序可参考文献[6]。单脉冲多模馈源的缺点是频带较窄，一般通带频率范围约为工作频率的 15%。

在 5.3.3 节对五喇叭卡塞格伦天线性能进行了计算。表 5.1 所示为几种单脉冲馈源的性能比较，该表对采用这些馈源的天线和模增益比、差模斜率比和馈电信息漏失比的计算结果进行了比较。为了简化，将各种馈源归一化尺寸和模比的选取均以能获得最大和模增益为准，而不是各个性能指标折中考虑后的最佳尺寸。

表 5.1　几种单脉冲馈源的性能比较[2]

归一化馈源口径尺寸及 H_{30} 模对 H_{10} 模的模比	和		方位差		俯仰差	
	增益比	馈电信息漏失比	斜率比	馈电信息漏失比	斜率比	馈电信息漏失比
	0.58	0.34	0.52	0.72	0.48	0.76
（a）四喇叭						
	0.75	0.16	0.68	0.50	0.55	0.69
（b）双模双喇叭						
	0.75	0.17	0.81	0.20	0.55	0.69
（c）三模双喇叭						
	0.58	0.34	0.71	0.37	0.67	0.38
（d）十二喇叭						

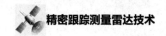
续表

归一化馈源口径尺寸及 H₃₀ 模对 H₁₀ 模的模比	和		方位差		俯仰差	
	增益比	馈电信息漏失比	斜率比	馈电信息漏失比	斜率比	馈电信息漏失比
0.41 … 0.41 … 1.38 … 1.39	0.75	0.17	0.81	0.20	0.75	0.22
	（e）三模四喇叭					

表 5.1 中参数的定义如下：

（1）增益比。增益比是指和波束最大波束指向上的增益与最大可能增益之比，最大可能增益是指主口径均匀照射且无信息漏失损失时的天线增益。

（2）馈电信息漏失比。馈电信息漏失比是指馈源辐射到主口径边缘以外区域的能量与馈源总辐射功率之比。

（3）斜率比。斜率比是指差斜率与最大可能差斜率之比，最大可能差斜率是主口径为奇对称线性分布并且无信息漏失损失时的差斜率。

（4）归一化馈源口径尺寸。归一化馈源口径尺寸为 $\dfrac{aD}{2\lambda f_e}$ 或 $\dfrac{bD}{2\lambda f_e}$，其中 a 和 b 分别为馈源口径长边和宽边的尺寸，D 为天线口径面直径，f_e 为等效焦距，λ 为工作波长。

（5）H₃₀ 模对 H₁₀ 模的模比。H_{30} 模（又称作 TE_{30} 模）对 H_{10} 模（又称作 TE_{10} 模）的模比为馈源口径处高次模 H_{30} 的电场振幅与基模 H_{10} 的电场振幅之比。

从表 5.1 中可看出，四喇叭馈源的和增益比较低、信息漏失比较大，加上和差信号无法独立控制，所以四喇叭馈源综合性能较差，这也是单脉冲跟踪测量雷达天线较少将它用作馈源的主要原因。

5.3.3 节对五喇叭卡塞格伦天线性能的计算结果表明，与四喇叭馈源相比，采用五喇叭馈源的天线，其性能有了较大改进；和波束的最大增益系数 $g \approx 0.7$，比四喇叭馈源提高了约 20%，已经接近多模馈源的水平。五喇叭馈源的和喇叭与差喇叭不共用，两者的尺寸可以分别进行调整，因此五喇叭馈源在一定程度上改善了和差矛盾。另外五喇叭馈源网络非常简单，所以五喇叭馈源在单脉冲天线中得到了广泛的应用。

双模双喇叭馈源，可以看作是四喇叭馈源去掉四喇叭馈源 E 平面隔板后的结果。每一个喇叭均能且只能传输两种波型，即 TE_{10} 模和 TE_{20} 模。从表 5.1 中可以看出其性能较四喇叭馈源有所改善，但是俯仰差模性能仍不太好，其优点是结构简单，适用于焦距短的场合。

三模双喇叭馈源，它的每一个喇叭均能且只能传输 TE_{10} 模、TE_{20} 模和 TE_{30} 模三种波型，通常通过适当选取其 H 平面口径尺寸使得差斜率最大，再通过适当选取 TE_{10} 模和 TE_{30} 模之间的模比，使得和增益最大。因此它的和增益与 H 平面的差模性能均较好，但是俯仰差模性能仍很差，它主要用于要求短焦距的场合。

十二喇叭馈源采用中间四个喇叭作为和口径，方位差与俯仰差分别用相应的八个喇叭作为差口径；这样较好地解决了和、方位差与俯仰差模有效激励口径的问题，三个模的性能均较好，和、方位差与俯仰差矛盾小。但是这种馈源的合成网络系统太复杂，加上这种馈源的和增益效率低（与四喇叭相同），因而限制了十二喇叭馈源的应用。

三模四喇叭馈源，它的两个平面都能独立控制。从表 5.1 中可以看出这种馈源三个通道（和、方位差、俯仰差）的性能均比表 5.1 中其他馈源和五喇叭卡塞格伦天线馈源的好，而且与理想馈源的性能很接近。当然，在 E 平面其激励形状还不够理想。它的结构比十二喇叭馈源的简单、比单口径多模喇叭馈源的复杂，但是没有单口径多模喇叭馈源因需要控制数目较多的模式而带来的困难。与经典四喇叭馈源相比，其和增益大，差斜率也增大，而和模馈电信息漏失比与差模馈电信息漏失比分别减少到四喇叭馈源的 1/2 和 1/4。

为了更好地解决和差矛盾，改善馈源方向图，提高天线系统效率，有时必须采用另一些馈源形式。例如，多模圆锥喇叭、波纹圆锥喇叭等，可以得到幅度与相位特性圆对称的方向图，且波纹喇叭的工作频带较宽，但其结构复杂、加工制造比较困难。

5.4　单脉冲空间馈电相控阵天线技术

单脉冲空间馈电相控阵天线（简称空馈相控阵天线）同时具备了单脉冲精密跟踪、相控阵电扫搜索和跟踪的优点，它可以在精密跟踪的同时进行大范围目标搜索并对多批目标进行跟踪测量，从而得到越来越广泛的应用。本节介绍几种常用的空馈相控阵天线的馈电方式，着重讨论空馈相控阵天线的效率，介绍空馈相控阵天线馈电方式设计与阵面和单元设计，最后给出设计举例。

5.4.1　概述

从 20 世纪 60 年代初期开始，美国的 RCA 等几家公司就开始了用于跟踪测量雷达的电扫技术，特别是对相控阵天线的研究，如美国的 REST 试验相控阵、螺旋单元试验阵列及后来的 MOTR 雷达天线、MIR 雷达天线，法国汤姆逊公司的环栅阵等。

单脉冲相控阵天线多采用空馈方式，图 5.20～图 5.23 是几种常用的空馈相控阵天线。图 5.20 所示为透镜式球面波空馈相控阵天线，其馈源直接对透镜式阵面馈电。在发射时，馈源发出的射频能量形成一个球面波，由位于馈源一侧的收集阵面单元接收并传送给移相器后，再传送给辐射阵面单元，最后由辐射阵面单元将射频信号发射出去；接收过程相反。控制阵面中每个移相器的相位就可使得天线波束指向所需要的方向，从而实现天线波束的电扫。

图 5.21 所示为一种反射式空馈相控阵天线，这种天线的馈源对反射式阵面馈电。在发射时，馈源发出的射频能量由位于馈源一侧的阵面单元接收并传送给移相器后，由短路器反射回来，再一次经过移相器传送给阵面单元，最后由阵面单元将射频信号发射出去；接收过程相反。控制阵面中每个移相器的相位就可使得天线波束指向需要的方向。

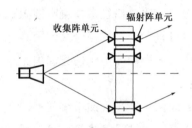
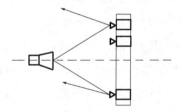

图 5.20　透镜式球面波空馈相控阵天线　　　　图 5.21　反射式空馈相控阵天线

图 5.22 所示为一种球面波到平面波转换的空馈相控阵天线。这种天线的馈源对一个球面状的收集阵面馈电。在发射时，馈源发出的射频能量由球面状的收集阵面单元接收并经电缆传送给移相器后，再经移相器传送给辐射阵面单元，最后由辐射阵面单元将射频信号发射出去；接收过程相反。控制阵面中每个移相器的相位就可使得天线波束指向所需要的方向。

图 5.23 所示为一种透镜式平面波空馈相控阵天线。这种天线的馈源和反射面共同组成了一个馈电系统对透镜式阵面馈电。在发射时，馈源发出的射频能量经过反射面反射后形成平面波辐射到空馈相控阵天线一侧的收集阵面上，经收集阵面单元接收后传送给移相器，再传送给辐射阵面单元，最后由辐射阵面单元将射频信号发射出去；接收过程相反。控制阵面中每个移相器的相位就可使天线波束指向所需要的方向。

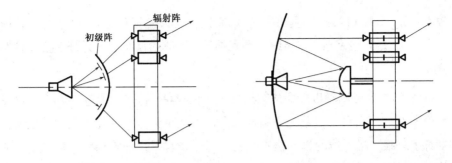

图 5.22　球面波到平面波转换的空馈相控阵天线　图 5.23　透镜式平面波空馈相控阵天线

5.4.2　单脉冲空间馈电相控阵天线效率

空馈相控阵天线系统一般是无源相控阵系统，因此，系统链路中的损耗和天线效率关系到整个雷达系统的作用距离及天线尺寸的选定。反射式和透镜式球面波空馈结构简单但纵向尺寸大、效率低；球面波到平面波转换的空馈结构和透镜式平面波空馈结构效率高，没有接收单元的方向性损失，而且纵向尺寸小但结构较复杂。上面几种馈电方式的效率以透镜式平面波空馈和球面波到平面波转换的空馈相控阵天线为最高，其次是透镜式球面波空馈相控阵天线，而反射式空馈相控阵天线效率最低。从图 5.20～图 5.23 可以看出，在采用反射式和透镜式球面波空馈结构时，收集阵单元的法线方向并不都对准馈源来波方向，这样就会因接收阵单元方向性而造成接收信息漏失损耗[5]；对于小扫描范围（单元间距较大，单元数较少）的天线，由于单元方向性系数大，这个损失将会比较大。在球面波到平面波转换的空馈和透镜式平面波空馈结构中，每一个收集阵单元法线方向都对准馈电来波方向，所以就没有这个损失；但是球面波到平面波转换的空馈结构中，由于中间需要电缆连接，因此会产生不稳定性和电缆损耗，故在设计中必须予以考虑。

空馈相控阵天线的增益可以用类似于反射面天线的方式表示

$$G = \eta \frac{4\pi A_{\mathrm{r}}}{\lambda^2} \tag{5.32}$$

式（5.32）中，A_{r} 是空馈相控阵天线的口径面积，λ 是工作波长，η 是空馈相控阵天线效率，它包括了移相器插入损耗等在内的所有有功和无功损耗，可以表示如下

$$\eta = \eta_1 \eta_2 \eta_3 \eta_4 \eta_5 \eta_6 \eta_7 \eta_8 \eta_9 \eta_{10} \eta_{11} \eta_{12} \eta_{13} \tag{5.33}$$

从空馈相控阵天线效率的组成来看，影响空馈相控阵天线效率的因素比一般面天线要多得多，其中 η_1 是馈电漏失效率；η_2 是收集阵单元利用效率；η_3 是辐射阵单元利用效率；η_4 是馈电照射遮挡效率；η_5 是失配效率；η_6 是收集阵单元方向性漏失效率；η_7 是极化失配效率；η_8 是幅相起伏损耗；η_9 是辐射口径利

用效率；η_{10} 是移相器插入损耗；η_{11} 是单元位置公差损耗；η_{12} 是辐射口径面遮挡效率；η_{13} 是其他因素（如天线罩插入损耗）造成的损耗。更详细的论述请参见文献[7]。

从图 5.24 中可以看出阵面焦径比为 1（即 $f/D=1$）时，天线单元方向性漏失效率约为 0.85，而且天线单元方向性越高，天线单元方向性漏失效率值越大；这一点对于有限扫描天线的设计是不利的。因为在有限扫描阵列中，往往采用的是大单元，其方向性系数比较大；因此如果采用透镜式球面波空馈结构，单元方向性漏失效率值就会比较大。因此，有限扫描阵列馈电方式更适宜采用没有单元方向性漏失效率值的透镜式平面波空馈结构，或球面波到平面波转换的空馈结构。

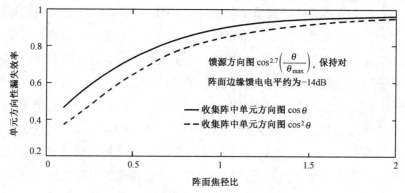

图 5.24　收集阵单元方向性漏失效率与阵面焦径比的关系

透镜式球面波空馈相控阵天线的总效率一般为 0.15～0.35，透镜式平面波空馈相控阵天线的总效率为 0.25～0.45。表 5.2 给出透镜式平面波和球面波空馈两种情况下效率的典型值。

表 5.2　典型空馈相控阵天线各项效率的计算结果

各 种 效 率	透镜式平面波空馈结构/dB	透镜式球面波空馈结构/dB
馈电漏失效率	−0.4	−0.3
馈电照射遮挡效率	−0.1	−0.0
收集阵单元利用效率	−0.60	−0.60
失配效率	−0.15	−0.15
极化失配效率	−0.15	−0.15
收集阵单元方向性漏失效率	0	−1.0
辐射口径利用效率	−0.9	−0.9
辐射阵单元利用效率	−0.60	−0.60
幅相起伏损耗	−0.2	−0.15
单元位置公差损耗	−0.10	−0.10

各 种 效 率	透镜式平面波空馈结构/dB	透镜式球面波空馈结构/dB
辐射口径面遮挡效率	-0.1	-0.0
移相器插入损耗	-1.0	-1.0
天线罩插入损耗	-0.3	-0.3
总　　　计	-4.5	-5.25

5.4.3 单脉冲空间馈电相控阵天线馈电方式设计

空馈相控阵天线馈电方式的选取主要取决于馈电效率（增益）及副瓣电平要求、天线瞬时带宽要求、雷达对天线结构的要求三个方面。

跟踪测量雷达为了实现完整的半球覆盖和多目标跟踪，需要将天线安装在两维精密转台上，因此天线的质量和尺寸对伺服驱动和传动系统的性能影响很大；天线的口径尺寸是由跟踪测量雷达的作用距离所决定的，所以缩小空馈相控阵天线的纵向尺寸、减小天线的质量是设计的重要内容。考虑到跟踪测量雷达的特点和波束的对称性，其阵面一般设计成圆形平面阵。

反射式空馈相控阵天线结构虽然简单但纵向尺寸大、馈电效率低，这种馈电方式是空馈相控阵天线早期应用较多的一种形式。在跟踪测量雷达天线中，单脉冲馈线网络比较复杂和笨重，且尺寸较大，因而在反射式空馈系统运用中存在安装困难、有馈源遮挡等问题，并且存在反射副瓣，所以这种馈电方式不适合跟踪测量雷达天线，一般不考虑采用。

球面波到平面波转换的空馈相控阵天线没有接收单元的方向性损失，这种空馈方式是一种等长馈电方式，瞬时带宽宽，纵向尺寸小，不存在馈电遮挡；但结构及连接较复杂，尤其是对具有成千上万个移相单元的相控阵收集阵单元与辐射阵单元之间的连接更是不可想象得困难；另外，电缆的损耗也影响馈电效率，其电缆连接在空馈相控阵天线的工作过程中还存在稳定性问题。因此，在跟踪测量雷达天线中不采用这种馈电方式。

透镜式球面波空馈相控阵天线没有接收单元的方向性损失，不存在馈电遮挡且结构简单，副瓣电平可以较低，最低达到-29dB。这种空馈方式是一种窄带馈电方式，瞬时带宽较窄，且纵向尺寸较大；窄带应用的跟踪测量雷达天线常采用这种馈电方式。

透镜式平面波空馈相控阵天线没有接收单元的方向性损失，它是一种等长馈电系统，其馈电系统瞬时带宽很宽；可以通过控制馈电天线的口径分布来控制辐射阵面的口径幅度分布，纵向尺寸可以很短。它的缺点是存在馈电遮挡，因此天线副瓣电平不可能很低，最低只能达到-27dB 左右。这种馈电方式对跟踪测量雷

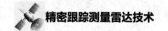

达天线是最适用的。

1. 透镜式球面波空馈系统的设计

首先根据增益、波束宽度要求和表 5.2 估算的效率计算出阵面大小。假设天线阵面为圆形平面阵，其增益要求为 G，由表 5.2 估算的天线总效率为 η，则阵面直径 D 可由下式得出，即

$$D = \frac{\lambda}{\pi}\sqrt{\frac{G}{\eta}} \qquad (5.34)$$

式（5.34）中，λ 是工作波长。选取焦距 f（f 是馈源到阵面的距离），阵面的焦径比 f/D 一般选取为 1。这里需要注意的是，焦径比太大意味着天线系统的纵向尺寸太大，而焦径比太小则单元方向性漏失损失大。

除根据焦径比 f/D 确定馈源口径尺寸之外，选取馈源口径尺寸还应考虑副瓣电平的要求和馈电漏失损失。一般情况下选择馈源对阵面边缘的照射电平为-13～-10dB，这时馈电截获效率（漏失损失）约为 0.9。

假定馈源方向图为 $F_k(\theta,\varphi)$，第 i 个阵面单元的坐标是 (x_i, y_i)，那么该阵面上第 i 个阵面单元的电场幅度分布可用下式表示

$$E_i = F_k(\theta_i, \varphi_i)\frac{f}{\sqrt{f^2 + x_i^2 + y_i^2}} \qquad (5.35)$$

式（5.35）中，$\theta_i = \arcsin\left(\dfrac{\sqrt{x_i^2 + y_i^2}}{\sqrt{f^2 + x_i^2 + y_i^2}}\right)$，$\sin(\varphi_i) = \dfrac{y_i}{\sqrt{x_i^2 + y_i^2}}$，$\cos(\varphi_i) = \dfrac{x_i}{\sqrt{x_i^2 + y_i^2}}$，其中，$(x_i, y_i)$ 为单元位置。

由此可以计算出阵面辐射方向图。

由于透镜式球面波空馈系统中馈源的相位波前是一个球面，收集阵面是一个平面阵，馈源到每个阵面接收单元的路径长度不一样，各单元的路径差远大于一个波长，如不进行相位补偿就不可能同相合成，且移相器仅能对一个波长以内的差相移进行补偿，因此这种馈电方式是窄频带的。第 i 个阵面单元的相位补偿量可由下式算出

$$\Phi_i = \text{avp} - \frac{2\pi}{\lambda}\left(f - \sqrt{f^2 + x_i^2 + y_i^2}\right) \qquad (5.36)$$

式（5.36）中，均值 $\text{avp} = \sum_i \dfrac{2\pi}{\lambda}\left(f - \sqrt{f^2 + x_i^2 + y_i^2}\right)\dfrac{1}{N}$，$N$ 是单元数。

2. 透镜式平面波空馈系统的设计[8]

透镜式平面波空馈系统的设计首先要根据增益、波束宽度要求及表 5.2 所示

估算效率并按照式（5.34）计算阵面直径大小。

注意馈电天线与收集阵面的距离不要太长以保证馈电幅度和相位的平坦性[8]，其馈电天线的口径一般与接收阵面的口径一样。馈电天线和馈源的设计与典型单脉冲面天线的设计相同，选定馈源口径尺寸主要是考虑馈电漏失损失、和差矛盾和功率容量，一般情况下选择馈源对阵面边缘的照射电平为-13～-10dB。

假定馈源方向图为 $F_k(\theta,\varphi)$，第 i 个阵面单元的坐标是 (x_i,y_i)，那么阵面上第 i 个阵面单元的电场幅度分布可用计算馈电天线对应位置 (x_i,y_i) 处的电场幅度分布。由此可以计算出阵面辐射方向图。

从图 5.25 可以看出，透镜式平面波空馈系统中馈电系统的波前是一个平面，收集阵面也是一个平面阵，馈源到收集阵单元的路径长度是一样的，因此不用进行相位补偿所有单元也可同相合成，即使有相位差也只是由于加工公差、安装公差、反射和绕射及单元的不一致性、单元互耦等引起的误差，因此这种馈电系统是宽带的。

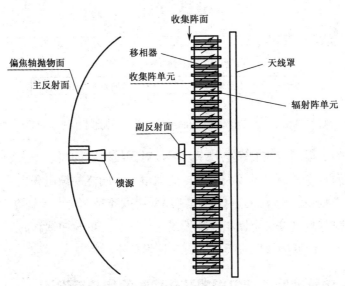

图 5.25　透镜式平面波空馈系统示意图

空馈天线一般与典型单脉冲面天线的设计是相同的，通常采用双反射面天线。给相控阵阵列馈电的双反射面天线包括单脉冲馈源、主反射面和副反射面三个部分。双反射面天线作为相控阵阵面能量的分配器，主要为天线阵面提供合适的幅相分布，省去复杂的馈电网络。这种透镜式平面波空间馈电方式可以避免喇叭直接对阵面馈电时所产生的接收单元方向性漏失损失，从而提高了馈电效率（大约 1dB）。这种馈电系统还可以通过控制馈电天线的口径场得到所需的阵面幅度分布。馈电方式中副反射面的遮挡，给低副瓣电平的实现增加很大的难度。从图 5.26 中可以看出，假设采用 35dB 的泰勒加权照射分布，当副反射面直径与主反射面直径比为 0.1 时，由副反射面造成的第一副瓣电平约为-34.22dB，而 35dB 的泰勒加权照射分布本身由于幅相误差的影响，使得第一副瓣电平抬高到-30dB，那么最终合成得到天线的第一副瓣电平约为-25.8dB。因此，如果要求天线副瓣电平在-25dB 以下，则副反射面直径与主反射面直径比不能大于 0.1。

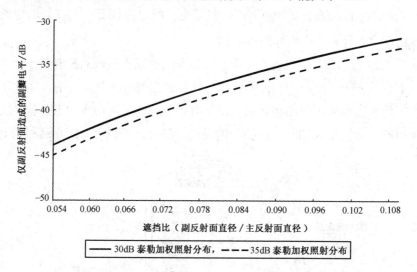

图 5.26　采用 30dB 和 35dB 泰勒加权照射分布时仅副反射面造成的第一副瓣电平

　　另外，为了提高天线的馈电效率以满足对天线增益的要求，人们会采用多模馈源，但因为多模馈源口径较大（同样的馈电角，同样的馈电漏失损失，单模馈源口径小），为了避免馈源的遮挡，可考虑采用偏焦轴抛物面天线[9]。

　　在精密跟踪测量雷达空馈相控阵天线的设计中，单脉冲馈源的设计选取与一般单脉冲天线中馈源的选取是类似的，在这里就不再重复。

5.4.4　单脉冲空间馈电相控阵天线阵面和单元设计

　　单脉冲空间馈电相控阵天线阵面和单元的设计与普通相控阵天线的设计大部分是相同的，普通相控阵天线的设计理论和分析方法可以用于单脉冲空间馈电相控阵天线的设计仿真中。

　　在单脉冲空间馈电相控阵天线的设计中，需考虑跟踪测量雷达天线的特点，其阵面一般设计成圆形平面阵，由于阵面的法线（轴线）在雷达工作过程中相对于大地坐标是不断运动变化的，所以设计扫描范围通常是以阵面的坐标进行考虑的。典型的设计是将阵面法线（轴线）为轴的圆锥区域作为设计扫描范围，如要

184

求扫描范围为相对法线±30°圆锥区域（亦即 60°的圆锥区域）。

在单脉冲空馈相控阵天线中，单元的选取与设计是非常重要的，它关系到天线的效率（增益）、匹配和扫描性能。对于单脉冲空馈相控阵天线阵列的收集阵而言，阵列中单元的选择主要关系到收集阵的接收效率（即单脉冲空馈相控阵天线阵列的传输效率）、阵面的幅相分布、极化特性等性能。而对于辐射阵，间距越大辐射阵列单元波瓣越窄（增益越高），且阵列中单元间的互耦效应较弱，但扫描后，天线效率及差波瓣性能下降较多，所以要综合考虑，以选择合适的阵列单元。

1. 单元设计

单脉冲空馈相控阵天线最常用的辐射单元是偶极子和开口波导辐射器、介质单元和波导裂缝，工作在 C 波段及其以上的单脉冲空馈相控阵天线常用开口波导、介质单元作为辐射单元。选用何种形式的天线阵列单元，主要是参考天线的极化、与移相器的匹配安装形式、工程实现的难易程度、功率容量等几个方面的因素来考虑。如果用二极管移相器，天线阵列单元一般采用偶极子；如果用线极化铁氧体移相器，天线阵面单元则多采用矩形开口波导，因为它具有极化纯度高（即同一截面上只存在一种极化）和极化面稳定的特点。采用圆极化铁氧体移相器，天线阵面单元可采用方波导、圆波导或介质单元；对于大扫描范围的天线阵列，为了工程结构上安装的方便，多采用圆波导或介质单元。图 5.27 所示为介质加载圆波导的实验天线阵列中单元排列的示意图，这是一个 C 波段扫描 60°圆锥区域的实验天线阵列。图 5.28、图 5.29 是其中心单元阵列中的实测方向图。

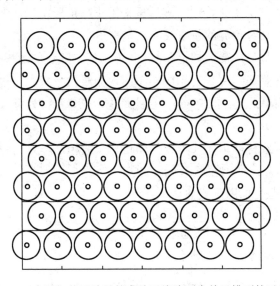

图 5.27　介质加载圆波导的实验天线阵列中单元排列的示意图

对工作在 C 波段的圆极化跟踪天线多采用圆极化铁氧体移相器，因为频率高于 3GHz 时铁氧体移相器的损耗比二极管移相器的小，且功率容量大，这时采用圆波导或介质单元与移相器的连接非常方便。对于各种阵面单元的设计，以往很多资料都有详尽的论述[8,10]。

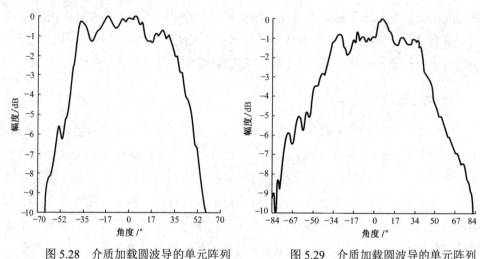

图 5.28　介质加载圆波导的单元阵列　　　　图 5.29　介质加载圆波导的单元阵列
实测方向图（方位向）　　　　　　　　实测方向图（俯仰向）

2. 规则排列的空馈相控阵天线阵面设计

在规则排列的空馈相控阵天线的设计中，对于圆锥形扫描区域的阵面，三角形排列方式是最适合的，这种排列方式将使每单位面积上的单元数最少。为了使得阵面单元具有最佳圆极化特性，应尽量采用正三角形排列。为了降低天线的远区副瓣电平，阵面边缘单元的包络线应尽量平滑。

在同样不出现栅瓣的最大扫描角时，正方形栅格阵元的面积是 d^2，而正三角形排列的阵元面积为 $2d^2/\sqrt{3}$。对于同样不出现栅瓣的区域，三角形排列所需单元数仅为正方形排列单元数目的 0.866，也就是说，三角形排列可以减少约 13% 的单元数。

空馈相控阵天线阵面单元（阵元）间距与一般相控阵天线的设计一样，对于最大扫描角为 $\theta_{\max}$、半波束宽度为 θ_B、采用正三角形排列的天线阵面（如图 5.30 所示），其阵元间距可以用下式估算

$$d_y \leqslant \frac{\lambda_h}{1+\sin(\theta_{\max}+\theta_B)}, \quad d_x = \frac{2}{\sqrt{3}}d_y \qquad (5.37)$$

式（5.37）中，λ_h 是最高工作频率所对应的自由空间波长。所需单元数估算如下

$$N = \frac{A_r}{\text{阵元面积}(2d^2/\sqrt{3})} \qquad (5.38)$$

式（5.38）中，A_r 为辐射阵口径面面积。

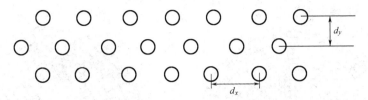

图 5.30　正三角形排列的天线阵面

3. 有限扫描非周期性环栅阵列设计

由于非周期性天线阵列可以采用较大的单元，对于相同的扫描角，阵列所需的单元数要比规则栅格少。而单元数少对于相控阵雷达天线而言好处很多，如可使天线阵列质量小；单元间距大，结构易实现；移相器总的激励电流小，从而对供电的需求量降低，通风散热好；制造成本低，等等。当然，最终采用何种设计还取决于对空馈相控阵天线的要求。阵元面积与最大扫描角之间的关系如图 5.31 所示，当最大扫描角小于 20° 时，非周期性排列阵列有着显著的

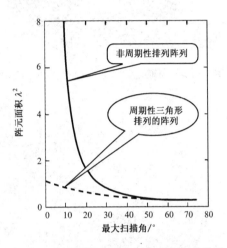

图 5.31　阵元面积与最大扫描角之间的关系

优点；当最大扫描角超过 40° 时就没有优点了；在 20°～40° 范围内，非周期性排列阵列的优势不明显，而从其他方面考虑则可能选用规则栅格排列。

采用电尺寸很大的单元并将单元进行非周期性排列，可以避免形成栅瓣效应或压低栅瓣电平，图 5.32 所示为径向等间距排列的非周期性环栅阵列，图 5.33 所示为不等尺寸单元排列的非周期性环栅阵列，图 5.34 所示为扇形组件组成的非周期性环栅阵列。虽然图 5.32、图 5.33 和图 5.34 在整体上是非周期性的，但局部上是近似周期性的，其局部的周期性也会产生残余栅瓣电平。栅瓣电平是与阵面单元数成反比的（近似约为 10/N），不扫描时辐射单元较高的方向性也会进一步压低栅瓣电平。

非周期性环栅阵列单元大小的选择取决于扫描范围的要求和在最大扫描角上所允许的增益下降值，扫描角度通常取为环栅阵列单元的半功率波束宽度。单元数可以用总面积和单元面积之比来估算，并可以依据其大小来估计残余栅瓣电平（如图 5.35 所示）；如果残余栅瓣电平太高，可以采用更多的单元，也可以采用单

元面积小一些的单元。减少单元面积意味着增加单元数和提高扫描范围内的增益，以及降低残余栅瓣电平。

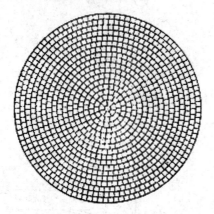

图 5.32　径向等间距排列的非周期性环栅阵列

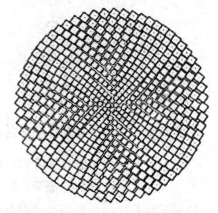

图 5.33　不等尺寸单元排列的非周期性环栅阵列

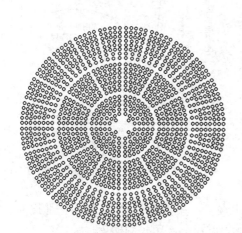

图 5.34　扇形组件组成的非周期性环栅阵列

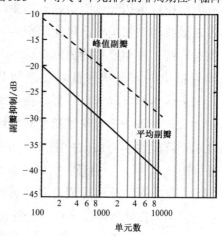

图 5.35　非周期性阵列的残余栅瓣电平

图 5.34 所示的扇形阵列是一个直径 61.5λ 的阵面[11]，其圆平面内所有单元排成 21 个同心环，为了结构上安装方便将整个阵面分成了 40 个扇形插箱。辐射阵和收集阵是一样的。整个阵面共有 1380 个移相器。通过图 5.36 所示的扇形阵列理论仿真阵列方向图和单元方向图可以看出，即使单元间距达到了 1.3 个波长以上，而且存在结构上分块造成的子阵效应，扫描 10° 后，这种排列仍将阵列方向图的栅瓣抑制在-15dB 以下。事实上，加上单元方向图的作用，理论上该天线的栅瓣可被抑制在-24dB 以下；不扫描时栅瓣被抑制在-35dB 以下。

4. 误差及单元失效分析

空馈相控阵天线中误差和单元失效是影响天线性能的重要因素，因此在设计时必须加以考虑，以便对产生误差和失效的各个因素及器件提出公差控制要求。

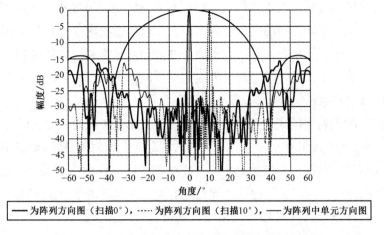

— 为阵列方向图（扫描0°），⋯⋯为阵列方向图（扫描10°），— 为阵列中单元方向图

图 5.36　扇形阵列理论仿真阵列方向图和单元方向图

1）误差分析

透镜式平面波空馈相控阵天线的误差主要来源于馈电天线的幅相误差、移相器的幅相误差及单元的位置误差等。对于空馈相控阵天线，幅度误差是无法修正的，只能优化设计馈电天线和阵面及它们之间的距离，尽量减少幅度起伏。而空馈相控阵天线的相位误差、单元的相位误差、移相器的插入相位误差是可以通过测量后进行补偿修正的。但是移相器的相位控制误差、波束控制（波控）电路的量化误差等是无法修正的。因此在进行天线系统设计时，对有些误差可以适当放宽要求，而对有些误差必须严格控制，否则会影响天线指标。移相器的量化误差会产生量化副瓣和波束指向误差，采用合适的馈相方法可以减少它的影响。

移相器量化误差产生的波束指向误差可以用下式估算（均方根值），即

$$\bar{\Delta} = \frac{\sigma_{\mathrm{h}}}{\pi} \frac{2}{\sqrt{N}} \theta_{\mathrm{B}} \qquad (5.39)$$

式（5.39）中，σ_{h} 是均方根量化误差，θ_{B} 是天线半功率波束宽度，N 为单元数。

2）单元失效分析

空馈相控阵天线单元的失效是一个比较复杂的问题，因为单元之间的控制电路是相互关联的，经常是一个电源对多个移相器供电，如果一个移相器控制电路或激励电路发生故障，很可能影响到其他移相器；因此实际一个单元的失效往往不是孤立的，有时一个单元移相器电路的失效会影响到整个空馈相控阵天线的工作。在这里为了易于分析，假定各个单元的控制是相互独立的，即单元的失效是互不影响的；且假定失效单元是随机均匀分布的。

对于采用铁氧体移相器的空馈相控阵天线而言，一个单元失效了往往并不代

189

表这个单元不参与整个天线阵面的工作，也就是说这个单元并不是没有能量辐射；因为铁氧体移相器的主体铁氧体棒是不易损坏的，失效的原因大多是控制电路或者激励电路损坏造成的。移相器本身仍可以传输射频信号，其损耗也并不会急剧增大，它的作用相当于一个介质填充的波导，只是通过它的射频信号的相位不受控制。这样带来的问题是对于天线扫描性能的影响很大，而对于不扫描时的天线性能影响不大。

图 5.37 所示为透镜式平面波空馈相控阵天线单元失效时和无失效时的方向图变化，表 5.3 为透镜式平面波空馈相控阵天线单元失效时的计算结果。可以看出，由于失效单元的出现，当透镜式平面波空馈相控阵天线进行波束扫描时，在 0° 即天线法线方向出现了失效栅瓣，并且随着失效单元的增加急剧升高，天线扫描后的增益快速下降。失效栅瓣可用下面的公式估算出来，其估算值略高于实际值，即

$$SL = 20\lg\left(\frac{p}{1-p}\right) \tag{5.40}$$

式（5.40）中，p 是单元失效率。

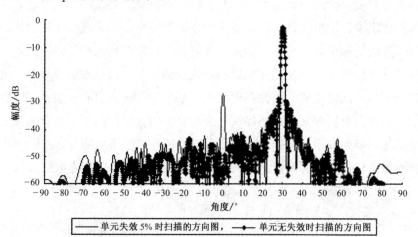

图 5.37　透镜式平面波空馈相控阵天线单元失效时和无失效时的方向图变化

表 5.3　透镜式平面波空馈相控阵天线单元失效时的计算结果

扫描角 失效率/%	扫描 0° 增益下降 （与无失效不扫描时 相比）/dB	扫描 10° 增益下降 （与无失效扫描 10° 相比）/dB	扫描 30° 增益下降 （与无失效扫描 30°时 相比）/dB
失效　5	0.1	0.45	0.45
失效　10	0.15	0.9	0.91
失效　15	0.23	1.438	1.44

由上面的分析可以看出，波控电路的准确性、稳定性对空馈相控阵天线是至关重要的，波控系统的控制失误对于采用铁氧体移相器的空馈相控阵天线影响更大，造成的性能下降更严重。

5.4.5　单脉冲空间馈电相控阵天线的设计举例

1. 球面波到平面波转换的空馈相控阵天线

Patton W.[12]研究了一种非周期性排列的有限扫描阵列，采用的是球面波到平面波转换的空馈相控阵天线（见图 5.22），该天线阵列主阵面采用的是等面积单元非周期性排列。它的馈源系统是一个传输透镜，收集阵（初级阵）是一个球形阵面称为初级阵面，辐射阵是一个平面。初级阵面的球面曲率使得透镜的焦距缩短，而且馈源到接收单元的路程相同，因此该阵列可以安装在精密双轴转台上。

这种阵列的馈源相位中心放在初级阵面的曲率中心，等长度的电缆将收集阵单元接收到的射频能量同相传送到辐射阵；辐射阵的幅度分布取决于初级馈源喇叭的照射。

Patton W.[12]研究了一种 C 波段扫描范围为±5°、直径为 9.144m 的球面波到平面传输的透镜阵列。若按照一般规则排列阵列的设计方法，该阵面约需 27000个单元，而利用圆形环栅阵列排列仅需 1000 对移相器。它的初级阵面是直径为3.048m 的球面，多模馈源相位中心安装在球面中心，馈源对球面的张角为60°，馈源和波瓣对球面边缘的馈电电平为-10dB。其馈源是一个双极化单脉冲多模馈源。两个十字交叉放置的偶极子组成一个接收阵单元，且有两个输出端口。这两个输出端口分别与（两个一组）移相器相连后再经过等长电缆分别与辐射阵单元的两个极化端口连接。辐射阵单元是由同样的 32 对十字交叉放置的偶极子组成的一个子阵。这样，该阵列就可以发射和接收任意极化的射频能量。馈源辐射到初级阵面的任意极化的场被分解为两个正交极化场，然后再经过等相位长度的馈线和移相器，传送给 32 对正交的偶极子组成的子阵，并重新形成正交的两个极化场辐射出去。这样每个单元的极化方向不必一致，而只要保证每对单元的偶极子是正交的即可，从而简化了天线单元的安装。

该阵面辐射子阵的单元间距约为 0.8λ（5.65GHz），子阵总损耗约为 1dB，两极化通道的隔离度大于 40dB。从理论上预计，总口径为 9.144m 的天线阵列的总损失为 4.21dB，总口径为 3.048m 的天线阵列的总损失为 5.94dB。天线波瓣特性仿真结果如表 5.4 所示。

表 5.4　天线波瓣特性仿真结果

天线口径尺寸/m	单元数	扫描角/(°)	最大副瓣电平/dB	最大副瓣位置/(°)	说明
3.048	100	2.5	−21	4.5	第一栅瓣
		5	−15	−7	残余栅瓣
9.144	1000	2.5	−24	1.9	第一栅瓣
		5	−20.9	−6.3	残余栅瓣

图 5.38　3.048m 实验阵列

Patton W. [12]研制的实验阵列，其辐射阵直径为 3.048m，它的排列和子阵与 9.144m 主阵中心部分完全一样，共有 6 个同心环，整个阵面共有 128 个子阵，子阵的实测效率大于 80%。图 5.38 所示为实验阵列实物照片。图 5.39 所示为直径 3.048m 的实验阵列在扫描−5°时的方向图。表 5.5 所示为实验阵列天线增益的测试结果，其中给出了在各种扫描角度时的天线实测增益。

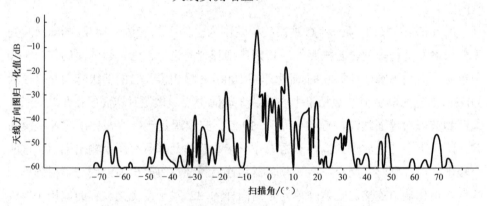

图 5.39　直径 3.048m 的实验阵列在扫描−5°时的方向图

表 5.5　实验阵列天线增益的测试结果（θ、φ 为球面坐标的二维扫描角度）

波束位置		增益/dB	增益/dB	增益/dB
θ/(°)	φ/(°)	（频率为 5.4GHz）	（频率为 5.65GHz）	（频率为 5.9GHz）
0	0	38.98	39.54	38.19
2.5	0	38.08	38.64	37.49
2.5	45	38.08	38.84	37.69
2.5	90	37.08	38.69	37.79
5	0	36.78	37.04	36
5	45	36.38	37.09	35.8
5	90	36.48	37.09	35.7

2. 透镜式平面波空馈非周期性环栅阵有限扫描阵列[11]

这里介绍一种 C 波段、扫描范围为±10°的透镜式平面波空馈非周期性环栅阵有限扫描阵列（简称该阵列天线），其辐射阵直径约为 61.5 个中心波长。这种系统是由一个单脉冲卡塞格伦天线和一个透过式有限扫描阵列组成（见图 5.40）。它的主阵面单元采用的是同尺寸单元的非周期性排列。其馈电系统是单脉冲卡塞格伦天线，收集阵和辐射阵都是平面阵，且收集阵面与辐射阵面的尺寸及排列方式一样。该馈电系统的天线的作用是形成一个平面波为收集阵提供需要的幅度分布，而收集阵单元将平面波信号接收后传送给铁氧体移相器，然后再经辐射阵单元辐射出去，因此接收单元接收到的信号是同相的，这使得该馈电系统的天线与收集阵面的距离大大缩短。

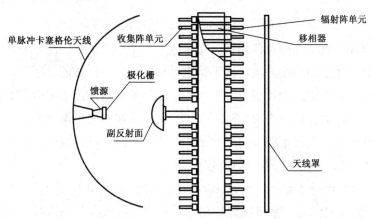

图 5.40　透镜式平面波空馈非周期环栅阵有限扫描阵列

该馈电系统的天线是一个单脉冲卡塞格伦天线，其主反射面是一个抛物面，它的口径与该阵列天线相同；副反射面是一个双曲面，其馈源为一个单口多模馈源，采用极化罩来实现圆极化。馈源共有四个通道，即一个发射通道和三个接收通道（和、方位差、俯仰差）。该馈电系统天线的设计和普通单脉冲反射器天线的设计一样。

该阵列天线单元排列如图 5.34 所示，其辐射阵和收集阵是一样的。整个阵面共有 1380 个移相器，分别有 1380 个收集阵单元和 1380 个辐射阵单元与之相连。直径为 61.5λ 的圆平面内所有单元排成 21 个同心环。为了结构上的安装方便，将整个阵面分成了 40 个扇形插箱。

透镜式有限扫描阵列中的收集阵单元和辐射阵单元是通过一个 6 位双模圆极化铁氧体移相器一一对应进行连接的，其收集阵单元和辐射阵单元相同，都是圆波导介质管加载单元，这是一种高增益单元。由于单元少，单元间距大，单元格面积大，如果采用一般喇叭作为单元则效率低，从而导致相控阵增益降低；而采用介质加载辐射器可以提高单元增益和单元的方向性，从而提高天线效率，并抑制大单元间距产生的栅瓣效应。图 5.41 所示为非周期性环栅阵阵面不同位置单元的辐射方向图。

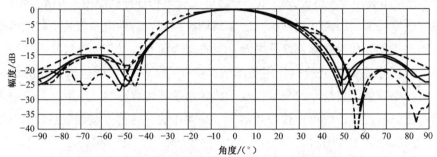

图 5.41　非周期性环栅阵阵面不同位置单元的辐射方向图

辐射阵面和收集阵面及移相器一起组成了一个微波透镜，由它来完成波束扫描，而收集阵面上的幅度分布取决于馈电系统的天线。正如前文所述，这种透镜式平面波馈电系统的最大优点是：因为馈电系统的天线到收集阵面上的每一个单元的距离相同，并且每一个收集阵面收集单元的法线与来自馈电系统天线的平面波的入射线平行，因而不存在斜入射带来的损失，还可以对馈电系统的天线进行赋形设计以得到合适的阵列天线幅度分布。

从图 5.42 和图 5.43 实测的扫描 0°和 10°的天线和方向图可以看出，扫描10°后，该天线的栅瓣电平可被抑制在-22dB 以下；天线不扫描时，栅瓣电平被抑制在-35dB 以下。这与上面所述理论的仿真结果吻合。

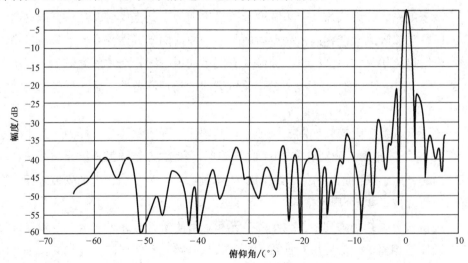

图 5.42　实测的天线和方向图（俯仰面，扫描 0°）

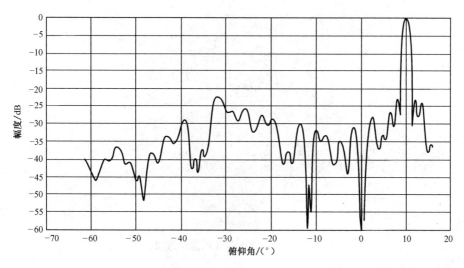

图 5.43　实测的天线和方向图（俯仰面，扫描 10°）

这种系统由于存在馈电天线副反射面的遮挡，也必然存在副反射面遮挡损失，另外，其副瓣电平也不能很低。但是随着阵面口径的增大，这个不足可以得到改善。

该阵列天线实测的波束宽度约为 1.1°。不扫描时轴向增益约 41.1dB，和波束轴向圆极化轴比约为 1.3dB。该阵列天线实测的总损失约为 4.65dB，与理论预计吻合。在扫描到±10°时，增益下降约 1.5dB，栅瓣电平小于-22dB，单脉冲差波束零值深度仍在-25dB 以下；扫描到±15°时，天线增益比法向时的下降约 2.5dB，栅瓣电平低于-18dB。

3. 透镜式平面波空馈宽角扫描阵列

下面介绍一种 C 波段、扫描范围为±30°（60°圆锥区域）的透镜式平面波空馈相控阵天线。该天线辐射阵面直径约为 3.7m，系统由一个双反射面天线和一个透镜式阵面组成，参见图 5.25。它的主阵面采用近似等边三角形排列。该馈电系统的天线是一个环焦双反射面天线，收集阵和辐射阵都是平面阵，收集阵面与辐射阵面单元一一对应。馈电系统的天线在形成一个平面波前为收集阵面提供需要的幅度分布，因此接收单元接收到的信号是同相的，收集阵面单元和辐射阵单元通过铁氧体移相器相连。

图 5.44 所示是该系统阵面单元排列示意图，它的辐射阵和收集阵是一样的。整个阵面共有 7840 个移相器，分别有 7840 个接收阵单元和 7840 个辐射阵单元与之相连。阵面上有两种移相器模块共 508 个，每 16 个移相器组成的模块有 472 个，每 8 个移相器组成的模块有 36 个。阵面上收集阵单元和辐射阵单元一一对应，且周期性地按三角形排列成一个圆形平面阵面。

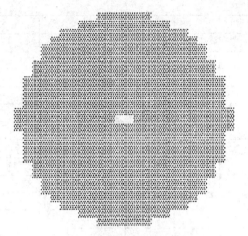

图 5.44　阵面单元排列示意图

　　为了结构上的安装方便，收集阵单元采用了高介电常数、低损耗的圆锥介质天线单元；辐射阵单元采用了圆极化性能好、扫描范围内阵中单元方向图平整的介质加载圆波导单元。其单元阵列方位向和俯仰向实测方向图分别如图 5.28 和图 5.29 所示。

　　这种系统由于存在馈电天线副反射面的遮挡也就必然存在馈电遮挡损失，且其副瓣电平也不可能很低。但是该天线将副反射面遮挡比控制在不大于 0.1 的范围，因而天线副瓣电平仍可被控制在-25dB 以内。

　　该天线实测的天线波束宽度约为 1°，不扫描时轴向增益约为 42.7dB，和波束轴向圆极化轴比约为 1.0dB；实测的总损失约为 4.2dB。在扫描到±30°时，增益下降小于 1.5dB。整个频带内最大副瓣电平小于-25dB。雷达发射机的峰值功率为 1MW，平均功率为 12kW，其法向及扫描 30°时的实测天线方向图分别如图 5.45 和图 5.46 所示。从图 5.46 可以看出该阵面存在失效单元。表 5.6 为实测的天线和波束（法向）第一副瓣电平。

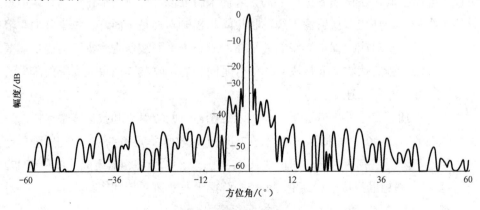

图 5.45　实测天线方向图（法向）

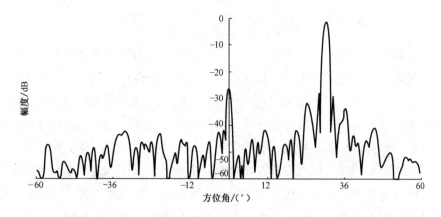

图 5.46　实测天线方向图（扫描 30°）

表 5.6　实测的天线和波束（法向）第一副瓣电平

频率	方位向第一副瓣/dB		俯仰向第一副瓣/dB	
	左	右	上	下
f_0-100MHz	-27.6	-29.5	-28.7	-29.7
f_0	-27.8	-29.6	-27.1	-30.9
f_0+100MHz	-26.9	-31	-26	-26.4

4. MOTR 雷达——透镜式球面波空馈阵列

MOTR 雷达是美国 RCA 公司为美陆军靶场生产的一种相控阵多目标跟踪测量雷达。该雷达天线系统是一种线极化透镜式球面波空馈阵列，扫描范围为 60°圆锥区域。它的天线采用了球面波空馈方式，其阵面单元为正方形栅格排列。辐射和接收单元是印制偶极子，整个阵面共有 8359 个 3 位二极管移相单元。

天线口径为 3.65m，波束宽度为 1°，口径增益为 45.6dB（不含移相器损耗、馈电漏失损失和单元方向性损失的口径增益），和波束的第一副瓣电平为-26.5dB、第二副瓣电平为-31dB，其余副瓣电平小于-38dB。

5.5　有源相控阵天线技术

有源相控阵天线是一种强制馈电、发射放大电路和接收低噪声放大电路紧邻放置于天线单元的相控阵天线。工程上通常把发射放大电路和接收低噪声放大电路等集成一体成为一个组件，然后与天线单元连接，而通常把这个组件称为 T/R 组件。

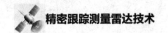

5.5.1 概述

从 20 世纪 80 年代后期开始，固态有源相控阵逐渐成为雷达系统设计的首选体制。进入 21 世纪，固态有源相控阵雷达的成功应用已为整个雷达探测领域带来一场新的技术革命。天线微波技术作为雷达的核心共性基础技术，其发展既要继承各类传统天线形式的成熟设计技术，同时也需要不断创新以适应各型应用平台（舰载、地面、机载、星载和临近空间）对天线提出的新的技术要求。

固态有源相控阵雷达系统具有精度高、多功能、高可靠性、全寿命周期成本低、维修方便等优点，可以通过增加天线阵面中的 T/R 组件的数量来增加雷达的输出功率，而不需要一味地加大单个 T/R 组件的输出功率，这使固态功率器件制造难度和成本降低；且 T/R 组件中接收支路移相器、低噪声放大器等模块处于低功率状态，馈线系统损耗低，接收支路的可靠性也因此提高。固态 T/R 组件中的发射支路非常便于模块化设计，省去了对类似电真空管的发射系统高压绝缘、X 射线保护和调制器的设计。

发射前级等可靠性计算链中的瓶颈部分均采用热备份的系统设计。固态元器件的工作电压低、寿命长，故障率低于 10^{-6}。因此该系统的平均严重故障间隔时间（Mean Time Between Critical Failure，MTBCF）值就非常大，系统的可靠性得以提高。

在固态有源相控阵雷达中，只要系统设计成功，平时只需备份一定数量的现场更换单元（Line Replaceable Unit，LRU），进行联机更换，定期检修，就可实现无人值守。到了一定的服役期，关键模块又可返厂重新翻新。不需要派许多技术人员在现场维护，售后服务的费用降低，也使得全寿命周期成本较低，这就是固态有源相控阵雷达的成本优势所在。

在相控阵雷达刚问世的 20 世纪 60 年代，由于其成本较高等原因，实际中装备量很少。到 20 世纪 80 年代，一方面，电子计算机、超大规模集成电路、固态功率器件、数字波束形成、自适应技术等不断发展，使固态有源相控阵雷达的成本大幅度下降，其性价比具有了竞争力；另一方面，由于干扰源增多，目标特性复杂，致使相控阵雷达系统的工作环境日趋恶化，因此对相控阵雷达的性能要求越来越高，相控阵雷达系统的构成越来越复杂，技术风险加大，研制费用和成本上升。而随着固态器件性能的提高，固态有源相控阵雷达逐渐具备了多功能、抗复杂电磁环境的优势。

由于固态有源相控阵雷达用到了大量的固态 T/R 组件，而只有在工程上能实现大批量生产的低成本固态 T/R 组件，固态有源相控阵雷达才会具有明显的竞争优势。

5.5.2 有源相控阵雷达天线原理

图 5.47 所示为有源相控阵雷达天线（简称有源相控阵天线）原理框图，当发射时，源信号经发射功分网络将源信号分发到各个 T/R 组件，通过可控移相器、开关到功率放大器（简称功放），然后通过环行器将发射信号送到天线单元，由天线单元将信号发射到空间，按照预定空间方向在空间合成发射波束；当接收时，天线单元接收来自空间的信号并传输到低噪声放大器，通过可控衰减器、开关、可控移相器，再经开关送到接收功分网络形成和、方位差和俯仰差信号传送至接收机。

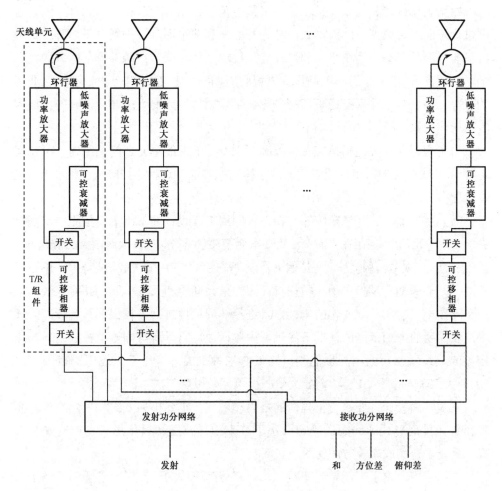

图 5.47 有源相控阵天线原理框图

5.5.3 有源相控阵天线设计

有源相控阵天线是指具有许多输入信号相位、幅度可控的天线单元按一定规律排列的阵列，通过控制天线单元的相位使得整个阵列天线向需要的空间方向辐射。有源相控阵天线的设计由于工作频率不同、雷达功能的差异及对成本要求的不同而有所不同，但设计思路大体相同，可分为天线体制选取、天线阵列规模与单元排列方案、性能参数仿真计算、单元形式的选取、详细仿真设计和验证与修正等步骤。

有源相控阵天线的设计需要的初始关键指标主要包括工作频率和瞬时带宽要求、波束宽度及形状、电扫范围（空域覆盖范围）、功率孔径积要求（发射、接收时的天线增益、总辐射功率）、系统平台和成本等其他因素要求。

根据工作频段、功率孔径积、波束覆盖范围、系统平台和成本综合等因素考虑进行阵面形式论证，阵面形式可分为平面阵和非平面阵。一般以平面阵应用最广，非平面阵多基于系统平台和特殊覆盖要求（如与平台系统共形、射频隐身、半球空域覆盖等）。平面阵也可再分为规则周期阵、密度加权阵（稀疏阵）、非周期阵等几种。对于功率孔径积而言，一般是规则周期阵的大于非周期阵的，而密度加权阵的最小。

（1）规则周期阵是指按照扫描范围要求而定的天线单元之间的距离（单元间距），将天线单元按照矩形或三角形网格排列的阵面，这种相控阵天线性能好，但单元数多、成本高。

（2）密度加权阵（稀疏阵）是指在规则周期阵设计的基础上，按照一定规律去掉一些单元。这种应用在具有窄波束要求而不要求具有相应高天线增益的情况下，其相应的天线增益与稀疏程度等比例下降，如稀疏率为50%则天线增益下降3dB。

（3）非周期阵是指采用比常规设计大的单元间距和天线单元，并将天线单元或子阵按不等的间距或变化的排列方式进行非周期性排列，在保证具有较高天线增益和需要的电扫范围的情况下尽量减少单元数。它具有与同等口径规则周期阵相当的天线增益，但副瓣性能稍有降低。这种平面阵多用于天线电扫范围有限（如最大偏轴角小于20°），需要大量减少单元数以降低成本的情况。

天线阵面设计主要是给出阵面的规模和形式、单元排列方式和单元间距，而阵面单元排列形式和间距的确定取决于波束扫描范围、极化形式、结构安装形式、系统平台和成本等方面的要求。

电扫范围决定了天线单元间距。常规相控阵天线的单元间距必须小于一个波长，通常约为半个波长，单元间距可用下式估算（在扫描时实空间不出现一定电平的栅瓣），即

$$d \leqslant \frac{\lambda_h}{1 + \sin(\theta_{s\,max} + \theta_B)} \qquad (5.41)$$

式（5.41）中，λ_h 是雷达工作频率范围的最短工作波长，$\theta_{s\,max}$ 为最大扫描角，θ_B 为主瓣宽度。

功率孔径积描述了发射和接收时的天线增益、总辐射功率的要求，它往往决定了相控阵天线的规模尺寸和天线单元数量。一般来说相控阵天线的增益可用下式估算，即

$$G = \eta N g_d \tag{5.42}$$

式（5.42）中，N 是天线单元数量；η 是天线效率系数，它与幅度相位加权值、驻波匹配、传输损耗等有关，对于有成百上千个单元规则排列的有源相控阵，一般 G 约为 0.6～0.85；$g_d = \dfrac{4\pi S_d}{\lambda^2}$ 是天线单元增益（S_d 是天线单元所占的面积，λ 是对应的工作波长）。

波束宽度取决于天线口径尺寸、工作波长和幅度相位加权值（为控制波束形状或副瓣电平而需要的天线单元输入激励强度和相位），一般对于笔形波束可用下式估算，即

$$\theta_B = k_r \frac{\lambda}{D} \tag{5.43}$$

式（5.43）中，D 是天线口径尺寸，λ 是工作波长，k_r 是与幅度相位加权值相关的系数。

目前，对于小型相控阵阵面，可以采用商用软件进行全阵仿真计算，但对于大中型相控阵阵面，由于计算量大，目前商用软件尚无法完成阵面设计的仿真。传统的做法是根据相控阵天线阵面综合理论，由研究人员编程简化计算，以对相控阵天线性能进行参数化计算分析，包括分析计算相控阵天线的收/发增益、波束扫描范围、波束宽度及形状、副瓣电平、总辐射功率、瞬时宽带频响特性等指标。

相控阵天线设计中重要的一环是天线单元（辐射单元）形式的选取和设计，它关系到整个天线的增益、副瓣电平、工作带宽、极化和电扫性能。相控阵天线最常用的辐射单元包括线形天线单元［偶极子类、宽带和超宽带常用开槽线类单元（vivaldi 单元）］、波导辐射器、介质单元和波导缝隙单元、微带贴片单元等；低频段的相控阵天线一般会选线形天线单元作为辐射单元；工作在 C 波段及其以上的相控阵天线常用开口波导、介质单元、裂缝单元作为辐射单元。选用何种形式的天线单元，主要取决于天线的极化、与移相器的匹配安装形式、工程实现的难易程度和辐射功率容量等几个因素。针对天线单元详细设计进行优化，根据具体设计结构建立小面阵模型，对其性能进行全电磁仿真评估，具体关注单元效率、单元扫描匹配性能、天线扫描增益下降、单元阵中方向图等指标，然后采用

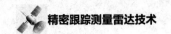

HFSS、Feko 和 CST 等商用软件实现仿真。

有源相控阵设计中重要的一环是对整个发射功分网络中发射功率驱动的匹配和接收功分网络中的回波信号放大功能。在有源相控阵天线设计中，随着阵面单元数量的增加，功分网络规模变大，功分损耗和有功损耗变大，因此在网络中需增加发射功率驱动匹配和接收信号放大功能以抵消这种损耗。增加反射功率驱动的匹配和接收信号放大功能，即将天线单元分成若干个子阵，每个子阵增加一个功率驱动器和一个接收信号放大器。

在有源相控阵天线设计中最重要的设计是 T/R 组件的设计，T/R 组件是有源相控阵天线的核心部件，其成本也占有源相控阵天线的主要部分。

5.5.4　T/R 组件技术

现代电子技术的快速发展，要求电子系统整机向着短小、轻薄和高可靠、高速、高性能和低成本的方向发展，特别是机载、舰载、弹载、星载电子装备以及民用手持与便携式电子产品，对其体积、质量和性价比的要求越来越高。而随着超大规模集成电路、MMIC 和微型化片式器件的发展和广泛应用，限制电子设备进一步实现高性能和小型化的主要制约因素已不再是元器件本身，而是其组装与封装方式。为了适应这一发展趋势，20 世纪 90 年代以来，在表面安装技术（Surface Mount Technology，SMT）的基础上，发展了新一代电子组装与封装技术，即以多芯片组件（Multi-Chip Module，MCM）为代表的微组装技术。T/R 组件作为雷达、通信系统中关键的分系统，其体积、质量、性能、成本和可靠性直接决定了电子系统各个指标。基于 MMIC，各种超大规模的数/模集成电路及其相关的 3D 互连技术，高性能的组装、封装技术，先进的 CAD 工具、测量和检测技术，材料和材料相关的制造工艺技术的快速发展，使得作为一种新型的"封装系统"——MCM T/R 组件的研制成为现实。MCM T/R 组件的特点包括构成紧凑，纵向尺寸短小；便于实现宽带性能；集成了多种功能电路，如光电路、高速数字电路、铁氧体电路及微波电路和天线单元等；每个组件可集成多个独立的 T/R 通道；具有 3D 微波多芯片组件的实现方式；可充分利用电源和控制电路，使用效率较高；适于批量生产，以及成本相对较低等。

图 5.48 所示为典型的 T/R 组件原理框图，当发射信号时，经移相器、开关、驱动放大器到功率放大器，再经环行器 1 送至天线单元发射到空间；接收信号时，将来自空间的信号经天线单元送至环行器 1、环行器 2 再经限幅器、低噪声放大器 1、衰减器、低噪声放大器 2、开关、移相器送至功分网络。

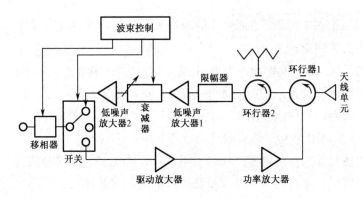

图 5.48 典型 T/R 组件原理框图

T/R 组件小型化设计主要依赖于以下几个方面。

1. 微波多层基板

随着 MMIC 和 T/R 组件在民用、军用雷达和通信系统中的广泛应用，迫切需要采用质量小、体积小（尤其受到天线网格间距的限制）、成本低和可靠性高的微波多芯片组件（Microwave Multi-Chip Module，MMCM）技术。低温共烧陶瓷（Low Temperature Co-fired Ceramic，LTCC）技术是实现 MMCM 的一种理想的组装技术，即采用微波传输线（如微带线、带状线和共面波导）、逻辑控制线和电源线的混合信号设计，将它们组合在同一个 LTCC 三维微波传输结构中；采用带状线和中间接地屏蔽层还可以改善收/发通道间的隔离度。LTCC 由多层 0.1～0.15mm 厚的、上面印刷有传输线的生坯陶瓷片组成，这种材料的介电常数 ε_r 适中（$4 \leqslant \varepsilon_r \leqslant 8$），可设计出较宽的微波传输线，其导体损耗比用硅（Si）、砷化镓（GaAs）和陶瓷材料的微波传输线更低，而且这种材料的损耗角正切值在 10GHz 频率下约为 0.002，产生的介质损耗也较低。

为了降低片式 T/R 组件的成本，减小质量和体积，采用了三维立体组装技术，这就导致组件工作温度较高。GaAs 和 Si 芯片的工作温度决定了器件功率及可靠性，其中的热传导率（热导率）是一个关键参数；现有 LTCC 材料的热导率虽低但并不适合高密度封装，国外一般采用热压氮化铝（化学式为 AlN）的多芯片陶瓷工艺技术。AlN 有着高的热导率及优良的尺寸控制精度，也可以实现多种混合信号在同一个三维微波结构中传输，但是 AlN 与 GaAs 的热膨胀系数不匹配，需要采用 GaAs MMIC 倒装芯片上纯银凸点来承受失配带来的应力。

2. MMIC

在 MMIC 的快速发展及性能提升的情况下，X 波段 T/R 组件中已经大量采用

MMIC，使得组件的组成简单而组件的成本大大降低。下面列出国外 X 波段典型 MMIC 电路的性能指标：

（1）功率放大器：功率输出为 7～12W，增益为 6～8dB/级，效率为 35%～45%；

（2）低噪声放大器：增益为 8～9dB/级，噪声系数为 0.8～1.5dB；

（3）移相器：相位误差的均方根值为 2°～4°，损耗为 3～7dB。

将 GaAs MMIC 应用于组件设计的优点如下：

（1）电路尺寸减小使得整个设备质量减小，提高了系统平台的有效载荷；

（2）具有低成本及同一电路大批量生产的良好一致性；

（3）互换时，几乎不用调整，因而降低了系统使用成本；

（4）减少了分立元件的数目，从而减少了电路内部的互连，提高了系统的可靠性；

（5）采用 GaAs 提高了抗辐射的能力。

现有的 GaAs MMIC 输入/输出形式大多是微带线形式，为了实现片式 T/R 组件三维方向上的高度集成，减小组件尺寸，国外片式 T/R 组件设计的主传输线大多采用共面波导、带状线等微波传输线，而较少采用微带线形式，而对与此对应的 MMIC 和控制芯片做出了相应的设计，以适应相应的传输线形式，其芯片安装方式也采用了倒装焊技术（Flip Chip Technology）。

倒装焊技术是一种新兴的微电子封装技术，它将工作面（有源器件面）上制有凸点电极的芯片朝下，与基板布线层直接键合。键合材料可以是金属引线或载带，也可以是合金焊料或有机导电聚合物制作的焊台。倒装焊 MMIC 芯片和其安装方式如图 5.49 所示。

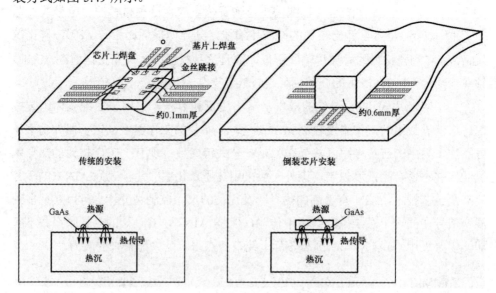

图 5.49　倒装焊 MMIC 芯片和其安装方式

与传统的引线键合相比，采用倒装焊技术的键合焊区的凸点电极不仅沿芯片四周边缘分布，而且可以通过再布线实现面阵分布。因而倒装焊技术具有如下优点：

（1）互连线非常短，互连产生的杂散电容、互连电阻及互连电感均比金丝跳接小得多，从而更利于高频高速电子电路的应用；

（2）芯片安装互连占的基板面积小，芯片安装密度高；

（3）采用倒装焊技术的芯片热传导通路避开了 GaAs 材料，利于芯片散热；

（4）芯片的安装、互连同时完成，简化了安装工艺。

但倒装焊技术也带来了制作工艺上的难度：

（1）芯片面朝下安装和互连无疑给工艺操作带来一定的难度；

（2）焊点不能直观检查，只能使用 X 光、超声波分层扫描和用激光超声探测法等；

（3）芯片焊区上需制作凸点，增加了互连芯片的制作工艺流程及成本。

（4）由于片式 T/R 组件的体积很小，因此其中 MMIC 芯片更需要小型化和多功能。

3. MCM

MCM 是 SMT 之后随着混合微电子技术向高级阶段发展产生的。多芯片组件技术是在高密度多层互连基板上，采用微焊接和封装工艺把构成电子电路的各种微型元器件（集成电路裸芯片及片式元器件）组装起来，形成高密度、高性能、高可靠、立体结构的微电子产品（包括组件、部件、子系统、系统）的综合技术。MCM 的出现标志着电子组装技术向更高层次的高密度、高速度、高性能方向迈进。人们普遍认为，MCM 是一种适用于先进器件封装的方法，因而是目前能最大限度发挥高集成度、高速半导体 IC 的优良性能，制作高速电子系统，实现电子系统小型化最有效的途径。现代电子系统对高性能、小型化、多功能和高可靠性方面的迫切要求，极大地促进了 MCM 的高速发展。

4. 三维互连技术

多层基板中的三维互连如图 5.50 所示，采用三维微波传输结构设计的微波多芯片组件将微带线、带状线、低频控制线和电源线等混合信号线组合在同一个多层结构中，利用中间接地层可以实现不同信号线间的良好隔离，因此微波多芯片组件具有结构紧凑、体积小、质量小、微波性能好和可靠性高等优点，在现代雷达和通信领域具有广泛的应用。

多层基板层间的三维互连要求有良好的电气性能，易于安装拆卸、满足振动和高低温环境要求。毛钮扣（Fuzz-Button）连接器能够紧密地连接且无须焊接，可以提供优良的微波、电源连接性能。

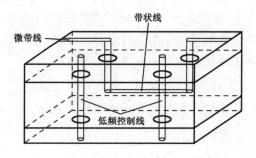

图 5.50 多层基板中三维互连

5.5.5 设计举例

GBR 系统是美国国家导弹防御系统中的关键组成部分之一，与预警雷达、天基红外系统一起完成导弹防御中的探测、跟踪、识别、制导和杀伤评估等任务。GBR 系统是一种宽带高分辨率成像雷达，它可以发射宽带、中等宽带和窄带三种带宽的线性调频信号，其中宽带信号用于对目标成像，窄带信号用于截获、跟踪目标。

GBR-P 位于太平洋马绍尔群岛的夸贾林岛，是美国 NMD 系统用于研制与试验若干新技术的原理性设备，它在导弹拦截的反导试验中起了非常重要的作用，也是美国 NMD 系统中 GBR-N 的初型。所以，GBR-P 也是向生产型 GBR-N 过渡的一项设备研制计划，它已于 1999 年在夸贾林反导靶场被正式运行，执行反导飞行试验任务。GBR-P 的雷达天线是一个非常成功的低成本有源天线阵。整个天线阵基本为圆形口径，直径大约为 12m，其工作波长约为 3cm，但是整个天线阵面只有 16898 个天线单元，整机成本在 4 亿美元。其后续型号 SBX 雷达，整个阵面有效面积大约为 248m^2，直径约为 17m，整个阵面有 4 万～5 万个天线单元，而整机成本大约为 9 亿美元。这两部雷达的成本相对低廉，具有较高的效费比。两部雷达的天线阵面的天线单元为大口径的方喇叭，喇叭之间的栅格间距超过了 2 个波长。其设计思路与传统阵列天线设计思路有很大差别。其采用了有限扫描阵列方案，牺牲一定的电扫范围，换取了大威力和低成本的优点，而它对全空域的扫描覆盖，是通过机扫补偿的。对于大单元间距带来的栅瓣问题，GBR-P 的天线采用了两种方法抑制栅瓣电平：一是采用大口径喇叭作为天线单元，使之形成较窄的单元波束，从而抑制远区栅瓣电平；二是把整个阵面划分为 8 个超级子阵，并旋转其栅格排列方向，使各个子阵的栅瓣指向位置错开，不能叠加，从而降低栅瓣与主瓣的相对电平。

这里给出根据公开报道推测的 GBR 系统的基本性能和技术参数，见表 5.7。

表 5.7 推测的 GBR 系统基本性能和技术参数

工作频率	X 波段	天线阵面	单面阵
中心频率	10GHz	波束宽度	0.14°
工作波长	3cm	峰值发射功率	170kW
工作带宽	1GHz	雷达作用距离	4000km（目标 RCS 未知）
距离分辨率	15cm	极化方式	圆极化
天线面积	123m²	可实现的俯仰向的机扫范围	0°～90°
天线直径	12.5m	可实现的方位向的机扫范围	±178°
天线罩直径	34m	方位和俯仰向电扫范围	±12.5°
收/发模块	16896 个		

说明：为保证 GBR 在大空域中实现多目标观测，就必须与机械转动相结合。

注：雷达天线利用机械转动控制方位角和俯仰角。

有报道称，该 GBR 的天线阵为八角形状，含有 16896 个固态收/发模块（GBR-T 雷达中仅有 12672 个），其有效天线孔径的面积为 123m²。假设每个模块的峰值功率为 10W，则 GBR-P 的峰值发射功率大约为 170kW。GBR-P 初样型地基雷达阵面如图 5.51 所示。

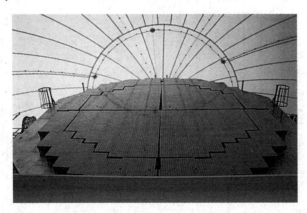

图 5.51 GBR-P 初样型地基雷达阵面

5.5.6 数字阵列天线

数字阵列天线是有源相控阵天线的一种形式，将集中式的数字信号的产生和接收功能分散放到阵面上，其原理框图如图 5.52 所示。它由阵列天线、数字 T/R 组件、控制（幅度、相位、频率）器、参考时钟信号、数字波束形成等组成。发射时，由直接数字频率合成（Direct Digital frequency Synthesis，DDS）产生的基带信号经数/模转换器（Digital-to-Analog Converter，DAC）变成模拟信号，经上变频后产生相控阵天线的发射激励信号，再经功率放大器和环行器传送至天线单元，由各天线单元的辐射信号在空间形成所需的发射方向图；接收时，天线单元接收信号，经低噪声放大器与本振信号进行混频，获得中频信号，再经中频低噪声放大器、滤波器、模/数转换器（ADC）变换，获得二进制的数字信号，最后通过 DBF 形成多个波束接收。

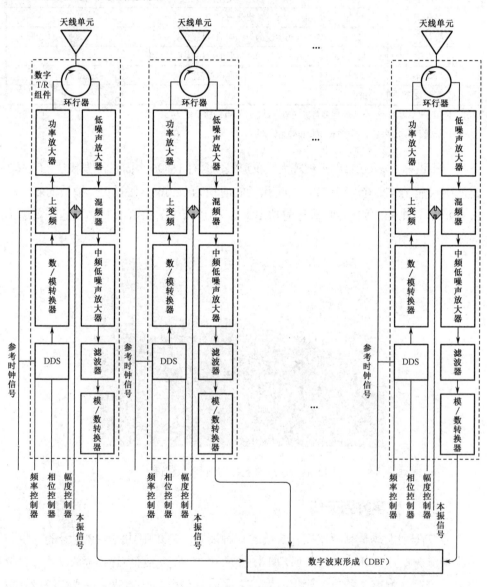

图 5.52　数字阵列天线原理框图

参考文献

[1]　爱金堡 Γ 3. 超高频天线（下册）[M]. 汪茂光，译. 北京：人民邮电出版社，1981.

[2]　黄立伟，金志天. 反射面天线[M]. 西安：西北电讯工程学院出版社，1986.

[3]　徐道立，王仁德. 改善单脉冲卡塞格伦天线的副瓣[J]. 现代雷达，1997(4): 74-78.

[4]　SKOLNIK M I. 雷达手册[M]. 王军，林强，米慈中，等译. 2 版. 北京：电子工业出版社，2003.

[5]　张德齐. 微波天线基础[M]. 北京：北京工业学院出版社，1985.

[6]　王世锦. 天线微波程序集[M]. 北京：宇航出版社，1989.

[7]　朱瑞平，何炳发. 空馈相控阵天线的效率[J]. 现代雷达，1999，21(6): 71-76.

[8]　CHEN M H. A Dual-Reflector Optical Feed for Wide-Band Phased Arrays[J]. IEEE Transactions on Antennas and Propagation, 1974, 22(4): 541-545.

[9]　杨可忠，杨智友，章日荣. 现代面天线新技术[M]. 北京：人民邮电出版社，1993.

[10]　STARK L. Radiation Impedance of a Dipole in an Infinite Planar Phased Array[J]. Radio Science, 1966, 1: 361-377.

[11]　朱瑞平，何炳发. 一种新型有限扫描空馈相控阵天线[J]. 现代雷达，2003，25(6): 49-53.

[12]　PATTON W. A Development Study of Technique, Technique to an Electronic Scanning and Multiple Target Tracking to a Fixed Beam Radar[R]. Technology Report, ESD-TR-66-360, 1966.

第6章
跟踪测量雷达接收技术

本章论述跟踪测量雷达接收机的功能和原理，结合工程实践，给出接收机的主要技术参数、基本组成和设计的主要依据及公式等，进行了接收机的主要指标分析，讲解了接收机测角归一化，介绍了数字化接收机、宽带接收机等。

6.1　概述

本节对跟踪测量雷达接收机功能、基本组成和主要技术参数进行较详细的介绍。

6.1.1　跟踪测量雷达接收机功能

一般而言，跟踪测量雷达接收机（简称接收机）的任务是将天线收到的微弱射频回波信号（简称信号）从伴随的干扰或噪声中选择出来，并经过放大和解调，传输给后续处理设备。接收机的主要任务为选择信号、放大信号和变换信号。

（1）选择信号：由于射频回波信号很微弱，因而对频谱很宽的白噪声和其他无线电设备等所产生干扰的影响，必须加以排除或减弱，为了有效地从中分离和提取射频回波信号，接收机需在时域和频域选择信号。

（2）放大信号：由于电压在微伏数量级的信号十分微弱，因此接收机应能把接收到的这个微弱信号放大到能使雷达终端设备正常工作的数值。放大信号的任务是由接收机中的高频放大器、中频放大器等共同完成的。

（3）变换信号：雷达接收机收到的信号是调制的高频信号（如脉冲调制、线性调频等），不能直接将这些信号送到终端设备或控制系统中，往往需要利用接收机中的电路将高频信号变换成易于放大的中频信号并进行放大、解调，变为适合后续处理所需的信号，供提取目标参数之用。

概括地说，接收机的作用是接收雷达目标反射回波的信号，检测目标的存在，提取目标信息[1]。它涉及最佳接收（匹配滤波）、多目标分辨及参数估计等内容。

接收机是跟踪测量雷达的一个重要分系统，它除了完成一般接收机的基本功能外，还要特别考虑对机动目标角度、距离、速度的要求。要达到良好的角跟踪效果，一般要采用单脉冲体制接收机，以高性能地实现对目标测角归一化处理。在整个跟踪过程中保证目标回波处于线性动态范围内是主要任务之一。当然，接收灵敏度、匹配滤波、组合干扰、本地振荡器和激励信号形成、接收机增益分配、AGC 和自动频率控制（Automatic Frequency Control，AFC）等也是接收机的基本任务。随着现代数字接收机技术的进步，在中频甚至射频就能进行模/数变换，数字解调出信号 I/Q 信息，因而接收机的解调功能、角误差归一化功能、AGC

及 AFC 功能,特别是其中的运算与控制功能,均可由数字信号处理系统完成。

6.1.2 跟踪测量雷达接收机的基本组成

图 6.1 为典型的单脉冲三路跟踪测量雷达接收机(简称接收机)框图。

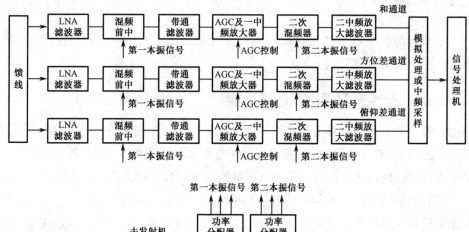

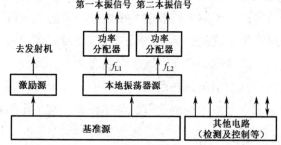

图 6.1 典型的单脉冲三路跟踪测量雷达接收机框图

尽管接收机的形式与种类很多,但可以用图 6.1 这样一个基本框图来概括说明其组成及原理。在下面各节的分析中,据其原理各部分的具体组成可以有所变化,但围绕其性能指标要求的分析基本相同。

如图 6.1 所示,跟踪测量雷达接收机框图可以看成以下几个基本组成部分。

1)通道放大

在接收机中,通道放大部分一般指的是和通道(Σ 支路)、俯仰差通道(E 支路)和方位差通道(A 支路),即由图 6.1 所示的低噪声高频放大器(Low Noise Amplifier,LNA)和镜像抑制滤波器(滤波器)、一次混频器和前置中频放大器(混频前中)、带通滤波器、AGC 及一中频放大器、二次混频器、二中频放大滤波器等组成。接收机的低噪声性能、镜频抑制性能、放大功能、动态范围及其他大多数指标均与此部分有关。

2)基准源

跟踪测量雷达大多采用相参体制,在测量目标的特征参数时,可以利用收/

发信号的相位信息，有利于后续处理，如对信号做相参积累或提取运动目标的多普勒信息。基准源以高稳定晶体振荡器作为基准，它产生本振（本地振荡器源）、激励源所需的各种信号频率，还供给其他雷达分系统，如后续信号处理相应的时钟信号、定时选通或触发信号等。激励源及本振的相位噪声性能、频率准确度指标主要由基准源所决定。

3）激励源

在相参雷达中，激励源信号的频率与本振信号频率的差频为中频频率。本振信号一般是连续波形式，而激励信号是脉冲波形式，它需经过调制处理，以供给发射机放大和发射之用。在接收系统中，有时又将基准源、激励源的基带部分称为信号产生部分。由于跟踪测量雷达的信号形式越来越复杂，对其要求越来越高，所以信号产生部分的电路发展也越来越迅速。在接收机中，其基带信号常用DDS 和任意波形产生（Arbitrary Waveform Generation，AWG）方法产生，再经上变频等技术形成激励信号。

4）本地振荡器

目前高性能精密跟踪测量雷达接收机均采用超外差体制，因此必须有本振信号。在镜像抑制要求不高的场合，一般采用带有镜像抑制的混频器，抑制雷达的镜像噪声就可以了。在镜像抑制要求较高的场合，因采用高中频方案，需要接收机进行多次混频，因此必须提供多个本振信号。图 6.1 中，第一本振信号 f_{L1} 经功率分配器一分为三，供一次混频器（混频前中）用，第二本振信号 f_{L2} 经另一功率分配器一分为三，供二次混频器用。

5）模拟处理或中频采样

以往接收机大部分采用模拟处理电路，如和通道的包络检波器输出视频信号，提供给测距机进行检测和测距，提供给 AGC 进行增益控制，提供给主控台作为距离显示；再如对和通道与差通道信号进行模拟鉴相，得出角误差信息，供伺服角跟踪回路进行精密测角与角度跟踪；和通道信号送鉴频器得出频率误差信号送 AFC（自动频率控制）电路进行频率跟踪控制等。近年来，由于数字接收技术的发展，这部分电路已可在中频采样后以数字方法实现。

6）其他电路（检测及控制等）

其他电路（检测及控制等），如 AGC 电路、AFC 电路和故障或性能自动检测（Built in Test，BIT）电路等，是接收机的附属电路，往往涉及雷达和接收分系统的设计，属回路控制。

AGC 电路对和通道中频信号包络幅度进行采样，然后与门限电平比较、滤波后，同步地通过电控衰减器控制和、方位差、俯仰差通道的增益，这样一方面起到扩大线性动态范围的作用，同时又起到对角误差归一化的作用。

AFC 电路对和通道中频输出信号进行鉴频，鉴频误差信号滤波后控制电压控制振荡器（Voltage-Controlled Oscillator，VCO），即控制非相参本地振荡器的频率，使得信号与本地振荡器的差频落在中频带宽之内。接收机基本上采用全相参体制。AFC 电路用得较少。在脉冲状态下，非线性作用的 AFC 电路的分析，可见参考文献[2]。

故障或性能自动检测电路（检测及控制等）是现代接收机的重要组成部分之一，它不仅能迅速诊断出接收机部件的故障位置，同时还能为多路接收机幅度相位的一致性提供校准功能。

6.1.3　跟踪测量雷达接收机的主要技术参数

根据不同的应用场合，对接收机有不同的技术要求。用于远程跟踪测量的雷达接收机，侧重于灵敏度或噪声系数；距离远近、目标大小兼顾时，还要提出大动态范围的要求；提供归一化角误差及其线性范围始终是对接收机的主要要求之一；在杂波环境下跟踪目标时，特别要提出对本地振荡器及激励源相位噪声的要求；更多情况下是提出多方面的综合要求。下面以一种实际接收机为例，给出其主要性能指标。

（1）雷达工作频率为 f_0（C 波段）。

（2）脉冲宽度为 0.8μs 和 1.7μs。

（3）中频频率为 60MHz。

（4）中频带宽为：宽带 2MHz，对应脉宽 0.8μs；窄带 1MHz，对应脉宽 1.7μs。

（5）噪声系数≤2.5dB（含限幅器）。

（6）动态范围为 80dB。

（7）镜像抑制为 50dB。

（8）增益控制方式及范围：

增益控制方式为 AGC 或手动增益控制（Manual Gain Control，MGC）；

增益控制范围为 79.5dB；

前中控制为-16dB；

数控放大器控制为-63.5dB，分七挡，即 0.5dB、1dB、2dB、4dB、8dB、16dB 和 32dB（由 16dB 和 16dB 串联）。

（9）通道间隔离度≥55dB。

（10）定向灵敏度为 1V/1mrad；线性范围为±3mrad；零点漂移≤±50mV（均方根值）。

雷达工作频率的选择是根据设备使用要求而定的，如工作在 C 波段。设置多个工作频点是为了避开干扰。一般在信号产生时，形成的激励源信号频率与本地振荡器信号的频率同样变化，以保持接收机中频频率不变。

镜像抑制的要求一般有两种：一种是高镜像抑制比的要求，它的目的是抑制镜像频率的外部干扰，用射频滤波器及各次混频前的滤波器实现。该方案需采用多次混频，接收机较为复杂。另一种是低镜像抑制比的要求，如抑制在 20dB 左右。这种情况一般是跟踪目标的环境没有镜像频率干扰信号，仅仅只有镜像噪声，因此采用一次镜像抑制混频器的接收方案。

脉冲宽度与中频带宽的关系，一般取为 $(1.2\sim1.5)/\tau$。它是包络检波的视频带宽的 2 倍，其中 τ 是脉冲时间宽度，考虑实际目标的多普勒频移，有时还要宽一些，如 0.8μs 的脉冲宽度，中频带宽可取为 1.8～2.0MHz。接收机为适应不同信号的匹配要求，应当采用实时变带宽电路。变带宽部分可以在中频段的模拟部分实现，也可以在数字下变频部分的有限冲激脉冲响应（Finite Impulse Response，FIR）滤波器实现。

跟踪测量雷达采用多路接收机（和、方位差、俯仰差通道）。各路接收机之间有通道间隔离度的要求，它是指和信号与差信号之间、差信号与差信号之间的耦合不能大，否则会引入角度跟踪误差。这种耦合主要由三部分组成：一是由共用同一本地振荡器而耦合的，只要在本地振荡器的功分、滤波、隔离上适当处理，即能满足要求；二是由共同的控制端，如 AGC 控制码、带宽控制等控制线之间耦合的，这要注意控制线的滤波隔离以避免通道间隔离度的恶化；三是传输线之间的耦合，这里最主要的是考虑雷达汇流环之间的隔离度，经过合理的设计和控制，可以做到 60dB 以上的隔离度。

定向灵敏度是单脉冲跟踪测量雷达的一个重要指标，它是指目标偏离电轴中心 1mrad 时输出的角误差电压。这个目标偏离的角误差电压只与偏角大小有关，与目标大小和距离远近无关。这就需要接收机对收到的信号做归一化处理。关于归一化问题及其他几个主要技术指标本章后面详细论述。定向灵敏度的线性度范围是指输出误差电压正比于偏离角度的范围，它与波束宽度、接收通道的线性动态范围、角误差鉴别器（模拟接收机中的鉴相器）、数字接收机中的 A/D 变换器等的线性动态范围因素有关。

6.2　接收机主要指标分析

接收机的灵敏度、噪声系数，动态范围，接收机混频器的组合频率干扰，接收机各级电路增益分配，是接收机要考虑的主要技术指标，下面进行分析。

6.2.1 接收机灵敏度、噪声系数

1. 接收机灵敏度

接收机灵敏度表示接收机检测微弱信号的能力，是输入端可检测的最小信号功率，它以 $P_{S\min}$ 表示，单位为 dBm，即 dBmW。由于噪声的存在，信号过小，就淹没在噪声中而难以被检测到。只有当信号功率达到一定值后才能保证雷达"正确识别"它，即以要求的发现概率和虚警概率来检测目标。接收机灵敏度 $P_{S\min}$ 可用公式表示为

$$P_{S\min} = kT_S B_n (S/N)_{\min} \tag{6.1}$$

式（6.1）中，$k = 1.38 \times 10^{-23}$，是玻尔兹曼常量，单位为焦耳每开尔文 J/K；T_S 是接收机噪声温度；$(S/N)_{\min}$ 被称为识别系数，它是检测目标所需的最小信噪比；B_n 为接收机噪声带宽，单位为 Hz。接收机的灵敏度不仅与接收机本身的性能有关，而且与信号形式、脉冲积累数、检测方法与要求、系统的工作状态有关。

通常，为统一判断接收机的性能，令 $(S/N)_{\min} = 1$，即认为信噪比为 0dB。接收机噪声带宽 B_n 的选取与接收机界定的范围有关，在以后分析中将会看到这一点。

接收机噪声温度 $T_S = T_0 F_n$，F_n 为接收机噪声系数，T_0 为 290K，由式（6.1）求得的识别系数为 0dB 时的接收临界灵敏度。脉宽为 1μs、F_n 为 3dB 左右的接收机临界灵敏度，约为-111dBm。

2. 噪声系数

噪声系数是描述接收机内部噪声影响的一个参数。它定义了输入端在标准温度（290K）下，接收机输入端信噪比与其输出端信噪比的比值，或定义为在标准温度下，一个实际线性系统（接收机）输出端的噪声功率与该线性系统理想化状态时输出端的噪声功率之比。这里的理想化是指假定该线性系统除内部不产生任何噪声外，其他电性能指标不变。接收机噪声系数 F_n 为

$$F_n = \frac{(S/N)_{in}}{(S/N)_{out}} = \frac{N_o}{kT_0 B_n G_n} = 1 + \frac{T_e}{T_0} \tag{6.2}$$

式（6.2）中，$(S/N)_{in}$ 为输入信噪比，$(S/N)_{out}$ 为输出信噪比，G_n 为接收机增益，N_o 为总输出噪声功率，$kT_0 B_n G_n$ 为标准温度下仅由输入噪声引起的输出噪声功率，T_e 为接收系统自己产生的、等效在接收输入端的噪声温度。

降低接收机的噪声系数是雷达设计师的主要任务之一。卫星地面接收站接收机因不考虑发射功率的泄漏，前端不需要设置大功率限幅器，对信号动态范围要

求较小，噪声系数可以很低，仅零点几分贝。在跟踪测量雷达接收机中，如果需要更优的噪声系数指标，还可以采用低温制冷前端的方式，在液氮冷却的 77K 温区，可实现 C 波段优于 1dB 的指标。基于低温制冷的高灵敏接收前端是指将接收机的超导滤波器及 LNA 等微波前端置于杜瓦冷却系统中，它由杜瓦冷却系统、小型制冷机及电源与控制系统等组成，如图 6.2 所示。

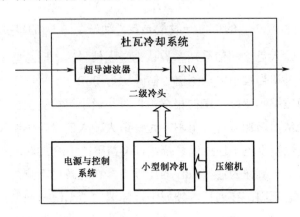

图 6.2　低温制冷的高灵敏接收前端

3. 级联部件噪声系数的计算

图 6.3 所示为级联部件噪声系数的计算，设第一级的噪声系数为 F_{n1}，增益为 G_1；第二级的噪声系数为 F_{n2}，增益为 G_2；第三级的噪声系数为 F_{n3}，增益为 G_3；依次类推，则级联后的总噪声系数 F_n 为

$$F_n = F_{n1} + \frac{F_{n2}-1}{G_1} + \frac{F_{n3}-1}{G_1 G_2} + \cdots \tag{6.3}$$

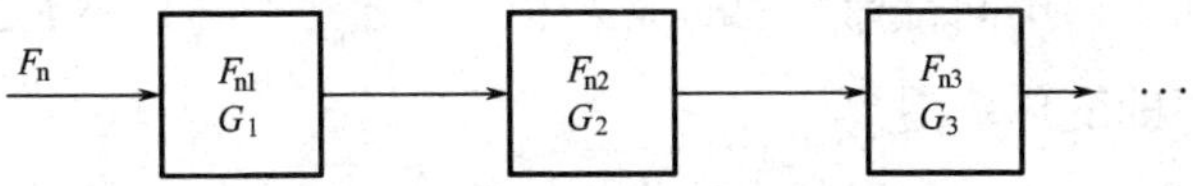

$$F_n \rightarrow \boxed{\begin{array}{c} F_{n1} \\ G_1 \end{array}} \rightarrow \boxed{\begin{array}{c} F_{n2} \\ G_2 \end{array}} \rightarrow \boxed{\begin{array}{c} F_{n3} \\ G_3 \end{array}} \rightarrow \cdots$$

图 6.3　级联部件噪声系数的计算

运用上述公式时要注意噪声与增益取值为线性值而不是分贝值。从噪声系数级联公式（6.3）可以看出，系统噪声系数主要取决于第一级单元电路的噪声系数和增益。只要第一级单元电路的噪声系数足够小，增益足够高，那么系统中第二级单元电路后的电路对系统总噪声系数的贡献就可以忽略。

6.2.2 动态范围

1. 动态范围概述

接收机的动态范围 D_r 是指接收机正常工作时允许的最大输入信号功率 $P_{i\max}$ 与最小输入可检测信号功率 $P_{i\min}$ 之比，可表示为

$$D_r = 10\lg(P_{i\max} / P_{i\min}) \tag{6.4}$$

式（6.4）中，$P_{i\max}$ 与 $P_{i\min}$ 的单位一般是 mW，动态范围 D_r 的单位为 dB。在大多数情况下，最小输入可检测信号功率被认为是无信号输入时接收机输入端的等效噪声功率，这样可认为最小可检测信号信噪比为 0dB。当采取不同的信号形式，如脉冲压缩、相位编码或脉冲串的相参积累时，最小可检测信号功率比单个脉冲时进一步降低，从而增加了动态范围。允许最大输入信号在不同情况下有不同定义。例如，在线性接收机中往往以系统线性增益下降 1dB 的输入信号为最大输入信号，该信号的电平值称为输入 1dB 的压缩点。在此条件下测得的动态范围称为 1dB 压缩点的动态范围；在通信等领域中，强调的是无假响动态范围（Spur Free Dynamic Range，SFDR，也称无虚假响应动态范围；ADC/DAC 指标常称为无杂散动态范围），它以额定输出功率时的三阶互调抑制比来表示。

对动态范围的实际要求主要包括两个方面，即

$$D_r = D_1 + D_2 \tag{6.5}$$

式（6.5）中

$$D_1 = 40\lg(R_{\max} / R_{\min}) \tag{6.6}$$

表示雷达观察同一反射目标，在雷达最大作用距离 $R_{\max}$ 上与雷达最小作用距离 $R_{\min}$ 上的回波信号功率的变化范围；而

$$D_2 = 10\lg(\sigma_{\max} / \sigma_{\min}) \tag{6.7}$$

表示在同一距离上，不同目标可能的最大 RCS（$\sigma_{\max}$）与最小 RCS（$\sigma_{\min}$）引起的回波信号功率的变化范围。

接收机瞬时动态范围一般是指接收机能够同时输出的信号强度变化范围，其上限一般取接收链路输出 1dB 时的压缩点电平，下限取带宽内的噪声电平。

另外，在设计接收机时，识别系数的大小、通道带宽与处理带宽的关系也影响实际接收机的动态范围，这是设计时扩展接收机动态范围的技巧。应当说明，上述动态范围描述的是接收机不失真地处理单一输入信号的能力，当要求接收机不失真地同时处理多个不同频率输入信号时，往往采用无假响动态范围的概念，它是以最小可检测信号输入（输出）功率为下限，以产生的三阶互调产物功率恰好等于最小可检测信号输出功率的等幅双音输入（输出）功率为上限的动态范围。

这种概念在跟踪测量雷达中用得较少,本章不再介绍,读者有兴趣可参考文献[3]。

雷达系统对接收机提出的动态范围指标应是系统分解指标,其实际对接收机的要求与是否采取扩频方式(脉冲压缩或编码等方式)、是否形成数字波束有关。接收机应根据实际需求确定接收的动态范围设计方案。例如,若采取脉冲压缩方式,就会有脉压得益;若采用 DBF 方式,就会有通道得益,这些得益能够提高系统的动态范围。不同方式下的动态范围实现如图 6.4 所示。

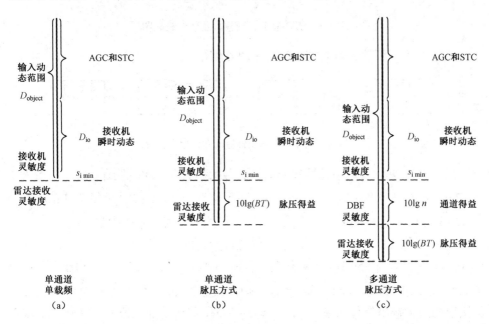

图 6.4　不同方式下的动态范围实现

在接收机设计中,动态范围与噪声系数的指标存在矛盾,特别在无 AGC 的数字接收机中,这种矛盾更加明显。实际设计时可根据使用情况权衡考虑。

2. 设计举例

设某跟踪测量雷达接收机动态范围为 95dB,噪声系数为 2.5dB,信号带宽为 1.5MHz,允许采用灵敏度时间控制(Sensitivity Time Control,STC),试比较图 6.5 与图 6.6 的两种通道实现方案。

图 6.5 是 STC 置于高频放大器前的级联图,设 STC 的插损 $L_1 = 1$dB,STC 作用时的衰减 L_2 为 20dB,高频放大器噪声系数 F_{n1} 为 2dB(含限幅器),高频放大器的增益为 20dB,镜像抑制混频器的噪声系数 F_{n2} 为 8dB,损耗 G_2 为-8dB,前置放大器的噪声系数 F_{n3} 为 2dB,前置放大器的增益 G_3 为 15dB。这时,由于 STC 可压缩 20dB 的动态范围,因而其后的高频放大器、镜像抑制混频器、前置放大

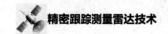

器是能够满足动态范围要求的。但据式（6.3），接收系统输入端的总噪声系数为

$$F_n = 10^{0.1} + \left(10^{0.2}-1\right)\cdot10^{0.1} + \frac{10^{0.8}-1}{10^{0.2}}\cdot10^{0.1} + \frac{10^{0.2}-1}{10^2}\cdot10^{0.1}\cdot10^{0.8} \approx 2.11\,(约3.24\text{dB})$$

即总噪声系数约为3.24dB，不能满足设计噪声系数为2.5dB的设计要求。

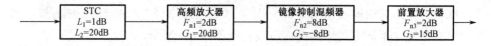

图6.5 STC置于高频放大器前的级联图

STC置于高频放大器后的级联图如图6.6所示。

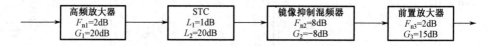

图6.6 STC置于高频放大器后的级联图

图6.6中采用大动态范围输出的高频放大器，如1dB压缩点输出功率大于10dBm，输入信号在带宽为1.5MHz、识别系数为1时，经噪声系数为2dB、增益为20dB的高频放大器放大，高频放大器的最大输出信号功率为

$$P_{oH\,max} = kTB_nF_{n1}GD_r \tag{6.8}$$

式（6.8）中，$D_r = 95$dB是对系统动态范围的要求，$F_{n1} = 2$dB是高频放大器的噪声系数，若更严格些，应取系统的设计噪声系数2.5dB。代入式（6.8），可得高频放大器的最大输出信号功率为$P_{oH\,max} \approx 4.8$dBm，其后的混频器的1dB压缩点输入功率是0dBm，其动态不能适应高频放大器的输出，故采用STC，使大信号衰减20dB，为-15.2dBm，这样其后的镜像抑制混频器、前置放大器是容易满足这一动态范围要求的。此时接收机输入端的噪声系数为

$$F_n = 10^{0.2} + \left(10^{0.1}-1\right)/10^2 + \frac{10^{0.8}-1}{10^2}\cdot10^{0.1} + \frac{10^{0.2}-1}{10^2}\cdot10^{0.1}\cdot10^{0.8} \approx 1.7\,(约2.3\text{dB})$$

即总噪声系数约为2.3dB。可见，STC放在高频放大器后面的方案兼顾了动态与噪声系数，满足了设计要求。上例是仅考虑输入信号动态范围及灵敏度这一指标的设计例子，实际设计还有多种因素要考虑。例中将STC的作用算在动态范围内，实际上，对动态范围、噪声系数等指标的理解，需要结合应用，研究这些指标时，定义要明确。

6.2.3 接收机混频器的组合频率干扰

在超外差接收机中，特别是多次变频结构的超外差接收机中，设计频率关系

时，如何避开混频器的组合频率（也称为组合谐波、寄生响应）干扰是一个关键问题。

混频器本身是非线性器件，其非线性效应是产生各种寄生响应的原因。尽管这个问题以往有多种文献阐述，并给出较为复杂的谐波表供查阅及设计，但作者更倾向于通过仿真去验证干扰的存在，评估其危害。混频器输出频率 f_3 计算公式为

$$f_3 = \pm nf_1 \pm mf_2 \tag{6.9}$$

式（6.9）中，n 和 m 为自选的整数，f_1 和 f_2 是参加混频的两个信号频率。以高本振为例，当 $n=-1$ 和 $m=1$ 时，f_2-f_1 是所需的中频频率 f_I，其他的频率是虚假信号响应。当其他频率落在以中频为中心的接收机带宽内，则构成干扰。该干扰是否对系统性能构成影响，与混频器的性能指标、杂散阶数、系统能容忍的杂散电平指标等有关。设定中频上限频率 f_{IH}，设定中频下限频率 f_{IL}，使干扰尽量不能出现在（f_{IL}, f_{IH}）区间内。

图 6.7 给出的是判断 ± 8 次以下（含 ± 8 次）谐波干扰是否落入指定区间（f_{IL}, f_{IH}）内的仿真结果。例如，在图 6.8 所示的二次混频示意图中，输入信号频率 $f_s=1280\text{MHz}$，第一本振频率 f_{L1} 为 1770MHz，第一中频信号频率 f_{I1} 为 490MHz，此时在 470MHz 及 510MHz 内无任何 ± 8 次内的谐波干扰；而当中频信号频率 f_{I1} 为 490MHz、第二本振频率 f_{L2} 为 520MHz 时，第二中频信号频率 f_{I2} 为 30MHz，此时在 20MHz 及 40MHz 内无 ± 8 次谐波干扰，就可认为此频率选择是成功的。图 6.9 给出的是二次混频的仿真结果，它表明，只有当 $m=1$、$n=-1$ 时，混频结果中频信号频率为 490MHz，在给定的 470～510MHz 范围内，无其他谐波干扰。

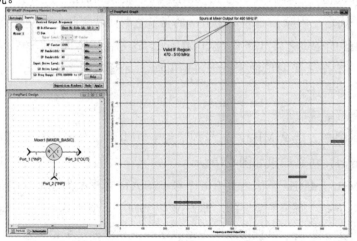

图 6.7　判断 ± 8 次以下（含 ± 8 次）谐波干扰是否落入指定区间内的仿真结果

图 6.8　二次混频示意图

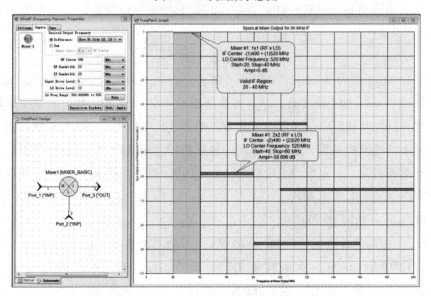

图 6.9　二次混频的仿真结果

除了计算接收机混频器输入的信号与本地振荡器的组合谐波干扰外，验证两个本地振荡器之间的谐波干扰是二次超外差体制接收机重要的问题，即验证第一本振频率 f_{L1} 与第二本振频率 f_{L2} 的谐波干扰是否落入第一中频或第二中频带宽内，经计算机仿真，本振频率为 1770MHz 与本振 520MHz 的 ± 8 次以下（含 ± 8 次）谐波干扰是在中频频率为 490MHz 的带宽之外（带宽同上），也在第二中频频率为 30MHz 的带宽之外（带宽为 20MHz）。这是雷达合理选取本振和信号频率的例子。当本振之间的谐波干扰很难避开时，加强本振之间的隔离是可选的措施，这里不再赘述。

下面是频率选取不当的例子：

当本振频率 $f_{L1}=91$MHz、信号频率 $f_s=61$MHz、中频频率 $f_I=30$MHz、带宽为 8MHz 时，仿真结果如图 6.10 所示。

在 30MHz$\pm$4MHz 范围内共有 6 个频率落入中频频率为 8MHz 的带宽内，其中当 $m=1$、$n=-1$ 时是所需要的，即差频为 30MHz，其他均为干扰，其谐波次数如图 6.10 所示。总之，合理地选取本振频率和中频频率是十分重要的。在多次混频时，应注意本振与信号谐波干扰，同时还应特别注意本振泄漏到中频通道的信号与另外本振谐波引起的混频干扰。

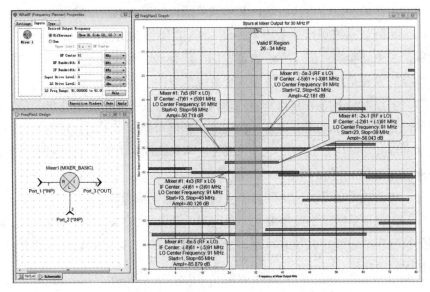

图 6.10　频率选取不当时的混频仿真结果

6.2.4　接收机各级电路增益分配

1. 接收系统增益分配的意义

接收机的主要作用在于放大信号。衡量放大能力的主要指标之一是增益。对接收机增益的一般理解是：在没有增益压缩（严格地说，是小于一定压缩指标，如小于 1dB 压缩点）的情况下，接收机输入端（一般是低噪声放大器输入端）至 ADC 输入端（中频输出端）的增益。设 ADC 输入最大信号电平为 $S_{\mathrm{AD\,max}}$，接收机瞬时动态为 D_{io}，接收机灵敏度（识别系数 0dB）为 $P_{\mathrm{S\,min}} = kT_0 B_n F_n$，则 $G(\mathrm{dB}) = S_{\mathrm{AD\,max}} - D_{\mathrm{io}} - P_{\mathrm{S\,min}}$。

例如，某实际接收机 $S_{\mathrm{AD\,max}} = +10\mathrm{dBm}$，$D_{\mathrm{io}} = 50\mathrm{dB}$，接收机噪声带宽 $B_n = 10\mathrm{MHz}$，$F_n = 3\mathrm{dB}$，由此可知 $G = 61\mathrm{dB}$。

合理的设计应保证信号经过各级电路时均处于该级电路的线性动态范围之内。因此，各级增益的分配及各级信号及噪声电平的计算，对于从事接收机研制的人员，是必不可少的基本功。即使是使用维护人员，掌握各级增益分配与信号电平的计算及波形的有关参数也是十分必要的。掌握了它们，就能把握接收机的基本情况，从而能敏锐迅速地判断设备故障及发生的各种问题。同时，接收机增益分配与信号电平的大小还必须与实际器件结合起来考虑，掌握具体器件的性能参数，特别是制约接收机动态范围、噪声系数等指标参数的瓶颈，就能更好地理

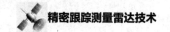

解接收机的设计方法。

对精密跟踪测量雷达接收机，其增益分配应遵循以下几个原则：

（1）从降低系统噪声系数出发，使 LNA 在不饱和的前提下，增益尽量高，以抑制后续电路噪声；但 LNA 增益过高，将使前端器件成为系统动态范围的瓶颈。增益的设计是对动态范围与噪声系数统筹兼顾的结果。

（2）各级混频器的 1dB 压缩点的输入功率一般是 0dBm 左右（指混频二极管构成的混频器），对于采用有源器件构成的混频器可能有所不同；目前，专门设计的大动态混频器采用了高势垒电压二极管或多管串联的方式，可以把输入 1dB 增益压缩点提高到 10dBm 以上。

（3）接收机大信号的输出能力不应超过 ADC 的满量程。

（4）为保证系统动态范围要求，在通道中插入 AGC 或 STC 等电路，其增益控制的执行环节一般是数控衰减器，增益分配需保证大信号时的输出达到指标要求的最大输出电平。

2. 接收系统增益分配的实例

图 6.11 所示是某跟踪测量雷达接收和通道组成示意图，该接收通道的主要指标如下：高频放大器的噪声系数为 2dB，中频带宽为 2MHz，1dB 压缩点的动态范围为 80dB，接收机采用 AGC 方式进行测角归一化并扩展动态范围。

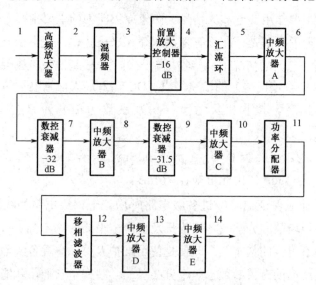

图 6.11　某跟踪测量雷达接收和通道组成示意图

该接收机各部件的增益、1dB 压缩点电平、各节点最小电平等分别列在表 6.1

中。表 6.1 中"前置放大控制器"下的"27（-16dB）"表示前置放大器 AGC 不控制时的增益为 27dB；当 AGC 对前置放大器控制时，将再插入衰减-16dB。

表 6.1　接收和通道各节点电平

部件名称	高频放大器前	高频放大器	混频器	前置放大控制器	汇流环
增益/dB	—	25, $F_n = 2$	-8	27（-16）	-6
P_{-1}/dBm^注	—	10	4	13	—
信号计算点编号	1	2	3	4	5
P_{min}/dBm	-108.5	-83.5	-91.5	-64.5	-70.5
部件名称	中频放大器 A	控制衰减器 -32dB	中频放大器 B	控制衰减器 -31.5dB	中频放大器 C
增益/dB	10	-32（-1）	32	-31.5（-2）	15
P_{-1}/dBm	20	20	20	20	20
信号计算点编号	6	7	8	9	10
P_{mim}/dBm	-60.5	-61.5	-29.5	-31.5	-16.5
部件名称	功率分配器	移相滤波器	中频放大器 D		中频放大器 E
增益/dB	-3	-18.5	32		10
P_{-1}/dBm	—	—	8		18
信号计算点编号	11	12	13		14
P_{min}/dBm	-19.5	-38	-6		4

注：表中 dBm 应为 dB·mW，本书简称为 dBm。

3. 增益分配及电平计算注意点

（1）图 6.12 所示是带有 AGC 控制的接收机框图。AGC 的主要目的是用电路的方法实现测角归一化（见下节），如要满足动态范围的要求，必须列出器件输出的-1dB 压缩点功率，即 P_{-1}，以明确哪些地方是动态范围的瓶颈。

在采用 AGC 控制时，要根据不同信号电平计算出数控衰减器实际的衰减数。表 6.1 仅计算了最小信号电平。计算最大信号电平的方法与其类似，只是要注意 AGC 起控时各级增益的变化，验证各级电路 P_1 能否达到。

（2）高频放大器前的噪声电平并不是高频放大器输入端的噪声真实电平，而是等效为中频带宽为 2MHz 时，高频放大器输入端的等效噪声电平。它是按下式计算的，即

$$P_{i\,min} = kT_0 F_n B_n (S/N)_{min} \tag{6.10}$$

式（6.10）的意义见式（6.1）及式（6.2），这里认为 $(S/N)_{min}$ 为 0dB，即识别系数为 1。此时虽然高频放大器的 $F_n = 2dB$，但按其系统考虑，受高频放大器的后置噪声影响将使噪声系数变大，取为 2.5dB 算出 $P_{i\,min} = -108.5dBm$。

（3）前置放大控制器噪声电平，即表 6.1 的 "前置放大控制器"中的"（-16dB）"输出点的噪声电平，与其他各点一样，均认为它是在增益最大时的噪声电平。这时，AGC 是不起控的，从而前置放大器的增益处于 27dB 状态。

（4）表 6.1 所示 "汇流环"下的 "-6dB"的衰减问题，要将雷达高频箱上（放在靠近天线处，与天线一起旋转）的信号传送到接收机房，必须经过转动铰链或者汇流环和电缆，这里写的汇流环损耗实际指汇流环加电缆的总损耗为-6dB。

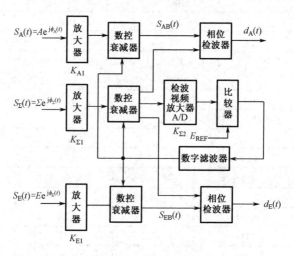

图 6.12　带有 AGC 控制的接收机框图

（5）表 6.1 所示 "控制衰减器-32dB"在计算 P_{Smin} 时均不加上，但它有固定插损，即-32dB 的衰减器插损为-1dB；"控制衰减器-31.5dB"的衰减器插损为-2dB。

（6）移相滤波器的增益可手动调整，以配置增益。它的增益范围为-20～-9dB，在计算时取-18.5dB。

（7）表 6.1 中列出的各检测点器件-1dB 压缩点的功率电平值，目的是与动态范围最高要求时的输出有所比较，让接收机工作在线性范围之内。上述参数仅供参考，不同型号器件，其参数是不同的。

6.3　跟踪测量雷达接收机测角归一化

早期出现的圆锥扫描雷达用顺序波束的方法测量目标的方位角误差和俯仰角误差。这种方法的主要缺点有：一是测角所需时间长，至少要经过一个圆锥扫描周期的时间；二是测角精度较差，它敏感于目标的快速起伏变化。

而单脉冲跟踪测量雷达，只要接收到回波的单个脉冲就能获得目标的角误差信息。它比较各波束接收的同一个回波脉冲，由此获取角位置信息，因而是用同时波瓣法测角，常用振幅和差单脉冲方法形成和信号、方位差信号及俯仰差信号。

单脉冲天线形成的角误差的大小，会随着同一目标距离的远近、目标 RCS 的大小、接收机增益的变化而变化，而不是仅仅随偏角的大小变化而变化。

这就要求对测角误差进行归一化。在归一化后，接收机输出的目标方位（俯仰）角误差仅与偏角大小有关，而与目标 RCS 的大小、距离远近、接收机增益起伏无关。单脉冲跟踪测量雷达接收机在发展过程中曾采用过多种体制，以期稳定地实现测角归一化，减少通道幅相不平衡带来的变化。例如，分别采用典型三路 AGC、对数放大器、限幅比相等方案实现测角归一化，以及采用和、方位差、俯仰差时分合并（如单通道单脉冲技术）实现测角归一化等。

上面采用不同体制，不仅完成了测角归一化，而且实现了动态范围的要求，还解决了各通道幅相不一致的问题。在单脉冲体制中，为了高精度测角，对多路接收机的幅相一致性提出了严格的要求，也给接收机的设计、维护带来一定困难。

典型和、方位差、俯仰差三通道单脉冲接收机，以 AGC 实现测角归一化，其等效框图如图 6.12 所示，图中 $d_A(t)$ 为输出归一化方位差信号，供雷达在方位向跟踪目标用，对应的 $d_E(t)$ 为输出归一化俯仰差信号供雷达在俯仰向跟踪目标用。AGC 的另一个作用是满足接收机对动态范围的要求。

单脉冲天馈线形成的和信号 $S_\Sigma(t)$、方位差信号 $S_A(t)$、俯仰差信号 $S_E(t)$ 分别如图 6.12 中标示的值，即

$$S_\Sigma(t) = \Sigma \mathrm{e}^{\mathrm{j}\phi_\Sigma(t)}$$
$$S_A(t) = A\mathrm{e}^{\mathrm{j}\phi_A(t)} \tag{6.11}$$
$$S_E(t) = E\mathrm{e}^{\mathrm{j}\phi_E(t)}$$

式（6.11）中，Σ 及 $\phi_\Sigma(t)$ 分别为输入接收机和通道的模及相角。设三路数控衰减器增益的模为 K_c，和通道高频放大器至中频放大器部分总增益的模为 $K_{\Sigma 1}$，检波视频放大器增益为 $K_{\Sigma 2}$，则由和通道送方位差通道相位检波器的信号为

$$S_{\Sigma B}(t) = K_{\Sigma 1} \cdot K_c \cdot \sum \mathrm{e}^{\mathrm{j}(\phi_\Sigma(t) + \phi_{K\Sigma}(t))} \tag{6.12}$$

式（6.12）中，$\phi_{K\Sigma}(t)$ 为和通道的总相移，方位差通道输入相位检波器的信号 $S_{AB}(t)$ 为

$$S_{AB}(t) = K_{A1} \cdot K_c \cdot A\mathrm{e}^{\mathrm{j}(\phi_A(t) + \phi_{KA}(t))} \tag{6.13}$$

式（6.13）中，A 及 $\phi_A(t)$ 分别为输入方位差通道信号的模及相角。方位差通道高频放大器至中频放大器部分总增益的模为 K_{A1}，其总相移为 $\phi_{KA}(t)$。方位差通道相位检波器输出的 $d_A(t)$ 为（取实部）

$$d_A(t) = K_{\Sigma 1} \cdot K_{A1} \cdot K_c^2 \cdot A \cdot \sum \cos\phi(t) \tag{6.14}$$
$$\phi(t) = [\phi_\Sigma(t) - \phi_A(t)] + [\phi_{K\Sigma}(t) + \phi_{KA}(t)] \tag{6.15}$$

令

$$K_{\Sigma1}K_{c}K_{\Sigma2}\Sigma = E_{REF} \tag{6.16}$$

则

$$K_{c} = \frac{E_{REF}}{K_{\Sigma1}K_{\Sigma2}\Sigma} \tag{6.17}$$

式（6.17）中，E_{REF} 是 AGC 的比较电平。则有

$$d_{A}(t) = \frac{E_{REF}^{2}K_{A1}}{K_{\Sigma1}K_{\Sigma2}^{2}} \times \frac{A}{\Sigma}\cos\phi(t)$$

$$= C\frac{A}{\Sigma}\cos\phi(t) \tag{6.18}$$

$$C = \frac{E_{REF}^{2}K_{A1}}{K_{\Sigma1}K_{\Sigma2}^{2}} \tag{6.19}$$

当接收机增益调整好后，比较电平、通道固定部分的增益不变，C 为常量，$d_{A}(t)$ 的振幅部分只依赖于比值 A/Σ。

当目标处在波束内，偏角变化使得 A、E 变化时，其回波信号幅度同样变化。而当距离远近、RCS 的变化使得方位、俯仰差通道输入幅度 A、E 变化时，和通道回波信号幅度 Σ 必定同比例地变化，从而实现角误差信号振幅的归一化。

6.4 数字化接收机

自然界中诸多物理现象展现出的物理量都是以模拟量直观地表示的。模拟量在采集、传输、处理、显示过程中易受外界干扰，是不稳定的。长期以来，在越来越多的领域，几乎都把模拟量通过采集变成数字信号，进而采用数字信号处理技术代替模拟信号处理技术，对数据进行加工、处理、变换、传输、显示等。美国科学家奈奎斯特与香农提出的采样理论为模拟信号转换到数字信号的技术奠定了理论基础。作为雷达系统的重要组成部分，接收机的数字化程度已经越来越高，在一定意义上说，接收机的数字化程度越高，该接收机的性能也就越先进。接收机数字化是现代接收机的发展方向，本节在介绍数字化接收机组成的同时，较深入地分析了接收机数字化及其对接收机主要技术指标的影响。

1. 数字化接收机的基本原理

接收机数字化是基于带通信号（射频或中频）的带通采样定理。设 $x(t)$ 是带通信号，其带宽为 ΔF，$x(t)$ 对应的频谱为 $X(\omega)$ 或 $X(f)$，用采样频率 F_{s} 对信号 $x(t)$ 进行采样，采样后的频谱与 $\dfrac{1}{T_{s}}\sum\limits_{n=-\infty}^{+\infty}X(f-nF_{s})$ 成正比。经过设计，在 F_{s} 与载波频率、ΔF 满足一定条件的情况下，采样后的频谱不会发生混叠。采样后的信

号经数字下变频（正交同步检波）、FIR 后，即可恢复 $x(t)$。另外，F_s 受信号载频的制约，即 F_s 须满足

$$F_s = \frac{4f_0}{2n+1} \tag{6.20}$$

式（6.20）中，f_0 为载波频率。当然 F_s 还要满足

$$F_s \geqslant 2\Delta F \tag{6.21}$$

在采用数控振荡器（Number Controlled Oscillator，NCO）进行数字正交混频时，无须严格遵守式（6.20）的约束条件，具体分析数字接收机的中心频率、采样频率、脉冲重复频率及带宽的选取，可参见文献[6]，这里不再赘述。

2. 数字化接收机框图

一般来说，数字化接收机还包括数字信号产生部分，它可被视为接收解调信号的逆过程，如图 6.13 所示。

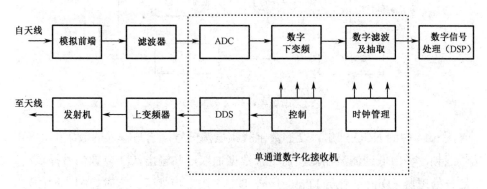

图 6.13　数字化接收机框图

该图中的虚线部分是单通道数字化接收机，图中模拟前端是指数字化接收机与天线之间的设备，它包括雷达射频放大器、滤波器、混频器、中频滤波器、增益控制器。

单通道数字化接收机前的滤波器是用来防止数字化时噪声或干扰混叠的电路，一般称为反折叠滤波器。

单通道数字化接收机中的 ADC 是对射频或中频带通信号进行带通采样的器件，根据需要，分辨率可以是 10～16 位或更多的位数（二进制），其速度需满足采样率的要求，输入带宽需满足最高输入频率的指标。例如，美国 PENTEK 公司的数字化接收机模板 Model 6216 所用的 A/D 为 AD6640，它是美国模拟器件公司（AD 公司）的产品，分辨率为 12 位，最高采样频率为 65MHz。

有时，为获取更高性能，采用 14 位的 A/D（如 AD6644、AD6645 或 AD9680）

或 16 位的 A/D（如 LTC2208、AD9268），其后的数字下变频、数字滤波及抽取可以用现场可编程门阵列（Field Programmable Gate Array，FPGA）芯片，并设计与之匹配的数字接收模块。

图 6.13 中的数字下变频、数字滤波及抽取往往做成一个模块，如数字化接收模块 GC1012A。

一种 A/D 转换与其后的数字正交检波等原理框图（中频采样和数字下变频模块）如图 6.14 所示。

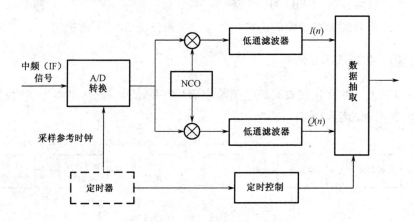

图 6.14 中频采样和数字下变频模块

图 6.14 中的 NCO 产生正交的数字载频振荡信号，它与输入的数字中频（IF）信号混频，经由低通滤波器滤波后进行数据抽取，并输出 *I/Q* 复数信号提供给数字信号处理器（Digital Signal Processor，DSP）进一步处理。定时控制一般由定时器提供参考时钟，以实现控制的时序配合。

现代雷达中，激励信号的产生多以 DDS 的方式，它可受程序控制产生一些复杂信号。例如，AD9854 是一种 DDS 的芯片，它的芯片内部时钟速率可达 300MHz，其输出能产生正交的 12 位双 D/A 转换的输出信号。它能产生移频键控（Frequency Shift Keying，FSK）、相移键控（Phase Shift Keying，PSK）、LFM 及调幅（Amplitude Modulation，AM）等调制信号。

复杂信号的产生是经 AWG 方式，其原理框图如图 6.15 所示。现代雷达通常需要产生特定波形或特定调制形式的宽带模拟信号，如果采用模拟电路或者通过 DDS 产生则变得不现实，所以常使用数字方法产生相应的信号，然后通过 DAC（数/模转换）为模拟信号，再通过滤波、放大、变频等处理得到射频频段的任意波形。

ADI 公司推出的 AD9154 是 4 通道、2.4Gsps、16 位的 DAC，配合上位机、

数据存储、FPGA 可实现在 100～300MHz 频段内的任意波形。AD9154 的原理框图如图 6.16 所示。

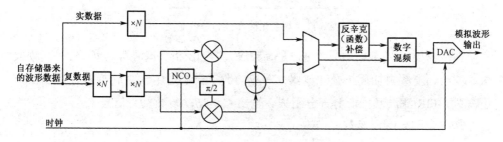

图 6.15　AWG 原理框图

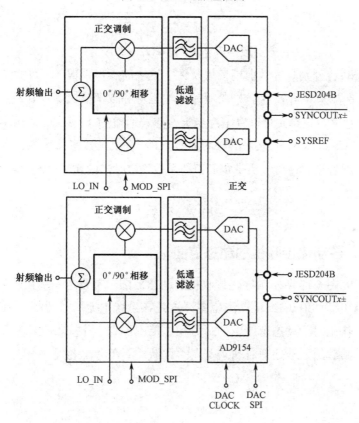

图 6.16　AD9154 原理框图

6.4.1　数字化接收机的灵敏度

接收机数字化后，对模拟接收机各种电路的研究（如放大、滤波、调制、解调等电路）就转化为对算法的研究。下面着重描述和分析数字化后的整个接收机灵敏度、动态范围的极限性能及相互关系。

数字化接收机的等效框图如图 6.17 所示。

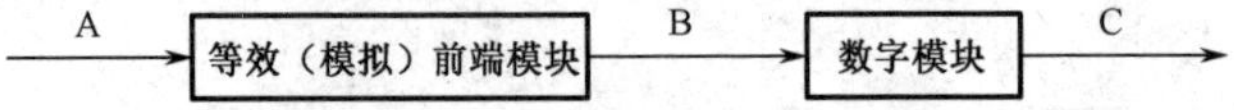

图 6.17　数字化接收机的等效框图

图 6.17 中，等效前端模块可以是高频放大器加反折叠滤波器，也可以是高频放大、滤波、混频再加反折叠滤波器。对应的数字模块是由 A/D 转换器、数字正交下变频、FIR 滤波及抽取等部分组成。输出 C 为 I/Q 复数基带信号。

接收机的总噪声系数 F_n 为

$$F_n = F_{n1} + \frac{F_{n2} - 1}{G} \qquad (6.22)$$

$$F_n = 1 + T_1/T_0 + T_2/GT_0 \qquad (6.23)$$

$$F_n = F_{n1}[1 + T_2/G(T_0 + T_1)] \qquad (6.24)$$

式中，F_{n1} 和 F_{n2} 分别是等效前端模块及数字模块的噪声系数，G 为由 A 点至 B 点的增益，$T_0 = 290\text{K}$，T_1 及 T_2 分别是等效前端模块和数字模块等效到各自输入端的噪声温度。由式（6.24）可以看出：当等效前端增益 G 足够大时，数字化接收机的噪声系数接近等效前端模块的噪声系数，即 F_{n1} 就是数字化接收机噪声系数的极限性能；或者说，在接收机带宽、识别系数确定时，由式（6.25）给出了接收机的极限灵敏度。

$$P_{\min} = kT_0 F_{n1} B_n (S/N)_{\min} \qquad (6.25)$$

6.4.2　数字化接收机的动态范围

本节研究图 6.17 所示数字化接收机的动态范围，是设定识别系数为 0dB，输出信号增益压缩 1dB 的线性动态范围，这是该系统中无增益控制（AGC=0dB、STC=0dB）作用时的动态范围，即瞬时动态范围。数字化接收机界定到数字模块输出为止，其后的信号处理对动态范围的贡献，不在考虑之列。

1. A/D 转换器的动态范围

设 A/D 转换器分辨率为 b 位，量化间隔为 Δ，则量化噪声的均方根误差为 $\frac{1}{\sqrt{12}}\Delta$，A/D 转换器最大输入不失真功率 $P_{\text{AD}\max}$ 与量化噪声功率 $P_{\text{AD}\min}$ 之比为

$$P_{\text{AD}\max}/P_{\text{AD}\min} = \left(\frac{2^b - 1}{2\sqrt{2}}\Delta\right)^2 \Big/ \left(\frac{1}{12}\Delta^2\right)$$
$$\approx 2^{2b} \times \frac{3}{2} \qquad (6.26)$$

以对数表示为

$$10\lg(P_{\mathrm{ADmax}}/P_{\mathrm{ADmin}}) \approx 6.02b + 1.76 \qquad (6.27)$$

式（6.27）是 A/D 转换器动态范围的极限值，如按此式算出标称 14 位分辨率的 AD6644 的动态范围为 85.76dB，厂家实际测得该芯片的动态范围远小于此值，信噪比 $(S/N)_{\mathrm{AD}} \approx 73\mathrm{dB}$。

工程上使用的 ADC，其噪声来源不仅仅是量化噪声，还包含 ADC 内部噪声、失真、孔径抖动、PCB 引入噪声、时钟抖动等很多来源。所以，工程上常用有效转换位（Effective Number of Bits，ENOB）来表示 ADC 的分辨率，即

$$\mathrm{ENOB} \approx (\mathrm{SIND} - 1.76)/6.02 \qquad (6.28)$$

式（6.28）中，SIND 为信号功率与噪声功率加失真功率的比值。由于 A/D 转换器的部件不能做到完全线性，因此总会存在分辨率损失。一般地，信号值越大，信号频率越低，所能得到的有效转换位数越多[6]。

2. 数字模块的动态范围

由 A/D 转换器为输入器件构成的数字模块的动态范围为

$$D_{\mathrm{r}} = (S/N)_{\mathrm{AD}} + 10\lg\frac{F_{\mathrm{s}}}{2B_{\mathrm{D}}} \qquad (6.29)$$

式（6.29）中，$(S/N)_{\mathrm{AD}}$ 是厂家给出的 A/D 转换器的信噪比指标；B_{D} 是数字模块的输出带宽，即低通滤波器的带宽；F_{s} 是 A/D 转换器的采样速率；$10\lg\dfrac{F_{\mathrm{s}}}{2B_{\mathrm{D}}}$ 又称为处理得益或采样得益。

例如，某雷达实际 $F_{\mathrm{s}} = 57.6\mathrm{MHz}$，$B_{\mathrm{D}} = 1.1\mathrm{MHz}$，A/D 的型号为 AD6644，则其极限动态范围为

$$D_{\mathrm{r}} = 73 + 10\lg\frac{57.6}{2\times 1} \approx 87.6 \,(\mathrm{dB})$$

3. 数字化接收机灵敏度与动态范围的综合考虑

设数字模块最大不失真输入功率为 P_{B}，如 A/D 转换器输入阻抗为 50Ω时，输入最大峰-峰电压为 1V，相当于 $P_{\mathrm{B}} \approx 4\mathrm{dBm}$，则等效输入最小的噪声功率为

$$P_{\mathrm{Bmin}} = P_{\mathrm{B}} - (S/N)_{\mathrm{AD}} - 10\lg(F_{\mathrm{s}}/2B_{\mathrm{D}}) \qquad (6.30)$$

在上述参数下，$P_{\mathrm{Bmin}} = -83.6 \,(\mathrm{dBm})$。经实际测试，基本上达到这一极限值。

当模拟前端模块与数字模块相连，如图 6.17 所示那样构成数字化接收机时，总的灵敏度与动态范围就不能独立地选择而必须考虑其相互影响。

设总的接收机灵敏度损失为 m（dB），则有

$$m = 10\lg\left[1 + \frac{T_2}{G(T_0 + T_1)}\right] \tag{6.31}$$

则数字模块输入等效噪声功率 P_{Bm} 为

$$P_{Bm} = [T_2 + G(T_0 + T_1)]kB \tag{6.32}$$

数字模块的输入等效噪声功率比原先扩大了，从而使数字化接收机的动态范围损失 D_{Lm} 为

$$D_{Lm} = 10\lg\frac{T_2 + G(T_0 + T_1)}{T_2} \tag{6.33}$$

由式（6.33）得到

$$D_{Lm} = 10\lg\frac{10^{\frac{m}{10}}}{10^{\frac{m}{10}} - 1} \tag{6.34}$$

因此，总的接收机灵敏度损失 m（dB）与动态范围的损失 D_{Lm}（dB）具有一定对应关系。

式（6.34）是假定系统的 G 有所变化，等效前端模块灵敏度变化不大时推出的。总的接收机灵敏度损失 m（dB）与动态范围损失 D_{Lm}（dB）的一组关系如表 6.2 所示。

表 6.2　点的接收机灵敏度损失与动态范围损失的关系

m/dB	D_{Lm}/dB
0	∞
0.5	9.6
1	6.9
1.5	5.4
2	4.3
3	3
4	2.2
5	1.7

由表 6.2 可以看出，当接收机灵敏度仅损失 0.5dB 时，其动态范围要损失 9.6dB；而当灵敏度损失 5dB 时，接收机动态范围仅损失 1.7dB。因此设计时要根据任务情况加以折中考虑。灵敏度损失与动态范围损失之间的关系曲线如图 6.18 所示。

由式（6.31）及式（6.33）可以看出，在模拟前端模块和数字模块的噪声和动态范围各自确定的情况下（通常认为模拟前端模块的动态范围远大于数字模块的动态范围），模拟前端模块增益 G 的选择，起到调节 m 或 D_{Lm} 的关键作用。不妨

将 m 及 D_{Lm} 均损失 3dB（见表 6.2）时的增益定为 G_L，当灵敏度损失 m dB 时的增益 G_m 为

$$G_m = G_L + \Delta G_L \tag{6.35}$$

则接收机增益变化为

$$\Delta G_L = -10 \lg \left(10^{\frac{m}{10}} - 1 \right) \tag{6.36}$$

此时可对灵敏度损失 m 及接收机增益变化 ΔG_L 进行计算，如表 6.3 所示。

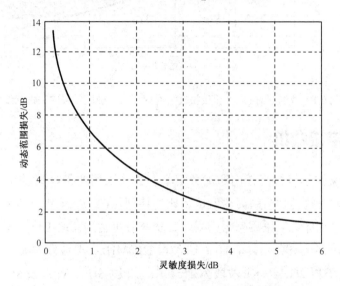

图 6.18　灵敏度损失与动态范围损失的关系曲线

表 6.3　灵敏度损失与接收机增益变化的关系

m/dB	ΔG_L/dB
0.1	16.3
0.5	9.1
1	5.9
1.5	3.8
2	2.3
3	0
4	-1.8
5	-3.4

可见，数字化接收机的灵敏度与动态范围等是密切相关的指标，动态范围损失和接收机增益变化与灵敏度损失的关系曲线如图 6.19 所示。

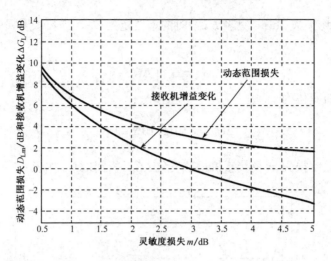

图 6.19　动态范围损失和接收机增益变化与灵敏度损失的关系曲线

6.5　宽带接收机

跟踪测量雷达为提高径向距离分辨率，往往采用宽带收/发方式。目标的径向距离分辨率与雷达信号瞬时带宽成反比，特别是在 ISAR 中，为了实现距离维高分辨率的目标成像，采用信号的瞬时带宽有时可达到雷达工作频率 10%～20%的相对带宽，甚至更高，典型的如 L 波段 200MHz、S 波段 300MHz、C 波段 800MHz、X 波段 2GHz、Ku 波段 3GHz、Ka 波段 6GHz、W 波段 8GHz 的带宽。相比于常规的窄带雷达系统，宽带雷达系统具有极高的距离分辨率、良好的目标识别能力、强抗干扰性等优越性能。宽带雷达接收机的设计中面临的一个主要问题是信号的瞬时带宽相当宽，要求接收机具有大带宽、高灵敏度、高信噪比和实时处理能力，解决这些问题的首要问题就是选好宽带接收机的架构。

6.5.1　宽带接收机架构

常用的宽带接收机架构主要有下述 3 种。

1. 通道式结构的宽带接收机

通道式结构的宽带接收机，采用频分或时分方法，拼接出宽带性能。

频率通道式宽带接收机框图如图 6.20 所示。其工作原理是：宽带射频输入信号先通过一个模拟功分滤波器组进行频率分割，使输出到各子通道中的信号带宽为 B_{sub}，再经 n 个子接收通道处理后传给 DSP 系统恢复宽带信号。该接收机架构存在通道间干扰和时域波形恢复的难题。

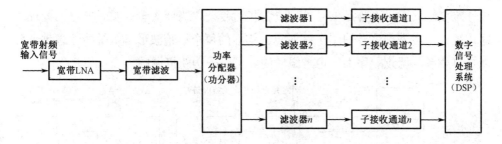

图 6.20　频率通道式宽带接收机框图

时延通道式宽带接收机框图如图 6.21 所示。其工作原理如下：宽带射频输入信号经放大、滤波后由功率分配器分成 n 个子通道，经过延时分别为 $0,\tau,2\tau,\cdots,(n-1)\tau$（其中 τ 小于 $1/2B_{sub}$）的延迟线（各个延迟也可由多相的采样时钟引入）。数字信号处理系统中 ADC 的输入带宽必须大于输入信号的最高频率。ADC 输出的数字 I/Q 信号经信号处理合并后得到宽带信号。时延通道式宽带接收机的特点是能够得到完整的时域波形；同时，降低了快速傅里叶变换（Fast Fourier Transform，FFT）的处理速度，实现了宽带信号的高速数字处理。缺点是会有适配失真，产生杂散问题，严重时会大幅影响接收机的性能。

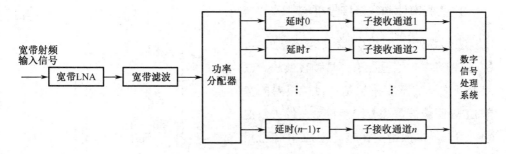

图 6.21　时延通道式宽带接收机框图

时间交织 A/D 转换器（TI-ADC）是一种基于时延通道式结构的宽带采样方案。将多个单通道 ADC 交织在一起，交替循环工作，以实现接收机总转换速率的倍增。例如，美国 E2V 公司的 EV10AQ190 高速 ADC，可实现 4 路 10bit、1.25GHz 采样的功能，也可基于交织采样具备 1 路 10bit、5GHz 采样的能力。

EV10AQ190 高速 ADC 的原理框图如图 6.22 所示。

2. 步进频信号宽带接收机

一般来说，步进频信号是由若干频率递增的脉冲组成的相参脉冲串。雷达分时发射和接收窄带的步进频信号，总的效果是宽带的，因此大幅降低了接收机的设计难度。其不足之处是信号处理过程相对复杂，需要大量的实时补偿，处理时间比较长。步进频信号如图 6.23 所示。实际的每个子带波形可以是线性调频也可以是单载频，调频顺序不一定是线性的，可以是伪随机调频。

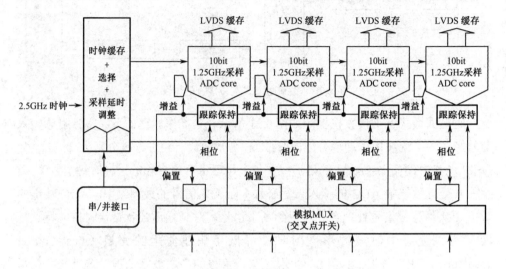

图 6.22　EV10AQ190 高速 ADC 的原理框图

3. 去斜率体制宽带接收机

去斜率处理方法（去斜处理方法），又称 STRETCH 处理方法、时频转换法。去斜处理方法的基本思想是：目标反射的宽带 LFM 回波被雷达天线接收后，经去斜混频（其去斜本振是具有与发射 LFM 信号相同的调频斜率和带宽的 LFM 信号）、低通滤波后得到一个窄带的单载频信号，该信号的频率与两个 LFM 信号的时间偏移成正比。宽带去斜原理框图如图 6.24 所示。

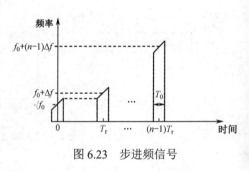

图 6.23　步进频信号

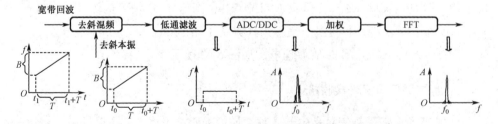

图 6.24　宽带去斜处理框图

去斜处理技术的优点：一是经去斜处理后，输出信号带宽大幅降低，从而降低了对中频电路、ADC 变换器的速率要求；二是脉压仅需一次 FFT 运算，运算量大大降低，工程上易于实现。

6.5.2　宽带接收机设计

宽带接收机的设计主要考虑接收机的架构选择、宽带信号产生的方法（包括中频采样模块指标的设计）等。下面以 1GHz 带宽（线性调频）的 X 波段接收机为例，给出其设计考虑。

1. 宽带接收机的架构选择

根据宽带接收机给出的瞬时带宽指标，综合考虑数字接收机能够处理的最大瞬时带宽、波形形式等限制条件，合理地选择宽带接收机的架构。如果宽带信号只有线性调频这种形式，可重点考虑去斜体制的接收机；如果有非线性调频、任意波形的工作方式，并且瞬时带宽大于接收处理能力的，可采用通道式结构的宽带接收机。常规宽带精密跟踪测量雷达一般选择宽带去斜体制。

2. 宽带信号产生的方法

1）宽带激励信号源

宽带激励信号源部分由 100MHz 晶振参考源、AD9854 产生的 LFM 信号、单边带调制器、倍频器、功放等电路组成，可产生 1GHz 带宽的宽带信号源。一种宽带激励源组成框图如图 6.25 所示。

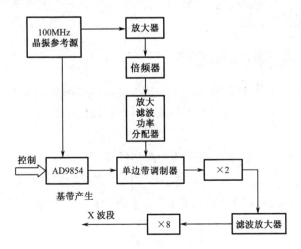

图 6.25　一种宽带激励源组成框图

该图中，100MHz 晶振参考源用于提供频率和时间控制基准，AD9854 形成线性调频基带信号，经单边带调制和滤波双重作用选通信号，抑制边带和本地振荡器的泄漏信号；再经 16 次倍频，得到 X 波段 1GHz 的 LFM 信号。

2）宽带本振源

如上所述，对宽带回波信号的处理，一般采用相同斜率的、中心频率相差一个第一中频的本振信号进行去斜和混频，然后在压缩了的频带上进行处理。去斜宽带本振方案同宽带激励信号源方案一样，也是由 100MHz 晶振参考源、AD9854 产生基带 LFM 信号，由单边带调制器、倍频器、功放等电路组成，它产生 X 波段 1GHz 带宽的本地振荡器信号。

在去斜和混频时，当信号与本振对准时，混频输出的中频为 f_{I1}；对不准时，混频输出的中频可能落在 $[f_{I1} - B_I/2, f_{I1} + B_I/2]$ 区间，其中 $\pm B_I/2$ 正比于本振超前或落后于回波信号的时间和调频斜率。假设中频带宽为 ΔF，$\pm B_I/2$ 的最大变化范围应小于 ΔF。具体的去斜带宽的确定可参见文献[8]。

3）中频采样模块

一种中频采样模块的指标如下：

（1）输入中频信号中心频率为 30MHz（作为第二中频信号）；

（2）输入中频信号带宽（0.5dB）为 10MHz；

（3）输入中频信号峰-峰值 $V_{p-p} = 1V$，阻抗为 50Ω；

（4）A/D 采样频率为 48MHz，A/D 位数为 14bit；

（5）I/Q 幅度不一致性≤0.05dB，相位不一致性≤0.1°，零点漂移≤0.1mV；

（6）中频正交器后需加数字滤波器，其指标为：带外抑制≤−25dB（1.3 倍带宽内），带内起伏≤0.1dB。

6.5.3　宽带接收机补偿原理

用去斜处理方法匹配接收信号时，接收机（含本地振荡器、激励源、放大器、混频器等）不可避免地会产生失真。下面具体讨论如何在接收机中对这些失真进行补偿。

假定宽带信号的参数和处理方法为：信号时宽为 100μs，线性调频信号带宽为 1GHz，采用去斜接收、中频采样、数字滤波和抽取方法，对得到的 I/Q 数据进行 Hamming 加权和 FFT 滤波。为了要达到−30dB 副瓣电平的要求，必须要对接收机引起的失真进行补偿。因为仿真表明，当宽带源和接收机总的相位波动为 3.6°，幅度波动为 0.5dB 时，副瓣电平才能达到−30dB 的要求[4]。而调频源的调频非线性失真（正弦型）为 8.9×10^{-6} 时，副瓣电平才能达到−25dB。

一般接收机校正原理如图 6.26 所示，即认为校准源信号具有已知标准参数，经接收系统输出时应得到额定值的输出信号，若未达到额定值，则修正接收系统的参数以符合要求。

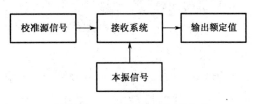

图 6.26　一般接收机校正原理

在宽带信号的补偿中，这一概念要加以扩展。首先是宽带的信号源、宽带去斜本振本身不是理想源，传输系统也不可能完全线性。同时，与一般校准系统不同的是，输出的额定信号，其参数是不知道的，或者说不经过一系列处理是未知的。例如，本振与回波信号的时间对不准时，若时差为 0.1μs，在上述参数下，将产生 1MHz 的频移。

下面介绍修正补偿公式和工程实现方法实例。

1. 修正补偿公式

理想宽带信号源信号为

$$S_A(t) = \text{rep}_{T_r}\left(\text{rect}\left(\frac{t}{T}\right) \exp j\left(\omega_0 t + \pi\gamma t^2\right) \right) \tag{6.37}$$

$$\text{rect}(x) = \begin{cases} 1, & |x| < 1/2 \\ 0, & \text{其他} \end{cases} \tag{6.38}$$

式（6.37）中，rep_{T_r} 为重复算符；T_r 为脉冲重复周期，$T_r = 1\text{ms}$；ω_0 为 LFM 信号中心角频率；T 为线性调频脉冲宽度，γ 为 LFM 信号的调频斜率。

设理想的相参本振为 $L(t)$，其载频为 ω_B，相对于 $S_A(t)$ 的延迟时间为 τ，校准信号经 LNA、混频、中频采样、数字滤波和抽取，获得的 I/Q 复数信号为

$$d(k) = M \exp[j\,(2\pi\gamma\tau k + \theta)] \tag{6.39}$$

式（6.39）中，M 为复信号模值。可以看出，在信号源、本振和系统均是理想的情况下，复检波信号 $d(k)$ 是理想的复正弦波，这里 $k = 1, 2, \cdots, N$，它是矩形函数内的样点值。例如，试验中取采样频率为 20MHz 时，$N = 2048$（考虑时域对不准因素，N 实际取值略小于 2048）。

而实际平台得到的 I/Q 离散样点值为 $C(k)$，虽然已加进系统的信号是作为校准的激励源信号，系统也经过精心调整，但不可避免地仍存在失真，使 $C(k)$ 不是纯正的复正弦波，这时需要补偿。

所谓宽带去斜信号补偿，是在输入"校准激励信号"的情况下，以去斜处理方法，在求得其复解调样本 $C(k)$ 的条件下，求得相应的复数 $g(k)$，使满足

$$C(k) \times g(k) = d(k) \tag{6.40}$$

当将求得的 $g(k)$ 与信号处理获得的 $C(k)$ 直接相乘时，就构成了对去斜信号的补偿，将 $g(k)$ 按接收机的机理作用于信号源时，就构成了在接收机部分对去斜信号的预失真补偿。

由 $C(k)$ 求得 $g(k)$ 必先求得 $d(k)$。根据样本 $C(k)$ 对 $d(k)$ 的曲线做拟合运算，一般高阶曲线的拟合是较为复杂的，而式（6.39）可化为对幅度 M、初相 θ、角频率 ω 的估值问题。令 M、θ 和 ω 分别为 $\hat{M}$、$\hat{\theta}$ 及 $\hat{\omega}$，下面求这几个估值。将 $C(k) = Q(k) + jI(k)$ 化为极坐标形式，即

$$C(k) = A(k)\exp[j\varphi(k)] \tag{6.41}$$

式（6.41）中，$A(k)$ 为样本 $C(k)$ 的模值，$\varphi(k)$ 为样本 $C(k)$ 的相角。显然其幅度估计为

$$\hat{M} = \frac{1}{N}\sum_{k=1}^{N}A(k) \tag{6.42}$$

这是最小二乘意义下幅度的无偏估计。在同样的意义下为使 $\sum_{k=1}^{N}[\varphi(k) - \hat{\omega}\cdot k - \hat{\theta}]^2$ 的值达到最小，可求得

$$\hat{\theta} = \frac{6}{N(N-1)}\sum_{k=1}^{N}\varphi(k)\left(\frac{2N+1}{3} - k\right) \tag{6.43}$$

及

$$\hat{\omega} = \frac{6}{N(N-1)(N+1)}\sum_{k=1}^{N}\varphi(k)(2k - N - 1) \tag{6.44}$$

将以上几个算式联立，即有

$$\begin{cases} \hat{M} = \dfrac{1}{N}\sum_{k=1}^{N}A(k) \\[2mm] \hat{\theta} = \dfrac{6}{N(N-1)}\sum_{k=1}^{N}\varphi(k)\left(\dfrac{2N+1}{3} - k\right) \\[2mm] \hat{\omega} = \dfrac{6}{N(N-1)(N+1)}\sum_{k=1}^{N}\varphi(k)(2k - N - 1) \end{cases} \tag{6.45}$$

由式（6.40）解得

$$g(k) = \frac{\hat{M}\exp j(\hat{\omega}\cdot k + \hat{\theta})}{C(k)} \tag{6.46}$$

$$|g(k)| = \frac{\hat{M}}{|C(k)|} = \frac{\hat{M}}{A(k)} \tag{6.47}$$

而 $g(k)$ 的复角为

$$\text{angle}[g(k)] = \hat{\omega}\cdot k + \hat{\theta} - \varphi(k) \tag{6.48}$$

将式（6.47）作用于系统，就实现了对系统幅度的补偿；将式（6.48）作用于系统，就实现了对系统相位的补偿。

2. 修正补偿工程实现方法

图 6.27 是接收机未补偿时录取 *I/Q* 数据做 Hamming 加权后的频谱图，由该图可以看出，副瓣电平仅约-17dB。

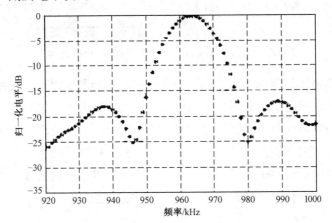

图 6.27　接收机未补偿时录取 *I/Q* 数据做 Hamming 加权后的频谱图

接收机按式（6.48）做相位补偿后，*I/Q* 数据做 Hamming 加权后的频谱图如图 6.28 所示。由该图可以看出，副瓣电平约达-38dB，相位补偿的效果相当明显。

总之，宽带接收机的瞬时带宽值很大时，必须进行补偿，其中相位补偿是关键。

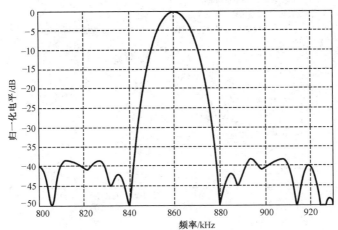

图 6.28　接收机相位补偿后 *I/Q* 数据做 Hamming 加权后的频谱图

去斜接收机工程化的幅相修正原理框图如图 6.29 所示。

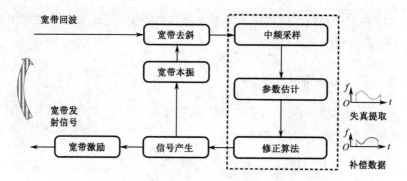

图 6.29 去斜接收机工程化的幅相修正原理框图

　　基于模拟去斜的幅相修正系统预失真处理不是把激励源和本振源都修正成线性，而是让一个通道去适应另一个通道的非线性。当去斜本振对准回波信号时，预失真处理的效果很好，如图 6.30 所示；当不对准时，则会出现移变特性。对于常规去斜处理，去斜后信号带宽在 20MHz 左右，移变特性不明显，可以近似认为通道有效对准；而对于大成像窗口的去斜信号，由于去斜后带宽很大，其移变特性很明显，无法获得理想的补偿结果，如图 6.31 所示。

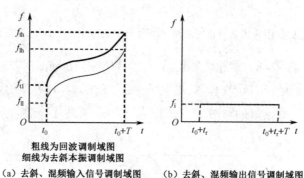

粗线为回波调制域图
细线为去斜本振调制域图

（a）去斜、混频输入信号调制域图　　　　（b）去斜、混频输出信号调制域图

图 6.30 预失真原理

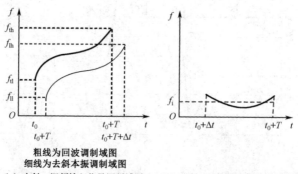

粗线为回波调制域图
细线为去斜本振调制域图

（a）去斜、混频输入信号调制域图　　　　（b）去斜、混频输出信号调制域图

图 6.31 大成像窗口失真恶化示意图

全线性修正就是在信号产生通道（含激励基带信号和本振基带产生信号）预失真，使得在接收机去斜、混频的两个射频端口相位特性（尤其是相位特性）获得线性化，去斜混频器可以在模拟部分实现，也可以在数字部分实现。

该系统的宽带直采接收机后端有 1GHz 带宽的宽带直采 A/D，既可以用模拟方法去斜（模拟去斜），也可以用数字方法去斜（数字去斜）。而数字去斜本振是基于 NCO 的 LFM 信号。通过对去斜后的幅度相位失真参数的估计，可获得全线性修正数据，注入宽带信号源预失真后，可得到标准的宽带信号，宽带全线性修正框图如图 6.32 所示。

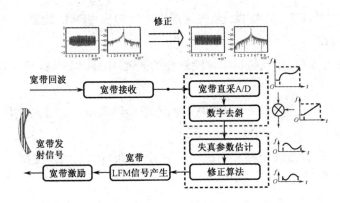

图 6.32　宽带全线性修正框图

经过上述修正过程，宽带去斜接收机输入信号失真特性获得了线性化，再与宽带本振信号去斜、混频，经中频采样后进行失真提取，得到修正数据，作用于产生宽带本振信号，即可完成宽带接收机失真的全线性修正。

如图 6.33 所示，经过全线性修正，输入信号与本振信号相差 20MHz 时可以在 40MHz 的去斜带宽内获得-30dB 的脉压主、副瓣比。

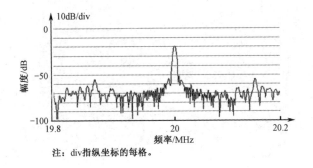

注：div 指纵坐标的每格。

图 6.33　全线性修正后效果图

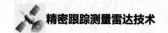

参考文献

[1] 张光义. 相控阵雷达系统[M]. 北京：国防工业出版社，1994.

[2] 丁家会. 雷达信标自频调系统的分析[J]. 现代雷达，1979，1(4): 53-65.

[3] 魏敬义. 雷达接收机中的非线性失真[J]. 现代雷达，1998，20(1): 94-104.

[4] 刘永坦. 雷达成像技术[M]. 哈尔滨：哈尔滨工业大学出版社，1999.

[5] SKOLNKI M I. 雷达手册[M]. 王军，林强，米慈中，等译. 2版. 北京：电子工业出版社，2003.

[6] 杨小牛，楼才义，徐建良. 软件无线电原理与应用[M]. 北京：电子工业出版社，2001.

[7] 丁家会. 数字化接收机极限性能指标的研究[J]. 现代雷达，2005，27(9): 72-74.

[8] 陈泳，汪欣，张宁. X波段1GHz宽带接收系统的设计与实现[J]. 现代雷达，2005，27(2): 50-52.

[9] 於洪标. 射频微波电路和系统工程设计基础[M]. 北京：国防工业出版社，2018.

[10] 郭崇贤. 相控阵雷达接收技术[M]. 北京：国防工业出版社，2009.

第 7 章
距离跟踪测量技术

本章首先论述跟踪测量雷达距离跟踪测量（简称为测距机或测距系统）的原理，然后结合工程实践给出测距机的功能、指标及组成、跟踪测量性能分析和设计的主要依据及公式，介绍距离跟踪流程设计。本章特别针对远程精密测距机的距离模糊消除、盲区躲避（避盲）、多站同时工作、应答反射转换等特殊工程问题，给出具体实用的解决方案，同时讨论距离跟踪测量系统的发展。

7.1 概述

雷达的基本功能是对目标进行检测和测量。本章讨论的脉冲跟踪测量雷达距离跟踪测量技术，正是实现这一基本功能的重要手段。完成目标距离跟踪和测量的设备为测距机。本节首先简述脉冲雷达距离跟踪测量原理和目标检测原理，然后给出测距机的特点及发展方向。

7.1.1 距离跟踪测量原理

1. 脉冲雷达距离跟踪测量原理

测量脉冲雷达与目标之间的距离，实质上就是测量发射脉冲与其相关的目标回波脉冲之间的时间间隔或延迟，测距机原理图如图 7.1 所示。

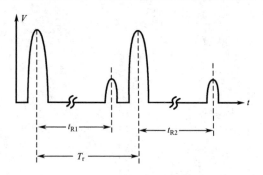

图 7.1　测距机原理图

图 7.1 中，幅度较大的脉冲是发射信号的幅度包络，幅度较小的脉冲是接收的目标回波的幅度包络，所谓测距即测量图中的时间延迟 t_{R1} 和 t_{R2} 等代表的目标距离，可表示为

$$R = \frac{1}{2}ct_{R} \tag{7.1}$$

式（7.1）中，R 为脉冲雷达与目标之间的距离，c 为光速，在真空中 $c =$ 299792458m/s，t_{R} 为延迟时间。例如，发射脉冲与回波脉冲间隔 1μs 的时间延迟

约等效于目标距离 150m。

上述距离测量原理看起来似乎很简单，但在实际工程中要精确得到目标的实时距离值并不容易。

2. 距离精密测量的几个问题

1）目标的检测

要精确测量目标距离，测距机的首要任务是要发现（检测）目标，然后才能转入跟踪测量。在检测目标时，有虚警概率、发现概率问题，对其的定量分析可见 7.1.2 节。

2）回波延迟位置

图 7.1 中标出的 t_{R1} 或 t_{R2} 是回波中心位置，相对于发射主脉冲中心位置的延迟，有时也可用回波脉冲前沿相对于主脉冲前沿的延迟，或用回波脉冲后沿相对于主脉冲后沿的延迟来测量。具体用哪一种方法应根据工作要求而定，一般情况下是采用回波脉冲中心位置。由于回波信号大小是变化的，波形也有畸变，因而其前、后沿位置或波形中心的位置如何确定，将直接影响测量距离的精度。因而测距机必须有确定延迟位置的时间鉴别器装置。

3）目标运动

当目标运动时，回波延迟是变化的。如何减少运动滞后带来的误差，则需要对目标的回波信号延迟进行跟踪及滤波，在本章后面对跟踪回路的分析中，将讨论这个问题。

4）噪声

当跟踪距离远或目标 RCS 很小时，信噪比低，由此带来距离测量误差的加大。在测距机设计中，噪声对测量精度的影响不可忽视，其理论极限测量精度为多少，与测距机设计有何关系，本章后面将给出设计公式。

除以上问题外，当测量数千千米外的目标时，由于雷达脉冲重复周期的限制，将出现严重的距离模糊，在连续跟踪目标时，回波信号有时会落在主脉冲附近的盲区内，如何避盲？在对洲际导弹、飞船或卫星的测量中，多部雷达（称为多站）同时测量，并实现数据的接力，测距机如何协调工作？如何避免冲突？在测量合作目标时，如何实现反射信号与应答信号的瞬间转换而不丢失目标？这些均是工程实践中应解决的问题。

随着信息技术的发展及要求的提高（如在低俯仰角，存在地杂波情况下如何测量距离），将引起传统的以脉冲幅度检波为基础的测距机的变化。上述这些问题都是距离精密测量需要解决的。

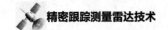

3. 雷达测距的工作过程

测距机的工作过程，即对目标的捕获、跟踪、测量录取的过程，这与整个雷达的工作过程密切相关。下面以一种跟踪测量雷达为例，详细说明这一过程。

跟踪测量雷达要捕获目标，有若干必要条件。首先，跟踪测量雷达窄的针状波束必须指向目标，这一条件一般由角度指向引导数据驱动天线实现。角度指向的引导数据可以由计算机通过加载引导文件提供，也可以由已跟踪该目标的另一部雷达或其他引导设备实时提供。其次，为了正确接收信号，接收机本振（本地振荡器）必须处于正确的信号频率上。目前绝大多数跟踪测量雷达都为相参雷达，目标反射信号与本振信号频率是相参的。此外，应答信号也采用相参应答机，保证了系统的相参性。测距机对目标距离的捕获分为手动、半自动和自动三种方式，同时跟踪测量雷达一般有视频显示系统，协助雷达操作员观察、辨别目标，进行人机协同操作。

手动捕获方式捕获目标的过程是雷达操作员手控距离操纵杆，移动采样波门（涵盖"信号宽度+处理范围"的采样波门，如宽度设为"发射信号宽度+213.33μs"对应匹配处理后 32km 的处理范围）在距离上搜索。当回波信号进入采样波门时，信号处理程序通过匹配处理和检测后输出目标点迹信息给测距机，测距机实时进行目标点迹、航迹验证起批确认，雷达操作员对采样波门内是否真有回波信号进行判断，若认为有信号，按下距离转跟踪开关，此时测距机转为宽波门跟踪状态，目标距离航迹快速跟踪收敛。在宽波门跟踪状态下，当回波信号满足 N 个输入脉冲中有大于或等于 M 个脉冲超过门限电平的条件，即满足 M/N 准则时，测距机转入窄波门跟踪，否则退回到搜索状态。例如，当测距机宽波门跟踪状态连续保持 1s 后立刻转为窄波门跟踪，否则退回到搜索状态。当测距机转入窄波门跟踪时，首先进行解距离模糊流程，待距离模糊解算成功后（见 7.4 节，该过程大约在 0.1s 内完成），进行远距离无模糊跟踪。

半自动捕获工作方式与手动捕获方式的不同之处是不需要人工按距离转跟踪开关，而是由测距机自动持续执行目标点迹、航迹验证起批确认，并执行搜索到宽波门跟踪转换。若波门内的信号不符合点迹、航迹验证起批条件，检测判断就一直进行下去，直至符合点迹、航迹验证起批条件，自动转为宽波门跟踪，目标距离航迹快速跟踪收敛。在宽波门跟踪状态下，当满足 M/N 准则时，测距机转入窄波门跟踪，否则退回到搜索状态。当测距机转入窄波门跟踪时，首先进行解距离模糊流程，待距离模糊解算成功后进行远距离无模糊跟踪。

自动捕获工作方式与半自动捕获工作方式的不同之处在于：波门的位置不是由雷达操作员手控距离操纵杆去指定，而是由距离引导值来指定。测距机自动地以距离引导值为中心，在波门范围内对目标进行目标点迹、航迹验证起批确认。当测距机转入窄波门跟踪时，不需要进行解距离模糊流程，而是直接进行远距离模糊跟踪。

测距机跟踪上目标并消除了距离模糊后，其距离值代表了目标至跟踪测量雷达的径向距离，按照回波处理节拍实时向数据处理分系统传送实时目标距离数据。

7.1.2　目标检测原理

在跟踪测量雷达中，目标的检测一般是将收到的中频回波信号经包络检波成视频信号，然后对视频信号进行检测。目标检测的总要求是：根据目标情况（目标的重要性及虚警、漏警的影响程度）确定虚警概率（FAP）p_f 和检测概率 p_d，再由 p_f 确定检测门限电平。为此，必须对噪声中的目标检测原理及设计方法有明确的认识。

1. 目标虚警概率

接收机噪声可以用零均值的高斯概率密度函数来描述，即[1]

$$P(v) = \frac{1}{\sqrt{2\pi}\sigma_n} e^{\left(-\frac{v^2}{2\sigma_n^2}\right)} \tag{7.2}$$

式（7.2）中，σ_n 为噪声的均方根值，v 为输出电压。当高斯噪声通过中频滤波器经线性检波后，可以证明其幅度服从瑞利分布，即

$$P_n(v) = \frac{v}{\sigma_n^2} \exp\left(-\frac{v^2}{2\sigma_n^2}\right) \tag{7.3}$$

式（7.3）中，$P_n(v)$ 为视频幅度电压的概率密度分布，当给定门限电平 E_T 后，检测单个目标的虚警概率为

$$p_f = \int_{E_T}^{\infty} \frac{v}{\sigma_n^2} \exp\left(-\frac{v^2}{2\sigma_n^2}\right) dv = e^{-\frac{E_T^2}{2\sigma_n^2}} \tag{7.4}$$

文献[1]给出了归一化门限 $\left(\dfrac{E_T}{\sigma_n}\right)$ 的值所对应的虚警曲线及表格。

值得特别注意的是，当门限电压与 σ_n 之比保持为常数时，虚警概率将不变，即可实现恒虚警率（CFAR）检测。

无信号输入时，视频输出的期望值为

$$\int_0^{\infty} v \cdot \frac{v}{\sigma_n^2} \exp\left(-\frac{v^2}{2\sigma_n^2}\right) dv = \sqrt{\frac{\pi}{2}}\sigma_n \tag{7.5}$$

式（7.5）说明，只要在无信号输入时将视频噪声输出的平均值求出，并乘以一个

固定常数 m，即以 $E_T = m \cdot \sqrt{\dfrac{\pi}{2}} \sigma_n$ 为检测门限，就可实现单个脉冲检测的虚警概率 p_f，m 值可由所要求的 p_f 并由式（7.4）计算出来。

虚警概率检测方法在雷达中已被广泛采用，并有多种实现方案。在跟踪测量雷达的测距机中，一般近距离采用杂波虚警概率处理来抑制近地杂波的影响；近距离低俯仰角下则可采用动目标显示或动目标检测技术来抑制杂波；远距离无杂波场景下可采用噪声虚警概率处理。

特别需要指出的是，当跟踪目标为弹道导弹时，弹道导弹在飞行的不同阶段（助推段、末助推段、中段、再入段）分离和释放不同的物体，尤其是弹道中段，导弹目标的一个重要特征就是目标数量较多，而且形成包括弹头、发射碎片和各种诱饵的威胁目标群，它们以大致相同的速度沿导弹的预定弹道惯性飞行，构成复杂的群目标环境。目前信号处理常用的检测方法是均值类 CFAR，它在均匀杂波背景中具有较好的检测性能，然而在多目标造成的非均匀背景中检测性能严重下降。采用有序统计类 CFAR 检测器或有序统计类与剔除类联合的检测器，在多目标环境中具有良好的分辨能力，在这点上相比均值类方法具有明显优势，且在均匀杂波背景中的性能下降也是适度的。

2. 目标单次检测概率

目标单次检测概率指的是在有目标回波信号存在时，信号超过门限电平（此处称为第一门限电平）的概率。当存在目标回波时，雷达窄带中频放大器的输出经包络检波后，其幅度概率密度分布为

$$P_A(V) = \frac{V}{\sigma_n^2} \exp\left[-\frac{1}{2\sigma_n^2}\left(V^2 + A^2\right)\right] \cdot I_0\left(\frac{AV}{\sigma_n^2}\right) \tag{7.6}$$

式（7.6）中，σ_n 为噪声的均方根值，A 为待检测信号的中频幅度值，$I_0(\cdot)$ 为变型贝塞尔函数，检测概率 p_d 为

$$p_d = \int_{E_T}^{\infty} P_A(V)\,\mathrm{d}V = \int_{E_T}^{\infty} \frac{V}{\sigma_n^2} \exp\left[-\frac{1}{2\sigma_n^2}\left(V^2 + A^2\right)\right] \cdot I_0\left(\frac{AV}{\sigma_n^2}\right)\mathrm{d}V \tag{7.7}$$

式（7.7）不能以有理函数表达积分结果，在文献[1]中已绘有求解后曲线供查阅。

3. 视频积累检测概率

实际测距机大多在单个目标检测的基础上，经视频积累，对视频脉冲串进行检测判决，从而做出目标是否存在的判断。

测距机中的视频积累不是真的将视频信号的模拟值加起来积累，而通常是用 M/N 准则来处理，以达到类似积累的效果。

所谓 M/N 准则，即对于待检测的 N 个（$N \geqslant M$）脉冲视频信号，单个脉冲超过第一门限电平时为 1，否则为 0。当 N 个脉冲中"1"的个数等于或大于 M 时，即认为目标存在。M/N 准则被称为第二检测门限。这种 N 个脉冲视频积累的信噪比得益近似于[2]

$$G = N^r \tag{7.8}$$

式（7.8）中，r 一般取值为 0.7 左右，在做 N 个脉冲序列检测时，最佳选取的 M 值符合下面的关系

$$M = \lfloor 1.5\sqrt{N} + 0.5 \rfloor \tag{7.9}$$

例如，当 $N = 32$ 时，$M = 8$，即 8/32 的检测方案是跟踪测量雷达常用的序列检测方案之一。有的测距机选择 3/4 准则也是可行的，也符合式（7.9）。

设单个脉冲的检测概率为 p_d，则符合 M/N 准则的总检测概率 P_D 为

$$P_D = \sum_{j=M}^{N} \frac{N!}{j!(N-j)!} p_d^j (1-p_d)^{N-j} \tag{7.10}$$

符合该准则的总虚警概率 P_F 为

$$P_F = \sum_{j=M}^{N} \frac{N!}{(N-j)!j!} p_f^j (1-p_f)^{N-j} \tag{7.11}$$

式（7.11）中，p_f 为单个脉冲检测的虚警概率。

当总的 P_D、P_F 确定后，根据确定的 N 及 M 值，可以求出对单个脉冲检测时的 p_d 及 p_f 的要求，从而确定单个脉冲的检测门限及检测信噪比。

7.1.3　测距机的特点及发展

本节叙述跟踪测量雷达测距机（距离跟踪测量系统）的若干特点，如距离测量精度高、跟踪测量距离远、可采用多站工作、窄带与宽带波形协同交替工作等。同时讨论跟踪测量雷达测距机（距离跟踪测量系统）的发展。

1. 测距机的特点

（1）采用同步时序控制加回波异步数据流处理机制，是测距机的第一个特点。利用测距机定时控制提供的同步周期脉冲作为中断控制，按周期进行发射脉冲调度和接收回波控制，由接收机将回波数据发送给信号处理循环缓存后，做回波数据异步数据流处理，包括信号匹配滤波、目标检测和信息提取，形成回波表传送给测距机进行点迹航迹的闭环处理。

（2）距离测量精度高，并能连续不断地提供目标的实时距离，是距离跟踪测距机的主要特点。跟踪测量雷达的测距精度受多种因素的影响，如零距离装定、

接收机延迟、目标运动引起的动态滞后，应答机的延迟、传播误差、热噪声引起的随机误差，等等。一般要求这些误差经校正后，总误差的均方根值能控制在5m 以内。上述误差中，有系统误差和随机误差，系统误差经校正后可以大幅减少，而随机误差主要由下式所示的热噪声引起，即

$$\sigma_{R1} = \frac{150\tau}{K_r\sqrt{(S/N)(f_r/\beta_n)}} \tag{7.12}$$

式（7.12）中，σ_{R1} 为热噪声引起的距离跟踪测量（测距）误差的均方根值，τ 为脉冲信号宽度（脉宽）（按 1μs 对应 150m 的折算值计算），S/N 是跟踪测量雷达接收到的单个回波脉冲信号的信噪比，f_r 为发射脉冲重复频率（重频），β_n 为距离跟踪回路（测距回路）的等效噪声带宽，K_r 为距离鉴别器斜率，取值范围为 1.4～2.0，它与信号带宽和距离门宽度有关。例如，取 $K_r=1.5$ 时，对于脉宽为 0.8μs，$f_r=585$Hz，$\beta_n=10$Hz，$S/N=15.8$（对应 12dB），热噪声引起的测距误差的均方根值为

$$\sigma_{R1} = \frac{0.8\times150}{1.5\sqrt{15.8\times585/10}} \approx 2.6\text{m}$$

需要说明的是，当采用大时宽带宽积的脉压信号时，脉宽取匹配脉压后的有效信号宽度进行计算。

（3）跟踪测量距离远，造成脉冲测距模糊，这是该测距机的第三个特点。例如，某跟踪测量雷达测距机在应答情况下，测量距离可达 8000km，在 f_r 为 585Hz 时，最大距离模糊数可达 31。

（4）可采用多站工作，这是该测距机的第四个特点。一般航天任务多采用多站接力方式进行应答信标跟踪，为此要解决多站间的干扰问题，合理布置多站。同时当采用测距、测速数据而不用测角数据对目标进行多站测量时，其定位精度可大为提高。

（5）可采用窄带与宽带波形协同交替工作，这是该测距机的第五个特点。窄带用于目标测距跟踪，宽带用于目标成像特征测量。采用两套发射机时，一套发射机发射窄带信号的同时另一套发射机发射宽带信号，根据窄带测距结果同时提取跟踪测量雷达宽带回波。采用单一发射机时，则采用时分交替方式发射窄带和宽带信号，用窄带信号进行测距，并将窄带测距结果外推到宽带回波位置提取宽带信息。

2. 测距机的发展

从硬件发展的历程看，测距机随着计算机技术的发展，经历了从嵌入式单板机阶段到基于数字信号处理器的专用可编程阵列信号处理阶段，到现在的通用高

性能 CPU 计算模块货架产品，以及采用商用服务器的阶段。计算机与现场可编程门阵列（FPGA）相结合构成了现代测距机，其功能丰富、接口灵活（接口涵盖电/光传输，采用标准通信协议等），性能稳定，集成度高，具有模块化和可编程化特点，可以满足用户多方面的要求。

从软件发展的历程看，经历了从无操作系统下汇编语言的开发调试、DOS 操作系统下带编译过程调试的开发环境、数字信号处理器嵌入式系统专用开发套件，到如今的基于标准库的开放式架构和软件构件库过程，如今距离跟踪测量采用开放式 VPX 架构及高性能 CPU 计算平台进行信息处理，运用模块化设计思路进行软件开发，充分借用软件构件库中成熟的构件模块，使得可靠性高，且系统可重构可扩展。

从测距机的工作场景来看，以往测距机跟踪测量的目标多是无杂波干扰的"纯净"目标，当在地杂波干扰环境下对目标距离进行精密跟踪测量时，现代测距机采用的是相参积累、杂波对消和多普勒滤波器组，以及恒虚警率等检测目标方式，提取目标的距离信息并进行目标距离的跟踪，从而实现了对目标的精密跟踪测量。

早期的单脉冲跟踪测量雷达中的测距机多作为一个单独的分系统存在。由于多目标、杂波干扰、相参积累的要求，现代测距机的数字信号处理功能越来越强，距离跟踪测量已经是雷达综合信息处理分系统的一部分。通过 VPX 高速总线进行数据交换互联，集成了雷达控制、信号处理、跟踪处理、数据记录等多种功能，构建了一个功能完善、性能强大、系统可靠和可重构扩展的综合信息处理系统。

7.2　测距机功能、指标及组成

本节以某跟踪测量雷达测距机为例介绍其功能、指标和组成等。

7.2.1　测距机功能

在跟踪测量雷达中，通常由信号处理进行目标检测，再由测距机进行点航迹起批、验证和跟踪，这是测距机的主要功能和作用。

典型测距机在跟踪测量雷达中的主要功能包括以下 8 个方面。

1. 发射和接收的调度控制

发射和接收是雷达系统的基本功能组成，测距机负责调度控制激励波形的产生、回波信号接收控制及生成高稳定度的全机定时信号。

调度控制激励波形的产生指的是控制调度当前雷达发射何种波形信号，包括

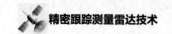

发射载频、发射波形调制等，然后通过控制表的形式给出，如波形代码、波形时宽、带宽等。回波信号接收控制指的是告知接收系统当前回波信号的形式，控制接收本振进行切换等，同样通过控制表的形式给出。

高稳定度的全机定时信号包括不同重频的主脉冲，协调全机工作的各种定时信号和控制信号。这些信号供雷达发射机、接收机、主控台、显示器等各分系统触发及定时用。全机定时信号由基准晶振分频和控制生成，由接收机的频率源提供，其振荡基准的稳定性会直接影响测量精度。

2. 目标回波点迹、航迹验证起批

目标回波点迹、航迹验证起批是测距机工作的基本要求，信号处理通过目标检测实现第一级的检测筛选，然后测距机在信号处理提供的点迹信息基础上进行航迹验证处理，以提高目标检测的准确性。测距机能以手动、半自动、自动方式进行目标捕获，若有目标存在，则自动转入距离自动跟踪。

3. 目标回波的距离跟踪

测距机测量雷达与目标之间的距离，实质上就是测量发射主脉冲与它相关目标回波之间的时间延迟。对发射主脉冲与目标回波之间的时间测量，可以用相对于主脉冲进行可变延迟的距离波门来实现。当波门中心与回波信号中心重合时，波门中心位置就是回波信号相对主脉冲中心的延迟值，延迟值的大小正比于距离计数器内的数值，延迟值越大，距离计数器数值越大。当目标运动时，只要波门中心实时地、正确地跟随目标回波信号的中心运动，距离计数器的数值就代表了目标的真实距离。而采用闭环跟踪方式可使波门中心始终跟踪回波中心，从而能连续并实时地测出目标距离。

4. 解目标的距离模糊度

当目标距离超过一个脉冲重复周期 T_r 所代表的距离时，就产生了距离模糊。例如，当 f_r 为 585.532Hz 时，目标距离超过 256km 就产生了距离模糊。一般采用伪随机码可以准确地判定目标的距离模糊度 N（参见 7.4 节），从而给出目标的无模糊的真实距离。

5. 自动避盲

当目标回波进入一个（或下几个）发射主脉冲附近的区域时，回波信号会被主脉冲引起的干扰所掩盖，此现象被称为目标进入了盲区。测距机能在判定距离模糊度 N 的基础上自动避开盲区，保持对目标的连续稳定跟踪（参见本章 7.4 节）。

6．多站同时协调工作

当多部跟踪测量雷达同时跟踪同一目标时，要求测距机能自动避开其他雷达带来的同步干扰脉冲，使得多部跟踪测量雷达在各自测距机统一协调下协同工作。

7．对外数据率

测距机按照每个回波节拍对外发送目标距离信息，与跟踪测量雷达全机提供的其他测量参数（如方位角数据、俯仰角数据、多普勒速度数据、AGC 数据及其他跟踪测量雷达状态数据）传给数据处理系统，并由数据处理系统按照外部同步时间要求进行修正外推后对外发送测量数据。

8．多目标处理和跟踪能力

即使在非相控阵跟踪测量雷达中，有时也需要处理和跟踪同一波束内的多目标，这就要求测距机具有同时跟踪同一波束内的几个目标的功能，并能对跟踪的主、副目标进行切换。

7.2.2　测距机指标

不同用途的跟踪测量雷达会对测距机提出不同的性能指标要求，如截获性能、跟踪性能、精度性能及多站能力等技术指标，下面以某跟踪测量雷达测距机为例，给出典型技术指标如下：

（1）最大跟踪距离：8000km；

（2）最大跟踪径向速度：15km/s；

（3）最大跟踪径向加速度：1000m/s^2；

（4）最大跟踪径向加加速度：100m/s^3；

（5）脉冲重复频率：585.532Hz/292.766Hz；

（6）距离测量误差（随机误差）：≤5m（S/N≥12dB）；

（7）加速度误差系数：1300、300、80；

（8）跟踪回路等效噪声带宽：40Hz、20Hz、10Hz；

（9）判距离模糊时间：＜0.1s；

（10）自动引导截获时间：＜0.5s；

（11）最大同时跟踪目标数 M（同一波束内）：≤6；

（12）具有 4 站同时工作能力；

（13）具有自动距离避盲的功能；

（14）捕获概率：在自动捕获方式下，以引导距离为中心，在±16km 区域内进行检测，要求检测概率≥95%，虚警概率≤10^{-6}，捕获时间≤1s。

上述技术指标中，8000km 指的是测量带有应答机的目标，是应答状态下的测量距离；脉冲重复频率为 292.766Hz 时对应的不模糊距离为 512km；自动引导截获时间指的是在引导距离的±8km 范围内截获目标的时间。当然，要达到检测概率≥95%、虚警概率≤10^{-6}，就要合理地分配单个脉冲信号的检测概率和虚警概率、设计合理的 M 和 N 值，并进行非相参积累。加速度误差系数和跟踪回路等效噪声带宽都是对跟踪回路提出的要求，当采用三阶卡尔曼滤波器时，通过改变滤波器的过程噪声、量测噪声和机动系数三个参数来调整动态性能和噪声抑制效果，等效实现了测距闭环系统的带宽和加速度误差系数。一般该系统跟踪回路选用三种带宽，它们分别为10Hz、20Hz 和40Hz。在目标运动时，回波信号常穿过近距离的地物干扰，如在 4000km 范围内，这种重复可能出现多次，这就是目标回波穿越距离盲区。目标回波与近距离固定回波相混淆，会使雷达跟踪目标丢失。因此要求测距机具有自动避开距离盲区的功能。

跟踪测量雷达既可以对反射目标信号进行跟踪，也可以对目标上安装的信标机或应答机的信号进行跟踪。根据需要，测距机可以随时转换到任一信号上去，保持连续跟踪而不丢失目标。这个转换过程在一个主脉冲周期之内即可完成，同时跟踪测量雷达的跟踪无任何中断现象发生，这也是对跟踪测量雷达测距机提出的基本要求。

7.2.3　测距机组成

目前的测距机采用 VPX 高速互联标准，一般由 VPX 插箱（含电源和背板）、通用高性能计算模块、计算接口模块、雷达控制与控制接口模块和记录模块组成。计算接口模块和通用高性能计算模块经过 VPX 背板前后对插互连，通用高性能计算模块在 VPX 背板不同槽位上通过背板实现板间互连，雷达控制与控制接口模块通过 VPX 背板前后对插互连，计算接口模块与控制接口模块通过外接光纤互连，记录模块功能独立（回波数据记录），与其他模块不互连。

下面以图 7.2 所示测距机为例，说明测距机的组成。用通用计算模块 1 部署测距控制模块，用通用计算模块 2 部署信号处理模块，用雷达控制模块部署定时器功能模块。通用计算模块 1 通过计算接口模块 1（背板后插）的网络接口接收数据处理转发的主控信息（工作模式、波形模式等信息），经过内部测距控制调度后，用光纤接口给雷达控制模块（含接口）发送调度控制信息，之后再由雷达控制模块（含接口）产生调度控制表和全机定时信息传送给接收、发射、模拟器和主控等处理。接收机在波门定时及指令的控制下向计算接口模块发送数据，经过背板转接后送至通用计算模块 2（信号处理模块）进行数据预处理、信号匹配滤波、目标检测和信息提取，形成回波表后送通用计算模块 1（测距控制模块）进行点迹、航迹相关处理，对确认的目标进行航迹起批，并对目标下一时刻的位置进行预测。目标搜索、捕获、跟踪形成一个闭环，自动完成对目标的快速捕获和持续跟踪处理。

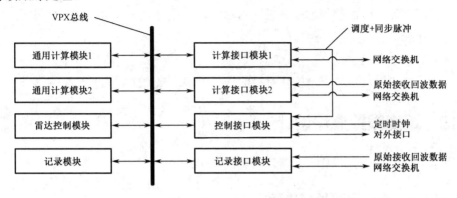

图 7.2　测距机组成框图

1）通用计算模块

通用计算模块是测距机的控制和处理的核心，通过部署不同的功能软件来实现对应的功能，如测距控制模块、信号处理模块等。通用计算模块主要包括多核高性能 CPU、DDR 内存，大容量固态盘和高速总线接口。

2）计算接口模块

计算接口模块是通用计算模块的对外接口模块，主要承担高速光纤数据的收/发和网络数据的收/发，同时将控制接口模块发送的光定时信号进行转换解码后形成同步周期电信号，驱动测距控制的调度控制处理。主要接口有千兆网络、数据光纤接口、视频光纤接口、控制光纤接口。

3）雷达控制模块

雷达控制模块负责雷达全机高精度定时信号的产生，向接收机系统发送控制指令，接收伺服角度数据并向伺服系统发送角误差数据。其内部包括定时器时钟模块、定时器主脉冲产生模块、定时器波门产生模块、光纤调度控制接收模块、对外调度输出光纤模块、光定时模块、波门与时统时间对齐模块、伺服接口模块等。雷达控制模块与控制接口模块通过 VPX 总线互连，所有逻辑功能都在雷达控制模块产生，核心是内部的 FPGA 芯片。

4）控制接口模块

控制接口模块负责与雷达控制模块互连，并进行电平转换。将雷达控制模块的定时器输出的单端电信号进行差分转换输出，将外部时统信号差分接收后的单端信号传送至雷达控制模块，同时具备光信号接口功能。

5）记录模块

记录模块用于记录雷达的原始回波数据进行事后分析，其接口采用光纤形式，具备大容量高速记录能力。此外还能将记录的数据以光纤接口形式发送给后端处理设备进行反演，如连接到信号处理模块对应的计算接口模块上，支持信号处理在线复盘。外部控制界面通过网络对记录模块进行记录操作、文件管理、系统配置管理等。

6）记录接口模块

记录接口模块是与记录模块对接的接口模块，接口主要为光纤和网络。

7.3　距离跟踪流程设计

本节主要分析测距机的距离跟踪流程设计。

7.3.1　距离跟踪处理流程

目前，雷达测距机不仅是对目标进行连续自动跟踪，更主要的是同时对多目标的点迹、航迹处理管理后再进行多目标的滤波跟踪。目标回波经过信号检测后，提取目标点迹信息进行点迹、航迹相关处理，对确认的目标进行航迹起批，并对目标下一时刻的位置进行预测。

目标搜索、捕获、跟踪形成一个闭环，自动完成对目标的快速捕获和持续跟踪处理。距离跟踪流程框图如图7.3所示。

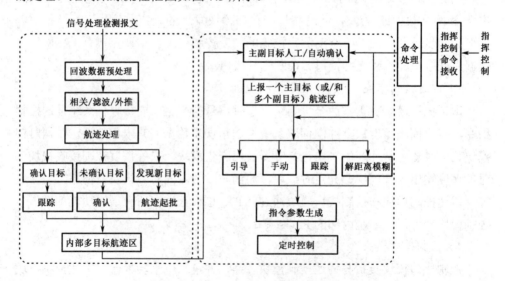

图7.3　距离跟踪流程框图

7.3.2　回波数据预处理

回波数据预处理的主要任务是从原始回波队列中提取目标中心距离、检测点距离误差和角度误差值，形成目标点迹，输入点迹队列中，同时触发航迹处理模块进行处理。回波数据预处理流程如图 7.4 所示。

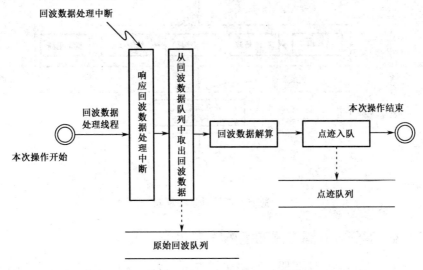

图 7.4　回波数据预处理流程

7.3.3　航迹处理

回波数据预处理任务处理完成点迹回波数据后进行航迹处理，根据回波状态调用不同的处理方式，按照跟踪处理、验证处理和搜索处理等顺序进行，具体如下：

（1）进行跟踪处理，本次所有点迹依次与系统内部处于跟踪状态的所有航迹进行相关匹配处理，若相关匹配成功则对匹配上的处于已跟踪状态的所有航迹进行航迹滤波，并剔除所有匹配点迹。

（2）进行验证处理，剩余点迹依次与系统内部处于验证状态的所有航迹进行相关匹配处理，若相关匹配成功则对匹配上的处于验证状态的所有航迹进行航迹滤波，并剔除所有匹配点迹。对处于验证状态的航迹进行航迹起批，根据航迹起批算法决定航迹保持为验证状态或转为跟踪状态。

（3）进行搜索处理，用剩余点迹建立新航迹，航迹状态为验证状态。

航迹处理流程如图 7.5 所示。

实际工作中，除了上述航迹处理流程的主要内容之外，还有人工强制删除航迹，如处于跟踪状态的航迹因多次没有最新点迹相关而导致出现航迹记忆丢失，处于验证状态的航迹因多次没有最新点迹相关而导致出现航迹丢失等，这里就不一一阐述了。

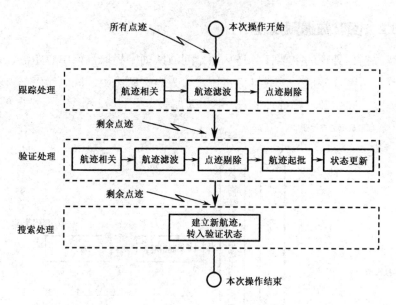

图 7.5 航迹处理流程图

7.3.4 基于α-β滤波器的距离跟踪回路

基于α-β滤波器的距离跟踪回路如图 7.6 所示。α-β滤波器是一种适用的滤波模型，一般情况下能够满足距离跟踪要求。

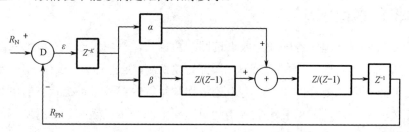

图 7.6 基于α-β滤波器的距离跟踪回路

基于α-β滤波器的距离跟踪回路采用Ⅱ型数字闭环回路，其中 D 为误差产生器，Z^{-1} 是单位延时算子，$Z/(Z-1)$ 则是积分器的传递函数，α 和 β 分别是距离跟踪回路和速度跟踪回路的滤波系数，K 为延迟的重复周期数。

这里特别需要指出的是，信号处理对回波数据的处理需要花费一定的时间，当前周期的回波数据（如距离误差）需要延迟 K 个重复周期才能送至测距机，K 约为 1~2，需根据实际延迟的重复周期数来确定。

当 K =1 时，图 7.6 所示回路的闭环传递函数可表达为

$$\phi(z) = \frac{(\alpha + \beta)z - \alpha}{z^3 - 2z^2 + z^1 + (\alpha + \beta)z - \alpha} \tag{7.13}$$

距离跟踪回路等效噪声带宽 β_{n} 和加速度系数 K_{a} 可分别表示[3]为

$$\beta_{\mathrm{n}} = \frac{1}{2\pi}\int_{-\infty}^{+\infty}\left|\phi(\mathrm{e}^{\mathrm{j}\omega T_{\mathrm{r}}})\right|^2 \mathrm{d}\omega \tag{7.14}$$

$$K_{\mathrm{a}} = \beta_{\mathrm{n}}/T_{\mathrm{r}}^2 \tag{7.15}$$

7.3.5　卡尔曼滤波器

选择跟踪机动目标适应性较广的 singer 模型。singer 模型中假定目标加速度 $a(t)$ 为指数自相关的随机过程，即

$$R(\tau) = E[a(t)a(t+\tau)] = \sigma_m^2 \mathrm{e}^{-\alpha|\tau|} \tag{7.16}$$

式（7.16）中，σ_m 为机动加速度方差，α 为机动时间的倒数。对应的离散时间动态方程为

$$\boldsymbol{X}_{k+1} = \boldsymbol{F}(k)\boldsymbol{X}_k + \boldsymbol{V}(k) \tag{7.17}$$

式（7.17）中

$$\boldsymbol{F}(k) = \begin{bmatrix} 1 & T & (\alpha T - 1 + \mathrm{e}^{-\alpha T})/\alpha^2 \\ 0 & 1 & (1-\mathrm{e}^{-\alpha T})/\alpha \\ 0 & 0 & \mathrm{e}^{-\alpha T} \end{bmatrix} \tag{7.18}$$

式（7.18）中，T 为离散采样时间，其离散时间过程噪声 $\boldsymbol{V}(k)$ 的协方差矩阵 $\boldsymbol{Q}$ 为

$$\boldsymbol{Q} = 2\alpha\sigma_m^2 \begin{bmatrix} q_{11} & q_{12} & q_{13} \\ q_{21} & q_{22} & q_{23} \\ q_{31} & q_{32} & q_{33} \end{bmatrix} \tag{7.19}$$

式（7.19）中

$$q_{11} = \frac{1}{2\alpha^5}\left(1 - \mathrm{e}^{-2\alpha T} + 2\alpha T + \frac{2\alpha^3 T^3}{3} - 2\alpha^2 T^2 - 4\alpha T\mathrm{e}^{-\alpha T}\right) \tag{7.20}$$

$$q_{21} = q_{12} = \frac{1}{2\alpha^4}\left(\mathrm{e}^{-2\alpha T} + 1 - 2\mathrm{e}^{-\alpha T} + 2\alpha T\mathrm{e}^{-\alpha T} - 2\alpha T + \alpha^2 T^2\right) \tag{7.21}$$

$$q_{31} = q_{13} = \frac{1}{2\alpha^3}\left(1 - \mathrm{e}^{-2\alpha T} - 2\alpha T\mathrm{e}^{-\alpha T}\right) \tag{7.22}$$

$$q_{22} = \frac{1}{2\alpha^3}\left(4\mathrm{e}^{-\alpha T} - 3 - \mathrm{e}^{-2\alpha T} + 2\alpha T\right) \tag{7.23}$$

$$q_{32} = q_{23} = \frac{1}{2\alpha^2}\left(\mathrm{e}^{-2\alpha T} + 1 - 2\mathrm{e}^{-\alpha T}\right) \tag{7.24}$$

$$q_{33} = \frac{1}{2\alpha}\left(1 - \mathrm{e}^{-2\alpha T}\right) \tag{7.25}$$

一阶扩展卡尔曼滤波的公式如下：

状态的下一步预测为

$$\boldsymbol{X}(k+1\,|\,k) = \boldsymbol{F}(k)\boldsymbol{X}(k) \tag{7.26}$$

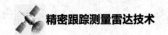

协方差的下一步预测为

$$P(k+1 \mid k) = F(k)P(k \mid k)F^{\mathrm{T}}(k) + Q(k) \tag{7.27}$$

式中，$F(k)$ 为状态转移矩阵。

测量预测值为

$$z(k+1 \mid k) = h[k+1, X(k+1 \mid k)] \tag{7.28}$$

它相伴的协方差为

$$S(k+1) = h_x(k+1)P(k+1 \mid k)h_X^{\mathrm{T}}(k+1) + R(k+1) \tag{7.29}$$

式（7.29）中，$h_x(k+1)$ 为测量方程雅可比矩阵。

增益为

$$K(k+1) = P(k+1 \mid k)h_X^{\mathrm{T}}(k+1)S^{-1}(k+1) \tag{7.30}$$

状态更新方程为

$$X(k+1 \mid k+1) = X(k+1 \mid k) + K(k+1)[z(k+1) - z(k+1 \mid k)] \tag{7.31}$$

协方差更新方程为

$$P(k+1 \mid k+1) = P(k+1 \mid k) - K(k+1)S(k+1)K^{\mathrm{T}}(k+1) \tag{7.32}$$

卡尔曼滤波器是一种线性估计器，一旦能够对目标的运动准确地建模，则该估计器可使均方差最小。所有其他类型的递归滤波器，都是在均方估计问题下卡尔曼滤波器的一般解得的特殊例子。卡尔曼滤波器还有如下优势：

（1）动态计算增益系数，同一滤波器可以用于多种机动目标环境；

（2）卡尔曼滤波器增益的计算会根据检测历史的变化而自适应地改变；

（3）卡尔曼滤波器给出了协方差矩阵的准确测量，能够更好地实现波门及关联处理。

7.4　距离模糊与避盲

本节在介绍距离模糊和距离盲区产生机理的基础上，给出消除距离模糊及避开距离盲区（简称避盲）的方法。

7.4.1　距离模糊与距离盲区

1. 距离模糊

由前面的论述可知，距离跟踪回路测出的目标距离值，是对应于发射主脉冲的目标回波时间延迟 t_R 所表示的距离值。由于发射的雷达信号是周期性的脉冲信号，因此这里的 f_r 对应的最大距离为 R_r，当 $f_r = 585.532\mathrm{Hz}$ 时，$R_r = 256\mathrm{km}$；当 $f_r = 292.766\mathrm{Hz}$ 时，$R_r = 512\mathrm{km}$。显然，人们会问，当 $f_r = 585.532\mathrm{Hz}$ 且目标距离大于 256km 时，会出现怎样的情况呢？

从图 7.7 可以看出，发射的 P_1 脉冲，若在 S_1 的位置收到其回波信号，其目标距离 R_m 小于 256km；若在 S_2 的位置收到 P_1 脉冲的回波信号，则目标距离为 $R_r + R_m$，其介于 256～512km 范围。这种情况就称为测距模糊，其距离模糊度 $N=1$。依此类推，若在 S_3 的位置才收到 P_1 脉冲的回波信号，则目标距离为 $2R_r + R_m$，那么在这种情况下，距离模糊度 $N=2$。

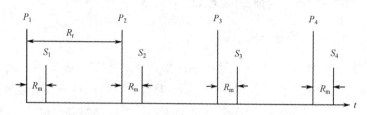

图 7.7 距离模糊示意图

因此，当测距机的跟踪回路跟上目标回波后，必须确定距离模糊度 N，得到 N 后，才能给出目标的真实距离值 R_a

$$R_a = N \times R_r + R_m \tag{7.33}$$

式（7.33）中，R_r 为一个脉冲重复周期所对应的目标距离，N 为距离模糊度，R_m 为跟踪回路测出的目标模糊距离。

消除距离模糊的先决条件是距离跟踪回路跟踪上目标回波信号。然后用发射相位随机码的方法，去解距离模糊度。例如，从某一时刻开始，发一串 000100110101111 的脉冲。这一串脉冲，称为伪随机移相码。发 1 时，表示移相半个重复周期发射；发 0 时，表示正常发射。当没有距离模糊时，从脉冲串开始，连续收到对应伪随机移相码 000100110101111 的回波信号序列，其中 0 代表收到正常回波信号，1 代表收到移相回波信号。距离模糊度为 N 时，从发射后的第 N 个周期开始，连续收到该码。当然，实际实现时，由于噪声的影响，判断距离模糊度有一定的正确概率。

2. 距离盲区

当重频 $f_r = 585.532\text{Hz}$ 时，对应的最大无模糊作用距离为 256km。假设目标向更远的距离运动，则其回波信号会一次性地穿越主发射脉冲临近区域。由于发射主脉冲时必然有主脉冲功率漏入接收机，因而此时雷达不能接收信号；再加上近距离地物的强反射回波信号，其强度大大高于真正目标的反射回波信号，从而妨碍了雷达的接收。因此将主脉冲附近的这样一段距离定义为距离盲区。

距离盲区的大小可以根据实际情况分档确定，需要考虑发射信号脉宽及雷达布站周围的地物情况，如-(4km+脉宽距离)～+(16km+脉宽距离)。如图 7.7 所示，当回波信号距离为 256km+5km 时，距离模糊度 $N=1$，目标落在盲区内；若此时 P_2 是移相发射的，落入 256km+5km 盲区内的目标就避开了盲区，具体避盲原理在 7.4.3 节说明。应当指出的是，当目标距离为 5km，目标落在 P_1 盲区内的情况出现时，此种情况是不能避盲的。

7.4.2 用 M 序列消除距离模糊

1. M 序列发射信号的产生

7.4.1 节已介绍，需要发一组移相脉冲来判别距离模糊度 N，而 M 序列就是一种伪随机的移相码序列，它有较好的相关特性。当伪码序列与接收到的对应信号完全符合时，相关函数达到峰值，只要错开，不管是错开 1 位、2 位还是多位，其相关函数均大幅降低。7.4.1 节提到的移相码序列 000100110101111 就是这样一组 M 序列。

关于 M 序列产生采用存储码元文件配置的方法，可事先利用软件工具产生各类不同长度的码元文件，如 m_seq_15.txt, m_seq_31.txt, m_seq_63.txt 等，将这些码元文件加载到内存，根据需要有选择地使用即可。

2. 回波处理及距离模糊度 N 的判别

如图 7.8 所示，P_{Z1}、P_{Z2}、P_{Z3}、P_{Z4} 为正常发射的主脉冲，P_{Y3} 为移相发射主脉冲，某一周期内正常发射主脉冲和移相发射主脉冲时间间隔半个周期，如 P_{Z3} 和 P_{Y3}。目标反射正常发射的回波信号称为"正常回波信号"（如 S_{Z1}、S_{Z2} 和 S_{Z4}），目标反射移相发射的回波信号称为"移相回波信号"（如 S_{Y3}），跟踪波门则按照正常回波信号位置产生（如 G_1、G_2、G_3 和 G_4）。根据图 7.8 可知，G_1、G_2 和 G_4 跟踪波门内有回波信号而 G_3 跟踪波门内没有回波信号。在满足一定信噪比条件下对跟踪波门内进行回波信号检测，如果有回波信号则认为是正常回波信号且记为 1，如果没有信号则认为是移相回波信号且记为 0。

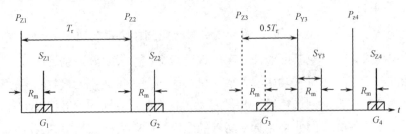

图 7.8 距离解模糊示意图

测距机回路转入窄波门跟踪后，会立即给出判别距离模糊度 N 的信号并依次在 M 序列产生器的控制下发射主脉冲，典型发射顺序为 15 位 M 序列编码，如 000100110101111，其中"0"为正常发射，"1"为移相半周期发射，当 15 位 M 序列编码发射结束后发射正常主脉冲，直至进行后续距离跟踪至盲区内需要距离避盲时进行避盲下的正常、移相发射控制。在测距机距离解模糊过程中，需要对解模糊过程中某些状态进行标记，包括正在解模糊状态、M 序列编码首位编码脉冲，将这些状态标记在控制表里，并将控制表和回波检测信息一起打包形成回波表，发给解距离模糊处理模块进行距离模糊的匹配比较，具体如下所述。

（1）解距离模糊处理模块初始设置"二进制 M 序列编码反码"且其数值为 111011001010000（000100110101111 为各位取反后的结果，15 位有效），初始设置"二进制回波检测序列寄存器（15 位有效，初始值为 000000000000000）及回波序列计数器（初始值为 0）。

（2）当收到的回波表里状态信息为正在解模糊状态，且 M 序列编码首位编码脉冲有效时，将二进制回波检测序列寄存器进行左移运算操作后，在最低位填上当前回波检测信息，同时回波序列计数器加 1。

（3）当后续回波表里状态信息为正在解模糊状态，且 M 序列编码首位编码脉冲无效时，将二进制回波检测序列寄存器继续进行左移运算操作，在最低位填上当前回波检测信息，同时回波序列计数器继续加 1。

（4）当回波序列计数器 ≥ 15 时，将二进制回波检测序列寄存器与二进制 M 序列编码反码逐位进行比较，同一位数值都是 0 或者都是 1 时认为匹配有效，当总的 15 位匹配有效个数 ≥ 12 时，判定为匹配成功，否则认为匹配失败。当匹配成功后，目标的距离模糊度值就是回波序列计数器减去 15 后的数值，解距离模糊过程结束。

（5）如果不成功就要继续进行匹配，直到成功。但如果匹配比较次数值大于预先确定的最大比较次数还没有满足上述条件，那么就认为距离模糊度 N 值没有被判别出。没有判别出 N 值的原因一般为目标信噪比小于 12dB，或者目标处于杂波区，以及目标的模糊位置位于距离盲区或半模糊距离区域。

文献[4]给出了用伪随机码判别距离模糊度 N 的可靠性概率公式。

7.4.3　避盲

跟踪测量雷达距离盲区情况如图 7.9 所示，该图表示出 A、B 盲区、距离模糊度 N 和移相次数 n 的关系。其中，$P_1, P_2, P_3, \cdots$ 表示正常发射的主脉冲，主脉冲附近是距离的盲区，左边为 A 盲区，右边为 B 盲区。两盲区的大小按雷达参数和近地杂波情况进行设定。例如，A 盲区为 4km，B 盲区为 8km。也可视地杂波干扰情况分档设定，将上述盲区设置为：A 盲区为 8km，B 盲区为 16km。

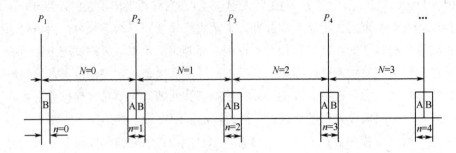

图 7.9　距离解模糊示意图

设 $f_r = 585.532\,\mathrm{Hz}$，当发射的主脉冲为 P_1、目标距离为 1km 时，回波信号落在 P_1 的 B 盲区内，这种情况不能避盲；当发射的主脉冲为 P_1、目标距离为 255km=256km−1km 时，回波信号落在 P_2 的 A 盲区内，此时距离模糊度 N 为 0，发射的主脉冲移相次数 n 为 1，即可避盲；当发射的主脉冲为 P_1、目标距离为 257km=256km+1km 时，回波信号落在 P_2 的 B 盲区内，此时距离模糊度 N 为 1，移相次数 n 也为 1，即可避盲；当发射的主脉冲为 P_1、目标距离为 511km= 2×256km−1km 时，回波信号落在 P_3 的 A 盲区内，此时距离模糊度 N 为 1，移相次数 n 为 2，即可避盲；当发射的主脉冲为 P_1、目标距离为 513km= 2×256km+1km 时，回波信号落在 P_3 的 B 盲区内，此时距离模糊度 N 为 2，移相次数 n 为 2，即可避盲。

将这一规律进行编码，可总结为盲区编码图，由此可以反映距离模糊度 N 与落在 A 盲区移相次数 n 和落在 B 盲区移相次数 n 之间的逻辑关系，如表 7.1 所示。

表 7.1　N 与落在 A 盲区移相次数 n 和落在 B 盲区移相次数 n 之间的逻辑关系

距离模糊度	A 盲区移相次数	B 盲区移相次数
$N=0$	$n=1$	$n=0$
$N=1$	$n=2$	$n=1$
$N=2$	$n=3$	$n=2$
$N=3$	$n=4$	$n=3$
$N=4$	$n=5$	$n=4$
$N=5$	$n=6$	$n=5$
$N=6$	$n=7$	$n=6$
$N=7$	$n=8$	$n=7$

当距离跟踪进入盲区时避盲移相开始，首先发射 $N+1$ 个或 N 个移相主脉冲，此期间接收到的回波信号是正常发射脉冲的回波信号，它已远离盲区，此时用正常波门接收该组回波，并保持跟踪；紧接着再发射相同数量的正常主脉冲，此期间接收到的回波信号是移相发射脉冲的回波信号，它也一定远离盲区，并用相应的移相波门接收该组回波信号，如此交替发射-交替接收，就达到了避开盲区的目的。如此循环，直至跟踪目标移出盲区，就停止避盲工作，恢复正常发射。盲区可设置为-4～+8km、-4～+16km、-4～+32km、-4～+72km 四档可变，即 A 盲区为 4km，B 盲区分 8km、16km、32km、72km 四档，由软件编程控制。这里需要说明的是：近距离不避盲，即目标绝对距离值小于所设的 B 盲区时不避盲。

7.5　应答反射转换和多站工作

跟踪测量雷达跟踪目标反射信号或者应答信号，以及它们之间互相转换的方法，还有多部跟踪测量雷达与本地跟踪测量雷达之间干扰的避开方法是本节要讨论的内容。

7.5.1　应答反射转换和多站工作原理

1. 应答反射转换

在跟踪测量雷达中，有时目标带有应答机。这种应答机有相参和非相参两种，现在大多采用相参应答机。带有应答机的目标有较大的优越性。例如，其作用距离比单纯跟踪测量雷达反射目标的作用距离远，这是由雷达方程的原理所决定的。

相参应答机的信号质量通常比反射信号好，尤其在做多普勒速度测量时，应答情况比反射情况的精度高。另外被测目标不同部分装有不同频率或不同延迟时间的应答机，易于对目标进行分辨和跟踪。

跟踪测量雷达在对反射信号与应答信号之间或不同应答的信号之间进行跟踪转换时，必须考虑它们不同的距离延迟。因此从原理上讲，只要在跟踪的距离计数器中加减对应反射信号与应答信号之间不同的距离延迟值，即可实现对不同延迟应答信号的跟踪。该原理略加修改，就易于用到多目标的跟踪与转换中去。

2. 多站工作

为了对重要的目标进行长距离连续可靠的跟踪和测量，往往需要几部跟踪测量雷达同时对一个目标进行应答跟踪测量，以便实现测量数据的接力，这里人们自然要问：飞行体上的应答信号能正常工作吗？地面跟踪测量雷达射频基本上是

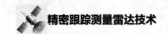

一样的，相互干扰如何避开？这些问题的回答就要求由飞行体上的应答机和地面上测距机的多站功能共同加以解决。对应答机而言，是承受多站触发的功率问题；而对测距机则是划定一定的避开距离区域，自动避开干扰的问题，同时对应答机而言也避免了其应答不响应的区域（参见7.5.3节）。

7.5.2　应答反射转换方法

通常目标上安装的应答机的信号相对目标反射信号来说有一固定时间延迟。目标跟踪转换装置的用途是在跟踪测量雷达已经对应答信号进行正常跟踪的情况下，根据需要可随时转换到反射信号上去，或者反之。并且转换过程在一个主脉冲周期之内完成。例如，反射1信号、应答1信号、应答2信号的时间距离关系如图7.10所示。

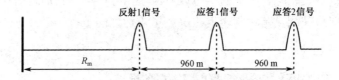

图7.10　反射1信号、应答1信号、应答2信号的时间距离关系图

从图7.10所示的时间关系上可见，若波门先跟踪反射信号，只要在跟踪距离计数器 R_m 上加960m，则波门自动跳到应答1信号的位置上，并对应答1信号进行跟踪。若在距离计数器 R_m 上减去960m的距离值，则波门又回到反射1信号上。对于反射1信号与应答2信号及应答1信号与应答2信号之间的转换也是同样的道理，只需增加或减少它们之间的距离差就可以实现对跟踪目标的转换。

7.5.3　多站工作原理

假设有两部频率相近的跟踪测量雷达跟踪同一个目标，则可能有两个信号同时询问同一个应答机。如果两个询问信号相距时间短于应答机的恢复时间，则显然对后一个询问信号不能给出应答信号，这就形成了应答机信号的遗漏。另外，如果两个信号（如两个反射回波信号）接近同一部跟踪测量雷达测距机的跟踪距离波门（跟踪波门）时，也会造成相互干扰，妨碍跟踪测量雷达对原目标的跟踪。因此必须使两个询问信号在时间上相互错开。为此，在跟踪距离波门的前侧加上一个宽度大于20μs的时间门，称为卫门。当跟踪距离波门随目标距离变化而不断运动时，卫门也跟着同步运动。同时，对卫门里有无雷达回波信号不断进行检测，一旦在卫门里发现了别的雷达回波信号，本跟踪测量雷达就在发射时间上自动提前一个相位，即可避免两个询问信号的接近。从而避免了应答机信号遗漏现象的发生和两个信号的相互干扰。另外，如果两部跟踪测量雷达的位置相距不太远，还可能出现主脉冲干扰，即一部雷达的发射脉冲被另一部雷达所接收，这种情况也需要雷达自动移相来避开主脉冲干扰。多雷达站工作示意图如图 7.11 所示。

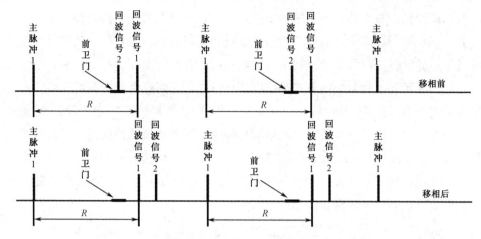

图 7.11　多雷达站工作示意图

在图 7.11 中，主脉冲 1 和回波信号 1 是本跟踪测量雷达的，回波信号 2 是相邻跟踪测量雷达的，它是本跟踪测量雷达的干扰信号。在正常情况下，主脉冲 1 的重复周期是不变的；移相时，主脉冲 1 的周期缩短 8km，即主脉冲 1 提前 8km 发射；移相后，主脉冲的周期恢复正常。移相前后，回波信号 1 相对于主脉冲 1 的距离 R 是不突变的，而回波信号 2 相对于主脉冲 1 的距离突跳为 8km。在移相前，回波信号 2 在回波信号 1 之前；移相后，回波信号 2 在回波信号 1 之后。可以预见，在相邻的雷达站观察回波信号时，它的干扰信号也会跳动 8km，只是跳动方向相反而已。故此，当多部跟踪测量雷达形成跟踪测量链后，每部跟踪测量雷达只要设置一个合适的前卫门就可以避免相互间的干扰，而不必再设后卫门。

7.6　波束内多目标检测与跟踪技术

测距机的发展在 7.1.3 节中已有论述。现代跟踪测量雷达的测距机面临多种挑战，最主要的是复杂场景下对多目标的检测与跟踪问题。一方面，可以通过提高接收机带宽来提升距离分辨率和测距精度，并采用群目标自动判别、筛选平均恒虚警率（CMLD-CFAR）和 CLEAN 检测等方法来实现对多目标的有效检测。以往跟踪测量雷达多采用 5MHz/10MHz 带宽进行目标跟踪，目前高精度跟踪测量雷达带宽已逐步提高到 10MHz/20MHz/40MHz，有效提升了对多目标的分辨能力。另一方面可以采取多假设跟踪和交互式多模型（Interacting Multiple Mode，IMM）滤波来完成在复杂场景下对多目标的稳定跟踪。

7.6.1 群目标检测

对群目标检测若采用噪声恒虚警率处理，则会将碎片等构成的扩展目标检出，导致虚警概率上升；若采用杂波恒虚警率处理，由于弹道导弹目标群内的目标间相距较近，背景估值偏离噪声电平，导致弱小目标丢失，检测概率下降。为达到目标检测指标要求，利用背景熵信息进行群目标判决选择检测策略，在群目标环境下通过群目标背景估计技术实现群目标的有效检测。

（1）利用基于背景熵的背景平稳度估计方法，判断是否处于群目标环境；

（2）当不存在群目标环境时，可采用常规 CFAR 检测技术实现对目标的检测；

（3）当存在群目标环境时，利用群目标检测背景滤波获得稳定背景后进行阈值估计，并使用 CMLD-CFAR（筛选平均恒虚警率）检测方法对目标进行检测，检测出目标后利用 CLEAN 检测法将其剔除，然后进行下一距离单元的检测。

群目标检测处理流程如图 7.12 所示。

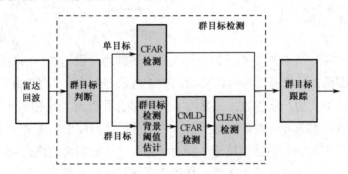

图 7.12　群目标检测处理流程

1. 基于背景熵的群目标环境判断

利用基于背景熵的背景平稳度估计方法的处理流程，包括提取参考单元幅度分布和计算幅度分布的香农信息熵。如果其熵值小于指定门限，则为群目标环境，否则为单目标环境。设 CFAR 采用左右各 16 点作为参考单元，则第 k 点单元的背景熵为

$$\text{Entropy} = -\left[\sum_{i=k+1}^{k+16} \text{PDF}(i)\ln(\text{PDF}(i)) + \sum_{i=k-16}^{k-1} \text{PDF}(i)\ln(\text{PDF}(i))\right] \quad （7.34）$$

式（7.34）中，PDF 为概率密度函数。背景无目标与含有目标的熵值如图 7.13 所示，当参考单元不包含目标时，该熵值较大；当参考单元含有目标时，该熵值较小。因此，可以通过计算参考单元的背景熵判断目标是否处在群目标环境。

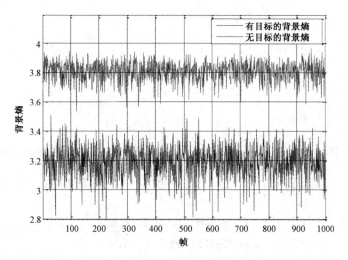

图 7.13 背景无目标与含有目标的熵值

2. CMLD-CFAR 检测器

CMLD-CFAR 检测器首先将参考滑窗中的参考单元样本按幅度大小进行排序，筛除掉 r 个较大的参考单元样本，取剩余样本的线性组合作为检测单元对杂波功率水平的估计 Z，即有

$$Z = \sum_{i=1}^{M-r} x_i \tag{7.35}$$

式（7.35）中，x_i（$i=1,2,\cdots,M-r$）是对参考单元样本进行排序后的第 i 个有序样本，它们之间不再是统计独立的。

CMLD-CFAR 检测器框图如图 7.14 所示。

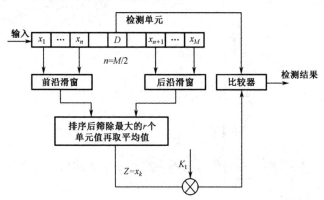

图 7.14 CMLD-CFAR 检测器框图

参考单元样本经线性变换有

$$\begin{cases} W_1 = x_1 \\ W_2 = x_2 - x_1 \\ \quad\vdots \\ W_i = x_i - x_{i-1} \\ \quad\vdots \\ W_{M-r} = x_{M-r} - x_{M-r-1} \end{cases} \tag{7.36}$$

所得变量 $W_1, W_2, \cdots, W_{M-r}$ 是统计独立的随机变量序列。W_i 的概率密度函数为

$$f_{W_i}(x) = \frac{1}{\mu}(M-i+1)\mathrm{e}^{-(M-i+1)x/\mu}, \quad x \geqslant 0 \tag{7.37}$$

再定义一个变换，$V_i = (M-r-i+1)W_i$，$i = 1, 2, \cdots, M-r$。因为 W_i 是独立的，所以 V_i 也是独立的随机变量，其概率密度函数为

$$\begin{cases} f_{V_i}(x) = \dfrac{b_i}{\mu}\mathrm{e}^{-b_i x/\mu}, \quad x \geqslant 0 \\ b_i = \dfrac{M-i+1}{M-r-i+1} \end{cases} \tag{7.38}$$

杂波功率水平的估计 Z 可以表示为

$$Z = \sum_{i=1}^{M-r} V_i \tag{7.39}$$

其在均匀背景下的概率密度函数为

$$f_z(x) = \prod_{i=1}^{M-r} f_{V_i}(x) \tag{7.40}$$

则 CMLD-CFAR 检测器在均匀杂波背景中的检测概率和虚警概率分别为

$$P_d = \int_0^\infty \left[\int_{K_t Z}^\infty \frac{1}{\mu(1+\lambda)} \mathrm{e}^{-x/\mu(1+\lambda')} \mathrm{d}x \right] f_z(Z)\mathrm{d}Z$$
$$= \prod_{i=1}^{M-r} \frac{b_i}{b_i + K_t(1+\lambda')} \tag{7.41}$$

$$P_{fa} = \int_0^\infty \left(\int_{K_t Z}^\infty \frac{1}{\mu} \mathrm{e}^{-x/\mu} \mathrm{d}x \right) f_z(Z)\mathrm{d}Z$$
$$= \prod_{i=1}^{M-r} \frac{b_i}{b_i + K_t} \tag{7.42}$$

式中，μ 为噪声功率值，λ' 为信号与噪声平均功率的比值，K_t 为检测门限。

3. CLEAN 检测器

CLEAN 检测器首先将参考单元样本进行初检测，剔除较大的参考单元样本值后，再取平均值，将处理后的数据作为 CFAR 的检测背景进行滑窗统计与检

测。这样做的目的是剔除大信号对检测背景的影响。CLEAN 检测选择常规的平均类 CFAR。CLEAN 检测器框图如图 7.15 所示。

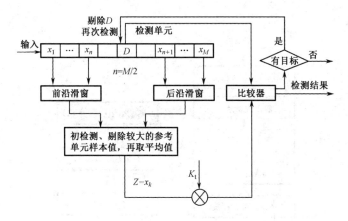

图 7.15　CLEAN 检测器框图

CLEAN 检测器的检测概率和虚警概率无法用解析式表示，在分析中常用蒙特卡罗仿真。

7.6.2　多目标跟踪

在复杂场景下由于弹头、弹体和碎片等在空间位置接近，运动方式大致相同，造成同一波位内的回波信号较多，且目标相互遮挡，测量精度下降，使得关联波门交叉严重，通过采用高精度弹道目标跟踪算法可以解决密集群目标环境下的航迹起批、关联、跟踪问题，提升航迹跟踪的连续性和稳定性。进行多目标跟踪时对每个目标都起批、跟踪，并通过聚类方法统计其所在的群及群特征，再依据群特征的约束进行群目标的起批和跟踪。

多假设跟踪（Multiple Hypothesis Tracking，MHT）算法是一种在数据关联发生冲突时形成多种假设，以多驻留积累结果来做决定的逻辑。它是集航迹起批、航迹维持、航迹终结功能于一体的目标跟踪方法。该方法可以在内部档案航迹中保存多组假设航迹维持跟踪，在输出时根据多驻留跟踪结果进行最优判决，也不影响人工干预和上报的结果。与常规跟踪方法相比，在复杂密集场景下，多假设跟踪算法可极大减小关联错误概率。多假设跟踪处理框图如图 7.16 所示。

对于目标密集、背景复杂的跟踪环境，MHT 的主要计算量花费在形成全局最优假设，这部分的计算量占到总计算量的 95%以上。采取的解决措施如下：

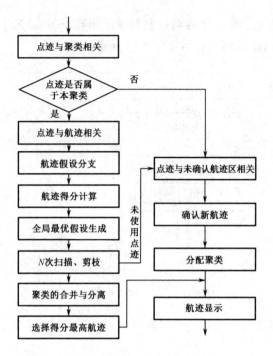

图 7.16　多假设跟踪处理框图

在形成最优全局假设前，在每个航迹树内对航迹按得分进行非减的顺序排序，选择不多于 N 个最好航迹参与最优假设的形成；在每个航迹树内，未被选中（未使用）的航迹并不删除；采用最优搜索算法，得出最优全局假设；根据最优假设，进行 N 次扫描、剪枝，保留有效航迹。

通过以上步骤，可以达到尽可能多地保留航迹分支假设，又能快速地形成全局最优假设的目的，通常在工程应用中，假设航迹≤4，回溯周期 N≤3。

要维持对目标的持续跟踪，必须通过航迹滤波的方法对目标的运动状态进行估计。滤波本质上可归结为时变参数估计问题，根据观测数据来估计参数的值。

交互式多模型（IMM）算法示意图如图 7.17 所示。在导弹处于不同阶段受力分析的基础上，可在地心固连（Earth Centered Earth-Fixed，ECEF）坐标系中建立相应的运动模型。助推段目标的轴向力近似保持不变，采用横轴向力模型；被动段目标主要受到地心引力和大气阻力的影响，可以采用被动段目标的运动模型。由于被动段包括中段和再入段（中段和再入段的差别主要是大气阻力的影响），而中段因大气稀薄所以大气阻力可忽略不计，可以用被动模型统一。因此为实现无先验信息条件下对弹道导弹助推段、中段和再入段的连续跟踪，综合考虑跟踪精度及普适性，跟踪测量雷达采用弹道导弹助推段运动模型、被动段模型和机动目标运动模型进行交互式多模型滤波来适应多种类型的目标。

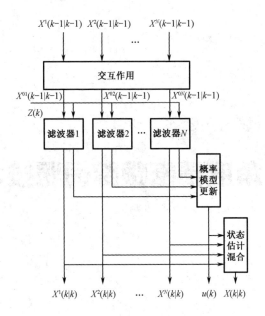

图 7.17　交互式多模型算法示意图

参考文献

[1]　SKOLNIK M I. 雷达手册[M]. 王军，林强，米慈中，等译. 2 版. 北京：电子
　　　工业出版社，2003.

[2]　SCHWARTZ M. A Coincidence Procedure for Signal Detection[J]. IRE Transactions
　　　on Information Theory, 1956, 2(4): 135-139.

[3]　钱志强. 距离跟踪回路的研究[J]. 现代雷达，2004，26(7): 41-43.

[4]　毛秀红. 伪码判距离模糊方法及其概率计算[J]. 现代雷达，2002，24(3):
　　　41-45.

第 8 章
角度精密跟踪伺服技术

本章概述角度精密跟踪伺服系统（以下简称伺服系统）在精密跟踪测量雷达中的作用、特点及各种工作方式，论述伺服系统的设计过程及方法，阐述分析伺服系统性能的方法及提高伺服系统性能的几项措施，最后介绍对伺服系统进行测试及性能评估的方法。

8.1　概述

伺服系统是精密跟踪测量雷达的重要分系统。它由伺服机械结构和伺服控制器组成，其性能的好坏将直接影响精密跟踪测量雷达的跟踪精度。

8.1.1　伺服系统作用与特点[1-3]

伺服系统是精密跟踪测量雷达的重要组成部分，它根据雷达控制台的工作方式指令，求解雷达天线与目标之间的角误差信号，控制天线精密跟踪运动目标，并实时精确测量雷达机械轴的位置。

雷达伺服系统是自动控制理论的典型应用，对它的分析与设计，可借助于自动控制理论来进行。但是，精密跟踪测量雷达伺服系统与其他类型的伺服系统比较，又有它自己的特点，在系统的分析和设计中需要特别注意。

第一，精密跟踪测量雷达伺服系统属于高精度的伺服系统。因为伺服系统的精度与精密跟踪测量雷达的测角精度密切相关，因此，一般要求雷达伺服系统设计成二阶无静差系统，有时为了提高系统的精度，甚至需要采用高阶无静差系统。

第二，精密跟踪测量雷达伺服系统是一种高动态响应的伺服系统。现代武器、飞机等雷达跟踪目标的飞行速度越来越快、机动性越来越高，这就要求精密跟踪测量雷达伺服系统要有足够高的动态响应性能，才能跟踪此类目标。

第三，随着精密跟踪测量雷达探测距离的增大，天线的口径不断增大，造成伺服系统的负载转动惯量随之增大。在大惯量伺服系统中，从执行元件到负载间的传动链不可避免地存在一定的柔性，构成一个结构谐振系统，这个结构谐振系统的谐振频率随着天线口径的增大而降低，以致成为限制伺服系统动态性能，进而限制系统跟踪精度的主要因素。因此，对于中、大型精密跟踪测量雷达来说，伺服系统的最大特点，即是要考虑结构谐振因素。

第四，精密跟踪测量雷达伺服系统是一种精密伺服系统，因此要求精密跟踪测量雷达的传动机构也是一个性能优良的传动机构，为了消除传动链的间隙引起的空回，需要采用消隙传动结构。

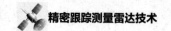

8.1.2 伺服系统组成与工作原理[1-3]

伺服系统基本组成包括伺服机械结构（控制对象）和伺服控制器两大部分。伺服机械结构用于支撑天线、馈线系统和光学、电视跟踪装置，包括天线座、方位俯仰结构、轴承、汇流环、传动装置（动力减速箱和精密减速箱）、缓冲器等。伺服控制器主要包括执行元件、功率放大元件、误差检测元件、校正控制元件等。伺服机械结构是伺服控制器的控制对象，因此，伺服机械结构和伺服控制器是关系密切、相互配合的统一体。

伺服系统是靠误差工作的反馈闭环控制系统。误差经过变换、放大校正和功率放大后，控制执行元件带动伺服机械传动装置，驱动天线朝减小误差的方向转动，直至天线对准目标，这就是伺服系统的基本工作原理。

为满足跟踪测量雷达高动态性能、高跟踪精度的要求，伺服系统需具有快速响应特性、高跟踪精度和宽调速范围的性能指标。一个高性能的伺服系统通常由电流、速度和位置三个回路组成。具有三个回路的伺服系统框图如图 8.1 所示，图中用虚线将伺服系统分为伺服控制器和伺服机械结构两大部分。伺服控制器包括电流回路、速度回路及位置回路等前向通路。

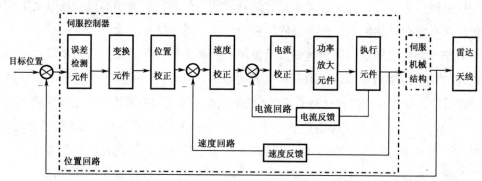

图 8.1　伺服系统框图

1. 电流回路的作用

电流回路的作用如下：

（1）减小前向通路元件参数变化对回路输出的影响，提高伺服系统抗内部干扰（如温度漂移）的能力；

（2）减小前向通路内元件的非线性因素的影响，扩大回路输出的线性范围；

（3）减小电枢回路的时间常数；

（4）由于电流变化比较快，在分析回路动态特性时，可以不考虑执行电机反电动势的影响；

（5）电流闭环对结构谐振环节有一定的抑制作用，使回路具有宽的带宽。

2. 速度回路的作用

速度回路的作用如下：

（1）减小前向通路环节的时间常数，改善回路的动态特性；

（2）增加速度摩擦阻尼，减小伺服系统过渡过程的超调；

（3）提高伺服系统的低速平稳性能，扩大系统的调速范围；

（4）提高系统抵抗负载扰动的能力。

3. 位置回路的作用

位置回路的作用是根据雷达的工作方式指令，实现精确定位和位置随动。通常，精密跟踪测量雷达角度工作方式分为跟踪方式、引导方式和搜索方式三种。

（1）跟踪方式依据误差信号的来源不同又可分为雷达自跟踪、自引导雷达跟踪和电视跟踪。跟踪方式的系统框图如图 8.2 所示。在跟踪方式下，由雷达的馈线网络、接收机、伺服系统等分系统共同组成了一个大的闭环控制系统。它属于全闭环系统，由馈线网络完成角误差形成，由接收机完成误差放大，伺服系统完成校正控制，并驱动天线始终对准目标。在跟踪方式下，天馈线及接收机的线性范围、线性度、时间常数等因素均对伺服系统的跟踪性能有影响。

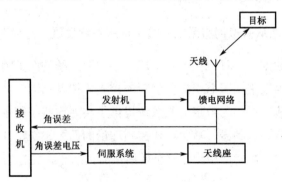

图 8.2　跟踪方式的系统框图

（2）引导方式依据引导信息的来源不同可分为雷达引导、光学引导和数字引导三种。引导方式的系统框图如图 8.3 所示，在引导方式下，以引导雷达（或炮镜、计算机计算的理论弹道数据）的角度作为伺服系统的角度给定量，与跟踪测量雷达天线的角度差作为误差量，由伺服系统完成校正控制，驱动天线始终跟随引导雷达（或炮镜、计算机计算的理论弹道数据）运动。引导方式是一个半闭环系统，在引导方式下，引导雷达、炮镜和跟踪测量雷达的角度测量精度及计算机计算的理论弹道数据的精度和实时性均对伺服系统的随动精度有影响。

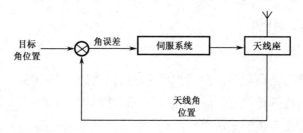

图 8.3　引导方式的系统框图

（3）搜索方式分为手动搜索和程序搜索两种，搜索方式的系统框图同引导方式。

跟踪方式是精密跟踪测量雷达的主要工作方式，引导方式和搜索方式都为跟踪方式服务，并最终都要过渡到跟踪方式。

8.1.3　伺服系统技术发展

由于伺服系统是自动控制理论的典型应用，因此它始终伴随着自动控制理论及自动控制系统的发展向前发展。

近年来，随着对自动控制理论研究的逐渐深入、电力电子技术的不断进步、计算机技术的高速发展、新型传感器件的大量涌现，伺服系统技术有了显著进步，它主要表现在以下四个方面。

1. 实现方式从模拟伺服系统向数字伺服系统发展

自动控制理论和计算机技术是实现数字伺服系统的两大基础。自动控制理论的不断发展，为数字伺服系统提供了新的控制规律及相应的分析和综合方法。计算机技术的飞速发展，为数字伺服系统提供了实现这些控制规律的现实可能性。以计算机作为核心控制器、基于现代控制理论的伺服系统，其品质指标无论是稳态精度，还是动态性能都相应达到了前所未有的水平，比模拟伺服系统高得多。

2. 驱动方式从直流伺服驱动系统向交流伺服驱动系统发展

20 世纪以来相当长的时期内，在高性能的电气传动技术领域，几乎都是采用直流电气传动系统。随着电力电子技术、微电子技术、现代电机控制理论和计算机技术的发展，交流传动逐渐具备了宽调速范围、高稳速精度、快速动态响应等良好的技术性能。同时，由于交流电机具有制造简单、无碳刷、易维护、体积小等优点，在多数应用场合取代直流电机传动已是必然的发展趋势。

3. 应用理论从经典控制理论向现代控制理论发展

多年来人们一直沿用经典控制理论进行伺服系统的分析与设计，这无疑是一种有力的工具，今后仍将被广泛使用。20 世纪 60 年代前后发展起来的现代控制理论比经典控制理论有更多的优点，随着计算机技术的发展，现代控制理论在伺服系统中得到了广泛的应用。现代控制理论中的重要部分——线性系统、最优控制、卡尔曼滤波、系统辨识等重要理论都是分析、设计伺服系统新的重要理论基础。

4. 采用性能优良的伺服元件

随着电力电子技术、微电子技术及计算机技术的发展和应用，伺服元件技术也有了快速发展，并且被应用到伺服系统中，目前机电伺服元件正朝着永磁化、无铁心化、机电一体化和无刷化方向发展。

1）永磁化

稀土永磁材料的发展，引起电机行业的一次大变革。可以预计，各种伺服电机（直流、交流、步进）都将过渡到永磁电机。

2）无铁心化

近二三十年来，陆续出现了印刷绕组电机、线绕盘式电机、空心杯形转子电机等伺服电机，这些伺服电机的特点是电枢无齿槽、力矩波动小、功率变化大，加之应用高性能稀土永磁体，使得它们将成为伺服电机的主流。

3）机电一体化

微电子技术和电力电子技术的发展，使数据传输元件由传统的电磁感应元件，转变为以电子技术为基础的固态元件（如固态自整角机、固态感应同步器等），固态元件数据传输的精度取决于芯片的位数，理论上应该是无限的，它不像传统的数据传输元件，精度受到结构和加工条件的限制。从控制信号来看，伺服系统接收的指令不应再是模拟量，而是数字量了。

4）无刷化

电刷、汇流环和换向器是机电伺服元件失效的主要因素，随着各种新型电机结构的出现，无刷电机正在取代有刷电机。

8.1.4　伺服系统主要技术指标[1-7]

伺服系统的设计要求及评判标准是通过主要技术指标来体现的。这些技术指标主要包括工作范围、稳定性、过渡过程品质、系统精度和动态响应能力。

1. 工作范围

工作范围指标用来确定伺服系统的角度、角速度、角加速度的范围，通常将工作范围分为最大工作范围和保精度工作范围。表 8.1 为某雷达的工作范围。

表 8.1　某雷达的工作范围

项目	最大工作范围	保精度工作范围
方位角	0°～360° 无限制	0°～360° 无限制
俯仰角	−6°～186°	3°～70°
方位向角速度	0.03°/s～40°/s	0.03°/s～36°/s
俯仰向角速度	0.03°/s～20°/s	0.03°/s～18°/s
方位向角加速度	30°/s²	20°/s²
俯仰向角加速度	20°/s²	10°/s²

2. 稳定性

稳定性是伺服系统的一个非常重要的指标，它反映了系统在受到外部扰动偏离原稳定平衡状态、扰动消失后自动回到原平衡状态的能力。伺服系统的稳定性包括绝对稳定性和相对稳定性。伺服系统的绝对稳定性就是自动控制原理中的各种稳定判据；伺服系统的相对稳定性是衡量系统工作的稳定程度，通常用稳定裕度和振荡指标来衡量。

1）稳定裕度

稳定裕度分为幅值裕度和相位裕度，如图 8.4 所示。

若伺服系统的开环频率特性相位为-180°时，幅值为 $A_{\mathrm{m}}(\omega_{\mathrm{cg}})$，则将该频率下幅值的倒数定义为幅值裕度 G_{m}，即 $G_{\mathrm{m}} = 1/A_{\mathrm{m}}(\omega_{\mathrm{cg}})$。

若伺服系统的开环频率特性在穿越频率处的相位为 $\phi(\omega_{\mathrm{c}})$，则伺服系统的相位裕度 $\gamma = \phi(\omega_{\mathrm{c}}) + 180°$。

幅值裕度和相位裕度值越大，则伺服系统对扰动的抑制能力就越强，稳定性就越好。一般来说，要求 $G_{\mathrm{m}} \geqslant 6\mathrm{dB}$，$\gamma \geqslant 30°$。

2）振荡指标

振荡指标是衡量伺服系统稳定性的另一种方法。它定义为闭环系统幅值特性的最大值 $A_{\max}$ 与零频时幅值 A_0 之比 M，如图 8.5 所示，即

$$M = \frac{A_{\max}}{A_0} \tag{8.1}$$

M 值越大，系统稳定性越差，一般来说，要求 $M = 1.3 \sim 1.5$。

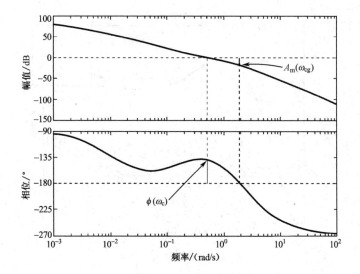

图 8.4 稳定裕度

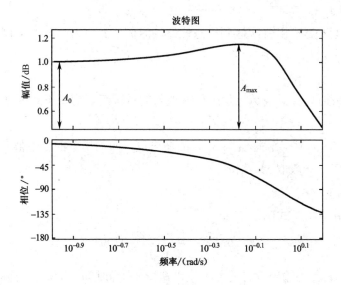

图 8.5 振荡指标

3. 过渡过程品质

伺服系统过渡过程,通常指在伺服系统输入端施加一个单位阶跃信号,伺服系统输出达到稳态的过程,如图 8.6 所示。

表征伺服系统过渡过程品质的参数有上升时间 t_r、过渡过程时间 t_T、超调量 $\sigma\%$ 及振荡次数 n_T。

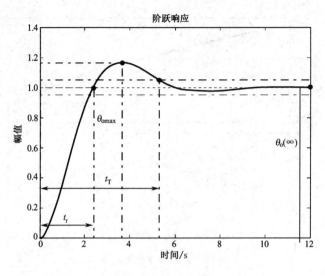

图 8.6 过渡过程

1）上升时间

上升时间 t_r 是输出首次达到稳态位置的时间。t_r 的大小取决于伺服系统开环截止频率的大小。

2）过渡过程时间

过渡过程时间 t_T 是自单位阶跃信号加入的瞬时起，到使下式成立的时间，即

$$\left|\theta_o(t)-\theta_o(\infty)\right|\leqslant\Delta\theta_o \tag{8.2}$$

式（8.2）中，$\theta_o(\infty)$ 为当时间 $t\to\infty$ 时的输出量，即输出量的稳态值，$\Delta\theta_o$ 为给定的允许误差值，一般取 5%$\theta_o(\infty)$。

3）超调量

超调量 $\sigma\%$ 由下式确定，即

$$\sigma\%=\frac{\theta_{max}-\theta_o(\infty)}{\theta_o(\infty)}\times100\% \tag{8.3}$$

式（8.3）中，θ_{max} 为输出信号的最大值，$\theta_o(\infty)$ 为当时间 $t\to\infty$ 时的输出量，即输出量的稳态值。

一般超调量不应超过 30%，其大小由伺服系统的相角裕量决定。

4）振荡次数

振荡次数 n_T 是伺服系统输出在过渡过程时间 t_T 内，且超过稳态位置次数的一半的值，一般要求 $n_T\leqslant2$ 次。

4. 系统精度

伺服系统的精度分为静态精度和动态精度两种。

1）静态精度

伺服系统的静态精度通常称为静态误差。它是伺服系统在跟踪固定目标时产生的误差。静态误差有两种表现形式：一种是当伺服系统跟踪上要求的固定目标后，雷达天线轴线始终保持不动，其误差叫作定值静态误差；另一种是当伺服系统跟上指定的固定目标后，天线轴线产生振幅固定的周期性摆动，称为伺服系统的自持振荡（又叫极限环振荡），它是一种允许的稳定振荡，其振幅对应的误差角就是静态误差，称为自振静态误差。

2）动态精度

伺服系统的动态精度，通常称为跟踪精度或跟踪误差。跟踪误差是伺服系统在驱动天线跟踪运动目标时产生的误差，包括系统误差和随机误差。

5. 动态响应能力

伺服系统的动态响应能力通常由伺服带宽 β_n 来体现。

伺服带宽是指伺服系统的-3dB 闭环带宽。由于目标角噪声和雷达接收机热噪声的数值与伺服带宽的平方根成正比，在雷达总体设计的精度分析中对伺服带宽提出限制要求，伺服带宽的大小将影响伺服系统的稳定裕度、跟踪精度和过渡过程品质，所以将伺服带宽作为伺服系统的基本技术要求之一。

系统精度和动态响应能力依据跟踪测量雷达的用途、天线大小、工作波段的不同而不同。

8.2　伺服系统设计

本节重点介绍伺服系统的静态设计和动态设计两部分。由于伺服机械结构的性能指标是伺服系统动态设计的前提条件，因此对伺服机械结构提出了要求。

伺服系统的设计方法，通常有时间响应分析法、根轨迹法和频率响应分析法三种。工程上多采用频率响应分析法（简称频率法）对系统进行设计。频率法的特点是简单、直观，有一套成熟的理论，而且是多年工程实践应用的有效方法。

伺服系统方案的不同，主要表现在伺服系统的形式和伺服系统的无静差度阶次的不同。伺服系统无静差度阶次在工程上一般只采用一阶和二阶两种；伺服系统的形式有机电型伺服系统和电液型伺服系统两种，本节只介绍直流机电型伺服系统，交流机电型伺服系统设计方法与直流机电型伺服系统相同。

8.2.1　伺服系统静态设计[1]

伺服系统静态设计是在伺服系统进行方案确定阶段完成的，其内容包括负载力矩的计算、执行元件的选择及减速器传动比的确定、功率放大元件的选择、反

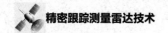

馈测量元件的选择等。

1. 负载力矩的计算

计算伺服系统负载力矩的目的是选择执行元件。精密跟踪测量雷达伺服系统的负载力矩通常包括风力矩、惯性力矩和摩擦力矩等。

1）风力矩的计算

风力矩又称为风负载，它是由于空气对物体的相对运动而产生的，气体绕经天线反射面时，在尖锐的边缘发生分离，在天线反射面背部形成漩涡区，迎风面和背面各对应点的压差就形成了风力和风力矩。对采用大口径天线的跟踪测量雷达来说，风力矩是伺服系统负载力矩的主要分量。对风力矩的计算，只有在缩小比例的跟踪测量雷达天线进行风洞试验后才能较精确地进行。风力矩体现了环境因素对驱动力矩的要求。

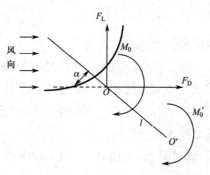

图 8.7　天线受风示意图

（1）静态风负载力矩：天线风力和风力矩的计算是一个复杂的问题，因为影响因素很多，除了风速、空气密度、反射体尺寸以外，还与天线反射面的形成、背架结构、转轴位置、天线姿态等诸多因素有关。如图 8.7 所示，假设天线自身的旋转中心为 O，跟踪测量雷达的旋转轴为 O'，则通常可按下列公式分别计算阻力 F_D、升力 F_L 及力矩 M_0，即

$$F_D = C_D A q \tag{8.4}$$

$$F_L = C_L A q \tag{8.5}$$

$$M_0 = C_M A D q \tag{8.6}$$

式中，C_D 为阻力系数，C_L 为升力系数，C_M 为风力矩系数，A 为天线受风面积，D 为与雷达旋转轴垂直方向的天线尺寸，$q = \dfrac{1}{2}\rho V^2$ 为动压头，ρ 为空气的质量密度，在 20℃和标准大气压下 $\rho = 0.125\left(\text{kg} \cdot \text{s}^2 / \text{m}^4\right)$，$V$ 为风速。

相对于跟踪测量雷达旋转轴 O' 的风力矩为

$$M = M_0 + (l\sin\alpha)F_D + (l\cos\alpha)F_L \tag{8.7}$$

式（8.7）中，l 为跟踪测量雷达旋转轴与天线自身旋转轴的距离，α 为风向与天线旋转轴的角度。式（8.4）～式（8.6）中的 C_D、C_L 和 C_M 应该用实物的相似模型通过风洞试验来测定。

（2）天线转动时的风力矩：前述风力矩计算公式是在天线静止的情况下得出的，称为静态风力矩。实际上，跟踪测量雷达天线是转动的，在这种情况下，气流的流速除了风速还包括天线的旋转速度，气流流经天线反射面的情况更为复杂。一般来说，在天线转动过程中，风力矩是变动的，不均匀的。

天线运动对风载荷的影响可由式（8.8）计算

$$M_{\mathrm{r}} = M + \frac{2r_{\mathrm{A}}}{3} \times \frac{\omega r_{\mathrm{A}}}{V} \times F_{\mathrm{D}} \qquad (8.8)$$

式（8.8）中，M_{r} 为动态风力矩，M 为静态风力矩，r_{A} 为天线的转动半径，ω 为天线转动的角速度。

常用的蒲氏风级表如表 8.2 所示。

表 8.2　蒲氏风级表

风力级数	名称	相当于空旷平地上标准高度 10m 处的风速		
		n mile/h	m/s	km/h
0	静稳	小于 1	0～0.2	小于 1
1	软风	1～3	0.3～1.5	1～5
2	轻风	4～6	1.6～3.3	6～11
3	微风	7～10	3.4～5.4	12～19
4	和风	11～16	5.5～7.9	20～28
5	清劲风	17～21	8.0～10.7	29～38
6	强风	22～27	10.8～13.8	39～49
7	疾风	28～33	13.9～17.1	50～61
8	大风	34～40	17.2～20.7	62～74
9	烈风	41～47	20.8～24.4	75～88
10	狂风	48～55	24.5～28.4	89～102
11	暴风	56～63	28.5～32.6	103～117
12	飓风	64～71	32.7～36.9	118～133
13		72～80	37.0～41.4	134～149
14		81～89	41.5～46.1	150～166
15		90～99	46.2～50.9	167～183
16		100～108	51.0～56.0	184～201
17		109～118	56.1～61.2	202～220

表 8.2 中给出的风速为离地高度 10m 处的风速 V_{10}，若要计算离地高度 x(m) 处的风速，可按式（8.9）计算，即

$$V_x = V_{10}\left(\frac{x}{10}\right)^{0.146} \qquad (8.9)$$

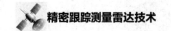

2）惯性力矩的计算

惯性力矩又称为加速力矩，它体现了负载运动特性对伺服系统驱动力矩的要求。小型天线伺服系统的惯性力矩通常是负载力矩的主要分量。惯性力矩 M_J 的计算公式为

$$M_J = J_L \varepsilon_m \tag{8.10}$$

式（8.10）中，ε_m 为要求的最大角加速度 $(\mathrm{rad/s^2})$，J_L 为负载转动惯量 $(\mathrm{N \cdot m \cdot s^2})$。

有一点要引起注意，对最大加速度的选择，既要满足工作范围对加速度的要求，又要同时考虑伺服系统带宽和线性范围。若要求伺服系统带宽为 $\beta_n(\mathrm{Hz})$，线性范围为 $\theta(\mathrm{rad})$，则要满足带宽要求的加速度为

$$\varepsilon'_m = 0.707 \cdot \frac{\theta}{2} \cdot (2\pi\beta_n)^2 = 1.414\theta\pi^2\beta_n^2 \tag{8.11}$$

若 $\varepsilon'_m > \varepsilon_m$，则计算惯性力矩时用的加速度要用 ε'_m。

3）摩擦力矩的计算

摩擦力矩又称为摩擦负载。摩擦力矩 M_f 是伺服系统负载力矩中较小的分量，它体现了机械传动链的阻尼对伺服系统驱动力矩的要求。摩擦力矩有静摩擦力矩与动摩擦力矩。

最大静摩擦力矩可由实验测得。动摩擦力矩又分为库仑摩擦力矩 M_{f1} 与速度摩擦力矩 M_{f2}。前者指天线座的转动部分由静止刚转入运动时的摩擦力矩，后者指转动部分以一定速度运转时的摩擦力矩。库仑摩擦力矩不易测量，一般假定为最大静摩擦力矩的一半。最大速度摩擦力矩的计算式为

$$M_{f2} = f_2\omega_{\max} \tag{8.12}$$

式（8.12）中，f_2 为速度摩擦系数 $(\mathrm{n \cdot m \cdot rad/s})$，$\omega_{\max}$ 为要求的最大角速度 $(\mathrm{rad/s})$。

由于 M_{f1} 与 M_{f2} 相关，所以 M_f 的计算式为

$$M_f = M_{f1} + M_{f2} \tag{8.13}$$

天线座未生产出来时，无法由实验得到 M_f。

一般情况下，要求摩擦力矩小于惯性力矩的 1/10。

4）负载力矩的合成

由于 M_r、M_J 与 M_f 是互不相关的，因而负载力矩的计算式为

$$M_L = \sqrt{M_r^2 + M_J^2 + M_f^2} \tag{8.14}$$

2. 执行元件的选择及减速器传动比的确定[8-11]

选择执行元件是伺服系统静态设计的主要内容。对于机电伺服执行元件，通常有直流伺服电机和交流伺服电机两种。直流伺服电机控制简单，控制特性好，但电机体积大、有火花、需经常维护；交流伺服电机控制复杂，控制特性与直流

电机相当，体积小，不需经常维护。目前交流伺服电机及控制器已日益成熟，控制性能与直流电机相当，由于直流伺服系统与交流伺服系统的设计方法相同，因此本书以直流伺服系统设计为主进行论述。

直流伺服系统在静态设计时，执行元件通常选用高速直流伺服电机或低速直流力矩电机。两种类型的电机各有优劣。高速直流伺服电机体积小，加工方便，配以一定的减速比，便于进行惯量匹配，但由于有减速器，必然带来齿隙，而且传动链的扭转刚度可能会受到影响。而低速直流力矩电机不需要减速器，没有齿隙的影响，且低速性能要优于高速直流伺服电机，但是由于没有减速器，不便于进行惯量匹配，大扭矩的低速直流力矩电机加工制造困难。因此，究竟选用何种执行电机要权衡利弊、综合考虑。

1）高速直流伺服电机的选择及减速器传动比的确定

（1）负载最大瞬时功率的计算：伺服系统负载需要的最大瞬时功率 P_{Lm} 的计算公式为

$$P_{\text{Lm}} = \frac{M_{\text{L}} n_{\text{max}}}{9555} \tag{8.15}$$

式（8.15）中，M_{L} 为负载力矩（N·m），n_{max} 为负载轴上的最大瞬时转速 (r/min)。

（2）伺服电机的初步选定：负载最大瞬时功率折算到伺服电机轴上，初选伺服电机输出额定机械功率 P_{H} 应满足

$$P_{\text{H}} = (1.5 \sim 2.0) \frac{P_{\text{Lm}}}{\eta_0} \tag{8.16}$$

式（8.16）中，η_0 为减速器的传动效率，通常为 0.8～0.9。

（3）动力减速器传动比的确定：动力减速器的传动比 i_0 应满足以下条件，即

$$i_0 \leqslant \frac{\pi n_{\text{H}}}{30 \omega_{\text{max}}} \tag{8.17}$$

式（8.17）中，n_{H} 为伺服电机的额定转速 (r/min)，ω_{max} 为要求的最大角速度 (rad/s)。

（4）伺服电机额定转矩的校核：当传动比 i_0 确定后，要对初步选定的伺服电机的额定转矩 M_{H} 进行校核。

当执行元件采用高速直流伺服电机时，其转动惯量匹配系数 λ 由式（8.18）决定，即

$$4 \geqslant \left(\lambda = \frac{J_{\text{L}}}{J_{\text{m}} i_0^2} \right) \geqslant 1 \tag{8.18}$$

式（8.18）中，J_{L} 为负载转动惯量 (N·m·s²)，J_{m} 为伺服电机的转动惯量 (N·m·s²)。

由于传动比 i_0 已经确定，在计算负载惯性力矩时，应考虑 J_{m} 的影响。M_{J} 的

计算公式应修正为 M_J'，即

$$M_J' = (J_m i_0^2 + J_L)\varepsilon_m \tag{8.19}$$

负载力矩 M_L 的计算公式应为 M_L'，即

$$M_L' = \sqrt{M_r^2 + M_J'^2 + M_f^2} \tag{8.20}$$

额定转矩 M_H 应按下式校核

$$M_H = \frac{9555 P_H}{n_H} \geqslant \frac{M_L'}{i_0} \tag{8.21}$$

若初选伺服电机的 M_H 不能满足式（8.21）时，应重新选择伺服电机。

2）低速直流力矩电机的选择

低速直流力矩电机的特点是可以运行于堵转状态（只有力矩输出而转速为零）。由于输出力矩大、转速低，它可以同雷达天线轴直接相连，而不需动力减速器。

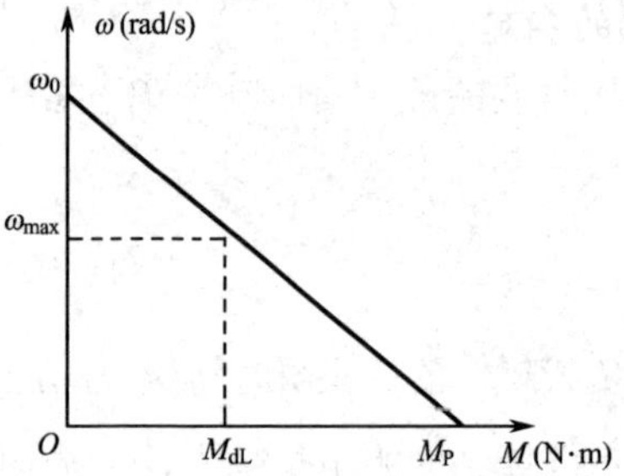

力矩电机的机械特性如图 8.8 所示。

由于系统负载力矩中各个分量的最大值在雷达天线运转过程中均为瞬时出现，所以应在力矩电机峰值力矩 M_P 对应的机械特性上来选择电机。负载力矩 M_{Lf} 的合成由下式确定，即

$$M_{Lf} = M_r + M_J + M_f \tag{8.22}$$

图 8.8　力矩电机的机械特性

此时，最大堵转力 M_P 应满足

$$M_P \geqslant M_{Lf} \tag{8.23}$$

在力矩电机的机械特性上，找出最大角速度 ω_{max} 对应的电枢转矩 M_{dL}，并要求

$$M_{dL} \geqslant M_L \tag{8.24}$$

式（8.24）中，M_L 为负载力矩，它由式（8.14）确定。

式（8.23）和式（8.24）就是选择直流力矩电机的依据，如果不满足，应重新选择电机。

执行元件的选择，除了电机功率（由转速和转矩确定）的计算和减速器传动比的确定外，还应适当考虑电机的动态特性——电磁时间常数和机电时间常数，适应环境条件的能力，可靠性、寿命、体积、质量、外形尺寸和安装尺寸的要求等。

3. 功率放大元件的选择[6,11]

功率放大元件的作用是将伺服系统的控制信号进行功率放大，以驱动执行元

件带动负载运动。功率放大元件的种类很多，目前常用的有以可控硅为基础的功率放大器和以晶体管为基础的脉冲宽度调制功率放大器。可控硅功率放大器的开关频率相对较低，时间常数大，对电网有污染；而晶体管脉冲宽度调制功率放大器的开关频率高，时间常数小，对电网无污染。近年来，随着现代电力电子技术的发展，在直流伺服系统中，直流脉冲宽度调制（PWM）功率放大器以其优良的性能逐步占据了主导地位。

直流 PWM 功率放大器有多种形式，下面仅就伺服系统中使用的双极型直流 PWM 功率放大器加以介绍。

双极型直流 PWM 功率放大器的主电路为 H 桥形式，如图 8.9 所示。

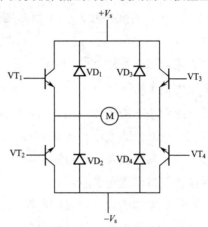

该图中 M 为直流电机，$VT_1 \sim VT_4$ 为大功率开关管（IGBT 或 IPM），$VD_1 \sim VD_4$ 为续流二极管，V_s 为电源。

当电机需要正转时，在 VT_1、VT_3 上加脉冲 V_{b1}、V_{b3}，而 VT_2、VT_4 保持截止；当电机需要反转时，在 VT_2、VT_4 上加脉冲 V_{b2}、V_{b4}，而 VT_1、VT_3 保持截止。

图 8.9　双极型直流 PWM 功率放大器的主电路

电机转动时的脉冲波形如图 8.10 所示，图中 T 为开关频率，t_1 为脉冲宽度。通过改变脉冲的宽度，即可改变电机的转速。

当电机停止时，在 $VT_1 \sim VT_4$ 上加如图 8.11 所示的脉冲。

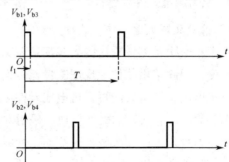

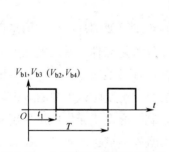

图 8.10　电机转动时的脉冲波形　　图 8.11　电机停止时的脉冲波形

$VT_1 \sim VT_4$ 上加的脉冲宽度一样，这时电枢电压 U_A 的平均值为零，电机不转。

不考虑高频分量，电枢电压 U_A 和电源电压 V_s 的关系为

$$U_A = \frac{t_1}{T}[V_s - (-V_s)] = \frac{2t_1}{T}V_s \qquad (8.25)$$

作为一个完整的直流 PWM 功率放大器，除了主回路外，还由三角波产生器、脉冲分配电路、驱动电路、保护电路等组成。

直流 PWM 功率放大器以开关状态工作，工作频率较高，一般选用 8～16kHz 或更高，其时间常数 T_{PWM} 很小，若不考虑这些影响，直流 PWM 功率放大器的传递函数近似为 K_{PWM}，若考虑 T_{PWM}，此时有

$$W(s)_{PWM} = \frac{K_{PWM}}{1 + T_{PWM}s} \tag{8.26}$$

式（8.26）中，时间常数 T_{PWM} 的值是工作频率的倒数，K_{PWM} 为 PWM 功率放大器增益。

直流 PWM 功率放大器性能较好，在电枢电压 U_A 平均值为 0 时，电机不转，但加在电枢上瞬时电压不等于 0，即使电枢上电流 i_a 的瞬时值不为 0，这个脉动电流也起到了平滑干摩擦的作用，由此改善了启动和低速性能，使调速范围（最高转速与最低转速之比）可达上万。这点是其他功率放大器难以达到的。随着电子技术和元器件的发展，直流 PWM 功率放大器将会发展得更完善、可靠，性能更优越，并将广泛得到应用。

功率放大器的设计一般应遵循以下原则：

（1）功率放大器的输出功率应与执行电机相匹配，并满足规定的过载能力；

（2）功率放大器的死区要小；

（3）功率放大器的线性度和对称度要好；

（4）功率放大器的线性范围应与伺服系统的线性范围相匹配。

4. 反馈测量元件的选择

1）位置反馈测量元件的选择

由于精密跟踪测量雷达的天线都是做圆周旋转运动，要测量的位置信息都是旋转角度，因此采用的位置反馈测量元件也应是角度测量元件。常用的角度测量元件有机电式和光电式两种。机电式元件可靠性高，环境适应性好，安装调试方便，电路简单，有成熟的转换模块，采用双通道组合，精度可达 2″左右。但由于转换电路本身是个闭环系统，因此动态性能受到限制。光电式元件由于采用光学玻璃，可靠性和环境适应性都受到一定的限制，而且安装调试困难，但随着刻画精度的提高和细分技术的采用，精度可以做得更高。

对于精密跟踪测量雷达来说，通常机电式元件的精度和动态性能可以满足要求，因此，目前多数采用机电式元件作为轴角转换元件。常用的机电式元件有自整角机和旋转变压器。

（1）自整角机。自整角机是一种机电式角位移传感器，目前在雷达伺服系统中常采用力矩式自整角机做角度指示，它一般是成对应用的。发送机与天线旋转轴做同步运动，接收机与角度指示器连接。图 8.12 是用自整角机作为角度指示的电路连接图。

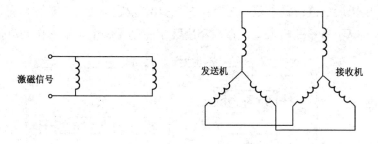

图 8.12　自整角机作为角度指示的电路连接图

自整角机分为 1、2、3 三种精度等级，其最大误差在 0.25°～0.75°范围。

（2）旋转变压器。旋转变压器实际上是一种特制的两相旋转电机，它有定子和转子两部分，在定子和转子上各有两套在空间上完全正交的绕组。当转子旋转时，定、转子绕组间的相对位置随之变化，使输出电压与转子转角呈一定的函数关系。

在转子绕组中加一固定频率的激磁信号，则在两个定子绕组上分别产生了与转子转角相关的信号。

设激磁信号为

$$u(t) = U_{\mathrm{m}} \sin \omega_0 t \qquad (8.27)$$

则两个定子绕组上产生的信号分别为

$$u_1(t) = U_{\mathrm{m}} K \sin \omega_0 t \sin \theta \qquad (8.28)$$

$$u_2(t) = U_{\mathrm{m}} K \sin \omega_0 t \cos \theta \qquad (8.29)$$

式中，U_{m} 为激磁信号的幅值，ω_0 为激磁信号的频率，K 为变压器的变比，θ 为转子的转角。

旋转变压器的信号通常通过旋转变压器数字转换器（Resolver Digital Convertor，RDC）模块转换成二进制数码，目前常用的 RDC 模块位数有 10 位、12 位和 14 位。RDC 模块的原理如图 8.13 所示，计数器输出为二进制角度值 θ_1，旋转变压器输出的正、余弦信号分别通过模拟乘法器与角度值 θ_1 的正、余弦信号相乘，再通过减法器相减后得到误差电压 $\sin(\theta - \theta_1)$、控制压控振荡器的输出，直到 $\theta = \theta_1$。

为了保证旋转变压器的测角精度，要求两相励磁电流严格平衡，即大小相

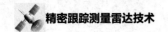

等，相位差为 90°，因而在气隙中产生圆形旋转磁场。

旋转变压器的精度主要由函数误差和零位误差来衡量。函数误差表示输出电压波形和正弦曲线间的最大差值与电压幅值之比，旋转变压器的精度等级分 0、Ⅰ、Ⅱ和Ⅲ级，函数误差通常在 ±0.05%～±0.34% 范围。零位误差表示理论上的零位与实际电压最小值位置之差，通常在 3′～18′ 范围。由以上数据可见，旋转变压器的精度高于自整角机，因此在高精度数字随动系统中常用它作为测角元件。

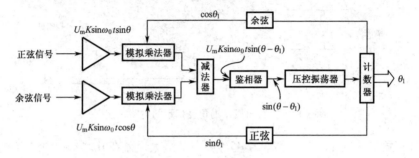

图 8.13　RDC 模块的原理图

随着技术的发展，旋转变压器的信号可以采用全数字处理的方式转换成二进制数码。

全数字角度转换运用闭环跟踪的原理，通过对激磁信号和正余弦角度信号进行采样处理，获取跟踪误差，采用二阶跟踪回路实现高精度的角度跟踪，其结构框图如 8.14 所示。

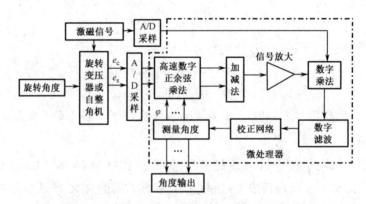

图 8.14　全数字角度转换结构框图

图 8.15 所示为全数字旋变变压器轴角编码器精度比对结果，在 0°～360° 范围内，静态转换误差为 ±3.5′，通过软件补偿后转换精度优于 ±1.5′。跟踪速度可以大于 60000°/s［166.67rps（转/秒，rotation per second）］，加速度常数可以大于

$200000°/s^2$，各项指标均远远好于传统的 RDC 模块。

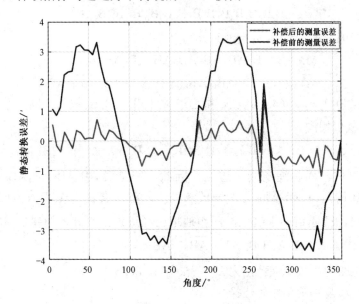

图 8.15　全数字旋变变压器轴角编码器精度比对结果

目前，精密跟踪测量雷达通常采用双通道旋转变压器作为角度测量元件，如图 8.16 所示。

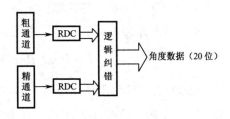

图 8.16　双通道旋转变压器组成的测角系统

双通道旋转变压器由粗、精两个通道组成，主轴转一圈，粗通道信号变化 360°，精通道信号变化 $n×360°$，n 为精通道的极对数。因此，从理论上说，精度可以提高 n 倍。下面以常用的 1∶64 对极的双通道旋转变压器为例说明信号的组合过程。此旋转变压器转一圈，粗通道信号变化 360°，精通道信号变化 $64×360°$。从理论上说，粗通道每变化 360°/64，精通道应该变化 360°，取粗通道 RDC 的高 6 位数据与精通道 RDC 的 14 位数据直接组成 20 位数据以表示角度值。但是，由于制造上的误差，粗通道、精通道不可能完全同步，也就是说当粗通道转动 360°/64 时，精通道转过的角度可能大于 360°，也可能小于 360°。因此，粗通道、精通道的信号经转换后要进行逻辑纠错处理，才能组合出高精度的数据。若粗通道、精通道都用 14 位的 RDC 转换，则：

精通道转换出的数据从最高有效位到最低有效位（MSB to LSB）为

$$A_1A_2A_3A_4A_5A_6A_7A_8A_9A_{10}A_{11}A_{12}A_{13}A_{14}$$

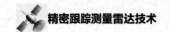

粗通道转换出的数据从最高有效位到最低有效位（MSB to LSB）为

$$B_1B_2B_3B_4B_5B_6B_7B_8B_9B_{10}B_{11}B_{12}B_{13}B_{14}$$

组合后的数据（MSB to LSB）为

$$\overline{AB_1}\,\overline{AB_2}\,\overline{AB_3}\,\overline{AB_4}\,\overline{AB_5}\,\overline{AB_6}\,\overline{AB_7}\,\overline{AB_8}\,\overline{AB_9}\,\overline{AB_{10}}$$

$$\overline{AB_{11}}\,\overline{AB_{12}}\,\overline{AB_{13}}\,\overline{AB_{14}}\,\overline{AB_{15}}\,\overline{AB_{16}}\,\overline{AB_{17}}\,\overline{AB_{18}}\,\overline{AB_{19}}\,\overline{AB_{20}}$$

设速比为 $1:64$，$64 = 2^6$，则精通道 A_1 与粗通道 B_7 权值相同，精通道 A_2 与粗通道 B_8 权值相同。

当精通道 $A_1 = 0$，$A_2 = 0$，粗通道 $B_7 = 1$，$B_8 = 1$ 时，说明粗通道有滞后，精通道已经进位，而粗通道尚未进位，因此，纠错后 $\overline{AB_1}\,\overline{AB_2}\,\overline{AB_3}\,\overline{AB_4}\,\overline{AB_5}\,\overline{AB_6} = B_1B_2B_3B_4B_5B_6 + 1$；当精通道 $A_1 = 1$，$A_2 = 1$，粗通道 $B_7 = 0$，$B_8 = 0$ 时，说明粗通道有超前，精通道尚未进位，而粗通道已经进位，因此，纠错后 $\overline{AB_1}\,\overline{AB_2}\,\overline{AB_3}\,\overline{AB_4}\,\overline{AB_5}\,\overline{AB_6} = B_1B_2B_3B_4B_5B_6 - 1$。$\overline{AB_7} \sim \overline{AB_{20}} = A_1 \sim A_{14}$。

纠错电路的最大纠错范围为 $2^{-8} \times 360° = 1.40625°$。

2)速度反馈测量元件的选择

由于目前精密跟踪测量雷达多使用直流伺服系统，因此，速度反馈元件也多采用直流测速发电机。直流测速发电机是将机械转速变换为电信号的机电装置，分为电磁式和永磁式，实际多用永磁式。测速发电机电势（E）方程为

$$E = U + I_a R_a = \frac{pnN}{60a}\Phi \times 10^{-8} = K_e N \qquad (8.30)$$

式（8.30）中，U 为测速发电机输出电压（V）；I_a、R_a 分别为测速发电机电枢电流（A）、电阻（Ω）；p、n 分别为测速发电机极对数、转速（r/min）；Φ、N 分别为激磁磁通和电枢中嵌入的导体总数；a 为电枢绕组并联支路。

若令 $K_e = \frac{pn\Phi}{60a} \times 10^{-8}$，则称 K_e 为测速发电机比电势。

选用测速发电机时应注意：

（1）选合适的输出斜率；

（2）不灵敏区要小；

（3）输出要对称、线性好、纹波小，尤其是低速段的线性要好。

8.2.2 伺服系统动态设计[8,10]

伺服系统动态设计的目的是通过选择校正环节，使伺服系统的闭环特性满足伺服系统的主要性能指标——稳定裕量、伺服带宽、跟踪精度、过渡过程品质和调速范围。精密跟踪测量雷达伺服系统动态设计有以下一些特点：

（1）伺服带宽是限制跟踪误差的主要因素，同时受到结构谐振特性的限制。

（2）跟踪误差是伺服系统的主要性能指标。跟踪误差的主要分量是动态滞后，加速度误差往往是最大的动态滞后误差，为减小加速度误差，加大系统截止频率是动态设计的关键。

（3）加大系统截止频率受到伺服带宽和速度回路闭环带宽的双重限制，速度回路闭环带宽又受结构谐振频率的限制。

（4）结构谐振特性（由结构谐振频率和结构相对阻尼系数两个参量确定）中，结构谐振频率的大小一般与雷达天线的口径成反比。在动态设计时，大型天线应考虑结构谐振特性的影响，小型天线通常可不考虑。

（5）对动态设计影响较大的伺服机械结构性能指标中，除结构谐振特性外就是机械传动间隙（主要是齿轮传动间隙）。机械传动间隙不仅影响伺服系统的稳定性，而且使系统产生自振静态误差。

（6）风力矩与天线口径的三次方成正比。在没有天线罩的情况下，由阵风力矩引起的随机误差较大，由于它不能通过计算机进行补偿，为抑制阵风引起的误差，关键是设计带宽宽的速度回路。

1. 伺服系统固有环节

1）误差测量元件的传递函数

误差测量元件包括雷达接收机和旋转变压器。

（1）雷达接收机：雷达接收机是雷达处于自动跟踪状态的误差测量元件，通常包括 $2 \sim 3$ 个惯性环节，其传递函数为

$$K_{\mathrm{R}} W(s) = \frac{K_{\mathrm{R}}}{1 + T_{\mathrm{R}} s} \tag{8.31}$$

式（8.31）中，T_{R} 为最大滤波时间常数（s），K_{R} 为输出斜率或称定向灵敏度（V/rad）。

若接收机的滤波器带宽为 β_{R}，则 T_{R} 为

$$T_{\mathrm{R}} = \frac{1}{2\pi\beta_{\mathrm{R}}} \tag{8.32}$$

（2）旋转变压器：旋转变压器为雷达处于引导状态的误差测量元件，它是一个比例环节，其传递系数为

$$K_{\mathrm{B}} = \frac{\Delta U_{\mathrm{b}}}{\theta_{\mathrm{R}}} \tag{8.33}$$

式（8.33）中，ΔU_{b} 为旋变误差电压（V）。对于数字伺服系统，若转换位数为 n，则

$$K_{\mathrm{B}} = \frac{2^n}{2\pi} = \frac{2^{n-1}}{\pi} \tag{8.34}$$

2）转换元件的传递系数

一般 A/D 和 D/A 转换器的时间常数都很小，因此，A/D 与 D/A 转换器可看

成比例环节。

3）功率放大元件的传递函数

直流 PWM 功率放大器的传递函数为

$$K_{\mathrm{PWM}}W(s) = \frac{K_{\mathrm{PWM}}}{1 + T_{\mathrm{PWM}}s} \tag{8.35}$$

式（8.35）中，K_{PWM} 为 PWM 功率放大器的增益，T_{PWM} 为时间常数（s）。

$$T_{\mathrm{PWM}} = \frac{1}{f} \tag{8.36}$$

式（8.36）中，f 为晶体管的开关频率（Hz），f 一般取值在 8～16kHz 范围内。通常情况下，可将 PWM 视为比例环节。

4）执行元件及其负载的传递函数

执行元件及其负载的传递函数是系统固有环节中最重要、最复杂的传递函数。在大型天线伺服系统设计中，应考虑结构谐振特性，小型天线伺服系统设计，一般不考虑结构谐振特性。

当执行元件及其负载的传递函数的输入是功率放大器的输出电压 u_{a}，输出是天线轴上的转角 θ_{L} 时，其传递函数框图如图 8.17 所示。

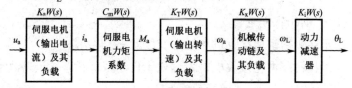

图 8.17　执行元件及其负载的传递函数框图

直流高速伺服电机及其负载的传递函数 $K_{\mathrm{ai}}W(s)$ 表示为

$$K_{\mathrm{ai}}W(s) = \frac{\theta_{\mathrm{L}}(s)}{u_{\mathrm{a}}(s)} = K_{\mathrm{a}}W(s)C_{\mathrm{m}}W(s)K_{\mathrm{T}}W(s)K_{\mathrm{x}}W(s)K_{\mathrm{i}}W(s) \tag{8.37}$$

式（8.37）中

$$\begin{cases} K_{\mathrm{a}}W(s) = \dfrac{I_{\mathrm{a}}(s)}{u_{\mathrm{a}}(s)} \\[2mm] C_{\mathrm{m}}W(s) = \dfrac{M_{\mathrm{a}}(s)}{I_{\mathrm{a}}(s)} \\[2mm] K_{\mathrm{T}}W(s) = \dfrac{\omega_{\mathrm{a}}(s)}{M_{\mathrm{a}}(s)} \\[2mm] K_{\mathrm{x}}W(s) = \dfrac{\omega_{\mathrm{L}}(s)}{\omega_{\mathrm{a}}(s)} \\[2mm] K_{\mathrm{i}}W(s) = \dfrac{\theta_{\mathrm{L}}(s)}{\omega_{\mathrm{L}}(s)} \end{cases} \tag{8.38}$$

将电机及其负载的总传递函数 $K_{ai}W(s)$ 分为 $K_a W(s)$ 等 5 个部分，主要是便于 I_a、ω_a 及 θ_L 分别引出电流反馈量、速度反馈量和位置反馈量。下面将按不考虑机械结构谐振特性和考虑机械结构谐振特性两种情况，对电机及其负载的传递函数分别进行分析。

（1）不考虑机械结构谐振特性时电机及其负载的传递函数。

不考虑机械结构谐振特性时，电机及其负载的机电传动框图如图 8.18 所示，可得如下方程组，即

$$
\begin{cases}
u_a = u_e + R_a i_a + L_a \dfrac{\mathrm{d}i_a}{\mathrm{d}t} \\[2mm]
u_e = C_e \dfrac{\mathrm{d}\theta_m}{\mathrm{d}t} \\[2mm]
M_a = C_m i_a \\[2mm]
M_J = J_\Sigma \dfrac{\mathrm{d}^2\theta_m}{\mathrm{d}t^2} \\[2mm]
M_a = M_J \\[2mm]
J_\Sigma = J_m + \dfrac{J_L}{i_0^2} \\[3mm]
\theta_L = \dfrac{\theta_m}{i_0}
\end{cases}
\Rightarrow
\begin{cases}
U_a = U_e + R_a I_a + L_a I_a s \\[2mm]
U_e = C_e \theta_m s \\[2mm]
M_a = C_m I_a \\[2mm]
M_J = J_\Sigma \theta_m s^2 \\[2mm]
M_a = M_J \\[2mm]
J_\Sigma = J_m + J_L / i_0^2 \\[2mm]
\theta_L = \theta_m / i_0
\end{cases}
\qquad (8.39)
$$

式（8.39）中，u_a 为功率放大器提供给电机的电枢电压（V），R_a 为电机电枢回路的电阻之和（Ω），i_a、I_a 为电机电枢回路的电流（A），L_a 为电机电枢回路的电感之和（H），u_e 为电机的反电势（V），M_a 为电机的电磁力矩（N·m），M_J 为负载所需的加速力矩（N·m），C_e 为电机的反电势系数（V·s/rad），C_m 为电机的力矩系数（N·m/A），J_Σ 为总转动惯量（N·m·s²），J_m 为电机的转动惯量（N·m·s²），θ_m 为电机的角位移（rad），ω_a 为电机的角速度（rad/s），i_0 为动力减速器传动比，J_L 为负载的转动惯量（N·m·s²），ω_L' 为负载的角速度折算到电机轴上的值（rad/s），θ_L 为负载的角位移（rad）。

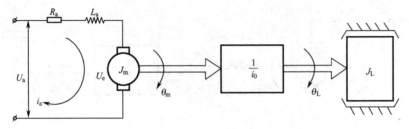

图 8.18 不考虑机械结构谐振特性时电机及其负载的机电传动框图

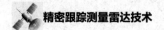
通过方程组（8.39）可解得：

① $K_aW(s)$ 为

$$K_aW(s) = \frac{I_a(s)}{u_a(s)} = \frac{(T_m/R_a)s}{T_mT_as^2 + T_ms + 1} \tag{8.40}$$

式（8.40）中

$$T_m = \frac{J_\Sigma R_a}{C_eC_m}, \quad T_a = \frac{L_a}{R_a}$$

② $C_mW(s)$ 为

$$C_mW(s) = \frac{M_a(s)}{I_a(s)} = C_m \tag{8.41}$$

③ $K_TW(s)$ 为

$$K_TW(s) = \frac{\omega_a(s)}{M_a(s)} = \frac{1}{J_\Sigma s} = \frac{K_T}{s} \tag{8.42}$$

④ $K_xW(s)$ 为

$$K_xW(s) = \frac{\omega_L'(s)}{\omega_a(s)} = 1 \tag{8.43}$$

⑤ $K_iW(s)$ 为

$$K_iW(s) = \frac{\theta_L(s)}{\omega_L'(s)} = \frac{K_i}{s} = \frac{1/i_0}{s} \tag{8.44}$$

若不考虑机械结构谐振特性，电机及负载的传递函数框图如图 8.19 所示。

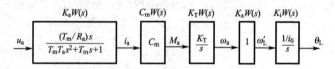

图 8.19　不考虑机械结构谐振特性时电机及负载的传递函数框图

（2）考虑机械结构谐振特性时的电机及其负载的传递函数。

考虑机械结构谐振特性时，电机及负载的机电传递框图如图 8.20 所示。

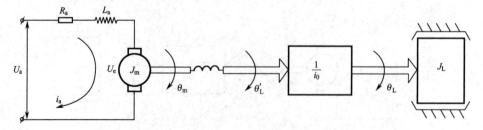

图 8.20　考虑机械结构谐振特性时电机及其负载的机电传动框图

则可得

$$
\begin{cases}
u_{\mathrm{a}} = u_{\mathrm{e}} + R_{\mathrm{a}} i_{\mathrm{a}} + L_{\mathrm{a}} \dfrac{\mathrm{d} i_{\mathrm{a}}}{\mathrm{d} t} \\[2mm]
u_{\mathrm{e}} = C_{\mathrm{e}} \dfrac{\mathrm{d} \theta_{\mathrm{m}}}{\mathrm{d} t} \\[2mm]
M_{\mathrm{a}} = C_{\mathrm{m}} i_{\mathrm{a}} \\[2mm]
M_{\mathrm{a}} = J_{\mathrm{m}} \dfrac{\mathrm{d}^2 \theta_{\mathrm{m}}}{\mathrm{d} t^2} + K_{\mathrm{L}} \left(\theta_{\mathrm{m}} - \theta_{\mathrm{L}}' \right) + F_{\mathrm{m}} \dfrac{\mathrm{d} \theta_{\mathrm{m}}}{\mathrm{d} t} \\[2mm]
K_{\mathrm{L}} \left(\theta_{\mathrm{m}} - \theta_{\mathrm{L}}' \right) = J_{\mathrm{L}}' \dfrac{\mathrm{d}^2 \theta_{\mathrm{L}}'}{\mathrm{d} t^2} + F_{\mathrm{L}} \dfrac{\mathrm{d} \theta_{\mathrm{L}}'}{\mathrm{d} t} \\[2mm]
J_{\Sigma} = J_{\mathrm{m}} + J_{\mathrm{L}}' \\[2mm]
J_{\mathrm{L}}' = \dfrac{J_{\mathrm{L}}}{i_0^2} \\[2mm]
F_{\mathrm{L}}' = \dfrac{F_{\mathrm{L}}}{i_0^2} \\[2mm]
\theta_{\mathrm{L}}' = i_0 \theta_{\mathrm{L}}
\end{cases}
\Rightarrow
\begin{cases}
U_{\mathrm{a}} = U_{\mathrm{e}} + (R_{\mathrm{a}} + L_{\mathrm{a}} s) I_{\mathrm{a}} \\[2mm]
U_{\mathrm{e}} = C_{\mathrm{e}} \theta_{\mathrm{m}} s \\[2mm]
M_{\mathrm{a}} = C_{\mathrm{m}} I_{\mathrm{a}} \\[2mm]
M_{\mathrm{a}} = (J_{\mathrm{m}} s^2 + F_{\mathrm{m}} s + K_{\mathrm{L}}) \theta_{\mathrm{m}} - K_{\mathrm{L}} \theta_{\mathrm{L}}' \\[2mm]
K_{\mathrm{L}} \theta_{\mathrm{m}} = (J_{\mathrm{L}}' s^2 + F_{\mathrm{L}}' s + K_{\mathrm{L}}) \theta_{\mathrm{L}}'
\end{cases}
$$

$$（8.45）$$

若考虑机械结构谐振特性，电机及负载的传递函数框图如图 8.21 所示。

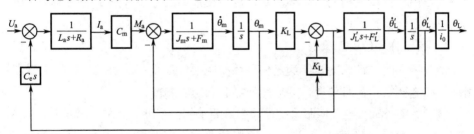

图 8.21　考虑机械结构谐振特性时电机及负载的传递函数框图

在设计伺服系统时，一般都有电流环。有电流环时，电流变化率远大于速度变化率，因此反电势可以忽略，式（8.40）和式（8.41）可以简化，即

$$
\frac{M_{\mathrm{a}}}{U_{\mathrm{a}}} = \frac{C_{\mathrm{m}}}{L_{\mathrm{a}} s + R_{\mathrm{a}}} \tag{8.46}
$$

则

$$
\frac{\dot{\theta}_{\mathrm{m}}}{U_{\mathrm{a}}} = \frac{C_{\mathrm{m}} K_{\mathrm{T}} \left[\left(\dfrac{1}{\omega_{\mathrm{L}}} \right)^2 s^2 + 2 \xi_{\mathrm{L}} \dfrac{1}{\omega_{\mathrm{L}}} s + 1 \right]}{(L_{\mathrm{a}} s + R_{\mathrm{a}})(1 + T_0 s) \left[\left(\dfrac{1}{\omega_{\mathrm{e}}} \right)^2 s^2 + 2 \xi_{\mathrm{e}} \dfrac{1}{\omega_{\mathrm{e}}} s + 1 \right]} \tag{8.47}
$$

$$\frac{\dot{\theta}_L}{U_a} = \cfrac{C_m K_T}{i_0(L_a s + R_a)(1+T_0 s)\left[\left(\dfrac{1}{\omega_e}\right)^2 s^2 + 2\xi_e \dfrac{1}{\omega_e} s + 1\right]} \tag{8.48}$$

$$\frac{\theta_L}{U_a} = \cfrac{C_m K_T}{i_0(L_a s + R_a)(1+T_0 s)\left[\left(\dfrac{1}{\omega_e}\right)^2 s^2 + 2\xi_e \dfrac{1}{\omega_e} s + 1\right]s} \tag{8.49}$$

式中

$$\omega_L = \sqrt{\frac{K_L}{J_L}}, \quad \xi_L = \frac{1}{2}\frac{F_L'}{\sqrt{K_L J_L}}, \quad T_0 = \frac{J_m + J_L'}{F_m + F_L'}, \quad \omega_e = \sqrt{\frac{K_L(J_m + J_L')}{J_m J_L}}$$

$$\xi_e = \frac{1}{2} \times \frac{F_m F_L'}{F_m + F_L'} \times \sqrt{\frac{J_m + J_L'}{K_L J_m J_L}}, \quad K_T = \frac{1}{F_m + F_L'}$$

2. 伺服系统期望特性设计

伺服系统动态设计的基础是确定系统的期望特性。在工程上，常采用频域作图法来进行设计，这种方法只适用于线性定常最小相位系统的设计，而且伺服系统必须是用单位反馈构成的闭环系统，若主反馈系数是不等于 1 的常数，则可转化为单位反馈系统处理。

1）期望特性的设计原则

期望特性的设计原则是能满足伺服系统主要性能指标的要求，这些主要性能指标即稳定裕量、伺服带宽、过渡过程品质和跟踪精度。

（1）稳定裕量：一般伺服系统设计中，要求相位裕度 $\gamma \geq 30°$，幅值裕度 $G_m \geq 6\text{dB}$。由于过渡过程的超调量 $\sigma\%$ 与相位裕度 γ 相关，若 $\sigma\% \leq 30\%$ 时，则 $\gamma \geq 45°$。

（2）伺服带宽：伺服带宽有固定带宽和变带宽两种要求。

（3）过渡过程品质：常用过渡过程的超调量 $\sigma\%$ 和过渡过程时间 t_T 表示过渡过程品质指标。由于 t_T 与 γ 和伺服带宽 β_n 有关，当 γ 较大和 β_n 较宽时，过渡过程时间 t_T 则短，反之亦然。

（4）跟踪精度：在期望特性设计时，一般只考虑动态滞后误差 θ_R，包括速度误差 Δ_v 和加速度误差 Δ_a 两项，即

$$\theta_R \approx \Delta_v + \Delta_a$$

一阶系统为

$$\theta_R \approx \Delta_v + \Delta_a = \frac{\omega}{K_v} + \frac{\varepsilon}{K_a} \tag{8.50}$$

二阶系统为

$$\theta_R \approx \Delta_a = \frac{\varepsilon}{K_a} \tag{8.51}$$

2）期望特性设计

雷达伺服系统通常设计成Ⅰ型系统（一阶无静差系统）或Ⅱ型系统（二阶无静差系统）。Ⅰ型系统的结构特点是系统的正向通道包含 1 个积分环节，它的典型开环传递函数的形式为

$$K_v W(s) = \frac{K_v(1 + T_2 s)}{s(1 + T_1 s)(1 + T_3 s)} \tag{8.52}$$

式（8.52）中，K_v 为速度常数，即系统开环增益（s^{-1}），T_1、T_3 分别为两个惯性环节的时间常数（s），T_2 为一阶微分环节的时间常数（s）。

Ⅰ型系统的期望特性如图 8.22 所示，图中 AB、BC、CD 及 DE 分别称为低频段、过渡段、中频段及高频段；ω_c 为系统截止频率（rad/s）；ω_1 为第一转折频率（rad/s），$\omega_1 = 1/T_1$；ω_2 为第二转折频率（rad/s），$\omega_2 = 1/T_2$；ω_3 为第三转折频率（rad/s），$\omega_3 = 1/T_3$；dB/dec 为 10 倍频程分贝数。

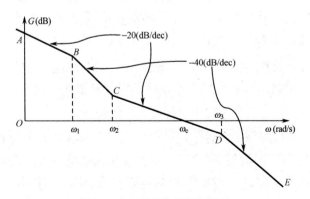

图 8.22　Ⅰ型系统的期望特性

Ⅱ型系统的结构特点是伺服系统的正向通道包含 2 个积分环节，典型开环传递函数的形式为

$$K_a W(s) = \frac{K_a(1 + T_2 s)}{s^2(1 + T_3 s)} \tag{8.53}$$

式（8.53）中，K_a 为加速度常数，即伺服系统的开环增益（s^{-2}），T_2 为一阶微分环节的时间常数（s），T_3 为惯性环节的时间常数（s）。

Ⅱ型系统的期望特性如图 8.23 所示。

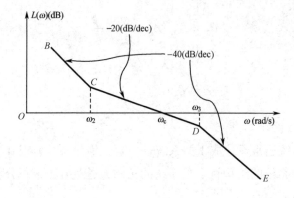

图 8.23　Ⅱ型系统的期望特性

　　该图中 BC、CD 及 DE 分别称为低频段、中频段及高频段；ω_c 为系统截止频率（rad/s）；ω_2 为第一转折频率（rad/s），$\omega_2 = 1/T_2$；ω_3 为第二转折频率（rad/s），$\omega_3 = 1/T_3$。

　　期望特性设计，就是选择各频段的斜率、K_v 和 K_a 常数的确定及对伺服系统截止频率 ω_c 和转折频率 ω_1、ω_2、ω_3 的选择。

　　期望特性反映了伺服系统的各项性能指标，不同形状的期望特性代表了不同的性能指标，低频段（AB 或 BC 段）的斜率与系统的无静差阶次有关。对于Ⅰ型系统，它反映了速度常数 K_v，决定了系统的速度误差 Δ_v；对于Ⅱ型系统，它反映了加速度常数 K_a，决定了加速度误差 Δ_a。

　　中频段的设计是期望特性设计的关键。中频段与性能指标的关系有：

　　（1）伺服系统截止频率 ω_c 的大小反映了伺服带宽 β_n 的宽窄；

　　（2）中频段 CD 的长度和对称度确定了相位裕度 γ；

　　（3）当 ω_c 一定时，伺服系统转折频率 ω_2 的大小反映了加速度常数 K_a 的大小。

　　高频段反映了伺服系统抑制高频干扰及防止机械结构谐振的能力，在实际伺服系统中，高频段伺服系统转折频率 ω_3 及斜率应由速度回路和对某一指定频率衰减的网络（凹口网络）的传递函数确定，这样，期望特性就将伺服系统的位置回路和速度回路联系起来。

　　（1）各频段斜率的选择。

　　① 中频段 CD 斜率的选择。伺服系统是最小相位系统，这种系统的开环频率特性的幅值和相位有着一一对应的关系。对于最小相位系统，要使伺服系统稳定，中频段的斜率应取-20dB/dec。

　　② 低频段 AB（或 BC）斜率的选择。对于Ⅰ型系统，低频段 AB 的斜率为-20dB/dec，Ⅱ型系统的低频段 BC 的斜率为-40dB/dec。

③ 高频段 *DE* 斜率的选择。高频段特性由速度回路闭环特性决定，通常为 -40dB/dec 或 -60dB/dec，但必须满足幅值裕度 $G \geq 6$dB 的要求。

④ 过渡段 *BC* 斜率的选择。Ⅰ型系统才有过渡段，它的斜率为 -40dB/dec 或 -60dB/dec。

从上述各频段斜率的选择可以看出，当伺服系统的无静差阶次确定后，低频段的斜率是固定的，可变部分在过渡段和高频段。

（2）系统截止频率 ω_c 的选择。

系统截止频率 ω_c 的选择，是期望特性设计的关键，它的大小影响伺服系统的稳定裕量、跟踪精度和过渡过程品质指标要求。跟踪测量雷达伺服系统 ω_c 的选择受到伺服带宽 β_n 的限制，当伺服带宽 $\omega_B (= 2\pi\beta_n)$ 确定后，ω_c 的计算式为

$$\omega_c = \left(\frac{1}{2} \sim \frac{1}{1.5} \right) \omega_B \qquad (8.54)$$

（3）转折频率 ω_1、ω_2 及 ω_3 的选择。

① 转折频率 ω_2 的选择。ω_2 的选择与稳态增益和稳定裕度有关，但两者是相互矛盾的，要折中进行考虑，如图 8.24 所示。通常，取幅值裕度 (G_m) 为 6～8dB，在满足幅值裕度的情况下，尽可能提高增益。ω_2 为

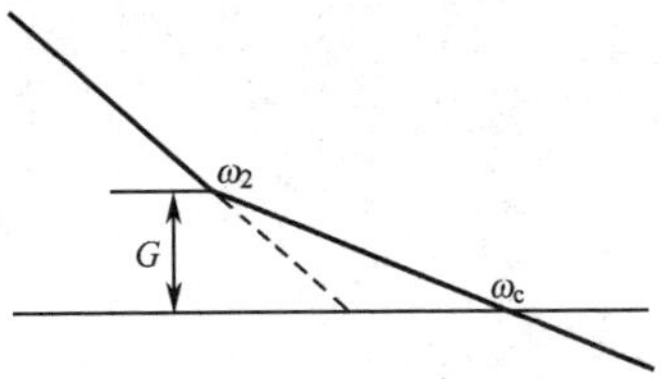

图 8.24 转折频率 ω_2 与系统截止频率 ω_c 及幅值裕度的关系

$$\omega_2 = \omega_c \cdot 10^{-\frac{G_m}{20}} \qquad (8.55)$$

② 转折频率 ω_1 的选择。ω_1 只有Ⅰ型系统才有，ω_1 的大小由伺服系统的开环增益（即速度常数 K_v）确定，一般来说 ω_1 小则 K_v 大，反之亦然。建议 ω_1 的最小值取对应 K_v 在 500～1000s^{-1} 处，如果需要 K_v 更大，可采用Ⅱ型系统。ω_1 为

$$\omega_1 = \frac{\omega_2^2}{K_v} \cdot 10^{\frac{G_m}{20}} \qquad (8.56)$$

③ 转折频率 ω_3 的选择。ω_3 的取值通常由速度回路的闭环特性及结构谐振频率决定，一般要保证 6～8dB 的幅值稳定裕度。

3. 电流回路设计

电流回路和速度回路都是伺服系统的内回路，电流回路又是速度回路的一个环节。

1）电流回路的用途及性能指标

电流回路的主要用途为减小电枢回路的时间常数，同时可以忽略电机反电动势的影响，对结构谐振环节有一定的抑制作用。电流回路的性能指标如下：

（1）稳定裕量。电流回路只校验相位裕量 γ。电流回路稳定性要求 $\gamma \geqslant 20°$，考虑到回路过渡过程超调量 $\sigma\%$ 不宜过大，一般对相角裕量提出 $\gamma \geqslant 40°$ 的要求。

（2）闭环带宽。为了提高伺服系统克服负载扰动的能力，通常要求电流回路的带宽尽可能地宽。目前，一般要求 $\beta_n \geqslant 1\text{kHz}$。

2）电流回路结构框图

电流回路结构框图如图 8.25 所示。

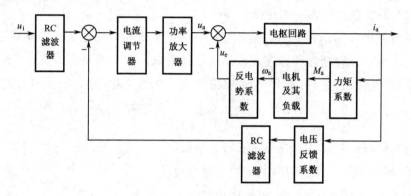

图 8.25　电流回路结构框图

电机的反电势相当于电流回路中的一个扰动量，由于电机的电磁时间常数一般都远小于机电时间常数，因而电机电枢电流的变化速度远远快于转速的变化速度，反电势扰动实际上不会造成电枢电流的波动，因此，电流回路结构框图可以简化为如图 8.26 所示的结构。

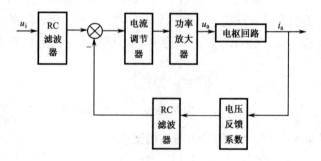

图 8.26　简化的电流回路结构框图

忽略反电势影响的近似条件为

$$\omega_{ci} \geqslant 3\sqrt{\frac{1}{T_m T_a}} \tag{8.57}$$

式（8.57）中，ω_{ci} 为电流回路的截止频率，T_m 为机电时间常数，T_a 为电磁时间常数。

3）电流调节器的选择

由于不希望电流环有超调量，或者说超调量越小越好，因此电流调节器的一项重要作用就是保持电枢电流在动态过程中不超过允许值。根据这个要求，应该采用比例-积分（PI）调节器，把电流环校正成 I 型系统，其传递函数可以写成

$$W_i(s) = K_i \frac{\tau_i s + 1}{\tau_i} \qquad (8.58)$$

式（8.58）中，K_i 为电流调节器的比例系数，τ_i 为电流调节器的超前时间常数。

为了让电流调节器零点对消掉控制对象的大时间常数，选择 $\tau_i = T_a$，则电流回路的传递函数框图如图 8.27 所示。

比例系数 K_i 取决于所需的 ω_{ci} 和动态性能，一般情况下，希望超调

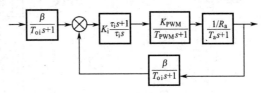

图 8.27　电流回路的传递函数框图

量 $\sigma\% \leqslant 5\%$。图 8.28、图 8.29、图 8.30 和图 8.31 分别为某跟踪测量雷达伺服系统电流回路传递函数框图及开环、闭环频率特性和闭环阶跃响应曲线。

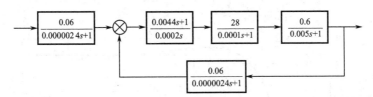

图 8.28　某跟踪测量雷达伺服系统电流回路的传递函数框图

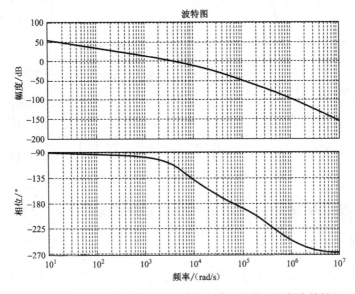

图 8.29　某跟踪测量雷达伺服系统电流回路的开环频率特性

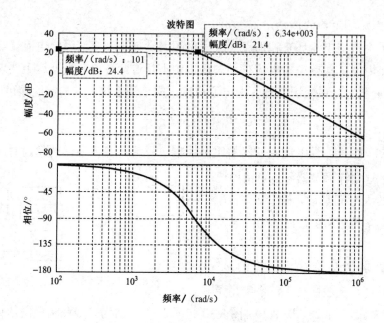

图 8.30　某跟踪测量雷达伺服系统电流回路的闭环频率特性

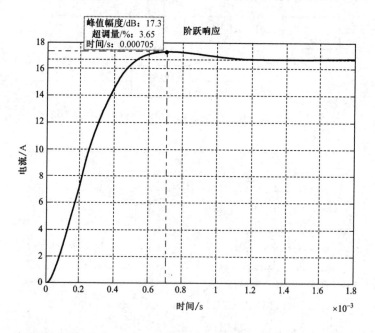

图 8.31　某跟踪测量雷达伺服系统电流回路的闭环阶跃响应曲线

4. 电消隙设计

当采用高速电机与减速器组成的传动链时，为了消除传动链齿隙的影响，通常采用双电机消隙传动的方式，如图 8.32 所示。

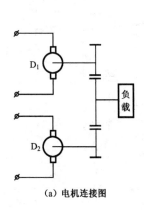
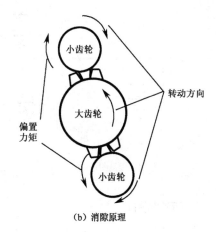

（a）电机连接图　　　　　　（b）消隙原理

图 8.32　双电机消隙传动的方式

　　由两套 PWM 功率放大器分别驱动两
台电机，两台电机分别连接两个完全相同
的减速器，减速器又各自通过一个小齿轮
啮合到最后的大齿轮上，以带动负载。

　　由于传动链齿隙的影响总是发生在电
机转向变化的过程中，因此，为了消除齿
隙，将两台电机的输出力矩与合成力矩的
关系设计成如图 8.33 所示的曲线。

　　合成力矩反映了负载对驱动力矩的要
求。当合成输出力矩为零时，两电机输出
大小相等、方向相反的力矩，此力矩称为
偏置力矩。在这个偏置力矩的作用下，两

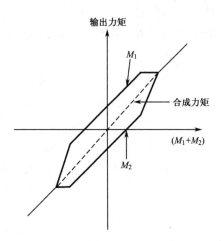

图 8.33　双电机消隙的力矩特性

个小齿轮分别贴向大齿轮的两个相反的啮合面，使大齿轮不能在齿隙内游动。随
着负载力矩的增加，两台电机的输出力矩同时同向增加，达到一定值以后，其中
被反向偏置的一台电机由被拖动状态变为与另一台电机同向拖动负载状态。这时
两个小齿轮贴向大齿轮的同一方向的啮合面，负载力矩再增加，偏置力矩为零，
两台电机平均分担负载。需要反向时，首先自动恢复偏置力矩，一台电机还保持
原出力方向时，另一台电机提早改变力矩方向，使小齿轮贴向大齿轮的另一方向
的啮合面，此后两台电机再同时回到零输出力矩状态，这时提早改变方向的电机
拖动负载反向转动。在上述过程中，由于两个小齿轮不是同时离开大齿轮的啮合
面，因而就没有齿隙。

　　以上两台电机的输出力矩的特性是通过如图 8.34 所示的函数发生器来实现的。

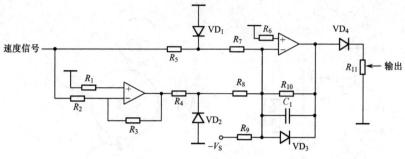

图 8.34　函数发生器

5. 速度回路设计

1）速度回路的作用

速度回路是位置回路设计的基础，它可以减小时间常数，提高回路的动态特性，增加伺服系统的相位裕量，改善伺服系统的过渡过程品质；同时能够提高伺服系统的低速平稳性能，扩大伺服系统的调速范围；还能够提高伺服系统抗外部扰动的能力。

2）速度回路的性能指标要求

速度回路的性能指标主要是相位裕量、截止频率、开环增益的要求。

（1）相位裕量：一般要求相位裕量 $\gamma \geqslant 35°$。

（2）截止频率 ω_{cv}：速度回路的截止频率 ω_{cv} 为

$$\begin{cases} \omega_{cv} \geqslant 4\omega_c \\ \omega_c = \left(\dfrac{1}{2} - \dfrac{1}{1.5} \right)\omega_B \\ \omega_B = 2\pi\beta_n \end{cases} \qquad (8.59)$$

因此，若已知伺服带宽 β_n，则可初步确定速度回路的开环截止频率 ω_{cv}。

（3）开环增益：为增强伺服系统的抗负载扰动能力和实现伺服系统的调速范围，速度回路可设计成 I 型系统形式，它的开环增益通常为 $K_v \geqslant 400/s$。

3）速度回路传递函数框图

速度回路也按考虑机械结构谐振特性和不考虑机械结构谐振特性两类进行设计，现仅介绍前者。速度回路传递函数框图如图 8.35 所示。

图 8.35　速度回路传递函数框图

图 8.35 中，电流回路的等效传递函数为 $\dfrac{K_i}{T_i s + 1}$，力矩系数为 C_m，电机及其负载与机械传动链及其负载模型由式（8.46）～式（8.49）决定。

4）速度调节器的设计

为了提高伺服系统抗扰动的能力，消除稳态负载力矩引起的误差，速度回路应设计成 I 型系统。速度调节器的传递函数 $W_v(s)$ 为

$$W_v(s) = \frac{K_1 \left(1 + \dfrac{1}{\omega_2} s \right)}{s \left(1 + \dfrac{1}{\omega_1} s \right)} \tag{8.60}$$

图 8.36、图 8.37、图 8.38 和图 8.39 分别为某跟踪测量雷达伺服系统速度回路传递函数框图及开环、闭环频率特性和闭环阶跃响应曲线。

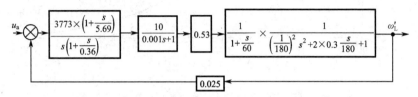

图 8.36　某跟踪测量雷达伺服系统速度回路传递函数框图

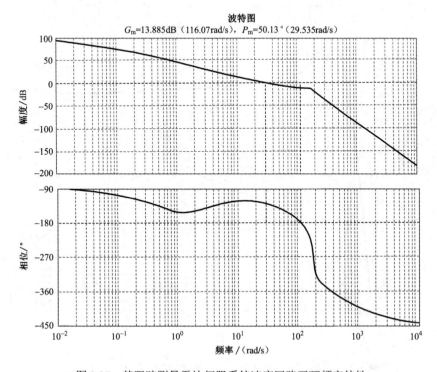

图 8.37　某跟踪测量雷达伺服系统速度回路开环频率特性

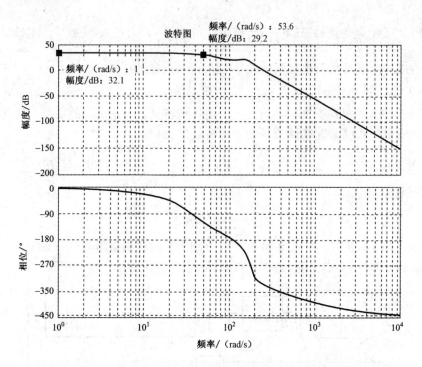

图 8.38　某跟踪测量雷达伺服系统速度回路闭环频率特性

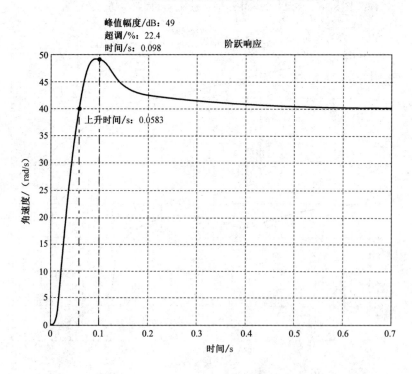

图 8.39　某跟踪测量雷达伺服系统速度回路闭环阶跃响应曲线

6. 位置回路设计

精密跟踪测量雷达在工作过程中需要对目标进行搜索、引导和跟踪，它是一个典型的位置随动系统，这些功能的实现都是靠位置回路来完成的。

1）正割函数补偿

正割函数补偿用于方位伺服系统。当系统采用俯仰机构叠加于方位机构（方位俯仰）式的天线座时，其在跟踪目标时的几何关系如图 8.40 所示。

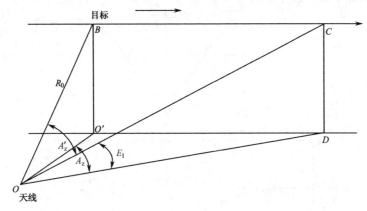

图 8.40　跟踪目标时的几何关系

由图 8.40 可以看出，当俯仰角度为 E_1 时，目标从 B 点移动到 C 点，雷达天线轴线要从 OB 线转动到 OC 线，这时，在 BOC 平面内转过的角度为 A'_z，要使天线转过角度 A'_z，伺服系统方位支路必须带动天线在 $OO'D$ 平面内转过角度 A_z，由于方位角 A_z 和横向角 A'_z 是在两个不同的平面内，因而存在坐标变换问题。对相同的 A'_z，当俯仰角 E_1 不同时，对应的 A_z 角也不同，对于方位支路而言，相当于增益随 E_1 的变化而变化，因此要确保精确跟踪目标就必须进行补偿。为此，要对伺服系统位置回路的方位角误差进行正割补偿。

可以证明方位角 A_z 等于横向角 A'_z 与俯仰角 E_1 的正割函数 $\sec(E_1)$ 之积，即

$$A_z = A'_z \sec(E_1) \tag{8.61}$$

2）凹口网络

为了保证伺服系统的稳定性，需要有足够的稳定裕度，一般要求幅值裕度大于 6dB，但在大型雷达伺服系统的位置回路中，结构谐振环节的谐振阻尼很小，在谐振频率 ω_L 处的谐振峰很高，以致限制了位置回路的带宽，为此，需要在位置回路正向通道中加入一个凹口（带阻）网络，以抵消谐振环节的谐振峰，从而提高位置回路的带宽。

凹口网络的传递函数可以表示为

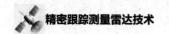

$$W(s) = \frac{s^2 + Bds + \omega_0^2}{s^2 + Bs + \omega_0^2} \qquad (8.62)$$

式（8.62）中，ω_0 为凹口中心频率，d 为频率衰减深度，B 与凹口带宽（3dB 带宽）b 及频率衰减深度相关，B 由下式确定，即

$$B = \frac{b}{\sqrt{1 - 2d^2}} \qquad (8.63)$$

凹口网络的频率特性如图 8.41 所示。

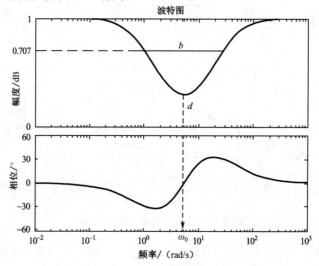

图 8.41　凹口网络的频率特性

3）校正网络

精密跟踪测量雷达具有跟踪精度高、速度响应快和调速范围宽的特点，通常都将位置回路设计成 II 型系统，位置回路传递函数框图如图 8.42 所示。

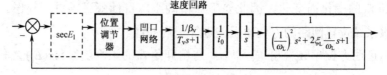

图 8.42　位置回路传递函数框图

位置回路的开环频率特性如图 8.43 所示。

加速度常数 K_a 的选择应根据伺服系统的动态特性决定，同时要保证有一定的稳定裕度（幅值裕度 G_1 和 G_2 通常要大于 6dB）。

位置回路调节器是一个典型的比例-积分调节器（PI 调节器），传递函数 $W(s)$ 为

$$W(s) = \frac{K_2 \left(1 + \dfrac{1}{\omega_2} s \right)}{s} \qquad (8.64)$$

$$K_a = K_2 \times \frac{1}{\beta_v} \times \frac{1}{i_0} \tag{8.65}$$

$$K_2 = K_a \beta_v i_0 \tag{8.66}$$

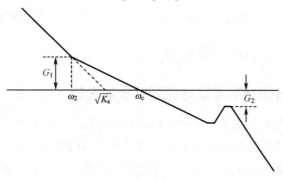

图 8.43　位置回路的开环频率特性

4）变带宽

精密跟踪测量雷达的测角误差主要是接收机热噪声 σ_t 和伺服系统的动态滞后 Δ_θ 两项。热噪声 σ_t 随着跟踪距离的增加而增加（σ_t 与跟踪距离的平方成正比），动态滞后 Δ_θ 随着跟踪距离的增加而减小（角速度及角加速度均随跟踪距离的增加而减小）。由于 σ_t 与伺服带宽 β_n 的平方根成正比，而 Δ_θ 与 β_n 成反比，因此随着跟踪距离的增减，采用改变 β_n 大小的方法可以保证精密跟踪测量雷达的测角精度。

变带宽的本质就是改变伺服系统位置回路开环频率特性的截止频率 ω_c，ω_c 改变后，根据稳定裕度的要求，即可求出 ω_2 和 K_a 值。

一般来说，位置回路开环频率特性的截止频率 ω_c 与闭环带宽有如下关系，即

$$\begin{cases} \omega_c = \left(\frac{1}{2} \sim \frac{1}{1.5}\right)\omega_B \\ \omega_B = 2\pi\beta_n \end{cases} \tag{8.67}$$

ω_2 与 ω_c 有如下关系，即

$$\omega_2 = \left(\frac{1}{4} \sim \frac{1}{2}\right)\omega_c \tag{8.68}$$

若 $\omega_2 = (1/2)\omega_c$，则 K_a 大，γ 小；若 $\omega_2 = (1/4)\omega_c$，则 K_a 小，γ 大。

当已知 β_n 时，如何选取 ω_c 与 ω_2 使 K_a 能获得较大的值，是伺服系统期望特性设计的关键。

当 K_a 值一定时，β_n 与 ω_c 和 ω_2 的关系由下式确定

$$K_a = \frac{2\pi^2}{(\omega_B / \omega_c)^2 (\omega_c / \omega_2)^2} \beta_n^2 \tag{8.69}$$

（1）当 $\omega_c = (1/2)\omega_B$，即 $\omega_B / \omega_c = 2$，$\omega_2 = \dfrac{1}{4}\omega_c (\omega_c / \omega_2 = 4)$，则有 $K_a = 2.5\beta_n^2$，这是最保守的取法。

（2）当 $\omega_c = (1/1.75)\omega_B$，$\omega_2 = \dfrac{1}{3}\omega_c$，$K_a = 4.29\beta_n^2$，这是一般能达到的水平。

（3）当 $\omega_c = (1/1.15)\omega_B$，$\omega_2 = \dfrac{1}{2}\omega_c$，$K_a = 8.76\beta_n^2$，这是可能达到的高水平。

8.2.3 船载跟踪测量雷达伺服系统的设计

船载跟踪测量雷达用于在船舶运动中跟踪目标，船舶运动、摇摆等因素都会对跟踪测量雷达的跟踪测量产生影响，而通常船载跟踪测量雷达的跟踪精度要求与陆基跟踪测量雷达的相同，因此对伺服系统提出了更高的要求。

1．船摇运动参数分析

船载跟踪测量雷达（简称船载雷达）伺服系统跟踪目标的运动由船体甲板的运动（简称船摇运动）和目标的运动两种运动合成。为了精确跟踪目标，船载雷达伺服系统必须克服船摇运动而跟随目标运动。

1）船摇运动参数分析

船摇运动参数包括甲板平面与水平面的倾倒角（简称甲板倾倒角），甲板摇摆角、角速度、角加速度，以及由于船摇引起船载雷达方位轴、俯仰轴摇摆的角度、角速度、角加速度。当船载雷达跟踪固定目标时，船载雷达伺服系统必须修正这些船摇运动参数，从而克服船摇的影响，通常要求船载雷达能够在六级海情情况下正常工作。

（1）甲板倾倒角 Ψ。设动态倾倒角为 Ψ，纵摇角为 Φ_M，横摇角为 Θ_M，则

$$\Psi = \sqrt{\Phi_M^2 + \Theta_M^2} \tag{8.70}$$

某型船舶的船摇参数为，在六级海情、浪高为 4.75m 时，$\Phi_M = \pm5°$，$\Theta_M = \pm6°$，则 $\Psi \approx \pm7.8°$；在六级海情、浪高为 4m 时，$\Phi_M = \pm5°$，$\Theta_M = \pm5°$，则 $\Psi \approx \pm7.1°$。

因此，在六级海情下，最大的甲板倾倒角为 7.8°。

（2）船体甲板摇摆参数。当六级海情、浪高为 4.75m 时，船体甲板摇摆参数如表 8.3 所示。

表 8.3　六级海情、浪高为 4.75m 时的船体甲板摇摆参数

项目	横摇角 Θ_M	纵摇角 Φ_M	艏摇角 K_M	升沉
振幅/（°或 m）	±6	±5	±3	±3
速度/（°或 m/s）	3.5	3.0	2.0	2.5
加速度/（°或 m/s²）	2.0	2.0	1.3	2.0

当六级海情，浪高为 4m 时，船体甲板摇摆参数如表 8.4 所示。

表 8.4　六级海情、浪高为 4m 时的船体甲板摇摆参数

项目	横摇角 Θ_M	纵摇角 Φ_M	艏摇角 K_M	升沉
振幅/（°或 m）	±5	±5	±3	±3
速度/（°或 m/s）	3.5	3.0	2.0	2.5
加速度/（°或 m/s²）	2.0	2.0	1.3	2.0

船舶在恶劣海情情况下，设备固定无破坏时，船体甲板摇摆参数如表 8.5 所示。

表 8.5　恶劣海情情况下船体甲板摇摆参数

项目	横摇角 Θ_M	纵摇角 Φ_M	艏摇角 K_M
振幅/（°或 m）	±40	±15	±12
速度/（°或 m/s）	22	10.5	～8
加速度/（°或 m/s²）	12	7.5	～5

（3）船载雷达方位向摇摆振幅最大值 $\Delta A_{zc\,max}$。当船载雷达对准一个固定目标时，由于甲板的上述摇摆运动，会有方位向摇摆，设甲板倾倒角为 Ψ，艏摇角为 K_M 时，则

$$\Delta A_{zc\,max} = \Psi \cdot \tan E_{1max} + K_M \tag{8.71}$$

若 $\Psi = \pm 7.8°$，$E_{1max} = 70°$，$K_M = \pm 3°$，则 $\Delta A_{zc\,max} = \pm 24.4°$。

（4）令船载雷达俯仰向摇摆振幅最大值为 $\Delta E_{lc\,max}$。若 $\Delta E_{lc\,max} = \Psi$，则 $\Delta E_{lc\,max} = \pm 7.8°$。

（5）船载雷达方位向摇摆角速度振幅最大值为 $\Delta \dot{A}_{zc\,max}$。当船载雷达对准一个固定目标时，由于甲板的摇摆速度，引起船载雷达方位向摇摆角速度振幅按下式计算，即

$$\Delta \dot{A}_{zc\,max} = \dot{K}_M + \sqrt{\dot{\Phi}_M^2 + \dot{\Theta}_M^2} \cdot \tan E_{lc\,max} \tag{8.72}$$

若 $\dot{K}_M = 2.0°/s$，$\dot{\Theta}_M = 3.5°/s$，$\dot{\Phi}_M = 3.0°/s$，$E_{1max} = 70°$，则 $\Delta \dot{A}_{zc\,max} = 14.7°/s$。

（6）船载雷达俯仰向摇摆角速度振幅最大值为 $\Delta \dot{E}_{lc\,max}$，即有

$$\Delta \dot{E}_{lc\,max} = \sqrt{\dot{\Phi}_M^2 + \dot{\Theta}_M^2} \tag{8.73}$$

若 $\dot{\Theta}_M = 3.5°/s$，$\dot{\Phi}_M = 3.0°/s$，则 $\Delta \dot{E}_{lc\,max} = 4.6°/s$。

（7）船载雷达方位向摇摆角加速度振幅最大值为 $\Delta \ddot{A}_{zc\,max}$，即有

$$\Delta \ddot{A}_{zc\,max} = \ddot{K}_M + \sqrt{\ddot{\Phi}_M^2 + \ddot{\Theta}_M^2} \cdot \tan E_{lc\,max} \tag{8.74}$$

若 $\ddot{K}_M = 1.3°/s^2$，$\ddot{\Theta}_M = 2.0°/s^2$，$\ddot{\Phi}_M = 2.0°/s^2$，$E_{1max} = 70°$，则 $\Delta \ddot{A}_{zc\,max} = 9.1°/s^2$。

（8）船载雷达俯仰向摇摆角加速度振幅最大值为 $\Delta \ddot{E}_{lc\,max}$，即有

$$\Delta \ddot{E}_{\text{lc max}} = \sqrt{\ddot{\Phi}_{M}^{2} + \ddot{\Theta}_{M}^{2}} \tag{8.75}$$

若 $\ddot{\Theta}_{M} = 2.0°/s^{2}$，$\ddot{\Phi}_{M} = 2.0°/s^{2}$，则 $\Delta \ddot{E}_{\text{lc max}} = 2.8°/s^{2}$。

2）目标运动参数分析

目标在地面坐标系中的运动参数 A_{z}、$\dot{A}_{z}$、$\ddot{A}_{z}$、E_{1}、$\dot{E}_{1}$、$\ddot{E}_{1}$ 等均由目标对地平面的运动而产生，而目标在甲板平面坐标系中的运动参数 A_{zc}、$\dot{A}_{zc}$、$\ddot{A}_{zc}$、E_{lc}、$\dot{E}_{lc}$、$\ddot{E}_{lc}$ 等除了目标的运动之外，还有船甲板的运动。

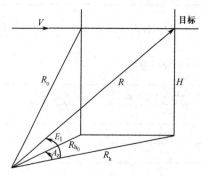

图 8.44　目标运动示意图

目标在地平面坐标系中的运动参数可依据目标的飞行速度、飞行高度、斜距等数据算出，如图 8.44 所示。

图 8.44 中，V 为目标速度，H 为目标高度，R 为雷达到达目标的斜距，R_{0} 为目标通过航路捷径时的斜距，R_{h} 为水平距离，$R_{h_{0}}$ 为航路捷径，A_{z} 为方位角，E_{1} 为俯仰角。则有

$$\begin{cases} A_{z} = \tan^{-1} \dfrac{Vt}{R_{h_{0}}} \\[2mm] \dot{A}_{z} = \dfrac{V}{R_{h_{0}}} \cdot \cos^{2} A_{z} \\[2mm] \ddot{A}_{z} = -\left(\dfrac{V}{R_{h_{0}}}\right)^{2} \cdot \sin 2A_{z} \cdot \cos^{2} A_{z} \\[4mm] E_{1} = \tan^{-1} \left[\dfrac{H}{R_{h_{0}}} \cdot \dfrac{1}{\sqrt{1 + \left(\dfrac{Vt}{R_{h_{0}}}\right)^{2}}} \right] \\[6mm] \dot{E}_{1} = -\dfrac{\left(\dfrac{V}{R_{h_{0}}}\right)^{2} \cdot \dfrac{Ht}{R_{h_{0}}} \cdot \cos 2E_{1}}{\left[1 + \left(\dfrac{Vt}{R_{h_{0}}}\right)^{2}\right]^{3/2}} \\[6mm] \ddot{E}_{1} = \dot{E}_{1} \cdot \left[\dfrac{1}{t} + \dfrac{\dot{E}_{1}}{\cos^{2} E_{1}} \left(\dfrac{3}{\tan E_{1}} - \sin 2E_{1} \right) \right] \end{cases} \tag{8.76}$$

式（8.76）中，t 为时间。根据目标飞行轨迹及船载雷达布站位置可确定 V、H、

R、R_0、R_h、R_{h_0}、A_z、E_1等参数，由此即可算出$\dot{A}_z$、$\ddot{A}_z$、$\dot{E}_1$、$\ddot{E}_1$。

3）目标在甲板平面坐标系中的合成运动参数

实际目标相对于船载雷达运动是上述两种运动的合成运动，实际的合成运动是随机的，船摇最快速度与目标最快速度并不是同时发生的，考虑到最恶劣的情况，将两者数据进行代数相加，近似得到方位向的角速度和角加速度、俯仰向的角速度和角加速度，即

$$\begin{cases} \dot{A}_{zc} \approx \Delta\dot{A}_{zc\,max} + \dot{A}_{zmax} \\ \ddot{A}_{zc} \approx \Delta\ddot{A}_{zc\,max} + \ddot{A}_{zmax} \\ \dot{E}_{1c} \approx \Delta\dot{E}_{1c\,max} + \dot{E}_{1max} \\ \ddot{E}_{1c} \approx \Delta\ddot{E}_{1c\,max} + \ddot{E}_{1max} \end{cases} \tag{8.77}$$

某船载雷达在方案论证时分析，目标运动引起的天线方位向和俯仰向的角速度和角加速度分别为

$$\dot{A}_z = 11°/s$$
$$\ddot{A}_z = 1.38°/s^2$$
$$\dot{E}_1 = 3.25°/s$$
$$\ddot{E}_1 = 0.18°/s^2$$

则合成的方位向和俯仰向的角速度、角加速度分别为

$$\dot{A}_{zc} \approx 14.7°/s + 11°/s = 25.7°/s$$
$$\ddot{A}_{zc} \approx 9.1°/s^2 + 1.38°/s^2 = 10.48°/s^2$$
$$\dot{E}_{1c} \approx 4.6°/s + 3.25°/s = 7.85°/s$$
$$\ddot{E}_{1c} \approx 2.8°/s^2 + 0.18°/s^2 = 2.98°/s^2$$

由此可见，合成的方位向和俯仰向的角速度、角加速度参数均在要求的指标之内。其中船摇引起的角速度、角加速度成分占总的角速度、角加速度的分量较大。因此，设计伺服系统时，要重点考虑如何克服船摇对伺服系统的影响。

2. 船载雷达坐标系

1）船载雷达测量坐标系、惯导甲板坐标系及惯导地平坐标系之间的关系

船载雷达测量坐标系、惯导甲板坐标系及惯导地平坐标系之间的关系如图 8.45 所示。

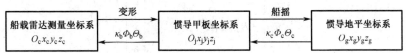

图 8.45　各测量设备数据处理的坐标关系图

惯导是测量船的基准中心，船载雷达三轴中心与惯导的不重合，之间存在变形，变形参数由 κ_b、Φ_b、Θ_b 表示，惯导甲板坐标系与惯导地平坐标系之间存在船摇的关系，船摇参数由 κ_c、Φ_c、Θ_c 表示。

2）坐标转换旋转矩阵定义

可将船体变形看作刚体绕固定点的转动。取刚体赖以转动的定点 O 为直角坐标原点，得出固定点的固定坐标系 $O_o x_o y_o z_o$ 和与刚体相固连的动坐标系 $Oxyz$。这样确定刚体在空间的位置就变为确定动坐标系 $Oxyz$ 相对于固定坐标系 $O_o x_o y_o z_o$ 的位置。

通常，一个直角固定坐标系 $O_o x_o y_o z_o$ 的位置通过三次旋转变换到新坐标系 $Oxyz$。若开始让动坐标系各轴与固定坐标系各轴重合，作为起始位置，则旋转顺序如下所述。

（1）绕 Oz 轴逆时针旋转 α 角，得出旋转矩阵为

$$
\boldsymbol{R}_z[\alpha] = \begin{bmatrix} \cos\alpha & \sin\alpha & 0 \\ -\sin\alpha & \cos\alpha & 0 \\ 0 & 0 & -1 \end{bmatrix} \tag{8.78}
$$

（2）在第一次旋转的基础上，绕 Oy 轴逆时针旋转 β 角，得出旋转矩阵为

$$
\boldsymbol{R}_y[\beta] = \begin{bmatrix} \cos\beta & 0 & -\sin\beta \\ 0 & 1 & 0 \\ \sin\beta & 0 & \cos\beta \end{bmatrix} \tag{8.79}
$$

（3）在前两次旋转的基础上，绕 Ox 轴逆时针旋转 γ 角，得出旋转矩阵为

$$
\boldsymbol{R}_x[\gamma] = \begin{bmatrix} 1 & 0 & 0 \\ 0 & \cos\gamma & \sin\gamma \\ 0 & -\sin\gamma & \cos\gamma \end{bmatrix} \tag{8.80}
$$

经过三次旋转后的新坐标为

$$
\begin{bmatrix} x \\ y \\ z \end{bmatrix} = \boldsymbol{R}_x[\gamma]\boldsymbol{R}_y[\beta]\boldsymbol{R}_z[\alpha] \begin{bmatrix} x_0 \\ y_0 \\ z_0 \end{bmatrix} \tag{8.81}
$$

根据矩阵 $\boldsymbol{R}_x[\gamma]$、$\boldsymbol{R}_y[\beta]$、$\boldsymbol{R}_z[\alpha]$ 的性质，如用新坐标来表示老坐标，则有以下关系式

$$
\begin{bmatrix} x_0 \\ y_0 \\ z_0 \end{bmatrix} = \boldsymbol{R}_z^{\mathrm{T}}[\alpha]\boldsymbol{R}_y^{\mathrm{T}}[\beta]\boldsymbol{R}_x^{\mathrm{T}}[\gamma] \begin{bmatrix} x \\ y \\ z \end{bmatrix} \tag{8.82}
$$

式（8.82）中，$\boldsymbol{R}_z^{\mathrm{T}}[\alpha]$、$\boldsymbol{R}_y^{\mathrm{T}}[\beta]$、$\boldsymbol{R}_x^{\mathrm{T}}[\gamma]$ 分别为 $\boldsymbol{R}_z[\alpha]$、$\boldsymbol{R}_y[\beta]$、$\boldsymbol{R}_x[\gamma]$ 的转置矩阵。

3. 船载雷达伺服系统设计

对于船载雷达来说，其雷达受载体船本身摇晃的干扰，引起天线指向的变化，而船载雷达的波束很窄，这种干扰很容易造成跟踪目标的丢失。由前面计算可以看出，在船载雷达跟踪目标时的速度和加速度中，由于船摇引起的量占主要成分，因此对于船载雷达来说，必须克服船摇引起的速度和加速度，将其天线稳定于惯性空间中。

稳定船载雷达天线的方法一般包括四轴稳定和两轴稳定两种方法。四轴稳定方法将船载雷达置于稳定平台上，稳定平台相对于惯性空间始终保持稳定，从而保证船载雷达天线的稳定，这种方法结构复杂，造价昂贵，精度不高，对于船载雷达来说是不合适的。两轴稳定方法是将两个速率陀螺安装在天线俯仰支臂上，分别敏感于船摇引起的天线方位向、俯仰向角速度信号，并进行反馈，在伺服系统的方位、俯仰支路内分别构成一个稳定回路，来实现天线的稳定，如图 8.46 所示，这种方法简单，造价低，而且可以达到很高的精度。

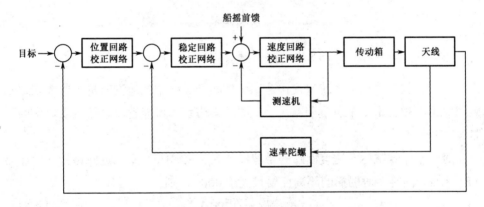

图 8.46　船载雷达伺服系统框图

考核船载雷达伺服系统性能的一个重要指标为"船摇隔离度"，其定义如下

$$g = 20\log \frac{\theta_1}{\theta_2} \tag{8.83}$$

式（8.83）中，θ_1 为没有稳定措施时船摇引起天线转动的角度，θ_2 为有稳定措施后船摇引起天线转动的角度。

速率陀螺是一种"空间测速发电机"，它只敏感于相对空间的运动，若将两个速率陀螺的轴线分别平行于横向轴和俯仰轴，并随天线一起运动，则它们就能够分别敏感得出相对于惯性空间的横向和俯仰向的角速度。如图 8.47 所示，方位向上的角速度要乘以 $\cos E_1$ 才是 OY 轴上的角速度，OY 轴上的角速度乘以 $\sec E_1$

才是方位向上的角速度。因此对于伺服系统方位支路，速率陀螺的输出信号要乘以 $\sec E_1$ 才能加到稳定回路中去。

速率陀螺是构成稳定回路的关键元件，它的性能好坏将直接影响伺服系统性能，要求速率陀螺零位噪声小（$\leqslant 5\text{mV}$），分辨率高（达到 $0.001°/\text{s}$，可测出地球的自转速度），线性度高（$0.2\%\sim 0.5\%$），且寿命长（$\geqslant 3000\text{h}$）。

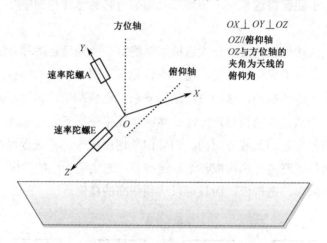

图 8.47　速率陀螺安装轴线示意图

对于船载雷达伺服系统来说，速率陀螺相当于一个低速测速机，速率陀螺稳定回路也就相当于一个速度回路，这就要求其带宽尽可能宽，且接近于速度回路带宽。

对于某船载雷达，速度回路的带宽设计为 $3\sim 3.3\text{Hz}$，而稳定回路带宽设计为 $2.8\sim 3\text{Hz}$。同时，对船摇的隔离度要求大于 40dB，则

$$\text{隔离度} = 20\log K_1 K_2 \tag{8.84}$$

式（8.84）中，K_1 和 K_2 分别为稳定回路、位置回路在船摇频谱中心处的静态增益，这里取 $20\log K_1 = 25\,\text{dB}$，$20\log K_2 = 15\,\text{dB}$。

由于稳定回路本质上也是速度回路，要做到与内环的速度环的带宽相近，比较困难，稳定裕度不高。为此，可以同时采用微分反馈技术，有效地抑制结构谐振的影响，减小超调量，提高开环增益，从而提高船摇隔离度。

某船载雷达速度回路反馈系数为 0.025V/(rad/s)，带宽为 3.3Hz，上升时间约为 180ms，速度回路等效闭环传递函数表示为 $\dfrac{40}{0.18s+1}$。

其方位向减速比为 450，俯仰向减速比为 600；结构谐振频率为 6Hz，组合谐振频率为 8Hz，阻尼系数为 0.2，则结构谐振频率和组合谐振频率可以表示为

$$\dfrac{\dfrac{s^2}{37.7^2}+\dfrac{s}{94.25}+1}{\dfrac{s^2}{50.27^2}+\dfrac{s}{125.66}+1}$$

速率陀螺反馈系数为 120mV(°/s) = 6.875 V(rad/s)；稳定回路校正网络为 $\dfrac{150(0.32s+1)}{s(s+1)}$。其稳定回路的结构框图如图 8.48 所示。该稳定回路的开环频率特性、闭环阶跃响应曲线及闭环频率特性分别如图 8.49～图 8.51 所示。稳定回路上升时间约为 140ms，稳定回路的带宽在 2.8Hz 左右。

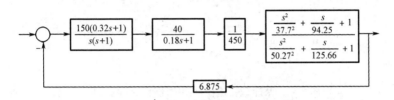

图 8.48　某船载雷达稳定回路结构框图

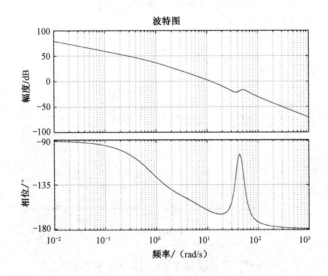

图 8.49　某船载雷达稳定回路开环频率特性

由于速度回路的等效传递函数的时间常数与稳定回路的穿越频率较近，稳定裕度不够，因此超调量大于 60%，且振荡次数较多。要提高稳定裕度，只能降低稳定回路的开环增益，这样使带宽压窄，船摇隔离度下降。

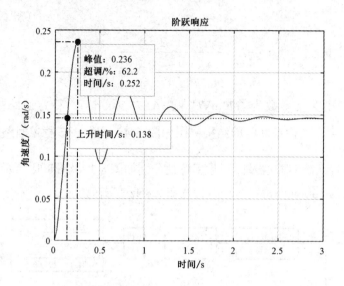

图 8.50　某船载雷达稳定回路闭环阶跃响应曲线

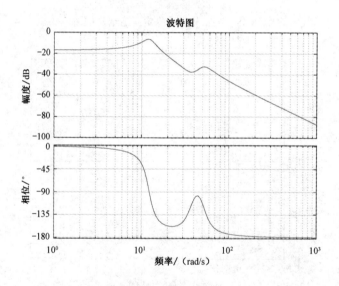

图 8.51　某船载雷达稳定回路闭环频率特性

　　为有效地解决这一问题，既要保证足够的开环增益，又要减小超调量，提高稳定裕度，可以采用速率陀螺微分反馈技术，某船载雷达稳定回路微分反馈结构框图如图 8.52 所示。该船载雷达稳定回路采用速率陀螺微分反馈后的开环频率特性、闭环阶跃响应曲线及闭环频率特性如图 8.53～图 8.55 所示。

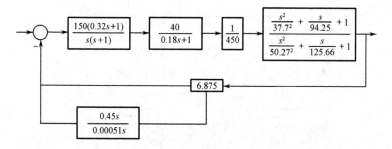

图 8.52　某船载雷达稳定回路微分反馈结构框图

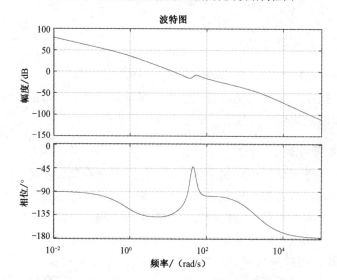

图 8.53　某船载雷达稳定回路采用速率陀螺微分反馈后的开环频率特性

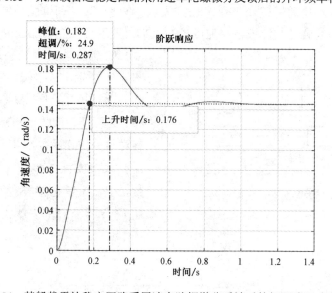

图 8.54　某船载雷达稳定回路采用速率陀螺微分反馈后的闭环阶跃响应曲线

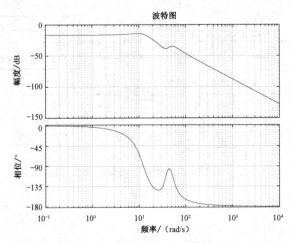

图 8.55 某船载雷达稳定回路采用速率陀螺微分反馈后的闭环频率特性

由图 8.53～图 8.55 可见，采用速率陀螺微分反馈后，超调量明显减小，为 25%左右，振荡次数减少为半次，稳定裕度明显提高。

4. 船摇前馈计算

大型天线由于受结构谐振频率的限制，跟踪回路带宽、加速度常数值都不能选得很大。要进一步提高伺服系统的动态性能，包括船摇隔离度，需要通过两个方面来实现，一是加强传动机构刚性设计，提高天线系统的谐振频率；二是采取新的控制方法来提高机电控制系统的动态性能。根据以往工程经验，对于 10m 口径的天线，其船摇隔离度可以达到 45～50dB。伺服系统设计为位置环、陀螺环、速度环、电流环四环控制结构，为了进一步提高船摇隔离度，采取前馈复合控制的方法，利用前馈陀螺准确提取船摇速度在方位轴和俯仰轴上的速度分量，通过船摇前馈复合控制滤波器将速度控制量加入速度环来提高船摇隔离度。

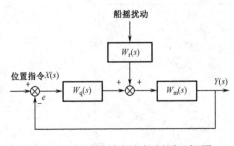

图 8.56 船摇前馈复合控制原理框图

船摇前馈复合控制原理框图如图 8.56 所示。

图 8.56 中，$W_m(s)$ 表示包括速度环、电流环、天线结构特性在内的控制对象的传递函数，$W_q(s)$ 是前向通道包括位置环、陀螺环等效传递函数，$W_r(s)$ 是前馈补偿传递函数。$W_q(s)$ 和 $W_m(s)$ 的表达式分别如下

$$W_q(s) = \frac{K_1(\tau_1 s + 1)}{s} \tag{8.85}$$

$$W_m(s) = \frac{K_2}{s(T_1 s + 1)(T_2^2 s^2 + 2\xi T_2 s + 1)} \tag{8.86}$$

式（8.86）中，ξ 为阻尼系数。伺服系统的闭环传递函数、误差传递函数分别为

$$G(s) = \frac{E(s)}{X(s)} = \frac{W_r W_m + W_q W_m}{1 + W_q W_m} \qquad (8.87)$$

$$\Phi(s) = \frac{Y(s)}{X(s)} = \frac{1 - W_r W_m}{1 + W_q W_m} \qquad (8.88)$$

若选择前馈补偿传递函数 $W_r(s) = \dfrac{1}{W_m(s)}$，这时，对于任意的输入，都有 $G(s) = 1$，$\Phi(s) = 0$，即输出等于输入或误差为零，这就是复合控制的不变性原理。

利用前馈陀螺提取船摇扰动在方位轴、俯仰轴上的分量，通过前述的前馈补偿传递函数加入速度环中，进行船摇前馈控制来进一步提高船摇隔离度。

下面给出船摇前馈量的计算公式如下

$$\begin{cases} \dot{A}_{z船摇前馈} = -\left[(\dot{\kappa}\sin\Phi + \dot{\Theta})\cos A_{z甲} + (-\dot{\kappa}\cos\Phi\sin\Theta + \dot{\Phi}\cos\Theta)\sin A_{z甲}\right]\sin E_{1甲} + \\ \qquad\qquad \left[(\dot{\kappa}\cos\Phi\cos\Theta + \dot{\Phi}\sin\Theta) + \dot{A}_{z甲}\right]\cos E_{1甲} \\ \dot{E}_{1船摇前馈} = -(\dot{\kappa}\sin\Phi + \dot{\Theta})\sin A_{z甲} + (-\dot{\kappa}\cos\Phi\sin\Theta + \dot{\Phi}\cos\Theta)\cos A_{z甲} + \dot{E}_{1甲} \end{cases}$$

$$(8.89)$$

式（8.89）中，$\dot{\kappa}$ 为艏摇速度，Θ 和 $\dot{\Theta}$ 分别为横摇角和横摇速度，Φ 和 $\dot{\Phi}$ 分别为纵摇角和纵摇速度。

图 8.57～图 8.61 分别为某船载雷达跟踪飞机目标时天线角（相对于甲板的天线角度）、天线角速度（相对于甲板的天线角速度）、船摇角、航向角和船摇角速度变化曲线，图 8.62 为根据上述参数变化曲线，利用式（8.89）计算出的跟踪飞机目标时船摇角速度前馈曲线。

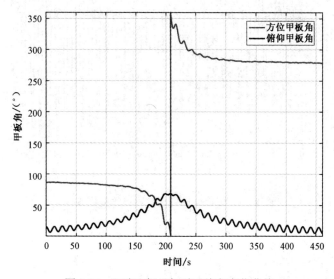

图 8.57 跟踪飞机目标时天线角变化曲线

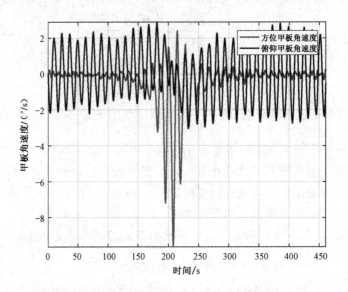

图 8.58　跟踪飞机目标时天线角速度变化曲线

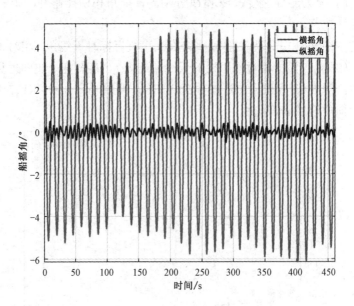

图 8.59　跟踪飞机目标时船摇角变化曲线

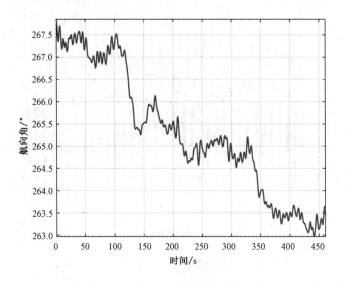

图 8.60　跟踪飞机目标时航向角变化曲线

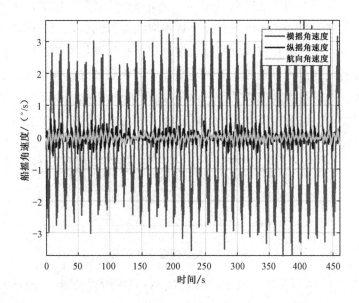

图 8.61　跟踪飞机目标时船摇角速度变化曲线

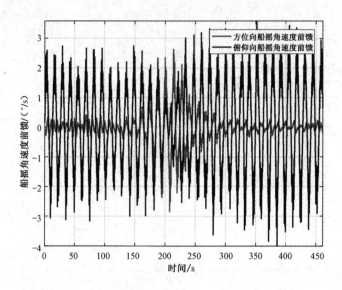

图 8.62　跟踪飞机目标时船摇角速度前馈曲线

8.2.4　数字伺服系统

随着计算机技术的飞速发展，伺服系统正逐步朝着数字化的方向发展，数字伺服系统以其精确性和灵活性等优点正逐步取代模拟伺服系统。在计算机控制数字伺服系统中，计算机要完成伺服系统控制信号和反馈信号的比较、数字校正，再经过 D/A 转换送到控制对象，有时还要完成伺服系统的复合补偿和必要的坐标变换等工作。对于数字式伺服系统，由于控制对象是机电驱动系统，信号是模拟的，所以，实质上是数字模拟混合系统。数字伺服系统框图如图 8.63 所示。

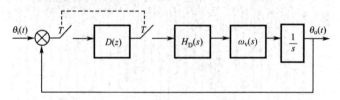

图 8.63　数字伺服系统框图

图 8.63 中，$D(z)$ 是数字校正网络，$H_D(s)$ 是零阶保持器，$\omega_v(s)$ 为速度回路闭环传递函数。由该图可以看出，采用数字校正后，增加了零阶保持器，在系统设计时必须考虑它的影响。零阶保持器的传递函数为

$$H_D(s) = \frac{1 - e^{-Ts}}{s} \tag{8.90}$$

式（8.90）可以近似为

$$H_D(s) \approx \frac{T}{1 + \dfrac{T}{2}s} \tag{8.91}$$

因此，零阶保持器的基本特性与惯性环节相似。

由式（8.91）可以看出，数字采样会引起信号滞后，滞后时间为 $T/2$，设系统开环截止频率为 ω_c，采样频率为 ω_s（$\omega_s = 2\pi/T$），则在此处的相位滞后为

$$\phi(\omega_c) = -\pi \frac{\omega_c}{\omega_s} \tag{8.92}$$

提高采样频率可减小相位滞后，若 $\omega_s = 10\omega_c$，则 $\phi(\omega_c) = 18°$。另一方面也不是采样频率越高越好，因为采样频率还与计算机字长有关，为了保证计算精度应选择一定的字长，如果采样频率很高，所采样的变化信息都集中在最低位上，在做乘法运算时往往被截断或舍掉。

理论分析和实验证明：对于截止频率 f_c 为 1～2Hz 的机电伺服系统来说，采样频率 $f_c \geqslant 25$Hz 时，模拟校正系统和数字化后的伺服系统在性能上没有多大差异。

1. 模拟系统数字化方法

在考虑采样保持器相位特性对伺服系统影响的情况下，数字伺服系统的设计可以应用连续伺服系统的设计方法，得到校正网络 $D(s)$，再进行数字化。模拟网络数字化的实质是应用了数字滤波技术，将输入信号数字序列处理成输出数字序列，使它们的传递关系符合某种确定的要求。通常数字化的方法有以下三种。

1）脉冲响应不变法（z 变换法）

脉冲响应不变法的出发点是数字校正网络 $D(z)$ 的单位脉冲响应 $h(kt)$ 与模拟系统 $D(s)$ 的单位脉冲传递函数在各点的采样值 $h_s(kt)$ 相等。对于由下式表示的模拟系统，有

$$D(s) = \sum_{i=1}^{n} \frac{C_i}{s + p_i} \tag{8.93}$$

其脉冲响应为

$$h_s(t) = \sum_{i=1}^{n} C_i \mathrm{e}^{-p_i t} \tag{8.94}$$

其采样值为

$$h_s(kt) = \sum_{i=1}^{n} C_i \sum_{k=0}^{\infty} \mathrm{e}^{-p_i kt} \tag{8.95}$$

式（8.95）的 z 变换为

$$H(z) = \sum_{i=1}^{n} C_i \sum_{k=0}^{\infty} \mathrm{e}^{-p_i kt} z^{-k} = \sum_{i=1}^{n} \frac{C_i}{1 - \mathrm{e}^{-p_i t} z^{-1}} \tag{8.96}$$

式（8.96）即为 $D(s)$ 的脉冲响应不变的离散变换，脉冲响应有如下特性：

（1） $H(z)$ 和 $D(s)$ 的单位脉冲响应在各采样点的值相等；

（2）如 $D(s)$ 稳定，则 $H(z)$ 亦稳定；

（3） $H(z)$ 不能保持 $D(s)$ 的频率响应。

2）零极点变换法

对于由下式表示的模拟系统有

$$D(s) = \frac{k\prod\limits_{j=1}^{m}(s+r_j)}{\prod\limits_{i=1}^{n}(s+p_i)} \tag{8.97}$$

零极点变换法是直接将式（8.97）中的零点 $s=-r_j$ 和极点 $s=-p_i$ 一一对应地映射到 z 平面上的零点 $z=\mathrm{e}^{-r_j T}$ 和极点 $z=\mathrm{e}^{-p_i T}$ 。

对于实数零（极）点的 z 变换式为

$$(s+a) \rightarrow (1+\mathrm{e}^{-aT}z^{-1}) \tag{8.98}$$

对于复数零（极）点的 z 变换式为

$$(s+a+\mathrm{j}b)(s+a-\mathrm{j}b) = (s+a)^2 + b^2 \rightarrow \left[1-2\mathrm{e}^{-aT}\cos(bT)z^{-1}+\mathrm{e}^{-2aT}z^{-2}\right] \tag{8.99}$$

式（8.97）中，若 $n>m$ ，则可用 $z=-1$ 的零点来匹配。零极点变换法有如下特性：

（1） $D(s)$ 稳定， $H(z)$ 亦稳定；

（2）变换增益不能保持不变；

（3）最适用于零点和极点数一一对应的 $D(s)$ 表达式。

3）双线性变换

双线性变换又称 Tustin 变换。根据 z 变换的定义有

$$z = \mathrm{e}^{sT} = \frac{\mathrm{e}^{Ts/2}}{\mathrm{e}^{-Ts/2}} \tag{8.100}$$

将式（8.100）的分子分母展开成泰勒级数，取前两项近似值得

$$\mathrm{e}^{Ts/2} \approx 1+Ts/2，\mathrm{e}^{-Ts/2} \approx 1-Ts/2$$

再代回式（8.100）得

$$z = \frac{1+Ts/2}{1-Ts/2} \tag{8.101}$$

由式（8.101）解得

$$s = \frac{2}{T} \times \frac{1-z^{-1}}{1+z^{-1}} \tag{8.102}$$

因此，双线性变换的脉冲传递函数为

$$H(z) = D(s)\Big|_{s=\frac{2}{T} \times \frac{1-z^{-1}}{1+z^{-1}}} \tag{8.103}$$

双线性变换有如下特性：

（1） $D(s)$ 稳定，$H(z)$ 亦稳定；

（2）变换关系简单、方便；

（3）双线性变换是将 s 左半平面变换到 z 平面单位圆内，因而没有混叠效应；

（4）变换的精度较高。

4）各种变换方法的比较

除上述常用变换方法外，还有阶跃响应不变法、零阶保持器法、前向差商法、差商代微商法等，几种方法各有千秋：

（1）在增益和相位特性方面，双线性变换性能最好，其次是零极点变换法，脉冲响应不变法；

（2）在使用零极点变换法时，要使增益保持不变，可以在数字部分进行修正，也可以在连续部分予以修正；

（3）在采样频率比伺服系统带宽宽很多倍时，各种方法区别不大。

2. 数字伺服系统几种常用算法

1）PI 算法

PI 算法即比例—积分算法，它的传递函数为

$$D(s) = \frac{Y(s)}{X(s)} = \frac{K(\tau s + 1)}{s} = K\tau + \frac{K}{s} = P + I \tag{8.104}$$

式（8.104）中，$P = K\tau$ 为比例部分，$I = K/s$ 为积分部分。现用双线性变换法对它进行变换，得

$$H(z) = D(s)\Big|_{s=\frac{2}{T} \times \frac{1-z^{-1}}{1+z^{-1}}} = \frac{b_0 + b_1 z^{-1}}{1 - z^{-1}} \tag{8.105}$$

式（8.105）中，$b_0 = K\tau + kT/2$，$b_1 = -(K\tau - kT/2)$，则可得差分方程为

$$y(kT) = y(kT - T) + b_0 x(kT) + b_1 x(kT - T) \tag{8.106}$$

2）PID 算法

PID 算法即比例—积分—微分算法，其连续传递函数为

$$D(s) = \frac{Y(s)}{X(s)} = \frac{K(T_2 s + 1)(T_3 s + 1)}{T_1 s (T_4 s + 1)} = \frac{K(T_2 + T_3)}{T_1} \left[1 + \frac{1}{T_2 + T_3} \times \frac{1}{s} + \frac{T_2 T_3}{T_2 + T_3} s \right] \frac{1}{T_4 s + 1}$$

$$= K_P \left(1 + \frac{1}{T_1 s} + T_D s \right) \frac{1}{T_4 s + 1}$$

$$\tag{8.107}$$

式（8.107）中，K_P 为比例系数，且

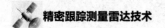

$$K_{\mathrm{P}} = \frac{K(T_2 + T_3)}{T_{\mathrm{I}}}$$

T_{I} 为积分时间常数，且

$$T_{\mathrm{I}} = T_2 + T_3$$

T_{D} 为微分时间常数，且

$$T_{\mathrm{D}} = \frac{T_2 T_3}{T_2 + T_3}$$

式（8.107）中括号内的部分是 PID 控制器，$1/(T_4 s + 1)$ 是 PID 附加的低通滤波器，此式可称为不完全微分的 PID 控制器。PID 算法有多种形式，下面只介绍两种。

（1）位置形式 PID 算法。由式（8.107）可得微分方程

$$y(t) = K_{\mathrm{P}} \left[x(t) + \frac{1}{T_{\mathrm{I}}} \int_0^t x(t)\,\mathrm{d}t + T_{\mathrm{D}} \frac{\mathrm{d}x(t)}{\mathrm{d}t} \right] \tag{8.108}$$

令

$$\begin{cases} x(t) = x(kT) \\ \displaystyle\int_0^t x(t)\,\mathrm{d}t = T\sum_{i=0}^{k} x(iT) \\ \dfrac{\mathrm{d}x(t)}{\mathrm{d}t} = \dfrac{x(kT) - x(kT - T)}{T} \end{cases} \tag{8.109}$$

将式（8.109）代入式（8.108）得

$$y(kT) = K_{\mathrm{P}} \left\{ x(kT) + \frac{T}{T_{\mathrm{I}}} \sum_{i=0}^{k} x(iT) + \frac{T_{\mathrm{D}}}{T} \big[x(kT) - x(kT - T) \big] \right\} \tag{8.110}$$

其 z 变换为

$$Y(z) = K_{\mathrm{P}} \left\{ X(z) + \frac{T}{T_{\mathrm{I}}} \times \frac{X(z)}{1 - z^{-1}} + \frac{T_{\mathrm{D}}}{T} \big[X(z) - z^{-1} X(z) \big] \right\} \tag{8.111}$$

$$\begin{aligned} \frac{Y(z)}{X(z)} &= \frac{K_{\mathrm{P}}}{1 - z^{-1}} \left[\left(1 + \frac{T}{T_{\mathrm{I}}} \right) - \left(1 + \frac{2T_{\mathrm{D}}}{T} \right) z^{-1} + \frac{T_{\mathrm{D}}}{T} z^{-2} \right] \\ &= \frac{1}{1 - z^{-1}} \left(b_0 + b_1 z^{-1} + b_2 z^{-2} \right) \end{aligned} \tag{8.112}$$

式（8.112）中

$$b_0 = K_{\mathrm{P}} \left(1 + \frac{T}{T_{\mathrm{I}}} \right)$$

$$b_1 = -K_{\mathrm{P}} \left(1 + \frac{2T_{\mathrm{D}}}{T} \right)$$

$$b_2 = \frac{K_{\mathrm{P}} T_{\mathrm{D}}}{T}$$

由此式可得位置形式 PID 算法的迭代式为

$$y(kT) = y(kT-T) + b_0 x(kT) + b_1 x(kT-T) + b_2 x(kT-2T) \qquad (8.113)$$

（2）速度形式 PID 算法。除位置形式 PID 的算法外，还有速度（增量）形式，将式（8.110）向前推移一个采样周期 T，得

$$y(kT-T) = K_P \left\{ x(kT-T) + \frac{T}{T_I} \sum_{i=-1}^{k-1} x(iT) + \frac{T_D}{T} \left[x(kT-T) - x(kT-2T) \right] \right\} \qquad (8.114)$$

由式（8.110）～式（8.114）可得

$$\Delta y(kT) = K_P \left\{ x(kT) - x(kT-T) + \frac{T}{T_I} x(kT) + \frac{T_D}{T} \left[x(kT) - 2x(kT-T) \right] + x(kT-2T) \right\}$$
$$= b_0 x(kT) + b_1 x(kT-T) + b_2 x(kT-2T)$$

$$(8.115)$$

式（8.115）中

$$b_0 = K_P \left(1 + \frac{T}{T_I} + \frac{T_D}{T} \right)$$
$$b_1 = -K_P \left(1 + \frac{2T_D}{T} \right)$$
$$b_2 = \frac{K_P T_D}{T}$$

此式即为 PID 速度算法，比较式（8.113）和式（8.115），可以看出：位置形式和速度形式并无多大差别，在位置形式算法中，计算机需用一个单元来积累 $y(kT-T)$；在速度形式算法中，则只计算 $\Delta y(kT)$，kT 时刻以前的输出由伺服系统装置本身所积累，速度形式算法有一定的优点，主要在计算机出现故障，而输出为零时 $[\Delta y(kT) = 0]$，执行机构仍保留在上一时刻的位置上，因而增加了伺服系统的可靠性。

（3）PID 参数对伺服系统的影响：PID 中的主要参数有 K_P、T_I、T_D，它们对伺服系统性能影响如下：

① 比例控制 K_P 增大时，伺服系统变得灵敏，速度加快，稳态误差减小；K_P 偏大则振荡次数增多，调节时间加长；K_P 再大只能减小稳态误差却不能消除稳态误差。

② 积分控制 T_I 的引入消除了伺服系统的稳态误差，T_I 增大意味着对伺服系统积分的减弱，太大则不能消除稳态误差；T_I 减小意味着积分加强，消除稳态误差，但伺服系统稳定性下降，所以 T_I 必须折中确定。另外，比例控制 P 和积分控制 I 联合组成 PI 控制。

③ 微分控制 T_D 的引入使系统超调量减小，调节时间缩短，允许比例控制加大，且减小了稳态误差；但 T_D 太大，超调反而又增大，调节时间加长；T_D 太小亦然。所以 T_D 需适当选择。

总之，以上①和②两种控制的适当组合，可以得到很好的控制质量。

3）凹口网络的数字实现

在跟踪测量雷达中总是存在机械结构谐振，尤其是大型天线，结构谐振限制了其系统带宽，所以常用凹口网络加以抑制。这用数字算法实现简单易行。

凹口网络的传递函数为

$$W(s) = \frac{s^2 + Bds + \omega_0^2}{s^2 + Bs + \omega_0^2} \tag{8.116}$$

采用双线性变换法，则

$$W(z) = \frac{Y(z)}{X(z)} = W(s)\bigg|_{s=\frac{2}{T}\times\frac{1-z^{-1}}{1+z^{-1}}} = \frac{A + Bz^{-1} + Cz^{-2}}{D + Ez^{-1} + Fz^{-2}} \tag{8.117}$$

式（8.117）中

$$A = 4 + 2BdT + \omega_0^2 T^2$$
$$B = 2\omega_0^2 T^2 - 8$$
$$C = 4 - 2BdT + \omega_0^2 T^2$$
$$D = 4 + 2BT + \omega_0^2 T^2$$
$$E = 2\omega_0^2 T^2 - 8$$
$$F = 4 - 2BT + \omega_0^2 T^2$$

可得差分方程为

$$y(kT) = \frac{A}{D}x(kT) + \frac{B}{D}x(kT-T) + \frac{C}{D}x(kT-2T) - \frac{E}{D}y(kT-T) - \frac{F}{D}y(kT-2T) \tag{8.118}$$

3. 常用的数字滤波算法

数字滤波技术在数字伺服系统中得到了广泛的应用，尤其是常增益 $\alpha - \beta$ 递推滤波使用最为广泛，且收到良好的效果。现对数字伺服系统中常用的滤波算法加以介绍。

1）α 滤波器

α 滤波器是指一种常用的滤波方法，其递推形式为

$$y(kT) = y(kT-T) + \alpha\left[x(kT) - y(kT-T)\right] \tag{8.119}$$

现就其物理意义进行讨论，设惯性环节为

$$\frac{Y(s)}{X(s)} = \frac{1}{\tau s + 1} \tag{8.120}$$

对式（8.120）进行双线性变换后得

$$y(kT) = y(kT-T) + \frac{2T}{2\tau + T}\big[x(kT) - y(kT-T)\big] \qquad (8.121)$$

令 $\alpha = \dfrac{2T}{2\tau + T}$，则式（8.121）即为 α 滤波器。

以上分析说明 α 滤波器完全类似于连续系统中的惯性环节，如一个含有噪声的数字序列，使其通过 $\alpha = 0.2\sim0.05$ 的 α 滤波器后可以得到较好的平滑。

2）$\alpha - \beta$ 滤波器

$\alpha - \beta$ 滤波器的平滑估计递推方程为

$$\begin{cases} R_{\mathrm{s}}(kT) = R_{\mathrm{p}}(kT) + \alpha\big[R_{\mathrm{m}}(kT) - R_{\mathrm{p}}(kT)\big] \\ \dot{R}_{\mathrm{s}}(kT) = \dot{R}_{\mathrm{p}}(kT) + \dfrac{\beta}{T}\big[R_{\mathrm{m}}(kT) - R_{\mathrm{p}}(kT)\big] \end{cases} \qquad (8.122)$$

预测估计递推方程为

$$\begin{cases} R_{\mathrm{p}}(kT+T) = R_{\mathrm{s}}(kT) + T\dot{R}_{\mathrm{s}}(kT) \\ \dot{R}_{\mathrm{p}}(kT+T) = \dot{R}_{\mathrm{s}}(kT) \end{cases} \qquad (8.123)$$

式中，下标 s 表示平滑，p 表示预测，m 表示测量。

（1）滤波器的稳定性。

$\alpha - \beta$ 滤波器可用 II 型系统等效，其组成如图 8.64 所示。

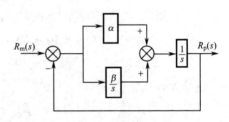

图 8.64 $\alpha - \beta$ 滤波器的组成

将图 8.64 中的环节离散化，可得到 $\alpha - \beta$ 滤波器的等效框图，如图 8.65 所示。

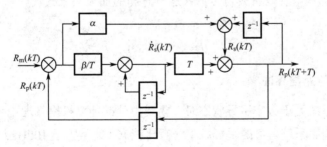

图 8.65 $\alpha - \beta$ 滤波器的等效框图

由图 8.65 可求出伺服系统开环脉冲传递函数为

$$W_{\mathrm{p}}(z) = \frac{(\alpha + \beta - \alpha z^{-1})z^{-1}}{(1 - z^{-1})^2} \qquad (8.124)$$

位置预测闭环脉冲传递函数为

$$\varPhi_{\mathrm{p}}(z) = \frac{R_{\mathrm{p}}(z)}{R_{\mathrm{m}}(z)} = \frac{\alpha + \beta - \alpha z^{-1}}{1 + (\alpha + \beta - 2)z^{-1} + (1 - \alpha)z^{-2}} \tag{8.125}$$

速度预测闭环脉冲传递函数为

$$\varPhi_{\mathrm{R}}(z) = \frac{\dot{R}_{\mathrm{p}}(z)}{\dot{R}_{\mathrm{m}}(z)} = \frac{(1 - z^{-1})\beta / T}{1 + (\alpha + \beta - 2)z^{-1} + (1 - \alpha)z^{-2}} \tag{8.126}$$

式（8.125）与式（8.126）的分母相同，即为伺服系统的特征方程

$$z^2 + (\alpha + \beta - 2)z + (1 - \alpha) = 0 \tag{8.127}$$

将 z 平面单位圆内部变换到 W 平面左半平面，运用代数判据，可得到伺服系统稳定条件，即

$$\begin{cases} 2\alpha + \beta < 4 \\ 0 < \alpha < 2 \\ 0 < \beta < 4 \end{cases} \tag{8.128}$$

由此解得特征方程式（8.127）的根为

$$z_{1,2} = \frac{(2 - \alpha - \beta) \pm \sqrt{(2 - \alpha - \beta)^2 - 4(1 - \alpha)}}{2} \tag{8.129}$$

分析特征方程的根，可以得出：

① 当 $\beta < 1$、$\alpha < 1$ 且 $(\alpha + \beta)^2 > 4\beta$ 时，z_1、z_2 皆为正实极点，属于过阻尼状态；

② 当 $\beta > 1$、$\alpha > 1$ 且 $(\alpha + \beta)^2 < 4\beta$ 时，z_1、z_2 为具有负实部的共轭复极点，属于欠阻尼状态；

③ 当 $\beta \leqslant 1$、$\alpha \leqslant 1$ 且 $(\alpha + \beta)^2 = 4\beta$ 时，z_1、z_2 为双重实根，属于临界阻尼状态。

（2）$\alpha - \beta$ 的最佳关系。

在考虑到方差衰减系数与传输误差平方和的加权关系式后，可推出 $\alpha - \beta$ 最佳关系为

$$\beta = \alpha^2 / (2 - \alpha) \tag{8.130}$$

4. 插值与外推算法

在伺服系统处于数字引导状态时，需要由外部计算机提供理论弹道数据进行引导。由于伺服系统自身的采样频率一般比较高（通常大于 100Hz），而外部计算机提供的引导数据的数据率一般较低（通常为 20Hz），而且在数据传输过程中有可能出错。因此，为保证引导精度，使天线运动平稳，减小随机误差，通常要对引导数据进行外推计算，使外推计算出的数据率与伺服系统的采样频率一致。

数据的外推方法很多，由于外部计算机提供的引导数据的数据率和伺服系统的采样频率通常是固定不变的，因此常采用等距节点的牛顿后插公式进行数值外推，即

$$N_n(X_n + th) = f_n + t\nabla f_n + \frac{t(t+1)}{2!}\nabla^2 f_n \tag{8.131}$$

式（8.131）中，h 为步长，t 为外推点，f_n 为已知数据，N_n 为外推数据，$\nabla f_n = f_n - f_{n-1}$。

8.2.5　伺服系统对天线座的要求

由于精密跟踪测量雷达伺服系统的控制对象为雷达天线，控制策略的实施是由执行电机通过传动装置来实现的，机械传动装置是伺服控制回路中的一部分，其性能的好坏将直接影响精密跟踪测量雷达的跟踪性能。因此，在设计伺服系统时，必须对天线座及传动装置提出要求。

精密跟踪测量雷达伺服系统对天线座及传动装置的要求通常包括以下 7 个方面的内容。

1）工作范围

工作范围包括角度、角速度及角加速度的工作范围。一般精密跟踪测量雷达的角度工作范围：方位角为 360° 无限制、俯仰角为 –6°～+186°，而角速度和角加速度的工作范围视精密跟踪测量雷达天线的大小及所跟踪目标的运动特性而定。

2）传动形式及速比

传动形式要确定是单电机驱动、双电机驱动还是多电机驱动。对于采用高速电机与减速器结合的精密跟踪测量雷达，为了消除齿隙带来的影响，一般不采用单电机驱动；对于中、小口径的精密跟踪测量雷达，通常采用双电机驱动；而对于大型精密跟踪测量雷达，由于所需的驱动功率很大，若采用双电机驱动，则减速器的承受功率很大，给减速器的设计、加工带来一定的困难，因此，往往采用多电机驱动的方式。

根据静态设计时计算出的速比 i，要求减速器的速比 i_0 要小于 i。因为在电机制造时，允许有 10% 的转速误差，若 $i_0 = i$，则有可能达不到最高转速。

3）减速器的承受力矩

一般要求减速器至少能长时间地承受 2 倍以上的电机额定力矩。

4）传动精度及回差

一般要求从电机输出轴到末级大齿轮的传动精度优于 1′，整个传动链的回差折算到末级应小于 1′。

5）摩擦力矩

传动系统的摩擦力矩将直接影响精密跟踪测量雷达的随机误差，一般要求精密跟踪测量雷达传动系统的摩擦力矩小于电机额定输出力矩的 10%。

6）结构谐振频率

由于结构谐振频率（即锁定转子频率）直接影响精密跟踪测量雷达的位置回路带宽，从而影响精密跟踪测量雷达的快速响应性和跟踪精度，因此，一般要求结构谐振频率要大于位置回路带宽的4～5倍。

7）限位保护装置

由于精密跟踪测量雷达的俯仰运动范围是有限制的，为了防止在伺服系统出现故障时天线超出运动范围，造成设备损坏，在俯仰向上必须设计限位保护装置，包括电气限位开关和机械限位缓冲器。

8.3 伺服系统误差分析

伺服系统误差是精密跟踪测量雷达角度跟踪测量（测角）误差的重要分量。在第4章跟踪测量雷达测量精度分析中，从雷达系统设计的角度出发考虑了与雷达相关的跟踪误差与转换误差。除此之外，还有一些伺服系统自身引起测角误差的因素需要考虑。它由各类误差组成，这些误差主要包括动态滞后、零点漂移、不灵敏区（死区）、回差、伺服噪声、力矩误差（包括稳态力矩误差和阵风力矩误差）、轴系误差等。动态滞后为伺服系统的动态误差，而零点漂移、死区、回差、伺服噪声、轴系误差和稳态力矩误差等则属于静态误差。误差按性质又可分为系统误差和随机误差。动态滞后、稳态力矩误差等在多次测量中能够重复出现、有一定变化规律，故称此误差为系统误差；而伺服噪声、阵风力矩误差等不规则的，在多次测量中大小、符号均不相同的误差称为随机误差。

减小跟踪测量误差是伺服系统设计的中心环节，伺服系统方案确定和设计、伺服机械结构（天线座）设计及元器件的选择基本上围绕如何达到跟踪测量误差指标进行。随着目标机动能力的大幅提高，加速度误差成为跟踪测量误差的主要分量，在这种情况下，采用复合控制方式实现加速度误差补偿显得尤为重要。

采用经典控制理论进行伺服系统的设计，要解决伺服系统快速响应能力和稳定裕度的矛盾。由电流回路、速度回路和位置回路组成的三环二阶无静差伺服系统，要根本解决高精度与窄带宽的矛盾，并达到跟踪测量误差指标的要求，有时很困难。为此需要采取一些新的提高伺服系统性能的方法。

8.3.1 伺服系统稳态误差分析[4]

精密跟踪测量雷达伺服系统通常设计成一阶无静差系统（Ⅰ型系统）或二阶无静差系统（Ⅱ型系统）。根据经典控制系统理论，这两类伺服系统的位置误差常数 $k_p = \infty$，伺服系统不存在静态误差。但是，实际的伺服系统都存在各种非线性因素，比如伺服电路的非线性、功率放大和电机特性的非线性特性；在计算机系统中存在量化误差等非线性因素；在伺服机械传动系统中存在齿隙和摩擦、机械结构的弹性变形等非线性特性。任何一个实际伺服系统只要有一个非线性因素（或称非线性环节），这个伺服系统就称为非线性伺服系统。伺服系统中存在非线性环节，是产生定值静态误差的原因。

1. 定值静态误差

1）定值静态误差产生的原因

定值静态误差产生的原因包括如下 5 个方面。

（1）误差测量元件的不灵敏区。通常情况下，误差测量元件不灵敏区产生的静态误差分量比较大。

（2）控制电路的不灵敏区。一般来说，组成控制电路的各个环节都存在不灵敏区电压，可能产生静态误差。

（3）控制电路零点漂移，主要指温度变化（环境温度变化和元器件温升）引起的温度漂移，温度漂移产生的电路附加输出电压折算至误差角值，即为伺服零点漂移误差。

（4）执行电机轴上的干摩擦。执行电机轴上的干摩擦力矩应当是静摩擦力矩 M_{FS}，按静态力矩常数的大小，可求得由静摩擦力矩 M_{FS} 引起的定值静态误差分量。

（5）数据减速器的传动空回。伺服系统工作在引导状态时，主反馈回路中的数据减速器传动空回也是产生定值静态误差的一个分量。

2）定值静态误差计算

为便于计算各个定值静态误差分量，可将伺服系统简化成如图 8.66 所示的框图。图 8.66 中，K_R 是接收机增益，K_2 是位置调节器增益，K_1 是速度调节器增益，K_i 是电流调节器增益，K_{PWM} 是 PWM 功率放大器增益，R_a 是电枢回路电阻，

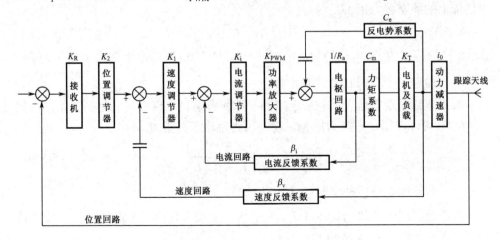

图 8.66　伺服系统简化框图

C_m 是力矩系数，K_T 是力矩放大倍数，i_0 是动力减速器速比，C_e 是反电势系数，β_i 是电流反馈系数，β_v 是速度反馈系数。由于是静态，因此速度回路可以看成是开环，且无反电动势存在。

（1）误差测量元件的误差分量 Δ_B 的计算。

在自动跟踪状态的误差测量元件是跟踪测量雷达天馈线及接收机时，设天馈线引起的误差为 Δ_1，接收机引起的误差为 Δ_2，则误差分量 Δ_B 为

$$\Delta_B = \sqrt{\Delta_1^2 + \Delta_2^2} \tag{8.132}$$

在手控引导状态下的误差测量元件是旋转变压器和 RDC 转换模块时，设旋转变压器的电气误差为 Δ_1，RDC 转换模块的误差为 Δ_2，则误差分量 Δ_B 的计算公式同式（8.132）。

（2）零点漂移引起的误差分量的计算。

随着伺服系统数字化程度的不断提高，模拟调整环节逐渐减少，因此由于零点漂移引起的误差分量可以忽略。

（3）静摩擦力矩的误差分量 Δ_{FS} 的计算。

负载的静摩擦力矩 M_{FS}，又称为启动力矩。启动力矩 M_{FS} 折算至电机轴上的值 M'_{FS}，可通过测定电机电枢回路的启动电流 I_0 求取。

若已知在负载轴上的静摩擦力矩 M_{FS} 时，静摩擦力矩误差分量 Δ_{FS} 为

$$\Delta_{FS} = \frac{M_{FS}\beta_i}{K_R K_1 K_2 K_T C_m i_0} \tag{8.133}$$

若已知静摩擦力矩折算到电机轴上的值 M'_{FS}，Δ_{FS} 为

$$\Delta_{FS} = \frac{M'_{FS}\beta_i}{K_R K_1 K_2 K_T C_m} \tag{8.134}$$

电机轴上的静摩擦力矩 M'_{FS} 为

$$M'_{FS} = C_m I_0 \tag{8.135}$$

式（8.135）中，I_0 为电机的起动电流（A），C_m 为电机的力矩系数（N·m/A）。

（4）稳态风力矩误差分量的计算。

如果跟踪测量雷达天线安装于室外，则要考虑稳态风力矩引起的误差。根据式（8.7）可计算出稳态风力矩 M，稳态风力矩误差分量 Δ_{d1} 为

$$\Delta_{d1} = \frac{M\beta_i}{K_R K_1 K_2 K_\tau C_m i_0} \tag{8.136}$$

（5）数据减速器传动空回误差 Δ_i 的计算。

由于数据减速器传动比 $i = 1{:}1$，它的传动空回在输出轴上的值（2Δ）即为传动空回误差（回差）Δ_i，则

$$\Delta_i = 2\Delta \tag{8.137}$$

由于定值静态误差 Δ_{Σ_1} 中各个误差分量互不相关，故 Δ_{Σ_1} 为

$$\Delta_{\Sigma_1} = \sqrt{\Delta_B^2 + \Delta_{FS}^2 + \Delta_{d1}^2 + \Delta_i^2} \tag{8.138}$$

2. 自持静态误差

自持静态误差是由于自持振荡产生的误差。

1）自持振荡产生的原因

伺服系统的结构框图可简化为图 8.67 所示。

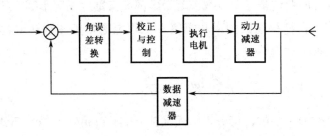

图 8.67 伺服系统的结构框图

假定图 8.67 中的数据减速器没有传动回差，动力减速器的传动空回误差为 2Δ，由于天线可以正反向运动，因而动力减速器输入/输出特性形成空回特性，如图 8.68 所示。

当 $|\varphi_r| < \Delta$ 时，$\varphi_c = 0$；当 $\varphi_r > +\Delta$ 时，φ_c 随 φ_r 线性变化；φ_r 开始反向转动时，φ_c 保持不变，直至输入角 φ_r 减小 2Δ 后，φ_c 与 φ_r 才恢复线性关系。因此，在输入角 φ_r 和输出角 φ_c 之间，不再是单值对应的线性关系，由于伺服系统中存在着非线性环节的动力减速器，伺服系统便是非线性伺服系统。

在自动控制理论中，分析非线性控制系统，通常采用描述函数法。这种方法将非线性环节用描述函数 $J(A)$ 表征，描述函数 $J(A)$ 中的 A 值是输入非线性环节的一个幅值为 A 的正弦信号，即 $\varphi_r = A\sin\omega t$，伺服系统中线性部分的频率特性为 $W(j\omega)$，伺服系统可由 $J(A)$ 和 $W(j\omega)$ 组成，此时非线性伺服系统结构框图如图 8.69 所示。

伺服系统的闭环频率特性 $\phi(j\omega)$ 为

$$\phi(j\omega) = \frac{W(j\omega)J(A)}{1 + W(j\omega)J(A)} \tag{8.139}$$

伺服系统的稳定性取决于特征方程的根，即

$$1 + W(j\omega)J(A) = 0 \tag{8.140}$$

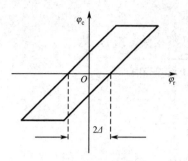

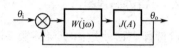

图 8.68　传动链的空回特性　　　　图 8.69　非线性伺服系统的结构框图

式（8.140）等号的左边是一个复数，若令虚部和实部分别等于零，从中可解出伺服系统可能产生自持振荡的频率和幅值。工程上通常用图解法求解该频率和幅值，将式（8.140）改写为

$$W(\mathrm{j}\omega) = -\frac{1}{J(A)} \qquad (8.141)$$

欲求式（8.141）的解，可分别将线性部分的 $W(\mathrm{j}\omega)$ 和非线性部分的 $-1/J(A)$ 频率特性画在同一个复平面上，看它们是否有交点。若两频率特性曲线有交点，则说明伺服系统在跟踪固定目标时便会产生自持振荡，其自持振荡的频率等于线性部分的 $W(\mathrm{j}\omega)$ 曲线在交点处的频率，自持振荡的幅值等于非线性部分的 $-1/J(A)$ 曲线在交点处的幅值；若这两条曲线没有交点，则伺服系统不产生自持振荡；若两条曲线相切，说明处于临界稳定状态，只要稍改变一下线性部分的 $W(\mathrm{j}\omega)$ 特性（如将系统增益 K 减小），便可使伺服系统不产生自持振荡（这是对一阶无静差伺服系统而言，二阶无静差伺服系统必定产生自持振荡）。

自持振荡幅值就是自振静态误差。自持振荡是伺服系统允许的一种振荡，只要振荡幅值对应的角度不超过规定的指标要求，就是允许的。对于自持振荡，一般不关心振荡频率（通常小于伺服系统的截止频率 ω_c），而关心振荡幅值。

2）抑制或消除自持振荡的方法

抑制或消除自持振荡的方法包括以下 3 个方面。

（1）消除自持振荡的根本办法是消除机械传动链（主要是动力减速器）的传动空回。

（2）减小自持振荡幅值的办法，通常有减小传动空回 $2\varDelta$ 之值；在满足伺服带宽 β_n 和保证伺服系统相角裕量 γ 的条件下，尽量加大伺服系统的开环增益 K_v（或 K_a）。应当指出，提高伺服系统开环增益的关键，是加大速度回路带宽 β_nv，在保证跟踪精度的前提下，将伺服系统期望特性的第二转折频率 ω_2 减小，以改变图 8.22 所示频段 CD 的相位，使 $W_1(\mathrm{j}\omega)$ 由逆时针方向转向负虚轴，使振荡幅值

346

减小。采用减小 ω_c 的办法来减小振荡幅值时，应按伺服系统指标要求进行综合分析，要保证精度、过渡过程品质和相角裕量都能满足性能指标的要求。

（3）消除和减小传动空回的办法有多种，最常用的方法是采用双电机驱动，以消除传动链的传动空回。

8.3.2　伺服系统跟踪误差分析

伺服系统跟踪误差由系统误差和随机误差两部分组成。

1. 系统误差

伺服系统系统误差包括以下四种误差。

1）动态滞后误差

伺服系统动态滞后误差可以由下式计算，即

$$\Delta_\theta = \frac{\dot\theta}{K_v} + \frac{\ddot\theta}{K_a} \tag{8.142}$$

式（8.142）中，$\dot\theta$ 为保精度角速度（mrad/s），$\ddot\theta$ 为保精度角加速度（mrad/s²），K_v 为速度误差常数（1/s），K_a 为加速度误差常数（1/s²）。

当跟踪测量雷达处于跟踪状态时，接收机给出的角误差信号与跟踪测量雷达电轴偏离目标中心的角度成正比，因此，可以利用角误差信号进行动态滞后误差补偿，即

$$A_z' = A_z + \theta K_{DC} \tag{8.143}$$

式（8.143）中，A_z 为轴角编码器输出角度，θ 为接收机给出的角误差信号，K_{DC} 为比例因子，A_z' 为补偿后的角度。

采用动态滞后误差实时补偿后，剩余动态滞后误差为

$$\Delta_\theta' = \left(\frac{\dot\theta}{K_v} + \frac{\ddot\theta}{K_a}\right) L_{DC} \tag{8.144}$$

式（8.144）中，L_{DC} 为补偿剩余系数，一般 $L_{DC} = 0.05 \sim 0.1$。

2）平均风力矩误差

平均风力矩产生的跟踪系统（平均风力矩）误差为

$$\Delta_{\theta_w} = M_0 / K_{mf} \tag{8.145}$$

式（8.145）中，M_0 为平均风力矩（N·m），M_0 按式（8.6）计算；K_{mf} 为伺服系统的力矩误差常数（N·m/mrad）。

对于 Ⅰ 型系统，力矩误差常数 K_{mf} 与速度误差常数 K_v 的简单关系为

$$K_{mf} = \frac{C_m C_e i_0^2}{R_a \times 10^3} K_v \tag{8.146}$$

式（8.146）中，C_m 为直流伺服电机的力矩常数（N·m/A），C_e 为直流伺服电机的反电势常数（V·s/rad），i_0 为动力减速器的传动比，R_a 为电枢回路总电阻（Ω），K_v 为速度误差常数（1/s）。对于 II 型系统，$K_v = \infty$，则有

$$K_{mf} = \frac{C_m C_e i_0^2}{R_a} \times \infty = \infty \qquad (8.147)$$

因此，对于 II 型系统，K_{mf} 为 0。

3）库仑与速度摩擦力矩误差

$$\varDelta_3 = M_{f1} + M_{f2} / K_{mf} \qquad (8.148)$$

式（8.148）中，M_{f1} 为库仑摩擦力矩（N·m），M_{f2} 为速度摩擦力矩（N·m）。

4）重力不平衡力矩误差

重力不平衡力矩误差 $\varDelta_4$ 一般只在俯仰伺服系统出现，若在保证精度的俯仰角范围内，最大重力不平衡力矩为 M_{se}（N·m）时，重力不平衡力矩误差为

$$\varDelta_4 = M_{se} / K_{mf} \qquad (8.149)$$

2. 随机误差

对伺服系统随机误差影响较大的因素有如下两种。

1）风负载变化引起的误差

风负载变化引起的误差是一种随机误差。对于无天线罩的大型跟踪测量雷达来说，这项误差在整个伺服系统的误差中占相当大的比重，对跟踪测量雷达的精度影响较大。

风负载变化引起的天线角度变化可以近似地表示为

$$\theta_t \approx \frac{1}{K_L} \times \frac{1}{1 + W_p} \times T_L \qquad (8.150)$$

式（8.150）中，K_L 为传动链的刚度，W_p 为位置回路开环传递函数，T_L 为负载力矩。由此可见，伺服系统对负载力矩的响应取决于传动链的变形，而与负载惯量无关。

阵风力矩的频谱密度（即 $\frac{1}{2\pi}$ 乘以自相关函数的单边傅里叶变换）可以用下式表示

$$P = \frac{K_w}{1 + \left(\dfrac{\omega}{\omega_0}\right)^2} \qquad (8.151)$$

式（8.151）中，K_w 为零频时的频谱密度，ω_0 一般在 0.12～0.18rad/s 范围。

在无限频率范围内，阵风力矩的平方为

$$M_t^2 = \int_0^\infty P \mathrm{d}\omega = \int_0^\infty \frac{K_w}{1+\left(\dfrac{\omega}{\omega_0}\right)^2} \mathrm{d}\omega = \frac{K_w}{2} \int_{-0}^{+\infty} \frac{\mathrm{d}\omega}{1+\left(\dfrac{\omega}{\omega_0}\right)^2} = \frac{\pi}{2} K_w \omega_0 \qquad (8.152)$$

式（8.152）表明，阵风力矩的频谱密度等效为一个输入白噪声时的低通滤波器的输出，白噪声输入的频谱密度是 $\dfrac{K_w}{2}$。阵风力矩 M_t 可以通过式（8.6）计算，频谱密度 K_w 通过式（8.152）算出。风负载变化引起的天线角度变化的传递函数框图如图 8.70 所示。

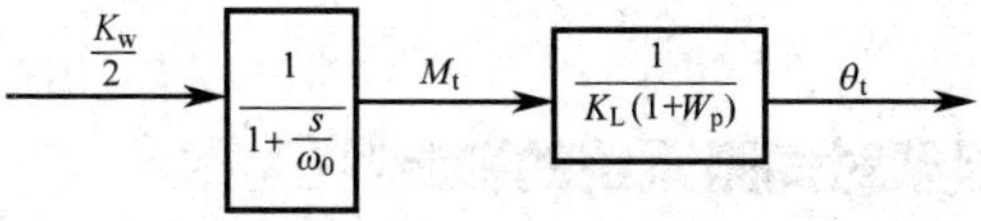

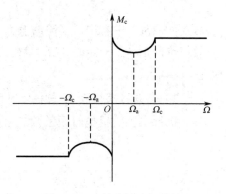

图 8.70 风负载变化引起的天线角度变化的传递函数框图

传递函数为

$$G(s) = \left(\frac{1}{1+\dfrac{s}{\omega_0}}\right)\left[\frac{1}{K_L(1+W_p)}\right] \qquad (8.153)$$

则由阵风力矩引起的角度误差的均方根值为

$$\sigma_1 = \sqrt{\frac{K_w}{2} \int_{-\infty}^{+\infty} |G(s)|^2 \, \mathrm{d}\omega} = \sqrt{\pi K_w \left[\frac{1}{2\pi \mathrm{j}} \int_{-\mathrm{j}\infty}^{+\mathrm{j}\infty} G(s)G(-s) \mathrm{d}s\right]} \qquad (8.154)$$

式（8.154）中，$s = \mathrm{j}\omega$。

2）低速跟踪不平稳误差

伺服系统在跟踪低速目标时，常常出现不均匀的"跳动"或"爬行"现象，这种不均匀的跳动或爬行现象，就产生了低速跟踪不平稳误差。

造成低速跟踪不平稳的根本原因是传动系统中存在摩擦，根据摩擦的性质可分为黏性摩擦和干性摩擦。黏性摩擦力矩 $M_b = b_1\Omega$；干性摩擦力矩 $M_c = b_2\Omega$，其中 b_2 不是一个定值，图 8.71 反映了干性摩擦力矩 M_c 与相对运动角速度 Ω 之间的关系。

图 8.71 干性摩擦力矩特性

电机电枢电压控制的传递函数为

$$\frac{\Omega(s)}{U_a(s)} = \frac{K_m / R_d}{Js + K_e K_m / R_d + b_2} = \frac{K_d}{T_m s + 1} \qquad (8.155)$$

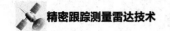

式（8.155）中

$$K_\mathrm{d} = \frac{K_\mathrm{m}}{K_\mathrm{e} K_\mathrm{m} + R_\mathrm{d} b_2}$$

$$T_\mathrm{m} = \frac{J R_\mathrm{d}}{K_\mathrm{e} K_\mathrm{m} + R_\mathrm{d} b_2} = \frac{J}{b_2 + K_\mathrm{e} K_\mathrm{m} / R_\mathrm{d}}$$

显然，这是一个惯性环节，从干性摩擦力矩 M_c 的特性可以看出，当 $0 < \Omega < \Omega_\mathrm{a}$ 时，$b_2 < 0$，此时，该惯性环节为一个不稳定的环节；随着角速度的提高，$b_2 > 0$，此惯性环节又成为一个稳定的环节。这就是伺服系统在低速运行时出现"爬行"现象的原因。

8.3.3　结构因素对伺服系统的影响[9]

伺服机械结构既是伺服系统的控制对象，也是伺服系统的重要组成部分，机械结构因素诸如转动惯量、结构谐振频率、摩擦力矩、传动空回、传动精度和轴系精度，都会对伺服系统的性能产生影响。

1. 转动惯量对伺服系统性能的影响

伺服系统的负载转动惯量指传动系统及负载转动部分的合成转动惯量，用符号 J_L 表示。它是伺服系统设计的基本参数。负载转动惯量与伺服系统开环截止频率 ω_c、机电时间常数 T_m、低速平稳跟踪性能都有关系。

1）负载转动惯量 J_L 与伺服系统开环截止频率 ω_c 的关系

ω_c 与负载转动惯量 J_L 的关系式为

$$\omega_\mathrm{c} = \sqrt{\frac{M_\mathrm{FS} \varphi_{\omega_\mathrm{c}}}{J_\mathrm{L}(2\varDelta)}} \tag{8.156}$$

从式（8.156）中看出，当静摩擦力矩 M_FS、机械传动链空回 $(2\varDelta)$ 及传动空回的等效相位滞后 $\varphi_{\omega_\mathrm{c}}$ 一定时，J_L 增大，ω_c 减小，伺服系统的跟踪精度下降，过渡过程时间加长。

2）负载转动惯量 J_L 与机电时间常数 T_m 的关系

执行电机的机电时间常数 T_m 的计算公式为

$$T_\mathrm{m} = \frac{\left(J_\mathrm{m} + \dfrac{J_\mathrm{L}}{i_0^2} \right) R_\mathrm{a}}{C_\mathrm{m} C_\mathrm{e}} \tag{8.157}$$

从式（8.157）可以看出，当执行电机的转动惯量 J_m、动力减速器减速比 i_0、电枢回路电阻 R_a、执行电机的力矩系数 C_m 和反电动势系数 C_e 等参数一定时，J_L 变大，T_m 增大，伺服系统的相角裕量减小，过渡过程超调量加大。

3）负载转动惯量 J_L 与低速平稳跟踪性能的关系

伺服系统在跟踪低速目标时，将产生不均匀的"跳动"或"爬行"现象。爬行跟踪的角加速度 ε_L 为

$$\varepsilon_L = \frac{M_{FS} - M_{f1}}{J_L} \tag{8.158}$$

从式（8.158）可以看出，当静摩擦力矩 M_{FS} 和库仑摩擦力矩 M_{f1} 一定时，J_L 加大，ε_L 则减小。因而改善了伺服系统低速平稳跟踪性能，扩大了伺服系统的调速范围。

可以看出，负载转动惯量 J_L 增大时，将会使伺服系统跟踪测量误差、稳定裕量减小，过渡过程超调量加大、过渡过程时间增加，因此不利于伺服系统性能提高。但 J_L 增大后，却改善了低速跟踪性能，扩大了伺服系统的调速范围，对伺服系统性能提高有利。因此，在设计伺服系统时，希望 J_L 小些为好，但不是越小越好。同时，在 J_L 和 J_m 之间还存在着转动惯量匹配问题。

执行电机的转动惯量 J_m 与负载转动惯量的匹配，用匹配系数 λ 表示。λ 系数为

$$\lambda = J_L / J_m i_0^2 \tag{8.159}$$

一般情况下，在采用高速电机时，希望 $\lambda \approx 1$，当 λ 超过 5 时，伺服系统性能将会受到严重影响。

2. 结构谐振频率对伺服系统性能的影响

传动机构及其负载的结构谐振特性包含结构谐振频率 ω_L 和相对阻尼系数 ξ_L 两个量。结构谐振特性对伺服系统性能的影响体现在对伺服系统带宽 $\omega_B = 2\pi\beta_n$ 的限制。

结构谐振频率 ω_L 对伺服带宽 ω_B 的限制条件为

$$\omega_B \leqslant 2\xi_L\omega_L \tag{8.160}$$

式（8.160）中，相对阻尼系数 ξ_L 一般设计在 0.1～0.35 范围内。

3. 摩擦力矩对伺服系统性能的影响

摩擦力矩分为静态摩擦力矩 M_{FS}、库仑摩擦力矩 M_{f1} 和速度摩擦力矩 M_{f2} 等。摩擦力矩对伺服系统性能的影响体现在如下五个方面。

（1）摩擦力矩对伺服系统截止频率的影响。

在式（8.156）中，当 φ_{ω_c}、J_L 和 2Δ 一定时，ω_c 与 M_{FS} 的平方根成正比。对于伺服系统性能来说，适当增加一些静摩擦力矩可以提高 ω_c，这样有利于提高伺服系统的跟踪精度，改善过渡过程品质。

（2）摩擦力矩是产生定值静态误差的重要因素，如 8.3.1 节中的分析。

（3）摩擦力矩是影响低速爬行的因素。

（4）摩擦力矩影响低速跟踪角速度的大小。

综上所述，摩擦力矩对系统性能的影响主要表现在跟踪测量误差和调速范围（低速跟踪不平稳）两个方面，对精度影响不大，其调速范围由速度回路的设计保证。总的来讲，希望摩擦力矩小些为好，但不是越小越好。摩擦力矩太小（比如采用静压液浮轴承）时，一般要采用减小传动空回的措施。

4. 传动空回与伺服系统性能的关系

传动空回指从执行电机轴到天线轴之间，整个传动链的空回。传动空回是伺服机械传动装置的重要指标。伺服系统使用的机械传动装置有动力减速器和数据减速器两种。

传动空回对伺服系统性能的影响，按减速器所处的位置分为以下三种情况：

（1）闭环之外的数据传动链主要影响伺服系统的数据传递精度。

（2）闭环之内的动力传动链主要影响伺服系统的稳定性，使伺服系统可能产生自持振荡，但不影响伺服系统的静态精度。

（3）闭环之内的数据传动链既影响伺服系统的稳定性，又影响伺服系统的静态精度。

5. 传动精度与伺服系统性能的关系

传动误差与传动空回不同，前者无论正反转时都会存在，而后者只有在转向变化时才会出现。传动误差对伺服系统性能的影响体现在以下四个方面。

（1）在整个传动链中，末级齿轮的传动误差影响最大。

（2）动力传动链传动误差的低频分量不会给伺服系统的输出带来误差，高频分量由于幅度很小，对伺服系统输出的影响也可以忽略，而接近伺服系统截止频率 ω_c 的传动误差分量能够反映到输出轴上，可能对伺服系统的精度造成影响。因此，动力传动链末级大齿轮的传动精度可以适当降低，而传动误差频率接近 ω_c 的齿轮的传动精度应该提高。

（3）闭环之内的数据传动产生的传动误差有低频分量和高频分量两种。低频分量会影响伺服系统的精度，而高频分量的影响可以忽略。因此，应提高低速轴附近的几个齿轮的传动精度。

（4）闭环之外的数据传动链同样有传动误差，其低频分量直接传递到输出轴，从而影响精度；而高频分量则对伺服系统精度没有影响。

6. 轴系精度对伺服系统精度的影响

通常，精密跟踪测量雷达测量目标采用球坐标方式，即方位轴、俯仰轴、距离，因而其雷达的天线座就有三个相互垂直的轴线：一个是铅垂的方位轴；一个是与方位轴垂直的俯仰轴（即水平轴）；一个是与俯仰轴垂直的天线轴。所谓的轴系精度就是指这三个轴相互垂直的程度，通常用正交性误差来表示。

（1）俯仰轴与方位轴的正交性误差主要引起方位角误差。

（2）方位轴倾斜并转动时，俯仰轴对水平面的倾角是按方位角的正弦规律变化的。

（3）天线轴与俯仰轴不垂直，主要引起方位角误差。该误差与正交性误差成正比，与俯仰角的余弦成反比。

8.3.4 提高伺服系统性能的措施

伺服系统性能的提高，受到非线性因素（如死区、齿隙和摩擦）的制约，同时机械结构谐振频率也是限制伺服系统精度的重要因素。单一的闭环控制系统，其精度与稳定性是矛盾的，而采用开闭环复合控制系统、再生反馈系统及同轴跟踪系统，可以在不增加伺服带宽的条件下有效提高伺服系统精度，在工程实践中，可使伺服系统精度提高 10 倍甚至更高。

1. 复合控制[12]

复合控制就是将伺服系统的输入信号 θ_i 通过一个传递函数为 $K_p W_p(s)$ 的网络正馈到速度回路的输入端，如图 8.72 所示。

由图 8.72 可知，伺服系统的误差传递函数为

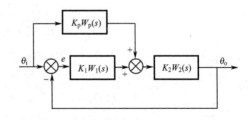

图 8.72 复合控制系统框图

$$\phi_e(s) = \frac{e(s)}{\theta_i(s)} = \frac{1 - K_p W_p(s) K_2 W_2(s)}{1 + K_1 W_1(s) K_2 W_2(s)} \tag{8.161}$$

当为

$$K_p W_p(s) = \frac{1}{K_2 W_2(s)} \tag{8.162}$$

时，伺服系统的误差为零。满足这个条件时，不论输入何种信号，误差永远为零，这就是所谓的不变性原理。

对于伺服系统，$K_2 W_2(s)$ 中除了含有一个纯积分环节外，还含有很多个惯性环节或者二阶环节，如果要实现完全的不变性，必然 $K_p W_p(s)$ 中要具有许多个微

分环节，这样 $K_p W_p(s)$ 的输出将充满噪声，使伺服系统根本无法工作。但是实现局部的不变性是可能的，实践证明效果十分显著。

复合控制之所以能够大大提高伺服系统的精度，其实质是提高了伺服系统的无静差度。假设

$$K_1 W_1(s) = \frac{K_1(\tau_1 s + 1)}{s} \tag{8.163}$$

$$K_2 W_2(s) = \frac{K_2}{s(T_1 s + 1)(T_2^2 s^2 + 2\xi T_2 s + 1)} \tag{8.164}$$

则在引入复合控制前，原伺服系统的开环传递函数为

$$KW(s) = \frac{K_1 K_2(\tau_1 s + 1)}{s^2(T_1 s + 1)(T_2^2 s^2 + 2\xi T_2 s + 1)} \tag{8.165}$$

而在引入复合控制后，为实现部分不变性，设 $K_p W_p(s) = \dfrac{s}{K_2}$，则此时伺服系统的等效开环传递函数为

$$K'W'(s) = \frac{K_p W_p K_2 W_2 + K_1 W_1 K_2 W_2}{1 - K_p W_p K_2 W_2} = \frac{s^2 + K_1 K_2 \tau_1 s + K_1 K_2}{s^3 \left[T_1 T_2^2 s^2 + (2\xi T_1 T_2 + T_2^2)s + T_1 + 2\xi T_2 \right]} \tag{8.166}$$

可见，通过引入复合控制，使伺服系统由原来的二阶无静差系统变成了三阶无静差系统，这就是复合控制能够提高伺服系统精度的实质。

在未引入复合控制前，伺服系统的闭环传递函数为

$$\phi(s) = \frac{\theta_o(s)}{\theta_i(s)} = \frac{K_1 W_1(s) K_2 W_2(s)}{1 + K_1 W_1(s) K_2 W_2(s)} \tag{8.167}$$

而在引入复合控制后，伺服系统的闭环传递函数变为

$$\phi(s) = \frac{\theta_o(s)}{\theta_i(s)} = \frac{K_p W_p(s) K_2 W_2(s) + K_1 W_1(s) K_2 W_2(s)}{1 + K_1 W_1(s) K_2 W_2(s)} \tag{8.168}$$

可见，在引入复合控制后，并未改变原闭环系统的极点，仅仅改变了闭环零点。因此，复合控制不会损害伺服系统的稳定性。

以上介绍的复合控制中，引入的复合控制信号是将伺服系统的输入信号 θ_i 通过传递函数 $K_p W_p(s)$ 后的所得，而对于精密跟踪测量雷达来说，由于被跟踪对象的飞行轨迹不确定，其角度 θ_i 是需要测量的量，而精密跟踪测量雷达测量信息有角误差信号 e 及输出角度信号 θ_o，则 $\theta_i = \theta_o + e$，因此，复合控制的工程实现框图如图 8.73 所示。

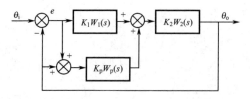

图 8.73　复合控制的工程实现框图

2. 再生反馈[2-3]

在上述的复合控制中，为了重构伺服系统的输入信号，采用角误差信号和输出角度来代替输入信号，即

$$\theta_i = \theta_o + e \qquad (8.169)$$

则前馈信号为

$$\frac{\mathrm{d}\theta_i}{\mathrm{d}t} = \frac{\mathrm{d}\theta_o}{\mathrm{d}t} + \frac{\mathrm{d}e}{\mathrm{d}t} \qquad (8.170)$$

式（8.170）中包含有角误差的微分 $\dfrac{\mathrm{d}e}{\mathrm{d}t}$。由于角误差信号 e 中包含有丰富的噪声分量，因此，对其微分有可能会使系统性能变坏。如果能将 $\dfrac{\mathrm{d}e}{\mathrm{d}t}$ 滤除，而直接将从雷达输出提取的角度信息 $\dfrac{\mathrm{d}\theta_o}{\mathrm{d}t}$ 视作目标的角度信息 $\dfrac{\mathrm{d}\theta_i}{\mathrm{d}t}$，就可以利用这个信息来进行复合控制。

高速目标在直角坐标系中的速度频谱较窄，目标在直角坐标系中轨迹的导数项是接近于零频的直流信号，而在球坐标系内，各阶导数分量均存在。因此通过坐标变换后，在直角坐标系内微分，而后通过一个低通滤波器，有可能滤除 $\dfrac{\mathrm{d}e}{\mathrm{d}t}$。根据这个原理，再生反馈系统首先要进行坐标变换。一般雷达探测的目标数据是在球坐标内（方位角为 A_z、俯仰角为 E_1，距离为 r）给出的。设球坐标系下探测值为（A_{z0}, E_{10}, r_0），经坐标正变换，变换到直角坐标系（x, y, z），相应的探测值为（x_0, y_0, z_0）；经微分、滤波平滑和坐标反变换后，得到目标在球坐标系内的速度（$\dot{A}_{z1}, \dot{E}_{11}, \dot{r}_1$），最后经过一个再生反馈网络，得到再生反馈信号（$\delta_1, \delta_2, \delta_3$）分别正馈到方位支路、俯仰支路和距离支路的速度回路输入端，如图 8.74 所示。

由球坐标到直角坐标的变换关系为

$$\begin{cases} x = r\cos E_1 \cos A_z \\ y = r\cos E_1 \sin A_z \\ z = r\sin E_1 \end{cases} \qquad (8.171)$$

$$\begin{bmatrix} \dot{x} \\ \dot{y} \\ \dot{z} \end{bmatrix} = \begin{bmatrix} -r\cos E_1 \sin A_z & -\sin E_1 \cos A_z & \cos E_1 \cos A_z \\ r\cos E_1 \cos A_z & -r\sin E_1 \sin A_z & \cos E_1 \sin A_z \\ 0 & r\cos E_1 & \sin E_1 \end{bmatrix} \begin{bmatrix} \dot{A}_z \\ \dot{E}_1 \\ \dot{r} \end{bmatrix} = A \begin{bmatrix} \dot{A}_z \\ \dot{E}_1 \\ \dot{r} \end{bmatrix} \qquad (8.172)$$

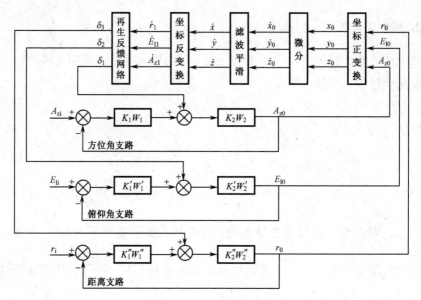

图 8.74　再生反馈系统框图

$$\begin{bmatrix} \dot{A}_z \\ \dot{E}_1 \\ \dot{r} \end{bmatrix} = A^{-1}\begin{bmatrix} \dot{x} \\ \dot{y} \\ \dot{z} \end{bmatrix} = \begin{bmatrix} -\dfrac{\sin A_z}{r\cos E_1} & \dfrac{\cos A_z}{r\cos E_1} & 0 \\ \dfrac{-\sin E_1\cos A_z}{r} & \dfrac{-\sin E_1\sin A_z}{r} & \dfrac{\cos E_1}{r} \\ \cos E_1\cos A_z & \sin A_z\cos E_1 & \sin E_1 \end{bmatrix}\begin{bmatrix} \dot{x} \\ \dot{y} \\ \dot{z} \end{bmatrix} \qquad (8.173)$$

再生反馈系统的等效结构框图如图 8.75 所示。

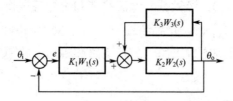

图 8.75　再生反馈等效结构框图

由图 8.75 可知，伺服系统的闭环传递函数为

$$\phi(s) = \frac{\theta_o(s)}{\theta_i(s)} = \frac{K_1W_1(s)K_2W_2(s)}{1 + K_1W_1(s)K_2W_2(s) - K_3W_3(s)K_2W_2(s)} \qquad (8.174)$$

伺服系统的误差传递函数为

$$\phi_e(s) = \frac{e(s)}{\theta_i(s)} = \frac{1 - K_3W_3(s)K_2W_2(s)}{1 + K_1W_1(s)K_2W_2(s) - K_3W_3(s)K_2W_2(s)} \qquad (8.175)$$

可见，当 $K_3W_3(s)K_2W_2(s)=1$ 时，可以实现完全不变性。同样要实现完全不变性，$K_3W_3(s)$ 中必然要具有许多个微分环节，这样网络 $K_3W_3(s)$ 的输出将充满噪

声，使伺服系统根本无法工作。但是实现局部的不变性是可能的，实践证明效果十分显著。

假设

$$K_3 W_3(s) = \frac{s}{K_2} \tag{8.176}$$

则加入再生反馈网络后的等效开环传递函数为

$$K''W''(s) = \frac{K_1 W_1 K_2 W_2}{1 - K_3 W_3 K_2 W_2} = \frac{K_1 K_2 (\tau_1 s + 1)}{s^3 \left[T_1 T_2^2 s^2 + (2\xi T_1 T_2 + T_2^2)s + T_1 + 2\xi T_2 \right]} \tag{8.177}$$

可见，通过引入再生反馈网络后，使伺服系统由原来的二阶无静差系统变成了三阶无静差系统，这就是再生反馈系统能够提高伺服系统精度的实质。而在引入再生反馈控制后，改变了伺服系统闭环传递函数的特征方程，有可能破坏伺服系统的稳定性，这就是滤除 $\dfrac{de}{dt}$ 后带来的影响，为此应尽量增大速度环的带宽和相对阻尼系数。

3. 同轴跟踪[2-3]

影响精密跟踪测量雷达角度测量精度的系统误差往往比随机误差要大，减小系统误差是提高精密跟踪测量雷达测角精度的一个重要手段。系统误差由动态滞后、天线座方位向转台不水平、轴系（方位轴与俯仰轴）不正交、电轴偏移、重力下垂等误差引起。这些误差可以采用事后处理的方法进行修正，但是对于要求高精度实时数据的精密跟踪测量雷达来说，是不能采用事后处理方法的，同轴跟踪是解决这一问题的有效方法。

同轴跟踪原理框图如图 8.76 所示。

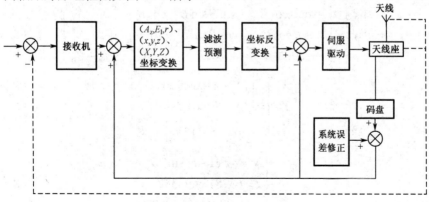

图 8.76　同轴跟踪原理框图

接收机输出的角误差信号与天线角位置相加后，经过坐标变换、滤波与预测、坐标反变换，得到目标的预测值，求得误差后驱动天线运动。同轴跟踪的核心在于精确的标定和实时误差的修正。

在同轴跟踪时，精密跟踪测量雷达接收机输出的角误差信号不直接控制伺服系统，而是通过计算机进行各项处理，包括误差信号处理、测量位置系统误差修正、坐标变换、滤波预测、最终形成指向误差，然后才控制伺服系统。为了滤波和修正的需要，必须进行坐标变换和反变换。以下给出坐标变换及系统误差修正公式。

1）球坐标（A_z, E_1, r）与雷达站坐标（x, y, z）的转换

将（A_z, E_1, r）坐标变换成（x, y, z）坐标，即

$$\begin{cases} x = r \cos E_1 \cos A_z \\ y = r \sin E_1 \\ z = r \cos E_1 \sin A_z \end{cases} \tag{8.178}$$

将雷达站（x, y, z）坐标变换成（A_z, E_1, r）坐标，即

$$\begin{cases} r = \sqrt{x^2 + y^2 + z^2} \\ A_z = \arctan \dfrac{z}{x} \\ E_1 = \arcsin \dfrac{y}{R} \end{cases} \tag{8.179}$$

2）雷达站（x, y, z）坐标与地心系（X, Y, Z）坐标的转换

雷达站（x, y, z）坐标转换成地心系（X, Y, Z）坐标，即

$$\begin{bmatrix} X \\ Y \\ Z \end{bmatrix} = \begin{bmatrix} -\sin B \cos L & \cos B \cos L & -\sin L \\ -\sin B \sin L & \cos B \sin L & \cos L \\ \cos B & \sin B & 0 \end{bmatrix} \begin{bmatrix} x \\ y \\ z \end{bmatrix} + \begin{bmatrix} X_0 \\ Y_0 \\ Z_0 \end{bmatrix} \tag{8.180}$$

地心系（X, Y, Z）坐标变换成雷达站（x, y, z）坐标，即

$$\begin{bmatrix} x \\ y \\ z \end{bmatrix} = \begin{bmatrix} -\sin B \cos L & -\sin B \sin L & \cos B \\ \cos B \cos L & \cos B \sin L & \sin B \\ -\sin L & \cos L & 0 \end{bmatrix} + \begin{bmatrix} X - X_0 \\ Y - Y_0 \\ Z - Z_0 \end{bmatrix} \tag{8.181}$$

$$\begin{bmatrix} X_0 \\ Y_0 \\ Z_0 \end{bmatrix} = \begin{bmatrix} (N+h)\cos B \cos L \\ (N+h)\cos B \sin L \\ \left[N(1-e^2) + h \right] \sin B \end{bmatrix} \tag{8.182}$$

$$\begin{cases} N = a / \sqrt{1 - e^2 \sin^2 B} \\ a = 6378139.98337 \\ e = 0.08181909585849 \end{cases} \tag{8.183}$$

式中，B 为雷达所在地纬度，L 为雷达所在地经度，h 为雷达所在地高度。

3）同轴跟踪角伺服系统误差的修正

系统误差的修正是实现同轴跟踪的关键。系统误差的修正必须在闭环跟踪内实时地进行，包括以下几项：

（1）天线座方位向转台不水平

$$\begin{cases} \Delta_{T_a} = \theta_M \sin(A_z - A_M)\sin E_1 \\ \Delta_{E_1} = \theta_M \cos(A_z - A_M) \end{cases} \tag{8.184}$$

（2）方位轴与俯仰轴不正交

$$\begin{cases} \Delta_{A_a} = \delta_M \tan E_1 \\ \Delta_{E_1} = 0 \end{cases} \tag{8.185}$$

（3）电轴偏移（光轴与电轴不匹配）

$$\begin{cases} \Delta_{A_e} = \sigma_T \sec E_1 \\ \Delta_{E_e} = \sigma_E \end{cases} \tag{8.186}$$

（4）重力下垂

$$\begin{cases} \Delta_{A_z} = 0 \\ \Delta_{E_1} = \partial \cos E_1 \end{cases} \tag{8.187}$$

式（8.184）～式（8.187）中，A_z、E_1 分别为方位角、俯仰角的测量值，θ_M 为大盘倾斜角，A_M 为倾斜最高点的方位角，δ_M 为方位轴与俯仰轴的不正交角，∂ 为重力下垂角，σ_T 和 σ_E 分别为横向和俯仰向的光轴与电轴不匹配角，θ_M、A_M、δ_M、∂、σ_T、σ_E 为通过标校标定的常数。

8.4　伺服系统性能测试

伺服系统性能的自动化测试对于伺服系统的调试、维护等都具有十分重要的意义。伺服系统性能主要包括时域特性和频域特性。时域特性包括运动范围和阶跃特性，一般通过对伺服系统施加如阶跃信号、单位斜坡信号、正弦信号等典型信号，然后对其响应分析得到；频域特性包括带宽和幅度与相位裕度，传统方法是通过对伺服系统输入扫频信号，然后对其频域响应的分析得到。

1. 传统的测试方法

伺服系统一般近似为线性系统，故而在正弦信号作用下其频域响应仍然是频率不变的正弦信号，只是幅度和相位发生改变。据此，在频带范围内，按照一定的顺序测得离散的一系列正弦激励的响应值，分别得到这些频率点的幅度和相位响应值，经拟合就得到了系统的频域特性，这种方法叫作扫频法。这种方法实现原理比较简单，最大的问题是对伺服控制对象要施加持续性的冲激，对传动结构有一定的损伤，且测试实施起来比较复杂、烦琐，所需时间也较长，同时由于要求精确的正弦信号，实现起来也有一定的难度。组合频率法是对伺服系统一次施加多个频率的信号，原理与扫频法相同，只是减少了冲激次数，但信号的产生和信号的分析更为复杂。

2. 利用时域特性分析伺服系统频域特性的方法

伺服系统特性的测试示意图如图8.77所示。

对伺服系统输入有一定带宽的激励信号 $x(t)$，其响应为 $y(t)$，那么 $x(t)$ 和 $y(t)$ 的傅里叶变换分别为 $X(j\omega)$ 和 $Y(j\omega)$，伺服系统特性 $H(j\omega)$ 可表示为频域特性 $Y(j\omega)/X(j\omega)$。由于连

图 8.77 伺服系统特性的测试示意图

续信号无法用计算机来处理，这里引入离散傅里叶变换（DFT）的分析方法。DFT是信号频谱的数字化分析方法，若激励信号 $x(t)$ 的带宽有限，其截止频率为 f_n，由奈奎斯特采样定理知，以大于 2 倍 f_n 的采样频率 f_s 对信号离散化时，其频谱不会产生频率混叠，才能由采样信号恢复为原信号，离散化后序列 $x(n)$ 的频谱 $X(e^{j\omega T})$（T 是采样周期）是原频谱以 $1/f_s$ 为周期的延拓结果，而序列 $x(n)$ 的离散傅里叶变换实质是对区间 $[0,1/f_s]$ 上 $x(n)$ 频谱的离散化，即 $X(k)$ ［其中 $k = 0,1,\cdots,N-1$］是 $X(e^{j\omega T})$ 在 $[0,1/f_s]$ 区间上的采样值，由于 $X(k)$ 具有对称性，因此只需要分析采样复数 N 的前 $1/2$ 即可。

由 DFT 需要处理的数据量大，计算机难以实时处理，因而按照 DFT 的快速算法，即 FFT，使得 DFT 有了广泛的应用（这里不对算法解释）。

由上面的分析可知，对分别得到的激励和响应信号的频域特性 $X(j\omega)$ 和 $Y(j\omega)$ 可采用 DFT 来分析。首先对 $x(t)$ 和 $y(t)$ 分别采样得到 $x(n)$ 和 $y(n)$，然后做 $x(n)$ 和 $y(n)$ 的 DFT，分别得到 $X(k)$ 和 $Y(k)$，从而就得到了系统的频域特性。

理论上 $x(t)$ 可以是任意的宽频信号，而单位冲激函数在频域具有幅频特性值为 1、相频响应值为零的特性，如果能对伺服系统输入冲激信号，则对其输出进行频域分析，即可得到频域响应，但现实中难以对伺服系统注入理想冲激信号。

在测试伺服系统时域特性时，通常会通过施加阶跃信号来测试伺服系统的过渡过程，而阶跃信号的微分就是冲激信号，因此采用阶跃信号，在得到伺服系统时域特性的同时也能得到频域特性。

$$H(j\omega) = \frac{Y(j\omega)}{X(j\omega)} = \frac{j\omega \cdot Y(j\omega)}{j\omega \cdot X(j\omega)} = \frac{F[\dot{y}(t)]}{F[\dot{x}(t)]} \qquad (8.188)$$

通过求一阶导数 $\dot{y}(t)$ 和 $\dot{x}(t)$ 的傅里叶变换求得 $H(j\omega)$ 为

$$H(\mathrm{j}\omega)\big|_{\omega=k\cdot\Delta\omega} = \frac{\mathrm{DFT}\big[\Delta y(n)/\Delta t\big]}{\mathrm{DFT}\big[\Delta x(n)/\Delta t\big]} = \frac{\mathrm{DFT}\big[\Delta y(n)\big]}{\mathrm{DFT}\big[\Delta x(n)\big]} \qquad (8.189)$$

因为阶跃信号的采样信号是单位阶跃序列 $\varepsilon(n)$，其差分为单位冲激函数 $\delta(n)$；又由于 $\delta(n)$ 的幅频特性值为 1，相频响应值为零，所以对响应 $y(n)$ 做差分的傅里叶分析，即可得到伺服系统的特性。

在实际的应用中，要预先估计伺服系统的截止频率，以确定采样频率，要满足采样定理，即 $f_{\mathrm{s}} \geq 2f_{\mathrm{h}}$。一般 f_{s} 取值为 f_{h} 的 3～5 倍。采样点数 N 在采样周期 T_{s} 不变的情况下决定频率分辨率，所以在数据处理量允许的情况下，N 值要尽量大些。

3. 仿真

由于绝大多数伺服系统都可以简化为二阶系统，所以在仿真中，伺服系统设为二阶系统。

设一个二阶系统，传递函数为 $H(s) = \dfrac{15^2}{s^2 + 12s + 15^2}$，阻尼比 $\xi = 0.4$，固有频率 $\omega_n = 15\mathrm{rad/s}$，采样间隔 $\Delta t = 0.005\mathrm{s}$，采样点数 $N = 1024$。

图 8.78 为该伺服系统仿真的阶跃特性，可以看出其超调量为 25.4%，上升时间为 0.144s。采用上述利用时域特性分析伺服系统频域特性的方法，计算出的幅频、相频特性与理论上的幅频、相频特性的对比曲线分别如图 8.79 和图 8.80 所示。

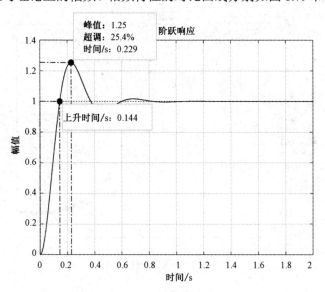

图 8.78 伺服系统仿真的阶跃特性

图 8.79 中的 "×" 字线是应用 DFT 得到的幅频特性曲线，实线是理论上计算

的幅频特性曲线，两条线几乎完全重合，可见运用 DFT 分析幅频特性的方法实现了很好的性能。

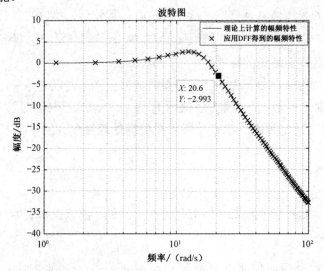

图 8.79　应用 DFT 得到的幅频特性与理论上计算的幅频特性曲线对比

图 8.80 中实线和"×"组成的线分别是理论上计算的相频特性和应用 DFT 分析得到的相频特性曲线。看得出在低频部分两线几乎重合，高频部分也靠得很近，偏差也不大。可见运用 DFT 分析相频特性是完全可行的。

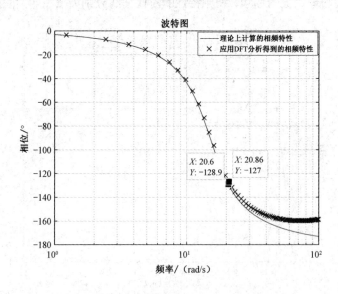

图 8.80　应用 DFT 分析得到的相频特性与理论上计算的相频特性的曲线对比

4. 结论

利用伺服系统时域特性分析伺服系统频域特性的方法实现了很好的性能，完全能满足伺服系统频域特性测试的要求，由于其具有只有一次冲激的特点，激励采用阶跃信号易于实现，在得到伺服系统时域特性的同时，经过处理也得到了频域特性，所以这种测试方法可以用于对伺服系统的频域性能指标的测试。

参考文献

[1]　李连升. 雷达伺服系统[M]. 北京：国防工业出版社，1983.

[2]　李连升. 现代雷达伺服控制[M]. 北京：国防工业出版社，1987.

[3]　夏福娣. 防空导弹制导雷达伺服系统[M]. 北京：宇航出版社，1996.

[4]　李友善. 自动控制原理（上、下）[M]. 北京：国防工业出版社，1980.

[5]　尔联洁. 自动控制系统[M]. 北京：航空工业出版社，1994.

[6]　秦继荣. 现代直流伺服控制技术及其系统设计[M]. 北京：机械工业出版社，2002.

[7]　胡祐德. 伺服系统原理与设计[M]. 2 版. 北京：北京理工大学出版社，1999.

[8]　曾乐生. 随动系统[M]. 北京：北京工业学院出版社，1988.

[9]　吴凤高. 天线座结构设计[M]. 北京：国防工业出版社，1979.

[10]　陈伯时. 电力拖动自动控制系统[M]. 2 版. 北京：机械工业出版社，2004.

[11]　徐建儒. 伺服机构的功率元件与系统设计[M]. 北京：国防工业出版社，1981.

[12]　程望东. 一种适用的复合控制算法[J]. 现代雷达，2003，25(4): 48-54.

第 9 章
脉冲多普勒速度跟踪测量技术

在跟踪测量雷达中，往往有高精度目标径向速度测量要求。连续波体制测速雷达与脉冲跟踪测量雷达均能完成这一任务。脉冲跟踪测量雷达（本章简称脉冲雷达），相对于连续波体制测速雷达来说，设备比较简单，单站就可以完成径向速度测量，但测速模糊问题比较严重。本章主要介绍脉冲跟踪测量雷达测速的功能、原理和主要性能指标，以及组成和设计方法。对脉冲多普勒测速跟踪回路性能、高加速度运动目标的捕获、不变量嵌入消除脉冲多普勒测速模糊等关键技术问题进行分析，并对其他多普勒测速方法做了介绍。

9.1　概述

跟踪测量雷达能对运动目标的距离、方位角和俯仰角进行跟踪测量。在很多应用中，同时也对跟踪测量雷达提出了精确测量目标径向速度的要求。

人们很自然地要问：单台跟踪测量雷达既然测得了目标的距离 $R(t)$ 就可求得 $R(t)$ 对时间的导数，也就求得了目标速度，那么为什么还要特别地研制测速机，得到目标的速度 $V(t)$ 呢？这是因为由测距机所得到的 $R(t)$ 经微分运算后求得的速度 $V(t)$ 的精度不够。

基于脉冲多普勒效应的跟踪测量雷达对目标速度的测量可以达到很高的精度，因而脉冲多普勒测速成了跟踪测量雷达的一项重要功能。

美国从研制出第一部单脉冲精密跟踪测量雷达 AN/FPS-16 后不久，就在其第三部雷达上加装了脉冲多普勒测速设备。之后研制的多种型号的单脉冲精密跟踪测量雷达上（如 AN/FPQ-6 改进型、AN/FPQ-10、AN/MPS-36 等）均具有脉冲多普勒测速系统。

9.1.1　脉冲多普勒测速功能及原理

脉冲多普勒效应是指当发射源和接收者之间有相对径向运动时，接收到的信号频率发生变化的现象。这一物理现象首先在声学上由物理学家克里斯顿·多普勒[1]于 1842 年发现。

1. 脉冲雷达的多普勒效应

设脉冲雷达发射信号为

$$E(t) = H(t)e^{j\omega_0 t}$$

$$H(t) = \begin{cases} A & |t| \leqslant \tau/2 \\ 0 & \text{其他} \end{cases} \tag{9.1}$$

式（9.1）中，$H(t)$ 为矩形函数的调制周期脉冲系列，A 为调制脉冲幅度，τ 为调制脉冲宽度。调制重复频率（重频）为 f_r，调制周期为 T_r（$T_r = 1/f_r$），发射载频为 f_0（$f_0 = \omega_0/(2\pi)$）。回波信号为

$$e(t) = \alpha H(t - t_R) e^{j\omega_0'(t-t_R)} \qquad (9.2)$$

式（9.2）中，α 为衰减因子，其值受雷达方程制约；回波信号幅度包络的延迟为 t_R，测距机的任务就是测出包络延迟时间 t_R；而回波振荡部分相位的延迟为 $\omega_0'(t - t_R)$，脉冲雷达回波信号载频 $f_0' = 2\pi\omega_0'$，测速的任务是测出其相位中所含的目标运动信息。

假设目标相对脉冲雷达的速度为 v，设目标远离脉冲雷达时速度为负（对应目标靠近脉冲雷达时速度为正），脉冲雷达回波信号载频 f_0' 存在以下时间扩张因子[2]，即

$$f_0' = \frac{c+v}{c-v} f_0$$

脉冲多普勒频率 f_d 定义为脉冲雷达回波信号载频 f_0' 和脉冲雷达发射信号载频 f_0 的差，即

$$f_d = f_0' - f_0 = \frac{c+v}{c-v} f_0 - f_0 = \frac{2v}{c-v} f_0 \qquad (9.3)$$

由于 $v \ll c$ 且 $c = \lambda f_0$，则有

$$f_d \approx \frac{2v}{c} f_0 = \frac{2v}{\lambda} \qquad (9.4)$$

这就是考虑脉冲雷达波径向往返时，收到回波信号的多普勒效应的公式。更详细的脉冲雷达多普勒效应的原理及公式的推导，可查阅文献[3]。

2. 脉冲多普勒测速原理

正像在第 7 章中所述，通过测量目标的延迟时间 τ 便可测出目标的径向距离，同样只要测速机测出目标的多普勒频率 $f_d(t)$，就测出了目标的径向速度 $v_d(t)$，由式（9.4）可得

$$v_d(t) = \frac{\lambda}{2} f_d(t) \qquad (9.5)$$

这就是脉冲雷达多普勒测速的原理。然而，要精确地测出 $f_d(t)$ 的瞬时值，不是一件简单的事，下面说明这一问题。

第一，脉冲多普勒测速系统必须有一个对多普勒频率闭环跟踪的回路来跟踪目标运动引起的多普勒频率的变化，这可以利用压控振荡器或频率合成器的频率来跟随多普勒频率的变化。第二，因为脉冲雷达回波信号的频谱是多谱线的，为

了只跟踪一根谱线，必须有窄带跟踪滤波器滤出并锁定一根谱线，才能达到较高的测量精度。第三，要实现窄带回路高精度跟踪，必须先捕获目标，特别是对具有高加速度的目标来说，捕获困难，因此必须有加速度捕获电路，以辅助测速回路捕获目标。第四，脉冲多普勒测速最困难的问题是存在多普勒速度模糊，因此在跟踪上目标的一根细谱线之后，如何有效地消除模糊是另一个关键问题。第五，当目标高机动时，频率跟踪回路有时会失锁（连续波频率跟踪回路也会失锁），这时需要重新捕获目标。第六，在跟踪锁定目标的多普勒频率后，满足测量精度又是一个困难的问题。对于上述诸多脉冲多普勒测速的问题，本章将一一进行阐述。

3. 测速系统的功能

测速系统的主要作用是向雷达系统提供目标相对于脉冲雷达的径向运动速度数据，这种数据是实时的、精确的和无模糊的，这也是测速系统的主要功能。测速系统要采用窄带滤波、鉴频、跟踪滤波、二阶闭环回路跟踪等技术，得到实时的、精确的径向速度数据。

目前测速系统已经采用全数字化，在信号处理检测信息里提取测速所需的目标距离、周期、相位、时标等信息后采用软件参数化处理，用软件技术替代模拟测速系统中的压控振荡器或频率合成器、窄带跟踪滤波器等设备，具备良好的人机控制和信息交换，实现了与脉冲雷达主计算机之间的网络通信和数据交换。

9.1.2　测速系统构成框图

脉冲雷达高精度测速系统采用软件化测速处理流程，由混频处理、相参检测、滤波控制、速度解模糊和径向速度监控模块组成。混频处理模块提取回波信号多普勒频率与测量速度频率的频率差信号，经过相参检测模块得到速度差，再由滤波控制模块进行速度的平滑预测处理得到速度数据。需要注意的是，径向速度监控模块实时对测量速度和航迹径向速度进行比对，当判别测量速度异常时，重启测量速度或进行自动速度解模糊处理。因而在提高脉冲雷达测速稳健性的同时，测速精度也有所提升。脉冲多普勒测速系统（简称测速系统）构成框图如图 9.1 所示。

在上述测速系统中，回波信号 I/Q 序列是脉冲雷达回波信号匹配处理检测后的目标零中频 I/Q 脉冲序列，软件化测速就是针对该回波 I/Q 序列进行的测速处理。测速系统的初始速度和加速度，利用了航迹数据对应的径向速度和加速度进行初始速度和加速度的启动配置，其后续速度、加速度则是由测速系统闭环滤波来控制实现的。在混频处理模块里，根据测速速度、加速度和时间脉冲信息计算出测速频率相位信号，与回波信号 *I/Q* 序列进行混频处理，得到目标回波速度和速度测量的偏差序列（频率差），经过相参检测模块得到速度差及其信噪比信息。滤波控制模块针对速度差及信噪比信息进行判别，当满足信噪比要求时，利用速度差进行滤波，否则舍去本次速度差直接进行速度外推。此外，还需要对测速速度进行判别监控，当测速速度与距离微分的径向速度偏差明显时需要进行自动速度解模糊或测速系统速度、加速度重新启动配置，即测速系统自动重启。

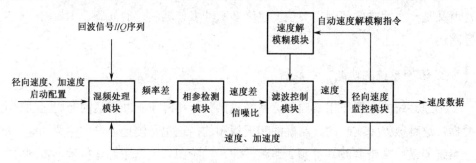

图 9.1　脉冲多普勒测速系统构成框图

测速系统采用软件模块化处理，需将测速软件模块添加嵌入在信号处理检测或测距点航迹处理模块中进行，利用信号处理检测或测距点航迹处理模块里的指令表信息控制测速系统，包括由捕获转入跟踪，自动消除模糊，进行各种工作状态的转换，显示各种工作参数，负责测速系统与脉冲雷达系统之间各种数据的传递等。

9.1.3　脉冲多普勒测速主要性能指标

脉冲多普勒测速系统（简称测速系统）的主要性能指标，一方面由脉冲雷达系统任务的需求确定，另一方面是根据目前测速系统能做到的水平而定。常用的跟踪测量雷达脉冲多普勒测速系统的性能指标如下：

（1）测速回路类型：数字式 II 型（二阶跟踪回路）脉冲多普勒频率跟踪系统；

（2）最大跟踪及捕获速度：10km/s；

（3）最大跟踪及捕获加速度：600m/s^2；

（4）最大工作适应加加速度：100m/s^3；

（5）测量精度：≤0.2m/s（S/N≥12dB 时）；

（6）回路参数：回路带宽为 40Hz、20Hz、10Hz 可选；

（7）测速系统最大加速度常数 K_a：可以大于 3500/s^2；

（8）目标捕获时间：<1s；

（9）消除模糊要求：时间＜2s，正确率≥99%；

（10）具有自动消除模糊及手动消除模糊（人工干预）的能力。

Ⅱ型脉冲多普勒频率跟踪回路可以保证对有速度和加速度的目标的良好跟踪性能，其最大跟踪速度为 10km/s，如 C 波段波长约 5cm 的脉冲雷达，对应的多普勒频率约为400kHz。加速度为600m/s^{2}是非常高的要求，要考虑到加速度捕获电路的设计，可采用辅助的加速度捕获电路（见后面叙述）或采用变带宽方法以满足这项要求。

在测速系统调试中，通常与测距模拟软件的模块同步调试，测距模拟软件模块在模拟回波信号距离的同时，根据脉冲雷达波长和目标航迹距离来产生回波信号 I/Q 相位，即 $\theta(t) = 4\pi R(t)/\lambda$，对应回波信号为 $\mathrm{sig}(t) = A[\cos\theta(t) + \mathrm{j}\sin\theta(t)]$，此处 A 为信号幅度。

验证鉴定脉冲雷达跟踪目标的测速精度，应以更高精度的测速系统来鉴定脉冲雷达的精度，如可用精轨卫星激光联测数据或连续波体制测速雷达的测量数据比对。

测速回路闭环带宽的变化是以数字回路中滤波参数的变化来实现的，闭环带宽变化有两个作用，一是可以改变对加速度的捕获能力，二是可以改变对目标的跟踪精度。但这两者是矛盾的，因此，调整带宽只能侧重某一方面的性能。

影响目标速度测量精度的因素很多，这里仅考虑点目标的跟踪情况。考虑对点目标跟踪时，脉冲多普勒回路的热噪声对频率测量的精度影响误差 σ_{fn} 为[4]

$$\sigma_{\mathrm{fn}} = \frac{B_{\mathrm{f}}}{K_{\mathrm{d}} \cdot \sqrt{(S/N)(f_{\mathrm{r}}/\beta_{\mathrm{n}})}} \tag{9.6}$$

式（9.6）中，K_{d} 为测速回路误差归一化斜率，一般取为 1.0；B_{f} 为测速回路窄带滤波器带宽，如采用 16 点 FFT 做滤波时，带宽为 $f_{\mathrm{r}}/16$，f_{r} 为重频；β_{n} 为测速回路闭环带宽，S/N 为信噪比。当 $f_{\mathrm{r}} = 585\mathrm{Hz}$，$S/N = 12\mathrm{dB}$，$\beta_{\mathrm{n}} = 10\mathrm{Hz}$ 时，$\sigma_{\mathrm{fn}} \approx 1\mathrm{Hz}$。

当 $\lambda = 0.0536\mathrm{m}$ 时，造成的径向速度误差 $\sigma_{\mathrm{vn}} \approx 0.03\mathrm{m/s}$。

可以设计不同的闭环带宽以满足不同精度的要求。值得注意的是，脉冲多普勒测速的精度还受多种其他因素的制约，包括应答模式下应答机短时相位不稳定、反射模式下火箭箭体非点目标状态，径向航迹拐点处速度、加速度突变，目标分离下脉冲双多普勒频率及点迹检测异常导致的频谱混乱异常情况，这里仅就测速本身的热噪声进行分析。

速度模糊的消除分为自动与手动两种。一般情况下，测速系统能自动地在规定时间内完成速度消除模糊。当遇到一些特殊情况时，可进行人工干预。

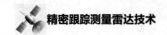

9.2 脉冲多普勒跟踪回路及其组成

脉冲多普勒跟踪回路是脉冲多普勒测速系统的主要组成部分，下面介绍它的原理框图和设计公式。

根据图 9.1 所示的脉冲多普勒测速系统，脉冲多普勒测速回路的原理框图如图 9.2 所示。

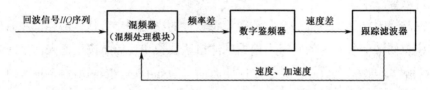

图 9.2　脉冲多普勒测速回路的原理框图

1. 混频器

在混频处理模块里，根据测速速度、加速度和时间脉冲信息计算出速度测量频率相位信号，与回波信号 I/Q 序列进行混频处理，得到目标回波速度和速度测量频率差的偏差序列。

假设回波信号点迹提取的信号序列为 $\mathrm{sig}_0 = \{\mathrm{sig}(1), \mathrm{sig}(2), \cdots, \mathrm{sig}(n-1), \mathrm{sig}(n)\}$，按滑窗处理得到当前 N 点回波信号序列为 $\mathrm{sig}_1 = \{\mathrm{sig}(n-N+1), \mathrm{sig}(n-N+2), \cdots, \mathrm{sig}(n-1), \mathrm{sig}(n)\}$，相应时间标记为 $t_0 = \{(n-N+1)T, (n-N+2)T, \cdots, (n-1)T, nT\}$。将当前 nT 作为时间 0 时刻进行时间重新对齐处理，那么当前 N 点回波信号序列 sig_1 对应的时间序列 t_1 可标记为 $t_1 = \{(-N+1)T, (-N+2)T, \cdots, (-1)T, 0T\}$，用此时间序列 t_1 与测得的当前速度 $v(n)$ 和加速度 $a(n)$，可以闭环计算出回波振荡器相位 $\theta(t_1) = 4\pi R(t_1)/\lambda = 4\pi(vt_1 + 0.5at_1^2)/\lambda$，以及对应回波振荡器复信号相位 $\mathrm{sig}_2 = \cos\theta(t_1) + \mathrm{j}\sin\theta(t_1)$，将 sig_1 和 sig_2 相除就得到了回波信号 I/Q 序列和测速系统闭环回波振荡器复信号序列的差频序列 $\mathrm{sig}_3 = \mathrm{sig}_1 / \mathrm{sig}_2$。

2. 数字鉴频器

数字鉴频器的作用是提取差频序列的频率差并转换成速度差。图 9.1 中相参检测模块具有数字鉴频器功能。

数字鉴频器根据测速系统要求，一般分为长时间鉴频和短时间鉴频两种。

长时间鉴频适用于测速系统稳定跟踪后的平稳场景，可提高信噪比，继而提高测速精度。长时间鉴频对应的脉冲数较多，大多采用快速傅里叶变换（Fast Fourier Transform，FFT）对回波信号差频序列进行加权、FFT、求模，检测后得到有效频谱位置，并通过插值细化及频率/速度转换得到速度差。该方法为 FFT 鉴频器算法，其原理框图如图 9.3 所示。

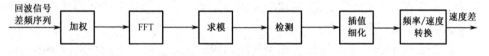

图 9.3　FFT 鉴频器算法原理框图

短时间鉴频适用于测速回路中的速度快速捕获和非平稳场景，以便及时锁定回波信号多普勒速度。短时间鉴频对应的脉冲数较少，大多采用 4 个脉冲回波信号数据进行鉴频处理，对 4 个脉冲回波信号数据依次进行相位差处理后得到 3 个相位差数据，平滑后获得频率差，经转换后得到速度差。该方法为 4 点数据相位差鉴频器算法，其原理框图如图 9.4 所示。

图 9.4　4 点数据相位差鉴频器算法原理框图

当测速系统处于捕获状态时，数字鉴频器采用 4 点数据相位差鉴频器算法输出；当测速系统处于跟踪状态时，数字鉴频器采用 FFT 鉴频器算法输出；但当有大测速带宽要求或者 FFT 鉴频器信噪比较低时，需采用 4 点数据相位差鉴频器算法输出，如图 9.5 所示。

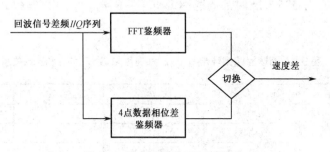

图 9.5　数字鉴频器组合逻辑图

3. 跟踪滤波器

对于目标运动 $R(t) = \left[R(0) + \dot{R}(0)t + \frac{1}{2}\ddot{R}(0)t^2 + \frac{1}{6}\dddot{R}(0)t^3 + \cdots \right]$ 来讲，$\dot{R}$、$\ddot{R}$、$\dddot{R}$ 分别是目标运动的径向速度、径向加速度和径向加加速度，其距离在短时间内可近似表示为 $R(t) = R(0) + \dot{R}(0)t + \frac{1}{2}\ddot{R}(0)t^2$，测距采用三阶模型滤波，能实现对匀加

速度目标的无滞后径向速度估计。脉冲多普勒测速系统采用二阶模型滤波，能实现对匀加速度目标的无滞后速度跟踪，这样径向速度和多普勒速度就可相互比拟参照，故脉冲多普勒测速跟踪滤波器采用Ⅱ型脉冲多普勒频率闭环测速跟踪回路是合适的。

测速系统采用Ⅱ型脉冲多普勒频率闭环测速跟踪回路，该回路的结构模型图如图 9.6 所示，其核心是 $\alpha - \beta$ 滤波器。

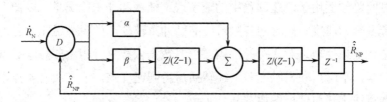

图 9.6　Ⅱ型脉冲多普勒频率闭环测速跟踪回路的结构模型图

图 9.6 中，D 为数字鉴频器，是单位延时算子，$Z/(Z-1)$ 则是积分器的传递函数，α 和 β 分别是速度支路和加速度支路的滤波系数。

设输入脉冲多普勒频率或输入速度量为 $\dot{R}_N$，其 z 变换设为 $x(z)$；输出的脉冲多普勒频率或输出速度量为 $\dot{R}_{NP}$，其 z 变换为 $y(z)$，则闭环传递函数为

$$G(Z) = \frac{y(z)}{x(z)} = \frac{(\alpha + \beta)Z - \alpha}{Z^2 + (\alpha + \beta - 2)Z + (1 - \alpha)} \tag{9.7}$$

测速回路等效噪声带宽 β_n 和加速度系数 K_a 的计算公式同测距回路，表 9.1 给出了重频 f_r 为 585.5Hz 时的测速回路闭环带宽 β_n、加速度常数 K_a 与 α 和 β 的关系。

表 9.1　测速回路闭环带宽 β_n、加速度常数 K_a 与 α 和 β 的关系

重频 PRF / Hz	α	β	$K_a/(1/s^2)$	β_n/Hz
585.5	0.03176	0.00005835	20	5
	0.062488	0.0002334	80	10
	0.1207	0.0008751	300	20
	0.2236	0.003792	1300	40
	0.3024	0.011667	4000	60

在测速回路中，当目标有加加速度时，其速度稳态误差 $e_{ss} = \dddot{R}/K_a$。

对测速回路的各种性能（如稳定性、等效谐振频率、阻尼、稳态跟踪误差、噪声等效带宽等参数）的分析，与第 7 章在测距机中的原理相同，这里不再赘述。文献[5]概括介绍了单脉冲雷达精密跟踪测速技术，仍然具有参考价值。

9.3　脉冲多普勒测速的几个问题

脉冲多普勒测速系统在目标运动的加速度值很大时，会出现捕获困难，这是本节第一个要介绍的问题。在数字脉冲多普勒测速系统中，往往方便地以变带宽的方法来解决此问题。下面将从信息处理的角度来阐述对高加速度目标的捕获。

脉冲多普勒测速的第二个难题，是存在脉冲多普勒速度的解模糊问题，本节也将就这个问题介绍脉冲多普勒速度模糊消除的方法。

9.3.1　高加速度运动目标的捕获

1. 加速度捕获电路的必要性

脉冲多普勒测速回路在跟踪之前，必须进行对目标的捕获，在测距机跟踪上目标后开始工作。测速系统通过捕获目标的脉冲多普勒速度误差信号，进行速度跟踪而得到目标速度。由于跟踪测量雷达往往要跟踪的是高速运动目标，有时需要捕获加速度高达 $60g$ 的目标，此时，鉴频器会因对目标高加速度回波信号的鉴频输出误差较大而失真。

以 C 波段脉冲雷达波长 5cm、脉冲周期 T 为 3.4ms 计算，8 个脉冲时间内 $60g$ 加速度目标的速度变化最大为 $60 \times 8 \times 0.0034 = 1.632 \text{ m/s}$，而此时模糊速度为 $v = 0.5\lambda / T = 7.3 \text{ m/s}$，而采用 FFT 鉴频器处理时，单个滤波器覆盖范围为 $7.3 / 8 = 0.9125 \text{ m/s}$，$1.632\text{m/s}$ 的速度已经覆盖近 $1.632 / 0.9125 \approx 1.8$ 个滤波器范围。故当脉冲雷达波段越高或鉴频器观测时间越长时，会导致速度频谱展宽，形成 FFT 滤波器覆盖现象，导致对目标速度捕获困难。

匀速、匀加速和匀加加速运动时的时频分析图谱如图 9.7 所示。

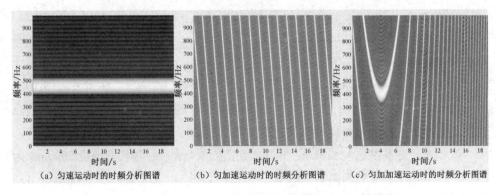

（a）匀速运动时的时频分析图谱　　（b）匀加速运动时的时频分析图谱　　（c）匀加加速运动时的时频分析图谱

图 9.7　匀速、匀加速和匀加加速运动时的时频分析图谱

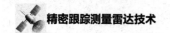

2. 加速度的测量方法

对于加速度的测量，可从信息处理的角度来解决。

一方面，从运动方程 $R(t) = R(0) + \dot{R}(0) \times t + 0.5 \times \ddot{R}(0) \times t^2$ 导出的径向包络来讲，测距系统采用三阶滤波器能够估计出目标加速度 $\ddot{R}(0)$，在测速系统初始化时就能利用测距系统给出的速度、加速度来加载脉冲多普勒测速系统，后续可一直利用速度、加速度来监测脉冲多普勒测速系统。

另一方面，从运动方程 $R(t) = R(0) + \dot{R}(0) \times t + 0.5 \times \ddot{R}(0) \times t^2$ 导出的回波相位 $\theta(t)$ 来讲，$\theta(t) = 4\pi R(t)/\lambda = 4\pi \left[R(0) + vt + 0.5at^2 \right]/\lambda$，对相位求导得出 $\theta'(t) = 4\pi(v+at)/\lambda$，$\theta'(t)$ 里只含有时间 t 的一次项 $4\pi a/\lambda$，因此可通过对 $\theta'(t)$ 测频后再推算出加速度 a。

此外，可利用径向速度、加速度初始数据来对回波信号进行速度、加速度的二维搜索检测，以得到最佳匹配脉冲多普勒速度和加速度。

9.3.2 脉冲多普勒测速模糊产生的原因

脉冲多普勒测速虽然能精确地测得运动目标的速度，但缺点是存在严重的速度模糊。这是由于脉冲雷达所用的重频相对较低，目标运动速度又很快造成的。因此，脉冲多普勒测速必须解决速度模糊这个问题。

假设脉冲回波信号的多普勒频率为 f_d，初始相位为 φ_0，回波信号相位 $\theta(t) = \varphi_0 + f_d \times t$，经离散采样后（离散采样周期为 T_s，对应重频 $f_r = 1/T_s$）回波信号相位 $\theta(k)$ 为

$$\theta(k) = \varphi_0 + 2\pi \times f_d \times k \times T_s, \ k = 0,1,2\cdots \qquad (9.8)$$

对 f_d 做变换，记 $f_d = l \times f_r + \Delta f_d$，其中 l 为一个整数，$-0.5f_r < \Delta f_d \leqslant 0.5f_r$，那么式（9.8）可化简为

$$\theta(k) = \varphi_0 + 2\pi(l \times f_r + \Delta f_d) \times kT_s = \varphi_0 + 2\pi(l \times f_r \times k \times T_s + \Delta f_d \times k \times T_s) \qquad (9.9)$$

由于 $f_r \times T_s = 1$，所以 $2\pi \times l \times f_r \times k \times T_s = 2\pi \times l \times k$，是 2π 的整数倍，那么回波信号相位可进一步表示为

$$\theta(k) = \varphi_0 + 2\pi \times \Delta f_d \times k \times T_s, \ k = 0,1,2\cdots \qquad (9.10)$$

比较式（9.8）和式（9.10），可以得出脉冲回波信号多普勒频率出现模糊的结论，这就是脉冲雷达离散化处理带来的速度模糊问题。

以 C 波段脉冲雷达波长 5cm、脉冲周期 T 为 3.4ms 及目标径向速度 5000m/s 为例，来说明脉冲多普勒测速模糊问题，此时脉冲回波信号多普勒频率 $f_d = 2v/\lambda = 2 \times 5000/0.05 = 200\text{kHz}$，回波信号相位 $\theta(t)$ 可表示为 $\theta(t) = \varphi_0 + 2\pi f_d \times t = \varphi_0 + 2\pi \times 200000 \times t$，其中 φ_0 为初始相位。离散化采样后回波信号相位 $\theta(k)$ 为

$$\theta(k) = \varphi_0 + 2\pi \times 200000 \times k \times T_s = \varphi_0 + 2\pi \times 680 \times k, \ k = 0,1,2\cdots \quad (9.11)$$

显然，经过 I/Q 正交解调后，信号 $\text{sig}(k) = \cos[\theta(k)] + j\sin[\theta(k)] = \cos(\varphi_0) + j\sin(\varphi_0)$（不考虑回波信号幅度），表明 $\text{sig}(k)$ 只保留了初始相位，丢失了本身的脉冲多普勒频率 f_d 信息。

9.3.3　脉冲多普勒测速模糊的消除

1. 测速模糊消除方法概述

当目标运动引起的脉冲多普勒频率大于脉冲雷达发射脉冲重复频率时，就会产生速度模糊。或者，当径向速度引导脉冲多普勒测速系统出现偏差且大于一个模糊速度 $\delta = 0.5 \times f_r / \lambda$ 时，鉴频器会出现速度模糊问题，从而导致整个多普勒测速出现速度模糊问题。因此解速度模糊问题是脉冲多普勒测速系统的重要环节。

设测距回路输出为 $R(t)$，目标真实距离为 $r(t)$，测距测量噪声为 $\varepsilon(t)$，则 $R(t) = r(t) + \varepsilon(t)$。对 $R(t)$ 微分可得 $\mathrm{d}R(t)/\mathrm{d}t = \mathrm{d}r(t)/\mathrm{d}t + \dot{\varepsilon}(t)$。

设测速回路速度为 $V(t)$，在 $V(t)$ 有模糊的情况下，忽略测速噪声，则

$$V(t) = \mathrm{d}r(t)/\mathrm{d}t + k\delta \quad (9.12)$$

式（9.12）中，k 为速度模糊数。比较 $V(t)$ 和 $\mathrm{d}R(t)/\mathrm{d}t$，则有 $\mathrm{d}R(t)/\mathrm{d}t - V(t) = k\delta + \dot{\varepsilon}(t)$，相当于在噪声 $\dot{\varepsilon}(t)$ 上叠加了直流电平 $k\delta$，进行无偏估计计算，从而解出速度模糊值。该方法称为微分法解速度模糊，在工程实际中，$\mathrm{d}R(t)/\mathrm{d}t$ 直接由测距跟踪滤波器给出。

也可以利用测速回路速度 $V(t)$ 积分得到的距离与测距回路的测量距离 $R(t)$ 比较，以此来解速度模糊值。那么有

$$r(t) = r(t_0) + \int_{t_0}^{t} V(t)\mathrm{d}t + k\delta(t - t_0) \quad (9.13)$$

令

$$\delta_{R(t)} = R(t) - \int_{t_0}^{t} V(t)\mathrm{d}t = r(t_0) + k\delta(t - t_0) + \varepsilon(t) \quad (9.14)$$

对 $\delta_{R(t)}$ 采用最小二乘估计可以无偏估计出 $k\delta$，该方法被称为用积分法解速度模糊。

采用最小二乘法处理时，微分法和积分法的效果等效[7]。

2. 不变量嵌入法解速度模糊

对脉冲多普勒测速引起的速度模糊的不变量嵌入法的研究，最早见于文献[6]。

不变量嵌入法就是用最短的时间，对测速和测距的数据做最佳处理，得到最精确的速度模糊值。具体地讲，就是用测距支路和测速支路积分所得到的两路距离数据进行抵消，去掉其中的高阶分量，然后用最小二乘法做最佳估值，求出模

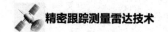

糊谱线的模糊数。

从上述思路可得

$$R_x(t) = R(0) - \int_0^t \dot{R}(t)\mathrm{d}t = R(0) + l \cdot \delta \cdot t + \omega(t) \tag{9.15}$$

式（9.15）中，$R_x(t)$ 为 t 时刻测距回路距离与测速系统在 $[0,t]$ 内积分得到的距离之差。$R(0)$ 是测距机在 0 时刻的距离，l 为模糊的谱线数，δ 为一根谱线所对应的速度，$\omega(t)$ 为白噪声。在离散时刻，即 $t = 0$ 时，有 $1T_s, 2T_s, \cdots, NT_s$（T_s 为采样周期），则式（9.15）为

$$\begin{cases} R_x(0) = R(0) + l\delta \cdot 0T_s + \omega(0) \\ R_x(1) = R(0) + l\delta \cdot 1T_s + \omega(1) \\ \qquad\qquad \vdots \\ R_x(N) = R(0) + l\delta \cdot NT_s + \omega(N) \end{cases} \tag{9.16}$$

用最小二乘法，对上述方程组求解得

$$\hat{l} = \frac{6}{N(N+1)(N+2)\delta T_s} \sum_{i=0}^{N} (2i - N) R_x(i) \tag{9.17}$$

9.4 其他脉冲多普勒测速方法

在相控阵雷达中，通常按照驻留脉冲工作方式，采用脉冲多普勒（PD）方法同时测距和测速（PD 测速模式）。同时在相控阵雷达中，能量调度和波形切换非常灵活，在某些场景下可以调用大时宽单载频脉冲信号进行无模糊测速（单载频测速），两种测速都是通过 FFT 频谱计算目标的速度，在相同的积累时间条件下，测速精度相同。相对脉冲多普勒测速，利用单点频脉冲信号测速[8,9]不需要解速度模糊值，但由于信号时宽大，距离盲区较大，且距离相近的多目标之间会产生相互影响。因此可以根据不同任务场景合理选择点频测速、脉冲多普勒测速或两者组合的测速方法。

9.4.1 单载频测速

单载频回波信号为

$$s(n) = A\exp(\mathrm{j}2\pi f_d n\Delta t + \mathrm{j}\varphi_0) + \omega(n) \qquad n = 0,1,\cdots,N-1 \tag{9.18}$$

式（9.18）中，A 为振幅，f_d 为多普勒频率，φ_0 是初始相位，Δt 为采样间隔，$\omega(n)$ 为复高斯白噪声序列，N 为样本数。$s(n)$ 的 N 点 DFT 记为 $S(k)$，取其中的最大谱线值 $|S(k_0)|$，则被估频率为

$$\hat{f}_d = (k_0 + \delta)\,\Delta f \qquad \text{其中}\Delta f = \frac{1}{N\Delta t} \tag{9.19}$$

式（9.19）中，δ 为剩余间隔，它与 DFT 的点数 N 有关，$\delta \in [-0.5, 0.5]$，频率估计的目标就是快速准确地计算出 δ，记为 $\hat{\delta}$。考虑到偏离谱峰 0.5 个 Δf 的 DFT 系数为

$$S_{k_0}(p) = \sum_{n=0}^{N-1} s(n) \exp[-j2\pi n(k_0 + p)/N] \qquad p = \pm 0.5 \qquad (9.20)$$

将式（9.20）代入式 $s(n) = A \exp(j2\pi f_d n\Delta t + j\varphi_0) + \omega(n)$ 有

$$S_{k_0}(p) = \frac{1 + e^{j2\pi\delta}}{1 - e^{j2\pi(\delta-p)/N}} e^{j\varphi_0} + W_p \qquad p = \pm 0.5 \qquad (9.21)$$

式（9.21）中，W_p 为噪声的傅里叶系数。因为 $(\delta - p) \ll N$，式（9.21）变为

$$S_{k_0}(p) = b \frac{\delta}{\delta - p} + W_p \qquad p = \pm 0.5 \qquad (9.22)$$

式（9.22）中，$b = -N e^{j\varphi_0}(1 + e^{j2\pi\delta})/(j2\pi\delta)$。因为 $\delta \in [-0.5, 0.5]$，结合 $|S_{k_0}(p)| = |b\delta|/|\delta - p|$，忽略噪声项，即

$$h(\hat{\delta}_Q) = \frac{1}{2} \cdot \frac{|S_{k_0}(0.5)| - |S_{k_0}(-0.5)|}{|S_{k_0}(0.5)| + |S_{k_0}(-0.5)|} \qquad (9.23)$$

然后，可通过如下的迭代过程对目标频率值进行估计。

（1）初始化：对 $s(n)$ 做 N 点 FFT，记为 $S(k)$，并找出最大谱线值的索引 k_0，设 $\hat{\delta}_0 = \delta$，其中初始值 $\delta = \dfrac{|S(k_0 - \Delta k)| - |S(k_0 + \Delta k)|}{2\big[|S(k_0)| - |S(k_0 + \Delta k)|\big]}$，式中当 $|S(k_0 + 1)| \geqslant |S(k_0 - 1)|$ 时，$\Delta k = -1$，反之 $\Delta k = 1$。

（2）迭代过程：计算 $S_{k_0}(p) = \sum\limits_{n=0}^{N-1} s(n) \exp\big[-j2\pi n(k_0 + \hat{\delta}_{i-1} + p)/N\big]$，其中 $p = \pm 0.5$。计算 $\hat{\delta}_i = \hat{\delta}_{i-1} + h(\hat{\delta}_{i-1})$，其中 $h(\hat{\delta}_{i-1})$ 由式 $h(\hat{\delta}_Q) = \dfrac{1}{2} \cdot \dfrac{|S_{k_0}(0.5)| - |S_{k_0}(-0.5)|}{|S_{k_0}(0.5)| + |S_{k_0}(-0.5)|}$ 得出，i 为迭代次数。

（3）结束：$\hat{f}_d = (k_0 + \hat{\delta}_Q)\Delta f$，其中 Q 为总迭代次数，从 1 开始计数。

对于最优谱分析法的初值，如果选择比较接近频移量的话，则迭代次数最多 3 次即可收敛。

首先利用点频测出速度，然后通过最小二乘平滑算法测量出目标加速度，最小二乘测量加速度如下所示，即

$$a_{平滑} = \left(\sum_{i=1}^{n} t_i v_i - n\bar{t}\bar{v}\right) \bigg/ \left(\sum_{i=1}^{n} t_i^2 - n\bar{t}^2\right) \qquad (9.24)$$

式（9.24）中，$t_i (i = 1,2,3,4)$ 为点频测速的时间，v_i 为第 i 个脉冲测量出的目标速度，$n (n = 4)$ 为点频测速的脉冲数，$\bar{t}$ 和 $\bar{v}$ 分别为平均测量时间和平均测量

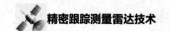

速度，$a_{平滑}$为平滑后的目标加速度。

还可利用多个单点频脉冲信号进行测速，假定相参脉冲串为

$$x(n+kp) = A_p \exp\left[j2\pi f_d(n+kp)\Delta t + j\varphi_0\right] + \omega(n)$$

$$n = 0,1,\cdots,N-1, \quad p = 0,1,\cdots,P-1 \tag{9.25}$$

式（9.25）中，A_p为第p个脉冲的幅度，φ_0为整个观察期间恒定的初始相位，f_d为信号的多普勒频率，k为脉冲重复周期T_r内的采样点数，Δt为采样间隔，N为每个脉冲内的信号采样点数，$\omega(n)$为复高斯白噪声序列。

利用上述迭代算法得到P个脉冲估计值的平均值为$\hat{f}_d$，现构造序列为

$$y(n+kp) = \exp\left[j2\pi \hat{f}_0(n+kp)\Delta t\right], \quad n = 0,1,\cdots,N-1, \quad p = 0,1,\cdots,P-1 \tag{9.26}$$

将式（9.25）与式（9.26）共轭复数相乘，即

$$z(n+kp) = x(n+kp)y^*(n+kp) = A\exp\left[j2\pi\Delta f_d(n+kp)\Delta t + j\varphi_0\right] + \omega'(n+kp) \tag{9.27}$$

式（9.27）中，ω'仍是方差为σ^2的复高斯白噪声，$\Delta f_d = f_d - \hat{f}_d$。

对$z(n+kp)$中属于第p个脉冲对应的序列求和，得

$$\begin{aligned}
sz(p) &= A\sum_{n=0}^{N-1}\exp\left[j2\pi\Delta f_d(n+kp)\Delta t + j\varphi_0\right] + \sum_{n=0}^{N-1}\omega'(n+kp) \\
&= A'\exp(j2\pi\Delta f_d pk\Delta t + j\varphi_0') + \varepsilon''(p) \\
&= A'\exp(j2\pi\Delta f_0 pT_r + j\varphi_0') + \varepsilon''(p)
\end{aligned} \tag{9.28}$$

式（9.28）中，$A' = A\sin(\pi f_d N\Delta t)/\sin(\pi f_d\Delta t)$，$\varphi_0' = \varphi_0 + \pi\Delta f_d(N-1)\Delta t$，$T_r = k\Delta t$，$\omega''(p) = \sum_{n=0}^{N-1}\omega'(n+kp)$。

$\{sz(p)\}$是一个频率为Δf_d，采样间隔为脉冲重复周期T_r的正弦波序列，样本个数为脉冲个数P_0对$\{sz(p)\}$进行频率估计可得到频偏Δf_d的估计值$\Delta\hat{f}_d$，最终得到频率估计值$\hat{f} = \hat{f}_d + \Delta\hat{f}_d$。

下面是利用最优谱分析法进行单载频测速的仿真结果。

仿真参数1：取载频为5.6GHz，脉冲宽度为4000μs，6MHz的采样共24000个点，前后各补4384个0进行32768点FFT。其中初始速度为-16000m/s，加速度为1500m/s^2，输入信噪比为-10dB，积累后信噪比为33dB，利用最优谱分析法迭代两次的结果如图9.8（匀加速目标脉宽4ms测速精度图）所示，测速均方根误差为0.1467m/s。

仿真参数2：取载频为5.6GHz，脉冲宽度为4000μs，6MHz采样共24000个点，前后各补4384个0进行32768点的FFT。其中初始速度为-15000m/s，初始加速度为0m/s^2（当加速度超过1500m/s^{2}后做匀加速运动），加加速度为100m/s^3，输入信噪比为-10dB，积累后信噪比为33dB，利用最优谱分析法迭代两次的结果如

图 9.9（匀加加速度目标脉宽 4ms 测速精度图）所示，测速均方根误差为 0.1473m/s。

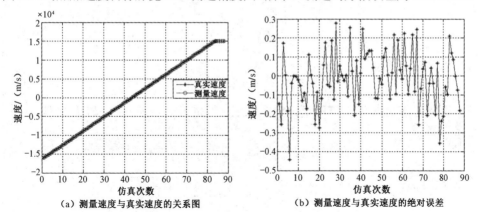

（a）测量速度与真实速度的关系图　　　　　（b）测量速度与真实速度的绝对误差

图 9.8　匀加速目标脉宽 4ms 测速精度图

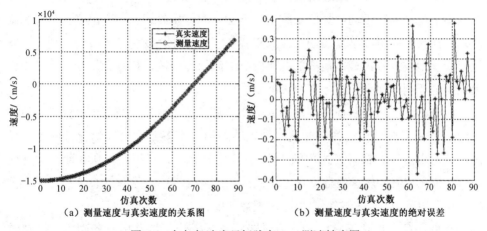

（a）测量速度与真实速度的关系图　　　　　（b）测量速度与真实速度的绝对误差

图 9.9　匀加加速度目标脉宽 4ms 测速精度图

9.4.2　脉冲多普勒测速

脉冲多普勒测速就是通过对目标的多次照射，用 FFT 技术测量目标谱线，根据频率和速度间的转换关系，得到目标的速度信息，它的速度测量范围取决于重频，其对应的速度为 $v = 0.5\lambda f_s$，通过搜索与跟踪，可知道目标的运动方向，那么速度的测量范围为 $[-v/2, v/2]$。

若回波信号 $x_s(t)$ 在时刻 nT_r 进行采样，获得一个 N 点数字信号序列，即

$$x(n) = x_s(nT_r) \qquad n = 0, 1, \cdots, N-1 \qquad （9.29）$$

式（9.29）中，T_r 为脉冲的重复周期，$f_s = 1/T_r$ 为采样频率，该序列的快速傅里叶变换为

$$X(k) = \sum_{n=0}^{N-1} x(n) W_N^{nk} \qquad （9.30）$$

当目标的多普勒信号频率 $f_{\Delta d}$ 落在第 m 个滤波器通带内时，表明目标的多普勒频率为

$$f_{\Delta d} = m f_s / N \tag{9.31}$$

目标的径向速度为

$$v_\Delta = f_{\Delta d} \lambda / 2 \tag{9.32}$$

目标多普勒频率与 FFT 谱分析测量值之间的最大偏差 Δf 为 FFT 频率间隔的一半，即

$$\Delta f = f_s / 2N = 1/(2N \cdot T_r) \tag{9.33}$$

则测速精度为

$$v_e = \lambda / (4N \cdot T_r) \tag{9.34}$$

在信噪比足够的情况下，通过插值可以提高测速精度。

由于目标高速运动，且低重频条件下脉冲间隔相对较长，在单个探测驻留期间，目标在不同脉冲重复周期对应的距离单元值可能会发生显著改变，根据一阶近似模型回波信号公式，距离的变化影响回波信号延迟，最终会影响测速结果，因此在进行测量前必须进行跨距离单元校正。

Keystone 变换是目前研究较多的跨距离单元校正算法。通过该算法，可以将单个波束驻留内目标在各脉冲重复周期的距离，对齐到驻留起始脉冲时刻的距离，从而消除回波信号公式中的"距离-速度"耦合，使得目标所在距离单元的信号相位在慢时间轴呈线性变化。由此在频域表现为单一频率，通过 FFT 时频分析，即可得到单个波束驻留内目标的模糊速度。

当目标存在加速度时，尽管通过跨距离单元校正将目标对齐到同一距离单元，但是回波信号序列相位依然存在二次相位项，此时需要用到目标的加速度信息，构造如下相位补偿项，即

$$Y(m) = \exp\left[\frac{j2\pi a(mT_r)^2}{\lambda} \right] \tag{9.35}$$

式（9.35）中，m 为单个波束驻留内的目标回波脉冲编号。加速度引起的多普勒频率展宽与加速度补偿效果如图 9.10 所示，可见补偿后目标的速度估计精度得到了极大的提高。

加速度 a 可通过多种方法求得，最常用的方法为多项相位法。

脉冲雷达等脉冲间隔的时域采样满足以下条件，即

$$S(n) = A \exp\left[j\frac{4\pi}{\lambda}\left(R_0 + \dot{R}nT_r + \frac{1}{2}\ddot{R}n^2T_r^2 \right) \right] \quad n = 0,1,\cdots,N-1 \tag{9.36}$$

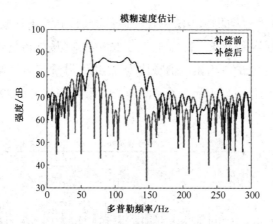

图 9.10 加速度引起的多普勒频率展宽与加速度补偿效果

式（9.36）中，A 为回波信号的幅度，N 为相参积累的脉冲个数。

将回波信号延迟 k 个脉冲周期，获得新序列为

$$S(n+k) = A\exp\left\{j\frac{4\pi}{\lambda}\left[R_0 + \dot{R}(n+k)T_r + \frac{1}{2}\ddot{R}(n+k)^2T_r^2\right]\right\} \quad n=0,1,\cdots,N-1 \quad (9.37)$$

将上述两式进行瞬态相关，得到

$$\overline{S(n)}S(n+k) = A^2\exp\left[j\frac{4\pi}{\lambda}\left(\ddot{R}kT_rnT_r + \dot{R}kT_r + \frac{1}{2}\ddot{R}k^2T_r^2\right)\right] \quad (9.38)$$

$$= A^2\exp\left[j(2\pi f'nT_r + \varphi')\right]$$

式（9.38）中

$$f' = \frac{2\ddot{R}kT_r}{\lambda}$$

$$\varphi' = \frac{4\pi\dot{R}kT_r + 2\pi\ddot{R}k^2T_r^2}{\lambda}$$

因此，对瞬态相关得到的序列做 FFT 变换，在频率 f' 处存在一个峰值，从而求得目标的加速度为

$$a = \ddot{R} = \frac{f'\lambda}{2kT_r} \quad (9.39)$$

该方法的最大不模糊径向加速度为

$$a_{max} = \ddot{R}_{WM} = \frac{\lambda f_r^2}{4N} \quad (9.40)$$

式（9.40）中，f_r 为重频，当 $N=4$，$f_r=292\text{Hz}$，工作频率 $f=5.6\text{GHz}$ 时，最大无模糊径向加速度约为 282m/s^2。该配置可以满足大部分目标的加速度测量要求。当目标加速度过大时，可采用粗加速度估计方法对模糊因子进行估计，得到不模糊加速度，从而对回波信号进行补偿。

精密跟踪测量雷达技术

下面利用脉冲多普勒测速方法进行测速仿真。设脉冲雷达载频为 5.6GHz，重频为 5kHz，积累脉冲数 128，目标速度为 2680m/s（每次仿真叠加速度随机扰动值），输入信噪比为 0dB，积累后信噪比为 21dB，脉冲多普勒测速的各次仿真测速误差统计结果如图 9.11 所示，其中测速均方根误差为 0.0529m/s。测速结果与真值比较情况如图 9.12 所示。

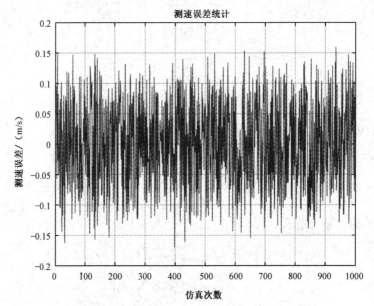

图 9.11　脉冲多普勒的各次仿真测速误差统计结果

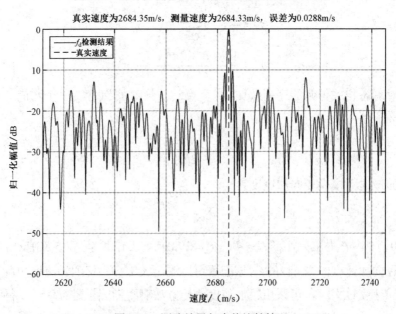

图 9.12　测速结果与真值比较情况

382

参考文献

[1]　丁鹭飞，耿富录. 雷达原理[M]. 3 版. 西安：西安电子科技大学出版社，2002.

[2]　MAHAFZA B R. 雷达系统分析与设计（MATLAB 版）[M]. 周万幸，胡明春，吴鸣亚，等译. 3 版. 北京：电子工业出版社，2016.

[3]　PEEBLES P Z. Radar principles[M]. New York: Wiley-Inter Science, 1998.

[4]　赵业福. 无线电跟踪测量[M]. 北京：国防工业出版社，2003.

[5]　徐敏. 单脉冲测量雷达测速技术研究[J]. 现代雷达，2005，27(1): 58-61.

[6]　孟飞，谢良贵，李饶辉. 一种脉冲多普勒雷达解速度模糊新方法[J]. 系统工程与电子技术，2009，32(4): 791-794.

[7]　O'BRIEN J F, PAVLEY R F. The Pulse Doppler Modification to The AN/FPQ-6 Radar/The Ambiguity Resolution Problem[C]. Proceedings of 1968 (5th) Space Congress. Cocoa Beach: Canaveral Council of Thechnical Societies, 1968: 19-21.

[8]　马建林，张娜敏，郭汝江. 一种快速的谱分析迭代法[J]. 现代雷达，2012，34(3): 30-34.

[9]　邓振淼，刘渝，王志忠. 正弦波频率估计的修正 Rife 算法[J]. 数据采集与处理，2006，21(4): 473-477.

第 10 章
跟踪测量雷达目标特性测量技术

10.1 概述

雷达目标特性可分为雷达目标运动特性、雷达目标电磁散射特性两大类。

雷达目标运动特性主要表征为目标速度、加速度、自旋周期、翻滚周期、质阻比等。

雷达目标电磁散射特性是雷达系统共性测量技术，主要研究雷达观测目标在入射电磁波激励下，雷达目标在频率域、角度域、极化域的电磁散射机理与特性，包括 RCS 和统计特征参数、角闪烁和统计特征参数、极化特性及散射中心分布等，从而可以反演目标形状、体积、姿态、表面材料的电磁参数与表面粗糙度等物理特征，是雷达目标识别的重要手段和依据[1]。

本章重点阐述典型跟踪测量雷达目标运动特性（简称运动特性）、RCS 特性、极化特性及宽带特性的测量方法及其在雷达系统中的具体应用。

10.2 跟踪测量雷达运动特性测量及应用

雷达目标的运动特性测量包括轨迹、轨道特征、速度、加速度特征及微动特征等。其中轨迹、速度等特征是雷达目标（简称目标）跟踪的输出测量参数。以下重点介绍轨道特征测量及应用、质阻比测量及应用和微动特性测量及应用。

10.2.1 轨道特征测量及应用

1. 轨道特征测量

弹道导弹和卫星基本是沿椭圆轨道飞行，地心 O_e 是椭圆的一个焦点。弹道导弹和卫星的本质区别在于弹道导弹的椭圆轨道与地球有交点，而卫星的椭圆轨道与地球没有交点，它们的关系如图 10.1 所示。

在以地心为极点、椭圆长轴为极轴的极坐标系下，地球和椭圆轨道可分别描述为以下两个方程[2]，即

$$\begin{cases} \gamma_{\theta_e} = R_e \\ \gamma_{\theta_e} = a \cdot (1 - e^2)/(1 + e \cdot \cos\theta_e) \end{cases} \tag{10.1}$$

式（10.1）中，R_e 为地球半径，a 为椭圆长半轴，e 为偏心率，θ_e 为与极坐标正方向的夹角。若此方程组有解，则此椭圆为弹道导弹的轨道；若椭圆包含圆，则此椭圆为卫星轨道。

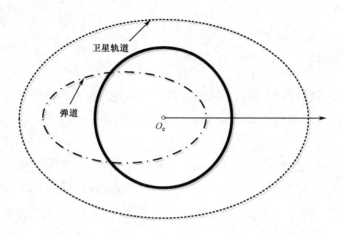

图 10.1　卫星和弹道导弹的轨迹特性示意图

轨道特征测量时利用雷达测量的位置信息，解算出空间目标运动方程中的 6 个轨道根数，确定相应的弹道运动方程，并根据其轨道特征进行星弹分类等。星弹分类处理流程如图 10.2 所示，原理较为简单，本书不针对具体的坐标变换、轨道模型及跟踪滤波等处理进行深入论述。

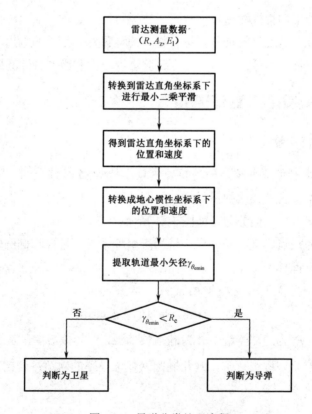

图 10.2　星弹分类处理流程

2. 轨道特征应用

如图 10.2 所示，轨道特征测量主要应用于星弹分类。识别任务是从飞机、卫星等空中、空间目标中识别出弹道导弹，迅速实现正确预警。弹道导弹在大气层内飞行时，可利用弹道导弹与飞机目标之间的运动特性，如速度、高度、纵向加速度及弹道倾角等差异来识别。在大气层外飞行时主要实现导弹与卫星的区分，它们基本上都是沿椭圆轨迹飞行，椭圆近地点与地心的距离称为最小矢径 $\gamma_{\theta_e \min}$。导弹由于要再入地面，其最小矢径小于地球半径，而卫星的最小矢径大于地球半径。因此，可利用雷达、预警卫星跟踪目标定轨后经估计最小矢径来实现区分。

10.2.2 再入目标质阻比测量及应用

1. 再入目标质阻比测量

再入目标质阻比估计主要有两种方法[3]：一种是利用解析公式法，直接利用雷达测量信息和多项式拟合等方法，根据再入运动方程计算质阻比；另一种方法为滤波法，基于再入运动方程将质阻比作为状态矢量的一个元素，利用非线性滤波方法实时估计再入目标质阻比。

1）用解析公式法进行再入目标质阻比估计

根据雷达测量数据及位置信息，基于解析公式实时估计再入目标质阻比的流程图如图 10.3 所示，步骤如下：

（1）输入该时刻的雷达测量数据（距离 R、方位角 A_z、俯仰角 E_1）及测量时标；

（2）对输入的数据进行预处理（剔除野值和进行数据平滑）；

（3）根据雷达站的大地纬度计算雷达站地心纬度；

（4）计算雷达站点到地心的距离；

（5）由步骤（4）的结果，计算目标到地心的距离；

（6）由步骤（5）的结果，计算目标的海拔高度；

（7）计算距离、俯仰角的一阶变化率 $\dot{R}$ 和 $\dot{E}_1$、再入速度 V 及再入加速度 $\dot{V}$；

（8）由步骤（4）～（7）的结果，计算再入角正弦 $\sin \lambda_a$、大气密度 $\rho_a(H)$ 和重力加速度 g；

（9）计算再入目标质阻比。

图 10.3 中，g_0 表示地球表面的标准重力加速度，$\overline{R}_e$ 表示地球平均半径，H 表示海拔高度。

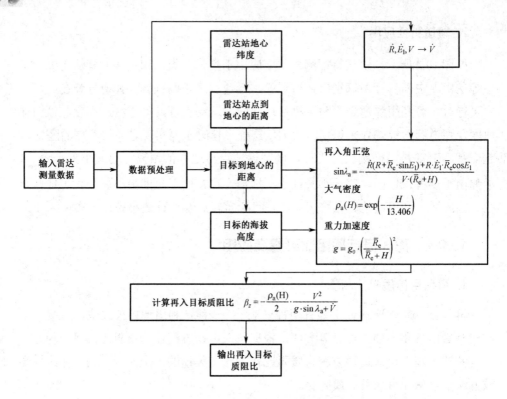

图 10.3　基于解析公式实时估计再入目标质阻比的流程图

2）用滤波法进行再入目标质阻比估计

随着雷达技术及数据处理计算能力的发展，再入目标质阻比估计滤波算法也随之发展。从早期的预置阻力表状态下的固定权重线性滤波到卡尔曼滤波，而后是解耦的多项式滤波、扩展卡尔曼滤波及更复杂的粒子滤波等。现今，研究应用最多的就是扩展卡尔曼滤波[4]。

基于扩展卡尔曼滤波估计再入目标质阻比的主要步骤如下：

（1）状态方程为

$$X(k+1) = f[k, X(k)] + V(k) \tag{10.2}$$

式（10.2）中，$X(k)$ 为状态向量，$V(k)$ 为零均值白色高斯过程噪声序列，协方差矩阵为 $Q(k)$。

（2）测量方程，即

$$z(k+1) = h[k+1, X(k+1)] + W(k+1) \tag{10.3}$$

式（10.3）中，$W(k+1)$ 为零均值白色高斯测量噪声序列，其方差为 $R_w(k+1)$。

（3）状态的一步预测为

$$X(k+1|k) = f[k, X(k|k)] \tag{10.4}$$

然后预测均方根误差，即

$$P(k+1|k) = F(k)P(k|k)F'(k) + Q(k) \tag{10.5}$$

式（10.5）中，状态转移矩阵 $F(k)$ 为状态方程的雅可比矩阵。

（4）测量预测值为

$$z(k+1|k) = h[k+1, X(k+1|k)] \tag{10.6}$$

其相伴的协方差为

$$S(k+1) = H(k+1)P(k+1|k)H'(k+1) + R_w(k+1) \tag{10.7}$$

式（10.7）中，$H(k+1)$ 为测量方程雅可比矩阵。

（5）滤波增益方程为

$$K(k+1) = P(k+1|k)H'(k+1)S^{-1}(k+1) \tag{10.8}$$

（6）状态估计方程为

$$X(k+1|k+1) = X(k+1|k) + K(k+1)[z(k+1) - z(k+1|k)] \tag{10.9}$$

（7）状态估计均方根误差更新为

$$P(k+1|k+1) = P(k+1|k) - K(k+1)S(k+1)K'(k+1) \tag{10.10}$$

滤波前需确定合适的状态初值 X_0，状态估计均方根误差矩阵为 P_0。根据滤波特点，一般采用多参数初始优化方法，设计几种不同量级的再入目标质阻比初值，如弹头、碎片、重诱饵和轻诱饵等，用不同的再入目标质阻比初值参数代入滤波算法，测试算法性能和识别效果。

根据雷达跟踪信息及雷达测量精度，基于扩展卡尔曼滤波的实时再入目标质阻比估计步骤如图 10.4 所示。

具体步骤如下：

（1）输入该时刻的雷达测量数据（距离、方位角、俯仰角）；

（2）对输入的数据进行预处理（判断是否再输入，测量数据量纲标准化，剔除野值等）；

（3）输入雷达位置参数（如雷达经度和纬度、高程）、数据采样时标；

（4）输入扩展卡尔曼滤波初始参数；

（5）当 $k=1$ 时，设定滤波器初值；

（6）$k=k+1$ 时滤波器进行时间更新，计算状态预测值和预测均方根误差；

（7）计算测量预测值和协方差；

（8）计算 $k+1$ 时刻的滤波增益，状态估计及状态估计均方根误差；

（9）把滤波器 $k+1$ 时刻的更新值代入时间更新系统，返回步骤（6）；

（10）重复步骤（6）～（9）。

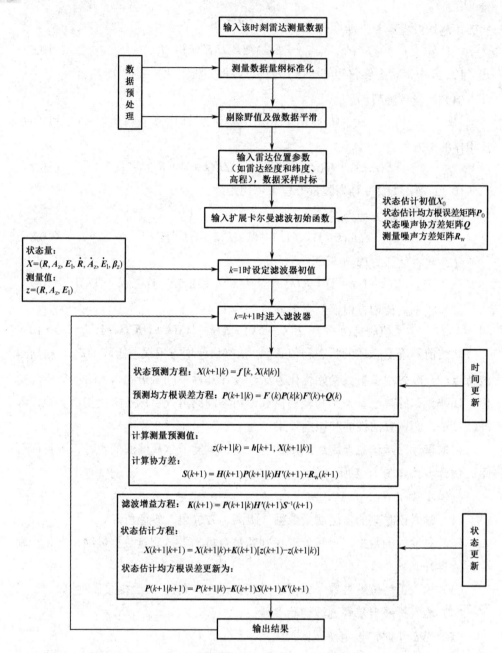

图 10.4　基于扩展卡尔曼滤波法的实时再入目标质阻比估计步骤

2. 再入目标质阻比特征应用

再入体（弹头、假目标、诱饵等）重返大气层至落地的过程为再入段。再入体受到大气层内空气阻力的作用，产生了减速特性。弹道系数小的物体，如轻诱饵在该阶段很快被大气过滤掉，不能深入较稠密的大气层。剩下弹头和重诱饵也会因为弹道系数的差别表现出不同的运动特性，因而可以区分真弹头和假目标、诱饵。

再入目标质阻比是决定再入目标减速特性的重要参数，是再入目标的主要识别特征。

10.2.3　微动特性测量及应用

1. 微动特性测量

目标微动特性主要表现为对雷达回波信号的调制，包括幅度调制、相位调制和极化调制，这也是微动特性测量和提取的主要途径。

1）幅度调制

雷达观测时，目标微动的散射强度变化将对回波产生幅度调制，散射幅度会呈现周期性变化。可以通过 RCS 序列特征，测量目标微动的幅度调制。某锥体目标的 RCS 曲线如图 10.5 所示，进动周期约为 1Hz。

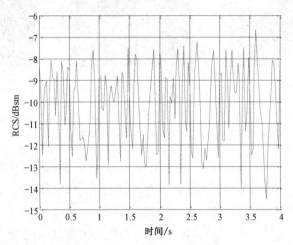

图 10.5　某锥体目标 RCS 曲线

由图 10.5 可知，该目标的 RCS 呈现明显的周期特性，同时受多种因素的影响，RCS 曲线表现出非平稳性。在低信噪比条件下，RCS 测量还存在一定的误差，这些都使得直接利用功率谱提取进动周期的性能会受到影响。因此可采用自相关函数（Auto-Correlation Function，ACF）等方法增强周期特性，然后再利用谱估计技术估计进动周期。

2）相位调制

微动对回波信号相位的调制特性表现在频谱（或能量谱）随时间的变化上。传统的谱分析方法，并不能反映信号的局部特征，而通过时间和频率的联合函数可以获得频率的瞬时变化。短时傅里叶变换（STFT）是由 Gabor 提出的一种简单而又直观的时频分析技术，其基本思想是对沿信号时间轴异动的窗函数内的数据段进行傅里叶变换，将窗函数内的信号频率切片按照窗口滑动时间依次排列，得到关于信号时间-频率的二维时频函数，其表达式如下[5]

$$\text{STFT}(t,\omega) = \int_{-\infty}^{+\infty} s(t) w^*(\tau - t) \mathrm{e}^{-\mathrm{j}\omega t} \mathrm{d}\tau \tag{10.11}$$

式（10.11）中，$s(t)$ 为时域复信号，$w(t)$ 为窗函数。

为了直观表示不同微动方式下时频信号的差异，下面仿真 3 个散射点在自旋、进动和章动条件下的短时傅里叶变换，结果如图 10.6 所示。根据散射点的变化周期可以获得目标的微动周期，同时时频图的频谱分布宽度、瞬时频谱历程等微多普勒特征反映了目标微动方式的不同，可以作为分类特征。

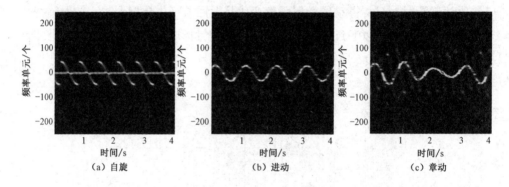

图 10.6　典型微动方式下的时频分析

由于时频分析结果为二维信息，很难直接利用，一般通过时频分析估计瞬时频率，然后根据瞬时频率估计其运动参数，进而获得微动周期。估计瞬时频率的方法包括峰值法、一阶矩方法、霍夫变换法等[6]。

随着宽带雷达的应用，目标微动测量的数据源也从窄带回波扩展到宽带回波，宽带回波的距离分辨率高，因此除了可以利用时频分析进行目标微动特征提取外，还可以利用微距变化或相位变化提取目标微动特征。

线性调频宽带回波经脉冲压缩处理后，得到的高分辨一维距离像（HRRP）可表示为

$$S_{\text{HRRP}}(r,t_m) = \sum_{l=M,N,L} S_l(r,t_m) = \sum_{l=M,N,L} \hat{\sigma}_l \operatorname{sinc}\left\{ \frac{2B}{c}\left[r - \Delta R_l(t_m) \right] \right\} \exp\left[\mathrm{j}4\pi\Delta R_l(t_m)/\lambda \right]$$

$$\tag{10.12}$$

式（10.12）中，M、N、L 表示不同的散射点，$\hat{\sigma}_l$ 表示各散射点的 RCS，B 为信号带宽，ΔR_l 表示各散射点的位置，λ 表示雷达回波波长，r 表示距离门。

由式（10.12）可知，当目标散射中心存在微动时，HRRP 序列中 sinc(·) 函数包络存在位移现象。如果雷达分辨率较高，或目标在雷达视线方向上微动幅度较大时，散射中心在 HRRP 序列中将发生明显的越距离单元走动现象，如图 10.7 所示。此时可以采用多目标跟踪算法（MTT）、联合幅度与相位估计（Capon-APES）超分辨方法获取微距变化，并通过微距变化获得目标微动特征，包括微动周期等[7]。

但是由于空间锥体目标较小，在带宽不够或者目标在雷达视线上微动较小时，HRRP 序列上的微距变化不明显，甚至无法分辨，此时需从相位变化获取目标的微多普勒频率。常用的方法包括时频分析法、相位测距法等。

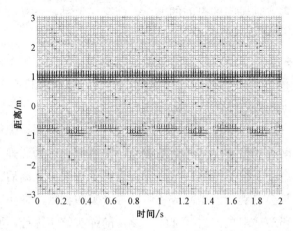

图 10.7　微距变化明显的 HRRP 序列图

3）极化调制

特征量交叉极化分量之和与共极化分量之差的比值，随弹头进动而周期性变化。基于该特征量的时变特性可以实现对弹头进动频率的估计[8]。

弹头对称轴姿态为 (φ,θ) 时的散射矩阵为

$$
\begin{aligned}
\boldsymbol{S}(\varphi,\theta) &= \begin{bmatrix} S_{HH}(\varphi,\theta) & S_{VH}(\varphi,\theta) \\ S_{HV}(\varphi,\theta) & S_{VV}(\varphi,\theta) \end{bmatrix} \\
&= \begin{bmatrix} S_{/\!/}(\theta)\cos^2\varphi + S_{\perp}(\theta)\sin^2\varphi & [S_{/\!/}(\theta) - S_{\perp}(\theta)]\sin\varphi\cos\varphi \\ [S_{/\!/}(\theta) - S_{\perp}(\theta)]\sin\varphi\cos\varphi & S_{/\!/}(\theta)\cos^2\varphi + S_{\perp}(\theta)\sin^2\varphi \end{bmatrix}
\end{aligned}
\tag{10.13}
$$

记 $S_{x} = S_{HV}(\varphi,\theta) + S_{VH}(\varphi,\theta),\ S_{c} = S_{HH}(\varphi,\theta) - S_{VV}(\varphi,\theta)$，则

$$
\frac{S_{x}}{S_{c}} = \frac{S_{HV}(\varphi,\theta) + S_{VH}(\varphi,\theta)}{S_{HH}(\varphi,\theta) - S_{VV}(\varphi,\theta)} = \tan(2\varphi)
\tag{10.14}
$$

由式（10.14）可知，弹头的交叉极化分量之和与共极化分量之差的比值仅仅取决于弹头的微动状态，而与弹头的散射矩阵及 RCS 矩阵无关，该特征量随弹头进动而周期性变化。利用该特征量的时变特性可以对弹头进动频率进行估计。但运

算过程中可能引入伪周期分量，进而使得基于全极化信息的进动频率估计方法无法准确估计弹头的进动频率，因此还需开展进一步研究。

利用极化信息提取微动特征要求雷达具备同时多极化能力，受规模、成本等限制，很长一段时间内多极化雷达的应用很少，但随着器件和雷达技术的发展，多极化雷达已逐步开始应用，对相应的极化特性也需开展深入研究。

2. 微动特性应用

目标的微多普勒频率随时间变化明显。微多普勒频率的本质就是将目标的微动转换成目标的多普勒频率随时间的变化，即微多普勒特征是频率随时间变化的特征。

不同的微动会对雷达回波信号产生不同的调制，从而产生不同的微多普勒频率。因为微多普勒频率是微动的一种表征，不同的微动提供不同的微多普勒频率，这就为目标识别提供了新的特征。

在弹道导弹中段，伴随真弹头飞行的有轻诱饵、重诱饵、弹体和碎片等。轻诱饵和碎片的运动不规律，没有稳定的微动。重诱饵也称为假弹头，由于没有姿态控制系统，将会处于翻滚或摇摆状态。而真弹头与弹体分离后，为了姿态稳定和轨道控制，弹头会自旋，但是释放诱饵等导弹突防物后，弹头因释放干扰将会出现一定的进动和章动现象。对于弹体，要么随弹头翻滚飞行，要么被炸掉成为碎片而不规律运动。由以上内容可以看出，各种诱饵及假弹头的微动特性与真弹头的微动特性存在明显差异，这样就可以利用微多普勒频率来加以识别。

10.3 跟踪测量雷达 RCS 特性测量及应用

10.3.1 RCS 测量

测量目标 RCS 的原理是基于雷达方程并通过相对比较获得的。跟踪测量雷达在跟踪目标时，采用比较法实现目标的 RCS 测量。其基本原理是通过对已知 RCS 的目标（如加装龙伯球的飞行目标、标准金属球、标校卫星等）进行测量，得到这个状态下的雷达性能系数 K_K，通过该性能系数 K_K，计算出被测目标的 RCS 值，确定 K_K 的过程称为雷达定标。然后通过 K_K 计算出被测目标的 RCS 值。具体推导过程如下所述。

雷达方程为

$$R^4 = \frac{P_t G_t G_r \tau \cos^2(\theta_0) \lambda^2 \sigma}{(4\pi)^3 \cdot kT_s \cdot S/N \cdot L_s} \qquad (10.15)$$

式（10.15）中，R 为雷达至目标的距离，P_t 为发射的脉冲功率，τ 为发射的脉冲宽度，θ_0 为天线波束的扫描角，G_t 和 G_r 分别为天线的发射和接收增益，λ 为工作波长，σ 为目标的雷达截面积，S/N 为测量的信噪比，k 为玻尔兹曼常数，T_s 为系统噪声温度，L_s 为系统损失。

在雷达跟踪中，对已知 RCS 的目标的跟踪方程为

$$R_0^4 = \frac{P_t G_t G_r \tau \cos^2(\theta_0) \lambda^2 \sigma_0}{(4\pi)^3 \cdot kT_s \cdot (S/N)_0 \cdot L_s} \quad (10.16)$$

式（10.16）中，R_0 为已知 RCS 的目标到雷达的距离，σ_0 为已知 RCS 的目标的标准 RCS 值，$(S/N)_0$ 为雷达跟踪已知 RCS 的目标时的信噪比。

S/N、R、τ 在跟踪目标过程中变化很大，因此在每次探测中要准确测定。

其他常数项需在测试工作中测量和标定，这些值本身相对稳定。在此，定义 $K_K = \dfrac{(4\pi)^3 kT_s}{G_t G_r \lambda^2}$ 为雷达性能系数。

通过对诸如标准金属球、标校塔、标校卫星等（RCS 为 σ_0）目标进行多次跟踪测量，可以得到常数项 K_K 的校准值如下

$$\bar{K}_K = \frac{1}{m} \sum_{i=1}^{m} \frac{\sigma_0 P_i \cos(\theta_{0i})^2 \tau_i}{(S/N)_i R_i^4 L_{si}} \quad (10.17)$$

式（10.17）中，i 为处理的测量段，m 为测量的次数，θ_{0i} 为第 i 次测量的扫描角。

雷达性能系数确定后，要保持雷达工作状态，使雷达性能系数固定，再对被测目标进行 RCS 测量，从而计算出目标的 RCS 值。这样可以消除接收机灵敏度等带来的系统误差和随机误差，提高 RCS 的测量精度。

为了减小性能系数 K_K 的误差，在标定算法中选取的信噪比测量值通常大于 20dB 且目标俯仰角大于 5°。确定 K_K 之后，可以检查 RCS 的测量精度并得到待测目标的 RCS 值。

接收系统的增益线性度随不同的增益控制量变化，因此接收系统增益线性度标定是保证 RCS 精度的重要因素。具体标定方法为：接收系统在不同的接收增益控制值下，自动标定通道增益值并记录，经遍历所有工作频点、带宽等相关的波形，形成接收系统增益补偿表格。

相控阵雷达的天线增益随扫描角度加大而下降，为了提高 RCS 的测量精度，需要精确地标定天线在不同扫描角度的实际增益。具体方法为：利用微波暗室天线测试结果，建立随角度变化的天线发射、接收增益表，记录天线内监测数据并将其作为基准数据；利用雷达标校车，通过天线远场测试，对天线增益表格

数据进行逐项复核，并更新数据表；若阵面组件发生故障或更换新组件后，根据内监测数据与基准数据的比对，按照阵面幅相分布模型重新计算增益数据，在有条件监测的情况下可再利用远场测试复核表格中的数据。某型跟踪测量雷达测量的标校卫星的 RCS 曲线如图 10.8 所示。

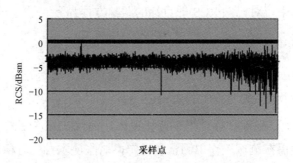

图 10.8　某型跟踪测量雷达测量的标校卫星的 RCS 曲线

10.3.2　RCS 标定

精确测量目标的 RCS 特性，以便获取目标形状、尺寸等目标特征，用于目标的分类识别。因此，提高目标 RCS 的测量精度是目标准确分类识别的前提和基础。

常用的 RCS 标定方法包括飞球标定法和卫星标定法两种。

1. 飞球标定法

利用多个不同已知 RCS 的标准铝球（标校球）进行多次校准。测量目标的有效 RCS 是在测量回波信号归一化电平的基础上获得的，为保证 RCS 的测量精度，要考虑与发射和接收特性有关的因素（如距离、脉冲宽度、在电扫范围内的目标角位置、匹配损失等），以及接收通道增益线性度的校正、天线增益校正、非最佳处理损失和跟踪误差的有效评估等。雷达方程中的所有常数，在确定校准系数时也要考虑在内。正常工作时，与 RCS 测量有关的测量数据包括接收系统输出的信号幅度、目标距离、目标方位与俯仰角、波束内目标的偏角等。

标校球采用表面光滑的圆形金属球，其结构坚硬，直径已知，具有确定且稳定的RCS。金属球的直径尺寸须满足雷达工作频段的光学区要求，同时须满足点目标要求（球直径小于雷达的距离分辨率），目标回波信号信噪比在 20dB 以上。

飞球标定法的优点是回波信噪比较大，放飞标校球所需的条件宽泛（只要天气条件允许，可以多次放飞），跟踪时间长；其主要缺点是放飞标校球时受天气条件影响大，标校球目标飞行的最远距离比较短，目标俯仰角较低，因而多路径影响大，近距离杂波多。

利用标校球进行标定的主要工作流程如图 10.9 所示。

2. 卫星标定法

利用标校卫星实现对 RCS 的标定。采用探测已知 RCS 标校卫星，完成对 RCS 测量 K_K 值的标定。世界上多个国家发射过多个近似球体、标定用的试验卫星，由于其反射模型接近于斯威林 0 型目标，其 RCS 值能够保持基本稳定而不受雷达观测入射角的影响，如国际编号为 05398（LCS 4）的 RCS 标校卫星，该标校卫星直径为 1.12m，近似标准金属球。

卫星标定，以运行于空间近地轨道的人造地球卫星为基准目标，通过获取卫星精密轨道数据标定雷达距离、角度、RCS 等的系统误差，特别适用于远程跟踪测量雷达的标定。利用标校卫星进行 RCS 标定工作流程如图 10.10 所示。

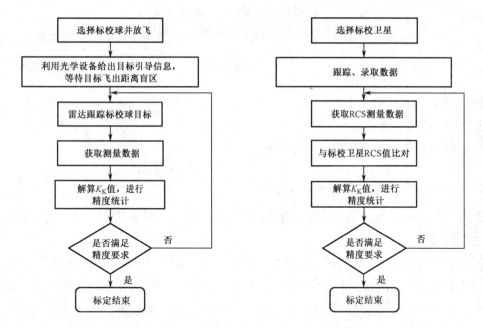

图 10.9　利用标校球进行标定的主要工作流程　图 10.10　利用标校卫星进行 RCS 标定工作流程

根据雷达工作频段和标校卫星的大小，可以计算标校卫星标准的 RCS。对标校卫星进行跟踪，记录雷达测量距离、方位角、俯仰角和回波信号强度信噪比及采用的信号波形脉宽，根据天线波瓣图将目标归一化到天线法向，运用雷达距离方程，完成对标校卫星 RCS 的测量，并与标校卫星 RCS 标准值进行比对，解算 K_K 值，完成雷达威力鉴定及 RCS 校准值 K_K 的标定。

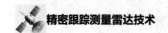

RCS 标校卫星的选择与雷达的载频相关，理论上要求标校卫星的尺寸能够在雷达观测的光学区间，同时满足高信噪比的要求。

10.3.3　RCS 特征提取及识别应用

目标的 RCS 反映了目标对雷达信号的散射能力，当目标运动时，其姿态相对于雷达视线不断变化，连续采样时刻的 RCS 值构成随时间变化的 RCS 序列，其幅度及变化规律反映了目标的形状、大小、姿态变化等特性。本节从统计特征和变化特征两个方面梳理 RCS 序列的特征提取方法，并介绍其在目标识别方面的应用。

1. RCS 统计特征提取

当时间较短时，RCS 序列的大小、起伏等变化相对稳定，通过提取 RCS 序列的均值、标准差等特征，可获得目标 RCS 的统计特征。

令 $\boldsymbol{x} = (x_1, x_2, \cdots, x_N)$ 表示一段时间的 RCS 序列，RCS 序列的均值特征定义为

$$\bar{x} = \frac{1}{N}\sum_{n=1}^{N} x_n \tag{10.18}$$

RCS 序列的均值描述了目标的大小，相比于 RCS 瞬时值，RCS 序列的均值对目标大小的描述更加稳定。

RCS 序列的标准差特征定义如下

$$\sigma_x = \sqrt{\frac{1}{N-1}\sum_{n=1}^{N}(x_n - \bar{x})^2} \tag{10.19}$$

RCS 序列的标准差描述了目标散射的起伏程度，它与目标的精细结构、姿态变化密切相关。

当目标 RCS 序列的起伏不服从高斯分布时，RCS 序列的均值和标准差不足以完整地描述 RCS 序列的统计特性，此时，需要设计与 RCS 序列的统计分布匹配的统计量来描述 RCS 序列的起伏特性。除此之外，如果没有 RCS 序列的统计分布的先验信息，还可以采用极差、中位数、分位数、直方图等描述 RCS 序列的统计特征[9]。

对序列 $\boldsymbol{x} = (x_1, x_2, \cdots, x_N)$ 按从大到小排序，极差的定义为

$$\max\{x_n\} - \min\{x_n\} \tag{10.20}$$

由于极差的稳定性较差，实际应用中一般采用前 M 个最大值的平均值减去后 M 个最小值的平均值的计算方式，以增强特征的稳定性。相比于标准差，极差描述了 RCS 序列的起伏的剧烈程度，在与标准差相同的条件下，极差越大，

RCS 序列的起伏越剧烈。图 10.11 所示为标准差相同、极差不同的两个 RCS 序列。图 10.11（b）的极差大于图 10.11（a）的极差，图 10.11（b）的极差起伏程度更加剧烈。

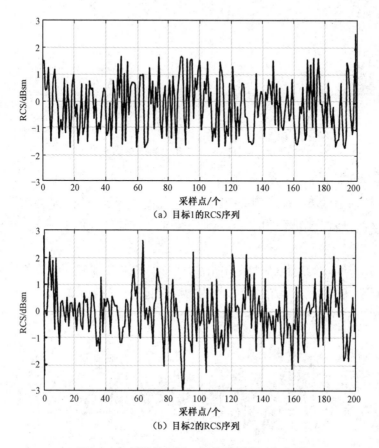

（a）目标1的RCS序列

（b）目标2的RCS序列

图 10.11　标准差相同、极差不同的两个序列

2. RCS 变化特征的提取

统计特征只能描述 RCS 序列中样本的统计特性，而无法描述 RCS 序列中包含的时序变化特性，对于如图 10.12 所示的两个 RCS 序列，它们是由相同的样本按照不同的时序排列方式产生的，其统计特性完全相同[10]。本节介绍 RCS 序列变化特征的提取方法。

频谱是描述 RCS 序列变化特征的重要方式，傅里叶变换是最常用的频谱分析方法，序列 $\boldsymbol{x} = (x_1, x_2, \cdots, x_N)$ 的傅里叶变换为

$$X_k = \sum_{n=1}^{N} x_n \mathrm{e}^{-\frac{\mathrm{j}2\pi kn}{N}}, \quad k = 1, 2, \cdots, N \quad （10.21）$$

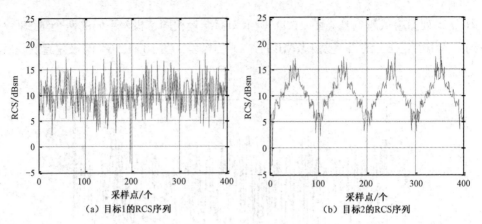

（a）目标1的RCS序列 （b）目标2的RCS序列

图 10.12 统计特征完全相同的两个 RCS 序列

通过对频谱 $\boldsymbol{X} = (X_1, X_2, \cdots, X_N)$ 进行特征分析，可获得 RCS 序列的变化特征，如周期、起伏等特征。频谱中能量最大的频率表示序列可能存在该频率对应的周期起伏，通过该频率的能量与其他频率能量的比较，可以判断该序列周期的显著性。

图 10.13 所示为起伏特性不同的两个序列，图 10.14 所示为它们的傅里叶频谱。能量最大的频率表示序列存在相应的周期起伏，图 10.13（a）存在 4 个周期起伏的 RCS 序列，图 10.13（b）存在 1 个周期起伏的 RCS 序列。

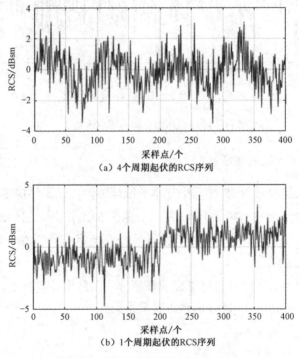

（a）4个周期起伏的RCS序列

（b）1个周期起伏的RCS序列

图 10.13 起伏特性不同的两个序列

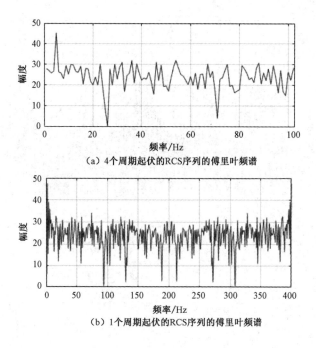

（a）4个周期起伏的RCS序列的傅里叶频谱

（b）1个周期起伏的RCS序列的傅里叶频谱

图 10.14　图 10.13 中序列的傅里叶频谱

针对 RCS 序列的周期估计，还可以采用自相关函数（Auto-Correlation Function，ACF）法、平均幅度差函数（Average Magnitude Difference Function，AMDF）法、经验模态分解（EMD）法等技术增强序列的周期性，以提高判别准确性。

ACF法主要用于研究信号波形的同步性、周期性，是衡量信号与信号自身平移波形相似性的方法[11]。其定义为

$$R(k) = \sum_{n=1}^{N} x(n) \cdot x(\mathrm{mod}(n+k, N)) \qquad (10.22)$$

式（10.22）对 RCS 序列进行了周期延拓，由此可以有效解决有限长度序列自相关面临求和项减少的问题。自相关函数是序列经过二阶平均所得到的统计量，它对于信号混杂的噪声干扰已进行了初级滤波，因此自相关函数较原序列更能直观显示信号的周期规律。图 10.15 所示为一个原序列及自相关序列，自相关序列的周期性更加明显。ACF法的优点是具有一定的抗噪性能，运算也较简单。缺点是会导致半倍和双倍的提取误差。

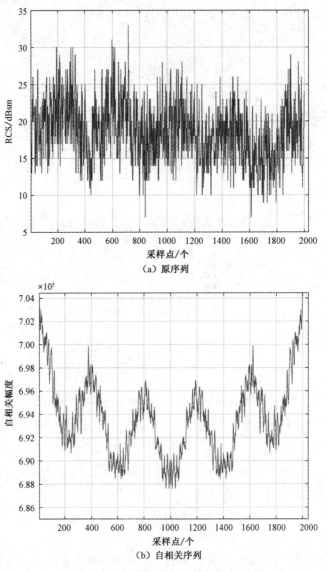

（a）原序列

（b）自相关序列

图 10.15　原序列及自相关序列

由于 ACF 法内部存在大量的乘法运算，计算量比较大。为了减少计算量，Ross 等人于 1974 年提出了 AMDF 法[11]，其定义式为

$$D(k) = \sum_{n=1}^{N} \left| x(n) - x(\mathrm{mod}(n+k, N)) \right| \qquad （10.23）$$

AMDF 法与 ACF 法相同，对于周期性的信号，其平均幅度差函数也呈现与之相一致的周期性。图 10.16 显示了一个原序列及平均幅度差序列，平均幅度差序列与自相关序列相似，其周期性相比于原序列更加明显。

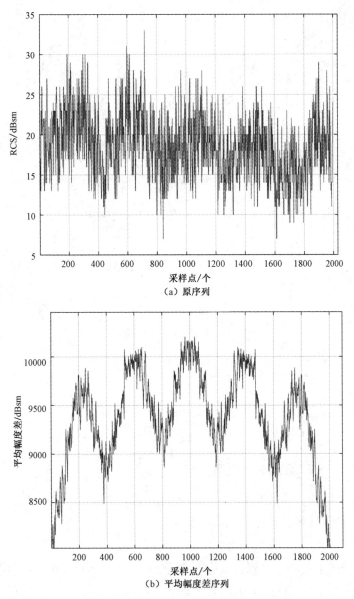

图 10.16 原序列及平均幅度差序列

傅里叶变换只适合分析平稳信号，当信号变化不规则的时候，它的使用受到限制。N. E. Huang 提出的 EMD 法[12]，将信号分解成若干个本征模态函数之和，更适合描述非平稳信号的变化过程。EMD 法分解对于提取信号的周期有两个优势：①过滤掉高频噪声，保留信号包络，增强周期判别和提取的稳定性；②对于非平稳信号效果明显，当信号包络非平稳变化时，EMD 法依然能够较稳定地提取包络，如图 10.17 所示，原序列下凹的大包络可以被提取和分离出去。

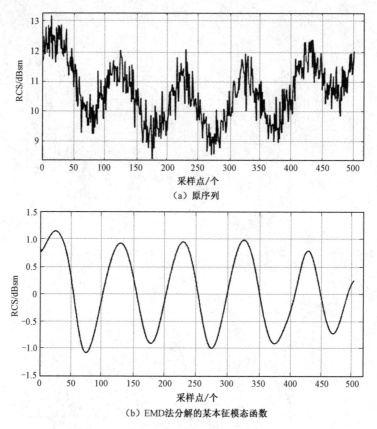

（a）原序列

（b）EMD法分解的某本征模态函数

图 10.17　原序列及其 EMD 法分解的某本征模态函数

3. 空间目标 RCS 的识别应用

在空间目标识别中，RCS 主要用来解决空间目标尺寸估计、周期性运动判别、目标姿态变化判别和目标身份识别等问题。

1）空间目标尺寸估计

目标的 RCS 反映了目标对雷达信号的散射能力，而目标的大小是影响其散射能力的重要因素。一般而言，尺寸较大的目标，出现 RCS 较大值的概率也较高，其 RCS 序列均值较大。反之，尺寸较小的目标，其 RCS 序列均值会较小[13]。因此，可以通过 RCS 序列的大小估计空间目标的尺寸，对空间目标的大中小进行分类。然而，影响空间目标 RCS 测量值变化的因素很多，如空间目标的形状结构（包括星体、天线、太阳能电池板和星载传感器等）的变化、雷达观测角的变化、空间目标轨道的变化、空间目标姿态的变化等，因此空间目标 RCS 的测量值具有随机性。卫星的太阳能电池多为半导体材料，底板为钛合金或其他高强度、轻质材料，低轨道三轴稳定卫星的太阳能电池板一般情况下为长方形，宽度与星体宽度相当。在每个雷达观测周期内，太阳能电池板可能随太阳位置变化而改变指向，故每个观测周期内卫星的 RCS 值都会有一定的差异，具有随机性。当雷达入射方向接近垂直于太阳能电池板表面时，空间目标 RCS 的变化将非常剧烈；而雷达入射方向在其他角度时，太阳能电池板的镜面反射消失，使得 RCS 变化不太敏感于姿态角。当雷达入射方向接近垂直于圆柱体空间目标的中心轴线时，空间目标 RCS 的变化也将非常剧烈，但是在其他角度时不太敏感于姿态角。此外，空间目标的天线和星载传感器等结构各自独立地定向工作，太阳能电池板的指向精度会有一定的偏差，这些都使得空间目标的 RCS 呈现随机性。图 10.18 所示为某卫星的 RCS 测量值，该 RCS 的测量值随机起伏相当明显，且在 1000s 左右时，RCS 测量值出现了突变，比其他时刻的 RCS 测量值高出 20dB 左右，推测此时该目标的某些部件处于镜面反射状态。

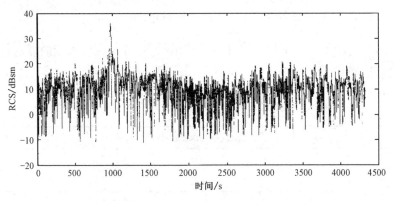

图 10.18　某卫星的 RCS 测量值

由于目标 RCS 测量值的随机性及目标结构材料的复杂性，使得通过 RCS 估计目标的精确尺寸变得十分困难。鉴于卫星目标的结构外形相对简单，可以采用简单的等效模型如椭球或球体模型估计目标的大概尺寸。将卫星目标等效为椭球体，如图 10.19 所示，可以获得椭球体长、短轴两维信息，用于空间目标分类和识别[14]。

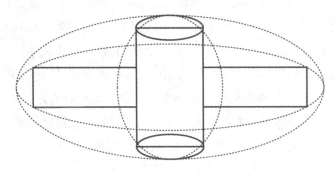

图 10.19　卫星目标等效为椭球体

在进行空间目标大中小分类时，可以直接将目标近似为等效球体，通过其RCS对应的目标截面积进行粗略分类。图10.20所示为两个不同大小目标的RCS序列，从RCS的均值可以直观看出两个目标的差别。

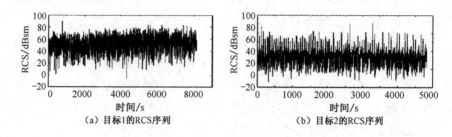

<table>
<tr><td>（a）目标1的RCS序列</td><td>（b）目标2的RCS序列</td></tr>
</table>

图10.20　两个不同大小目标的RCS序列

表10.1所示为部分卫星的尺寸估计结果[13,14]，其RCS对应的截面积可以直观地反映目标的大小。

表10.1　部分卫星的尺寸估计结果

卫星编号	RCS 序列均值/dBsm	RCS 序列标准差/dBsm
23278	3.16	0.93
12138	2.92	−1.20
23323	11.34	15.80
28254	−8.54	−9.21
23560	8.10	9.15
25394	13.24	17.67
25544	25.86	26.34

2）周期性运动判别

正常工作的卫星都具有轨道控制和姿态控制能力，目前姿态控制方式主要有自旋稳定姿态控制和三轴稳定姿态控制等姿态控制方式。对于自旋稳定姿态控制的卫星，卫星利用绕自旋轴旋转所获得的陀螺定轴性，使自旋轴方向在惯性空间定向。一般来说，自旋稳定姿态控制的卫星的旋转速度可以达到100r/min左右，只有这样，卫星才能在惯性空间运行稳定，对地观测相对稳定。1958年，美国用雷达跟踪了苏联当时刚发射的第二颗地球人造卫星，并详细记录了其回波特征信号，发现回波起伏中有周期分量，且与角反射器的散射有相同的特征，美国雷达专家推断，苏联第二颗人造卫星上载有角反射器，用以增大卫星散射截面。

通过提取目标的自旋周期，结合目标的轨道高度，可以判断目标是否处于自旋稳定姿态控制状态。某自旋稳定姿态控制的卫星 RCS 序列如图 10.21 所示。

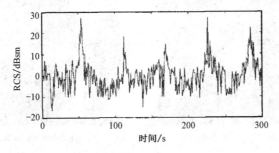

图 10.21　某自旋稳定姿态控制的卫星 RCS 序列

翻滚是碎片、失效卫星等空间目标的一种特殊运动形式，这种运动的特点是目标绕某一确定的空间轴翻滚，且翻滚平面保持不变。失效卫星在地球引力和摄动力的作用下进行复杂的旋转运动，最终趋向于翻滚运动。翻滚周期是空间翻滚目标的重要特征，通过判别目标的翻滚周期，可以为目标的属性判别提供依据，如图 10.22 所示。

识别空间目标的周期性运动现象，并且对于有周期性运动的目标提取运动周期，对于空间目标识别和关键事件感知具有重要作用。

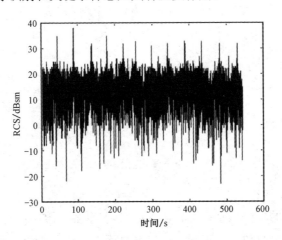

图 10.22　失效卫星的翻滚（目标原始 RCS 序列）

3）目标姿态变化判别

卫星在飞行过程中，也会根据任务需要进行姿态调整。航天飞船在与空间站交会对接和返回的过程中，都需要进行多次姿态调整。例如，在神舟飞船返回之前，需要先对天宫神舟组合体（简称天宫）进行 180°姿态调整，然后再进行轨道舱和返回舱的分离，如图 10.23 所示。

（a）天宫姿态调整之前   （b）天宫姿态调整之后

图 10.23   天宫姿态调整前后的对比图

在目标姿态变化前后，其 RCS 可能会发生明显变化，如果雷达能够观测到整个姿态的变化过程，那么姿态变化前后的 RCS 序列会出现 RCS 均值的起伏，如图 10.24 所示。如果雷达没有观测到目标姿态的变化过程，那么利用相同观测位置（相同的雷达探测方位角和俯仰角）的不同圈次，观测到的 RCS 序列的大小对比，也可以判断目标姿态是否发生了变化。

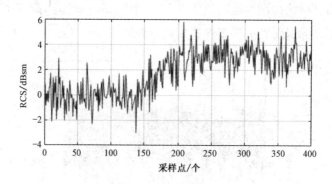

图 10.24   目标姿态变化前后的 RCS 序列示意图

4）目标身份识别

在空间目标的身份识别方面，RCS 也具有重要作用。针对不同的卫星 RCS 序列，通过特征提取和匹配识别，可以判断不同卫星 RCS 序列的相似度，从而给出对应卫星的相似度。不过，卫星 RCS 对目标特性的描述比较粗糙，相同大小的不同卫星的 RCS 序列相似度较高，因此基于 RCS 序列的目标身份识别的正确率和可信度都较低。图 10.25 和图 10.26 分别显示了同一卫星在不同时段的 RCS 序列和不同卫星的 RCS 序列，当卫星大小相近时，其 RCS 序列的相似度也很大，难以通过 RCS 序列进行区分。

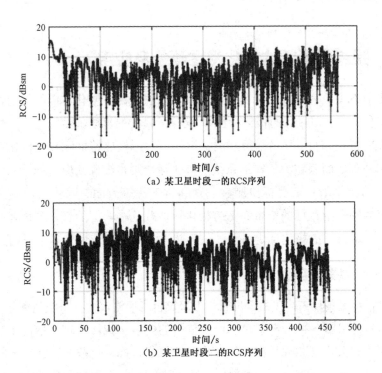

（a）某卫星时段一的RCS序列

（b）某卫星时段二的RCS序列

图 10.25　同一卫星的不同时段的 RCS 序列

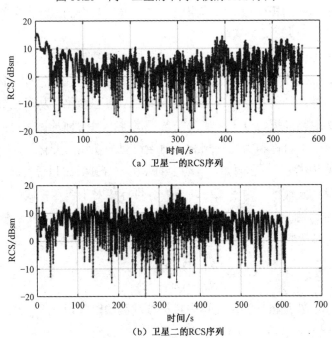

（a）卫星一的RCS序列

（b）卫星二的RCS序列

图 10.26　不同卫星的 RCS 序列

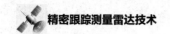

10.4 跟踪测量雷达极化特性测量及应用

电磁散射理论表明，目标具有改变雷达入射电磁波极化方向的能力，目标的这种去极化效应（即目标的极化特性），反映了目标的材质、结构等内敛性质，是目标重要的特征信息[1]。基于跟踪测量雷达的目标极化特性测量是极化信息应用的前提和基础，而跟踪测量雷达系统的极化标定则是准确获取目标极化信息的关键。目标的极化信息在目标检测、识别和抗干扰等方面有着重要广阔的应用前景。本节分别介绍目标的窄带和宽带极化特性及几种典型的极化测量体制，接着介绍跟踪测量雷达的极化标定方法，最后阐述目标极化特性的典型应用。

10.4.1 窄带极化特性

在窄带观测条件下，飞机、导弹、卫星等目标通常仅占据一个距离分辨单元，其回波信号是目标各部分散射单元回波信号的矢量合成，这时目标极化散射特性与观测视线有关，观测视线很小的变化可能引起目标极化散射特性较大的改变。因此，在对动态目标进行窄带观测时，由于观测视线是连续变化的，其极化散射特性将不能用单一的极化散射矩阵来表示，需要用时变的极化散射矩阵序列来表示[15]。

在实际应用中，目标极化特性和观测条件通常是随时间变化的，因此需要用时变的极化散射矩阵序列来刻画目标的动态极化散射特性。目标极化散射特性变化的原因有两种：一种是目标自身结构或属性发生了变化，从而导致其极化散射特性改变，如地物环境、气象环境及箔条干扰等；另一种是目标自身的极化散射特性没变，但由于目标和雷达的相对运动导致观测视线的变化，从而使目标极化散射特性呈现出时变特性。例如，运动中的飞机、导弹、卫星等均属于这种情况。

在窄带观测条件下，由于飞机、导弹等目标相对于雷达视线的姿态是不断变化的，因此雷达测量到目标的极化散射矩阵及提取的极化特征参量也将是时变的。在给定的极化基下，假定动态目标的时变极化散射矩阵为

$$S(t) = \begin{bmatrix} S_{HH}(t) & S_{HV}(t) \\ S_{VH}(t) & S_{VV}(t) \end{bmatrix}, \ t \in T \tag{10.24}$$

式（10.24）中，T 是极化测量过程中目标被观测的时间段，$S_{pq}(t)$ 为各极化通道的散射系数，其中 $p,q \in \{H,V\}$。

当工作于脉冲模式时，雷达测量得到的是目标极化散射矩阵在时间上的采样值。设雷达脉冲重复周期为 T_r，在测量时间段 T 内共有 N 个测量值，则目标极化

散射矩阵采样序列为

$$S(n) = \begin{bmatrix} S_{HH}(n) & S_{HV}(n) \\ S_{VH}(n) & S_{VV}(n) \end{bmatrix}, \quad n = 1, 2, \cdots, N \qquad （10.25）$$

将目标的极化散射矩阵在泡利（Pauli）矩阵基下展开，可以将目标的极化散射矩阵表示成极化散射矢量的形式。在 H 和 V 线极化基下，泡利矩阵基可表示为

$$\left\{ \begin{bmatrix} 1 & 0 \\ 0 & 1 \end{bmatrix}, \begin{bmatrix} 1 & 0 \\ 0 & -1 \end{bmatrix}, \begin{bmatrix} 0 & 1 \\ 1 & 0 \end{bmatrix}, \begin{bmatrix} 0 & -j \\ j & 0 \end{bmatrix} \right\} \qquad （10.26）$$

基于泡利矩阵基，第 n 次测量得到的目标极化散射矢量可表示为

$$k(n) = \begin{bmatrix} S_{HH}(n) + S_{VV}(n) \\ S_{HH}(n) - S_{VV}(n) \\ 2S_{VH}(n) \end{bmatrix}, \quad n = 1, 2, \cdots, N \qquad （10.27）$$

不同目标的在相邻观测角下极化散射矢量的相关性，随观测角的变化规律呈现很大差异，这一窄带目标极化散射特性在目标识别中有着重要的应用潜力[15]。

10.4.2　宽带极化特性

雷达目标的高分辨特性和极化特性从两个不同角度刻画了目标的物理结构特征[1]。一方面，高分辨信息能够反映出目标径向长度、轮廓等几何结构特征；另一方面，极化信息可用于描述目标表面粗糙度、对称性及空间取向等特征。将两者结合起来可提取出目标更加精细、准确的结构特征，已成为目标识别等领域的研究热点问题[16-19]。

当前，常规的单极化雷达成像技术已较成熟，合成孔径雷达、逆合成孔径雷达及干涉合成孔径雷达已实用，双极化和全极化雷达成像技术成为国内外学术界研究的热点问题。在光学区，雷达目标可以用散射中心模型来描述，其总散射回波可以看成各散射中心回波的矢量合成。随着雷达分辨率的提高，目标散射中心将被离析出来，得到目标雷达图像。高分辨成像雷达就是采用宽带信号，对目标回波信号进行相参处理后获取目标的一维距离像、二维像或三维像。与低分辨率观测条件不同，目标在高分辨率观测条件下将被离析成散射中心，每个散射中心具有相对简单的散射结构，其极化散射特性也相对稳定，因此目标宽带高分辨信息提高了极化信息的稳健性，在目标分类、识别方面具有更大的应用价值。

在光学区，雷达目标可以用散射中心模型来描述，其总散射回波可看作各散射中心回波的矢量合成。在小信号激励条件下，通常采用线性系统理论来分析目标的电磁散射特性，即把目标看成一个线性系统，雷达发射信号为该系统的输入

信息，接收目标回波信号为该系统的输出信息，目标散射特性可以用一个冲激响应函数来表示。从散射中心的观点来看，目标的整体冲激响应是各散射中心冲激响应的线性叠加。在全极化观测条件下，雷达收/发通道均由两个正交极化通道组成，目标在 4 种不同极化状态组合条件下的散射特性可以用 4 个不同的冲激响应来表示。假定目标由 N 个散射中心组成，参考中心为 P，第 i 个散射中心与 P 点的径向距离为 Δr_i，对应的延时量为 $\Delta \tau_i = \dfrac{2\Delta r_i}{c}$，$i = 1, 2, \cdots, N$，$c$ 为光速。目标在各种极化状态下的响应可以表示成

$$S_{pq}(t) = \sum_{i=1}^{N} S_{pq,i}\delta(t - \Delta\tau_i), \ p,q \in \{\mathrm{H}, \mathrm{V}\} \tag{10.28}$$

将式（10.28）表示成矩阵形式为

$$\boldsymbol{S}(t) = \begin{bmatrix} S_{\mathrm{HH}}(t) & S_{\mathrm{HV}}(t) \\ S_{\mathrm{VH}}(t) & S_{\mathrm{VV}}(t) \end{bmatrix} = \sum_{i=1}^{N} \boldsymbol{S}_i\delta(t - \Delta\tau_i) \tag{10.29}$$

式（10.29）中，$\boldsymbol{S}(t)$ 为目标全极化冲激响应矩阵，$\boldsymbol{S}_i$ 是第 i 个散射中心的极化散射矩阵，表示为 $\boldsymbol{S}_i = \begin{bmatrix} S_{\mathrm{HH},i} & S_{\mathrm{HV},i} \\ S_{\mathrm{VH},i} & S_{\mathrm{VV},i} \end{bmatrix}$，$i = 1, 2, \cdots, N$。

对式（10.30）进行傅里叶变换，可得到目标全极化频率响应矩阵，表示为

$$\boldsymbol{S}(f) = \begin{bmatrix} S_{\mathrm{HH}}(f) & S_{\mathrm{HV}}(f) \\ S_{\mathrm{VH}}(f) & S_{\mathrm{VV}}(f) \end{bmatrix} = \sum_{i=1}^{N} \boldsymbol{S}_i \exp(-\mathrm{j}2\pi f\Delta\tau_i) \tag{10.30}$$

由于目标回波信号延时与距离相对应，因此目标全极化冲激响应矩阵反映了散射中心在空间分布上的全极化信息，即目标在理想条件无限带宽下的全极化雷达图像。而目标全极化频率响应矩阵则反映出各散射中心作为一个整体在频域的全极化信息。从信息量角度看，两者所含的目标信息应是等价的。雷达图像能够更加直接地反映出目标长度、大小等物理特征，所以实际应用中主要从雷达图像冲激响应的角度来分析动态目标的宽带极化特性。

随着雷达分辨率的提高，每个分辨单元含有的散射中心数目就越来越少，其极化散射特性也就越趋稳定，因此，更加适合用相参极化散射理论来分析。极化相参分解理论广泛应用于极化 SAR 成像及极化成像的解译，用于人造目标检测、分类、识别与结构反演等[20-22]。

10.4.3　极化测量

按雷达发射端、接收端在极化维的自由度来划分，雷达系统大体可分为单极化测量体制雷达、分时极化测量体制雷达及同时极化测量体制雷达。单极化测量体制雷达是指发射端和接收端的极化方式均为固定的单一极化，这种体制的雷达

仅能获得目标极化散射矩阵的一个元素，不具备极化信息获取与处理能力。在单极化测量体制雷达基础上增加一路正交极化接收通道就构成了分时极化测量体制雷达，该体制的雷达采用"单极化发射、正交极化同时接收"的工作模式，具备极化信息获取与处理能力，但是分时极化测量体制雷达一次仅能测量目标极化散射矩阵的一列元素，完整的目标极化散射矩阵需要在两个相邻的脉冲周期内测量得到。同时极化测量体制雷达采用"正交极化同时发射、同时接收"的工作模式，能够在一个脉冲周期内同时测得目标极化散射矩阵的 4 个元素，已成为当前极化测量体制雷达的重要发展方向[15]。

分时极化测量体制雷达的原理如图 10.27 所示，图中的 T 表示发射，R 表示接收。在第一个脉冲周期内，发射 H 极化，测得元素 $S_{HH}(1)$ 和 $S_{HV}(1)$；而在第二个脉冲周期内，发射 V 极化，测得元素 $S_{VH}(1)$ 和 $S_{VV}(1)$。分时极化测量体制雷达虽然能实现对目标极化散射矩阵的测量，但存在以下缺陷：

（1）分时极化测量体制雷达无法获得目标在同一时刻的极化散射矩阵，对于运动目标会在两次测量间引入额外的相位调制误差。

（2）在分时极化测量体制下，极化散射矩阵各元素的多普勒采样频率降低一半，从而使无模糊最大多普勒带宽降低一半。

（3）分时极化测量体制雷达在发射时，需要在两路极化通道间进行切换，极化切换开关的极化隔离度有限，可能产生交叉极化干扰。

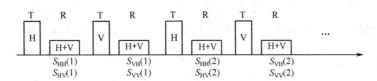

图 10.27　分时极化测量体制雷达的原理

同时极化测量体制雷达能够克服分时极化测量体制雷达的缺陷，可以更加直接地获取目标全极化散射信息，该测量体制雷达的原理如图 10.28 所示，在一个脉冲周期内同时发射、同时接收 H 和 V 两个极化正交信号，两路信号利用波形之间的正交性消除波形互扰，这种测量体制雷达单次回波即可获得目标完整的极化散射矩阵。但是同时极化测量体制雷达要求 H 和 V 两路信号在波形域完全正交，系统实现难度大、成本高，且波形设计及信号处理复杂。

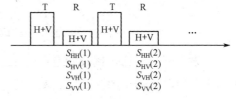

图 10.28　同时极化测量体制雷达的原理

工程中一种折中的极化测量方法是采用脉内变极化测量体制雷达，即在一个脉冲周期内轮流发射 H 和 V 两种正交极化的信号，如图 10.29 所示，并且同时接收两个极化通道的回波信号。这种模式既可以克服分时极化测量体制雷达的各种缺陷，又能降低同时极化测量体制雷达系统的复杂性，因此，非常适合工程中用于对目标极化散射矩阵的测量。

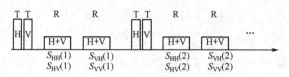

图 10.29 脉内变极化测量体制雷达的原理

10.4.4 极化标定

1. 误差分析与建模

1）误差建模

对目标极化散射矩阵的准确测量是目标极化信息应用的前提和基础，然而，非系统因素和系统非理想因素的存在，使得雷达测得的目标极化信息失真，制约了它的后续处理和利用。因此，需研究各种误差因素对目标极化散射矩阵测量结果的影响，建立相应的误差模型来描述这些因素对测量结果的影响，并尽可能消除这些影响以便准确地获得目标的宽带极化散射矩阵。

极化测量体制雷达发射通道中 H 和 V 极化通道增益失衡及天线极化隔离度不理想对测量结果的影响参见图 10.30。该图中，T_{HH}（T_{HV}）分别表示 H 极化通道到 H 极化通道（V 极化通道）的耦合系数，T_{VV}（T_{VH}）分别表示 V 极化通道到 V 极化通道（H 极化通道）的耦合系数，E_{tH} 和 E_{tV} 分别表示 H 和 V 极化通道的辐射能量。

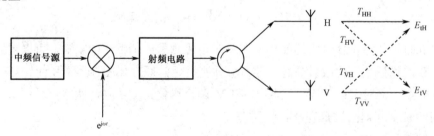

图 10.30 发射通道误差示意图

与发射通道一样，接收通道中由 H 和 V 极化通道增益失衡及天线极化隔离度不理想对测量结果的影响参见图 10.31。该图中的符号定义与发射通道的类似。

综合发射通道、接收通道的误差因素及背景杂波和噪声的影响，可将整个极化测量体制雷达测量过程建为一个误差模型，即测量的极化散射矩阵 M 和目标

真实的极化散射矩阵 $\boldsymbol{S}$ 之间应满足如下关系[24]，即

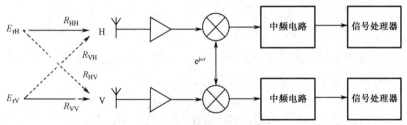

图 10.31　接收通道误差示意图

$$M = G \cdot R\,(S + B)\,T_e + N \tag{10.31}$$

式（10.31）中，$\boldsymbol{B}$ 为背景杂波，$\boldsymbol{N}$ 为系统噪声，$\boldsymbol{T}_e$ 为发射路径中存在的通道增益失衡和极化耦合矩阵，$\boldsymbol{R}$ 为接收路径中存在的通道增益失衡和极化耦合矩阵（接收隔离度矩阵），$\boldsymbol{G}$ 为 4 个极化通道的增益矩阵。在极化校准时，可以通过控制环境或对消处理，消除背景对测量结果的影响。此时，极化测量的误差模型可以简化表示为

$$M = G \cdot RST_e + N \tag{10.32}$$

上述误差模型的具体形式可表示为

$$\begin{bmatrix} M_{HH} & M_{VH} \\ M_{HV} & M_{VV} \end{bmatrix} = \begin{bmatrix} G_{HH} & G_{VH} \\ G_{HV} & G_{VV} \end{bmatrix} \begin{bmatrix} 1 & R_{VH} \\ R_{HV} & 1 \end{bmatrix} \begin{bmatrix} S_{HH} & S_{VH} \\ S_{HV} & S_{VV} \end{bmatrix} \begin{bmatrix} 1 & T_{VH} \\ T_{HV} & 1 \end{bmatrix} + \begin{bmatrix} N_{HH} & N_{VH} \\ N_{HV} & N_{VV} \end{bmatrix} \tag{10.33}$$

式（10.33）中，$\boldsymbol{M} = \begin{bmatrix} M_{HH} & M_{VH} \\ M_{HV} & M_{VV} \end{bmatrix}$，$\boldsymbol{S} = \begin{bmatrix} S_{HH} & S_{VH} \\ S_{HV} & S_{VV} \end{bmatrix}$，$G_{HH}$ 表示水平发射水平接收通道幅相，G_{VH} 表示垂直发射水平接收通道幅相，G_{HV} 表示水平发射垂直接收通道幅相，G_{VV} 表示垂直发射垂直接收通道幅相，T_{VH} 和 T_{HV} 表示水平与垂直发射通道间的耦合，R_{VH} 和 R_{HV} 表示水平与垂直接收通道间的耦合，这是一个 12 参数的误差模型。这种误差模型是一种完备的误差模型，它全面考虑了发射、接收端极化不纯及极化通道之间的耦合因素对目标极化散射矩阵测量的影响，涵盖了连续波和脉冲两种体制，被业界广泛接受。但这种误差模型中的参数太多，需要三个标准的散射体构建 12 个独立的线性方程才能完成校准，过程十分复杂。在实际标定中，可根据实际情况对模型进行简化。

（1）高信噪比条件。在高信噪比条件下，噪声对目标极化散射矩阵测量结果的影响可以忽略，极化测量的误差模型可以简化为

$$\begin{bmatrix} M_{HH} & M_{VH} \\ M_{HV} & M_{VV} \end{bmatrix} = \begin{bmatrix} G_{HH} & G_{VH} \\ G_{HV} & G_{VV} \end{bmatrix} \begin{bmatrix} 1 & R_{VH} \\ R_{HV} & 1 \end{bmatrix} \begin{bmatrix} S_{HH} & S_{VH} \\ S_{HV} & S_{VV} \end{bmatrix} \begin{bmatrix} 1 & T_{VH} \\ T_{HV} & 1 \end{bmatrix} \tag{10.34}$$

（2）考虑系统的互易性。如果极化测量满足互易性条件，极化测量的误差模

型可以简化为

$$
\begin{bmatrix} M_{\mathrm{HH}} & M_{\mathrm{VH}} \\ M_{\mathrm{HV}} & M_{\mathrm{VV}} \end{bmatrix} = \begin{bmatrix} G_{\mathrm{HH}} & G_{\mathrm{VH}} \\ G_{\mathrm{HV}} & G_{\mathrm{VV}} \end{bmatrix} \begin{bmatrix} 1 & \delta_{\mathrm{VH}} \\ \delta_{\mathrm{HV}} & 1 \end{bmatrix} \begin{bmatrix} S_{\mathrm{HH}} & S_{\mathrm{VH}} \\ S_{\mathrm{HV}} & S_{\mathrm{VV}} \end{bmatrix} \begin{bmatrix} 1 & \delta_{\mathrm{HV}} \\ \delta_{\mathrm{VH}} & 1 \end{bmatrix} \tag{10.35}
$$

（3）极化隔离度较理想的情况。进一步，如果极化测量的极化隔离度是较理想的情况，极化测量的误差模型可以简化为

$$
\begin{bmatrix} M_{\mathrm{HH}} & M_{\mathrm{VH}} \\ M_{\mathrm{HV}} & M_{\mathrm{VV}} \end{bmatrix} = \begin{bmatrix} G_{\mathrm{HH}} & G_{\mathrm{VH}} \\ G_{\mathrm{HV}} & G_{\mathrm{VV}} \end{bmatrix} \begin{bmatrix} 1 & 0 \\ 0 & 1 \end{bmatrix} \begin{bmatrix} S_{\mathrm{HH}} & S_{\mathrm{VH}} \\ S_{\mathrm{HV}} & S_{\mathrm{VV}} \end{bmatrix} \begin{bmatrix} 1 & 0 \\ 0 & 1 \end{bmatrix} \tag{10.36}
$$

2）误差因素对目标极化散射矩阵测量结果的影响

（1）发射隔离度对目标极化散射矩阵测量结果的影响。

假设系统的幅相特性和接收隔离度都理想，设增益矩阵 $\boldsymbol{G} = \begin{bmatrix} 1 & 1 \\ 1 & 1 \end{bmatrix}$，接收隔离度矩阵 $\boldsymbol{R} = \begin{bmatrix} 1 & 0 \\ 0 & 1 \end{bmatrix}$，在仅有发射隔离度影响的情况下，目标极化散射矩阵的测量值与真实值之间的关系为

$$
\begin{aligned}
\begin{bmatrix} M_{\mathrm{HH}} & M_{\mathrm{VH}} \\ M_{\mathrm{HV}} & M_{\mathrm{VV}} \end{bmatrix} &= \begin{bmatrix} 1 & 1 \\ 1 & 1 \end{bmatrix} \begin{bmatrix} 1 & 0 \\ 0 & 1 \end{bmatrix} \begin{bmatrix} S_{\mathrm{HH}} & S_{\mathrm{VH}} \\ S_{\mathrm{HV}} & S_{\mathrm{VV}} \end{bmatrix} \begin{bmatrix} 1 & T_{\mathrm{VH}} \\ T_{\mathrm{HV}} & 1 \end{bmatrix} \\
&= \begin{bmatrix} S_{\mathrm{HH}} + T_{\mathrm{HV}} S_{\mathrm{VH}} & T_{\mathrm{VH}} S_{\mathrm{HH}} + S_{\mathrm{VH}} \\ S_{\mathrm{HV}} + T_{\mathrm{HV}} S_{\mathrm{VV}} & T_{\mathrm{VH}} S_{\mathrm{HV}} + S_{\mathrm{VV}} \end{bmatrix}
\end{aligned} \tag{10.37}
$$

假定目标的真实极化散射矩阵为 $\begin{bmatrix} 1 & 0 \\ 0 & 1 \end{bmatrix}$，目标的极化隔离度为 $T_{\mathrm{VH}} = T_{\mathrm{HV}} = 0.1$，即极化隔离度为 20dB，则目标极化散射矩阵的测量值为

$$
\begin{bmatrix} M_{\mathrm{HH}} & M_{\mathrm{VH}} \\ M_{\mathrm{HV}} & M_{\mathrm{VV}} \end{bmatrix} = \begin{bmatrix} 1 & 0.1 \\ 0.1 & 1 \end{bmatrix} \tag{10.38}
$$

目标的交叉极化项由 0 变成了 0.1，即出现了-20dB 的误差值，同极化的测量结果保持不变。

（2）接收隔离度对目标极化散射矩阵测量结果的影响。

假设系统的幅相特性和发射隔离度都理想，设增益矩阵 $\boldsymbol{G} = \begin{bmatrix} 1 & 1 \\ 1 & 1 \end{bmatrix}$，发射隔离度矩阵 $\boldsymbol{T} = \begin{bmatrix} 1 & 0 \\ 0 & 1 \end{bmatrix}$，在仅有接收隔离度影响的情况下，目标极化散射矩阵的测量值与真实值之间的关系为

$$
\begin{aligned}
\begin{bmatrix} M_{\mathrm{HH}} & M_{\mathrm{VH}} \\ M_{\mathrm{HV}} & M_{\mathrm{VV}} \end{bmatrix} &= \begin{bmatrix} 1 & 1 \\ 1 & 1 \end{bmatrix} \begin{bmatrix} 1 & R_{\mathrm{VH}} \\ R_{\mathrm{HV}} & 1 \end{bmatrix} \begin{bmatrix} S_{\mathrm{HH}} & S_{\mathrm{VH}} \\ S_{\mathrm{HV}} & S_{\mathrm{VV}} \end{bmatrix} \begin{bmatrix} 1 & 0 \\ 0 & 1 \end{bmatrix} \\
&= \begin{bmatrix} S_{\mathrm{HH}} + R_{\mathrm{VH}} S_{\mathrm{HV}} & R_{\mathrm{VH}} S_{\mathrm{VV}} + S_{\mathrm{VH}} \\ S_{\mathrm{HV}} + R_{\mathrm{HV}} S_{\mathrm{HH}} & R_{\mathrm{HV}} S_{\mathrm{VH}} + S_{\mathrm{VV}} \end{bmatrix}
\end{aligned} \tag{10.39}
$$

假定目标的真实极化散射矩阵为 $\begin{bmatrix} 1 & 0 \\ 0 & 1 \end{bmatrix}$，目标的极化隔离度为 $R_{VH} = R_{HV} = 0.1$，即极化隔离度为 20dB，则目标极化散射矩阵的测量值为

$$\begin{bmatrix} M_{HH} & M_{VH} \\ M_{HV} & M_{VV} \end{bmatrix} = \begin{bmatrix} 1 & 0.1 \\ 0.1 & 1 \end{bmatrix} \qquad (10.40)$$

目标的交叉极化项由 0 变成了 0.1，即出现了-20dB 的误差值，同极化的测量结果保持不变。

（3）发射/接收隔离度共同的影响。

假设系统的幅相特性理想，设增益矩阵 $\boldsymbol{G} = \begin{bmatrix} 1 & 1 \\ 1 & 1 \end{bmatrix}$，在发射/接收隔离度影响的情况下，目标极化散射矩阵的测量值和真实值之间的关系为

$$
\begin{aligned}
&\begin{bmatrix} M_{HH} & M_{VH} \\ M_{HV} & M_{VV} \end{bmatrix} \\
&= \begin{bmatrix} 1 & 1 \\ 1 & 1 \end{bmatrix} \begin{bmatrix} 1 & R_{VH} \\ R_{HV} & 1 \end{bmatrix} \begin{bmatrix} S_{HH} & S_{VH} \\ S_{HV} & S_{VV} \end{bmatrix} \begin{bmatrix} 1 & T_{VH} \\ T_{HV} & 1 \end{bmatrix} \\
&= \begin{bmatrix} S_{HH} + R_{VH}S_{VH} & R_{VH}S_{VV} + S_{VH} \\ S_{HV} + R_{HV}S_{HH} & R_{HV}S_{VH} + S_{VV} \end{bmatrix} \\
&= \begin{bmatrix} S_{HH} + R_{VH}S_{HV} + T_{HV}\left(S_{VH} + R_{VH}S_{VV}\right) & S_{VH} + R_{VH}S_{VV} + T_{VH}\left(S_{HH} + R_{VH}S_{HV}\right) \\ S_{HV} + R_{HV}S_{HH} + T_{HV}\left(S_{VV} + R_{HV}S_{VH}\right) & S_{VV} + R_{HV}S_{VH} + T_{VH}\left(S_{HV} + R_{HV}S_{HH}\right) \end{bmatrix}
\end{aligned} \qquad (10.41)
$$

假定目标的真实极化散射矩阵为 $\begin{bmatrix} 1 & 0 \\ 0 & 1 \end{bmatrix}$，目标的极化隔离度为 $T_{VH} = T_{HV} = R_{VH} = R_{HV} = 0.1$，即极化隔离度为 20dB，则目标极化散射矩阵的测量值为

$$\begin{bmatrix} M_{HH} & M_{VH} \\ M_{HV} & M_{VV} \end{bmatrix} = \begin{bmatrix} 1.01 & 0.2 \\ 0.2 & 1.01 \end{bmatrix} \qquad (10.42)$$

目标的同极化项由 1 变成了 1.01，出现了-40dB 的误差值，目标的交叉极化项由 0 变成了 0.2，即出现了-14dB 的误差值。

从上面的分析结果可以看到极化隔离度对目标交叉极化分量测量值的影响较大，而对目标同极化分量测量值的影响甚小。

2. 极化定标体

为消除各种误差因素对极化测量结果的影响，在建立了极化测量误差模型之后，可以利用目标极化散射响应已知的极化定标体对极化测量系统进行标定。按照定标体类型的不同，可分为有源定标体和无源定标体两种。理论上用两种定标体均可实现对极化测量系统的有效标定，但每种方法都有其特点和适用范围。

1) 无源定标体

常用的无源定标体通常有金属球、圆盘、二面角、三面角、圆柱体等反射器，其中二面角反射器又分为矩形二面角、菱形二面角反射器等，三面角反射器根据其形状又分为矩形三面角、三角形三面角、开槽三面角反射器等，部分典型无源定标体如图 10.32～图 10.34 所示。

图 10.32　金属球反射器　　图 10.33　矩形三面角反射器　　图 10.34　三角形三面角反射器

典型无源定标体的极化散射矩阵的理论值如下所述。

(1) 垂直偶极子：$\boldsymbol{S} = \begin{bmatrix} 0 & 0 \\ 0 & -1 \end{bmatrix}$；

(2) 水平偶极子：$\boldsymbol{S} = \begin{bmatrix} -1 & 0 \\ 0 & 0 \end{bmatrix}$；

(3) 二面角反射器：$\boldsymbol{S} = \begin{bmatrix} 1 & 0 \\ 0 & -1 \end{bmatrix}$；

(4) 三面角反射器：$\boldsymbol{S} = \begin{bmatrix} -1 & 0 \\ 0 & -1 \end{bmatrix}$。

总体而言，无源极化标校器结构简单，加工容易，价格低廉，但其 RCS 受标校体尺寸限制，难以做得很大；此外基于无源定标体的算法都需要测量多个定标体的极化散射矩阵，并对定标体的摆放位置、观测角度进行精确控制，从而限制了其应用范围，因此无源定标体大多数只限于暗室或小型极化测量系统。

2) 有源定标体

有源定标体（PARC）是工程上实用的有源定标体，实质是一种有源应答器。它的结构框图如图 10.35 所示，PARC 的线极化接收天线接收雷达的发射信号后，经过放大、延迟后经 PARC 的线极化发射天线发射出去。校准时，PARC 的发射和接收天线均对准待校准雷达天线。PARC 根据接收/发射（收/发）天线旋转方式的不同可分为收/发天线同时旋转和收/发天线独立旋转两种形式。

对于收/发天线同时旋转的 PARC，收/发天线的相对放置姿态如图 10.36 所示，收/发天线极化互相垂直，绕雷达视线旋转整个 PARC 可获得不同的极化散射矩阵。收/发天线同时旋转的 PARC，其极化散射矩阵为

$$S_{\mathrm{P}} = \begin{bmatrix} -\sin 2\alpha & \cos 2\alpha + 1 \\ \cos 2\alpha - 1 & \sin 2\alpha \end{bmatrix} \tag{10.43}$$

式（10.43）中，α 为 PARC 绕雷达视线的转角。因此可以通过调节 PARC 的旋转角 α 使其呈现任意需要的极化特性。以收/发天线同时旋转的配置方式为例，当旋转角 $\alpha = 90°$、$0°$ 和 $45°$ 时，三个标准极化散射矩阵的理论值为

$$S_1 = \begin{bmatrix} 0 & 0 \\ 1 & 0 \end{bmatrix}, \ S_2 = \begin{bmatrix} 0 & 1 \\ 0 & 0 \end{bmatrix}, \ S_3 = \begin{bmatrix} -1 & 1 \\ -1 & 1 \end{bmatrix} \tag{10.44}$$

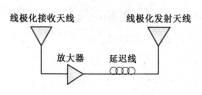

图 10.35　有源定标体（PARC）结构框图

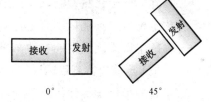

图 10.36　收/发天线同时旋转的 PARC 的收/发天线的放置姿态

对于收/发天线独立旋转的 PARC，PARC 收/发天线的相对姿态如图 10.37 所示。其中，实线箭头表示天线主极化方向，θ_{r} 为接收天线的极化角，θ_{t} 为发射天线的极化角。PARC 的理论极化散射矩阵表达式为[23]

$$S_{\mathrm{P}} = \begin{bmatrix} \sin \theta_{\mathrm{t}} \cdot \sin \theta_{\mathrm{r}} & -\sin \theta_{\mathrm{t}} \cdot \cos \theta_{\mathrm{r}} \\ -\cos \theta_{\mathrm{t}} \cdot \sin \theta_{\mathrm{r}} & \cos \theta_{\mathrm{t}} \cdot \cos \theta_{\mathrm{r}} \end{bmatrix} \tag{10.45}$$

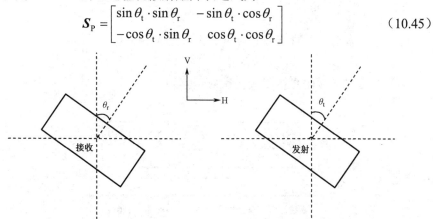

图 10.37　收/发天线独立旋转的 PARC 的收/发天线相对姿态

一个典型收/发天线独立旋转的形式——有源定标体的收/发天线如图 10.38 所示。

相对于无源极化标定方法，基于有源定标体的极化标定方法有三个优点：①极化散射矩阵可灵活配置，通过旋转 PARC 的收/发天线，能产生符合要求的大的同极化和交叉极化 RCS，以及较为理想的极化散射矩阵；②通过改变

图 10.38　有源极化标校器的收/发天线

延迟线的长度可以灵活设置发/收信号延迟时间，实现远距离的延迟以克服雷达盲距，以及抑制地物杂波的影响；③PARC 在一定尺寸时，能提供比无源定标体高得多的 RCS。这些优点使得采用 PARC 放置在距雷达一定距离的高塔上，对其进行极化散射矩阵校准成为可能。对于大型阵地雷达，有源极化标定方法相对于无源极化标定方法可实施性更佳。

3. 极化标校算法

根据建立的极化测量的误差模型，可通过对目标极化散射矩阵已知的有源或无源极化定标体进行测量，将定标体极化散射矩阵的理论值和测量值代入误差模型中，求解出误差模型中的参数，最后将待测目标极化散射矩阵的测量值代入误差模型，即可反演出待测目标极化散射矩阵的真实值，这一过程如图 10.39 所示。

鉴于有源极化定标体相对于无源极化定标体在系统标定过程中更有优势，本书以有源极化定标体为例介绍极化标定算法的实现过程。PARC 在几种典型状态下的极化散射矩阵定义如下：

（1）水平发射、水平接收极化散射矩阵为 $M_{HH} = \begin{bmatrix} 1 & 0 \\ 0 & 0 \end{bmatrix}$；

（2）垂直发射、水平接收极化散射矩阵为 $M_{VH} = \begin{bmatrix} 0 & -1 \\ 0 & 0 \end{bmatrix}$；

（3）水平发射、垂直接收极化散射矩阵为 $M_{HV} = \begin{bmatrix} 0 & 0 \\ -1 & 0 \end{bmatrix}$；

（4）垂直发射、垂直接收极化散射矩阵为 $M_{VV} = \begin{bmatrix} 0 & 0 \\ 0 & 1 \end{bmatrix}$。

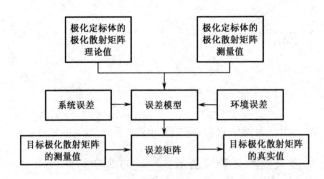

图 10.39　极化标定原理示意图

因此，PARC 4 种状态下的极化散射矩阵的测量值如下。

1）水平发射、水平接收

$$
\begin{bmatrix} M_{\mathrm{HH11}} & M_{\mathrm{HH12}} \\ M_{\mathrm{HH21}} & M_{\mathrm{HH22}} \end{bmatrix} = \begin{bmatrix} G_{\mathrm{HH}} & G_{\mathrm{VH}} \\ G_{\mathrm{HV}} & G_{\mathrm{VV}} \end{bmatrix} \begin{bmatrix} 1 & R_{\mathrm{VH}} \\ R_{\mathrm{HV}} & 1 \end{bmatrix} \begin{bmatrix} 1 & 0 \\ 0 & 0 \end{bmatrix} \begin{bmatrix} 1 & T_{\mathrm{VH}} \\ T_{\mathrm{HV}} & 1 \end{bmatrix}
$$
$$
= \begin{bmatrix} G_{\mathrm{HH}} & G_{\mathrm{VH}} T_{\mathrm{VH}} \\ G_{\mathrm{HV}} R_{\mathrm{HV}} & G_{\mathrm{VV}} R_{\mathrm{HV}} T_{\mathrm{VH}} \end{bmatrix} \tag{10.46}
$$

2）垂直发射、水平接收

$$
\begin{bmatrix} M_{\mathrm{VH11}} & M_{\mathrm{VH12}} \\ M_{\mathrm{VH21}} & M_{\mathrm{VH22}} \end{bmatrix} = \begin{bmatrix} G_{\mathrm{HH}} & G_{\mathrm{VH}} \\ G_{\mathrm{HV}} & G_{\mathrm{VV}} \end{bmatrix} \begin{bmatrix} 1 & R_{\mathrm{VH}} \\ R_{\mathrm{HV}} & 1 \end{bmatrix} \begin{bmatrix} 0 & -1 \\ 0 & 0 \end{bmatrix} \begin{bmatrix} 1 & T_{\mathrm{VH}} \\ T_{\mathrm{HV}} & 1 \end{bmatrix}
$$
$$
= \begin{bmatrix} -G_{\mathrm{HH}} T_{\mathrm{HV}} & -G_{\mathrm{VH}} \\ -G_{\mathrm{HV}} R_{\mathrm{HV}} T_{\mathrm{HV}} & -G_{\mathrm{VV}} R_{\mathrm{HV}} \end{bmatrix} \tag{10.47}
$$

3）水平发射、垂直接收

$$
\begin{bmatrix} M_{\mathrm{HV11}} & M_{\mathrm{HV12}} \\ M_{\mathrm{HV21}} & M_{\mathrm{HV22}} \end{bmatrix} = \begin{bmatrix} G_{\mathrm{HH}} & G_{\mathrm{VH}} \\ G_{\mathrm{HV}} & G_{\mathrm{VV}} \end{bmatrix} \begin{bmatrix} 1 & R_{\mathrm{VH}} \\ R_{\mathrm{HV}} & 1 \end{bmatrix} \begin{bmatrix} 0 & 0 \\ -1 & 0 \end{bmatrix} \begin{bmatrix} 1 & T_{\mathrm{VH}} \\ T_{\mathrm{HV}} & 1 \end{bmatrix}
$$
$$
= \begin{bmatrix} -G_{\mathrm{HH}} R_{\mathrm{VH}} & -G_{\mathrm{VH}} R_{\mathrm{VH}} T_{\mathrm{VH}} \\ -G_{\mathrm{HV}} & -G_{\mathrm{VV}} T_{\mathrm{VH}} \end{bmatrix} \tag{10.48}
$$

4）垂直发射、垂直接收

$$
\begin{bmatrix} M_{\mathrm{VV11}} & M_{\mathrm{VV12}} \\ M_{\mathrm{VV21}} & M_{\mathrm{VV22}} \end{bmatrix} = \begin{bmatrix} G_{\mathrm{HH}} & G_{\mathrm{VH}} \\ G_{\mathrm{HV}} & G_{\mathrm{VV}} \end{bmatrix} \begin{bmatrix} 1 & R_{\mathrm{VH}} \\ R_{\mathrm{HV}} & 1 \end{bmatrix} \begin{bmatrix} 0 & 0 \\ 0 & 1 \end{bmatrix} \begin{bmatrix} 1 & T_{\mathrm{VH}} \\ T_{\mathrm{HV}} & 1 \end{bmatrix}
$$
$$
= \begin{bmatrix} G_{\mathrm{HH}} R_{\mathrm{VH}} T_{\mathrm{HV}} & G_{\mathrm{VH}} R_{\mathrm{VH}} \\ G_{\mathrm{HV}} T_{\mathrm{HV}} & G_{\mathrm{VV}} \end{bmatrix} \tag{10.49}
$$

通过对 PARC 4 种典型状态值的测量可以得到 16 组方程，从中挑选出 8 组线性无关的数据，求解出系统误差模型中的参数为

$$
\begin{cases}
G_{\mathrm{HH}} = M_{\mathrm{HH11}} \\
G_{\mathrm{VH}} = -M_{\mathrm{VH12}} \\
G_{\mathrm{HV}} = -M_{\mathrm{HV21}} \\
G_{\mathrm{VV}} = M_{\mathrm{VV22}} \\
R_{\mathrm{VH}} = -\dfrac{M_{\mathrm{VV12}}}{M_{\mathrm{VH12}}} \\
R_{\mathrm{HV}} = -\dfrac{M_{\mathrm{HH21}}}{M_{\mathrm{HV21}}} \\
T_{\mathrm{VH}} = \dfrac{M_{\mathrm{HH12}}}{M_{\mathrm{VH12}}} \\
T_{\mathrm{HV}} = -\dfrac{M_{\mathrm{VV21}}}{M_{\mathrm{HV21}}}
\end{cases} \tag{10.50}
$$

进一步，可由待测目标极化散射矩阵的测量值 $M = \begin{bmatrix} M_{11} & M_{12} \\ M_{21} & M_{22} \end{bmatrix}$，求解出待

测目标极化散射矩阵的真实值 S，即

$$\begin{bmatrix} S_{HH} & S_{VH} \\ S_{HV} & S_{VV} \end{bmatrix} = \begin{bmatrix} G_{HH}^{-1} & G_{VH}^{-1} \\ G_{HV}^{-1} & G_{VV}^{-1} \end{bmatrix} \begin{bmatrix} 1 & R_{VH} \\ R_{HV} & 1 \end{bmatrix}^{-1} \begin{bmatrix} M_{HH} & M_{VH} \\ M_{HV} & M_{VV} \end{bmatrix} \begin{bmatrix} 1 & T_{VH} \\ T_{HV} & 1 \end{bmatrix}^{-1} \quad (10.51)$$

图 10.40 给出了一个金属球在极化标定前后的极化散射矩阵的测试结果，从该图可以看到，标定后目标的交叉极化抑制度改善了 5dB 以上。

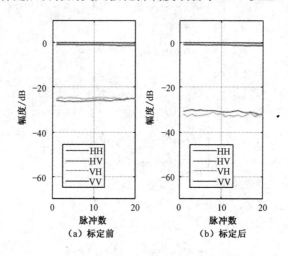

图 10.40 金属球的极化标定前后的极化散射矩阵的测试结果

10.4.5 极化特性应用

目标极化特性的主要应用方向为目标识别等。

目标极化特性信息应用于雷达目标识别主要有两种技术途径，一种是基于目标回波极化特征的识别，另一种是基于高分辨率获取目标上多个散射中心空间分布的识别。无论何种识别途径，如何尽量降低甚至消除极化参数或特征对姿态的敏感性是一个关键问题。

1. 基于目标回波极化特征的识别

目标极化散射矩阵虽然表征了目标在特定取向上的极化散射特性，但是它受目标属性及观测因素的影响，很难直接利用其散射矩阵进行目标的分类识别。同时考虑到，目标的法拉第旋转（即目标绕雷达视线的旋转）对于观测不会带来新的目标特性信息，因此提出了一组目标的极化不变量特征，如行列式值、功率散射矩阵的迹、去极化系数、本征方向角、最大极化方向角等[1]。这些极化不变量

与特定极化平面内极化基的选取无关，具有较好的稳定性，可以作为目标特征信号的特征，进行目标的识别。

通常可以将目标极化散射矩阵的行列式、功率散射矩阵的迹看作目标的酉不变特征，设目标单基地雷达的极化散射矩阵为 $S = \begin{bmatrix} S_{11} & S_{12} \\ S_{21} & S_{22} \end{bmatrix}$，极化基旋转角度 φ 后的散射矩阵为 S'，则

$$R(\varphi) = \begin{bmatrix} \cos\varphi & -\sin\varphi \\ \sin\varphi & \cos\varphi \end{bmatrix} \tag{10.52}$$

$$S' = R^{\mathrm{T}}(\varphi)SR(\varphi) \tag{10.53}$$

1）行列式值

目标极化散射矩阵行列式的值 $\varDelta$ 定义如下

$$\varDelta = \det(S') = \det\left[R^{\mathrm{T}}(\varphi)SR(\varphi) \right] = \det(S) \tag{10.54}$$

由式（10.54）可见，目标极化散射矩阵行列式的值与特定极化平面内的极化基的选取无关。对于对称目标，其极化散射矩阵的行列式值粗略反映了目标的尺寸。

2）功率散射矩阵的迹

与目标极化散射矩阵对应的 Graves 功率散射矩阵及其迹可表示为

$$G = S^{\mathrm{H}}S$$

$$P_1 = \mathrm{Tr}(G) = \left|S_{11}\right|^2 + \left|S_{22}\right|^2 + 2\left|S_{12}\right|^2 \tag{10.55}$$

式（10.55）中，S^{H} 为 S 的共轭转置矩阵，功率散射矩阵的迹 P_1 实质上表征了目标的全极化 RCS 值，大致反映了目标的大小。

3）去极化系数

目标的去极化系数 D 定义为

$$D = \frac{\dfrac{1}{2}\left|S_{11} - S_{22}\right|^2 + 2\left|S_{12}\right|^2}{\left|S_{11}\right|^2 + \left|S_{22}\right|^2 + 2\left|S_{12}\right|^2} \tag{10.56}$$

D 一般可以反映目标散射中心的数量，对复杂目标和简单目标具有一定的区分能力，如金属球的去极化系数为 0，表示该目标只有一个散射中心。

4）极化特征目标的分解

为了从目标极化散射矩阵中获取更多的物理信息，可以对目标的极化散射矩阵进行相干分解，即将目标极化散射矩阵表示成一些基矩阵的复数和，其中基矩阵可选择为泡利矩阵，基于泡利矩阵的目标极化散射矩阵可分解为

$$S = \begin{bmatrix} a+b & c-\mathrm{j}d \\ c+\mathrm{j}d & a-b \end{bmatrix} = a\begin{bmatrix} 1 & 0 \\ 0 & 1 \end{bmatrix} + b\begin{bmatrix} 1 & 0 \\ 0 & -1 \end{bmatrix} + c\begin{bmatrix} 0 & 1 \\ 1 & 0 \end{bmatrix} + d\begin{bmatrix} 0 & -\mathrm{j} \\ \mathrm{j} & 0 \end{bmatrix} \tag{10.57}$$

式（10.57）中，a、b、c、d 都是复数。每个基矩阵都与一种实际的散射机制相对应。第一种是平面分量，第二种和第三种是二面角分量和 45°二面角分量，最后一种是反对称分量（对应于将每种入射极化转化成正交状态的散射体）。这种相干分解可以获得目标极化散射能量对应各种极化散射机制的能量比。图 10.41 所示为飞球和 PARC 特征分解结果，即收/发极化天线为 HH 状态时的极化特征分解结果。从中可以看到，飞球仅包含平面分量一种散射机制，而 PARC 收/发极化天线为 HH 状态，包含平面分量和二面角分量两种散射机制，因此可以通过极化特征的分解来区分飞球和 PARC。

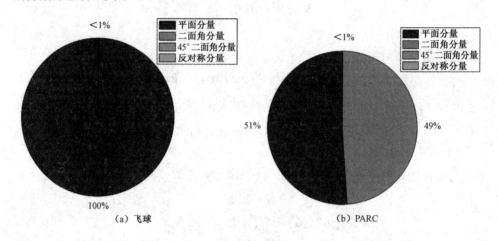

图 10.41　飞球和 PARC 特征分解结果

2. 基于高分辨率目标多散射中心空间分布的识别

宽带目标的识别除了可以用目标的极化散射矩阵，还可以利用目标的空间分布信息，目标不同部位对电磁波不同极化形式的敏感程度不同，因此，目标上某些散射点对水平极化的电磁波散射较强，而另一些散射点可能对垂直极化的电磁波散射较强，通过将不同极化通道的目标图像融合起来，可以得到目标更丰富的电磁散射信息。图 10.42 所示为校准后各极化通道的 ISAR 图像，即某典型目标 4 个极化通道的 ISAR 成像的结果；图 10.43 所示为将 4 个极化通道的 ISAR 图像进行融合处理后的结果，通过对比可以发现融合处理后的目标图像的细节更完善，为目标识别提供了更充分的信息。

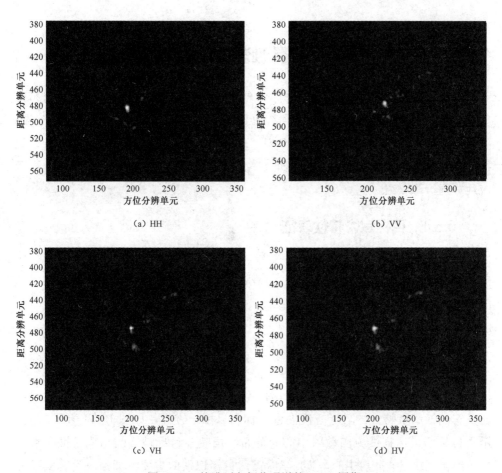

图 10.42　校准后各极化通道的 ISAR 图像

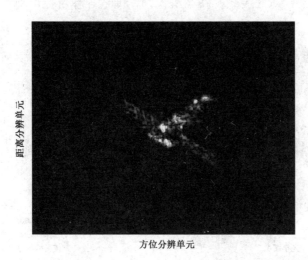

图 10.43　将 4 个极化通道的 ISAR 图像进行融合处理后的结果

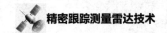

10.5 跟踪测量雷达宽带特性测量及应用

跟踪测量雷达在宽带特性测量中，一般采用宽窄交替的工作方式，发射窄带信号进行测速测距，发射宽带信号获取目标高分辨率一维距离像和二维 ISAR 像，用于目标特征的提取和识别[9,24,25]。下面就跟踪测量雷达的目标宽带特性表征、高分辨率一维距离像特征、二维 ISAR 像特征、宽带标定和宽带特征提取及应用分别给予介绍。

10.5.1 目标宽带特性表征

在跟踪测量雷达中，发射宽带信号能够获取并提供目标精细的结构特征信息，其可以利用的目标特征有目标高分辨一维距离像（简称目标一维像）、二维ISAR 像。

1. 目标一维像特征

处在光学区的雷达目标，当照射电磁波的带宽使得其距离分辨单元远小于目标的径向尺寸时，目标连续占据多个距离单元，形成一幅在雷达视线距离上投影的具有高低起伏特点的目标幅度图像，称为目标一维像，如图 10.44 所示，它揭示了目标沿雷达视线方向散射中心的分布，反映了目标精细的结构特征。目标的一维像（或一维散射中心）是光学区雷达目标识别的重要特征，与目标实际外形之间有着紧密的对应关系，在飞机识别、弹道导弹目标识别中具有十分重要的意义[26-28]。

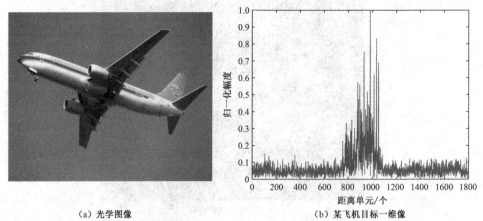

（a）光学图像 （b）某飞机目标一维像

图 10.44 飞机光学图像与目标一维像

2. 二维 ISAR 像特征

二维成像识别目标就是利用 ISAR 得到的高分辨二维成像进行目标识别。宽带波形导致的高径向分辨率与多普勒频率的高横向分辨率相结合，是 ISAR 成像的基础。雷达目标的二维成像是以散射中心二维模型重建目标散射特性空间分布，含有更多的目标结构信息，获得的二维成像一定程度上反映了目标形状和结构特征，并且一些分布比例特征不受视角影响。雷达目标的二维成像体现的外形、结构等目标信息与光学图像相似，更符合人类视觉信息，从识别角度来看，这类特征的物理含义更加明确，有利于识别目标。德国宇航局弗劳恩霍夫高频物理与雷达技术研究所的跟踪和成像雷达 TIRA，是欧洲航天局（European Space Agency，ESA）获取低轨卫星态势的重要途径，在一系列空间观测活动中，TIRA 提供了高分辨率的空间目标成像结果，用于空间目标的故障诊断和状态判别。TIRA 空间目标成像观测结果如图 10.45 所示，可以从中看出卫星主体、太阳能翼等部件在 ISAR 图像中的清晰体现[29-31]。

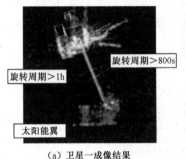

（a）卫星一成像结果　　　　（b）卫星二成像结果　　　　（a）卫星三成像结果

图 10.45　TIRA 空间目标成像观测结果

10.5.2　高分辨率一维距离像特征

利用雷达发射的宽带信号，能够获得目标沿雷达视线方向的 HRRP。HRRP 能够反映目标散射结构沿雷达视线的分布情况。由于每个脉冲回波信号都能够进行宽带一维距离成像，具有成像速度快、分辨率高的特点，且可以测量目标的距离长度，因此是雷达对目标识别的一个重要手段。雷达系统通过发射大带宽线性调频信号，在接收端进行去斜脉压处理，可获得 HRRP，其结构特征和变换特征可用于对目标识别。

1. 高分辨率一维距离像的获取

雷达的距离分辨率受限于信号带宽，精密跟踪测量雷达通过发射 LFM 信号获得高距离分辨率，采用 LFM 信号可以同时获得远作用距离和高距离分辨率。在精密跟踪测量雷达中，由于发射信号具有较大的频带宽度，观测目标尺寸有限，为了降低采样频率，一般采用解线性调频（Dechirping）方式来处理。下面对解线性调频脉冲压缩方法做详细说明。

雷达发射的 LFM 信号可写成

$$s\left(\hat{t},t_m\right)=\mathrm{rect}\left(\frac{\hat{t}}{\tau}\right)\mathrm{e}^{\mathrm{j}2\pi\left(f_0t+\frac{1}{2}\gamma\hat{t}^2\right)} \tag{10.58}$$

式（10.58）中，$\mathrm{rect}\left(u\right)=\begin{cases}1 & |u|\leqslant\dfrac{1}{2}\\0 & |u|>\dfrac{1}{2}\end{cases}$，$f_0$ 为中心频率，τ 为脉宽，γ 为调频率，雷达带宽 $B=\gamma\tau$，脉冲信号以重复周期 T_r 依次发射，即发射时刻 $t_m=mT_\mathrm{r}(m=0,1,2,\cdots)$，称为慢时间。以发射时刻为起点的时间用 $\hat{t}$ 表示，称为快时间。快时间用来计量电波传播的时间，而慢时间是计量发射脉冲的时刻，这两个时间与全时间的关系为 $\hat{t}=t-mT_\mathrm{r}$。

解线性调频是用一个时间固定而频率、调制频率相同的 LFM 信号作为参考信号，用它和回波信号做差频处理。设参考距离为 R_ref，参考信号为

$$s_\mathrm{ref}\left(\hat{t},t_m\right)=\mathrm{rect}\left(\frac{\hat{t}-2R_\mathrm{ref}/c}{T_\mathrm{ref}}\right)\mathrm{e}^{\mathrm{j}2\pi\left[f_0\left(t-\frac{2R_\mathrm{ref}}{c}\right)+\frac{1}{2}\gamma\left(\hat{t}-\frac{2R_\mathrm{ref}}{c}\right)^2\right]} \tag{10.59}$$

式（10.59）中，T_ref 为参考信号的脉宽，参考信号中的载频信号 $\mathrm{e}^{\mathrm{j}2\pi f_0t}$ 应与发射信号中的载频信号相同，以得到良好的相参性。

若某点目标到雷达的距离为 R_i，雷达接收到的该目标信号 $s_\mathrm{r}\left(\hat{t},t_m\right)$ 为

$$s_\mathrm{r}\left(\hat{t},t_m\right)=A\mathrm{rect}\left(\frac{\hat{t}-2R_\mathrm{i}/c}{\tau}\right)\mathrm{e}^{\mathrm{j}2\pi\left[f_0\left(t-\frac{2R_\mathrm{i}}{c}\right)+\frac{1}{2}\gamma\left(\hat{t}-\frac{2R_\mathrm{i}}{c}\right)^2\right]} \tag{10.60}$$

解线性调频脉压示意图如图 10.46 所示，若距离差 $R_\Delta=R-R_\mathrm{ref}$，则其差频输出信号为

$$s_\mathrm{if}\left(\hat{t},t_m\right)=s_\mathrm{r}\left(\hat{t},t_m\right)\cdot s_\mathrm{ref}^*\left(\hat{t},t_m\right) \tag{10.61}$$

即

$$s_\mathrm{if}\left(\hat{t},t_m\right)=A\mathrm{rect}\left(\frac{\hat{t}-2R_\mathrm{i}/c}{\tau}\right)\mathrm{e}^{-\mathrm{j}\frac{4\pi}{c}\gamma\left(\hat{t}-\frac{2R_\mathrm{ref}}{c}\right)R_\Delta}\mathrm{e}^{-\mathrm{j}\frac{4\pi}{c}f_0R_\Delta}\mathrm{e}^{\mathrm{j}\frac{4\pi\gamma}{c^2}R_\Delta^2} \tag{10.62}$$

在一个脉冲周期内，通常可将 R_Δ 看作常数，则由式（10.62）可知，在快时间域里，点目标回波变成单频信号，且其频率和回波信号与参考信号的距离差成正比。对式（10.62）所示的差频输出信号在快时间（以参考点的时间为基准）域做

傅里叶变换，得到差频域的表达式为

$$S_{\mathrm{if}}\left(f_{\mathrm{i}},t_m\right) = A\tau\mathrm{sinc}\left[\tau\left(f_{\mathrm{i}}+2\frac{\gamma}{c}R_\Delta\right)\right]\mathrm{e}^{-\mathrm{j}\left(\frac{4\pi f_0}{c}R_\Delta+\frac{4\pi\gamma}{c^2}R_\Delta^2+\frac{4\pi f_{\mathrm{i}}}{c}R_\Delta\right)} \tag{10.63}$$

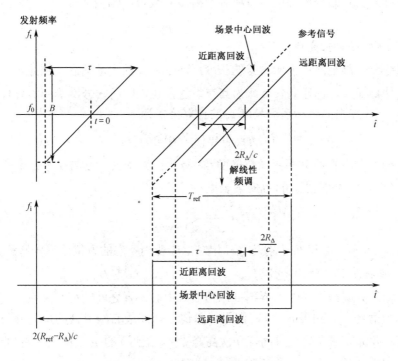

图 10.46　解线性调频脉压示意图

式（10.63）中，$\mathrm{sinc}(a) = \dfrac{\sin\pi a}{\pi a}$。在频域得到对应各点目标的 sinc 函数形状的窄脉冲，脉冲宽度为 $1/\tau$，而脉冲在频率轴上的位置 f_{i} 与 R_Δ 成正比。变换到频域窄脉冲信号的分辨率为 $1/\tau$，利用 $f_{\mathrm{i}} = -\gamma\dfrac{2R_\Delta}{c}$，可得相应的距离分辨率为 $\rho_{\mathrm{r}} = \dfrac{c}{2\gamma}\times\dfrac{1}{\tau} = \dfrac{c}{2}\times\dfrac{1}{B}$。线性调频雷达信号处理流程如图 10.47 所示。

图 10.47　线性调频雷达信号处理流程

2. 结构特征

结构特征包括目标径向长度特征、目标距离域结构特性、目标散射点的对称性、目标散射点的分散程度、目标强散射中心数目、幅度波形的"去尺度"结构特性等。

1）目标径向长度特征

目标在一维距离像中所占据的长度反映了目标的尺寸信息，据此可以提取目标的尺寸特征。目标径向长度即为其在雷达视线方向所占分辨单元的总长。

Hussian 提出的目标观测长度 L_s 的计算公式为

$$L_s = \left(\max\left\{ n \big| Y(n) > q \right\} - \min\left\{ n \big| Y(n) > q \right\} \right) \rho_r \quad n = 1, 2, \cdots, N \quad （10.64）$$

式（10.64）中，$Y(n)$ 为距离像幅度函数；q 为门限阈值，它与噪声电平有关；ρ_r 为距离分辨单元的大小。目标实际长度特征 T_1 应当是

$$T_1 = \frac{L_s}{\cos(A_z)\cos(E_1)} \quad （10.65）$$

式（10.65）中，A_z 和 E_1 分别是目标相对雷达观测姿态的方位角和俯仰角。

2）目标距离域结构特性

目标距离域结构特性主要指目标强散射中心位置之间的相对关系，在距离域 e_i 的 E_i 个谱峰中，如果 $E_i > 4$，则寻找除最左峰和最右峰以外的最高峰与次高峰的位置，并计算最左峰到最高峰和次高峰（看谁最近）的距离 R_{L1} 及最左峰到最高峰或次高峰（看谁最远）的距离 R_{L2}，则有

$$T_2 = R_{L1} / \Delta d, \quad T_3 = R_{L2} / \Delta d \quad （10.66）$$

显然，T_2 和 T_3 反映了目标层次化的结构特征，即目标主要散射部位之间相对距离比例的关系。

3）目标散射截面分布的对称性

设距离域 e_i 的起始点为 k_L，终止点为 k_R，$k_C = (k_L + k_R)/2$，则有

$$T_4 = \left[\sum_{k_L < k < k_C} \left| \bar{Y}(k) \right|^2 \right] \bigg/ \left[\sum_{k_C < k < k_R} \left| \bar{Y}(k) \right|^2 \right] \quad （10.67）$$

式（10.67）中，T_4 反映了目标散射截面分布的对称程度，$\left| \bar{Y}(k) \right|$ 表示目标一维距离像。

4）目标散射截面分布的分散性程度

目标散射截面分布的分散性程度 T_5 为

$$T_5 = \left[\sum_{k \in e_i} (k - k_c)^2 \cdot \left| \bar{Y}(k) \right|^2 \right] \bigg/ \left[(\Delta d)^2 \cdot \sum_{k \in e_i} \left| \bar{Y}(k) \right|^2 \right] \quad （10.68）$$

T_4、T_5 反映了目标的强散射部位在目标物体表面的分布关系，按 T_4、T_5 可将

目标距离像描述成阶梯形（T_4 接近零或远大于 1）、凹形（T_4 接近于 1，T_5 较大）和尖形（T_4 接近于 1，T_5 较小）。

5）目标强散射中心数目

目标强散射中心在距离像上表现为峰值点。设峰值最大的值为 $A_{\max}$，谱峰点的位置为 k_{mi}，则有

$$\begin{cases} T_6 = \left| \left\{ k_{\mathrm{mi}} \left| \left| \overline{Y}(k_{\mathrm{mi}}) \right| > A_{\max}/4 \right\} \right| \\ T_7 = \left| \left\{ k_{\mathrm{mi}} \left| \left| \overline{Y}(k_{\mathrm{mi}}) \right| > A_{\max}/2 \right\} \right| \end{cases} \tag{10.69}$$

式（10.69）中，$\left| \{ \cdot \} \right|$ 表示集合 $\{\cdot\}$ 中的元素数目。

6）幅度波形的"去尺度"结构特性

幅度波形的"去尺度"结构特性 T_8 为

$$T_8 = \left[\sum_{k=k_{\mathrm{L}}}^{k_{\mathrm{R}}} \left| \overline{Y}(k) \right| / (k - k_{\mathrm{L}} + 1) \right] / A_{\max} \tag{10.70}$$

T_8 只与幅度谱 $\left| \overline{Y}(k) \right|$ 有关，而跟 $\left| \overline{Y}(k) \right|$ 的尺度变化（波形伸展或压缩）无关。

10.5.3 二维 ISAR 像特征

1. ISAR 成像基本原理

ISAR 也是依靠跟踪测量雷达与目标之间的相对运动，形成合成阵列来提高目标横向分辨率的。ISAR 成像采用距离-多普勒成像原理，距离高分辨的实现基于发射宽带信号和脉冲压缩技术，而方位向多普勒成像是通过目标旋转所引起的目标上各散射点的不同多普勒特性来实现的。

如图 10.48 所示，设跟踪测量雷达与目标旋转中心之间的距离为 r_0，根据 ISAR 的基本定义，在成像过程中跟踪测量雷达是不动的，目标是运动的。目标绕 O 点旋转的角速率为 ω。那么，在起始时刻（$t=0$），目标上散射点 $P(r_{\mathrm{a}},\theta)$ 到跟踪测量雷达的距离就为

$$r = \left[r_0^2 + r_{\mathrm{a}}^2 + 2r_0 r_{\mathrm{a}} \sin(\theta + \omega t) \right]^{\frac{1}{2}} \tag{10.71}$$

如果跟踪测量雷达与目标之间的距离远大于目标的几何尺寸，那么，可得到近似表达式为

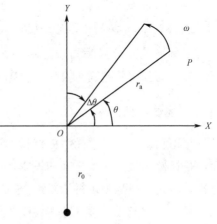

图 10.48 转台目标成像原理示意图

$$r \approx r_0 + x_a \sin(\omega t) + y_a \cos(\omega t) \tag{10.72}$$

式（10.72）中，$x_a = r_a \cos\theta$，$y_a = r_a \sin\theta$。

回波信号的多普勒频率由目标上散射点相对于跟踪测量雷达径向运动的速度决定，所以回波信号的多普勒频率可以写成

$$f_d = \frac{2v}{\lambda} = \frac{2}{\lambda}\frac{\mathrm{d}r}{\mathrm{d}t} = \frac{2x_a}{\lambda}\cos(\omega t) - \frac{2y_a}{\lambda}\sin(\omega t) \tag{10.73}$$

式（10.73）中，λ 为雷达信号波长。假设在 $t = 0$ 附近一个较短的时间内（即 $\Delta\theta$ 很小），对接收信号进行处理，则以上两式可近似写成

$$r \approx r_0 + y_a \tag{10.74}$$

$$f_d = \frac{2x_a\omega}{\lambda} \tag{10.75}$$

可见，利用分析回波信号的距离延时和多普勒频率，即可确定散射点的位置 (x_a, y_a)。

下面分析 ISAR 成像在距离向和方位向的分辨率。距离向的分辨率由雷达信号的带宽决定，即

$$\delta_r = \frac{c}{2B} \tag{10.76}$$

式（10.76）中，c 为光速，B 为雷达信号带宽。方位向的分辨率是由相参积累时间 T_c 决定的，如下式所示

$$\Delta f_d = \frac{1}{T_c} \tag{10.77}$$

将式（10.77）代入式（10.75），得到方位向的分辨率为

$$\delta_a = \frac{\lambda}{2\omega_0 T_c} = \frac{\lambda}{2\Delta\theta} \tag{10.78}$$

式（10.78）中，ω_0 为载频角速度，$\Delta\theta$ 为目标在相参积累时间内旋转的角度。可见，目标方位向分辨率与跟踪测量雷达波长及转角有关，跟踪测量雷达载频越高，方位向分辨率越高；目标转角越大，方位向的分辨率越高。

2. 图像特征

跟踪测量雷达二维 ISAR 成像通过散射中心模型重建目标散射特性的空间分布，是目标在某一成像平面的投影，能够同时在距离向和方位向观测目标的散射结构。因此，跟踪测量雷达二维 ISAR 成像体现的外形、结构等目标信息与光学图像相似，更符合人类视觉信息，对于识别而言，这类特征的物理含义更加明确。通过二维 ISAR 成像中目标的整体分布，可以获取目标的几何信息，如尺寸、面积和轮廓等；通过二维 ISAR 成像中目标的局部细节，可以提取目标的结

构信息，如卫星的太阳能帆板和平板天线，用于目标状态估计及识别[32-34]。

1）尺寸特征

长和宽是目标最基本的物理特征，二维 ISAR 成像通过距离向、方位向的高分辨能力获取目标不同维度的尺寸信息。以飞机目标二维 ISAR 成像为例（见图 10.49），跟踪测量雷达通过宽带回波在距离向获取飞机长度，通过飞机相对于跟踪测量雷达的旋转获得多普勒频率信息，并通过方位向定标技术来估计目标方位向的尺寸。

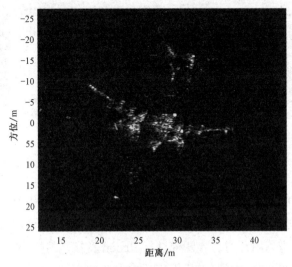

图 10.49　飞机目标二维 ISAR 成像

2）轮廓特征

在二维 ISAR 成像中，目标占据的区域为其轮廓特征，它反映了目标的整体外形，在二维 ISAR 成像后需要对图像进行去噪和分割处理以提取其轮廓特征。在空间目标状态估计中，可以利用目标轮廓像和参考轮廓像匹配完成对目标状态的估计，如图 10.50 所示。

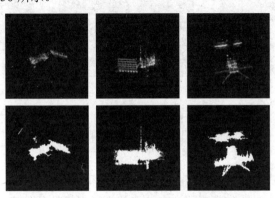

图 10.50　目标二维 ISAR 成像及其轮廓像

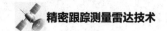

3）关键点特征

目标的关键点特征就是识别目标上的一些关键点，如目标本体上线性结构的顶点、角点等。可以将关键点在目标本体上的坐标与关键点在投影图中的坐标进行匹配，从而解出整个目标体的姿态变化。准确提取控制点在二维图上的投影坐标是基于点特征姿态估计的核心步骤，随着深度学习理论的发展，可通过关键点提取网络（Key Point Extraction Network，KPEN）从 ISAR 成像序列中提取目标关键结构点（参见图 10.51），实现空间目标姿态估计。

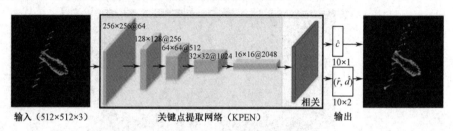

图 10.51　关键点提取网络

4）线结构特征

空间目标中的太阳能帆板及平板天线具有典型的线结构特征，对连续观测的二维 ISAR 成像进行分割可得到目标-背景的二值图像，目标线性结构主要体现在二值图像的边界信息中，对边界图像进行 Radon 变换，能提取感兴趣的线结构并进行序列图像间的关联。从几何投影理论出发，结合目标轨道参数、观测站点位置信息，可以构造对应的 ISAR 距离-多普勒观测投影矩阵，以匹配观测到的图像序列，解出这些结构在空间中的姿态信息，完成对关键部件运行状态的评估。空间目标二维 ISAR 成像中的线结构特征如图 10.52 所示。

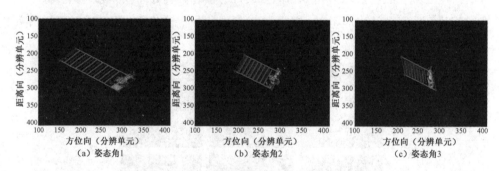

图 10.52　空间目标二维 ISAR 成像中的线结构特征

10.5.4　宽带标定

通常采用宽带信号全线性预失真补偿的方法对雷达系统宽带失真进行补偿。

宽带信号全线性预失真补偿主要由信号产生模块完成，全线性预失真补偿处理的目的不是把宽带的源和通道都修正成全线性，而是让一个通道去适应另一个通道的非线性。

全线性预失真补偿的主要方法是提取点目标宽带回波的 I/Q 值，通过与理想点目标回波进行比较，提取幅相误差，将这个误差预置于信号产生模块，即在信号产生时就预先修正补偿了系统发射、接收及混频去斜引入的失真，保证了点目标的去斜回波质量，使其接近理想状态，满足雷达系统宽带脉压主副比和分辨率的指标要求。

点目标的选取，可选择气球挂飞标准金属球、角反射体或有源定标体等，也可通过观测标校卫星进行修正。

宽度标定前后脉压副瓣如图 10.53 所示。可见标定后，点目标去斜一维距离像主副比和分辨率都得到了较大提高，主副瓣比指标优于-25dB。

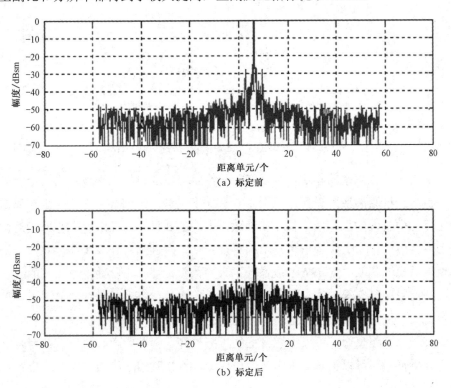

图 10.53　宽度标定前后脉压副瓣

10.5.5　宽带特征提取及应用

相比于 RCS，一维距离像、二维 ISAR 成像等高分辨率宽带图像能够描述目

标的精细结构特征，为空间目标识别、姿态判别、载荷判别等提供目标细节信息。本节主要介绍宽带一维距离像（简称一维距离像）和二维 ISAR 成像宽带特征的提取方法、宽带特征的识别和基于宽窄带特征的融合识别。

1. 宽带特征提取方法

一维距离像描述了目标散射中心沿雷达视线的分布，反映了目标精细的结构特征，其直观表现是一幅在雷达视线距离上投影的、具有高低起伏特点的目标幅度图像，如图 10.54 所示。

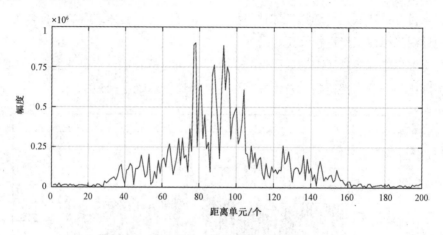

图 10.54　某卫星的一维距离像（带宽为 1GHz）

随着雷达分辨率的不断提高，基于一维距离像的目标识别技术成为当前的研究热点。一维距离像用于目标识别主要有如下优势：①细节丰富，一维距离像反映了目标中包含的目标投影长度和强散射中心的数目，以及散射中心的相对位置及散射强度的相对大小等形状及结构特征；②实时性强、计算量小，获取一维距离像数据要比获取二维 ISAR 成像数据容易，只需要一个脉冲重复周期的线性调频回波信号即可获得；③具备匹配识别能力，在目标姿态角已知的前提下，可以利用数据库进行匹配识别，且匹配范围较小。

基于一维距离像，可以提取目标的投影长度、强散射中心数目、散射强度及分布等特征，还可以构建一维距离像模板库，直接利用一维距离像匹配进行目标的识别。

为了提高一维距离像的信噪比，通常对短时间内连续观测的一维距离像序列进行非相干积累，即把多个一维距离像序列的幅度进行相加。但是，信号的开窗位置或目标的运动，会导致目标在一维距离像上的相对位置发生变化，在积累之前需要先进行包络对齐。包络对齐方法主要有相关法、最小熵法等[25]，其基本原理都是通过对两个一维距离像的移位匹配，求解匹配度最高的偏移位置。

1）目标径向长度

一维距离像能够描述目标在雷达视线方向的投影长度，可以通过一维距离像获得目标的尺寸特征，为目标识别提供直观的几何特征。

为了获得目标的径向长度，首先需要对一维距离像中的目标区进行确定，目标区的确定通常采用双门限法，即利用大的检测门限获得目标区强散射点的位置，然后利用小的检测门限，在强散射点附近检测目标的其他散射点[35]。

连续观测的一维距离像序列及积累一维距离像如图 10.55 所示。

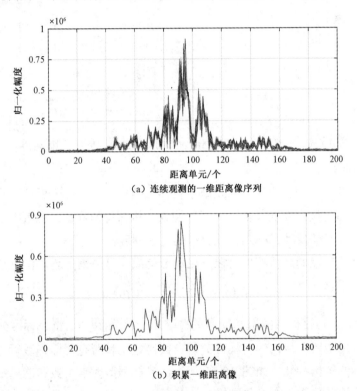

（a）连续观测的一维距离像序列

（b）积累一维距离像

图 10.55　连续观测的一维距离像序列及积累一维距离像

假设目标区所占距离分辨单元数为 N，令 ρ_r 表示距离分辨单元的大小，那么目标的径向长度可表示为

$$\tilde{L} = N\rho_r \tag{10.79}$$

目标的实际长度为

$$L = \frac{\tilde{L}}{\cos(A_z)\cos(E_l)} \tag{10.80}$$

式（10.80）中，A_z 和 E_l 分别是目标相对雷达的方位角和俯仰角。

长度特征是鉴别目标尺寸大小最有效的特征，在用于实际的目标识别时，仍有许多问题需要解决。例如，如何确定目标与雷达的相对姿态等。

2）目标强散射点数目

目标的强散射点可以定义为一维距离像目标区中大于一定阈值的极大值点，这些强散射点的数目、强度、分布等特征能够反映目标在结构和材料等方面的特点。如图 10.56 所示，一维距离像共有 8 个强散射点。

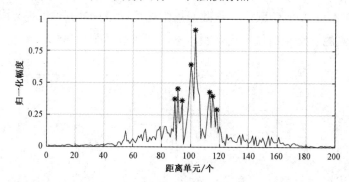

图 10.56　一维距离像目标强散射点的提取结果（*表示强散射点）

3）目标强散射点分布

目标强散射点的强度和分布反映了目标在结构和材料等方面的特点，如目标散射点强度的起伏程度能够反映目标结构或材料的均匀程度，强散射点分布的密集性或稀疏性能够反映目标结构或材料的复杂程度。

目标强散射点的起伏程度可以采用标准差或信息熵来描述，信息熵的定义为

$$H(\boldsymbol{x}) = -\sum_{i=1}^{n} p(x_i) \log p(x_i) \tag{10.81}$$

$p(x_i)$ 可以定义为目标强散射点能量的概率归一化表示[35]。将目标区分为等长的前后两段，用两段区域内的目标强散射点数目之比和所有目标强散射点能量和之比描述目标的结构特性。如图 10.56 所示，目标强散射点个数和能量都呈对称分布，可以推测该目标具有对称结构。

4）一维距离像模板

径向长度、散射点数目、距离散射点分布等特征能够反映目标一维距离像的显著特点，但是不能描述目标一维距离像的所有特性。而一维距离像模板能够弥补一维距离像特征的不足。一维距离像模板是把整个一维距离像作为特征，不再进行特征提取，通过模板匹配或分类器等直接进行后续识别。

在构建一维距离像模板时，需要对同一目标不同姿态下的一维距离像建库（见图 10.57）。由于一维距离像是目标的三维结构在一维空间上的投影，因此一维距离像在描述目标的结构特征时，存在维度缺失和姿态敏感性等问题。利用一

维距离像进行目标识别时，需要先匹配目标的姿态角，再对相同姿态的一维距离像进行匹配，匹配公式为

$$\rho(x,y) = \frac{\sum_{i=1}^{N} x_i y_i}{\|x\|\|y\|} \tag{10.82}$$

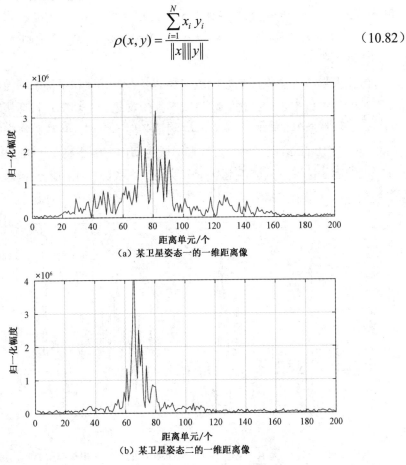

(a) 某卫星姿态一的一维距离像

(b) 某卫星姿态二的一维距离像

图 10.57　同一目标不同姿态下的一维距离像

　　由于一维距离像存在平移敏感性的问题，需要对两个一维距离像进行平移滑窗匹配，可以采用快速傅里叶变换提高滑窗匹配的计算速度。

　　利用一维距离像的姿态敏感特性，可以进行空间目标的姿态变化判别。基于轨道信息确定目标的身份之后，对比相同观测位置条件下不同时刻的一维距离像的匹配程度，可以判断目标的姿态是否发生了变化。

　　5）一维距离像变换特征

　　一维距离像模板方法所需建立的模板库数量较大，并且模板匹配的计算复杂度较高。

　　还有一类方法是对一维距离像进行特征压缩、特征变换后再进行识别。通过提取反映一维距离像本质特征的信息，改善特征空间中原始特征的分布结构，降

低特征维数，去除冗余特征，提高同类目标特征之间的聚合性和异类目标特征之间的可分离性，从而提高分类的正确率。一维距离像主要特征提取与变换方法有傅里叶变换、高阶谱变换、梅林（Mellin）变换、小波变换、卡南-洛伊夫（Karhunen-Loeve）变换、沃尔什（Walsh）变换、基于离散度准则（Fisher）的特征变换方法[36-38]等。

　　一维距离像特征变换面临幅度敏感性、姿态敏感性和平移敏感性等问题，需要在特征变换过程中进行处理。幅度敏感性受雷达发射功率、目标距离、目标方向的雷达天线增益等的影响，使得不同测量条件下得到的目标距离像幅度具有较大的差异。图 10.58 给出了同一目标在一段时间内一维距离像（HRRP）最大值的相对幅度的起伏情况，其幅度起伏十分明显。在实际应用中，一般通过能量（或幅度）归一化方法来消除幅度变化的影响，克服幅度敏感性问题。

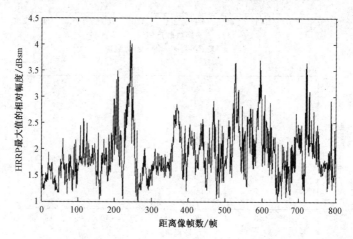

图 10.58　同一目标在一段时间内一维距离像最大值的相对幅度的起伏情况

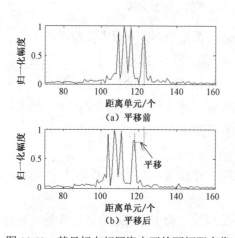

图 10.59　某目标在相同姿态下的两幅距离像

姿态敏感性是由于目标相对于雷达的姿态角发生变化时，一维距离像散射点出现起伏和位移的现象，该问题可以采用距离像平均、分角域识别等手段改善其对识别的不利影响。

　　平移敏感性是由于雷达成像时开窗位置移动或目标运动等造成的目标在一维距离像中位置变化的现象。图 10.59 所示为某目标在相同姿态下的两幅距离像，它们在相同姿态下发生了平移的现象。平移敏感性使得两个样本（两幅距离像）各维特征之间不存在一一对应的关系，从而造成识别上的困难。平移敏感性可以通过提取频域或双谱域等平移不变特征，采用滑动相关分类器等方法克服。

6）一维距离像序列特征

一段时间内连续采样的一维距离像序列能够反映目标的姿态变化、周期运动和微运动等特性，通过对目标的结构和运动建模，可以利用一维距离像序列反演目标的结构参数和运动参数[39]。

图 10.60 所示为某目标的一维距离像在周期运动时的包络对齐结果。

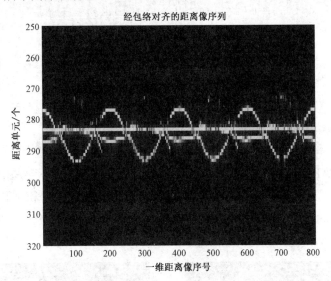

图 10.60　某目标的一维距离像在周期运动时的包络对齐结果

取信噪比较高的一帧一维距离像作为参考，求其与其他各帧一维距离像的最大滑动相关系数，如图 10.61 所示。利用傅里叶变换等方法，可以进行目标的周期性运动判别和频率等参数提取。假设采样率为 400Hz，可以估算该目标的运动周期约为 0.5s。

7）ISAR 成像特征

宽带雷达具有的高距离分辨率，可以实现对复杂目标多散射中心的测量，雷达径向一维距离像是目标多散射中心在径向的一维投影，具有二维成像功能的 ISAR 所成的图像是目标多散射中心在径向-横向二维平面上的投影。ISAR 成像反映了目标的细节结构信息，通过对目标 ISAR 成像及图像序列进行特征提取和分析，可以提取和识别目标的精细特征，如目标的结构、尺寸特性，判定卫星、飞船入轨的姿态和状态，完成航天活动中对特征事件的监视和异常情况的分析等。

ISAR 成像处理主要包括目标区确定和特征提取等过程。目标区确定是从 ISAR 成像中精确提取目标的轮廓信息，通常采用图像滤波、门限处理、形态学处理和区域填充等方法[40]；特征提取是从 ISAR 成像的目标区获取目标的尺寸、结构特征、关键部件、对称性和成像倾角等特征。

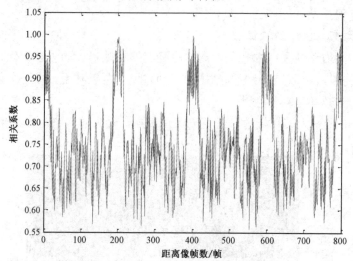

图 10.61　连续 800 帧一维距离像与高信噪比的一帧一维距离像的最大滑动相关系数

由于 ISAR 成像是点散射模型，散射点之间经常出现不连通的情况，因此 ISAR 成像滤波可以采用中值滤波或最大值滤波，尽量保留和强化散射点的作用，增强目标的连通性。图 10.62 所示为中值滤波前后的 ISAR 成像对比，通过滤波处理，目标区的像素值更加一致。

（a）滤波前的ISAR成像　　　　　　　　　　　（b）滤波后的ISAR成像

图 10.62　中值滤波前后的 ISAR 成像对比

通过二值化方法可以把目标区和背景区分开。由于 ISAR 成像的背景区像素值接近于 0，并且幅度变化较小，而目标区像素值较大，目标区与背景区的对比度较大。因此，可以采用基于直方图统计的二值化方法，或者直接利用 Nobuyuki Otsu 提出的二值化的阈值方法[41]，得到的二值化 ISAR 成像处理结果如图 10.63（a）所示。

由于 ISAR 成像是点散射模型，图像二值化处理后会出现散射点之间不连通的情况，增加了特征提取的难度。采用腐蚀和膨胀的形态学方法进行图像操作，可以使二值化图像上不连通的区域尽量连通，二值化 ISAR 成像形态学处理结果如图 10.63（b）所示。

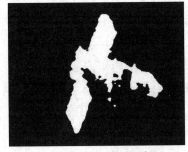

（a）二值化ISAR成像处理结果　　　　　　（b）二值化ISAR成像形态学处理结果

图 10.63　二值化 ISAR 成像和形态学处理

　　由于目标的对称结构，通过采用最小包围圆的方法，定位目标的旋转中心基本在目标对称轴附近，如图 10.64（a）所示的小圆圈。基于旋转中心，可以估计目标的对称轴，如图 10.64（b）所示。

　　基于目标区和其对称轴，可以提取目标的长、宽等投影尺寸；采用目标识别技术，可以提取目标区的太阳能帆板、目标主体等关键部件及其尺寸，如图 10.65 所示。

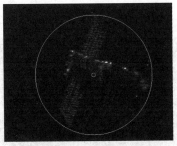

（a）目标旋转中心和最小包围圆　　　　　　（b）目标对称轴

图 10.64　目标旋转中心和对称轴提取结果

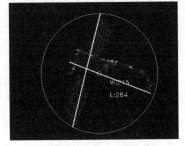
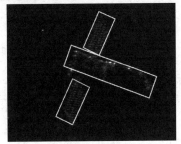

（a）目标长宽投影尺寸提取结果　　　　　　（b）部件分割结果

图 10.65　目标长、宽投影尺寸提取结果和部件分割结果

2. 宽带特征识别

利用空间目标的宽带特征，可以提取目标尺寸、结构等细节信息，估计目标的姿态或姿态变化情况，进行更加精细的目标身份识别和属性判别。美国从 20 世纪 60 年代开始研制对空间轨道目标成像的雷达，70 年代初，MIT 林肯实验室首先获得了近地空间目标高质量的雷达图像。美国曾经利用罗姆航空发展中心研制的弗洛伊德（Floyd）高分辨率雷达，从翼展很长的太阳板形成的散射中心中提取到小于 1m 的目标结构信息，从而正确地判断出了太阳板的张合状态，两次发现了阿波罗飞船和空间实验室的太阳板故障。德国 FGAN-高频物理研究所的空间跟踪和成像雷达系统从苏联"礼炮-7"空间站的 ISAR 成像中得到了空间站的形状、尺寸、运动姿态等特征信息[42]。NASA 曾经从 ALCOR 雷达获取的 ISAR 成像信息中，发现了 Skylab 空间站左侧太阳能帆板存在的故障，并指导研究人员进行修复，使其恢复了正常工作[43]。

1）尺寸结构特征提取

利用空间目标的 ISAR 成像，可以自然获得目标的二维投影尺寸和结构部件特征。1999 年 6 月，德国高频物理研究所利用 TIRA 雷达系统对失效的 ABRIXAS 卫星进行观测得到其 ISAR 成像，如图 10.66（b）所示，并根据 ISAR 成像估计出目标的二维轮廓尺寸约为 2m×3m（该卫星的实际三维轮廓尺寸为 1.8m×1.8m× 2.5m）[44]，如图 10.66（a）所示。

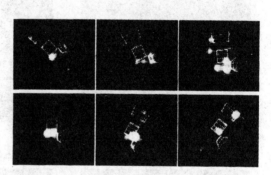

（a）ABRIXAS卫星光学图像　　　　（b）不同姿态下的ISAR成像

图 10.66　ABRIXAS 卫星光学图像和不同姿态下的 ISAR 成像

ISAR 成像是对目标在距离-多普勒域进行的描述，方位向表示的仅仅是目标多普勒频率的分布，因此并不能反映出目标的真实尺寸。为了更好地进行目标特征的提取和识别，需要对目标进行方位定标。目前已有文献针对方位定标提出了一些估计算法，主要可以分为以下三类。第一类算法通过目标运动轨迹估计其相对于雷达视线的转角，从而实现方位定标，当目标存在主动姿态变化时，这类方法的方位定标精度较低。第二类算法通过对连续 ISAR 成像中目标转角的估计获取其相对于雷达视线的转角，该方法直观明了，但对用于定标的图像上的目标形状有较高要求。第三类算法通过提取特显点对应的回波信号，利用信号中包含的距离空变调频率信息来直接估计目标的转角速度，进而实现方位标定，该类方法要求目标信号具有较多的特显点且受噪声影响较大[45]。

ISAR 完成方位定标后，其距离维度与多普勒维度的像素分辨率一致，基于前面章节对目标长宽及关键部件的提取结果，可以获得目标的整体尺寸及关键部件尺寸。

2）目标姿态估计

对空间目标三维姿态（俯仰角、偏航角及滚动角）的估计，是对空间目标监视的重要内容，目标姿态信息可有效反应空间目标的工作状态，对卫星身份识别、异常行为探测、任务状态估计、工作模式等具有重要作用；特别对于非合作空间目标及其载荷的主动姿态估计，可分析其载荷指向、动作意图等重要信息[46]。旋转、翻滚等姿态变化是空间目标的一类重要运动特征，如自旋稳定卫星的旋转、失效卫星的翻滚等，都是空间目标姿态变化的表现。天宫一号在 2018 年 4 月初坠落时，德国 TIRA 雷达 ISAR 成像显示，其出现了明显的翻滚现象，如图 10.67 所示。

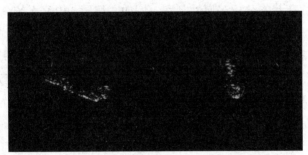

图 10.67　天宫一号失控的翻滚现象

识别空间目标姿态的变化现象，对于密切掌握空间目标异动具有重要意义。现有的空间目标姿态估计方法可以分为基于姿态传感器的空间目标姿态估计方法、基于数据库匹配的空间目标姿态估计方法、基于三维重构的空间目标姿态估计方法[47]三类。

基于姿态传感器的空间目标姿态估计方法是根据空间目标携带的姿态传感器，如陀螺仪等记录卫星三维旋转角度的变化数据，然后利用滤波器对姿态角进行滤波，最终得到空间目标的三维姿态。这类方法只适用于合作目标。

基于数据库匹配的空间目标姿态估计方法是根据目标模型或者真实目标得到

全角度下的 RCS、HRRP 和图像数据，基于观测获取的数据与数据库中的 RCS、HRRP 和图像进行匹配，最终获得卫星姿态。这类方法需要提前训练好完备的数据库，非合作目标适用难度较大。

基于三维重构的空间目标姿态估计方法是利用多角度下观测的空间目标 ISAR 成像序列，通过提取散射点并关联，获取散射点的轨迹矩阵，进而对轨迹矩阵进行分解获取目标的三维散射点结构，最终根据获取的三维散射点结构估计空间目标的姿态和尺寸，这类方法适用于非合作目标，其难点在于对复杂目标的散射点的正确关联。

精确的空间目标姿态估计目前仍有许多难点问题尚未完全解决，相比于三维姿态估计，目标姿态变化判别相对简单。在空间目标的 ISAR 成像数据库完备的条件下，把当前目标的 ISAR 成像与数据库中相同观测位置的 ISAR 成像进行匹配识别，可以判断该目标在当前观测位置是否发生了姿态变化。此外，利用目标的 ISAR 成像序列的转角估计，可以判断目标是否处于三轴稳定状态或姿态变化状态。在三轴稳定的假设下，可以估计空间目标相对于雷达视线的旋转角度，与 ISAR 成像中目标的旋转角度进行对比，可判断目标是否有姿态的变化。

3）目标属性判别

高分辨 ISAR 成像可对空间目标的几何形态进行精细描述，从而实现对目标的身份判别和载荷状态分析等属性判别。例如，德国 TIRA 系统分别利用 L 波段信号和 Ku 波段信号获取空间目标数据，通过高分辨率 ISAR 成像进行空间目标（如 ABRIXAS 和 Mir Space Station）的散射特性和结构损坏的研究[48-49]。

目标属性判别首先针对空间目标创建各姿态下的 ISAR 成像数据库；其次对于新目标的 ISAR 成像，在观测角度的约束下，与数据库中的 ISAR 成像进行匹配，判断目标是否为同一目标。由于目标的成像姿态并不完全相同，所以在进行 ISAR 成像匹配时，需要进行图像旋转匹配或特征点匹配，其特征点的提取可以利用尺度不变特征变换（Scale Invariant Feature Transform，SIFT）和快速鲁棒特征（Speeded-Up Robust Features，SURF）等方法[50]。

基于目标的高分辨率 ISAR 成像，可以提取目标的关键部件、载荷信息及载荷状态等。除目标主体、太阳能帆板等部件之外，目标的成像天线、通信天线等载荷在 ISAR 成像上则比较显著，可以通过载荷信息提取判断目标的功能和属性。基于目标的三维姿态重构，可以估计目标的载荷指向，从而推断目标正在执行的任务信息。如图 10.68 所示，空间目标的圆形天线载荷在 ISAR 成像中呈明显的椭圆形特征。

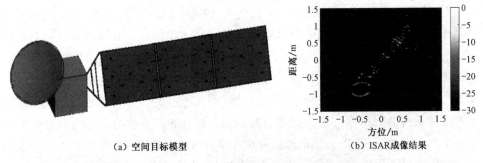

（a）空间目标模型　　　　　　　　　　（b）ISAR 成像结果

图 10.68　空间目标模型和 ISAR 成像结果

3. 基于宽窄带特征的融合识别

宽带特征虽然能够提供目标精细的结构信息，但需要掌握目标的全姿态角数据，并且对信噪比要求较高。如果目标的宽带特征细节不明显或信噪比较低，那么识别性能将难以保证。与之相比，窄带特征体现了目标的粗略类别属性信息，且探测距离通常比宽带更远。通过宽、窄带融合，可以扩展目标的特征维度，丰富目标的特征信息，从而提高对目标识别的准确性。除对单部雷达的宽、窄带特征融合外，还可以利用多部雷达的宽、窄带特征进行融合识别，甚至将雷达、光学等多源传感器的信息进行融合识别。

根据信息的抽象层次，目标融合识别可以分为数据层融合、特征层融合、决策层融合三个层次。

1）数据层融合

数据层融合是最低层次的融合，通过对每个测量信号原始数据的关联和配准再进行数据层融合，可以得到品质更高的信号；然后对融合后的数据进行特征提取与模式分类、目标识别，最后得到融合识别的结果，如图 10.69 所示。数据层是目标识别的底层，融合损失少，信息互补性强，准确性最高。但是它的局限性也较多，如处理数据量大、对相关配准要求高和容错纠错能力要求高等。

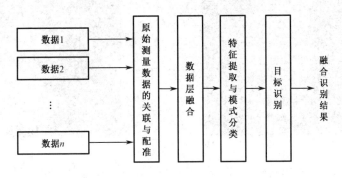

图 10.69　数据层融合框图

对多频段、多视角、多圈次、多雷达的 ISAR 成像或宽带回波信号进行数据层融合处理，可以获得更高的分辨率或目标三维结构信息，从而提取目标的精细结构或姿态特征。例如，通过将单部或多部雷达提供的多频段、多视角回波信号，经过适当预处理后，融合成为大带宽、长孔径的等效单站观测信号，可以提高雷达成像分辨率。20 世纪 90 年代末，林肯实验室为进一步提高现有舰载双波段雷达成像系统的分辨率，增强弹道导弹监视、识别和防御能力，提出宽带相参处理技术，对 S 波段和 X 波段回波信号进行了有效相参处理和宽带融合，获得了等效超宽带信号，并成功实现了对弹头的稀疏子带融合高分辨率的成像，如图 10.70 所示。高分辨率成像可以充分表现目标细节，为目标监测、分类与识别提供更多的信息。

为获取目标等效散射中心的空间分布，提供更直观、更全面的散射特性和目标特征，近年来逐渐兴起了单脉冲三维成像雷达、干涉 ISAR、层析 SAR 等的三维成像方法[50]，这些都属于宽带信息数据层融合的内容。

对于目标识别而言，ISAR 成像的分辨率越高越好。目前的高分辨率雷达可以获得厘米级分辨率。除了雷达宽、窄带融合之外，还可以进行雷达和光学图像特征的融合判别，以获取更加精细的目标三维结构和姿态估计结果。

2）特征层融合

特征层融合属于中间层融合，各传感器根据各自获取的原始测量数据抽象提取出目标特征，融合中心对各传感器提供的目标特征矢量进行特征关联和特征层融合，并将融合后获得的融合特征矢量进行分类、目标识别、最后得到融合识别的结果，如图 10.71 所示。特征层融合既保留了足够数量的重要信息，又实现了可观的信息压缩，并且对异构数据的兼容性较好。

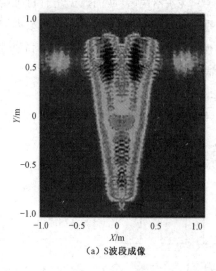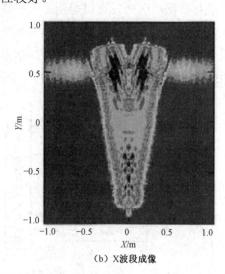

（a）S波段成像　　　　　　　　　　　　（b）X波段成像

图 10.70　稀疏子带融合高分辨率成像

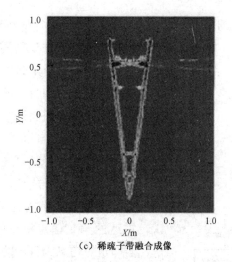

（c）稀疏子带融合成像

图 10.70　稀疏子带融合高分辨率成像（续）

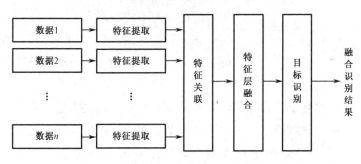

图 10.71　特征层融合框图

此外，提取目标的 RCS 均值、一维距离像长度、散射点个数、二维 ISAR 成像尺寸等特征之后，再进行属性融合识别，也属于特征层融合。

3）决策层融合

决策层融合是最高层次的融合，它对各传感器的目标识别结果进行关联、决策层融合以得到最后的识别结果。决策层融合可以灵活处理异构异步信息，但存在信息损失量大、无法对冲突结果合理处理等问题。决策层融合框图如图 10.72 所示。

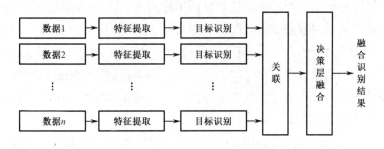

图 10.72　决策层融合框图

对基于各类数据的目标姿态或属性判别结果进行加权融合，属于决策层融合。不同层次的融合各具特点，需要根据数据特性与识别要求适当选择，在空间目标融合识别过程中，经常采用不同层次混合的融合策略。

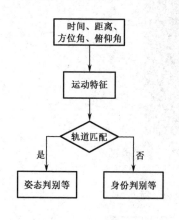

图 10.73　基于窄带信息的空间目标识别流程

轨道特征是空间目标的重要特征，在进行目标识别之前，首先需要进行轨道匹配，确定该目标是数据库中的哪个目标。如果匹配成功，那么可以确定目标的身份，再进行后续的姿态、异常等判别；如果匹配不成功，那么目标可能发生了变轨，此时需要对目标进行重新捕获和身份确认。雷达的窄带信息提供的时间、距离、方位角、俯仰角等信息为目标的运动特征提取和轨道匹配提供了基础数据。基于窄带信息的空间目标识别流程如图 10.73 所示。

在姿态判别或身份判别等环节，综合利用目标运动信息、目标 RCS、一维距离像、ISAR 成像等进行融合判别。

在姿态判别等环节，根据实际需要，可以选择不同层次的融合方法。如果需要精确估计目标的三维姿态，可以融合多站多源的 ISAR 成像进行三维重构，这是数据层融合的方法。如果仅需要判断目标姿态是否发生了变化，可以通过 RCS、一维距离像、ISAR 成像分别与数据库中的数据进行匹配，得到匹配结果后再进行融合判别，这是决策层融合的方法。当对变轨目标进行身份判别时，通常对 RCS、一维距离像、ISAR 成像的判别结果进行融合判别。由于目标轨道变化后经常伴随着姿态变化，因此基于 RCS 和一维距离像数据的判别准确度较低，在进行融合时，可以给予较低的权重。

数据库在空间目标识别过程中具有重要作用，包括卫星编目库、RCS 特征库、一维距离像模板库、ISAR 成像模板库等，特征库和模板库中需要包含完备观测视角下的数据，利用探测装备，获取目标实时的 RCS、一维距离像、二维 ISAR 成像等数据，通过与数据库的匹配，判别目标状态是否异常。对于状态异常的目标，再利用人工判别的方式给出精准判别结果，从而增强太空态势感知的能力。

空间目标识别是一个连续、动态的过程，为保证识别结果的稳定性，在得到当前的识别结果后，还需要综合考虑当前结果与前次识别结果的融合情况，利用时序融合法提高识别的准确率和稳定性。

图 10.74 给出了空间目标识别中涉及的不同融合层次。另外，需要将通过目标距离、方位角、俯仰角提取的目标轨道、转角、姿态等作为约束信息，参与各

个层次的融合处理，如在数据层融合层次，轨道信息可以提供运动补偿等信息；在特征层融合和决策层融合层次，轨道信息可以提供定轨约束。

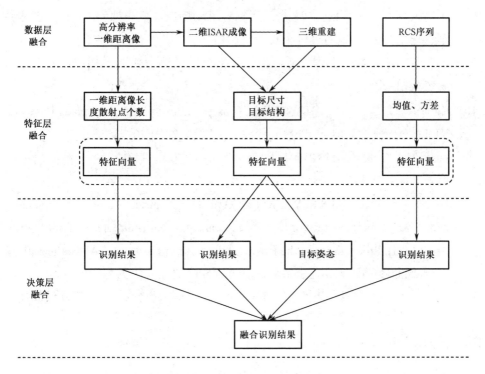

图 10.74　空间目标识别中不同的融合层次

参考文献

[1]　黄培康，殷红成，许小剑. 雷达目标特性[M]. 北京：电子工业出版社，2005.

[2]　金林. 弹道导弹目标识别技术[J]. 现代雷达，2008，30(2): 1-5.

[3]　李崇谊，刘世龙，邓楚强，等. 基于解析法的再入目标实时质阻比估计[J]. 现代雷达，2013，35(7): 42-44.

[4]　MINVIELLE P. Decades of Improvements in Re-entry Ballistic Vehicle Tracking[J]. IEEE Aerospace and Electronic Systems Magazine, 2005, 20(8): CF-1-CF-14.

[5]　CHEN V C, LING H. Time-frequency Transforms for Radar Imaging and Signal Analysis[M]. Boston: Artech House, 2002.

[6]　CARMONA R A. Multiridge Detection and Time-Frequency Reconstruction[J]. IEEE Transactions on Signal Processing. 1999, 47(2): 480-492.

[7] 邵长宇. 基于 HRRP 序列的空间锥体目标微动参数估计方法研究[D]. 西安：西安电子科技大学，2016.

[8] 王涛，周颖，王雪松，等. 雷达目标的章动特性与章动频率估计[J]. 自然科学进展，2003，16(3): 344-350.

[9] 胡明春，王建明，孙俊，等，雷达目标识别原理与实验技术[M]. 北京：国防工业出版社，2018.

[10] CHENG Q, CHEN L, ZHANG Y L. Classification of RCS Sequences Based on KL Divergence[J]. Journal of Engineering, 2019, 2019(20): 6475-6478.

[11] 冯德军. 弹道中段目标雷达识别与评估研究[D]. 长沙：国防科学技术大学，2006.

[12] HUANG N E, LONG S R, WU M L C, et al. The Empirical Mode Decomposition and The Hilbert Spectrum for Nonlinear and Non-Stationary Time Series Analysis[J]. Proceedings of the Royal Society of London. Series A: Mathematical, Physical and Engineering Sciences, 1998, 454(1971): 903-995.

[13] 王洋，李玉书，张健. 基于 RCS 信息的雷达目标大小分类方法[J]. 现代雷达，2009，31(02): 17-19.

[14] 张森. 卫星目标散射特性及识别方法研究[D]. 哈尔滨：哈尔滨工业大学，2008.

[15] 刘勇. 动态目标极化特性测量与极化雷达抗干扰新方法研究[D]. 长沙：国防科技大学，2011.

[16] MARTORELLA M, GIUSTI E, CAPRIA A, et al. Automatic Target Recognition by Means of Polarimetric ISAR Images and Neural Networks[J]. IEEE Transactions on Geoscience and Remote Sensing, 2009, 47(11): 3786-3794.

[17] MARTORELLA M, GIUSTI E, DEMI L, et al. Automatic Target Recognition by means of Polarimetric ISAR Images: a Model Matching Based Algorithm[C]. International Radar Conference. [S.L.]: IEEE Press, 2008: 27-30.

[18] BOERNER W M. Recent Advances in Extra-Wide-Band Polarimetry, Interferometry and Polarimetric Interferometry in Synthetic Aperture Remote Sensing and Its Applications[J]. IEE Proceedings-Radar Sonar Navigation, 2003, 150(33): 113-124.

[19] BOERNER W M. Recent Advancements of Multi-modal Radar & SAR Imaging[C]// IEEE 2007 International Symposium on Microwave, Antenna, Propagation, and EMC Technologies for Wireless Communications. Hangzhou:

IEEE Press, 2007: 1485-1489.

[20] BOERNER W M. Basics of SAR Polarimetry I [R]. Chicago: UIC-ECE Communications, Sensing & Navigation Laboratory, 2007.

[21] BOERNER W M. Basics of SAR Polarimetry II [R]. Chicago: UIC-ECE Communications, Sensing & Navigation Laboratory, 2007.

[22] MOTT H. 极化雷达遥感[M]. 杨汝良，译. 北京：国防工业出版社，2008.

[23] 许小剑. 雷达目标散射特性测量与处理新技术[M]. 北京：国防工业出版社，2018.

[24] 保铮，邢孟道，王彤. 雷达成像技术[M]. 北京：电子工业出版社，2005.

[25] 杜兰. 雷达高分辨距离像目标识别方法研究[D]. 西安：西安电子科技大学，2007.

[26] 李阳. 基于一维距离像的空间目标识别技术研究[D]. 长沙：国防科学技术大学，2011.

[27] CHANDRAN V, ELGAR S L. Pattern Recognition Using Invariants Defined From Higher Order Spectra-One-Dimensional inputs[J]. IEEE Transactions on Signal Processing, 1993, 41(1): 205-212.

[28] LIAO X J, BAO Z. Circularly Integrated Bispectra: Novel Shift Invariant Features for High-Resolution Radar Target Recognition[J]. Electronics Letters, 1998, 34(19): 1879-1880.

[29] ZHANG X D, SHI Y, BAO Z. A New Feature Vector Using Selected Bispectra for Signal Classification with application in Radar Target Recognition[J]. IEEE Transactions on Signal Processing, 2001, 49(9): 1875-1885.

[30] ZWICKE P E, KISS I. A New Implementation of The Mellin Transform and Its Application to Radar Classification of Ships[J]. IEEE Transactions on Pattern Analysis and Machine Intelligence, 1983, 5(2): 191-199.

[31] MARCOS A, GERARD M, MARCO C, et al. Automated Attitude Estimation From ISAR Imaging[C]// 7th European Conference on Space Debris. Darmstadt: ESA Space Debris Office, 2017: 18-21.

[32] 周叶剑，马岩，张磊，等，空间目标在轨状态雷达成像估计技术综述[J]. 雷达学报，2021，10(4): 607-621.

[33] XIE P F, ZHANG L, DU C, et al. Space Target Attitude Estimation From ISAR Image Sequences With Key Point Extraction Network[J]. IEEE Signal Processing Letters, 2021, 28: 1041-1045.

[34] 张兴敢. 逆合成孔径雷达成像及目标识别[D]. 南京：南京航空航天大学，2001.

[35] 徐庆，王秀春，李青. 基于高分辨一维像的目标特征提取方法[J]. 现代雷达，2009，31(06): 60-63.

[36] 冯博. 雷达高分辨距离像特征提取与识别方法研究[D]. 西安：西安电子科技大学，2015.

[37] 潘勉. 雷达高分辨距离像目标识别技术研究[D]. 西安：西安电子科技大学，2013.

[38] 肖宁. 基于高分辨一维距离像的雷达自动目标识别技术研究[D]. 西安：西安电子科技大学，2014.

[39] 邵长宇. 基于 HRRP 序列的空间锥体目标微动参数估计方法研究[D]. 西安：西安电子科技大学，2016.

[40] 杨虹，张雅声，尹灿斌. 空间目标的 ISAR 成像及轮廓特征提取[J]. 北京航空航天大学学报，2019，45(9): 1765-1776 .

[41] OTSU N. A Threshold Selection Method From Gray-level Histograms[J]. IEEE Transactions on Systems, Man, and Cybernetics, 1979, 9(1): 62-66.

[42] 戴征坚，胡卫东，郁文贤. 空间目标的 ISAR 成像与识别[J]. 航天电子对抗，2000(2): 34-39.

[43] 马俊涛. 空间目标 ISAR 融合高分辨成像技术研究[D]. 北京：北京理工大学，2018.

[44] 唐宁. 空中目标 ISAR 像特征提取与识别技术研究[D]. 长沙：国防科学技术大学，2012.

[45] 邵帅，张磊，刘宏伟. 一种基于图像最大对比度的联合 ISAR 方位定标和相位自聚焦算法[J]. 电子与信息学报，2019, 41(4): 779-786.

[46] 周叶剑，张磊，王虹现，等. 多站 ISAR 空间目标姿态估计方法[J]. 电子与信息学报，2016, 43(12): 3182-3188.

[47] 王家东. 机动目标 ISAR 成像及空间目标特征提取方法研究[D]. 西安：西安电子科技大学，2020.

[48] Mehrholz D. Radar Techniques for The Characterization of Meter-sized Objects In Space[J]. Advances in Space Research, 2001, 28(9): 1259-1268.

[49] 许志伟. ISAR 图像的特征提取及应用研究[D]. 西安：西安电子科技大学，2014.

[50] 曹星慧. 对空间目标的星载干涉 ISAR 三维成像技术研究[D]. 哈尔滨：哈尔滨工业大学，2011.

第 11 章
单脉冲精密跟踪测量雷达系统

单脉冲跟踪测量雷达是目前应用最广泛的一种跟踪测量雷达。本章从雷达系统总体的角度，论述单脉冲跟踪测量雷达系统的功能和性能，介绍其系统组成和工作原理及各分系统特点，以及单脉冲跟踪测量雷达的诸多工作方式，并结合工程实际，讨论单脉冲跟踪测量雷达的系统设计，如工作频段选择、跟踪距离设计、测量精度设计和信号形式设计等。

11.1 概述[1-3]

正如本书第 1 章已经叙述的，跟踪测量雷达诞生于 20 世纪 40 年代。第二次世界大战期间，美国研制了用于火炮控制的 SCR-584 跟踪测量雷达。该雷达采用圆锥扫描技术，实现了对空中飞机目标的连续自动跟踪及对火炮射击的控制。这种雷达的角度测量精度大约是 2mrad，距离测量精度为几十米到 100 米。一般将这种实用的、具有中等精度的圆锥扫描跟踪测量雷达称为第一代脉冲跟踪测量雷达。目前，这种体制的跟踪测量雷达已较少采用。

20 世纪 50 年代，诞生了实用的单脉冲跟踪测量雷达系统。这种跟踪测量雷达采用了先进的单脉冲技术，其角度测量精度可达 0.1～0.2mrad，距离测量精度为几米量级，从而开拓了单脉冲跟踪测量雷达的广泛用途。目前大量应用于各领域中的跟踪测量雷达大多是单脉冲跟踪测量雷达，这种单脉冲跟踪测量雷达是第二代脉冲跟踪测量雷达。本章将从雷达系统的角度介绍这类雷达的系统功能、工作方式及系统设计。

近十几年来，随着武器系统的发展，提出了同时对多目标进行精密跟踪测量的要求。随着雷达技术自身的进步，美国和中国先后研制成功了相控阵单脉冲跟踪测量雷达系统。这类跟踪测量雷达同时利用了单脉冲技术的精确跟踪测量和相控阵技术的波束捷变性能，从而实现了同时多目标的精密跟踪测量功能。这种具有相控阵天线（无源或有源）的单脉冲跟踪测量雷达简称为相控阵跟踪测量雷达，而把那种具有面结构天线（反射面、平板裂缝等）的常规单脉冲跟踪测量雷达简称为单脉冲跟踪测量雷达。关于相控阵跟踪测量雷达系统的有关内容将在第 13 章介绍。

这里需要说明的是，关于单脉冲的理论和系统实现形式等，已在本书第 3 章进行了详细论述，单脉冲跟踪测量雷达的一些重要分系统，如天线技术、接收技术、距离跟踪测量技术、角度精密跟踪伺服技术、脉冲多普勒速度跟踪测量技术也分别在第 5～9 章进行了详细介绍。本章主要结合雷达系统工程的实际，从雷达系统的角度，重点介绍单脉冲跟踪测量雷达系统的功能和性能、系统组成与工作原理、工作方式、系统性能指标分析与系统设计方法。

11.2　单脉冲跟踪测量雷达主要功能和性能

单脉冲跟踪测量雷达主要用于武器控制、靶场测量和空间探测任务中对单（批）目标的高精度、高数据率的连续跟踪测量。下面就其特点、主要应用、主要功能和主要性能给予说明。

11.2.1　单脉冲跟踪测量雷达的特点

与其他类型的雷达相比，单脉冲跟踪测量雷达具有如下 4 个主要特点。

1）单（批）目标

如前所述，本章所指的单脉冲跟踪测量雷达是指单脉冲机械跟踪测量雷达，在角度上靠天线座的方位和俯仰向转动使天线波束实现对目标的角度跟踪，因而，通常只能对单个目标进行跟踪测量。在某些需求的情况下，可以同时跟踪同一波束内的少量不同距离的目标（单批目标），其目标跟踪方式即是第 1 章所述的单目标跟踪（STT）方式。

2）高数据率

由于单脉冲机械跟踪测量雷达在其两维角坐标上和距离坐标上可以连续对单目标进行跟踪测量，因而可以高数据率地提供目标数据，其数据率一般是脉冲重复频率。

3）高精度

单脉冲跟踪测量雷达是目前测角精度最高的一种雷达体制。它的高精度主要来自同时波瓣比较，避免了目标幅度起伏引起的误差；良好的差波瓣设计提高了角误差测量的灵敏度；连续的距离精密跟踪性能提供了良好的信号积累性能；精密的机械结构降低了雷达系统的转换误差。

目前，设计良好的单脉冲跟踪测量雷达，其角度测量精度通常都在 0.1～0.2mrad，某些经过仔细校准和修正处理的单脉冲跟踪测量雷达的角度测量精度可以达到 0.05mrad，其距离测量精度通常都在数米左右。速度测量精度在 C 波段通常为 0.1m/s。

4）闭环连续跟踪

单脉冲跟踪测量雷达在目标跟踪过程中，波束、波门一直连续对准目标，可以实现闭环自动跟踪目标。

11.2.2　单脉冲跟踪测量雷达的主要应用

1）武器控制

在各种现代武器平台（如火炮、飞机、舰船、防空导弹等）的火力控制系统中，大多采用单脉冲雷达（单脉冲测角或单脉冲跟踪）跟踪测量来袭目标，为武器系统提供目标射击诸元。通常用于武器控制（火控）系统的跟踪测量雷达一般为中、高精度。其应用的例子包括：用于火炮控制的单脉冲炮瞄雷达、炮位侦察校射雷达；用于机载火控的单脉冲多普勒雷达及用于导弹发射的制导雷达等。

2）靶场测量

在多种武器试验靶场，如在用于卫星、飞船发射，运行、回收的航天靶场；用于导弹弹道特性和突防特性测量及拦截试验的导弹试验靶场；用于航空武器（飞机、空空弹、空地弹、地空弹）飞行试验和拦截试验的航空靶场；用于航海武器试验的航海靶场，以及用于炮兵武器（火炮、火箭炮、航空炸弹等）的常规武器试验靶场等各种靶场武器试验中，需要对目标的飞行轨迹和特征进行精密跟踪测量，且通常都要求高精度的单脉冲精密跟踪测量雷达。在有些要求低空测量的情况下，还需要采用具有动目标显示或动目标检测功能的单脉冲精密跟踪测量雷达。

3）空间探测

在本书第 1 章介绍的一些用于空间探测和空间对抗的大型单脉冲跟踪测量雷达，主要用来提供空间目标的轨迹信息和特征信息。

11.2.3　单脉冲跟踪测量雷达的主要功能

1）搜索截获

由于单脉冲跟踪测量雷达主要用于高精度的跟踪测量，所以其天线波束宽度一般较窄（如 $1°\sim2°$，甚至 $<1°$），其目标搜索捕获能力较弱。通常在预警雷达、目标指示雷达、引导雷达或其他外部指示信息的引导下，跟踪测量雷达天线波束在小范围内搜索截获目标或等待截获目标。

2）目标跟踪

目标跟踪是单脉冲跟踪测量雷达的主要功能。根据不同的接收信号，单脉冲跟踪测量雷达可以有不同的目标跟踪方式，包括依据目标反射回波信号进行跟踪的反射式跟踪，依据目标所载应答机回答信号的应答式跟踪，以及依据目标所载信标机进行跟踪的信标式跟踪。

为了提高单脉冲跟踪测量雷达的有效性和跟踪精度，往往在雷达跟踪的平台上加装光学跟踪器和红外跟踪器。

3）参数测量

依据不同的应用，单脉冲跟踪测量雷达有不同的参数测量要求。

通常的测量参数包括目标距离（R）、目标方位角（A_z）和目标俯仰角（E_1）、目标的径向速度（$\dot{R}$）等。后来的单脉冲跟踪测量雷达往往还要求具有测量目标的特征参数，如目标RCS、雷达成像，并估算目标长度、目标形状及其他目标特征。

4）目标成像

在有些最新的应用中，要求单脉冲跟踪测量雷达完成目标成像任务。可由宽带单脉冲跟踪测量雷达利用逆合成孔径雷达（ISAR）技术对目标进行成像来实现。

11.2.4　单脉冲跟踪测量雷达的主要性能[4-7]

单脉冲跟踪测量雷达的主要性能包括跟踪距离、测量精度和跟踪范围。

1. 跟踪距离

跟踪距离的远近是衡量单脉冲跟踪测量雷达性能的重要指标之一。本书第 2 章已经介绍过，跟踪距离与搜索发现距离不同，计算方法也不同。在搜索发现距离的计算中，雷达方程中的信噪比是以不同目标类型的发现概率和虚警概率为条件计算的；而在跟踪距离的计算中，雷达方程中的信噪比则是以保证一定的目标跟踪测量精度或以跟踪不丢失为条件计算的。

跟踪距离通常又包括雷达最大跟踪距离和保精度跟踪距离。在远距离条件下，跟踪测量雷达的测量误差主要是由热噪声引起的误差决定。当目标距离越来越远时，随着回波信号信噪比的逐渐减小，热噪声引起的误差越来越大，当该误差超过雷达分辨单元（波束、波门）的一定比例时，目标会丢失，此时的跟踪距离称为最大跟踪距离。不同的雷达参数（如脉冲重频、跟踪回路性能、灵敏度系数等）具有不同的最小信噪比要求。但为了简便，通常把单脉冲跟踪测量雷达的最大作用距离以单个脉冲信噪比为 0dB 来估算。同样，保精度跟踪距离是以达到任务要求的跟踪测量精度所需的最低信噪比来计算的。不同的精度要求和不同的雷达参数会有不同的最低信噪比要求。但为了简便，保精度跟踪距离通常是以单个脉冲信噪比为 12dB 或 20dB 来估算的。

在单脉冲跟踪测量雷达中，标称的跟踪距离通常是以目标反射面积为 $1m^2$ 来计算的。

单脉冲跟踪测量雷达由于应用方面的不同，除了反射式跟踪距离外，还有应答式跟踪距离或信标式跟踪距离。

单脉冲跟踪测量雷达的跟踪距离根据不同应用，从几十千米到几千千米不等。

2. 测量精度

如上所述，高测量精度是单脉冲跟踪测量雷达的主要特点，但雷达的具体测量精度性能指标的高低视不同应用确定。

单脉冲跟踪测量雷达的坐标参数测量误差通常是其分辨单元（波束、距离波门、滤波器等）宽度的 1/100～1/50。而搜索雷达的坐标参数测量误差通常是其分辨单元宽度的 1/20～1/10。

一般具有 1° 左右波束宽度、2MHz 信号带宽的 C 波段单脉冲跟踪测量雷达，在信噪比 12dB（单个脉冲）的条件下，其测角精度为 0.1～0.2mrad，测距精度为 3～5m。若单脉冲跟踪测量雷达信号是相参的，其测速精度为 0.1m/s。

目前在实际应用的单脉冲跟踪测量雷达的最高角度测量精度为 0.05mrad。

3. 跟踪范围

跟踪范围是指单脉冲跟踪测量雷达在多维空间上能够实施正常跟踪的动态范围，有时又称工作范围。

首先是在信号幅度上，考虑目标大小的变化和起伏及目标距离远近的变化，通常单脉冲跟踪测量雷达跟踪信号强度的线性范围为 90～110dB。

单脉冲跟踪测量雷达一般都能在方位角为 0°～360° 范围内进行无限制地旋转跟踪，但有些特别复杂的单脉冲跟踪测量雷达，由于汇流环的通道数不能满足信号传输的要求，或空间体积受到限制无法使用汇流环，这时只得采用电缆绕曲装置，天线的方位向范围被限制为 ±200° 左右。

由于单脉冲跟踪测量雷达在常规标定时，需要采用倒插瞄准望远镜及倒转天线俯仰角的方法，并考虑到天线有一定的向下缓冲保护区，因此单脉冲跟踪测量雷达的俯仰向机械转动范围一般设计为 -3°～183°，甚至范围更大一点。

方位向和俯仰向最大角速度、最大角加速度取决于天线、天线座结构和传动系统的设计，以及由这些设计所决定的驱动电机的功率。当天线、天线座结构确定后，其角速度、角加速度值越大，则要求的驱动电机的功率也越大。由于雷达体积、质量的限制，不能依靠无限制增大驱动电机的功率来增大角速度、角加速度，而且最大角加速度还受到天线座结构固有频率的限制，因此最大角速度、最大角加速度应限制在一定范围内。

保精度的角速度、角加速度范围内的雷达系统应具有良好的动态性能，一般工作条件下都小于最大角速度、角加速度范围。

单脉冲跟踪测量雷达系统设计的任务就是使天线及天线座的结构设计与角伺服系统的电设计能满足任务要求的最大工作范围和保精度的跟踪范围，使得所要求的工作范围具有可实现性。

距离和速度跟踪测量系统由于采用了全数字技术，因此距离、径向速度和径向加速度的最大工作范围受到的限制较小。目前测距机的最大测量距离可达数千米至上万千米，还可根据任务的需要而相应增大。测距机跟踪的目标最大径向速度可达 14km/s，最大径向加速度达 1.5km/s²。保精度工作的径向速度、径向加速度范围比最大工作范围的略小一些。

例如，对炮弹和战术火箭进行弹道测量的单脉冲跟踪测量雷达的工作范围如表 11.1 所示。

表 11.1 单脉冲跟踪测量雷达的工作范围

项 目	最大工作范围	保精度工作范围
方位角/°	0～360 无限制	0～360 无限制
俯仰角/°	−3～183	3～73
方位向角速度/（°/s）	50	30
方位向角加速度/（°/s²）	30	15
俯仰向角速度/（°/s）	50	30
俯仰向角加速度/（°/s²）	30	15
距离/km	0.5～4000	0.5～4000
径向速度/（m/s）	10000	10000
径向加速度/（m/s²）	1500	1000

11.3 单脉冲跟踪测量雷达系统的组成与工作原理[8-10]

不同应用的单脉冲跟踪测量雷达在系统组成上会有些差异，但其基本组成相似。本节将给出一种典型单脉冲跟踪测量雷达系统的组成，并简要叙述其工作原理。

11.3.1 系统框图与工作原理

典型的单脉冲跟踪测量雷达的系统框图如图 11.1 所示。该系统主要包括单脉冲天线与方位-俯仰型转台（天线座）、发射机、相参频率源、接收机、信号处理机、数据采集与处理机、角跟踪伺服及传感系统、距离跟踪测量系统（测距机）及多普勒频率（速度）跟踪测量系统（测速机）等。

以相参振幅和差单脉冲跟踪测量雷达为例，其跟踪原理叙述如下。

1. 信号处理

由相参振幅和差单脉冲跟踪测量雷达频率源产生基准频率信号，经波形调制送往发射机，经大功率放大后由馈线馈至单脉冲天线并辐射至空间，形成射频波束。该射频信号为一定重复频率的相参脉冲信号，通常为单载频脉冲或线性调频脉冲。

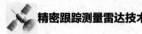

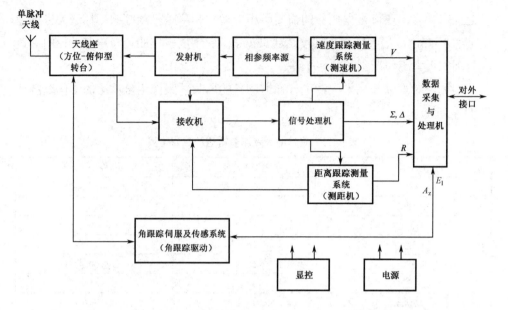

图 11.1　典型的单脉冲跟踪测量雷达系统框图

当天线波束照射范围内存在目标时，目标产生反射回波信号，由天线和波束进入接收机，经放大、滤波、检波后进入第一门限检测，超过门限电平的脉冲信号进入第二门限检测器进行二进制检测，超过 N/M 时判为目标存在。或者由操作员以 A/R 显示器为参考进行人工检测。当判断为（所需要的）目标存在时，即认为目标被"截获"。

这里的信号除反射信号外，还可以是目标的应答信号或信标信号。

2. 距离跟踪

单脉冲跟踪测量雷达要实现对目标的连续自动跟踪，必须首先在距离维上（或多普勒频率维）实现对目标的捕获和跟踪，然后才能实现对目标角位置变化的跟踪。当然，为了更好地实施距离、角度和速度跟踪，还需要对回波的频率进行自动跟踪（AFC）及对回波信号的幅度进行自动跟踪（AGC）。

当目标回波信号被检测截获后，测距机在检测到信号的距离处（距离门）自动转为宽波门跟踪。

当宽波门跟踪稳定后，测距机转为窄波门跟踪，以实现对目标的高精度距离自动跟踪。只有当距离门的宽、窄波门与回波宽度匹配时，才能使跟踪精度最高，且信噪比的损失最小。

3. 角度跟踪

在对目标信号的距离跟踪稳定后，单脉冲跟踪测量雷达的窄波门对雷达天线、馈线和接收机来的和通道信号、方位差通道信号、俯仰差通道信号进行选通，选通后再进行三路信号的和差相位检波（模拟的或数字的）后，得到归一化的方位差信号 $\mathrm{Re}\left\{\dfrac{\Delta_{A_z}}{\Sigma}\right\}$ 和俯仰差信号 $\mathrm{Re}\left\{\dfrac{\Delta_{E_1}}{\Sigma}\right\}$。在对目标信号的距离跟踪稳定后，单脉冲跟踪测量雷达根据工作方式自动（或人工控制）将上述角误差信号送入角伺服系统，经校正放大后驱动天线波束按角误差信号的大小和符号随动目标运动，从而实现对目标角度的自动跟踪。

4. 速度跟踪

当单脉冲跟踪测量雷达对目标距离和角度跟踪稳定后即进行目标速度跟踪。将单脉冲跟踪测量雷达接收机输出的和信号送入速度（频率）跟踪回路（测速机），该速度跟踪回路通常为一个多普勒细谱线滤波器，即用一个速度跟踪回路跟踪相参回波信号脉冲串的细谱线，从而实现高精度的速度跟踪测量。

这种采用高精度细谱线滤波器的跟踪测量会带来速度（测速）模糊，测速机必须采用相应的技术来消除这种速度（测速）模糊。

5. 参数测量

单脉冲跟踪测量雷达对目标参数的高精度测量是建立在高精度跟踪基础上的。当目标被稳定跟踪($A_z, E_1, R, \dot{R}$)后，目标参数的测量值才有效。目标的角度测量值(A_z, E_1)由与天线座（转台）方位轴、俯仰轴轴系直接机械耦合的角度传感器输出。通常，这种传感器采用轴角编码器，如光电码盘或旋转变压器。

目标的距离参数测量值一般由测距机的距离计数器给出，这个计数器的计数与距离跟踪波门随动，可实时测量出目标距离量。当单脉冲跟踪测量雷达脉冲重频与目标距离不匹配时，会产生距离模糊，单脉冲跟踪测量雷达可以通过改变脉冲重复周期等方法来消除距离模糊。

同样，目标的速度测量值是由细谱线跟踪回路中的压控振荡器（VCO）或数字频率合成器指示的多普勒频率值给出。

所有单脉冲跟踪测量雷达跟踪参数的数据采集由系统统一控制，按一定的采样率进行采样。

11.3.2　单脉冲天线与天线座

单脉冲跟踪测量雷达一般都采用卡塞格伦天线，其优点是可以将复杂而沉重的馈电系统放在主反射器顶部中心附近，由此减少了馈源馈线的长度，也减小了馈线之间的相位误差，且便于安装低噪声射频放大器，有利于提高天线和接收系统的主要性能。卡塞格伦天线的另一个优点是可获得超过天线实际轴向尺寸的等效焦距，从而减小了天线的总长度，使天线结构较为紧凑，也减少了天线的转动惯量。

单脉冲跟踪测量雷达天线（简称单脉冲天线）设计的另一个重要问题是对馈源形式的选择。单脉冲馈源有 4 喇叭、5 喇叭和多模馈源等多种形式，必须根据其天线的大小、极化、副瓣电平、功率容量、和差波瓣综合性能等因素合理地选择（如表 11.2 所示），通常选用 5 喇叭馈源。

表 11.2　几种单脉冲馈源类型

性能	类型		
	4 喇叭馈源	5 喇叭馈源	多模馈源
和差波瓣综合性能	差	较好	好
副瓣电平	一般	一般	高
效率	低	较高	高
功率容量	一般	高	一般
极化	单极化	可变极化	单极化
带宽	一般	一般	较窄
天线尺寸	较小	较大	中等

对于大功率单脉冲跟踪测量雷达，馈线设计还必须考虑发射馈线的耐功率性能及驻波等问题。

单脉冲天线的馈线系统除了传输发射和接收电磁波信号外，一个更重要的任务是形成单脉冲误差信号。在和差单脉冲天线中，由和差馈电网络将来自单脉冲天线馈源的信号经比较网络后形成和信号、方位差信号和俯仰差信号，并传送至单脉冲三路接收机。

单脉冲天线的天线座（即方位-俯仰型转台）是其重要组成部分。为保证单脉冲天线机械跟踪的精度和动态工作范围，天线座必须具有良好的刚度（以保证其轴系精度）、尽可能小的转动惯量、尽可能高的机械谐振频率（以保证其动态跟踪范围）和必要的传动精度。所以对于高精度的单脉冲跟踪测量雷达，天线座的设计和制造是至关重要的。

例如，中、小型高精度单脉冲跟踪测量雷达的天线、天线座的主要性能如下：

工作频段为 C 波段；

天线类型为抛物面卡塞格伦型；

天线口径为 4.2m；

馈源形式为 5 喇叭；

和波束增益为 43dB；

差波束零深为-30dB；

和波束宽度为 1°；

和差隔离度为 60dB；

天线座方位轴不垂直度≤10″；

天线座方位轴、俯仰轴不正交度≤10″；

天线机械轴与俯仰轴不正交度度≤10″。

11.3.3　发射机

目前，单脉冲跟踪测量雷达发射机的末级放大器多采用电真空器件以获得脉冲高峰值功率。发射机的类型分为振荡器（非相参）式发射机和主振放大（相参）式发射机。下面仅做简要介绍，详细设计可参阅本丛书其他相关册的内容。

振荡器式发射机用单级电真空微波器件（在厘米波段，典型的是磁控管）产生所需功率电平的射频脉冲信号。这种发射机功率电平不高，构成比较简单，体积小、质量小、成本较低，但脉冲宽度和边沿抖动较大，频率稳定性也较差，且脉冲之间相位不相参。因此这种发射机适用于中、小规模的、无测速要求的跟踪测量雷达，或者是动目标改善因子要求不高的 MTI 跟踪测量雷达，它不能用于要求测速或成像的跟踪测量雷达，也不能用于动目标改善因子要求较高的跟踪测量雷达。

主振放大式发射机用放大链将相参频率源的低脉冲功率电平放大到所要求的高功率电平。这种发射机由于采用相参频率源而保持了脉冲之间相位的相参性，可用于测速，它的定时稳定性、脉冲宽度及边沿稳定性都很高，适用于更高精度的距离测量。具有高质量的 MTI、MTD 功能的单脉冲跟踪测量雷达也必须采用主振放大式发射机。

主振放大式发射机的末级电真空功率器件是速调管、行波管或正交场管，它们的主要性能比较如表 11.3 所示。

表 11.3   主振放大式发射机末级电真空功率器件性能比较

性能	器件类型		
	行波管	速调管	前向波管 （一种正交场管）
射频范围	VHF 或更高	VHF～Ku	VHF～Ku
输出功率	几千瓦～几十千瓦	几兆瓦～几十兆瓦	几百千瓦～几兆瓦
增益	较高（20～50dB）	高（40～60dB）	低（10～20dB）
带宽	10%～15%	1%～8%	10%～15%
器件效率	较低	高	高
工作电压	10～100kV	几万伏或更高	几十千伏
带内杂乱噪声	-90dB	-90dB	-60～-30dB

近年来，以固态器件（功率三极管）为基本有源单元的发射机（称为固态发射机）得到蓬勃发展和应用。

发射机的规模是决定跟踪测量雷达规模的重要因素，而发射机的规模又取决于发射机的平均功率。

在单脉冲跟踪测量雷达工作频率和天线尺寸确定以后，可由距离分辨率确定脉冲宽度（或压缩以后的脉冲宽度）及接收机带宽。根据单脉冲跟踪测量雷达距离方程并结合各种损耗因素及所要求的单个脉冲信噪比，估算出对发射机的功率指标，其中最重要的功率指标是发射机的峰值功率和工作比（及平均功率），由此确定是否采用脉冲压缩技术。根据这个功率指标，再选择适用的发射机末级电真空功率器件或提出研制新功率器件的要求。

通常根据所要求的工作频率范围、脉冲功率电平、发射机占空比及体积、质量等综合因素来选择末级电真空功率器件。

发射机设计中的另一个重要单元是调制器。调制器有刚管调制器、软管调制器及固态调制器等。调制器的性能与发射机的性能是密切相关的，必须根据整机的要求做出选择。

例如，中、小型单脉冲精密跟踪测量雷达发射机的主要技术参数如下：

工作频段为 C 波段；

发射机类型为主振放大式速调管发射机；

峰值功率为 1MW；

平均功率为 1kW；

脉冲宽度为 0.8μs 和 3.2μs；

脉冲重频为 585.5Hz（可变）；

相位噪声为-90dBc/Hz（1kHz）。

11.3.4 相参频率源与接收机

单脉冲跟踪测量雷达接收机信号通道有多种形式。典型的单脉冲接收机形式是三通道（和、方位差、俯仰差）接收机。早年的单脉冲跟踪测量雷达中，为了保证和差通道之间的相位一致性，采用通道合并的形式，如正、余弦调制双通道接收机（美国 AN/FPQ-10），0-π 调制双通道接收机（美国 AN/MPS-36），幅-相转换式单脉冲接收机（法国 THD2503）等，频率多路复用单通道接收机在实际雷达中很少应用。

通道形式的不同，一般也伴随着和差信号幅度归一化形式的不同。典型三通道接收机以和通道信号幅度形成 AGC 电压去控制差通道的增益而实现信号幅度归一化，音频（正、余弦或 0-π）调制双通道接收机是采用对数中频放大器实现幅度归一化，而幅-相转换式单脉冲接收机则采用的是限幅中频放大器实现幅度归一化。

音频调制双通道接收机减少了通道数量，并且当某一路损坏时接收机仍能继续工作（只是性能稍有降低），但会产生误差信号信噪比损失和方位差与俯仰差互耦问题。

幅-相转换式单脉冲接收机在方位、俯仰向两个坐标要用四路限幅中频放大器。

现有高频放大器带宽一般都很宽，和差通道之间的相位一致性不再成为问题，因此在中、大型单脉冲跟踪测量雷达中，一般都采用典型三通道接收机，但在小型火控跟踪测量雷达中音频调制双通道接收机仍有应用。另外，在进行同一波束内的多目标测量时，为了避免大目标抑制小目标，选用双通道对数接收机也是一种合理的选择。

现代单脉冲跟踪测量雷达接收机多采用中频采样方式，这样，接收机信号通道的大部分功能都由信号处理机去完成。

靶场测量的单脉冲跟踪测量雷达接收机要同时接收反射式线性调频宽回波脉冲信号和应答机单频窄脉冲信号，因此常设有六路接收机（线性调频和单载频各三路）。

例如，典型的靶场单脉冲跟踪测量雷达的接收机的主要技术要求为：

工作频段范围为 C 波段；

接收机类型为三通道单脉冲接收机；

射频带宽为 200MHz；

系统噪声系数为 2.5dB；

接收机动态范围为 80dB；

STC 控制范围为 20dB；

AGC 控制范围为 63.5dB；

中频频率为 60MHz；

中频带宽为 2MHz（单载频）、5MHz（线性调频）；

三通道间隔度的不平衡度≤1dB；

三通道间相位不一致性≤10°；

和-差、差-差通道的隔离度≤55dB；

角误差灵敏度为 1V/mrad；

角误差线性范围和线性度为±3mrad 和 10%；

AFC 控制范围（对非相参信号源）为±10MHz；

AFC 控制误差为 100kHz；

频率源各频率的（短期）稳定度为 $1×10^{-9}$。

在有些单脉冲跟踪测量雷达中，由于对其有强地杂波抑制（PD 和 MTI）和脉冲多普勒速度跟踪测量的要求，因而对频率源的要求较高。这主要是对频率源产生的基准频率信号的频率稳定度（长期和短期）及相位噪声有严格要求。

目前的靶场跟踪测量雷达通常采用相参应答机，因此在设计接收机时，通常不再有自动频率控制（AFC）电路。

部分用于靶场跟踪测量的雷达具备宽带成像功能，因此设计单脉冲跟踪测量雷达频率源和接收机时，同时设计了宽带频率产生和宽带接收功能。频率源产生的窄带信号用于目标的跟踪测量，宽带信号用于完成目标的一维距离成像和二维 ISAR 成像。接收时，通过不同的时序和指令控制，接收通道可以区分窄带信号和宽带信号，以完成不同带宽回波信号的接收和放大。在接收宽带信号时，接收机通常采用去斜体制完成宽带信号到窄带信号的转换，以此降低对传输电路带宽和后续处理能力的要求。

例如，某单脉冲跟踪测量雷达宽带接收机的主要技术要求为：

工作频率范围为 X 波段；

射频带宽为 1000MHz；

系统噪声系数为 4dB；

中频频率为 60MHz；

中频带宽（去斜后）为 10MHz（或者 20MHz）。

11.3.5 信号处理机

单脉冲跟踪测量雷达信号处理机的主要任务是数字信号处理，包括目标检测、脉冲压缩、数字动目标显示（DMTI）、数字动目标检测（DMTD）、角误差信息数字相位检波（单脉冲复比计算）等。这些功能同一般单脉冲跟踪测量雷达信号处理机相同，这里就不再重复。

具备宽带成像功能的单脉冲跟踪测量雷达，宽带成像的处理通常也由信号处理机完成，包括一维距离像处理。二维 ISAR 成像时，在完成运动补偿的前提下，实现目标的准实时 ISAR 成像。对于整个单脉冲跟踪测量雷达的幅度和相位误差修正功能，通常也由信号处理机完成。

11.3.6　距离跟踪系统（测距机）

如前所述，单脉冲跟踪测量雷达的距离跟踪是其实现角跟踪和速度跟踪及其他跟踪测量的基础，也是与搜索雷达的重要区别之一。

单脉冲跟踪测量雷达测距机的主要功能，通常包括目标检测、目标距离连续自动闭环跟踪和测量、全机定时信号产生和控制、距离模糊消除、盲区回避、多站同时工作控制等。

雷达测距机均采用全数字电路，该数字电路通常为 II 型跟踪回路。对目标回波可以采用中心跟踪、前沿跟踪或后沿跟踪。跟踪回路的核心是时间鉴别器（前、后波门）和跟踪算法（α-β 滤波器或卡尔曼滤波器）。

例如，单脉冲跟踪测量雷达测距机的主要性能如下：

测距机类型为数字 II 型跟踪回路；

闭环回路带宽为 10Hz、20Hz、40Hz（可变）；

跟踪测量范围为 500m～4000km；

目标最大径向速度为 10km/s；

目标最大径向加速度为 1500m/s^2；

加速度误差常数为 330/s^2、670/s^2、1340/s^2。

11.3.7　角跟踪伺服及传感系统

角跟踪伺服及传感系统（简称角伺服系统）的功能是，根据引导数据驱动天线指向需要的方向，并根据单脉冲天线和单脉冲信号处理机传送来的目标角误差信号，实时、准确、大动态地驱动天线对目标进行连续、自动、闭环跟踪，并对跟踪天线的准确指向进行测量，提供目标角度测量数据。

单脉冲跟踪测量雷达角伺服系统的性能除了与角伺服回路参数设计有关外，还与驱动电机形式的选择、功率放大器形式的选择及天线座的设计制造有关。

在大型单脉冲跟踪测量雷达中，多用直流电机作为驱动天线的电机。在中、小型跟踪测量雷达中，也有采用力矩电机来驱动天线的，其优点是慢速性能好，不用齿轮传动链，因此天线座的刚度好，有利于提高角伺服系统的动态性能。但是由于其电机功率的限制，这种电机不适用于大型伺服系统。目前，交流电机的应用也是一种趋势。

在早期的单脉冲跟踪测量雷达中，多用功率扩大机作为功率放大单元。现在的设计及应用中，已采用可控硅放大器、脉宽调制（PWM）放大器作为功率放大单元。它的特点是体积小、质量小、噪声低、动态性能好，因此已被广泛采用。

角伺服系统的动态性能与天线座的性能密切相关，因此对天线座的主要要求有天线座的质量（惯量）、天线座的固有谐振频率、传动链的精度及回差和天线座的轴系精度四个方面。

单脉冲跟踪测量雷达的伺服、轴角编码器的主要技术性能为：

伺服、轴角编码器类型为 II 型跟踪系统；方位角、俯仰角及其相应角速度和角加速度值的工作范围见表 11.1；方位角、俯仰角及其相应角速度、角加速度的保精度跟踪工作范围如表 11.1 所示；角跟踪系统的带宽为 0.5Hz、1Hz、2Hz 和 3Hz；角加速度误差常数（最大值）为 $49/s^2$。

11.3.8 速度跟踪系统

单脉冲跟踪测量雷达的速度跟踪测量是通过对相参脉冲串回波的脉冲多普勒细谱线进行连续、自动、闭环的跟踪实现的。

由雷达测量理论可知，速度测量精度与回波信号的相参积累时间的长短有关。在单脉冲跟踪测量雷达中，要高精密测量速度，必须利用相参脉冲串信号进行速度测量，即对相参脉冲串信号的细谱线进行测量。相参脉冲串信号的长短，一般由多普勒频率跟踪回路的带宽选择进行控制。

多普勒细谱线跟踪误差由频率鉴别器输出，频率鉴别器由两个中心频率有一定偏离的多普勒滤波器构成，相当于单脉冲角跟踪的两个差波束和距离跟踪的前、后波门。由频率鉴别器输出的频率误差通过控制回路对回波信号的多普勒频率变化进行自动连续跟踪。多普勒频率（速度）的测量量由压控振荡器（VCO）或数字频率合成器输出。

与连续波的多普勒测速相比，脉冲多普勒测速的主要难点是需要消除测速模糊，而单脉冲跟踪测量雷达的脉冲重频越低，则消除测速模糊的难度越大。

单脉冲跟踪测量雷达脉冲多普勒细谱线跟踪系统的主要性能参数如下：

工作频段为 C 波段；

测速范围为 0～10km/s；

径向加速度为 0～1000m/s²；

回路带宽为 10Hz、20Hz、40Hz；

测速精度为 0.2m/s；

消除模糊时间为 2s。

11.3.9　数据采集与处理机

单脉冲跟踪测量雷达的数据采集与处理的基本功能包括：系统工作方式和工作状态的控制，各种目标测量参数及单脉冲跟踪测量雷达工作参数和状态信息的采集、编排、记录，目标测量数据的滤波、修正、变换、航迹计算和质量评估，单脉冲跟踪测量雷达各跟踪回路的闭环控制、故障监测、显示控制、目标截获引导计算及对外数据通信等。

上述功能的实现与一般雷达的数据采集处理相近，这里不再详述。

11.4　单脉冲跟踪测量雷达的工作方式[11]

由于单脉冲跟踪测量雷达任务功能的多样化及工作过程的变化，因而与通常的搜索雷达相比，其工作方式设计较为复杂。下面以靶场测量为例，就单脉冲跟踪测量雷达通用的工作方式（包括截获、跟踪、回波选择、多站工作、杂波对消和宽带成像）予以说明。

11.4.1　截获

本节主要介绍对目标的角度截获和距离截获。

1. 角度截获

单脉冲跟踪测量雷达波束宽度较窄，自主搜索截获目标能力较差，因而需要在某些先验角信息的引导（指示）下进行目标捕获。单脉冲跟踪测量雷达角度引导截获方式，通常设计成以下四种。

（1）手动引导截获。操作员根据引导信息，手动操纵杆将天线指向目标或者随引导信息的变化指向目标，以不断对准目标。这种方式通常用于对准固定目标（如标校塔）或飞行不规则目标（如气球、飞机等）。

（2）程序引导截获。程序按目标引导信息参数（轨迹）装定，单脉冲跟踪测量雷达天线按装定程序自动指向目标或不断随程序参数改变指向，以截获目标。这种方式适应于轨道目标（如导弹、卫星），且引导信息的位置坐标误差（含时间误差）小于雷达波束宽度。

（3）等待引导截获。对于轨道目标，当引导信息位置坐标误差小于波束宽度，但时间误差较大时，可采用等待引导截获方式。

（4）引导搜索截获。当引导信息的位置坐标误差（引导信息误差）大于雷达波束宽度时，需在引导信息为中心的基础上，附加一个角度搜索范围，即边引导边搜索以实现角度上的截获。搜索范围的大小视引导误差的大小而定。

单脉冲跟踪测量雷达通常设计有上述多种角度的截获方式。具体工作时，采用何种方式及搜索范围的大小，可根据第 2 章的搜索截获理论而确定。

2. 距离截获

当目标在角度上被截获（落入波束），距离上也同时被截获（落入搜索波门）时，才能进行目标检测。距离截获通常有以下三种方式。

（1）全程搜索截获。由于距离搜索是数字式的，不像角度搜索是机械式的，因而可实现距离门快速搜索或同时多距离门检测。当目标无先验距离引导信息时，可采用距离全程搜索截获方式。

（2）引导小范围搜索截获。当距离有引导信息时，根据该引导信息的误差（σ_R）确定一个搜索范围（通常为 $\pm 3\sigma_R$），然后在该搜索范围内对目标进行距离搜索截获。

（3）引导截获。当距离引导信息误差（σ_R）小于雷达距离波门宽度的一定比例时，可直接进行距离上的引导截获。

进行距离截获时，距离波门的驱动可以是手动的，也可以是半自动或自动的。目前单脉冲跟踪测量雷达通常采用自动和半自动两种方式。

当角度截获（目标进入波束）、距离截获（回波进入距离门）且回波信号超过检测门限时，称目标被截获，可立即转入目标跟踪或逐步转入目标跟踪。

11.4.2 跟踪

本节主要介绍距离跟踪、角度跟踪和"记忆"跟踪。

1. 距离跟踪

与实现截获的顺序相反，单脉冲跟踪测量雷达须首先实现距离跟踪，而后实现角度跟踪。当目标回波被检测（通常是超过第二门限）后，单脉冲跟踪测量雷达的距离跟踪回路开始闭环，转入自动距离随动跟踪，并输出目标距离数据。距离回路闭环有下述三种方式。

（1）手动。利用手动操纵杆移动距离门对准目标回波信号，人工按"距离跟踪"键转入距离跟踪，在较复杂的地物杂波中截获目标时常用这种方式。

（2）半自动。手动操纵杆使距离门对准目标回波信号后，由自动检测系统给出控制信号使距离跟踪回路闭环。

（3）自动。距离门根据先验信息进行自动搜索和自动检测，然后自动闭环距离跟踪回路。

2. 角度跟踪

单脉冲跟踪测量雷达在距离上实现闭环跟踪后，即可开始角度跟踪（角跟踪）回路闭环，即天线的角伺服驱动信息由引导开环驱动转为目标角误差回路闭环驱动。这种角跟踪回路有下面两种方式。

（1）手动。当对距离跟踪回路闭环跟踪后，操作员按"角跟踪"键，转入角度跟踪。

（2）自动。当距离跟踪回路转入闭环跟踪后，自动给出角度跟踪控制信号，闭环角跟踪回路，使角跟踪转为自动跟踪，从而使单脉冲跟踪测量雷达转入距离和角度的全部自动跟踪状态。

3. "记忆"跟踪

当目标回波信号起伏、衰落，使回波信号在短时间内低于检测门限时，会产生短暂回波信号"丢失"现象，从而使跟踪"失锁"。因而单脉冲跟踪测量雷达在设计其距离跟踪回路和角度跟踪回路时，通常设计有短期"记忆"功能，使单脉冲跟踪测量雷达波束和跟踪距离门按"丢失"时的动态继续"滑行"，保持跟踪状态。当目标回波信号恢复时，自动继续跟踪。其记忆时间根据目标的具体情况而定，通常设计为 2s。

11.4.3　回波选择

在跟踪合作目标的应用中，目标上配置应答机或信标机以实现对目标远距离的稳定跟踪测量。此时，单脉冲跟踪测量雷达可以进行回波信号选择，以实现对目标不同的跟踪方式。

1）反射式跟踪

操作员根据显示器的回波信号显示，选择目标本体的反射回波信号，以对目标进行跟踪。

2）应答式跟踪

操作员根据显示器的回波信号显示，选择应答机的应答信号作为回波信号，实施对目标的角度和距离的跟踪测量。

3）信标式跟踪

选择目标所载信标机信号，实施对目标的跟踪和测量。

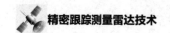

11.4.4 多站工作

在有些应用中，常用单脉冲跟踪测量雷达链实现对目标的轨迹测量，因此单脉冲跟踪测量雷达还需配置多雷达站（多站）的同时工作方式。

多站工作是几部单脉冲跟踪测量雷达根据任务弧段分配，向目标上的应答机发射询问信号，然后要求单脉冲跟踪测量雷达能正常接收并跟踪应答机对本雷达的应答信号，并且不受应答机对其他雷达应答信号的干扰。

11.4.5 杂波对消

在火控系统的单脉冲跟踪测量雷达和常规靶场的单脉冲跟踪测量雷达应用中，常要求雷达在地杂波或海杂波中完成对目标的截获及跟踪测量工作，因此，单脉冲跟踪测量雷达必须设置 MTI、MTD 的工作方式。当目标进入杂波区时，单脉冲跟踪测量雷达需采用杂波对消方式，一旦目标离开杂波区时，单脉冲跟踪测量雷达即可恢复常规工作方式。

11.4.6 宽窄带测量

单脉冲跟踪测量雷达对目标进行成像具有很多技术优势。当有这种应用要求时，单脉冲跟踪测量雷达需具备宽带成像模式。在具备宽带成像模式的单脉冲跟踪测量雷达设计中，单脉冲跟踪测量雷达发射窄带和宽带两种信号，其中窄带信号通常是带宽为 5MHz 或者为 10MHz 时的线性调频（LFM）信号；宽带信号通常采用 500MHz 或者更高带宽的线性调频信号。窄带形成和、方位差、俯仰差三路回波信号，用来完成目标的航迹跟踪测量；宽带信号通常与窄带信号交替发射，在窄带距离波门的引导下，完成宽带信号的接收，进而完成对目标的成像（一维或者 ISAR 成像）。

11.5 单脉冲跟踪测量雷达的系统设计[12]

单脉冲跟踪测量雷达的系统设计与其他雷达系统设计一样，包括电性能设计、机械结构性能设计及可靠性和可维修性设计等。这里只讨论单脉冲跟踪测量雷达的电性能设计。关于机械结构设计等可参阅本丛书其他相关册的内容。

11.5.1 概述

单脉冲跟踪测量雷达的系统设计是一个综合的过程。这个过程中需要 3 类信息：

（1）雷达用途及用户提出的一系列战术要求；

（2）由单脉冲跟踪测量雷达理论和雷达专家经验提供的雷达系统工程知识；

（3）用户提供的设计和研制成本。

单脉冲跟踪测量雷达系统设计的任务就是根据上述信息研制出能满足使用要求的单脉冲跟踪测量雷达。

单脉冲跟踪测量雷达系统设计的出发点主要包括：单脉冲跟踪测量雷达测量参数的多少及分辨率的大小，单脉冲跟踪测量雷达跟踪测量距离的远近，单脉冲跟踪测量雷达测量精度的高低，单脉冲跟踪测量雷达的使用环境和目标类型、目标数目等。

单脉冲跟踪测量雷达系统设计的第一步是针对战术要求进行理论上的分析估算，然后在理论上确定可行性，再根据工程实践经验确定工程实现的可行性。第二步，考虑实际限制，如天线尺寸的大小、单脉冲跟踪测量雷达整体的体积、质量、可靠性和维修性及器件的限制等，确定单脉冲跟踪测量雷达的工作频率、单脉冲跟踪测量雷达系统的规模、单脉冲跟踪测量雷达系统的体制及单脉冲跟踪测量雷达的组成。第三步，确定单脉冲跟踪测量雷达各分系统的方案和采用的技术。最后也即第四步，再对单脉冲跟踪测量雷达系统的性能指标进行复核。

单脉冲跟踪测量雷达系统设计的具体内容包括：

（1）工作频段的选择；

（2）雷达跟踪距离的设计；

（3）跟踪测量精度的设计；

（4）极化选择；

（5）信号形式的设计；

（6）可靠性与可维修性的设计等。

下面对其中前 5 部分进行简要论述，关于可靠性与可维修性设计因与其他类型的雷达设计类似，这里不再赘述。

11.5.2　工作频段的选择

工作频段的选择取决于单脉冲跟踪测量雷达的具体用途和使用环境，工作频段确定之后在很大程度上就决定了单脉冲跟踪测量雷达天线的大小和发射机的功率电平，因此也就决定了单脉冲跟踪测量雷达系统的规模。

有的任务明确规定了单脉冲跟踪测量雷达的工作频段，此时则无须对工作频段进行选择。当任务未确定单脉冲跟踪测量雷达工作频段时，则必须对工作频段进行论证选择。

对不同工作频段的选用，其决定因素包括以下 4 个方面。

1）使用环境

在很大程度上，使用环境决定了单脉冲跟踪测量雷达的工作频段。例如，由于体积、质量和尺寸的限制，机载脉冲多普勒单脉冲火控雷达多采用X波段，小型防空武器系统的火控单脉冲跟踪测量雷达多采用 X 波段或 Ku 波段。由于统一测控网与合作目标的限制，航天靶场测量用单脉冲跟踪测量雷达多采用 C 波段或 S 波段。

2）作用距离

一般情况下，要求跟踪距离远的单脉冲跟踪测量雷达多采用较低的工作频段，如 S、L 和 P 甚至更低的频段，因为较低的频段相对容易得到较大的发射机平均功率，且传播损耗小。而作用距离要求较近的单脉冲跟踪测量雷达多采用较高频段，如 C、X、Ku，甚至 Ka 波段。

在特殊情况下，远程单脉冲跟踪测量雷达也有采用高频段的，如美国、俄罗斯有些用于空间探测的单脉冲跟踪测量雷达，尤其是用于探测空间碎片的单脉冲跟踪测量雷达使用毫米波频段，而美国用于 NMD 的跟踪距离在 2000～4000km 的 GBR 雷达使用 X 波段。

3）测量精度

一般情况下，要求的跟踪测量精度越高，所使用的频段越高。C 波段、X 波段是高精度单脉冲跟踪测量雷达最常用的频段。但由于角度跟踪测量精度和天线口径与波长之比的大小有关，某些特殊应用的地面单脉冲跟踪测量雷达采用特大口径天线，在较低工作频段上也可以得到较高的测量精度。

4）信号带宽

在有距离高分辨率要求或者合成孔径（逆合成孔径）雷达成像要求的单脉冲跟踪测量雷达中，如果信号绝对带宽要求较高，则应使用较高的工作频段。例如，若要求信号瞬时带宽为 500MHz，则工作频段应选择在 C 波段或更高；若要求信号瞬时带宽在 1000MHz 以上，则工作频段应选择在 X 波段或更高。

11.5.3 雷达跟踪距离的设计

正如在第 2 章中已经指出的，对跟踪测量雷达的作用距离设计与搜索雷达作用距离设计有所不同。搜索雷达的作用距离是指在一定发现概率、虚警概率和一定数据率时，对一定 RCS 和一定类型（如斯威林 II）目标的作用距离。单脉冲跟踪测量雷达的跟踪距离则是指在一定的跟踪精度（或一定单个脉冲信噪比）条件下，对 RCS 为 $1m^2$ 的目标达到的跟踪距离。

1. 最大跟踪距离

按 Barton D. K.的定义[2]：接收机热噪声引起的角跟踪误差达到角分辨单元（波束宽度）的 5%，且每秒内的积累为 $1/(2\beta_n t_f) = 50$ 次时（t_f 为相参积累脉冲数处理间隔，β_n 为伺服噪声带宽），要求的单个脉冲信噪比为 0dB。通常，单脉冲跟踪测量雷达设计以这个值作为计算最大跟踪距离的典型数据。因此，一般约定单脉冲跟踪测量雷达的最大跟踪距离为：单个脉冲信噪比为 0dB 时、对 RCS 为 1m^2 的目标的跟踪距离。

2. 保精度跟踪距离

保精度跟踪距离一般是指在该距离上的热噪声误差及其他各项误差的均方根值仍能达到战术指标中精度要求的最大跟踪距离。一般约定单个脉冲信噪比为 12dB 时、对 RCS 为 1m^2 的目标的跟踪距离为保精度跟踪距离。国外（如美国）许多单脉冲跟踪测量雷达的精度指标是在单个脉冲信噪比为 20dB 的条件下的值。

对于某一具体的跟踪测量雷达的跟踪距离的计算，可以按上述约定的单个脉冲信噪比计算，也可以按单脉冲跟踪测量雷达的具体参数，依据第 2 章给出的公式计算。

3. 反射式跟踪距离

单脉冲跟踪测量雷达工作在反射式条件下，其跟踪距离计算的方程为

$$R^4 = \frac{P_t \tau G_t^2 \lambda^2 \sigma}{(4\pi)^3 k T_s (S/N) L_s} \tag{11.1}$$

式（11.1）中，R 为雷达与目标之间的距离 [（跟踪距离）m]，P_t 为发射信号的峰值功率（W），τ 为发射信号的脉冲宽度（s），G_t 为发射天线功率增益，λ 为单脉冲跟踪测量雷达的工作波长（m），σ 为目标的雷达截面积（m^2），k 为玻尔兹曼常量，T_s 为接收系统噪声温度（K），包括天线、接收馈线、接收机的噪声温度，(S/N) 为一定跟踪测量精度条件下所要求的单个脉冲信噪比，L_s 为系统损失，对单脉冲跟踪测量雷达来说，它包括发射馈线损耗、大气损耗、接收机带宽失配损耗、信号处理损耗和火焰衰减等。

为计算方便，式（11.1）常写成分贝（对数）形式，即

$$4R = P_t + \tau + 2G_t + 2\lambda + \sigma + 195.6 - T_s - (S/N) - L_s \tag{11.2}$$

式（11.2）中，每个值的单位均为分贝（dB）。

不同用途的单脉冲跟踪测量雷达，其反射式跟踪距离可以从几十千米到几千千米不等（对 RCS 为 1m^2 的目标）。

4. 应答式跟踪距离

当单脉冲跟踪测量雷达工作在有合作目标的情况下时，应具有应答式跟踪距

离功能，也就是说设计该雷达时要增加应答式跟踪距离的要求。设计应答式跟踪距离必须确定应答机的天线增益、接收灵敏度（应该包含应答机系统噪声温度、一定发现概率和虚警概率的识别灵敏度或触发灵敏度）和应答机到天线上的发射功率三项指标。而且必须分别估算出其询问（上行）距离和应答（下行）距离。

询问距离为

$$R_t = \sqrt{\frac{P_t G_t G_b \lambda^2}{(4\pi)^2 \cdot S_P L_{st}}}$$ （11.3）

应答距离为

$$R_r = \sqrt{\frac{P_a \tau G_{at} G_a \lambda^2}{(4\pi)^2 k T_s (S/N) L_{sr}}}$$ （11.4）

式中，R_t 和 R_r 分别为询问和应答距离（m），G_a 为应答机的天线增益（设应答机天线是收发互易的，即其接收增益 G_{br} 与发射增益 G_{at} 相同，为 G_b），S_P 为应答机的识别灵敏度（或触发灵敏度），L_{st} 为上行通道系统损失，L_{sr} 为下行通道系统损失，P_a 为应答机的发射峰值功率（W）。

在设计过程中，应使询问距离和应答距离匹配，并满足应答式作用距离的要求。

5. 跟踪距离与跟踪回路

由上述方程可知，单脉冲跟踪测量雷达的跟踪距离与雷达功率孔径积有关，同时还与跟踪精度要求有关，这点与搜索雷达不同。

还要特别说明的是，跟踪距离的远近还与雷达跟踪回路设计的参数有关。在同样情况下，良好的跟踪回路设计可以扩展单脉冲跟踪测量雷达的跟踪距离。降低跟踪回路性能或取消某些闭环跟踪回路，则会降低单脉冲跟踪测量雷达的最大跟踪距离。例如，当在某些单脉冲跟踪测量雷达上取消距离跟踪回路（测距机）时，最大跟踪距离和测量精度明显下降。

11.5.4 雷达跟踪测量精度的设计

表征单脉冲跟踪测量雷达的测量精度的量是其测量误差的大小。各测量参数的测量误差都包含随机误差和系统误差。在设计过程中应使这两个误差项的大小匹配，即两者的大小基本相当。因为总测量误差必须维持在一定范围之内，当放宽对其中一个误差项的要求时，必然要对另一个误差项提出更高的要求，从而使设计面临困难。

按测量精度分，单脉冲跟踪测量雷达可分为中精度测量雷达和高精度测量雷达。例如，用于火控系统的单脉冲跟踪测量雷达一般为中精度跟踪测量雷达，而用于靶场和空间目标跟踪测量的雷达多为高精度跟踪测量雷达。

中精度跟踪测量雷达的测量精度，一般在下述范围之内。

（1）方位角：随机误差为 0.5～2.0mrad，系统误差为 0.5～2.0mrad；

（2）俯仰角：随机误差为 0.5～2.0mrad，系统误差为 0.5～2.0mrad；

（3）距离：随机误差为 10～20m，系统误差为 10～20m。

高精度测量雷达的测量精度，一般在下述范围之内。

（1）方位角：随机误差为 0.1～0.5mrad，系统误差为 0.1～0.5mrad；

（2）俯仰角：随机误差为 0.1～0.5mrad；系统误差为 0.1～0.5mrad；

（3）距离：随机误差为 3～7m，系统误差为 3～7m；

（4）速度误差为 0.1～0.2m/s；

（5）RCS 测量误差为 1～2dB。

如前已述，单脉冲跟踪测量雷达的测量误差包含随机误差和系统误差，而且具有统计的性质。角误差、距离误差及速度误差所包含的随机误差和系统误差的分析计算在第 4 章已有描述，这里不再重复。

但还必须说明：单脉冲跟踪测量雷达在目标航路上的各点测量误差的大小，并不是一个恒定值，它是随目标的距离和俯仰角的变化及目标起伏而变化的变量。

1. 角跟踪测量精度设计

本书第 4 章中，已经给出了影响各种角测量误差的因素及计算这些因素的解析表达式或经验公式，通常在误差综合时，应将这些误差做均方根值求和，以作为单脉冲跟踪测量雷达系统的总均方根误差。

在单脉冲跟踪测量雷达工程设计实践中，人们总是希望在众多的误差（包括随机误差和系统误差）中找出其主要误差项。所谓主要误差项，即是那些对总误差贡献较大，且对系统设计影响较大的误差项。也就是说，单脉冲跟踪测量雷达测量精度设计的重点应当放在对这些主要误差项的控制上。

根据理论分析与工程实践，文献[4]给出了单脉冲跟踪测量雷达角随机误差中的主要误差项，如图 11.2 所示。其主要误差项包括雷达设备的基本误差 σ_0、热噪声误差 σ_t、角闪烁误差 σ_{θ_s} 等。下面分别对这几种随机误差的设计和其他重要误差（多路径误差和系统误差）的设计进行讨论。

1）单脉冲跟踪测量雷达设备的基本误差 σ_0

跟踪测量雷达设备的基本误差 σ_0 是完全取决于单脉冲跟踪测量雷达设备本身性能的误差，它是可以在设计和加工中予以控制的。决定设备基本误差 σ_0 大小的主要因素有：

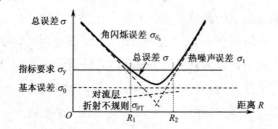

图 11.2　单脉冲跟踪测量雷达角随机误差中的主要误差项

（1）伺服噪声（包括电路噪声和机械噪声，如天线传动链中的轴承颤动、数据齿轮、功率放大器和驱动电机的非线性，以及数据齿轮的回差，等等）；

（2）轴角编码器的量化噪声；

（3）数据录取中的量化噪声；

（4）风负载变化引起的天线变化；

（5）天线电轴的随机漂移；

（6）其他。

为了减小单脉冲跟踪测量雷达设备的基本误差，就必须对伺服系统的稳定性、天线及天线座的轴系精度和刚性、天线座传动链的性能和接收机的稳定性提出严格的要求。所有这些指标都要在设计中仔细予以控制。

2）热噪声误差 σ_t

热噪声误差 σ_t 的表达式为

$$\sigma_t = \frac{\theta_B}{k_m \sqrt{B\tau (S/N)(f_r/\beta_n)}} \tag{11.5}$$

式（11.5）中，θ_B 为天线半功率波束宽度（mrad），k_m 为单脉冲角误差检测斜率，(S/N) 为信噪比，f_r 为脉冲重频（Hz），β_n 为伺服系统等效噪声带宽（Hz）。

由式（11.5）可知，降低热噪声的误差可以通过提高信噪比，加大天线口径（减小天线波束宽度）及减小 β_n 的方式来实现。当然，这些方式都有一定的限制，必须综合考虑。

热噪声误差主要在远距离跟踪时影响最大，是远距离跟踪时最大的误差项。通常它也决定了单脉冲跟踪测量雷达的最大跟踪距离。随着被跟踪目标的远离，信噪比逐渐降低，角跟踪和距离跟踪的热噪声误差逐渐加大，当该误差项增大到分辨单元（波束或波门）的一定比例时，则跟踪失锁。相反，在近距离跟踪时，由于信噪比较大，因而热噪声误差较小，在总误差中，热噪声误差将不成为主要误差项。

3）角闪烁误差 σ_{θ_s}

角闪烁误差 σ_{θ_s} 的表达式为

$$\sigma_{\theta_s} = 0.35 \frac{L_s}{R} \qquad (11.6)$$

式（11.6）中，L_s 为目标横向尺寸，R 为目标距离。

角闪烁误差是由目标引起的，由式（11.6）可见，该项误差在近距离跟踪时才起主要作用。因而在设计用于近距离跟踪的火控单脉冲跟踪测量雷达、制导单脉冲跟踪测量雷达及寻的单脉冲跟踪测量雷达时，必须对该项误差予以重视并采取相应措施，而对用于中远程跟踪的单脉冲跟踪测量雷达，如空间目标单脉冲跟踪测量雷达则不必如此，因为通常该项误差对其影响甚小。

4）多路径误差 σ_E

对于要求在低仰角条件下实施目标角跟踪的单脉冲跟踪测量雷达来说，如何采取相应的措施减缓多路径误差的影响是一个重要的问题，必须详细论证。

多路径误差的表达式为

$$\sigma_E = \frac{\rho \theta_B}{\sqrt{8 G_{se}}} \qquad (11.7)$$

式（11.7）中，ρ 为表（地）面反射系数，θ_B 为天线 3dB 波束宽度，G_{se} 为和方向图峰值功率与在镜像目标反射回波信号到达角方向上的差方向图副瓣电平功率之比。由该式可见，降低多路径误差最直观的办法是减小波束宽度和降低差波瓣的副瓣电平。

5）系统误差

单脉冲跟踪测量雷达的角系统误差大多与系统的设计、调整和工作时的校准有关。因而特别是对伺服系统的设计、调整，以及天线座轴系精度的设计、加工和安装提出了严格的要求。

与伺服系统和天线座设计、加工有关的角系统误差包括电轴漂移误差、不灵敏区（死区）、反射体变形误差，以及动态滞后误差等。其中，动态滞后误差反映的是伺服系统的动态性能，其值既与目标的角速度 $\dot{\theta}$、角加速度 $\ddot{\theta}$ 有关，也与角跟踪系统的性能有关。在现代伺服系统设计中，多采用 II 型系统。

对中、大型单脉冲天线，跟踪回路的加速度误差常数的值较小，因此，在用于近距离跟踪的单脉冲跟踪测量雷达中，动态滞后误差可能比较大，必须加以修正，修正剩余可按 10%考虑。

与天线座轴系精度的加工、安装和校准有关的误差包括方位向机械轴不垂直度 θ_M（方位转台不水平），方位-俯仰轴不正交度 δ_M，天线电轴与俯仰向机械轴不垂直度，以及零位标定误差。

此外，还有波瓣不平衡，以及天线和差比较器前、后两路相位不平衡引起的电轴偏移误差。

降低跟踪测量雷达系统误差的主要手段一是要严格设计和调整，二是要精确地校准和修正。

2. 距离跟踪测量精度设计

由于距离测量误差的各种分析和计算已在第 4 章和第 7 章有较详细的论述，因此这里从单脉冲跟踪测量雷达系统设计与使用角度就距离精度设计的距离随机误差和距离系统误差两个方面加以叙述。

1）距离随机误差

距离随机误差包含多个误差项，其中的一些误差项不随外部条件而变，从而构成了单脉冲跟踪测量雷达的距离基本随机误差，这些误差项如下：

（1）内部定时抖动，其大小与发射机的体制有关。对非相参发射机（如磁控管发射机）来说，内部定时抖动引起的距离随机误差可达 3～5m，是一个较大的分量；而对相参发射机来说，这项误差为 1.5m 左右。

（2）距离跟踪电路噪声。这项误差一般较小，可不予考虑。

（3）距离量化。这项误差与该计数器的位数有关。对高精度测距机，其值在 0.5m 左右。

与单脉冲跟踪测量雷达使用情况有关的误差包括：

（1）热噪声误差。这是距离误差的主要误差项，其大小为

$$\sigma_{R1} = \frac{150\tau}{K_r\sqrt{(S/N)(f_r/\beta_n)}} \tag{11.8}$$

式（11.8）中，τ 为脉冲信号宽度（s），K_r 为距离鉴别器的斜率，(S/N) 为信噪比，f_r 为单脉冲跟踪测量雷达的脉冲重频（Hz），β_n 为距离跟踪回路的等效噪声带宽（Hz）。

一般情况下，在远距离跟踪时，热噪声误差是主要误差项。

（2）应答机延迟变化引起的误差。对于应答式的工作，应答机延迟变化引起的距离随机误差可达 2m 左右，因而也是一个不可忽视的误差项。

（3）测距系统基准振荡频率不稳也会引起与距离成正比的距离随机误差。对远距离跟踪，为了减小这项误差，一般要求测距系统基准频率的稳定度为 $10^{-7}\sim10^{-8}$。

（4）在低俯仰角跟踪时，距离测量也有多路径误差，其值为

$$\sigma_{R2} = \frac{\rho\tau}{\sqrt{8G_{se}}} \tag{11.9}$$

式（11.9）中，ρ 为表（地）面的反射系数，G_{se} 为和方向图峰值功率与在镜像目标反射回波信号到达角方向上的差方向图副瓣功率之比。

（5）对流层折射不规则引起的距离随机误差，一般根据经验估算小于 1.0m。

2）距离系统误差

距离测量中的系统误差项也比较多，且多与系统设计及目标的情况有关。它主要包括：

（1）零距离标定。测距系统距离零点标定不准也会引起系统误差。在通常情况下，测距系统零距离标定误差为 1m～2m。

（2）光速不稳定引起的与距离成正比的系统误差（光速不稳定的量级为 10^{-6}）。对远距离目标跟踪而言，这项误差是一个重要误差项。

（3）动态滞后误差。它取决于目标的径向加速度（一般小于 1000m/s^2）和距离跟踪回路的加速度误差常数 K_a（最大值可达 $1300/\text{s}^2$），其值一般小于 1m。

（4）应答机延迟修正剩余。对应答式跟踪，应答机延迟不可能完全被修正掉，剩余残差值约为 3m。

（5）接收机延迟修正剩余。对发射线性调频脉冲的单脉冲跟踪测量雷达，脉压时由于频率不稳定引起滤波器延迟，经精确修正后，该误差可忽略不计。

总之，距离测量误差与角度测量误差的估算方法相同，都是由诸误差项的平方和的开方得到距离总随机误差或距离总系统误差。

在距离测量中，也存在大气（包括对流层、电离层）折射误差。当在较低俯仰角的远距离跟踪时，这个误差可大到几十米。因此对这项误差必须进行修正。

3. 速度测量精度设计

速度测量误差中各项的分析和计算表达式在第 4 章和第 9 章已详细叙述。这里仅特别指出几个在速度测量精度设计中应重视的问题。

（1）单脉冲跟踪测量雷达系统频率稳定性。由于它决定了多普勒频谱的细谱线宽度 $B_{3\text{dB}}$，因而直接影响了测量精度。

（2）鉴别器零点漂移。对于这个问题，应用数字鉴频器效果较好。

（3）速度跟踪回路的动态性能。

（4）应注意测速解模糊算法的实时性和可靠性。

4. 测量精度设计举例

为了给读者一个各误差项大小的数量概念，现将一部实用单脉冲精密跟踪测量雷达的角度和距离测量的各项误差的设计结果列于表 11.4 中，其中部分误差因影响因素较多，理论分析及解析表达困难，根据系统设计经验给出。该单脉冲跟踪测量雷达总误差设计指标为：

1）角度误差

随机误差为 0.2mrad，系统误差为 0.2mrad。

2）距离误差

随机误差为 3m，系统误差为 5m。

表 11.4　典型单脉冲跟踪测量雷达的角度、距离测量的各项误差设计举例

角　误　差			
		方位角/mrad	俯仰角/mrad
角度随机误差	热噪声误差	0.11	0.11
	多路径误差	—	0.1
	角闪烁误差	0.011	0.011
	动态滞后变化误差	0.07	0.07
	伺服噪声误差	0.05	0.05
	风负载变化引起的误差	0.012	0.012
	量化误差	0.007	0.007
	对流层折射不规则	0.06	0.06
	总随机误差	0.15	0.18
角波系统误差	电轴漂移	0.03	0.03
	电轴漂移相关的幅度不平衡变化	0.03	0.03
	电轴漂移相关的相移误差	0.07	0.07
	动态滞后误差修正剩余	0.15	0.15
	反射体变形误差	0.02	0.02
	零点对准误差	0.03	0.03
	伺服不平稳	0.05	0.05
	轴系正交误差	0.05	0.05
	大气平均折射修正剩余	—	0.054
	总系统误差	0.19	0.196

距　离　误　差			
随机误差/m		系统误差/m	
热噪声误差	2.8	零距离标定	3.0
多路径误差	0.7	光速不稳定	0.5
动态滞后变化误差	0.1	接收机延迟修正剩余	0.5
距离闪烁误差	0.6	应答机延迟修正剩余	—
距离量化	0.28	动态滞后误差修正剩余	0.5
内部定时抖动	0.5	大气平均折射修正剩余	1.4
对流层折射不规则	0.1		
应答机延迟变化误差（反射式测量不考虑）	—	—	

与内部定时抖动相关的基准频率抖动	0.5	—	—
总随机误差	3.0	总系统误差	3.4

注：表中各项误差的定义及计算详见第 4 章的相关内容（不考虑杂波和干扰情况）。

11.5.5　极化选择

电磁波的极化是由电磁波的电场矢量方向决定的。电场矢量处于垂直平面内且垂直于电磁波传播方向时，称为垂直线极化；电场矢量处于水平平面内且垂直于电磁波传播方向时，称为水平线极化；电场矢量围绕电磁波传播的方向做等幅度的旋转时，称为圆极化。同一目标在不同的姿态下对不同的极化波表现出不同程度的敏感性。

对单脉冲精密跟踪测量雷达的极化选择，主要有以下几方面的考虑：

（1）单脉冲跟踪测量雷达在应答式工作时，由于应答机多采用线极化，为了保证单脉冲跟踪测量雷达接收应答机回波信号的稳定性，单脉冲跟踪测量雷达应采用圆极化；

（2）远程单脉冲跟踪测量雷达的波束穿过大气层时，在低频段（L 波段或低于 L 波段）法拉第旋转损耗明显增大，因此需要采用圆极化；

（3）对目标特性单脉冲跟踪测量雷达，特别是需要采用极化信息获得目标特征的单脉冲跟踪测量雷达，通常设计准实时发射水平线极化和垂直线极化，并且同时接收水平线极化和垂直线极化，以此获得单脉冲跟踪测量雷达的极化散射矩阵，从而获得目标的极化特性。

11.5.6　信号形式的设计

1. 相参信号与非相参信号

单脉冲跟踪测量雷达可以用相参信号，也可以用非相参信号。

现代单脉冲跟踪测量雷达一般都有对相参信号处理的要求。例如，脉冲多普勒测速、脉冲压缩、动目标检测或脉冲多普勒处理（用于杂波抑制）、高距离分辨、合成孔径或逆合成孔径雷达成像等多用相参脉冲串信号。对于信号相参性的要求（如频率稳定性和相位噪声）视不同的应用而定。例如，机载火控用的单脉冲多普勒跟踪测量雷达，由于杂波抑制度的要求很高，因而对信号频率稳定性和相位噪声的要求也非常高。

在一些性能要求不高，但严格受体积、质量、成本等因素限制的情况下，单脉冲跟踪测量雷达也会采用非相参信号，这样可使系统相对简单。

2. 线性调频信号与单载频信号

单脉冲跟踪测量雷达通常采用单载频脉冲信号或 LFM 信号，或者两者同时采用。也有的跟踪测量雷达采用相位编码信号与非线性调频（NLFM）信号，但只在一些特殊情况下才应用。

单载频脉冲信号最简单，也最实用。单载频窄脉冲信号，如 1μs 宽度的脉冲信号（因测量精度要求，通常用窄脉冲）可用于对近距离目标的反射式跟踪，也可用于应答式跟踪（例如，0.8μs 宽度的脉冲）的询问信号。

当要求反射式跟踪且目标距离较远时，窄脉冲信号能量不够，此时跟踪测量雷达可采用 LFM 压缩信号。LFM 压缩信号的带宽通常为几兆赫兹，压缩后的脉冲宽度为零点几微秒。采用 LFM 压缩信号时，一个应该注意的问题是距离多普勒耦合，需采取相应的修正补偿措施。

中、远程单脉冲跟踪测量雷达常同时采用上述两种信号，以解决远程跟踪和近程跟踪的矛盾。

3. 脉冲重频

单脉冲跟踪测量雷达脉冲重频的选取与诸多因素有关，是跟踪测量雷达信号设计的一个重要内容。

在跟踪距离较近、不要求测速的单脉冲跟踪测量雷达中，一般采用低脉冲重频（LPRF）的设计，即距离无模糊测量。

在要求测速的单脉冲跟踪测量雷达中，一般采用中脉冲重频（MPRF）设计，即同时存在距离测量模糊和速度测量模糊。当采用这种信号时，必须采取措施消除距离测量模糊和速度测量模糊，避开距离盲区和速度盲区。

在航天测控网中工作的单脉冲跟踪测量雷达，其脉冲重频通常由任务总体做统一规定，测控网中的单脉冲跟踪测量雷达会采用相同的脉冲重频。

在机载火控用的单脉冲多普勒跟踪测量雷达中，有的采用全波形设计（高、中、低脉冲重复频率），在不同的工作模式下可采用不同的波形（可参见本丛书中的《机载雷达技术》）。

4. 窄带信号与宽带信号

目前，大多数单脉冲跟踪测量雷达都工作于窄带信号，一般其信号带宽在几兆赫兹。但一些现代单脉冲测量雷达要求具有测量目标特性和高距离分辨性能，因而必须增加宽带信号设计，如几百兆赫兹或者上千兆赫兹。一般情况下，这种单脉冲跟踪测量雷达的工作模式是利用窄带信号跟踪、宽带信号进行高距离分辨率的测量，两种信号形式按一定方式交替发射、分别接收处理的形式。

当单脉冲跟踪测量雷达采用宽带信号时，系统的设计必须考虑整个单脉冲跟踪测量雷达与各分系统宽带特性的幅相均衡和补偿[11]。

5. 脉冲波形

与搜索雷达相比，单脉冲跟踪测量雷达对每个脉冲波形的形状要求要严格许多，这主要是高距离测量精度所要求的。

脉冲波形参数包括前沿、顶降和后沿。例如，一个 1μs 宽度的脉冲，通常要求其前沿小于 0.1μs，后沿小于 0.15μs，脉冲顶降小于 5%。

参考文献

[1]　BROOKNER E. Radar Technology[M]. Norwood: Artech House, 1977.

[2]　BARTON D K, LEONOV S A. Radar Technology Encyclopedia[M]. Norwood: Artech House, 1997.

[3]　BARTON D K, WARD H R. Handbook of Radar Measurement[M]. Norwood: Artech House, 1969.

[4]　BARTON D K. Radar System Analysis[M]. Norwood: Artech House, 1980.

[5]　楼宇希. 雷达精度分析[M]. 北京：国防工业出版社，1977.

[6]　BARTON D K. Radar Evaluation Handbook[M]. Norwood: Artech House, 1991.

[7]　BARTON D K. Modern Radar System Analysing[M]. Norwood: Artech House, 1988.

[8]　列昂诺夫 A N. 振幅和差法单脉冲雷达[M]. 黄虹，译. 北京：国防工业出版社，1974.

[9]　SKOLNIK M I. 雷达手册[M]. 南京电子技术研究所，译. 3 版. 北京：电子工业出版社，2010.

[10]　杰里·L. 伊伏斯，爱德华·K. 里迪. 现代雷达原理[M]. 卓荣邦，杨士毅，张金全，等译. 北京：电子工业出版社，1991.

[11]　张光义，王德纯，华海根，等. 空间探测相控阵雷达[M]. 北京：科学出版社，2001.

[12]　王小谟，张光义，王德纯，等. 雷达与探测[M]. 北京：国防工业出版社，2008.

第 12 章
连续波跟踪测量雷达系统

连续波跟踪测量雷达系统主要完成对空间目标发射段、运行段和回收段的跟踪、轨道测量、内部参数测量、姿态控制、变轨、交会、发安全指令、通话等功能，并可以鉴定航天飞行器制导系统的精度。本章系统介绍连续波跟踪测量雷达系统的发展、主要类型和组成、基本原理和测量（测速和测距）方法，并对连续波干涉仪跟踪测量雷达系统和连续波测速跟踪测量雷达系统的设计进行阐述。在设计中重点介绍雷达系统的组成、测量体制选择、射频频率选择信号体制、雷达站布站优化、测量精度等，为专业技术人员设计连续波跟踪测量雷达系统提供参考。

12.1　概述

本节主要介绍连续波跟踪测量技术及连续波跟踪测量雷达系统的发展概况[1]。

1）连续波跟踪测量技术

采用连续波射频信号对空中目标进行跟踪、测量的技术称为连续波跟踪测量技术。利用这种技术研制成的雷达设备称为连续波跟踪测量雷达系统，其特点是容易实现测速和信道的综合利用，测量精度较高。这种系统大多用于对航天飞行器的测量和控制，如各种射程的导弹、各种轨道的卫星、载人飞船、航天飞机等。

2）连续波跟踪测量雷达系统的发展概况

为了测量 V-2 火箭，1922 年德国研制了 Naples 多普勒跟踪系统，后来发展成 DOVAP 系统，这就是多普勒测速系统。这种多普勒测速系统通过多站还可以测量火箭的位置。后来在 DOVAP 系统的基础上又研制出了三值测量多普勒（TRIDOP）系统、球面多普勒（SPHEREDOP）系统、无源测距多普勒（PARDOP）系统、超高频多普勒（UDOP）系统及多普勒相位锁定（DO-PLOC）系统等。

随着远程武器和航天事业的发展，为了提高测量精度，美国在 20 世纪 50 年代以后研制了全球跟踪网（GLOTRAC）中的距离变化率系统、戈达尔德（GODDARD）距离和距离变化率系统、白沙靶场距离和距离变化率系统（The White Sand Range and Range-rate System）、C 波段统一测控系统、S 波段统一测控系统等。为了鉴定导弹的制导系统，又研制了相位比较系统，如相关跟踪与测距（COTAR）系统，MINITRACK 系统、AZUZA（Ⅰ、Ⅱ型）系统、导弹精密跟踪测量 MISTRAM（Ⅰ、Ⅱ型）系统等。

中国从 20 世纪 60 年代开始研制连续波跟踪测量雷达系统，先后研制成功短基线干涉仪系统、中长基线干涉仪系统、长基线（$R\dot{R}+n\dot{S}$）系统、距离和距离变

化率（$n\dot{R}R$）系统、多测速（$n\dot{S}$）系统、连续波引导雷达、S 波段微波统一测控系统等。它们与光学设备、单脉冲跟踪测量雷达一起构成中国对空间飞行器的跟踪测控网。

12.2 连续波跟踪测量雷达系统主要类型

连续波跟踪测量体制的系统种类很多，主要可分为以下 6 类。

1）双程相干载波多站制系统（即连续波干涉仪系统）

双程相干载波多站制系统包括一个主站、两个或两个以上的副站。主站和副站间的距离可以从几米到几十千米。主站有发射机，副站没有发射机；主站发射射频信号，主站和副站同时接收；主站和副站在频率和相位上是相干的；通过飞行器上的合作目标，利用伪随机码和（或）一组侧音测出距离和、距离差等元素，利用双程多普勒频率测出径向距离和与距离差的变化率等，进而确定目标的位置。主站和副站的信号需要用稳相电缆、光缆或天线相互传输。有的双程相干载波多站制系统只测径向速度、速度差，这与雷达站在测控网中的作用有关。

20 世纪 60 年代到 90 年代初，中国建成以 154 中长基线干涉仪、157 工程长基线全机动雷达站为主干设备的北方高精度测量带，主要采用连续波干涉仪体制，弹道测量精度高，为中国的两弹一星工程建设做出了重大贡献。

2）多测速（$n\dot{S}$）系统

多测速系统包括一个或两个主站、四个或五个以上的副站。主站有发射机，副站没有发射机；主站发射射频信号，主站和副站同时接收。在主、副站均配有高稳定的基准频率源，可以测量各站的距离和变化率。主站和副站测得的信号不需要相互传输。

干涉仪系统测量精度很高，但存在主体设备庞大、配套设施多，导致机动性、稳定性及可靠性差、维护费用高等问题。20 世纪 90 年代末，中国提出多测速（$n\dot{S}$）测量体制，即基于简单可靠测速设备的多普勒频率测速定轨体制。多测速体制弹道测量系统可以克服传统测量体制的弊端，且设备简化，误差源少，测量精度高。

多测速（$n\dot{S}$）测量体制经过"九五"期间的理论研究、"十五"期间的体制试验，"十一五"期间开始正式建设。自 2001 年以来，连续波测速跟踪测量雷达逐步取代了原有干涉仪跟踪测量雷达，成为北方高精度测量带的主干设备，成功实现了高精度测量带的测量体制转型，大幅提升了北方高精度测量带"机动布设、灵活组网、精确测量"的能力，为适应不同型号、不同射向的试验任务提供了可靠保证。

3）微波统一测控系统

微波统一测控系统只有一个微波信道和一套天线，一个站独立完成对目标的测轨、遥测、遥控、通话等功能。

4）距离和距离变化率（$n R \dot{R}$）系统

距离和距离变化率系统是在中频调制转发应答机的配合下，测量目标的多普勒频率、距离变化率和角度的。该系统可以单站独立工作，也可以多站协同工作。

5）双频多普勒测速系统

双频多普勒测速系统是由设备站接收目标上双频信标机发射的两个载波信号，测量目标的多普勒频移，测得目标对设备站的径向速度，进而求解出目标的轨道。

6）连续波引导雷达

连续波引导雷达是利用目标上的信标机发射的连续波信号，对目标进行角度跟踪，输出角度信息，用来引导没有捕获能力或捕获能力较差的测量设备。

12.3 连续波跟踪测量雷达系统总体设计

连续波跟踪测量雷达系统总体设计内容主要包括总体设计原则、测量体制、射频频段（率）、载频调制方式和雷达站站址布设等。

12.3.1 总体设计原则

1）满足测量要求

不同的飞行目标对连续波跟踪测量雷达系统有着不同的要求，同一个飞行目标在不同飞行段对连续波跟踪测量雷达系统的要求也不同。例如，惯性制导飞行目标的主动段、自由飞行段和再入段就对连续波跟踪测量雷达系统有不同的要求。在总体设计时要考虑系统的功能、作用距离、测量的时段、测量精度及研制周期等因素，根据当前器件的水平，选择一种在研制周期内能完成任务的连续波跟踪测量雷达系统。

2）综合考虑测控网中的设备

要想充分发挥连续波跟踪测量雷达系统的作用，研制新连续波跟踪测量雷达系统时，要综合考虑测控网中的资源，看有没有在功能、频段、位置等与所研制的连续波跟踪测量雷达系统类似的设备。看它们之间会不会互相补充和利用，会不会产生干扰。尽量使新研制的连续波跟踪测量雷达系统在测控网中不受干扰且不干扰其他设备，能与其他设备相互协同又可独立工作。

3）充分发挥软件的优势

软件是连续波跟踪测量雷达系统的重要组成部分。在研制新连续波跟踪测量雷达系统时要同时研制新的软件，在数据滤波、数据加工和代替硬件方面多做工作。尽量使研制的连续波跟踪测量系统设备简单，成本降低。

4）具有扩展能力

由于电子系统和集成电路技术的快速发展，根据摩尔（Moore）定律，IC 芯片的集成度每 18 个月可以翻一番，微处理器芯片的运算速度每 5 年可以提高一个数量级。一套连续波跟踪测量雷达系统正常使用年限大约是 15 年，5 年过后就会使人感到陈旧和落后。所以，在设计时要考虑将来的改造升级和可扩展性，使得投入少量的资金稍加改造就可以赶上时代的步伐，也可以再扩展其他功能。

12.3.2 测量体制

近半个世纪以来，随着战略武器和航天事业的发展，连续波跟踪测量雷达系统也发展得很快。在 12.2 节叙述了连续波跟踪测量雷达系统的主要类型。在测量系统中使用较多的是短基线干涉仪系统、中长基线干涉仪系统、$nR\dot{R}$ 系统、$n\dot{S}$ 系统、微波统一测控系统等。这几种体制的连续波跟踪测量雷达系统的特点对比如表 12.1 所示。

表 12.1　几种体制的连续波跟踪测量雷达系统的特点对比

体制类型	测量元素	基线长度	测量精度	设备复杂程度	操作难易度	应用软件提高精度	应用背景	备注
短基线干涉仪系统	$3r\dot{r}$ 或 $3l\dot{l}$	数米至数千米	测速精度高	较复杂	较复杂	困难	鉴定制导系统精度	
中长基线干涉仪系统	$R\dot{R}$，$(2\sim3)r\dot{r}$	30~50km	测距、测速精度高	复杂	复杂	困难	鉴定制导系统精度	可多套站联用扩大跟踪范围
$nR\dot{R}$系统	nR，$n\dot{R}$	数百千米	测距、测速精度高	中等	中等	较容易	主动段、鉴定制导系统精度	可作为单站使用
$n\dot{S}$系统	$n\dot{S}$	数百千米	测速精度高	简单	简单	容易	主动段、鉴定制导系统精度	可多套站联用扩大跟踪范围
微波统一测控系统	R，$\dot{R}$	任意	低	中等	中等	可用	测轨、回收	

可以根据表 12.1 来选择连续波跟踪测量雷达系统，主要考虑应用背景和要求的测量精度。要求测量精度高时，一般选择中长基线干涉仪系统、$n\dot{S}$ 系统或 $nR\dot{R}$ 系统；要求测轨和信道综合利用时，一般选择微波统一测控系统；要求测量

精度不太高时，可选择其他系统。这里要特别注意应用软件和空中的导航定位卫星资源（如美国、俄罗斯、中国、欧盟的导航定位卫星）。根据近年来的研究，利用这些软、硬件资源可以把系统精度大大提高，从而使设备大大简化，以至只作为一些简单的测速单站（$n\dot{S}$ 系统），只要有一个 $R\dot{R}$ 站提供积分起点就可以在主动段完成鉴定飞行器制导系统精度的任务。

12.3.3　射频频段（率）

连续波跟踪测量雷达系统射频频段（率）的选择是非常重要的，这里主要考虑以下 6 种因素。

（1）电磁波在大气中传播的影响要小。电磁波由地面向空间发射时，要经过对流层、平流层、中间层、电离层再射向星际空间。由于这些层中有大气、水汽、臭氧、紫外线、红外线、自由电子等，会对电磁波产生衰减、绕射、折射、（全）反射等影响。这种影响与电磁波的频率有关，对于一定的层次，总有一些频率可以穿过，因此这些频率被称为"窗口频率"，这在选择频段时必须考虑。当不考虑大气层的影响时，电磁波能量的自然扩散损耗与传播距离成正比，与电磁波的波长成反比，可用式（12.1）表示为

$$L_{\rm r}({\rm dB}) = -20\lg(4\pi R / \lambda) \tag{12.1}$$

式（12.1）中，R 为传播距离，λ 为电磁波的波长。

（2）要符合国家无线电管理委员会的规定。国家无线电管理委员会在频率的使用和分配上有着严格的规定，不同的地区规定也不同。连续波跟踪测量雷达系统所选的射频频段（率）必须经过国家无线电管理委员会的审批。

（3）频段要符合国际惯例。根据国际惯例，不同功能的无线电设备使用不同的频段。例如，海上交通管制、空中交通管制、近程监视、中程监视、近程跟踪、远程跟踪、机载气象、遥感等用的频段都有所不同。

（4）火箭发动机喷焰影响要小。航天飞行器都是被大推力火箭送入太空的，而火箭发动机喷射的火焰会产生不均匀等离子体，对电磁波产生衰减和相移作用，不同的火箭发动机燃料对不同频率的电磁波有着不同的影响，要予以充分考虑。

（5）必须与国家器件发展的水平相适应。

（6）设计方便。

根据上面的因素，一般高精度连续波跟踪测量雷达系统选用 C 波段，微波统一测控系统选用 S 波段或 C 波段。

12.3.4 载频调制方式

对射频的载波调制方式有调幅、调相和调频三种。调幅属于线性调制，调相和调频属于非线性调制。

这三种调制方式在平均功率、频带宽度、接收门限、信息效率和误差概率、设备复杂程度、抗干扰能力、对设备线性范围的要求等方面都有一定的差异，如表 12.2 所示。

表 12.2 调幅、调相和调频方式的比较

比较项目	调制方式		
	调幅	调相	调频
平均功率/W	$A^2/4$	$A^2/2$	$A^2/2$
频带宽度	窄	略宽	略宽
接收门限	中	好	差
信息效率和误差概率	中	好	差
设备复杂程度	简单	中	复杂
抗干扰能力	差	好	好
对设备线性范围的要求	严格	不严格	不严格

可以根据表 12.2 中的比较情况来综合考虑选择载频调制方式。

12.3.5 雷达站站址布设

雷达站站址的布设对目标的跟踪、测量精度的实现、使用方便程度及工作人员的生活都有着很大的影响。雷达站站址的布设需主要考虑的因素如下。

（1）多站制系统要使各站构成最佳的几何形态。例如，中长基线干涉仪系统的主站和两个副站的基线构成直角，主站位于直角的顶点，而基线长度要保证在 30km 左右；$nR\dot{R}$ 或（$R\dot{R}+n\dot{S}$）系统则要求正三角形布站，基线长度约为被测点高度的 $\sqrt{6}$ 倍，雷达站要分布在发射平面的两侧。其他系统也要使测量布站构成达到最佳。

（2）雷达站的位置要满足天线方向图的覆盖要求。因为地面天线和应答机的天线都有一定的波束宽度，雷达站必须在天线方向图的覆盖范围内。

（3）避开天线的跟踪死角。一般的高精度天线俯仰向正常跟踪范围约为 $5°\sim85°$，站址布设时要使天线跟踪目标处在这个范围内。

（4）避开火箭喷焰的影响。火箭发动机喷射的火焰会产生不均匀等离子体，对电磁波产生衰减和相移作用，不同火箭发动机燃料对不同频率的电磁波有着不同的影响，不同频段、不同的发动机燃料对电磁波产生的衰减为 4～20dB，站址布

设时要尽量避开。

（5）保障系统要健全。雷达站站址除满足上述条件外，还要尽量考虑到有水源、电力供应、交通方便等因素。

12.4　连续波跟踪测量雷达系统主要组成

用于航天飞行器测量和控制的连续波跟踪测量雷达系统大部分借助于合作目标以应答式方式工作。该系统主要由航天飞行器上的设备（合作目标）、地面设备和系统软件组成。

12.4.1　合作目标

连续波跟踪测量雷达系统的合作目标是按一定要求安装在飞行器上的设备，主要有信标机和应答机两种。信标机的功能是向地面站发射频率恒定的连续波信号；应答机的功能是接收地面设备发射的载有测量信息的连续波信号，经过频率变换后再发回地面站。

信标机比较简单，由高稳定振荡源、倍频电路、功率放大电路、馈线和发射天线组成。

应答机有相参应答机和非相参应答机两种。相参应答机信号的相位要与地面站发射信号的相位相参，它的设备比较复杂，由接收天线、频率变换电路、信号放大电路、锁相环路、功率放大电路、发射天线和相应的馈线组成；非相参应答机不要求与地面站发射信号的相位相参，它有独立的频率源，设备比较简单，没有锁相环路。

应答机的天线采用体积小、波束宽、增益高的天线，按一定的要求安装在飞行器外表面上。

12.4.2　地面设备

地面设备主要包括地面测量设备和保障设备，不同类型的系统有着不同的地面测量设备，干涉仪多站制系统有一个主站、两个或两个以上的副站和基线传输系统，$n\hat{S}$多站制系统有一个或两个主站、四个或五个以上的副站，地面系统主、副站设备的主要任务是调制发射、接收解调和信息处理。

为了保证连续波跟踪测量雷达系统正常工作，必须配备完整的保障设备，如时间统一系统、通信设备、气象设备、大地测量设备、供电设备及机房等。时间统一系统要给测量系统内的设备提供频率标准和采样信号；通信设备要在执行任务期间保证连续波跟踪测量雷达系统内部、连续波跟踪测量雷达系统与有关外部系统调度和其他系统通信的畅通；气象设备要提供各监测点地面及高空各个层面的温度、湿度、大气压、风力、风向等数据，连续波跟踪测量雷达系统据此要做必要的电波修正；大地测量设备要为连续波跟踪测量雷达系统提供符合精度要求的标示点坐标；供电设备要为连续波跟踪测量雷达系统提供可靠的电力；机房则为连续波跟踪测量雷达系统提供必要的工作条件。

12.4.3　系统软件

系统软件是连续波跟踪测量雷达系统的重要组成部分。其系统软件包括数据的录取、数据的加工、计算程序、误差模型、数据分析方法等模块。数据的加工就是根据测量元素随机误差统计特性进行最佳滤波，通过扣除或减小设备的系统误差提高弹道的精度。例如，误差模型最佳弹道估值（EMBET）方法，在连续波跟踪测量雷达系统有良好的布站几何形态、足够的冗余信息和合理的误差模型的情况下，能够大幅度地降低系统误差，对提高连续波跟踪测量雷达系统的精度有重大贡献。再如，应用频域滤波技术，研究截止频率，用小波分析等方法来消除"混叠"现象，以降低噪声，修正低频误差。进一步研究数据处理方法，通过数据的综合利用，可以做到用一些简单的测量设备达到较复杂设备的综合测量精度，同样完成测量任务，进而使跟踪测量雷达系统构成简单、操作容易，并使系统的经济成本大大降低。

12.5　连续波跟踪测量雷达系统基本原理

连续波跟踪测量雷达系统对目标的测量主要是要捕获并跟踪目标，测出目标的速度和距离，并解算出目标在空中的运动参数。

12.5.1　目标的捕获与跟踪

高精度连续波跟踪测量系统的天线波束较窄，捕获目标的能力较差，一般需要引导雷达（可以是连续波跟踪测量雷达，也可以是脉冲跟踪测量雷达）或用预定的引导程序把高精度连续波跟踪测量雷达设备的天线波束引导到目标附近，测量设备再对目标进行捕获跟踪。高精度连续波跟踪测量雷达系统一般采用圆波导多模馈源的跟踪方式，馈电系统产生和模 TE_{11} 与差模 TE_{21}（有的系统差模为 TM_{01}）。当目标位于天线轴上时，误差角为零，圆波导管激励的和模 TE_{11} 能量最强，而差模 TE_{21} 辐射的能量最弱或为零；当目标偏离天线电轴时，产生误差角，这时圆波导管除激励和模 TE_{11} 外，还激励差模 TE_{21}。当误差角较小时，和模 TE_{11} 几乎与误差角无关，而差模 TE_{21} 的幅度则与误差角近似呈线性关系。因此，可由差模的振幅来确定天线偏离目标的误差角大小，而极性可由差模与和模之间的相位关系来确定。这两种模通过耦合器分别从波导中取出，再与信号同步的基准信号进行正交鉴相，形成方位向、俯仰向直流误差信号，用这样产生的误差信号去驱动天线趋近目标，使误差角趋近于零，从而完成对目标的自动跟踪。

12.5.2　连续波测速原理

连续波测速主要通过对距离变化率的测量、对距离差变化率 $\dot{r}$ 的相干测量及对距离和变化率 $\dot{s}$ 的测量来实现。

1. 对距离变化率的测量

1）多普勒测速原理

连续波跟踪测量雷达系统测速的理论基础是多普勒效应。多普勒测速示意图如图 12.1 所示。

假定空中有一飞行目标 A，地面有一接收站 B，在目标 A 上装有信标机发射固定载频 f_1，地面接收站 B 收到的信号频率为 f_2。如果 A 相对于 B 不动，则 $f_1 = f_2$；如果 A 相对于 B 运动，其径向距离变化率为 $\dot{R}$，则频率的变化量可近似表示为

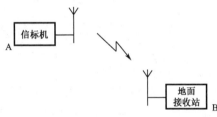

图 12.1　多普勒测速示意图

$$f_{\mathrm{d}} = -\frac{\dot{R}}{c} \cdot f_1 \qquad (12.2)$$

则 B 收到的频率 f_2 为

$$f_2 = \left(1 - \frac{\dot{R}}{c}\right) f_1 = f_1 + f_{\mathrm{d}} \qquad (12.3)$$

$$\dot{R} = -\frac{f_{\mathrm{d}}}{f_1} \cdot c \qquad (12.4)$$

式中，c 为光速。从式（12.4）可以看出，c 为已知，只要测出 f_1 和 f_{d}，即可获得 $\dot{R}$。当目标 A 远离地面站 B 时，距离增加，$\dot{R} > 0$，$f_{\mathrm{d}} < 0$，表示地面站 B 收到的频率低于目标 A 发射的频率；当目标 A 趋近地面站 B 时，距离值减小，$\dot{R} < 0$，$f_{\mathrm{d}} > 0$，表示地面站 B 收到的频率高于目标 A 发射的频率。

2）多普勒频率 f_{d} 的跟踪和提取

在连续波跟踪测量设备中，多普勒频率 f_{d} 的跟踪和提取由锁相接收机完成。从测量天线来的载有多普勒频率的微波信号，通过带通滤波器经场效应放大

器放大，再经混频器把频率降低后进入锁相环路，锁相环路可以在频率和相位上跟踪输入信号的变化。锁相环路的带宽可以做得很窄，这样可使信噪比（S/N）大大提高，在输出端得到多普勒频率 f_d 信号，如图 12.2 所示。

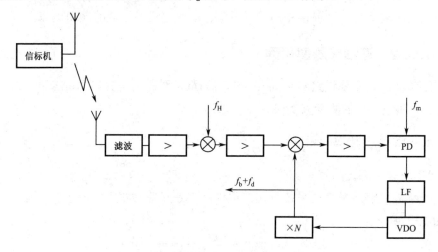

图 12.2　多普勒频率的跟踪与提取

在图 12.2 中，得到的是 $(f_b + f_d)$ 信号，这里考虑到多普勒频率可能会出现负值和零，会给测量带来困难，加入适当选择的 f_b 后，$(f_b + f_d)$ 就不会出现负值和零的情况。把 f_b 称为衬垫频率，这一衬垫频率要在最后结果中被扣除。

图 12.2 表示的是信标机环境下测单程多普勒频率的情况。如果目标上装有应答机，情况会有不同，此时在地面测得的将是双程多普勒频率之和。

3）距离变化率 $\dot{R}$ 数据的获取

在上步测得的 $(f_b + f_d)$ 并不能直观度量多普勒频率的大小，多普勒频率的度量由测速终端机完成。测量瞬时多普勒频率是很困难的，只能用一定的方法做近似测量。例如，在固定时间间隔 Δt 内测多普勒频率周期 N，这样测出来的结果是在 Δt 内多普勒频率的平均值。Δt 值越小，与瞬时多普勒频率的误差就越小。图 12.3 给出了在某系统测速终端机中用这种测量多普勒频率的方法的示意图。

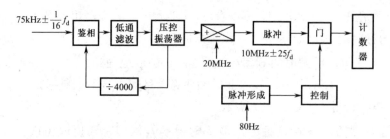

图 12.3　一种多普勒频率测量方法示意图

在图 12.3 中采用了锁相倍频技术，75kHz 信号频率就是衬垫频率。为了减小量化误差和便于测量，把衬垫频率 75kHz 扩大 400 倍后又混频为 10MHz 信号频率，由此把多普勒频率 f_d 扩大了 25 倍。图 12.3 中记录的结果就是在 80Hz 信号频率周期内计量的 10MHz 信号频率的整周数加 25 倍 f_d 的整周数，这个数值减去 10MHz 信号频率的整周数后再乘以 80/25，即为测得的多普勒频率 f_d。

由此，根据式（12.4）就可以算出信标机状态下的 $\dot{R}$ 值，如果系统用相参应答机，则要用另外的公式计算 $\dot{R}$ 值，这里不再赘述。

2. 对距离差变化率 $\dot{r}$ 的相干测量

在干涉仪系统中，主、副站的相干测量是区别于其他体制雷达系统的最大之处，也是提高测量精度的关键。现以相干测量距离差变化率 $\dot{r}$ 来说明。

主站和副站独立用多普勒频率测速原理测速，副站接收到的载有多普勒信息的载波后，在副站接收机内下变频到中频，经过滤除噪声后再经过上变频变成新的微波信号，通过基线传输天线发向主站，主站收到副站发来的载有副站速度信息的微波信号后，经过锁相环路变成新的中频信号，再锁相倍频后变成载有副站速度信息的信号 $f_4 + f_{d2}$，与主站检测后的载有主站速度信息的信号 $f_3 + f_{d1}$ 做差，由此把信道带来的大部分误差消除，便得到速度信号，其测量过程如图 12.4 所示。图 12.4 中，f_{d1} 为主站测得的多普勒信息，f_{d2} 为副站测得的多普勒信息，f_{d12} 代表距离差变化率 $\dot{r}$ 的多普勒频率信息。

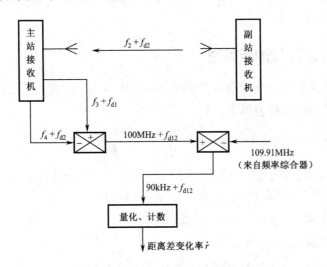

图 12.4　距离差变化率 $\dot{r}$ 的相干测量

3. 距离和变化率 $\dot{s}$ 的测量

连续波跟踪测量雷达系统基于运动目标的多普勒效应，通过提取弹载应答机相干转发信号的多普勒频率，解算目标的速度（距离和变化率$\dot{S}$）。当该系统发射机和接收机位于一地或两地时，测量元素的距离和为$S = R_1 + R_2$，如图12.5所示。

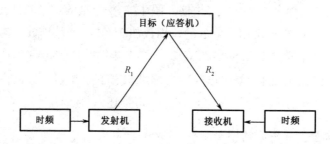

图12.5 测量示意图

图12.5中，R_1为发射机到目标的距离，R_2为目标到接收机的距离。当目标运动时，距离和S发生变化，距离和变化率由$\dot{S} = \dot{R}_1 + \dot{R}_2$表示。当应答机相参转发上行信号时，$\dot{S}$与测量元素多普勒频率$f_d$的近似表达式为

$$\dot{S} = -\frac{c}{f}f_d + \frac{c}{f}\Delta f = -\lambda f_d + c\frac{\Delta f}{f} = -\lambda f_d + c\Delta \dot{f} \tag{12.5}$$

式（12.5）中，c为光速，f为下行信道中心工作频率，λ为对应的工作波长，$\Delta \dot{f}$为发射和接收两站间频率标准（频标）相对不准确度，$c\Delta\dot{f}$为引入的测速系统误差。

测控站通过锁相环等手段提取载波信号多普勒频率，经转换得到目标距离和变化率($\dot{S}$)的测量数据。

12.5.3　连续波测距原理

对于连续波测量，飞行器与雷达站之间的距离R（时延）通过测量接收信号与发射信号之间的相位差得到，即

$$R = ct_R/2 = \frac{\Delta\varphi \cdot c}{4\pi f_R} = \lambda_R \cdot \frac{\Delta\varphi}{4\pi} \tag{12.6}$$

式（12.6）中，R为飞行器与雷达站之间的距离（m）；c为光在真空中的传播速度，取值为299792458（m/s）；t_R为雷达站返回信号与发射信号之间的时间延迟（s）；$\Delta\varphi$为测距接收信号与发射信号之间的相差；f_R为测距信号频率（Hz）；λ_R为测距信号波长（m）。

飞行器与雷达站之间的距离R一般远大于测距信号波长。距离R可表示为M个整数波长的距离与小于一个波长的距离之和，其相位差可表示为$\Delta\varphi = 2\pi M + \text{mod}(\Delta\varphi, 2\pi)$，$\text{mod}(\Delta\varphi, 2\pi)$表示取$\Delta\varphi/2\pi$的余数。因此测距过程可以归结为两

点，一是精确测量收/发信号相差的 $\Delta\varphi$，二是求解波长模糊数 M。

常用的测距方法有侧音测距、伪码测距和音码混合测距三种，下面分别介绍。

1. 侧音测距

在连续波跟踪测量雷达系统中，可以广泛采用侧音测距法。把一个称为侧音的确定频率的正弦信号作为基带信号调制到载波上射向目标，经目标上的应答机转发后由接收站接收，并对其接收解调。这时接收到的侧音信号相对于发射的侧音信号在相位上延迟了 $\Delta\varphi$。$\Delta\varphi$ 反映了由发射点到目标再返回接收点之间的距离和 S，即

$$S = 2R_0 = \lambda\Delta\varphi/2\pi = \Delta\varphi c/2\pi F \qquad (12.7)$$

式（12.7）中，F 为侧音频率。

这里为收/发天线共享的情况，如果收天线和发天线不共享，而是处在不同的位置，则 $S = R_1 + R_2$。从式(12.7)可以看出，只要测出 $\Delta\varphi$，便可求出 S 或 R_0。在收/发天线共用的情况下有

$$R_0 = \Delta\varphi c/4\pi F \qquad (12.8)$$

由式（12.8）可以看出，如果 R_0 大于 1/2 侧音频率 F 的波长，测出来的距离会出现模糊。因此，侧音频率 F 越低，可测得的无模糊距离越远。但是，由于信道内存在噪声的影响，根据误差理论，频率越低，信道中的测距误差会越大。为了解决这一矛盾，在连续波跟踪测量雷达系统中往往采用多个侧音测距，用最高侧音来满足测距精度要求，用最低侧音来满足最大无模糊距离的要求。这中间的侧音起匹配作用，称为匹配音，各侧音之间为整数倍关系。例如，在某个侧音测距系统中采用了 100kHz、20kHz、4kHz、800Hz、160Hz、32Hz、8Hz 共 7 个侧音，其中用 100kHz 来满足测距精度要求，用 8Hz 来满足解模糊距离范围为 0～18750km 的要求，同时又发挥了侧音测距系统操作简单、捕获时间短的优点。多侧音测距系统示意图如图 12.6 所示。

在图 12.6 中，发标识实际上就是发端 $F_1, F_2, \cdots, F_n$ 这 n 个侧音过零形成的脉冲，收标识实际上就是收端 $F_1, F_2, \cdots, F_n$ 这 n 个侧音过零形成的脉冲。显然，收/发标识的相位差就反映了目标的空间延迟，即反映了距离（或距离差）值。

2. 伪码测距

1）白噪声信号的自相关函数

设白噪声信号为 $S(t)$，它的功率谱为 $S(\omega) = N_0$，而它的自相关函数可以用傅里叶变换求出，即

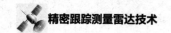
$$B(\Delta\tau) = \frac{1}{2\pi}\int_{-\infty}^{+\infty} S(\omega)\mathrm{e}^{j\omega\Delta\tau}\mathrm{d}\omega$$

$$= N_0\delta(\Delta\tau)$$

（12.9）

式（12.9）中，$\delta(\Delta\tau)$ 为 δ 函数，它具有如下特性，即

$$\delta(\tau) = \begin{cases} \infty & (\Delta\tau = 0) \\ 0 & (\Delta\tau \neq 0) \end{cases}$$

（12.10）

由式（12.10）可以看出，这是非常理想的自相关函数，用它来测距也是十分理想的。但是，白噪声信号占的频带太宽，不能存储，更不能复制，这给制造具体测距设备带来了困难。尽管人们想了很多办法，但效果总是不理想，因此，白噪声信号被认为没有实用价值。

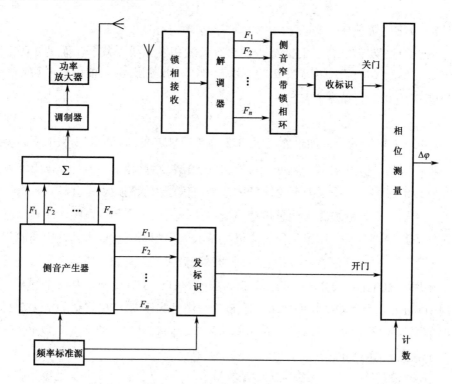

图 12.6　多侧音测距系统示意图

2）伪随机测距码

人们根据白噪声信号的相关特性编制了二进制码信号，这种二进制码信号具有与白噪声类似的相关特性，可以复制，可以存储，可以成为测距的理想信号。由于这种看起来杂乱无章的信号实际上都有一定的规律，因此，把它称为伪随机编码信号，简称伪随机测距码、伪随机码或伪码。

在工程中使用的伪随机码都是根据最佳编码准则编制的，根据这种最佳准则编出的伪随机码有 M 序列、平方剩余（L）序列、二次剩余序列、霍尔（H）序列、双素数（TP）序列等，目前应用的最多的是 M 序列。

3）M 序列码

M 序列又称最大长度线性序列，其特点如下：

（1）M 序列长度为 $M = 2^n - 1$；

（2）在一个序列周期内，M 序列码的正元和负元的个数永远差 1，即

$$\sum_{i=1}^{P} x_i = -1 \qquad (12.11)$$

（3）具有周期循环性；

（4）具有循环相加性，这种序列与它本身延迟后的序列模 2 相加后仍为原来的序列，如 $M = 7$ 时，模 2 相加后为

$$\begin{array}{r} 1100101 \\ \oplus\ 0111001 \\ \hline 1011100 \end{array}$$

$$(1100101) \oplus (0111001) = 1011100$$

（5）具有很好的自相关函数，在一个伪码周期内的自相关函数为

$$\begin{cases} R(\varepsilon) = 1 - (M+1)|\varepsilon| / M\Delta, & |\varepsilon| < \Delta \\ R(\varepsilon) = -1/M, & |\varepsilon| \geqslant \Delta \end{cases} \qquad (12.12)$$

其波形如图 12.7 所示。

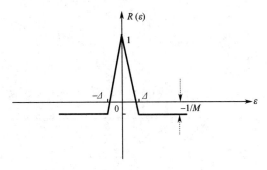

图 12.7　M 序列自相关函数波形

4）M 序列码的产生

M 序列码可用 n 级移位寄存器产生，如图 12.8 所示。

例如，当 $n = 3$ 时，M 序列产生器 3 级移位寄存器的状态为

$$
\begin{array}{ccc}
1 & 1 & 1 \\
0 & 1 & 1 \\
0 & 0 & 1 \\
1 & 0 & 0 \\
0 & 1 & 0 \\
1 & 0 & 1 \\
1 & 1 & 0
\end{array}
$$

产生的 M 序列码为 1110010。

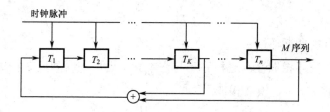

图 12.8 n 级 M 序列移位寄存器

当移位寄存器级数 n 一定时，产生最大序列的数目可以用欧拉函数来表示，即

$$
P = \varphi(2^n - 1)/n \tag{12.13}
$$

式（12.13）中，φ 为欧拉函数。令 $k = 2^n - 1$ 时，则 φ 又表示为

$$
\varphi(k) = k \cdot \prod \frac{P_i - 1}{P_i} \tag{12.14}
$$

式（12.14）中，P_i 为 k 的因数群。当 k 为质数时，有

$$
\varphi(k) = k - 1
$$

n 级 M 序列产生器的序列长度 M、可产生的最大序列数目 P 和反馈级数 T_K 的关系如表 12.3 所示。

表 12.3 n 级 M 序列产生器的 M、P 和 T_K 的关系

级数 n	序列长度 M	最大序列数目 P	反馈级数 T_K
2	3	1	2, 1
3	7	2	3, 2
4	15	2	4, 3
5	31	6	5, 3
6	63	6	6, 5
7	127	18	7, 6
8	255	16	8, 6, 5, 4
9	511	48	9, 5
10	1023	60	10, 7

级数 n	序列长度 M	最大序列数目 P	反馈级数 T_K
11	2047	176	11, 9
12	4095	144	12, 11, 8, 6
13	8191	630	13, 12, 10, 9
14	16383	756	14, 13, 8, 4
15	32767	1800	15, 14

8 级移位寄存器的最大长度序列数 P 为

$$P = \left(255 \times \frac{3-1}{3} \times \frac{5-1}{5} \times \frac{17-1}{17} \right) \Big/ 8$$

$$= \left(255 \times \frac{2}{3} \times \frac{4}{5} \times \frac{16}{17} \right) \Big/ 8$$

$$= 16$$

即 8 级移位寄存器有 16 种最大长度序列。

5）伪随机测距码的调制

人们往往把伪随机测距码调制在载波上才能完成测距任务。考虑到设备的复杂性及接收门限等因素，选择采用调相的较多，这在总体设计中另有叙述。

6）伪随机测距码的捕获与跟踪

接收机收到载有伪随机测距码的载波后，首先变成中频信号，然后再进行同步解调，解出伪随机码，这个伪随机码通过延迟锁定环捕获并"复制"出接收的伪随机码。延迟锁定环是一种非线性负反馈系统，它包括 D_1 鉴别器和 D_2 鉴别器、相关器 G、判决器、低通滤波器、VCO、本地序列产生器等，如图 12.9 所示。

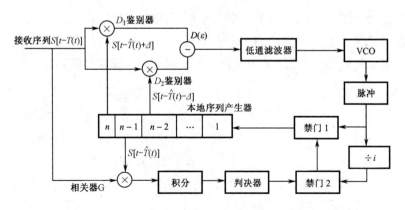

图 12.9　延迟锁定环

接收序列 $S(t-T)$ 与本地产生的序列 $S(t-\hat{T})$ 在相关器 G 相关，当位移差

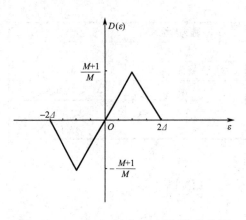

图 12.10　D_1 和 D_2 组成互相关网络的特性

$|\varepsilon| > 2\Delta$ 时，相关器 G 无输出，此时判决器不判决，VCO 的脉冲除以 i 后可通过禁门 2，把去往禁门 1 中的脉冲禁止掉一个，本地序列停止一个码元，使之更向接收序列接近一个码元。这个过程不断地进行，一直到位移差 $|\varepsilon| < 2\Delta$ 时，相关器 G 就会有输出，而此时判决器也有输出，这时 VCO 的输出顺利通过禁门 1 到达本地序列产生器，D_1 和 D_2 两个鉴别器组成的互相关网络的特性如图 12.10 所示。

这时鉴别器会有误差电压 $D(\varepsilon)$ 输出，这个误差电压控制 VCO 的频率，也就是控制了本地序列产生器的位移速度。周而复始，用这种自动调整的方法使本地序列与接收序列之间的位移时间差越来越小，从而实现了本地序列对接收序列的跟踪。

从上面的叙述可以看出，延迟锁定环若实现对接收序列的跟踪，必须先把本地序列和接收序列的位移差减小到 $|\varepsilon| > 2\Delta$ 以内，这个过程称为时间捕获；然后再把 VCO 的频率调整到与接收序列的时钟频率一样，这个过程称为频率捕获。这时本地序列的伪随机码达到了对接收序列的"复制"，从而完成了捕获与跟踪。

7）延迟估值的获取

由发射机调制到载波的伪随机码信号为 $S(t)$，它通过天线发向目标，由应答机接收并转发到地面，由接收机把发射伪随机码信号解调出来，这时它已具有了延迟信息，变成了 $S[t - T(t)]$，在延迟锁定环跟踪上接收序列后的伪随机码为 $S[t - T(t)]$。现在用图 12.11 所示的延迟估值器来获取延迟估值 $T(t)$。

在某一采样时刻，如 $t = t_0$，把发送序列产生器的某一状态存入存储器，同时打开计数器的门电路使计数器开始计数，将发送序列 $S(t_0)$ 发向空中，再从目标返回到接收机后变成 $S[t_0 - T(t)]$。完成时间捕获和频率捕获后，本地序列已被"复制"成接收序列，本地序列的输出与存储器的内容完全相同，这时比较器输出一脉冲关闭计数器的门电路，显然这时计数器记录的内容即为 $S(t_0)$ 的空间延迟估值 $T(t)$，它也代表了空间的距离值。

3. 音码混合测距

侧音测距的优点是精度高、操作简单、捕获时间短，但它的距离解模糊能力差，侧音频率低于 10Hz 时在技术上实现困难。而用伪随机码测距可以把伪随机码做得很长，以实现对远距离的测量。很多连续波跟踪测量雷达系统取两者的优点，采用侧音和伪随机码的混合测距体制，也称音码混合测距体制。

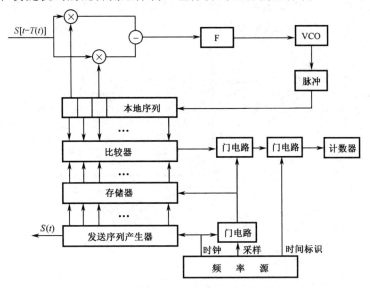

图 12.11　延迟估值器

　　例如，某套干涉仪体制的连续波跟踪测量雷达系统，采用的就是音码混合测距体制，它的作用是鉴定飞行器的制导系统。侧音采用 80MHz、5MHz 和 625kHz；伪随机码则采用最长序列 6 位和 7 位两个单码，码长分别为 63 位和 127 位，推码的时钟频率为 625kHz。这里的侧音 80MHz、5MHz 是由三个射频信号做差得到的，测量距离的精度可以达到 0.2m，测量距离差的精度可以达到 0.1m。两个单码的总长度为 8001 个码元，无模糊距离范围为 0～1920km。而捕获时间只是捕获一个 7 位单码的时间。

12.5.4　目标弹道解算处理[2-4]

　　在直角坐标系中，要确定目标在空中的位置，必须测得三个及三个以上的目标位置元素。例如，距离、方位角和俯仰角，距离和两个方向余弦，距离和两个距离差等。要确定目标的速度，有三种方法，一是利用位置差分求得速度，再利用滤波等方法平滑，降低误差；二是求得目标位置后，与三个及三个以上的速度观测量联合解算得到空间三维速度；三是利用 6 个及 6 个以上的速度测量元素，同时求解位置和速度。

　　这里介绍连续波跟踪测量雷达系统中常见的两种测量体制——干涉仪体制和多测速（$n\dot{S}$）体制。

1. 干涉仪体制

无线电干涉仪是高精度定位测速系统，它由一个主站和若干个副站组成，其定位测量原理如图 12.12 所示。该图中的测量元素包括主站的距离与距离变化率（$R\dot{R}$），以及主、副站间距离差与距离差变化率（$r\dot{r}$），其测量方程如下所述。

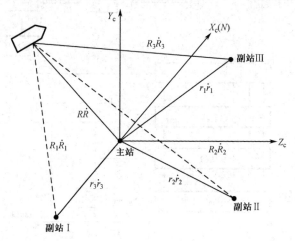

图 12.12 干涉仪定位测量原理示意图

1）位置测量方程

位置测量方程为

$$\begin{cases} R = (x_c^2 + y_c^2 + z_c^2)^{\frac{1}{2}} \\ r_i = R - \left[(x_c - x_{0i})^2 + (y_c - y_{0i})^2 + (z_c - z_{0i})^2 \right]^{\frac{1}{2}} \end{cases} \tag{12.15}$$

式（12.15）中，$i = 1, 2, 3, \cdots, n$，对式（12.15）在弹道参数 (x_0, y_0, z_0) 处的泰勒展开取一阶项，得线性方程为

$$\begin{cases} R = R_0 + a_{01}(x_c - x_0) + a_{02}(y_c - y_0) + a_{03}(z_c - z_0) \\ r_i = (R_0 - R_{i0}) + (a_{01} - a_{i1})(x_c - x_0) + \\ \quad (a_{02} - a_{i2})(y_c - y_0) + (a_{03} - a_{i3})(z_c - z_0) \end{cases} \tag{12.16}$$

求解 x_c 的矩阵表达式为

$$\boldsymbol{X}_c = (\boldsymbol{A}^{\mathrm{T}} \boldsymbol{P} \boldsymbol{A})^{-1} \boldsymbol{A}^{\mathrm{T}} \boldsymbol{P} \boldsymbol{l} \tag{12.17}$$

式（12.17）中

$$\boldsymbol{A} = \begin{bmatrix} a_{01} & a_{02} & a_{03} \\ a_{01} - a_{11} & a_{02} - a_{12} & a_{03} - a_{13} \\ a_{01} - a_{21} & a_{02} - a_{22} & a_{03} - a_{23} \\ \vdots & \vdots & \vdots \\ a_{01} - a_{n1} & a_{02} - a_{n2} & a_{03} - a_{n3} \end{bmatrix}$$

P 为权矩阵，即

$$\boldsymbol{P} = \begin{bmatrix} W_D & & & & \\ & W_1 & & 0 & \\ & & W_2 & & \\ & 0 & & \ddots & \\ & & & & W_n \end{bmatrix}$$

$$\boldsymbol{l} = \begin{pmatrix} R - R_0' & r_1 - r_{10}' & r_2 - r_{20}' & \cdots & r_n - r_{n0}' \end{pmatrix}^{\mathrm{T}}$$

式中

$$R_0' = R_0 - (a_{01}x_0 + a_{02}y_0 + a_{03}z_0)$$

$$r_{i0}' = r_{i0} - \left[(a_{01} - a_{i1})x_0 + (a_{02} - a_{i2})y_0 + (a_{03} - a_{i3})z_0\right]$$

$$R_0 = (x_0^2 + y_0^2 + z_0^2)^{\frac{1}{2}} = (R_0 - R_{i0}) - \left[(a_{01} - a_{i1})x_0 + (a_{02} - a_{i2})y_0 + (a_{03} - a_{i3})z_0\right]$$

$$R_{i0} = \left[(x_0 - x_{0i})^2 + (y_0 - y_{0i})^2 + (z_0 - z_{0i})^2\right]^{\frac{1}{2}}$$

$$a_{i1} = (x_0 - x_{0i}) / R_{i0}$$

$$a_{i2} = (y_0 - y_{0i}) / R_{i0}$$

$$a_{i3} = (z_0 - z_{0i}) / R_{i0}$$

式中，$i = 1, 2, \cdots, n$。当 $i = 0$ 时，$x_{0i} = y_{0i} = z_{0i} = 0$，$R_{0,0} = R(x_{0i}, y_{0i}, z_{0i})$ 为副站站址坐标。

2）速度测量方程

速度测量方程为

$$\begin{cases} \dot{R} = \dfrac{x_c}{R}\dot{x}_c + \dfrac{y_c}{R}\dot{y}_c + \dfrac{z_c}{R}\dot{z}_c \\ \dot{r}_i = \dot{R} - \left(\dfrac{x_c - x_{0i}}{R_i}\dot{x}_c + \dfrac{y_c - y_{0i}}{R_i}\dot{y}_c + \dfrac{z_c - z_{0i}}{R_i}\dot{z}_c \right) \end{cases} \tag{12.18}$$

将式（12.18）记为

$$\begin{cases} \dot{R} = b_{01}\dot{x}_c + b_{02}\dot{y}_c + b_{03}\dot{z}_c \\ \dot{r}_i = (b_{01} - b_{i1})\dot{x}_c + (b_{02} - b_{i2})\dot{y}_c + (b_{03} - b_{i3})\dot{z}_c \end{cases} \tag{12.19}$$

写成矩阵表达式为

$$\dot{\boldsymbol{X}}_c = (\boldsymbol{B}^{\mathrm{T}}\dot{\boldsymbol{P}}\boldsymbol{B})^{-1}\boldsymbol{B}^{\mathrm{T}}\dot{\boldsymbol{P}}\boldsymbol{l} \tag{12.20}$$

式（12.20）中

$$\boldsymbol{B} = \begin{bmatrix} b_{01} & b_{02} & b_{03} \\ b_{01} - b_{11} & b_{02} - b_{12} & b_{03} - b_{13} \\ b_{01} - b_{21} & b_{02} - b_{22} & b_{03} - b_{23} \\ \vdots & \vdots & \vdots \\ b_{01} - b_{n1} & b_{02} - b_{n2} & b_{03} - b_{n3} \end{bmatrix}$$

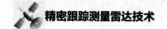

$\dot{\boldsymbol{P}}$ 为权矩阵，即

$$\dot{\boldsymbol{P}} = \begin{bmatrix} \dot{W}_0 & & & & \\ & \dot{W}_1 & & 0 & \\ & & \dot{W}_2 & & \\ & 0 & & \ddots & \\ & & & & \dot{W}_n \end{bmatrix}$$

$$\boldsymbol{i} = \begin{pmatrix} \dot{R} & \dot{r}_1 & \dot{r}_2 & \cdots & \dot{r}_n \end{pmatrix}^{\mathrm{T}}$$

$$b_{i1} = (x_c - x_{0i}) / R_i$$

$$b_{i2} = (y_c - y_{0i}) / R_i$$

$$b_{i3} = (z_c - z_{0i}) / R_i$$

$$R_i = \left[(x_c - x_{0i})^2 + (y_c - y_{0i})^2 + (z_c - z_{0i})^2 \right]^{\frac{1}{2}}$$

式中，$i = 1, 2, \cdots, n$。

2. 多测速（$n\dot{S}$）体制

多测速体制弹道测量系统可由 6 套及 6 套以上的高精度连续波测速设备组成，采用单（双）发多收模式，根据试验任务情况进行合理布站。多测速体制工作模式示意图如图 12.13 所示。

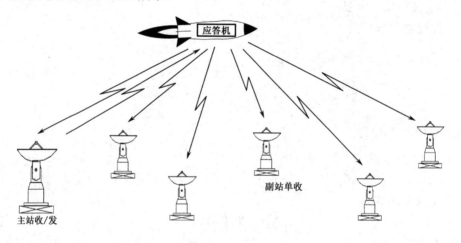

图 12.13　多测速体制工作模式示意图

在通常的多测速体制弹道测量、弹道确定（位置和速度）方法中，每一个采样时刻都需要计算 6 个弹道参数。但实际上，导弹的飞行弹道是有规律的，在时序上是相关的，因此可用时间函数来精确表示，如多项式、样条函数等。另外，弹道的位置参数与速度参数存在微分关系，可以用弹道位置函数的导数来表示速

度函数，这样做的益处是可以用很少的参数来表示一段弹道。

多测速体制的基本思想就是利用较少参数的样条函数表示弹道，将多个采样时刻的测量方程联立，建立关于样条函数参数和测量数据的新的测量方程组，从而在弹道估算中，可以大量压缩待估参数数量，提高弹道估算的精度和稳定性。

1）弹道的样条函数表示

我们通常所说的样条函数是指多项式样条函数，它是由分段光滑的多项式通过一些关键点（样条节点）适当连接而成。样条函数与多项式相比，最大的优点在于：用样条函数逼近任意函数，降低了连续性条件，具有更大的灵活适应性，具有更好的适应数据或函数变化的能力。一条在较长时间内不断变化的弹道很难用多项式来表示，但可以用样条函数十分精确地表示。

在实际应用中，特别是大量试验数据的最小二乘处理，一般采用 B 样条函数。多项式样条可以由 B 样条表示，而且采用 B 样条的最小二乘系数矩阵有对角优势，可以减少系数矩阵病态的问题。

以 $\{B_{3,j}(t)\}_{j=-2}^{n-1}$ 为基函数的三次样条函数可表示为

$$\begin{cases} S(t, K^n) = \sum_{j=-2}^{n-1} \beta_j B_{3,j}(t) & a \leqslant t \leqslant b \\ K^n = (t_1, t_2, t_3, \cdots, t_n) \end{cases} \tag{12.21}$$

式（12.21）中，K^n 为样条内节点序列，在所描述时间区间$[a, b]$内满足

$$a < t_1 < t_2 < \cdots < t_n < b$$

采用 $S(t, K^n)$ 的形式分别表示弹道的 6 个分量，即

$$\begin{cases} x(t) = \sum_{j=-2}^{n_1-1} \beta_j^x B_{3,j}^x(t), & \dot{x}(t) = \sum_{j=-2}^{n_1-1} \beta_j^x \dot{B}_{3,j}^x(t) \\ y(t) = \sum_{j=-2}^{n_2-1} \beta_j^y B_{3,j}^y(t), & \dot{y}(t) = \sum_{j=-2}^{n_2-1} \beta_j^y \dot{B}_{3,j}^y(t) \\ z(t) = \sum_{j=-2}^{n_3-1} \beta_j^z B_{3,j}^z(t), & \dot{z}(t) = \sum_{j=-2}^{n_3-1} \beta_j^z \dot{B}_{3,j}^z(t) \end{cases} \tag{12.22}$$

在式（12.22）中，n_1、n_2、n_3 分别是弹道三个分量上的内节点个数。由于弹道三个分量的动力特性不一样，因此它们的最优节点个数及最优节点分布也不一样。式（12.22）的实际意义就是用样条函数系数 $\{\beta_j^x\}_{j=-2}^{n_1-1}$、$\{\beta_j^y\}_{j=-2}^{n_2-1}$、$\{\beta_j^z\}_{j=-2}^{n_3-1}$ 来代表时间段$[a, b]$内的一条弹道，它大大减少了表示弹道的参数。例如，假设在$[a, b]$时间段内有 1000 个采样点，那么，逐点表示弹道需要 6000 个参数，而用样条函数表示只需要约 60 个参数就可以足够精确地表示清楚了，这一优点在通过测量方程解算弹道时可以充分体现出来。

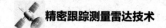

2）多测速体制的测量方程

由于实际测量可能含有系统误差，因此将 $\dot{S}(t) = \dot{R}_i(t) + \dot{R}_0(t) + e_i(t)$（$i = 1, 2, \cdots, 6$）改写成如下形式测量方程，即

$$\dot{S}_i(t) = \dot{R}_i(t) + \dot{R}_0(t) + U_i(t) + e_i(t) \qquad i = 1, 2, \cdots, M \qquad （12.23）$$

式（12.23）中，$U_i(t)$ 为第 i 个测量元素的系统误差模型，一般的系统误差有标定误差、漂移误差、电波折射修正剩余、站址误差等。将式（12.22）代入测量方程式（12.23）中，就构成了多测速体制的测量方程。为了表达更简洁，首先在式（12.22）中，令

$$\boldsymbol{B}_x(t) = \left[B_{3,-2}^x(t), B_{3,-1}^x(t), \cdots, B_{3,n_1-1}^x(t) \right]$$
$$\boldsymbol{B}_y(t) = \left[B_{3,-2}^y(t), B_{3,-1}^y(t), \cdots, B_{3,n_2-1}^y(t) \right]$$
$$\boldsymbol{B}_z(t) = \left[B_{3,-2}^z(t), B_{3,-1}^z(t), \cdots, B_{3,n_3-1}^z(t) \right]$$
$$\boldsymbol{b}_x = (\beta_{-2}^x, \beta_{-1}^x, \cdots, \beta_{n_1-1}^x)^{\mathrm{T}}$$
$$\boldsymbol{b}_y = (\beta_{-2}^y, \beta_{-1}^y, \cdots, \beta_{n_1-1}^y)^{\mathrm{T}}$$
$$\boldsymbol{b}_z = (\beta_{-2}^z, \beta_{-1}^z, \cdots, \beta_{n_1-1}^z)^{\mathrm{T}}$$

则式（12.22）可表示为

$$\begin{cases} x(t) = \boldsymbol{B}_x(t)\boldsymbol{b}_x, & \dot{x}(t) = \dot{\boldsymbol{B}}_x(t)\boldsymbol{b}_x \\ y(t) = \boldsymbol{B}_y(t)\boldsymbol{b}_y, & \dot{y}(t) = \dot{\boldsymbol{B}}_y(t)\boldsymbol{b}_y \\ z(t) = \boldsymbol{B}_z(t)\boldsymbol{b}_z, & \dot{z}(t) = \dot{\boldsymbol{B}}_z(t)\boldsymbol{b}_z \end{cases} \qquad （12.24）$$

记

$$\boldsymbol{b} = (\boldsymbol{b}_x^{\mathrm{T}}, \boldsymbol{b}_y^{\mathrm{T}}, \boldsymbol{b}_z^{\mathrm{T}})^{\mathrm{T}}$$

将式（12.24）代入式（12.23），得

$$\dot{S}_i(\boldsymbol{b}, t) = \dot{R}_i(\boldsymbol{b}, t) + \dot{R}_0(\boldsymbol{b}, t) + U_i(t) + e_i(t) \qquad i = 1, 2, \cdots, M \qquad （12.25）$$

式（12.25）中

$$\dot{R}_i(\boldsymbol{b}, t) = \frac{\dot{\boldsymbol{B}}_x(t)\boldsymbol{b}_x \left[\boldsymbol{B}_x(t)\boldsymbol{b}_x - x_i \right] + \dot{\boldsymbol{B}}_y(t)\boldsymbol{b}_y \left[\boldsymbol{B}_y(t)\boldsymbol{b}_y - y_i \right] + \dot{\boldsymbol{B}}_z(t)\boldsymbol{b}_z \left[\boldsymbol{B}_z(t)\boldsymbol{b}_z - z_i \right]}{R_i(\boldsymbol{b}, t)}$$

$$R_i(\boldsymbol{b}, t) = \sqrt{\left[\boldsymbol{B}_x(t)\boldsymbol{b}_x - x_i \right]^2 + \left[\boldsymbol{B}_y(t)\boldsymbol{b}_y - y_i \right]^2 + \left[\boldsymbol{B}_z(t)\boldsymbol{b}_z - z_i \right]^2}, \ i = 0, 1, 2, \cdots, M$$

式（12.25）建立了关于测量数据与样条系数 $\boldsymbol{b}$ 和系统误差系数的方程。可以看出，在整个时间段 $[a, b]$ 内，$\boldsymbol{b}$ 是一个常向量，不随时间 t 变化，因此，可以将 $[a, b]$ 内所有采样点的测量方程联立求解样条系数 $\boldsymbol{b}$，然后再利用式（12.24）求出每个时刻的弹道参数 $X(t) = (x, y, z, \dot{x}, \dot{y}, \dot{z})$。下面用数学语言描述这个过程。

令

$$Y(t) = \left[\dot{S}_1(t), \dot{S}_2(t), \cdots, \dot{S}_M(t) \right]^{\mathrm{T}}$$

$$G(b,t) = \left[\dot{R}_1(b,t) + \dot{R}_0(b,t), \dot{R}_2(b,t) + \dot{R}_0(b,t), \cdots, \dot{R}_M(b,t) + \dot{R}_0(b,t) \right]^{\mathrm{T}}$$

$$e(t) = \left[e_1(t), e_2(t), \cdots, e_M(t) \right]^{\mathrm{T}}$$

$$U(t) = \left[U_1(t), U_2(t), \cdots, U_M(t) \right]^{\mathrm{T}}$$

$$Y = \left[Y(t_1)^{\mathrm{T}}, Y(t_2)^{\mathrm{T}}, \cdots, Y(t_N)^{\mathrm{T}} \right]^{\mathrm{T}}$$

$$F(b) = \left[G(b,t_1)^{\mathrm{T}}, G(b,t_2)^{\mathrm{T}}, \cdots, G(b,t_N)^{\mathrm{T}} \right]^{\mathrm{T}}$$

$$U = \left[U(t_1)^{\mathrm{T}}, U(t_2)^{\mathrm{T}}, \cdots, U(t_N)^{\mathrm{T}} \right]^{\mathrm{T}}$$

$$e = \left[e(t_1)^{\mathrm{T}}, e(t_2)^{\mathrm{T}}, \cdots, e(t_N)^{\mathrm{T}} \right]^{\mathrm{T}}$$

由此，在时间段$[a, b]$内N个采样点的$N \times M$个测量方程的联立方程可写成

$$Y = F(b,U) + e \tag{12.26}$$

式（12.26）即为多测速体制的测量方程，它简洁地表示出在时间段$[a, b]$内所有测量数据和样条函数系数 b 与系统误差系数 U 的关系，亦即与弹道参数的关系。它是一个关于样条函数系数 b 与系统误差系数 U 的庞大的非线性方程组。这样做的意义是显而易见的，它大大压缩了待估参数，增加了观测数据冗余量，因此可以较大幅度提高弹道估算的精度和算法本身的稳定性。

关于 b 与 U 的解，可由如下的非线性最小二乘法估计得到：

令 $Q(b,U) = \left\| Y - F(b,U) \right\|_2^2$，则 b 与 U 的最小二乘估计为 $\hat{b}$ 与 $\hat{U}$，即

$$Q(\hat{b}, \hat{U}) = \min_{b \in R^{n_1 + n_2 + n_3 + 6}} Q(b,U) \tag{12.27}$$

式（12.27）不能直接求解，一般采用迭代解法，比如 Gauss-Newton 算法、Hartley 算法、Marquardt 算法和 Fletcher 算法等。

12.6　连续波干涉仪跟踪测量雷达系统设计

连续波干涉仪跟踪测量雷达系统的设计包括雷达系统组成、测量体制选择、载波调制方式选择、基带信号设计、距离零值校准、基线传输、测量信息的录取和记录、测量准确度等应考虑的设计内容。

12.6.1　连续波干涉仪跟踪测量雷达系统组成

连续波干涉仪跟踪测量雷达系统（简称干涉仪系统）由一个主站、两个或两个以上的副站和基线传输设备组成。

主站主要包括发射机、跟踪接收机、测量接收机、测量终端机、频率综合器、距离零值校准设备、角度伺服系统和标校设备、数据记录和传输设备、监控

显示设备、发射天线和发馈线、接收天线和收馈线、综合保障设备等。副站的设备和主站类似，只是没有发射机、发射天线和发射馈线等。

综合保障设备是保障测量设备正常工作所必需的设备和设施，如时间统一系统（简称时统）、通信、大地测量、气象和电波修正、供电设施及工作机房等。

在干涉仪系统中，由于主站要把频率标准传向副站，副站要把接收的信息相参转发到主站，要在主、副站间建立基线传输系统。基线传输系统在主站的部分包括基线频标发射机、基线收/发天线、基线传输塔、基线接收机、基线测量终端机等；基线传输系统在副站的部分包括基线频标接收机、基线测量接收转发机、基线收/发天线、基线传输塔等。传输媒体可以是空气，也可以是稳相电缆或光缆。如果传输媒体是稳相电缆或光缆时，则基线传输系统内就没有基线收/发天线和基线传输塔。

12.6.2　测量体制选择

连续波干涉仪跟踪测量雷达系统采用中长基线干涉仪测量体制，测量元素为 R、$\dot{R}$、$(2\sim3)r\dot{r}$。

12.6.3　载频调制方式选择

根据表 12.2 中的比较情况，在高精度连续波干涉仪跟踪测量雷达系统中，采用调相制。

12.6.4　基带信号设计

基带信号设计主要是根据雷达的技术指标选择满足要求的测距信号形式和副载波。

1. 测距信号形式

对于连续波干涉仪跟踪测量雷达系统，可供选择的测距信号有伪随机码、纯侧音和音码混合信号三种，要根据系统完成的任务，在距离解模糊能力、捕获时间、抗干扰能力、方便操作维护等方面进行综合考虑。现以使用音码混合信号的干涉仪为例来说明信号的选取。

1）最高侧音频率

最高侧音频率是由测距精度及器件发展水平确定的，根据电波传播知识可知，雷达测距的表达式为

$$R = \frac{c}{4\pi f_{\mathrm{R}}}\varphi_{\mathrm{R}} \tag{12.28}$$

$$\Delta R = \frac{c}{4\pi f_{R}}\Delta \varphi_{R} \qquad (12.29)$$

$$f_{R} = \frac{c}{4\pi \Delta R}\Delta \varphi_{R} \qquad (12.30)$$

假定某一设备的测距精度要求 $\Delta R = 0.2\text{m}$ ，则最高侧音频率为

$$f_{R} = \frac{3\times 10^{8}}{4\times 180\times 0.2}\Delta \varphi_{R}$$

如果测相水平为 38.4° ，则 $f_{R} = 80\text{MHz}$ ，这就是最高侧音频率。

2）伪随机码周期的选取

在伪随机码测距系统中，是利用伪随机码周期来解模糊的。如果最大作用距离为 $R_{\max}$ ，则伪随机码周期有

$$T_{S} > 2R_{\max}/c \qquad (12.31)$$

假定要求某干涉仪最大作用距离为 1800km，根据式（12.31），则有

$$T_{S} \geqslant 12\text{ms}$$

因此，伪随机码的周期必须大于 12ms。

3）匹配音频率的选择

为了匹配成功，相邻侧音频率之间必须满足：粗测频率误差小于精测频率的半波长，即

$$k = \frac{F_{i+1}}{F_{i}} < \frac{0.5\times 2\pi}{\Delta \varphi_{i}} = \frac{180^{\circ}}{\Delta \varphi_{i}} \qquad (12.32)$$

最高侧音频率已选定为 80MHz，如果与第一匹配音的比取为 16，则第一匹配音频率应为 5MHz，它的测相误差应小于 11.25°，这是可以做到的；同样第二匹配音与第一匹配音的比取为 8 时，第二匹配音频率将是 625kHz，而它的测相精度应小于 22.5°，这也是可以实现的。

因此，把匹配音频率取为 5MHz 和 625kHz。

4）伪随机码形式的选择

从前面的叙述可以看出，为了达到 1800km 的最大测距要求，伪随机码的周期必须大于 12ms，而匹配音频选定为 5MHz 和 625kHz。如果用 625kHz 形成钟频（时钟频率）去推动伪随机码产生器，则码元宽度应是 1.6μs；如果取码长为 8001 的伪随机码，则伪随机码周期为 $T_{s} = M\Delta = 12.8\text{ms}$ ，大于 12ms，满足要求。其最大捕获时间为 $T_{\max} = (M-1)T_{e}$ ，T_{e} 为检测周期，它与伪随机码的错误概率有关。这样，伪随机码的捕获时间会很长，如果把 M 分解为 $M = M_{1}M_{2} = 127\times 63$ ，即做成两个码长为 M_{1} 和 M_{2} 的子码，这时两个子码可以同时捕获，则捕获时间就相当于捕获一个较长码的时间。因此，选择两个长度为 127 和 63 的子码，其码产生器的移位寄存器的级数分别为 6 位和 7 位。

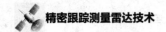

2. 副载波选择

副载波的选择应遵循下面的原则：

（1）为了防止接收机（包括目标上的应答机和地面接收机）载波环错锁，副载波频率应远离载波频率；

（2）基带信号频谱谱线要集中，所占带宽要窄；

（3）调制方法要简单；

（4）各副载波的组合干扰频率不要落入各副载波的信息带宽内；

（5）各副载波的组合干扰频率不要落入高侧音环的带宽内，以保证测距精度；

（6）所选副载波的频率和基带信号的码速率要保持相干并成整数倍关系，以利于相干解调。

3. 作用距离估算

连续波干涉仪跟踪测量雷达系统的作用距离是一个重要的指标，它与跟踪测量范围、上/下行功率电平、设备的规模和复杂程度有着直接的关系。上行电平要考虑地面发射机发射功率、地面发射馈线的衰减度、地面发射天线增益、调制损耗、空间衰减度、火焰衰减度、大气衰落衰减度、应答机接收天线增益、应答机接收馈线衰减度、设计余量等因素，检查应答机的灵敏度是否与要求的作用距离匹配；下行电平要考虑应答机发射功率、应答机发射馈线衰减度、应答机发射天线增益、调制损耗度、空间衰减度、火焰衰减度、大气衰落衰减度、地面接收天线增益、地面接收馈线衰减度和设计余量等因素，检查地面接收机的灵敏度是否与要求的作用距离匹配。上/下行线路要统一考虑，使连续波干涉仪跟踪测量雷达系统符合作用距离的要求。

12.6.5 距离零值校准

有的连续波干涉仪体制的跟踪测量雷达系统是高精度设备，如某套干涉仪体制的连续波跟踪测量雷达系统，它测距的基本元素是距离和距离差。由于电子设备有很多电抗组件，对信号有一定的延迟，并且副站的信息传到主站时的基线长度也不是测量信息，这些都以延迟的形式包含在距离信息内。因此，在测量距离的结果中必须扣除，即要求测出设备对距离和距离差的延迟。这个延迟的测量过程叫作距离零值的校准。距离零值的校准主要由零值校准设备来完成。这套系统采用地面设备和目标上的应答机分别进行零值校准。地面测量雷达设备的零值由配置在雷达站（主、副站）的零值校准设备测量，应答机的零值由配置在发射阵地的零值校准设备测量。

零值校准设备由校准天线、变频器、双工器、放大器、负载衰减器、波导微波开关及零值校准塔组成。

12.6.6　基线传输

1）基线传输的含义

基线传输是连续波干涉仪跟踪测量雷达系统的又一特点。为了达到主、副站信号干涉的目的，必须把副站接收信号实时传送到主站，而主站要把频率标准送往副站，以保证全系统的时间统一。这一过程就称基线传输。

2）基线传输设备

为了保证把副站的信息实时而有效地传送到主站，在副站设有接收转发设备，接收部分就是一个锁相接收机。它与主站接收机功能相同，只是不把测距码和侧音频率解出来。通过把接收信号移频放大再经基线天线送往主站，在主站由基线接收机接收，解调出测距码和侧音频率，从而获取速度和距离信息。基线传输设备包括副站接收转发设备、基线传输塔、基线传输天线等。另外还有基准信号传输设备，在主站的部分称基线发射机，在副站的部分则是将基准信号接收设备和测量接收转发设备做在一起，为副站提供标准的频率信号。

3）基线传输天线

由于主、副站距离较远，主、副站间的信号用抛物面天线传输。为了防止两个站之间的干扰，两个副站间用水平极化和垂直极化的方式把信号隔离开来。

考虑到天线的晃动会给测速和测距带来一定的影响，要根据测量精度对天线的晃动（实际上是塔的晃动）提出一定的要求。

4）基线传输塔

由于主、副站相距约 30～50km，因此，主、副站传输天线之间必须通视，且符合开阔地段微波的传输条件。在主、副站各建一个基线传输塔，基线长度 L 与主、副站天线通视的条件为

$$L = \sqrt{2a_e}\left(\sqrt{h_1} + \sqrt{h_2}\right) \qquad (12.33)$$

式（12.33）中，$a_e = 8500\text{km}$，为地球的等效半径。两站通视的条件如图 12.14 所示，h_1 和 h_2 分别表示主、副两站的天线高度，假定 $h_1 = h_2$，当 $L = 30\text{km}$ 时，$h_1 = h_2 = 13.2\text{m}$；这时反射波和直射波反向叠加，场强 $E = 0$，必须把塔加高，即

$$h_1' = h_2' = \frac{L^2}{8a_e} + \sqrt{\frac{L}{2} \cdot \Delta r} \qquad (12.34)$$

当 $\Delta r = \lambda / 2$ 时，直射波和反射波叠加，这时假定 $\lambda = 0.06\text{m}$，则有 $h_1' = h_2' = 34.4\text{m}$。

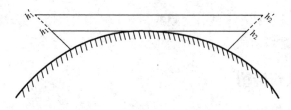

图 12.14　两站通视的条件

12.6.7　测量信息的录取和记录

连续波干涉仪跟踪测量雷达系统测量信息的录取和记录是由终端机完成的。终端机的任务是把接收机送来的载有测量信息的信号进行加工，变成符合数据处理用的信息，一路记在记录设备上供事后处理用；另一路实时传送到安全中心做实时处理用。

终端机包括测速终端机、测距终端机、磁盘阵列、数据处理及传输设备、显示设备等。

测速终端机包括锁相倍频器、混频器、计数装置、缓冲寄存器、调制解调器等。由接收机送来的测速信号经过锁相倍频器后，信号质量大大提高，经混频器使之达到计数的频率，传送到计数装置计数并以一定的采样率送往缓冲寄存器。再把测量的速度数据一路通过调制解调器传送至安全中心，记录在磁盘阵列上。

测距终端机包括延迟锁定环、锁相倍频器、发送码产生器、距离计数器、缓冲寄存器、调制解调器等。由接收机送来的载有延迟信息的伪随机码，由延迟锁定环捕获并锁定，在一个采样周期内一定会出现一个与发送码状态完全相同的接收码，并产生一个接收标志（也称收全"1"）信号。由接收机传送来的匹配音经过变换后在测距终端机进行粗测和精测，发送标志（发送全"1"）与接收标志之间由距离计数器记录的内容即为测距信息。把测得的数据不断地送往计算中心，并记录下来。

测距终端机还配有计算机系统，以对测量的数据做简单的数据处理，并把结果显示在显示器上。

12.6.8　测量误差

1. 设备误差

设备误差有设备的随机误差和系统误差之分。

（1）随机误差。设备的随机误差主要包括接收机热噪声、最高侧音频率的（长期和短期）稳定度、VCO 频率的跟踪测量、量化误差等。这些误差是不可修正的，在设备的设计中要仔细考虑，尽量把这些误差降到最低。

（2）系统误差。设备的系统误差一般都有一定的规律，如有的随温度变化、有的随时间变化、有的随电平变化等。因此，设备的系统误差可以通过大量的实验进行分析和研究，找出规律，进而做出误差模型对其进行修正。但由于设备的不稳定性、外界因素的变化、实验的不充分、研究方法的不准确等原因，不会把系统误差完全修正到零，仍会有一部分代入到测量结果中去。

2. 影响系统测量误差的主要因素

1）测量元素误差

测量元素误差与测量系统的体制、数据处理方法等因素有关。例如，侧音测距时，距离随机误差与最高侧音频率和环路信噪比有关，可表示为

$$\sigma_R = \frac{c}{18 f_R \sqrt{S/N}} \tag{12.35}$$

式（12.35）中，f_R 为最高侧音频率，c 为光速，S/N 为环路信噪比。当把距离增量经微分平滑得到速度量时，测速误差模型为

$$\sigma_{\dot{R}}^2 = T_e^2 + (W_{\dot{R}} \sigma_{\Delta R})^2 + \dot{R}^2 \tag{12.36}$$

式（12.36）中，T_e 为截断误差，其大小与平滑信号多项式阶数、信号变化特性、采样频率和平滑区间有关；$W_{\dot{R}}$ 为平均权系数，它直接反映平滑的效果；$\sigma_{\Delta R}$ 为随机误差；$\Delta \dot{R}$ 为系统误差。

2）大地测量误差

由于在数据处理中要进行坐标转换，且对雷达站的大地经度、纬度、高程、方位标的位置，多站制的基线长度、基线方位角，零值校准塔和基线传输塔的位置等都要进行大地测量，因此测量的精度会直接影响到系统的测量精度。

3）大气折射修正残差

对电波经过对流层和电离层时所产生的折射，要用电波传播误差修正模型进行修正，剩余的部分作为残差带入测量结果中。

4）其他误差

其他误差包括光速不准误差、时间不同步误差等。由于测量方法和原子频标的发展，这些误差已可以做到很小，和上述误差相比可以忽略不计。

12.7 连续波测速跟踪测量雷达系统设计

12.7.1 连续波测速跟踪测量雷达系统的组成

连续波测速跟踪测量雷达系统的基本配置包括 1～2 个主站、4～5 个副站、多测速数据处理中心和保障设备等，主、副站设备数量可根据测量航程扩展需求而增加。

主站设备为车载设备，主站设备功能上划分为天伺馈（天线、伺服、馈线）、发射、接收、数字基带、记录、时频、监控与数据交互、测试标定十个分系统。主站设备主要完成目标的捕获、跟踪，射频信号收/发、多普勒频率测量、测量数据发送等任务。

副站设备为车载设备，划分为天伺馈（天线、伺服、馈线）、接收、数字基带、记录、时频、监控与数据交互、测试标定九个分系统。副站设备主要完成目标的捕获、跟踪，射频信号接收、多普勒频率测量、测量数据发送等任务。

多测速数据处理中心主要由数据交互、实时弹道解算、事后弹道解算和模拟仿真模块等组成，主要完成数据交互、物理量纲复原、误差特性统计、合理性检验、时间误差修正、电波折射修正、弹道参数解算等任务。

保障设备由通信设备（含综合业务光端机、语音调度、电话、对讲机等）、移动电站、气象仪等设备组成。保障设备主要完成主、副站设备机动预设阵地的供电和数据传输等保障任务。

12.7.2　测量体制

连续波测速跟踪测量雷达系统采用多测速（$n\dot{S}$）测量体制，测量元素为 6 个以上距离和变化率 $\dot{S}$，经过弹道解算后获取目标高精度位置和速度信息。

12.7.3　射频频率选择

连续波测速跟踪测量雷达系统采用多测速体制，工作频段为 C 波段。系统工作频率分配如下：

（1）主站发射上行频率为 f_3 和 f_4，分时可选；

（2）主、副站接收下行频率为 f_1 和 f_2，同时接收；

（3）f_4/f_2 和 f_3/f_1 满足相干转发比要求。

弹载应答机具有双频接收和相干转发能力。f_4 与 f_2 为一组相干转发频率，f_3 与 f_1 为另一组相干转发频率。两个上行频率由两个主站分别发射。应答机未接收到上行信号时，处于信标状态，可供地面主、副站接收机捕获目标。

12.7.4　信号体制

连续波测速跟踪测量雷达系统只需获取多个距离和变化率 $\dot{S}$ 测量数据即可实现高精度弹道测量，其系统信号体制选择非调制连续波（CW）。

12.7.5　雷达站布站优化

连续波测速跟踪测量雷达系统为多站制系统，雷达站的站址布设除考虑12.3.5 节的基本要求外，还需要根据弹道测量精度要求进行布站几何优化。

布站优化主要考虑以下约束条件：

（1）设备的性能参数，包括保精度测量的最低/最高俯仰角，方位、俯仰向角速度/角加速度，保精度作用距离等。

（2）链路的电平。考虑应答机接收电平和雷达站接收电平的计算，建立应答机天线方向图三维曲面模型，根据导弹飞行的姿态角精确估计链路电平值。

（3）站址环境限制。主要是考虑遮蔽角对观测的影响。

（4）计算不同布站方案的几何精度因子，得到最小的误差传播系数，以获得最高精度的布站方案。

根据布站原则和保障条件，获得若干备选站址，从备选站址中选择最佳几何布站。最佳几何以几何精度因子（GDOP）值衡量。设位置、速度向量 $X = (x, y, z, \dot{x}, \dot{y}, \dot{z})$ 的协方差矩阵为 P_x，则目标轨迹上的任一点 X 的 GDOP 可定义为

$$\mathrm{GDOP} = \sqrt{(\sigma_x^2 + \sigma_y^2 + \sigma_z^2) \cdot w + \sigma_{\dot{x}}^2 + \sigma_{\dot{y}}^2 + \sigma_{\dot{z}}^2} \qquad (12.37)$$

式（12.37）中，σ_x^2、σ_y^2、σ_z^2 为位置 x、y、z 的方差，$\sigma_{\dot{x}}^2$、$\sigma_{\dot{y}}^2$、$\sigma_{\dot{z}}^2$ 为速度 $\dot{x}$、$\dot{y}$、$\dot{z}$ 的方差；w 为位置的权重系数，用以平衡位置和速度精度的量纲。GDOP 值越小，布站几何越好。

在实际应用中，备选站址数量一般较少，可以使用枚举法求取最优结果。布站优化需要的输入信息有：任务保障时段、备选站址、理论弹道、设备类型、设备数量、设备精度、设备性能参数（最低俯仰角、最大角速度、最大角加速度等）和弹上应答机方向图（可选）等。

12.7.6　测量误差

对于连续波测速跟踪测量雷达系统而言，影响弹道测量精度的主要因素包括测量元素误差、电波折射修正残差、站址大地测量误差、布站几何、光速测不准误差等。

1. 测量元素误差

测量设备在得到测量元素时，主、副站频率源准确度、频率源短期稳定度、接收机热噪声等因素都会造成测量误差。接收机热噪声引入的随机误差是测量元素误差的主要来源，可由下式计算

$$\sigma_{\dot{s}} = \frac{\lambda}{2\pi \tau_c} \sqrt{\frac{2B_L}{S/\phi}} \qquad (12.38)$$

式（12.38）中，S/ϕ 为等效到接收机低噪声放大器入口的单位带宽信噪比。B_L 为接收载波环路带宽，τ_c 为积分时间，λ 为工作波长。

此外，主、副站频率源准确度引起的系统误差也是影响弹道测量精度的重要

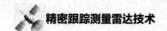

因素，应提高频率准确度，减小该项误差的影响。

2. 电波折射修正残差

大气折射修正残差取决于大气参数测量的准确程度、时效性及修正模型的符合度。基于目前的技术水平，通常大气电波折射修正残差一般是折射误差的5%～10%，观测俯仰角越低，修正残差值越大。

3. 站址大地测量误差

第一代武器试验提出的测量点位的大地勘测精度为 $1 \times 10^{-7} \mathrm{rad}$，高程为 2m。其影响可达到总误差的 25%。随着 GPS 相对测量技术的提高，很容易就能达到经纬度为 $1 \times 10^{-8} \mathrm{rad}$ 和高程为 0.2m 的精度，大地测量误差在弹道误差中的比例小于 1/10。

4. 布站几何

雷达站的布设对定轨解算有着显著的影响，因此在通视条件、保障条件可行的前提下布站应尽可能接近最优。根据工程经验，均匀包围式布站最合理；在保证跟踪性能的情况下，适当拉长站间基线长度，有助于提高精度。

5. 光速测不准误差

1975 年以后采用的光速值为 $c = 299792458 \mathrm{m/s} \pm 1 \mathrm{m/s}$，该值主要影响无线电波波长的计算误差，即

$$\sigma_{\dot{s}} = \dot{S} \cdot \sigma_{\mathrm{c}} \qquad (12.39)$$

光速测不准引起的速度误差很小，可忽略其影响。

参考文献

[1] 石书济. 飞行器测控系统[M]. 北京：国防工业出版社，1999.

[2] 张守信. 外弹道测量与卫星轨道测量基础[M]. 北京：国防工业出版社，1992.

[3] 刘蕴才. 导弹卫星测控系统工程[M]. 北京：国防工业出版社，1996.

[4] 黄学德. 导弹测控系统[M]. 北京：国防工业出版社，2000.

第 13 章
相控阵跟踪测量雷达系统

相控阵跟踪测量雷达系统是为满足多目标测量需求研制的跟踪测量雷达，它具备单脉冲精密跟踪和相控阵波束捷变的特点，因而能同时对多目标进行精密跟踪测量。它是一种具有相控阵天线的单脉冲跟踪测量雷达，具备多目标跟踪测量、高精度跟踪测量、自主捕获目标能力强、跟踪动态范围大等特点。本章将主要介绍相控阵跟踪测量雷达的功能与性能、系统组成与工作原理、多目标跟踪测量性能，以及系统工作方式等内容。

13.1 概述

相控阵跟踪测量雷达系统由于同时结合了常规单脉冲跟踪测量雷达（面结构天线）精密机械跟踪和相控阵（电扫描天线）雷达电扫跟踪，即机电扫相结合的特点，从而具备同时对多个目标进行精密跟踪测量的优点。

从 20 世纪 70 年代开始，随着武器系统（常规、战略）的发展，人们提出了同时精密跟踪测量多批目标的需求。最初只能采用多部跟踪单批目标的常规单脉冲跟踪测量雷达来满足跟踪少量目标的要求。但随着目标数的增多，这种应用方案无法满足任务需求。于是雷达界就开始了同时对多目标跟踪测量雷达技术的研究。最早期的努力是美国 RCA 公司受空军电子系统部的委托研制了一种 "REST 技术"。其核心就是将常规单脉冲雷达天线的副反射面换成相控阵天线，并且在 AN/FPQ-4 单脉冲跟踪测量雷达上进行了试验。这种技术尽管有许多局限，却激起了用户对单脉冲相控阵技术的更大兴趣。20 世纪 70 年代初，美国海军研究部和白沙靶场分别与 HRAAIS 公司签订 "多目标测量雷达（MTIR）" 的研究合同，目的是研究将单脉冲跟踪测量雷达 AN/FPS-16 改造成多目标跟踪测量雷达的可行性。HARRIS 公司利用自己研制的一种螺旋相位反射式阵列天线进行改装和试验。与此同时，RCA 公司还对白沙靶场 "A-16" 计划的多目标测量雷达系统进行研究，目的是解决地空导弹拦截试验中的多目标跟踪测量问题。1974 年，RCA 公司还与美国海军研究部开展将 AN/TPQ-39 单脉冲跟踪测量雷达加装相控阵天线，以使其能同时跟踪 3 个以上目标的可行性研究，目的是解决空-空导弹拦截试验中的多目标同时跟踪测量的问题。当时研究和试验的结果表明，当同时跟踪目标多于 3 个时，用一台有限扫描相控阵跟踪测量雷达比完成同样任务采用多台单目标跟踪测量雷达网的成本要低。

至 20 世纪 70 年代中期，各种类似的研究活动主要处于对相控阵天线部件的研制和系统应用阶段。真正作为产品的研制起于 20 世纪 70 年代末，包括雷声公司为美国海军航空系统司令部研制的多目标测量雷达（MIR），ITT Grfillan 公司为美国陆军装备司令部研制的弹道测量雷达（ARBAT）。而比较成功的是 RCA 公司于 20 世纪 80 年代开始，为白沙靶场研制的一种通用车载式多目标跟踪测量雷达（MOTR），并于 20 世纪 90 年代交付了三套产品。

20 世纪 80 年代，美国提出了研制并部署国家导弹防御系统。其中大气层外拦截系统的关键项目——GBR 即采用了相控阵单脉冲跟踪体制，是一部 X 波段固态有源相控阵单脉冲跟踪测量雷达，该雷达是将一个 12.5m 口径的相控阵天线安装在一个大型方位-俯仰型天线座上。其跟踪距离可达 2000～4000km。据报道，它的角度跟踪测量精度可达 0.05mrad。该工程雷达样机（GBR-P）于 1999 年完成研制，并参加了历次美国导弹防御系统的拦截试验。这是当时规模最大、技术最先进、能同时精密跟踪数十个目标的精密跟踪测量雷达。

为叙述方便，本章把具有相控阵天线（无源或有源）的单脉冲跟踪测量雷达称为相控阵跟踪测量雷达。

13.2　相控阵跟踪测量雷达的主要功能与性能

13.2.1　特点

与单脉冲跟踪测量雷达相比，相控阵跟踪测量雷达的功能特点是能同时进行多目标跟踪测量，有更高的相对测量精度，自主捕获目标能力强，对群目标有更大的精密跟踪动态范围，能进行目标跟踪测量资源的动态控制等。下面将分别加以说明。

1. 多目标跟踪测量

相控阵跟踪测量雷达从形式上主要是将常规单脉冲跟踪测量雷达设置在由角伺服系统驱动的方位、俯仰向二维旋转天线座上的面天线换成相控阵（空馈或强馈、无源或有源）天线，以实现全空域机械跟踪和多目标电扫描跟踪。

这种相控阵跟踪测量雷达产品，包括美国用于靶场测量的 MOTR 雷达（无源空馈相控阵）和导弹防御地基雷达 GBR-P（固态有源相控阵）。用于靶场测量的相控阵跟踪测量雷达通常要求能同时跟踪 10 个以上目标，而导弹防御地基雷达 GBR-P 则可同时跟踪测量数十个目标。

相控阵跟踪测量雷达同时对多目标跟踪建立在两个重要基础上：一是由角伺服驱动的方位、俯仰向二维转动天线座，以保证覆盖全空域任务主要方向上对目标的机械跟踪和测量；二是天线座上的相控阵天线，以保证覆盖范围内对多目标电扫描跟踪测量。这种多目标跟踪可以用多个相控阵天线波束，但通常都是用一个波束时分捷变来实施多目标搜索和跟踪测量。

相控阵跟踪测量雷达可以对多目标中的任何一个目标进行常规的单脉冲单目标机械跟踪，也可以对多目标中的任何一个目标进行电扫描跟踪。

雷达所能跟踪的目标数、跟踪测量精度、数据率取决于跟踪测量雷达具有的资源。当然在相控阵的条件下，当资源一定时，可以根据目标的重要性进行分配，以实现多目标跟踪测量的优化。通常这种资源分配是以对目标照射驻留时间的长短和照射次数的多少及信号形式体现的。

2. 跟踪测量精度高

相控阵跟踪测量雷达具备常规单脉冲跟踪测量雷达的全部特性，因此对任一目标的跟踪测量精度基本可以实现与单脉冲跟踪测量雷达的测量精度相同，从而实现对多目标的精密跟踪测量。当然，同时跟踪的目标数越多，要求雷达相应的资源也要多。一部设计、制造良好，资源足够的相控阵跟踪测量雷达，其角度跟踪测量精度可小于 0.2mrad，距离精度小于 2m，测速精度小于 0.1m/s。

与常规单脉冲跟踪测量雷达相比，相控阵跟踪测量雷达在测量精度上的优势体现在对多目标测量的相对精度方面，即它的绝对测量精度与单目标单脉冲跟踪测量雷达相当，而多目标相对测量精度却要比常规单脉冲跟踪测量雷达高 1～2 倍。例如，FPS-16 单脉冲雷达和 MOTR 相控阵跟踪测量雷达的绝对测角精度（20dB 信噪比）均为 0.2mrad（均方根），但对测量两个目标来说，相控阵跟踪测量雷达是由单台雷达同时测量两个目标，由于避开了相同的系统误差，因而两目标的相对测角精度为 0.15mrad。而用两台单脉冲测量雷达测量两个目标，每个目标的测角精度为 0.2mrad，则两个目标的相对测角精度大约为 0.3mrad（均方根值相加）。

这种相对测量精度性能，对于目标拦截、目标对接、脱靶量测量等都具有重要意义。

3. 自主捕获目标能力强

相控阵跟踪测量雷达具有在一定范围内的快速电扫描能力，加上该雷达的波形捷变，因此与常规单脉冲跟踪测量雷达的机械搜索捕获能力相比，其自主捕获目标的能力有本质的提升。

跟踪测量雷达进行目标捕获时，首先要使目标落在雷达波束内，才能发现目标。常规单脉冲跟踪测量雷达一般采用外部信息，引导天线搜索方位与俯仰向指定空域，或操作员利用角伺服系统驱动天线搜索方位、俯仰向指定空域，使目标出现在雷达波束中；外部引导方式捕获目标需要比较精确的目标角度引导数据，一般引导数据误差要求小于雷达波束宽度的 1/2。操作员利用角伺服系统驱动天线搜索方位、俯仰向指定空域，存在搜索时间长、效率低的问题，特别是对于大惯量、响应慢的天线。

由于相控阵跟踪测量雷达的波束是以电子方式进行控制的，可以在雷达电扫描范围内实时捷变，因而具有快速搜索空域、自主捕获目标的优点。在捕获目标时不需要精确的外部引导数据，只需要知道目标大概出现的空域，就可以按照目标在空间出现的概率设置搜索方式，如重点空域搜索、多波束同时搜索和波束展宽搜索等。

相控阵跟踪测量雷达同时有完备的信号检测设备，只要目标出现在搜索波束内就能被快速截获。

4. 扩大目标跟踪动态范围

与常规单脉冲跟踪测量雷达的机械跟踪性能相比，由于波束扫描的无惯性捷变能力，相控阵跟踪测量雷达系统的响应速度快，能以极高的角加速度跟踪目标。例如，美国 MOTR 雷达方位向角速度能达到 2000mil[①]/s，角加速度达到 25000mil/s²；俯仰向角速度为 1500mil/s，角加速度为 25000mil/s²。这些指标远远高于机械跟踪方式的常规单脉冲跟踪测量雷达。又如美国 AN/PFS-16 雷达在方位向角速度为 750mil/s，角加速度为 1020mil/s²；俯仰向角速度为 400mil/s，角加速度为 1020mil/s²。大型常规单脉冲跟踪测量雷达由于受结构及天线转动惯量的限制，对角度响应速度的提高有很大限制；而在靶场测量工作中，发射初始段的大加速度目标、火箭级间分离、空–空导弹拦截武器试验从载机转至对拦截弹的跟踪，以及对高速小目标的跟踪，都会遇到跟踪大加速度的目标问题。

5. 动态目标跟踪测量资源的动态控制

相控阵跟踪测量雷达在跟踪测量多个目标时，利用波束的无惯性捷变能力，通过控制对特定目标照射的驻留时间长短和照射次数的多少，能对搜索数据率、每一个目标的跟踪数据率、跟踪测量精度进行调整，做到在雷达资源一定的情况下，根据目标的重要性分配雷达资源，实现对多目标跟踪测量的优化。

相控阵跟踪测量雷达对多目标的精密跟踪测量是以雷达资源增加为代价而获得的。在一般的应用中，并非每个目标的测量数据率与精度要求都是一样的，如对于地面防空系统，可以将目标分成几类，对威胁不大的目标只需对其进行监视，跟踪数据率与测量精度要求可以低一些；只有对威胁程度较高、需要拦截的

---

① mil 为测量角度的一种单位，360°=6000 mil。

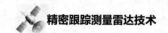

目标才保证较高的测量精度与数据率。对相控阵跟踪测量雷达进行目标跟踪测量资源的动态控制，可以充分、合理地利用雷达资源，减少相控阵跟踪测量雷达的建造成本。

13.2.2　主要应用

相控阵跟踪测量雷达主要用在需要对多目标进行高精度测量、同时需要具备一定的自主搜索捕获目标能力的场合。

比如战区弹道导弹（TBM）突防与拦截试验，TBM 目标在飞行过程中，会逐步分离各级助推器，释放弹头与轻、重诱饵，进入拦截区后，地面发射拦截弹进行拦截。

在试验过程中，需要跟踪包含 TBM 弹头、轻/重诱饵在内的目标群，并逐步区分、跟踪目标群内弹头目标，同时也需要探测、跟踪拦截弹，获取各个目标精确位置信息与反射特征信息，观察拦截全过程，评估拦截效果。

这是典型多目标场景，相控阵跟踪测量雷达的多目标能力与自主搜索捕获目标的能力能适应任务探测需要。对近程 TBM 突防试验，通过合适的部署，一部相控阵跟踪测量雷达就能完成全部探测任务，可避免部署多部单脉冲测量雷达，减少了试验组织实施的复杂度。

类似试验场景有地-空导弹拦截试验、空-空导弹拦截试验，在有限的空域内存在目标机、拦截弹载机（地-空拦截试验中的地面发射点一般是已知的）、拦截弹，一部相控阵跟踪测量雷达就能代替多部单脉冲跟踪测量雷达完成对全部目标的精确位置信息探测与获取反射特征信息。

在航天器发射活动中，助推器、各子级、整流罩也是在飞行过程逐步分离，一部或较少数量的相控阵跟踪测量雷达能同时、接力完成对上述目标的跟踪、测量；此外，在空间目标监视方面，相控阵跟踪测量雷达的自主搜索捕获目标和多目标高精度跟踪能力，能大大提高对空间目标的监视效率。

13.2.3　主要功能

相控阵跟踪测量雷达与单脉冲跟踪测量雷达主要功能基本相同，即由天线波束连续追踪目标，对目标位置、径向速度进行跟踪测量，获取目标特性信息，并进行高距离分辨和 ISAR 成像识别。

相对单脉冲跟踪测量雷达，相控阵跟踪测量雷达具有对多目标跟踪和测量，相对跟踪测量精度高，自主捕获目标能力强，目标跟踪动态范围大，能对目标跟踪测量资源进行动态控制的能力，使得相控阵跟踪测量雷达能适应同时观察、测量较大空域范围内的多个目标，不需要非常精确的引导信息，就能适应瞬时多变的复杂场景，降低了任务组织和保障要求。它的资源动态调整是单脉冲跟踪测量雷达不具备的功能，可以合理、充分使用雷达资源，保障重点目标的跟踪精度、威力及对目标特性信息的获取。

13.2.4　主要性能

相控阵跟踪测量雷达主要性能由战术指标与技术指标确定。

1. 战术指标

1）探测目标类型

相控阵跟踪测量雷达探测目标类型战术指标包括飞机目标、临近空间目标、弹道导弹目标、卫星与空间碎片等。

2）技术体制

相控阵跟踪测量雷达的技术体制包括无源相控阵、有源相控阵。馈电方式上分为空馈、强馈等体制。

3）工作频率

相控阵跟踪测量雷达工作频率指标包括频段范围和频点数量。

4）探测模式

相控阵跟踪测量雷达的探测模式战术指标有空气动力目标探测模式、临近空间目标探测模式、弹道导弹目标探测模式和空间目标探测模式等。

5）工作方式

相控阵跟踪测量雷达的工作方式有搜索方式、跟踪方式、目标特性测量方式等。

6）测量参数

相控阵跟踪测量雷达的基本测量参数战术指标包括目标方位角、俯仰角、距离和径向速度，目标特性测量雷达还要求对目标的散射特性进行测量，并实现对目标的 HRR 和 ISAR 成像等。

7）工作范围

相控阵跟踪测量雷达的工作范围涉及空域覆盖范围、目标动态特性和作用距离。

（1）空域覆盖范围。空域覆盖范围通常指角度范围，分为天线阵面机械转动覆盖范围、天线阵面电扫描覆盖范围。

雷达天线阵面方位向机械转动范围通常要能 360° 覆盖，对中、小口径天线阵面或俯仰向电扫描范围不能覆盖全部任务的俯仰向空域的雷达，则要求其天线阵面机械转动的俯仰角能达到 3°～183° 范围。

天线阵面电扫描覆盖范围与频段和阵面技术体制有关，往往受研制成本限制。相控阵跟踪测量雷达方位向电扫描范围通常按±10°、±30°、±45°等设计，通过天线阵面方位向机械转动，实现对任务方位向空域的覆盖；对于天线阵面俯仰向可转动的相控阵跟踪测量雷达，俯仰向电扫描范围一般按±10°、±30°等设计，对天线阵面俯仰向不可转动的相控阵跟踪测量雷达，俯仰向电扫描范围应能覆盖全部任务的俯仰向空域，如-3°～85°。

保精度电扫描覆盖范围是具有良好波束性能的电扫描范围，一般小于最大电扫描范围。

（2）目标动态特性。天线阵面方位、俯仰向机械转动最大角速度、最大角加速度应能与所观测目标的运动范围相适应，与单脉冲跟踪测量雷达一样，受天线阵面、天线座结构、传动系统设计及角伺服系统驱动电机功率的限制，机械转动的最大角速度、最大角加速度应限制在一定范围内。实际使用时，过高的角速度往往出现在目标过航路捷径的时间段，可以采用电扫描跟踪方式弥补机械转动最大角速度受限的问题。

距离、速度的跟踪测量采用全数字技术，其距离、径向速度、径向加速度最大工作范围受到的限制较小，与单脉冲跟踪测量雷达相同。

（3）作用距离。对反射式跟踪和应答式跟踪两种作用距离应分别提出要求。

反射式跟踪作用距离一般指 $RCS=1m^2$ 的雷达目标，在信噪比大于 12dB 保精度时的距离指标。

应答式跟踪作用距离与弹载、箭载应答机工作参数设置有关。

8）目标容量

相控阵跟踪测量雷达在工作范围内能同时跟踪测量的典型目标数量即目标容量。对密集目标场景，如 TBM 突防，还需规定跟踪群目标的数量、群内目标的数量。

9）测量精度

相控阵跟踪测量雷达各测量参数的精度指标包括角度、距离和径向速度，有系统误差、随机误差和总误差；对于目标特性测量雷达而言，还包括 RCS 测量精度。

相控阵跟踪测量雷达一般采用波束时分捷变方式实现对多目标的跟踪测量，随着跟踪目标数量的增加，对各个目标跟踪的资源（脉冲数、数据率）会有所不同，所以测量精度战术指标与目标数量有关，通常应规定若干典型目标数量场景下的测量精度，并区分主目标与副目标的精度要求。

一个设计良好的相控阵跟踪测量雷达，对中高空目标测角精度一般能做到波束宽度的 1/30 左右或 0.1～0.2mrad 量级，测距精度通常小于 10m 的量级，测速精度通常在 0.1m/s 量级，RCS 测量精度通常在 2～3dB 范围。由于消除了共同的系统误差，单台相控阵跟踪测量雷达对多目标之间的相对测量精度优于单台设备独立测量的相对精度。

10）分辨率

距离分辨率由信号瞬时带宽确定，ISAR 横向分辨率由观察时间内目标相对雷达的转角确定，这方面战术指标与单脉冲跟踪测量雷达相同。

角度分辨率一般指波束宽度，由工作频率、天线口径决定；对相控阵跟踪测量雷达来说，波束宽度随扫描角的增加而增大，需要明确角度分辨率指标所对应的波束扫描方向。一般规定波束扫描方向在法线方向时的角度分辨率指标。

11）数据率

这里的数据率是指对外输出的数据率，每个雷达目标一般为 20Hz，也可根据用户的要求提高数据率，如 50Hz。

相控阵跟踪测量雷达采用波束时分捷变方式实现对多目标的跟踪测量，其内部对每个目标的实际跟踪测量数据率随目标数量、跟踪质量进行动态调整。若目标数量增多或目标距离特别远，实际跟踪测量数据率往往低于 20Hz，需对航迹进行外推处理才能提供 20Hz 或 50Hz 的对外输出数据率。

12）可靠性及其他使用要求

相控阵跟踪测量雷达的可靠性和其他战术指标包括维修性、测试性、保障性、安全性、环境适应性、电磁兼容性、软件、人机工程、接口、尺寸、质量、颜色、能耗等要求，以及展开撤收时间、开机准备时间、连续工作时间等。

美国的 AN/MPS-39（MOTR）是一部机动式相控阵多目标跟踪测量雷达，±30°电扫范围的相控阵天线安装在方位、俯仰向可转动的天线座上，如图 13.1 所示，该雷达由美国洛克希德马丁公司研制，生产了五部，主要用于靶场试验、航天器发射活动等对多目标的跟踪测量。

AN/MPS-39（MOTR）机动式相控阵多目标跟踪测量雷达的主要战术指标如表 13.1 所示。

图 13.1　AN/MPS-39（MOTR）机动式相控阵多目标跟踪测量雷达

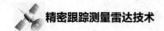

表 13.1 AN/MPS-39（MOTR）机动式相控阵多目标跟踪测量雷达主要战术指标

项目	指标
天线形式	空馈无源相控阵
工作频率	5.4～5.9GHz
天线增益	45.9dB
波束宽度	1°
方位向工作范围	60°（电扫描）、360°（机械扫描）
俯仰向工作范围	60°（电扫描）
发射机形式	TWT
发射功率	5kW（平均）、1000kW（峰值）
脉冲宽度	0.25μs、0.5μs、1μs、3.125μs、12.5μs、50μs （后三种为 LFM 信号，脉压后时宽为 0.25μs）
重复频率	2560Hz（最大）
威力	120km（RCS 为 0.15m² 时）
目标容量	40 个（早期 10 个）
距离精度	0.3m（相对，RMS）、0.73m（绝对，RMS）
角度精度	0.008°（相对，RMS）、0.01°（绝对，RMS）

2. 技术指标

技术指标是指相控阵跟踪测量雷达各分系统的主要技术性能指标，通常包括下述 10 个指标。

1）天线分系统技术指标

天线分系统技术指标包括工作频率范围、工作带宽、极化方式、波束扫描范围、天线口径与单元数量、天线增益、天线波束宽度、副瓣电平、同时形成的最大波束数量、差波束零深与斜率等。

2）馈线分系统技术指标（主要针对集中式发射机体制）

馈线分系统技术指标包括工作带宽、耐功率、驻波、损耗、发射状态下接收通道的功率泄漏，对波束形成网络的要求、气密性等。

3）发射分系统技术指标

针对电真空管发射机，其技术指标包括发射机形式及工作频率范围、信号带宽、最大脉宽、最大工作比、输出功率及功率起伏、输出脉冲包络波形、脉冲重频、射频频谱参数、发射效率、监控及指示要求、安全保护要求等。

针对固态收/发组件，其技术指标包括工作频率范围、信号带宽、单通道输出峰值功率、单通道带内起伏、脉冲宽度、脉冲重频、收/发切换时间、最大工作比、输出脉冲包络波形、射频频谱参数和发射效率等。

4）接收分系统技术指标

接收分系统的技术指标包括通道数、噪声系数、增益控制、动态范围、工作带宽、中频频率、通道间隔离度、A/D 采样速率及转换位数、I/Q 通道幅相要求、镜像抑制、带外抑制等；

收/发组件接收部分的技术指标包括噪声系数、最大输入信号、线性动态、工作带宽、通道间带内一致性、通道间隔离度、镜频抑制、增益控制等。若 A/D 在收/发组件内，还必须规定采样速率及转换位数、I/Q 通道幅相要求和传输要求等。

5）频率源分系统技术指标

频率源分系统的技术指标包括工作频率范围、变频点数、频率稳定度、信号波形参数，激励源、本振和时钟等信号的输出路数与功率等。

6）信号处理与数据处理分系统技术指标

该分系统包含数字波束形成、匹配滤波等多个子系统。

数字波束形成子系统的技术指标包括输入通道数、最大带宽、输出波束数，波束性能（如波束宽度、副瓣电平、差波束零深、斜率等）、自适应零点数量等。

匹配滤波子系统的技术指标包括波形形式、脉压后脉冲宽度、主副瓣比、处理损失等。

杂波抑制子系统的技术指标包括 MTI、MTD 和 PD，速度响应特性、平均改善因子、信噪比损失、第一盲速等。

信号积累子系统的技术指标包括积累方式（非相参积累、相参积累、二进制等）、积累处理损失等。

信号检测子系统的技术指标包括恒虚警等方式、性能（如虚警数、信噪比损失等）。

点、航迹处理子系统的技术指标包括处理容量、精度、时延、传播误差修正精度等。

调度处理子系统的技术指标包括处理容量、时延等。

目标特性提取子系统的技术指标包括 RCS 处理精度、成像分辨率、主副瓣比、处理时间等。

7）人机交互分系统技术指标

人机交互分系统的技术指标包括显控席位数量及对应功能，显示方式、内容、能力（如点迹数、航迹数等），交互输入手段，交互控制项目等。

8）记录重演分系统技术指标

记录重演分系统技术指标包括记录内容、容量、重演控制与导出等。

9）角伺服分系统技术指标

角伺服分系统的技术指标包括角速度、角加速度，方位旋转180°的时间。

角伺服分系统工作方式的技术指标包括手动控制、引导、闭环（雷达测角闭环角度跟踪、光学电视测角闭环角度跟踪）、角度跟踪回路响应特性等。

角伺服分系统其他的技术指标还包括轴角变换方式、角度量化位数，阵面姿态测量方式、精度，角度、姿态数据输出数据率（帧速率），以及天线车调平精度、调平时间。

10）冷却分系统技术指标

冷却分系统的技术指标包括冷却方式、能力和功耗等。

13.3 相控阵跟踪测量雷达系统组成与工作原理

相控阵跟踪测量雷达与单脉冲跟踪测量雷达系统硬件组成上的主要区别是具有相控阵天线阵面和电扫描波束控制器（简称波控），其他部分基本相同。此外，信号处理及数据处理算法有较大差别。下面将分别叙述。

13.3.1 相控阵跟踪测量雷达系统框图与工作原理

不同用途的相控阵跟踪测量雷达系统在组成上会稍有不同，但其基本的组成部分一致。一个典型的用于靶场多目标测量的相控阵跟踪测量雷达系统组成框图如图13.2所示。该相控阵跟踪测量雷达也能按常规单脉冲跟踪测量雷达的模式工作，通过二维转动天线座在阵面法线方向机械跟踪一个目标。

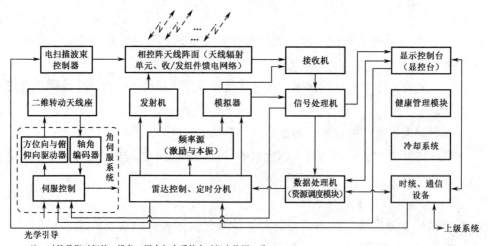

注：时统是指时间统一设备，用来与大系统在时间上协调一致。

图 13.2 典型相控阵跟踪测量雷达系统组成框图

534

相控阵跟踪测量雷达系统中最主要的几个部分包括：

（1）进行波束电扫描的相控阵天线阵面和电扫描波束控制器（波控）；

（2）保证全空域覆盖和精密机械跟踪的二维转动天线座和角伺服系统；

（3）保证全机信号相参工作的频率源；

（4）集中式发射机体制，用于产生和传输高功率射频信号的发射机和馈电网络；分布式发射机体制，用于传输激励信号的馈电网络与收/发组件；

（5）完成雷达回波信号接收和信息提取的接收机、信号处理机和数据处理机；

（6）完成内部指令、定时分发的雷达控制、定时分机；

（7）其他辅助分系统，如用于人机交互的显控台，用于模拟训练的模拟器，评估系统状态的健康管理模块，为发射机或收/发组件散热的冷却系统，负责与外时统同步并与上级系统数据交互的时统、通信设备等。

相控阵跟踪测量雷达多目标功能通常采用波束时分捷变方式实现，是一个严格的时序系统，以若干雷达脉冲组成的波束驻留为节拍单位，即雷达以脉冲重复频率工作的脉冲不是全部针对一个目标，而是按一定比例关系，分成若干组，用于不同方向上的分时探测（波束驻留），实现搜索与对多个目标的跟踪。

分组与波束驻留同步，不同组之间的脉冲宽度、重复频率、脉冲数量可以不一样，其与所需观测的距离远近、目标大小、杂波处理方式、积累方式等有关。图 13.3 所示为脉冲重复频率时分方式，其中一个波束驻留含 2 个脉冲，简称驻留 2，类似有驻留 1、驻留 3 等。

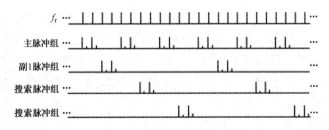

图 13.3　脉冲重复频率时分方式

图 13.3 将相控阵跟踪测量雷达脉冲分成 6 组，每 6 组循环，已经跟踪了两个目标，同时还在搜索新目标。图中标"主"的脉冲组用于跟踪主目标，标"副"的脉冲组用于跟踪副目标，标"搜索"的脉冲组用于搜索目标，如果搜索到一个新的目标，则将其中一个标"搜索"的脉冲组用于跟踪新目标。

多目标跟踪采用 TAS 方式，用于跟踪的脉冲组比例由跟踪数据率确定，对任何一个已跟踪的目标，根据目标重要程度、跟踪稳定性等情况，跟踪数据率可以动态调整。显然，用于搜索的脉冲组比例随已经跟踪的目标数量增多而减少。

对相控阵跟踪测量雷达脉冲分组及分配各组应用的次数（数据率）是在时域上对能量的一种分配形式。可以按某种指标最佳化来构造分组与数据率，如存在目标搜索、捕获要求时，分配用于搜索、捕获目标的分组次数高一些，以便尽快捕获目标；在精密测量阶段，分配用于跟踪目标的分组频次高一些，以便获得较高测量精度与数据率；每个目标的重要性不一样时，对重要目标分配较高次数的跟踪分组，如图13.3中标"主"的脉冲组比例是其他组的3倍。其工作过程如下：

相控阵跟踪测量雷达加电自检正常后，由相控阵跟踪测量雷达控制、定时模块自动产生默认的工作方式控制字、f_r 重频和驻留定时时间。操作员根据任务预案，选择工作频率、工作模式，设定搜索空域，经数据处理的调度模块按波束驻留分解，形成工作方式控制字，发送给相控阵跟踪测量雷达控制、定时模块。

相控阵跟踪测量雷达控制模块收到控制字后，进行控制字分解并向有关分系统分发，在新的波束驻留定时到来前，各分系统完成对控制字的接收与处理。

波控根据定时模块的波束指向时序定时信号，对相控阵天线阵面移相器进行配相操作，完成阵面移相器相位的装订，天线阵面按工作方式控制字建立波束指向。

定时模块触发频率源产生发射激励信号，经发射机或收/发组件进行功率放大后，经相应天线辐射单元辐射到空中，在空间进行功率合成，形成指定方向的发射波束。

在搜索时，搜索波束按照相应的扫描方式顺序覆盖空域。

目标反射信号经天线阵面辐射单元接收，由收/发组件、馈线网络形成和、方位差、俯仰差等多路信号，送接收机进行放大、变频、滤波，经接收机中频采样与数字正交处理，形成零中频 I/Q 数据，再送信号处理模块进行数字脉压、副瓣对消、副瓣匿影、积累、检测、误差信号提取等处理，形成检测结果送数据处理模块，最终将数字视频送至显控台。

数据处理模块根据检测结果进行点迹凝聚、去相关处理。对于新发现的目标，由数据处理模块反馈给资源调度，调度后续波束驻留以确认目标并转跟踪。

对于已经跟踪的目标，数据处理模块根据该目标的距离、角度误差数据形成目标测量值，然后对测量值进行平滑滤波、输出，同时反馈给资源调度模块，依据跟踪数据率确定的时间间隔，外推该目标下一跟踪波束驻留时刻的预测位置，由资源调度模块在该波束驻留时刻控制波束指向、距离波门到预测目标距离位置，重复执行此波束驻留内每个雷达脉冲的发射与接收过程，直到目标回波信号出现，经过信号处理得到新的角度误差数据、距离误差数据，再经过跟踪滤波完成对目标的持续跟踪。

针对某个目标，若某次跟踪波束驻留未发现目标回波，则进入记忆状态，即利用外推位置作为该目标此次波束驻留的跟踪位置；若连续、多次进入记忆状态，超过预定次数或时间后，资源调度将重新启动针对该目标的若干次小范围搜索，若仍未发现目标回波信号则终止对该目标的跟踪。

在跟踪目标过程中，可以人工控制角伺服系统调整天线阵面的指向，也可根据工作方式，由数据处理模块控制角伺服系统调整天线阵面指向，或将主目标的方位差、俯仰差送角伺服系统进行机械闭环跟踪。

13.3.2　相控阵天线阵面和电扫描波束控制器

相控阵天线阵面和电扫描波束控制器的作用是形成单脉冲和差波束并在相控阵跟踪测量雷达数据处理分系统调度的控制下进行电扫描搜索和对目标进行电扫描跟踪。这些功能是由图 13.2 中的相控阵天线阵面、电扫描波束控制器及数据处理机完成的。

跟踪测量雷达的相控阵天线与一般搜索雷达的相控阵天线有所不同：一是必须在方位、俯仰向二维坐标形成能同时电扫描的单脉冲和差波束；二是为了实现全空域覆盖和精密机械跟踪，其相控阵天线阵面必须安装在一个由角伺服系统驱动的两维机械旋转的天线座上，因而对天线阵面的尺寸、质量和效率都有较严格的限制。这些不同要求也就决定了相控阵跟踪测量雷达的相控阵天线和波束控制器设计的一些特点。

跟踪测量雷达的相控阵天线阵面可以是有源的，也可以是无源的。有源相控阵天线阵面由收/发组件和辐射（接收）单元组成；而无源相控阵天线阵面通常由移相器组件和辐射（接收）单元组成。

相控阵跟踪测量雷达天线的馈电方式可以是空馈，也可以是强馈。

相控阵跟踪测量雷达天线及波束控制的另一个特点是其电扫描波束跃度可以很小，以实现类似机械跟踪的连续跟踪效果。

一个典型的相控阵跟踪测量雷达空馈传输式相控阵天线组成与阵面单元排列示意如图 13.4 所示。

这是一个平面波空馈传输式相控阵天线，它由典型的卡塞格伦天线（主反射面、副反射面、三通道单脉冲馈源）、移相器组件、辐射阵单元、收集阵单元等组成。向阵列馈电部分包括主反射面、副反射面、单脉冲五喇叭馈源三部分。发射时，集中式大功率发射机通过馈源和喇叭向卡塞格伦天线馈电；接收时，射频回波信号经卡塞格伦天线聚焦进入馈源网络，形成和、方位差、俯仰角差射频信号。天线作为阵面能量分配器，代替复杂的馈电分配网络，为相控阵天线阵面各移相器提供合适的幅相分布。该天线阵面为空馈透镜阵，共有数千个移相器，阵面上的收集阵单元和辐射阵单元一一对应，呈三角形周期排列。

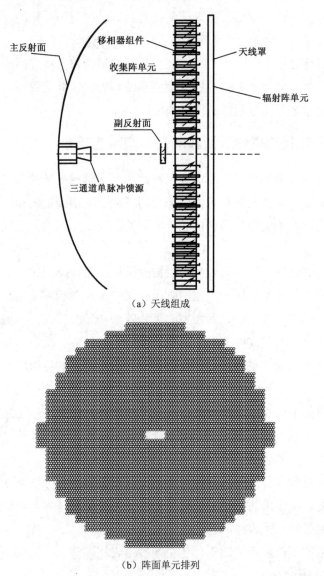

（a）天线组成

（b）阵面单元排列

图 13.4　典型相控阵跟踪测量雷达空馈传输式相控阵天线组成与阵面单元排列

美国 AN/MPS-39 MOTR 相控阵跟踪测量雷达天线的技术参数如下：

（1）C 波段；

（2）扫描角为±30°（天线阵面法向 60°）的圆锥区域；

（3）口径为 3.65m；

（4）波束宽度为 1°；

（5）增益为 45.9dB；

（6）第一副瓣电平为-26.5dB，第二副瓣电平为-31dB，其他各副瓣电平为-38dB；

（7）移相器为 3bit 二极管移相器，数量为 8359 个；

（8）单脉冲馈源为 4 喇叭三模馈源。

13.3.3 收/发组件

相控阵雷达天线阵面单元分无源与有源两种形式。早期相控阵跟踪测量雷达通常采用无源形式的天线阵面，如美国 AN/MPS-39 MOTR 相控阵跟踪测量雷达，发射时，采用集中式大功率发射机通过馈源向阵面馈电，经过阵面移相后形成指定方向的发射波束；接收时，射频回波信号经阵面移相后进入馈源网络，形成和、方位差、俯仰差射频信号，由接收机进行变频、放大、滤波和 A/D 处理。

近年来，随着固态微波功率器件的发展，相控阵跟踪测量雷达天线阵面已经普遍采用有源形式，用众多的收/发组件代替集中式大功率发射机。发射时，激励信号经馈电网络传输至收/发组件，在收/发组件内经移相和功率放大后，再经天线单元辐射到空中，进行功率合成；接收时，每个天线辐射单元接收的射频回波信号经收/发组件接收支路放大、滤波、移相处理后，通过馈电网络合成和、方位差、俯仰差射频信号，再经后端接收机变频、放大、滤波和 A/D 处理。

收/发组件除包含发射功率管、低噪声放大器、限幅器、移相器、衰减器、环流器、带通滤波器（BPF）等（其中带通滤波器用于提供带外抑制），还包括控制器、通信和功率调节电路等。单通道收/发组件如图 13.5 所示。

典型 C 波段收/发组件性能参数如表 13.2 所示。

图 13.5 单通道收/发组件（含辐射单元）

表 13.2 典型 C 波段收/发组件性能参数

参数	参数值
频率	5500～5800MHz
输出峰值功率	30W（平均）
脉冲宽度	0.8～800μs
脉冲顶降	≤1.0dB
脉冲前沿	≤50ns

参数	参数值
脉冲后沿	≤100ns
最大占空比	20%
效率	≥35%
谐波	≤-50dBc
可控增益范围	≥31dB
噪声系数	3dB
最大输入信号	≥-16dBmW
移相器位数	6位

13.3.4 天线座和角伺服系统

相控阵跟踪测量雷达天线座和角伺服系统用于实现雷达对全空域目标覆盖和对特定目标机械跟踪的功能，这部分主要包括图 13.2 中的二维转动天线座、方位与俯仰向驱动器、轴角编码器、伺服控制和光学引导等。

二维转动天线座的功能与常规单脉冲跟踪测量雷达相同，都是方位-俯仰型精密天线座，但由于相控阵天线阵面在结构上的特点，该天线座俯仰向支臂间距比常规单脉冲跟踪测量雷达的大，即使对于中等口径的相控阵天线，该天线座的转动惯量与质量比同等口径的常规单脉冲跟踪测量雷达要大许多，因而限制了天线的动态特性。例如，美国 AN/MPS-39 MOTR 相控阵跟踪测量雷达天线座方位与俯仰向最大角加速度均为 200mil/s^2，而 FPS-16 则达到 1020mil/s^2。

角伺服系统通常是一个 II 型直流驱动系统，通过伺服跟踪回路闭环跟踪，有完善可靠的安全连锁与俯仰角限位、刹车保护和锁定装置。一般用永磁无槽直流高速电机作为伺服系统的执行元件，方位、俯仰向则分别采用双电机消隙的脉冲宽度调制功率放大器（PWM 功放）。

在手控模式时，操作员可以通过显控台上的操纵杆大范围、快速地调整天线指向，在机械轴跟踪状态时由角伺服系统在阵面法向闭环跟踪目标。与常规单脉冲跟踪测量雷达一样，角伺服系统也有角度引导功能，如光学引导或其他引导装置。

轴角编码器有光电和多极旋变两种类型。

一般相控阵跟踪测量雷达的二维转动天线座和角伺服系统的主要参数如下所述。

（1）方位-俯仰型精密天线座：角编码器为 19 位。

（2）方位向工作范围：0°～360° 连续；速度为 800mil/s；加速度为 200mil/s^2。

（3）俯仰向工作范围：-10°～+190°；速度为 300mil/s；加速度为 200mil/s^2。

（4）角伺服系统为 II 型直流驱动系统。

13.3.5　信号处理

接收机输出的零中频回波 I/Q 数据传送给信号处理机，由信号处理机完成数字脉冲压缩、副瓣对消、副瓣匿影、积累、检测、点迹凝聚、角误差及距离误差信息的提取、视频信号形成等基本功能，在杂波环境下其 MTI 或 MTD 处理也在信号处理机实现。

在现代数字信号处理机中，其功能又进一步扩大，可以实现目标特性数据提取，HRRP、ISAR 成像，以及失真补偿和运动补偿等功能。

13.3.6　数据处理

数据处理有两大主要功能，一是调度功能，根据相控阵跟踪测量雷达显控台指定的工作方式、雷达系统当前工作状态、目标点迹和航迹信息，实现对多种资源合理有效的分配和调度，实时控制相控阵跟踪测量雷达波束指向、选择发射波形和能量分配，实现雷达系统对多目标的搜索、捕获、跟踪和测量；二是点迹和航迹处理功能，对信号处理提取的目标检测报告数据进行综合处理，建立目标点迹和航迹信息，将点迹和航迹信息传送至显控台显示。

多目标搜索、捕获、跟踪和测量是在数据处理控制下进行的，目标的航迹是在数据处理中建立的。数据处理是相控阵跟踪测量雷达多目标功能的核心，也是雷达控制的核心。此外，数据处理还负责对外进行数据交互，按特定的格式将相关信息与外部系统进行交互，实时记录相控阵跟踪测量雷达测量数据和对外交互数据。

数据处理通常选择高性能计算机作为处理平台，操作系统使用 VxWorks 或中标麒麟等实时多任务操作系统。

数据处理的功能较多，由于点迹和航迹处理、调度、通信实时性要求很高，在一台计算机上实现困难较大，因此通常将数据处理功能从逻辑上划分为多块较为独立的模块，由多台计算机或处理器分别完成。

一种使用 4 台计算机的相控阵跟踪测量雷达数据处理分系统构成框图如图 13.6 所示。该系统采用网络或专用接口方式连接到相控阵跟踪测量雷达内部数据通道上，可以完成点迹和航迹处理、调度控制、内外数据交互通信、特征提取处理等功能。

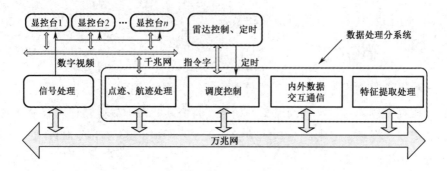

图 13.6　使用 4 台计算机的数据处理分系统构成框图

13.4　相控阵跟踪测量雷达多目标跟踪测量性能

由于相控阵跟踪测量雷达是对多目标进行跟踪测量，因而其跟踪测量性能与单脉冲跟踪测量雷达的单目标跟踪测量性能有许多不同之处，下面着重介绍。

13.4.1　电扫描范围

相控阵跟踪测量雷达的方位、俯仰向可转动天线座可以实现天线阵面法线方向指向半球空域的任何角位置，其电扫描范围是指以天线阵面法线为中心线的一个扫描锥体，如图 13.7 所示，天线波束在围绕阵面法线的锥体范围内进行电扫描搜索或跟踪。

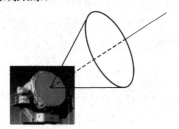

图 13.7　电扫描范围

电扫描范围的大小由任务要求确定。电扫描范围越大，空域覆盖性能越好，但阵面单元数量会增加。以一维线阵为例，在最大电扫描范围不出现栅瓣的情况下（天线栅瓣会导致角度探测模糊），最大电扫描范围 $\theta_{\max}$ 与单元间距 d、信号波长 λ 有如下关系[1]，即

$$d \leqslant \frac{\lambda}{1+\sin(\theta_{\max}+\theta_B)} \tag{13.1}$$

式（13.1）中，θ_B 为对应于最大电扫范围 $\theta_{\max}$ 处的波束宽度。当最大电扫范围 $\theta_{\max}$ 增大时，要求单元间距 d 减小，对于两维平面阵情况，阵面单元数量急剧上升，阵面质量也跟着增大，导致工程实现难度增大；另外，在使用中随电扫角度增大，天线增益降低、波束宽度增加、宽带性能降低，给威力、精度等性能带来不利影响。

相控阵跟踪测量雷达保精度电扫范围通常设计为 $\pm 10°\sim\pm 30°$。例如，美国的 AN/MPS-39 MOTR 雷达电扫描范围就是 $\pm 30°$ 的扫描锥体，GBR-P 的电扫描范围为 $\pm 25°$ 的扫描锥体。

波束偏离阵面法线后，波束增益会按波束偏角的余弦规律下降，波束宽度也相应变宽。天线阵面方位、俯仰向能转动的相控阵跟踪测量雷达，可以通过转动天线阵面方向使重要目标在阵面法线附近，从而得到较好的跟踪测量性能。

对于大的电扫范围的相控阵跟踪测量雷达，如 $\pm 30°$ 的电扫描范围，假设波束宽度为 $1°$，考虑搜索波束之间有一定的重叠区，需要 3200 多个波束位置才能完成一次全电扫范围的扫描，搜索速度很慢。因此，相控阵跟踪测量雷达通常采用在电扫范围内进行局部搜索，搜索的区域称为"景幅"，景幅的大小与在电扫范围内的位置是根据目标先验信息设置的。在空–空导弹拦截试验、TBM 突防试验中，经常遇到的任务是在跟踪测量主目标的过程中，及时发现、跟踪、测量从主目标上分离出的多个目标。搜索景幅可以设置成跟随主目标运动，在主目标周围搜索新出现的目标。景幅越小，搜索速度越快。

搜索速度与相控阵跟踪测量雷达波束宽度成正比，但相控阵跟踪测量雷达波束越宽，角测量精度就越差。相控阵跟踪测量雷达的波束宽度选择服从角度测量精度指标要求，这是该类型雷达特点所决定的。也有的相控阵跟踪测量雷达采用多波束技术来提高搜索效率，或在搜索状态将波束宽度展宽，在跟踪状态将波束宽度恢复正常，兼顾搜索速度与角度测量精度，但波束展宽后天线增益下降，故只能用在部分场合。

电扫性能的另一个重要指标是最小波束跃度。相控阵跟踪测量雷达天线阵面一般采用数字式移相器，阵面相位分布是离散的，天线波束位置也是离散的，两个相邻波束指向之间的间隔称为波束跃度，波束跃度与移相器位数等设计参数有关。相控阵跟踪测量雷达为了实现与单脉冲跟踪测量雷达接近的连续跟踪性能，希望具有较小的波束跃度，一般要求为波束宽度的 1/20 以下。

13.4.2　多目标跟踪数量

相控阵跟踪测量雷达的多目标跟踪数量一般由几个到几十个，这主要由用户根据任务提出具体要求。

正如前面已经提到的，跟踪目标数量的增多意味着相控阵跟踪测量雷达要具备或者付出更多的资源，资源的增加基本上与跟踪目标数同比例增加。为了保证对目标的跟踪距离和跟踪测量精度，相控阵跟踪测量雷达必须保证对每一个目标有足够的照射能量，因此当需要更远、更精、更多地跟踪多目标时（如 GBR-P），

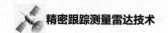

就需要增加雷达的幅射能量（GBR-P 平均功率上百千瓦，可以跟踪数十个目标）。

另外，即使增加辐射功率，提高每个目标的跟踪能量，只能减小跟踪热噪声随机误差。当目标数量增多时，在相控阵跟踪测量雷达资源一定的情况下，每个目标的跟踪数据率必然降低，低数据率会使跟踪的动态滞后加大，难以适应高加速度运动目标的跟踪。在相控阵跟踪测量雷达的使用过程中，应根据具体任务中的目标数量来调度雷达资源。

通常用于靶场测量的相控阵跟踪测量雷达（如 AN/MPS-39 MOTR）可以设计成同时跟踪 10 个目标，而 GBR-P 则同时能跟踪数十个目标。

13.4.3 相控阵跟踪测量雷达的跟踪测量与成像

相控阵跟踪测量雷达的任务是对目标进行跟踪测量，获取符合规定精度要求的测量数据与目标特征数据。相控阵跟踪测量雷达的跟踪测量距离指标与测量精度指标是联系在一起的，即对于 RCS 一定的目标，在满足规定的距离、角度、速度测量精度指标要求下，相控阵跟踪测量雷达能达到对目标的最大测量距离。

测量精度与相控阵跟踪测量雷达的资源有关，以角度热噪声为例，热噪声引起的角度随机误差的表达式为[2]

$$\sigma_{\mathrm{t}} = \frac{\theta_{\mathrm{B}}}{k_{\mathrm{m}} \cdot \sqrt{(S/N)(f_{\mathrm{r}}'/\beta_{\mathrm{n}})}} \tag{13.2}$$

式（13.2）中，θ_{B} 为天线半功率波束 3dB 宽度，由天线口径及波束电扫描偏角等因素确定；k_{m} 为角误差检测斜率；S/N 为接收机输出脉冲信噪比；β_{n} 为伺服系统等效噪声带宽；f_{r}' 为跟踪脉冲重复频率，在单脉冲跟踪测量雷达中与其脉冲重复频率 f_{r} 相同，在采用时分方式的相控阵跟踪测量雷达中，是分配到目标上的跟踪脉冲重复频率；对于均匀分配雷达资源的工作模式，为 $f_{\mathrm{r}}' = f_{\mathrm{r}}/N$（$N$ 为当前设置的目标数）。

另外，为了保证一定的检测概率与虚警概率，必须保证接收机输出的脉冲信噪比 S/N 满足检测门限的要求。

与单脉冲跟踪测量雷达相比，在同等条件下，由于相控阵跟踪测量雷达跟踪的目标数量变多，每个目标的跟踪等效脉冲重复频率 f_{r} 变低，跟踪测量精度要低于单脉冲跟踪测量雷达。要达到相同的跟踪测量精度，只有减少跟踪距离、提高 S/N 值。也就是说，在同等条件与精度要求下，由于跟踪目标数量多于 1 个，相控阵跟踪测量雷达的测量距离要小于单脉冲跟踪测量雷达，并随着目标数的增多，测量距离变近。

上面仅以测量精度中的热噪声项目为例，另外在跟踪测量运动目标时，随着目标数的增多，距离、角度的动态滞后误差也可能会变大。

因此，相控阵跟踪测量雷达与单脉冲跟踪测量雷达的测量距离是有区别的，即测量距离与目标数量有关，随着目标数量的增多，每个目标使用的相控阵跟踪测量雷达资源变少，相控阵跟踪测量雷达的测量距离就会变近。

与单脉冲跟踪测量雷达一样，相控阵跟踪测量雷达也可设计成具备宽带成像的模式，通过发射宽带波形，进行目标的 HRR 和 ISAR 成像。通常用窄带信号对目标进行跟踪测量，交替发射宽带信号对目标进行成像，比如 4 个脉冲的跟踪波束驻留，前 3 个脉冲是窄带信号，第 4 个脉冲是用于成像的宽带信号。也可以安排专门发射宽带信号的波束驻留以获取目标的宽带回波。

宽带成像处理的方式包括去斜成像与直采成像。经去斜成像处理后，回波信号带宽降至 10～20MHz 量级，处理数据量减少，此方式适用于实时成像；直采成像是对宽带回波信号直接采样，通常回波带宽在吉赫兹量级，传输与处理的数据量大，该种方式适用于事后成像。

相控阵跟踪测量雷达的波束时分捷变特性，使其具备了对多个跟踪目标同时进行宽带成像的能力，但通过相位控制天线阵面波束指向的相控阵天线阵面，本质上不是一个宽带系统，孔径渡越时间对信号带宽有限制。而波束扫描角与频率有关，在宽带波束中会产生"相位倾斜"现象。另外，在大扫描角时会出现窄脉冲的"脉冲展宽"现象。鉴于此，在工程中常常采用折中设计，将天线阵面分成若干子阵，每个子阵与一个可调延时器相连，与子阵内的移相器同时使用，适当拓展阵面宽带工作的电扫范围。在实际使用时也常将需要成像的目标置于天线阵面法线附近，从而避免大扫描角成像。

13.4.4　多目标跟踪测量精度

跟踪测量精度是相控阵跟踪测量雷达的一个重要指标。与单脉冲跟踪测量雷达相比，在多目标跟踪的情况下，由于消除了共同的系统误差，因而具有较高的相对测量精度；对于绝对测量精度，除了热噪声误差、动态滞后误差变大，在角度测量上又增加了一些误差因素，所以在相控阵跟踪测量雷达系统设计、制造及使用过程中必须考虑周全。

1. 增加的角误差因素

1）扫描角因子

波束半功率点宽度 θ_B 与波束偏离阵面法线方向的扫描角 $\Delta\theta$ 的余弦成反比[1]，即

$$\theta_{\mathrm{B}} \approx \frac{\theta_{\mathrm{B0}}}{\cos(\Delta\theta)}$$ 　　　　　　（13.3）

式（13.3）中，θ_{B0} 为波束在阵面法线方向时的半功率点宽度。

波束偏离阵面法向时，波束宽度增大，与波束宽度有关的测量误差项（如热噪声）就直接增大，而波束宽度增大时，其对应的天线增益相应降低，因而又降低了接收回波信噪比，进一步增大了热噪声误差。

2）波束指向随机误差

由于天线阵面单元位置误差、移相器的移相误差及移相器固定插入移相误差、损耗误差等因素，使天线口面的幅度与相位产生误差，这些误差是难以避免的制造误差，将引入波束指向随机误差。具体可参见参考文献[4]。

3）移相器量化误差

相控阵跟踪测量雷达天线的移相器单元一般采用数字式移相器，由计算机控制的数字式移相器会使天线口面的相位分布呈离散状态，偏离理想的连续相位分布，此误差会使波束指向产生量化误差，具体见参考文献[1]。

从理论上讲，可以在所有指向角度上对相控阵跟踪测量雷达系统进行标定以消除该误差项，但这在工程应用上并不现实。

4）阵面姿态、单元间距偏差导致的坐标转换误差

相控阵跟踪测量雷达一般在阵面坐标系进行单元配相计算，而波束扫描、目标角度测量值用大地方位、俯仰向坐标表示，在数据处理的波束调度控制与角度测量模型中需要在大地坐标系与阵面坐标系间进行转换，转换需要用到阵面倾角、横摇角等阵面姿态参数。

通常，相控阵跟踪测量雷达通过安装高精度方位、俯仰轴角编码器、动态水平仪或惯性导航设备等传感器来测量阵面姿态。在实际工程应用中，仍可能存在安装等各种因素导致的传感器数据与天线阵面真实倾角、横摇角有差异；此外，由于系统结构的加工、装配等因素，单元间距 dx 和 dy 也可能偏离设计值而出现趋势性差异。装配完毕后，通常情况下这些差异是固定的。

由于这些差异的存在，最终导致以大地方位、俯仰向坐标表示的测角值不准，并且随波束扫描角变化而变化。其典型的误差现象表现为以不同波束扫描角跟踪同一个固定目标，方位、俯仰向测量值呈现规律性变化，波束扫描角越大误差越大。若作为系统误差予以修正，因与波束扫描角有关，获取这些误差修正值的测试工作量太大，测试工作也难以遍历全部波束扫描角。

可以通过控制加工、装配精度，在坐标转换模型中考虑这些误差因素。在整机调试过程中通过测试、修正、微调模型中的参数，一般能消除或减小阵面姿

态、单元间距偏差导致的坐标转换误差。

2. 不同跟踪方式下的精度

1）单目标跟踪

如前所述，相控阵跟踪测量雷达具备单脉冲跟踪测量雷达的全部特征。当使用全部雷达资源对阵面法线方向实施单脉冲机械跟踪时，其跟踪测量精度与单脉冲跟踪测量雷达的相同。

2）多目标跟踪

当同时跟踪多目标时，情况稍有不同。例如，对于同时跟踪两个目标的情况，一是雷达资源一定时，各个目标均会失去一部分雷达资源，因而两个目标的跟踪测量精度会略有降低；二是在相控阵跟踪测量雷达设计时，若其资源比单目标时增加一倍，则两个目标的跟踪测量精度仍会保持原来水平。当同时跟踪更多目标时，跟踪测量精度情况可以类推。

3）机械跟踪与电扫描跟踪

相控阵跟踪测量雷达在对目标的跟踪测量中，当对阵面法线（或非法线）方向实施单脉冲机械跟踪，同时对电扫描范围内其他方向的目标实施电扫描跟踪时，这两者在跟踪精度上略有差别。在阵面法线方向实施单脉冲机械跟踪时，各误差项与单脉冲跟踪测量雷达的误差项一致，电扫描跟踪的误差项则增加了扫描角因子、波束指向、移相器量化等引起的额外误差项。

13.5　相控阵跟踪测量雷达系统工作方式

本节以方位、俯仰向二维转动且角伺服机械轴闭环跟踪的相控阵跟踪测量雷达天线阵面为例，介绍相控阵跟踪测量雷达系统的工作方式，这种体制的相控阵跟踪测量雷达包括单脉冲跟踪测量雷达的工作方式。

13.5.1　单脉冲机械跟踪方式与电扫描跟踪方式

与单脉冲跟踪测量雷达相比，相控阵跟踪测量雷达在角度上有两种跟踪方式，即由角伺服系统闭环的、机械连续跟踪方式和以数据处理等分系统闭环的、按跟踪数据率间隔将波束中心周期性指向目标的电扫描跟踪方式，显然电扫描跟踪方式是离散跟踪方式。

当雷达跟踪单个目标或在多目标分离之前的一个母体目标情况时，可采用单脉冲机械跟踪方式，所不同的是，可以利用波束电扫描方式协助捕获目标。

当雷达天线电扫范围内存在多目标需要探测时，相控阵跟踪测量雷达可以将天线阵面法线指向目标群中心或重点目标附近，利用电扫描波束对各个目标进行搜索、捕获和跟踪。根据目标的重要性和运动特性等因素，操作员指定或系统自适应选择跟踪数据率，剩余时间用于搜索发现新的目标。

在多目标情况下，可以同时存在单脉冲机械跟踪方式与电扫描跟踪方式，对电扫描跟踪方式的目标，可以转入单脉冲机械跟踪方式进行跟踪，即通过角伺服系统转动天线阵面，逐渐将跟踪该目标的波束调整到阵面法线方向上，然后通过角伺服系统对该目标进行闭环连续跟踪，以便天线座上安装的红外、光学设备观察、拍摄目标图像。（红外、光学设备的光轴一般与天线阵面法线方向一致。）

相控阵跟踪测量雷达搜索发现目标后一般立即转入电扫描跟踪方式，按预定数据率将波束指向该目标并实施跟踪，一般较少采用边扫描边跟踪方式。这是因为相控阵跟踪测量雷达要求以高精度、较高数据率提供目标跟踪测量数据，优先保证用于跟踪测量的时间资源，剩余时间用于搜索，因而导致搜索帧周期与已跟踪目标数和数据率有关，存在搜索帧周期偏长和不固定的现象，难以保证高速目标边扫描边跟踪起批与跟踪质量。若时间资源富裕，如刚开机后的初始搜索，则可以采用边扫描边跟踪形式跟踪目标，作为监视之用，视情况再转入电扫描跟踪方式。电扫描跟踪方式在本丛书的《相控阵雷达技术》一书或参考文献[4]中有详细叙述。

13.5.2　相控阵跟踪测量雷达的跟踪过程

相控阵跟踪测量雷达的跟踪过程可划分为搜索发现、截获和跟踪、记忆和丢失处理三个阶段。

1. 搜索发现

利用角伺服系统，手动或自动转动天线阵面至所需方向，然后由数据处理的调度模块通过波束控制来控制天线波束按设计的景幅对指定空域进行电扫描搜索[3]。

由于相控阵天线波束的灵活性，在搜索过程中，景幅的大小可以根据需要而改变，景幅的形状、中心点的位置也可以改变。例如，在地–空武器拦截试验中，可以在拦截弹发射点上空设置若干小搜索景幅，在靶机飞行路径截获点设置若干小搜索景幅，同时也预置对拦截弹的引导搜索景幅。在试验过程中按试验事件依次启动对靶机、拦截弹的搜索景幅，收到拦截弹的引导信息后，引导搜索景幅跟随引导数据位置随动搜索，这样就能确保快速搜索截获到相应的目标。部分小搜索景幅示意图如图 13.8 所示。

当在某一个波束位置与距离处，目标回波幅度超过信号检测门限时，即认为该目标被发现。

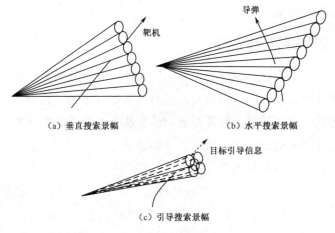

图 13.8　部分小搜索景幅示意图

2. 截获和跟踪

在搜索发现目标后，数据处理系统利用发现时刻的天线阵面机械轴指向、波束扫描角、角度误差数据和距离建立初始目标位置，并进行验证。由于不知道目标的运动方向与速度，随后的验证波束位置只能根据目标角度误差数据进行调整。

数据处理系统根据信号处理系统送来的目标角度误差数据和距离误差数据，形成目标测量值，然后对目标测量值进行平滑滤波，外推至该目标下一跟踪波束驻留时刻的位置预测值，尔后在该波束驻留时刻控制波束、波门到预测值位置。当目标出现后，得到新的角度误差数据和距离误差数据，经跟踪回路滤波，从而完成对目标的跟踪。

在对第 1 个目标进行截获、跟踪过程的同时，电扫描波束按波束驻留分时的节拍，分时地对指定景幅继续搜索。当在某个波束位置出现目标时，则重复前面的过程，实现对第 2 个目标的截获与跟踪。对第 3 个以至第 n 个目标的截获与跟踪过程同前述过程。

3. 记忆和丢失处理

在对目标的跟踪过程中，由于目标 RCS 起伏等因素影响，会造成跟踪波束驻留内没有检测到回波信号。在这种情况下，通常不立即中断跟踪，而是用跟踪航迹外推目标位置，在对应跟踪波束驻留时刻，将波束指向和波门位置设置在外推位置，等待目标回波信号再次出现，该功能就是记忆功能。

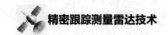

在记忆过程中，若连续若干个跟踪波束驻留都没有目标回波信号出现，则会启动若干次小范围搜索；如果发现目标，则对其继续实施跟踪，若还未发现目标则判定该目标跟踪丢失。

13.5.3　多任务工作方式

相控阵跟踪测量雷达要求能实现灵活的工作方式，适应多种任务要求。要实现这一点，设计时必须对任务特点及目标特性有充分了解。在设计相控阵跟踪测量系统工作方式时，可以将相控阵跟踪测量雷达各个单项功能按独立功能模块设计，在各功能模块之间进行选择与组合，并事先仿真预演和评估，这样可以根据具体任务特点，组合出相应的任务工作方式。

相控阵跟踪测量雷达的基本任务是搜索、及时捕获目标，测量目标位置、径向速度，计算目标发/落点等；定期插入高重频、宽带等信号，获取目标的微动、旋翼谱特征，进行 HRR、ISAR 成像；利用获取的目标特性信息进行目标分类与识别。

可以将上述功能分成基本功能、识别功能，根据特定任务要求，将任务编排进任务工作方式，即目标截获转跟踪时进行若干次初期识别，后续按规定数据率（如 3s）定期识别，操作员也可随时启动识别等。

对于不同任务，比如探测空间目标与 TBM 试验任务、气动目标任务，可以根据时间段编排任务执行的时刻，按计划启动；当资源允许时，可根据任务的权重来兼顾。

13.5.4　信号形式设计

相控阵跟踪测量雷达也具有应答式与反射式跟踪测量的功能，这两类跟踪测量的信号形式不一样。

1. 应答式信号形式

应答式跟踪是对合作目标的跟踪，比如卫星发射活动在运载器上安装应答机，应答机接收相控阵跟踪测量雷达信号经处理后再延时发射出去，为相控阵跟踪测量雷达提供一个易于识别且稳定的高信噪比回波信号，以便高精度地测量目标位置和速度信息。

这类信号通常是窄时宽点频脉冲信号，在航天测控网中为了适应部署在多个地点的多部雷达接力、协同应答式跟踪全程弹道，应答信号的时宽、频点、重复频率应相同，这由任务总体部门统一规定，相控阵跟踪测量雷达按其要求产生发射信号与处理回波信号。

2. 反射式信号形式

反射式跟踪主要用于对非合作式目标的跟踪，以获取目标特征和高分辨率图像。设计相控阵跟踪测量雷达反射式信号形式时，要考虑自主搜索捕获的要求，以及目标远近和大小对跟踪测量的要求，并具有通过调整信号形式实现对跟踪测量资源动态控制的能力。

相控阵跟踪测量雷达反射式信号普遍采用宽脉冲 LFM 信号形式，这可以更有效地利用发射机或收/发组件的平均功率，接收时利用脉冲压缩技术获得窄脉冲，既保持了窄脉冲的高距离分辨率，又能获得宽脉冲的高信噪比强检测能力。为了进行脉冲压缩，宽脉冲信号一般采用线性调频、非线性调频、相位编码等形式，由于线性调频信号易于产生，脉冲压缩对多普勒频移不敏感，可通过加权处理方法，控制脉冲压缩时间副瓣电平等特点，普遍采用 LFM 信号。在特殊情况下（如为了降低加权损失、抗有源干扰等），也采用其他调制或编码形式。

在获取 HRRP 和 ISAR 成像的场合，为了便于修正硬件通道幅相不理想和去斜处理，一般采用大时宽、大带宽线性调频信号，或通过脉间步进频率合成大宽带信号。

为了提升威力、抗杂波和抗干扰的能力，相控阵跟踪测量雷达的每个目标或波束驻留内一般包含多个脉冲，以进行积累处理并提升信噪比，动目标显示（MTI）用于抑制杂波，动目标检测（MTD）和脉冲多普勒（PD）用于提升信噪比、获取回波的多普勒信息。

在具体设计信号形式时，需要区分用于搜索、跟踪、目标特性测量的信号形式。

1）搜索信号形式

首先，应考虑目标最小 RCS 的情况，在其规定威力范围内要满足杂波处理、检测信噪比等要求的脉宽、重复周期与脉冲数，其中威力也应考虑角度范围；其次，对波束扫描后的增益损失应增加脉宽或脉冲数予以补偿，脉宽导致的距离盲区需要有补盲信号，在杂波区还需要满足杂波处理性能所需脉冲数的要求；最后，各脉冲的重复周期应根据距离范围、杂波处理性能确定。

在搜索时，需要处理的距离范围较大，为了降低采样点数、减少信号处理计算量，通常采用带宽值较小的调制信号。由于带宽值小，脉压后的时宽大，距离分辨率低，因而也缓解了波束驻留内因目标径向速度导致的脉冲之间回波信号跨距离单元的问题。但由于目标速度未知，脉冲压缩产生的相对时间偏移导致的距离多普勒耦合误差未知，使得带宽值越小该误差值越大，在验证及转跟踪初期，需要适当扩大距离波门。当选择带宽时，还必须注意脉冲的时宽带宽积值不能过小，否则会影响脉冲压缩时间副瓣电平。

2）跟踪信号形式

在跟踪时，脉宽、脉冲数同样需要考虑目标 RCS、距离和环境等因素，以满足杂波处理、检测信噪比和测量精度等的要求。为了提高距离测量精度，采用大带宽信号形式。

在跟踪过程中，由于获取了目标的信噪比、距离和径向速度信息，数据处理调度模块可以实时计算该目标下一跟踪波束驻留所需要的脉宽、重复周期、脉冲数，以及信号带宽（获取了目标尺寸之后），用于下一波束驻留对该目标的跟踪和测量。

计算的顺序是：①指定占空比；②计算时域与多普勒域清晰区，目标回波信号应落在清晰区；③积累后信噪比应符合检测门限与测量精度要求，驻留时间符合速度分辨率的要求，避免信噪比值过大导致资源浪费。

通过第①和第②步可以得到脉宽与重复周期，再通过第③步计算出脉冲数。上述过程计算的结果不一定存在，也不一定唯一，需要调整参数进行优化，一般以波束驻留时间最短或合适的占空比来优化，也可根据情况采用其他规则优化，筛选出最终使用的脉宽、重复周期和脉冲数。

上述功能优化了跟踪波束驻留内使用的雷达资源，避免了能量浪费，是目标跟踪测量资源动态控制的一部分（另一部分是跟踪数据率的动态调整），对相控阵跟踪测量雷达系统设计时的要求如下：

（1）数据处理具有对目标跟踪信噪比进行预测的功能，以及异常补救机制；

（2）相控阵跟踪测量雷达能根据调度指令产生相应的定时、波门脉冲；

（3）频率源能根据调度指令字产生相应脉宽、带宽的激励信号，接收或收/发组件的数字化部分能适应信号带宽的变化；

（4）信号处理系统能根据调度指令处理相应脉宽、带宽的脉压信号，并根据脉冲数等要求进行后续处理及提取点迹；

（5）数据处理系统能根据波形参数进行距离多普勒耦合修正，并根据目标跟踪的稳定性、目标机动等情况调整时域波门和多普勒域滤波器宽度，保证距离波门速度滤波器恰好套住目标回波信号，以便尽量缩短波束驻留时间。

实际相控阵跟踪测量雷达系统可以对脉宽、重复周期和带宽适当量化，以限制种类。另外，当有距离引导信息时，也可以按上述方式优化信号波形的脉宽和重复周期，将脉冲数按最小 RCS 或估计的 RCS、目标距离、检测信噪比及杂波处理等要求计算和筛选。

3）目标特性测量的信号形式

目标特性包括窄带特性与宽带特性。

（1）窄带特性包括 RCS 序列、微动和旋翼谱等，获取这些特性一般使用窄带信号，如旋翼谱采用窄带 PD 信号获取。通过对回波信号的处理可以得到窄带特性，并在测量数据率上满足这些特性变化最小周期的要求，否则采样率不足时，难以描述目标在空中实际变化的过程（如自转）。

（2）宽带特性通常指目标的 HRRP 和 ISAR 成像，一般采用大时宽、大带宽的线性调频信号，或脉间步进频率合成大时宽、大宽带信号。为了得到高质量的 HRRP 和 ISAR 成像，需要尽量提高成像信号的信噪比。

获取了 HRRP 和 ISAR 成像后，便可以估计目标尺寸，根据目标尺寸调整窄带跟踪信号带宽，避免大尺寸目标回波信号分裂影响目标的检测，恶化测量精度以及带来的信噪比损失。

参考文献

[1]　KAHRILAS P J. 电扫描雷达系统设计手册[M]. 锦江《ESRS 设计手册》翻译组，译. 北京：国防工业出版社，1979.

[2]　SKOLNIK M I. Radar Handbook[M]. New York: McGraw-Hill, 1990.

[3]　王德纯. 雷达搜索方式的最佳化[J]. 现代雷达，1979，1(3): 1-16.

[4]　张光义. 相控阵雷达系统[M]. 北京：国防工业出版社，2001.

反侵权盗版声明

电子工业出版社依法对本作品享有专有出版权。任何未经权利人书面许可，复制、销售或通过信息网络传播本作品的行为；歪曲、篡改、剽窃本作品的行为，均违反《中华人民共和国著作权法》，其行为人应承担相应的民事责任和行政责任，构成犯罪的，将被依法追究刑事责任。

为了维护市场秩序，保护权利人的合法权益，我社将依法查处和打击侵权盗版的单位和个人。欢迎社会各界人士积极举报侵权盗版行为，本社将奖励举报有功人员，并保证举报人的信息不被泄露。

举报电话：（010）88254396；（010）88258888

传　　真：（010）88254397

E-mail：　dbqq@phei.com.cn

通信地址：北京市万寿路 173 信箱

　　　　　电子工业出版社总编办公室

邮　　编：100036